lonely planet

Londres

Steve Fallon

geoPlaneta

Dirección editorial: Olga Vilanova, Ana Alcaraz
Asesora de colección: Ana de Miguel
Producción: Cristian Sánchez
Coordinación y edición obra: Mª José González de Buitrago
Coordinación editorial: Eva Mª Durán
Traducción: Lourdes Orozco, Mario Merlino y Alberto Delgado
Realización: Elena Lázaro

Londres
1ª edición en español – marzo 2003
Traducción de *Londres*, 3ª edición – marzo 2002

Editorial Planeta, S.A.
Av. Diagonal, 662-664
08034 Barcelona (España)
Con autorización para la versión en español de Lonely Planet Publications Pty Ltd A.B.N. 36 005 607 983, 90 Maribyrnong St, Footscray, Melbourne, VIC 3011, Australia.

Fotografías
Las fotografías de este libro están disponibles con licencia de Lonely Planet Images
e-mail: lpi@lonelyplanet.com.au

Fotografía de cubierta
Reflejos de un autobús rojo en un taxi londinense
(Ann Cecil)

ISBN 84-08-04541-5
Depósito Legal: B. 6.466-2003

Preimpresión: Àrea Preimpressió
Impresión y encuadernación: Encuadernaciones Sagarra Marmol, S.A.
Printed in Spain - Impreso en España

NEIL SETCHFIELD

La imponente torre del Reloj (Big Ben) dio la hora por primera vez el día de Año Nuevo de 1924.

DOUG MCKINLAY

La regia y peculiar abadía de Westminster atrae multitudes de turistas.

DOUG MCKINLAY

La iglesia de St Martin-in-the-Fields destaca por su torre de piedra blanca.

JULIET COOMBE

Reminiscencias de la vida bucanera en el Captain Kidd, que toma su nombre de este pirata bravucón.

CHARLOTTE HINDLE

El *tube*, donde se viaja un poco apretado, es el metro más antiguo y activo del mundo.

CHARLOTTE HINDLE

Recreación del teatro Globe de Shakespeare en Bankside.

DOUG MCKINLAY

El orgullo de Londres: en Westminster todavía quedan algunas de las cabinas telefónicas rojas.

Contenidos – Texto

El autor

Steve Fallon

Nacido en Boston, Massachusetts, se graduó en la Universidad de Georgetown como licenciado en lenguas modernas, comenzando después a enseñar inglés en la Universidad de Silesia (Polonia). Tras trabajar varios años para un diario estadounidense y realizar un máster en periodismo, su fascinación por Asia le llevó hasta Hong Kong, donde vivió más de doce años colaborando en diversas publicaciones y dirigiendo una librería especializada en viajes. Steve residió en Budapest dos años y medio y allí escribió *Hungary* y *Slovenia* antes de trasladarse a Londres en 1994. Ha escrito o colaborado en una serie de títulos de Lonely Planet, incluido el documental *Home with Alice: Travels in Gaelic Ireland.*

Del autor

Varias personas me ayudaron en mis pesquisas para esta edición de *Londres,* pero mi colega y amigo Neal Bedford, que se dio gran parte de las caminatas mientras yo hablaba con unos y otros, destaca entre todos los demás. De la oficina de Londres de Lonely Planet agradezco especialmente a la jefa de transportes, Rachel Suddart, su ayuda en el capítulo *Cómo llegar y salir,* a Matt Begg su actualización de "Canterbury" del capítulo *Excursiones,* a Tom Hall sus consejos y su conocimiento infalible del golf, y doy las gracias a Imogen Franks por sus envidiables dotes organizativas. Sophie Howells y Emma Sangster ofrecieron restaurante y otras ideas. Estoy muy agradecido a Pelin Thornhill, de la oficina de Oakland de Lonely Planet, y a Leonie Mugavin, de la de Melbourne, por revisar ciertos apartados del capítulo *Cómo llegar y salir.* Gracias, también, a la editora Heather Dickson por su perspicacia y su pluma aún más aguda.

Como siempre, me gustaría declarar mi admiración, gratitud y gran cariño por mi compañero, Michael Rothschild.

Para la 2ª edición de *Londres* escribí la siguiente dedicatoria: "A muchos les podrá parecer que ha pasado mucho tiempo, pero, en fin, *plus ça change*... Este libro va dedicado a las más de 30.000 personas que murieron defendiendo Londres durante la Segunda Guerra Mundial; pensamos mucho en ellas mientras caminábamos por las calles de su amada ciudad. Gracias a estas abuelitas, hermanos, hijas y amantes de gente corriente, honesta, podemos disfrutar del pasado, presente y futuro de Londres. Siempre serán recordados".

La dedicatoria sigue vigente, desde luego, pero querría ampliarla. Durante la producción de la presente edición de *Londres,* los terroristas atacaron objetivos claves de Estados Unidos, causando incontables víctimas, entre ellas muchos británicos. Como de costumbre, los londinenses dieron un paso al frente y un estadounidense expatriado, sin otra relación con el holocausto o con las desventuradas víctimas que la de compartir pasaporte, recibió mensajes y bondadosas palabras de condolencia de amigos, colegas, vecinos e incluso extraños. Me gustaría expresar mi más sincera gratitud a esta ciudad incomparable, a un pueblo sin parangón.

Este libro

Ésta es la tercera edición de la guía *London* de LP y ha sido escrita y actualizada por Steve Fallon. También incluye material redactado por Pat Yale para la primera y la segunda edición.

VERSIÓN EN ESPAÑOL

GeoPlaneta, que posee los derechos de traducción y distribución de las guías Lonely Planet en los países de habla hispana, ha adaptado para los viajeros españoles y latinoamericanos los contenidos de este libro.

AGRADECIMIENTOS

Muchas gracias a los viajeros que utilizaron la última edición y contactaron con Lonely Planet para transmitir algunas indicaciones útiles, consejos e interesantes anécdotas:

Jennifer Alexander, Dave Allen, Kerry Barker, Antonella Barretos, Christian Bergner, Helen Bissland, Dirk Borowski, Douglas Broadbent, Edward Burke, Bee Chen, Ray Coe, Yochana Coleman, Beth Cooke, Diana Cotter, Mavis Coxon, Pete Cull, Nathan Bruyn, Emma De Souza, Gene Denison, Cathie Desjardins, Natalie Doherty, Patricia Dorrington, Hugh Elsol, Jennifer Ethington, Kirsty Ew, David Ewing, Jeff Gabello, Gary M. Garfield, David Golshevsky, Chris Gossip, Meagan Graham, Ronalie Green, G. Grimandi, Ben Guezentsvey, Sabine Haller, Susan M. Haskell, T. Henry, Gavin Hewitson, Edith Hofer, Paul Holt, Steffi Hombach, Harald Horvei, Jan Hruza, Sonya Hui, Doug Journeay, Max Kamenetsky, Sra. Lemoine, Barbara Lewis, M. Lovell, Bruce Lyon, John Mabon, Dr. Paul Macnamara, Diane Matray, Carolina Miranda, Marie-Christine Munos, Doron Nof, Reeves Novak, Richard Nunns, Shona Otswald, Jane Perry, Stuart Pritchard, Habib Rathle, Mark Roddick, Ian David Row, Scott Ryan, Jeff Schildhorn, Kurt H. Schindler, Edward Sim, Stephen Simon, Pauline Simpson, Frank Sitchler, Joan Smith, Rebecca Smith, Andy Sparrow, Shelly Spence, Judy Straalsund, Ka Lun Tam, Isabelle Terrier, Nigel Thornley, Niels Vrolijk, Michael W., Angela Walton, Monica Willett, Adele Wyers y Dan y Annette Youngberg.

Prefacio

SOBRE LAS GUÍAS LONELY PLANET

La historia da comienzo con un típico viaje de aventureros: el periplo en 1972 de Tony y Maureen Wheeler a través de Europa y Asia hasta Australia. En aquellos años no se disponía de información útil sobre viajes por tierra, así que Tony y Maureen publicaron la primera guía Lonely Planet para satisfacer una demanda creciente.

Desde una mesa de cocina primero, y después desde un minúsculo despacho de Melbourne (Australia), Lonely Planet se ha convertido en la mayor editorial independiente de viajes del mundo, una empresa internacional con delegaciones en Melbourne, Oakland (Estados Unidos), Londres (Gran Bretaña) y París (Francia).

Hoy las guías Lonely Planet abarcan el mundo entero. La lista de libros no para de crecer y se dispone de información en soportes y medios muy variados. Algunas cosas no han cambiado: el objetivo principal sigue siendo ayudar al viajero amante de la aventura a llegar a su destino, a explorar el planeta y comprenderlo mejor.

Lonely Planet cree que los viajeros pueden hacer una contribución positiva a los países que visitan si respetan las comunidades que los acogen y se gastan el dinero con sensatez. Desde 1986, un porcentaje de las ventas de cada libro se destina a iniciativas de ayuda exterior y campañas en favor de los derechos humanos.

Aunque la inclusión en una guía implica ya una recomendación, es imposible mencionar todos los lugares destacables; la exclusión no significa necesariamente crítica. De hecho, existen razones de muchos tipos para no incluir un lugar determinado; a veces la causa es que se considera inadecuado propiciar una afluencia masiva de viajeros.

A LA ATENCIÓN DEL LECTOR

Las cosas cambian: los precios suben, los horarios varían, los sitios buenos empeoran y los malos se arruinan. Por lo tanto, si el lector encuentra los lugares mejor o peor, recién inaugurados o cerrados desde hace tiempo, por favor que escriba para ayudar a que la próxima edición sea más útil y exacta. Todas las cartas, postales y correos electrónicos se leen y se estudian, garantizando de esta manera que hasta la mínima información llegue a los redactores, editores y cartógrafos para su verificación. Se agradece cualquier información recibida por pequeña que sea. Quienes escriban verán su nombre reflejado en el capítulo de agradecimientos de la siguiente edición.

Puede ocurrir que determinados fragmentos de la correspondencia de los lectores aparezcan en nuevas ediciones de las guías Lonely Planet, en el *website* de Lonely Planet, así como en la información personalizada. Se ruega a todo aquel que no desee ver publicadas sus cartas ni que figure su nombre, que lo haga constar.

Toda la correspondencia debe enviarse, indicando en el sobre Lonely Planet / Actualizaciones, a la siguiente dirección de geoPlaneta en España:

Av. Diagonal, 662-664, 6ª planta. 08034 Barcelona.

También puede remitirse un correo electrónico a la dirección siguiente: viajeros@lonelyplanet.es

Para información, sugerencias y actualizaciones, se puede visitar la página web: www.lonelyplanet.es

Introducción

No es exagerado decir que Londres ofrece a los visitantes más atractivos que cualquier otra ciudad europea. Además de albergar monumentos tan familiares como el Big Ben, la catedral de St Paul, el puente de la Torre, el intemporal Támesis y ahora también la noria London Eye, posee algunos de los mejores museos y pinacotecas, y más parques que cualquier otra capital del mundo. ¿Y qué decir de las posibilidades de diversión nocturna? Desde pubs y música en directo hasta teatro y danza, la lista es inagotable.

Teniendo en cuenta su tamaño y la actitud imperturbable de sus ciudadanos, Londres sorprende por su tolerancia. Como ellos suelen decir: "Mientras no asustes a los caballos, amigo, te irá bien aquí". Es también una ciudad cada vez más multicultural, pues una cuarta parte de los londinenses pertenecen a casi tres docenas de minorías étnicas, que suelen llevarse bastante bien. Tampoco es extraño que puedan encontrarse más parejas de raza mixta en un día que en Nueva York en un año.

Desde luego, no todo es armonía y luz, sobre todo esto último. Desde primeros de noviembre hasta marzo, las tardes de entre semana parecen alargarse bajo una fría y lluviosa oscuridad, que se agudiza según pasan los meses. La cifra de vagabundos es una gran mancha en el exquisito atuendo de esta ciudad, la más rica de Europa, y el abismo entre los muy pobres y las clases acomodadas parece a veces insalvable. El transporte público es una agotadora y degradante rutina para la mayoría de los usuarios habituales, y cuando un automovilista insolente –la radio a todo volumen, el móvil pegado a la oreja, los intermitentes apagados– casi le atropella a uno en un paso de peatones y es reprendido, organiza una bronca como sólo los londinenses saben hacerlo. Hay que

JULIET COOMBE

El encanto de Londres y su paisaje urbano han atraído a visitantes durante siglos.

afrontarlo: una ciudad donde casi todos los pubs y muchos restaurantes cierran mientras el resto de Europa está eligiendo el primer plato no puede pretender ser la más animada del mundo.

Pero entonces abril –"con sus chaparrones", como escribió Chaucer– trae la primavera y transforma los magníficos espacios abiertos en un tapiz impresionista de índigo, oro y verde. Tras meses de convivencia inhóspita, los londinenses se vuelven todo amabilidad, los pasajeros del metro se disculpan por dar un pisotón o un tendero abandona la caja para acompañar a alguien a la acera e indicarle una dirección. En los numerosos clubes que cierran tarde es posible pasárselo estupendamente. Visitar clubes no es sólo una forma de divertirse, sino una profesión en la que los londinenses trabajan con ahínco.

Londres constituye, sobre todo, el vínculo que une a todos los que hablan la lengua inglesa o se han acercado a ella a una edad avanzada. La lengua común es el lazo que une a un irlandés de Boston con un habitante de Bombay y a un chino de Vancouver con un judío de Sydney. La ciudad es tanto su lugar de origen como su epicentro, y va ampliando su radio de influencia a medida que Internet y las nuevas tecnologías de la comunicación difunden más todavía el idioma.

Londres no es ni será un museo como es París, ni la ordenada y florida Amsterdam, ni la extremadamente cortés Berlín. Adusta y juiciosa, la capital británica enaltece e intimida, estimula e irrita. Ofrece diferentes cosas a distintas personas, y en abundancia. En esta ciudad cosmopolita hay que respirar hondo y el viajero ingerirá suficiente historia, cultura, sordidez, alegrías y decepciones para media vida.

"Londres: una nación, no una ciudad"

Benjamin Disraeli *(Lothair,* 1870)

Sobre Londres

HISTORIA

Desde que los romanos fundaron Londres, toda la zona, y en especial la City, ha estado habitada siempre. Por eso, los arqueólogos han tenido que ahondar mucho en su suelo para descubrir el pasado, confiando las más de las veces en que sea la reurbanización lo que propicie las excavaciones. El auge de la construcción en la década de 1980 reveló un sorprendente número de hallazgos, que siguen sucediéndose.

En 1999, mientras excavaban la zona del mercado de Spitalfields antes de que se volviera a urbanizar, unos arqueólogos del Museo de Londres desenterraron un raro sarcófago de piedra del siglo IV que contenía un ataúd de plomo con los restos de una joven patricia, hoy expuesta en dicho museo. Las pruebas forenses del ADN y del análisis de isótopos muestran que procedía del Mediterráneo occidental, pero su última morada fue el Londres romano. Un año después se hallaron los restos de una mujer, al parecer gladiadora, junto al cementerio romano amurallado cercano a Old Kent Rd (Southwark), la principal vía pública de Londres en época romana. Se cree que murió combatiendo en el anfiteatro, descubierto en 1987 a 6 m por debajo del actual Guildhall Yard de la City. En verano de 2001 se encontraron dos excepcionales norias hidráulicas romanas bajo Gresham St, también en la City, cerca del anfiteatro. Accionadas por una rueda vertical, podían sacar a la superficie unos 227.500 litros diarios de agua mediante cadenas de cangilones; se van a reconstruir en el Museo de Londres.

Celtas y romanos

Ciertas zonas a lo largo del Támesis ya estaban habitadas en la Edad del Hierro. El mal llamado campamento de César, un castro situado en Wimbledon Common, pudo haber sido construido en el siglo III a.C. por los celtas, llegados de Europa unos 500 años antes. Un bello escudo hallado en el Támesis, cerca del puente Battersea (actualmente está expuesto en el Museo Británico) también procede de ese mismo período.

Los celtas se asentaron en torno a un vado del Támesis –el doble de ancho que ahora– que pudo servir como barrera de separación entre tribus. La población no llegó a convertirse en un centro importante como Colchester (Camulodunum, en latín); tuvo que esperar a la llegada de los romanos.

En los años 55 y 54 a.C., ejércitos de galos romanizados bajo el mando de César hicieron viajes de reconocimiento a las Islas Británicas y se presume que comerciaron con los celtas, a juzgar por los artefactos romanos descubiertos en tumbas de la Edad del Hierro. Pero los romanos no llegaron en gran número hasta casi un siglo más tarde.

En el transcurso del año 43 d.C. una fuerza invasora capitaneada por Claudio fundó el puerto de Londinium, el primer asentamiento en lo que hoy es Londres, usándolo como plataforma para conquistar Camulodunum. Construyeron un puente de madera sobre el Támesis, cerca del actual puente de Londres, que se convirtió en el núcleo de la red viaria de la región.

En el 60 o 61, los miembros de la tribu icenia, procedentes de la actual East Anglia, sufrieron el ultraje de los soldados romanos, que trataron de expropiarles sus tierras, azotaron a su reina Boadicea y violaron a sus hijas. En respuesta, los icenios tomaron Camulodunum, convertida ya en capital de la Britania romana, y luego se encaminaron hacia Londinium, al suroeste, masacraron a sus habitantes y lo redujeron a cenizas. Se dice que si se excavara a suficiente profundidad en Londres, aparecería una capa de escombros y ceniza roja blanda, producto de aquel gran incendio.

Como el fondeadero del Támesis tenía suficiente calado para su flota y la zona podía defenderse con relativa facilidad, entre los años 80 y 90 los romanos reconstruyeron Londinium en Cornhill, la mayor elevación al norte del puente, y un siglo más tarde la rodearon con una muralla de 2,7 m de grosor y 6 m de altura; después se añadieron torres para reforzarla. Excavaciones efectuadas en la City han mostrado que Londinium, centro económico y comercial que aún no poseía el estatus de colonia, era una ciudad imponente con enormes edificios, entre los que se contaban una basílica, un anfiteatro, un foro y el palacio del gobernador.

A mediados del siglo III, Londinium era tan multicultural como el Londres moderno, con unas 30.000 personas de diversos grupos étnicos (todos ciudadanos romanos) y templos dedicados a numerosos cultos. Cuando el emperador Constantino se convirtió al cristianismo en 312, esta joven religión pasó a ser el culto oficial del Imperio y de Londres, desbancando a su rival, el mitraísmo.

Sajones y daneses

En el siglo IV, el Imperio Romano en Britania comenzó a declinar; los pictos y escotos atacaban el norte, mientras los sajones, tribus teutónicas originarias del norte del Rin, lo hacían por el sureste. En 410, cuando el asediado emperador Honorio les negó ayuda militar, los romanos abandonaron Britania y Londinium quedó reducido a un lugar atrasado y poco poblado. Existen pocos datos fiables de este período –no se conserva ninguna noticia escrita sobre la ciudad entre 457 y 604–, pero parece claro que hubo colonos sajones que establecieron algunas alquerías y pequeñas aldeas en la región durante esa época.

Ethelberto, rey de los sajones orientales (cuyo territorio incluía lo que quedaba de Londres), se convirtió al cristianismo a finales del siglo VI. En los años siguientes Londres recibió un nuevo obispo de Roma y en 604 se construyó la primera iglesia en el recinto de la actual catedral de St Paul. El asentamiento sajón se localizaba en el exterior y al oeste de las murallas de la ciudad, hacia lo que ahora es Aldwych, y llegaba hasta Charing Cross. Al parecer, esta comunidad naciente, llamada Lundenwic, comerció con Frisia, Francia y Renania; pero a medida que creció su importancia, atrajo la atención de los vikingos de Dinamarca. Éstos atacaron en 842 y también nueve años más tarde, incendiando Lundenwic hasta sus cimientos.

Bajo el reinado de Alfredo el Grande de Wessex, los sajones contraatacaron y expulsaron a los daneses. El monarca volvió a fundar la antigua ciudad romana, ahora con el nombre de Lundunburg, más al este, hacia el río Lea, con un muelle para el comercio en Billingsgate, y por el sur del Támesis hasta Sudwerke (*south work*, la obra del sur), lo que hoy es Southwark.

La ciudad sajona fue próspera y estaba bien organizada, dividida en 20 distritos con

Mitra y el Gran Sacrificio

El mitraísmo, el culto al dios Mitra, se originó en Persia. Cuando el dominio romano se extendió por Asia, esta religión se hizo muy popular entre comerciantes, esclavos y mercenarios del ejército, y se difundió rápidamente por todo el Imperio entre los siglos II y III d.C. Fue el principal rival del cristianismo hasta la llegada de Constantino al trono en el siglo IV.

Los devotos de este culto mistérico juraban mantener el secreto. Lo poco que se conoce de Mitra, dios del sol, la justicia y el contrato social, se ha deducido de los relieves e iconos hallados en templos y santuarios, como el templo de Queen Victoria St en la City, que se expone en el Museo de Londres. Casi todos retratan a Mitra vestido con túnica y capa de estilo persa, sacrificando un toro blanco. De la sangre y el semen del animal brotan grano, uvas y criaturas. El toro se convierte después en el dios Soma, la luna, y con ello nace el tiempo.

Mitraísmo y cristianismo compitieron estrechamente, en parte por las semejanzas de muchos de sus rituales. Ambos incluyen elementos como el nacimiento de un dios el 25 de diciembre, pastores, muerte y resurrección o una forma de bautismo. Los devotos se arrodillaban durante el culto y en las dos liturgias era habitual compartir una comida: una "comunión" de pan y agua.

su propio *alderman* (concejal) y varias colonias permanentes de comerciantes alemanes y vinateros franceses. Pero pronto se reiniciaron los ataques daneses y el dominio sajón se debilitó; en 1016 los londinenses tuvieron que aceptar al líder danés Canuto (Cnut) como rey de Inglaterra. Con la muerte de su hijo Harold en 1042, el trono pasó al sajón Eduardo el Confesor, que fundó en Westminster una abadía y un palacio en lo que entonces era una isla de la desembocadura del río Tyburn (véase el recuadro "Ríos subterráneos de Londres", más adelante). Cuando Eduardo trasladó su corte a Westminster se inició una división laboral de la ciudad que se ha mantenido hasta la actualidad: el puerto sería el centro comercial y mercantil, mientras que Westminster quedaba como sede de la justicia y la administración.

Los normandos

En el cambio de milenio, los vikingos, también llamados escandinavos o normandos, controlaban gran parte del norte y el oeste de la Francia actual. En 1066 emprendieron una triunfante invasión de Inglaterra –la conquista normanda– bajo el mando de Guillermo, duque de Normandía.

Tras la decisiva batalla de Hastings, Londres resistió en principio, pero capituló cuando lo hizo todo el sureste de Inglaterra. Guillermo el Conquistador fue coronado rey el día de Navidad en la abadía de Westminster, consagrada hacía apenas un año.

El monarca se encontró dirigiendo la ciudad más grande, rica y poderosa del reino sajón. Como desconfiaba del "vasto y fiero populacho" de Londres, construyó varias fortalezas, incluyendo la torre Blanca, corazón de la Torre de Londres, aunque también confirmó la independencia de la ciudad y su derecho al autogobierno.

Londres medieval

En 1154 murió Esteban, último rey normando, y el trono pasó a Enrique II, de la poderosa Casa de Plantagenet que regiría los destinos de Inglaterra durante los dos siglos y medio siguientes. Según un relato del monje William Fitz Stephen, Londres era una "ciudad floreciente, víctima de frecuentes incendios" (en 1087 el fuego consumió la tercera catedral de St Paul).

Siempre escasos de fondos, los sucesores de Enrique II permitieron que la City of London se mantuviera como ciudad independiente mientras los comerciantes siguieran costeando sus guerras o proyectos arquitectónicos. Ricardo I Corazón de León reconoció a Londres como comuna autónoma a cambio de dinero. Hacia 1190 se eligió al primer alcalde, Henry Fitz Aylwin.

Su sucesor, el rey Juan (apodado "Juan Sin Tierra" porque perdió Normandía y casi todas las posesiones inglesas en Francia), tuvo que ceder autoridad en 1215 ante los poderosos barones a los que había desposeído y no podía exigir fondos sin el consentimiento de éstos. Entre quienes le forzaron a sellar (pues no la *firmó)* la Carta Magna en Runnymede estaba el influyente alcalde de Londres, que así garantizaba también los privilegios de la ciudad.

Hacia finales del siglo XII se erigieron en piedra el viejo puente de Londres y la cuarta catedral de St Paul. Los descendientes de los barones de Runnymede se construyeron sólidas casas con jardines junto al río a lo largo del actual Strand, que enlaza Westminster con la City. La región prosperó gracias al comercio con Europa de vino, pieles, tejidos y otras mercancías.

Para entonces, la población de Londres ascendía a 40.000 habitantes y el palacio de Westminster se había afianzado como centro del poder monárquico. En 1295 se reunió en Westminster Hall el primer Parlamento inglés, con representantes de los barones, el clero, los caballeros y los burgueses. Pero en el siglo XIV, la recién nacida Cámara de los Lores utilizaba el palacio de Westminster para sus sesiones, mientras la Cámara de los Comunes usaba la sala capitular de la abadía de Westminster. Para aumentar sus ingresos, la Corona exigió impuestos a los mercaderes y prestamistas de la City, en especial a los judíos, a cambio de su protección. Cuando todos los judíos del reino fueron expulsados en el año 1290, el monarca recurrió a los banqueros italianos que también se habían establecido en la ciudad, en la actual zona de Lombard St.

Un chico, un minino y el Ayuntamiento

Ken Livingstone, alcalde de Londres desde mayo de 2000, disfruta de cierta popularidad por batallar con el gobierno sobre la modernización del transporte urbano, pero todavía le falta para conseguir el mismo respeto y afecto que los londinenses sintieron (y sienten) por su predecesor del siglo XV, Dick Whittington.

La leyenda narra que Dick era un muchacho que llegó a Londres acompañado por su gato para buscar fortuna. Pronto se desilusionó con la gran ciudad, y estaba a punto de regresar al campo cuando oyó las campanas de St Mary-le-Bow tañendo el mensaje "¡Vuelve, Whittington, tres veces alcalde de Londres!". Dick volvió y encontró fama y fortuna. Hay una piedra del siglo XIX en Highgate Hill, en el lugar donde escuchó las campanas, que representa un gato de bronce y hace referencia al "triple" alcalde "sir" Richard Whittington.

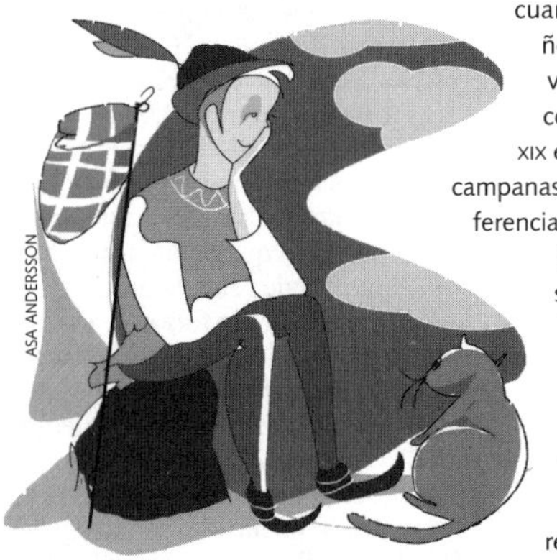

Es una bonita historia, pero muy imprecisa o simplemente falsa. Dick Whittington fue el tercer hijo de una familia rica de Gloucestershire que llegó a Londres en un tipo de embarcación conocida como *cat* (gato, en inglés). Es posible que escuchara esas campanas, pero ellas también mentían: Dick fue alcalde en cuatro ocasiones entre 1397 y 1419. Y nunca recibió el título de *sir*.

Aunque los incendios amenazaron constantemente las abigarradas y estrechas viviendas y callejones del Londres del siglo XIV, planteaban mayor riesgo las enfermedades, multiplicadas por las insalubres condiciones de vida y el agua impura que se bebía del Támesis. En 1348, las ratas portadoras de la peste bubónica desencadenaron la Peste Negra, que en un año diezmó entre un tercio y la mitad de la población (alrededor de 100.000 personas entonces).

A los incendios y las enfermedades se sumaba la violencia, con frecuentes disputas entre los comerciantes por el territorio o los beneficios. En 1381, cuando el rey decretó un nuevo impuesto para cada súbdito del reino, el soldado Wat Tyler y el sacerdote Jack Straw guiaron a unos 60.000 campesinos desde Essex y Kent hasta Londres. Varios ministros fueron asesinados y muchos edificios, incluyendo el espléndido palacio Savoy de Juan de Gante, en el Strand, quedaron arrasados antes de que terminara la llamada "rebelión de los tyleristas". El propio Tyler murió apuñalado por el alcalde; Straw fue decapitado en Smithfield.

Londres ganó en riqueza y tamaño con las Casas de Lancaster y York durante el siglo XV, en el que se produjo un incremento de poder de las corporaciones de artesanos o gremios (véase el recuadro "Los gremios de la City" en el capítulo *Qué ver y hacer)*, el mandato del caritativo alcalde Dick Whittington y la llegada de la primera imprenta a Inglaterra, instalada por William Caxton en Westminster en 1476 (trasladada a Fleet St tras su muerte, 15 años después). También fue un período cargado de intrigas políticas.

En 1483 subió al trono Eduardo V, de la Casa de York, a la edad de 12 años, y reinó sólo dos meses antes de desaparecer con su hermano menor en la Torre de Londres; nunca se le volvió a ver ni se supo más de él. Mucho se ha especulado a lo largo de los siglos sobre si Ricardo III, tío de los niños y sucesor en el trono, ordenaría su asesinato (en 1674 unos trabajadores encontraron cerca de la torre Blanca un arcón con los esqueletos de dos niños. Al suponer que se trataba de los príncipes, fueron enterrados en el rincón de los Inocentes de la abadía de Westminster); pocas lágrimas se derramaron cuando Ricardo III fue depuesto por Enrique Tudor, iniciador de la dinastía del mismo nombre, a finales del siglo XV.

Londres Tudor

En 1485, año de la coronación de Enrique Tudor como Enrique VII, Londres ya era la ciudad más grande y opulenta de Inglaterra. Durante su reinado siguió floreciendo el comercio (el lanero era uno de los pilares de la economía) y la población volvió a crecer hasta alcanzar los 75.000 habitantes. La industria manufacturera se concentraba al sur del Támesis, en Southwark y Bermondsey.

El hijo y sucesor del rey, Enrique VIII, ordenó entre 1536 y 1540 la disolución de los monasterios y prioratos londinenses durante la disputa que mantuvo con el papa sobre su derecho a divorciarse de la reina, Catalina de Aragón, y casarse con Ana Bolena. En realidad, esta maniobra tenía mucho que ver con su intención de apoderarse de las propiedades libres de impuestos de la Iglesia (las rentas eclesiásticas iban directamente a Roma). Se cerraron alrededor de 50 iglesias y centros monásticos; en algunos se instalaron almacenes, hospitales o viviendas particulares, mientras otros eran demolidos. El rey expropió las vajillas de plata –la mayor parte se fundió y forjó de nuevo– y requisó las tierras para cotos reales de caza.

En sus 38 años de reinado vivió en docenas de palacios, aunque pasó largas temporadas en los de Richmond, Whitehall, Greenwich y Nonsuch. Este último era un castillo "sin parangón" (de su nombre original, "Nonesuch") cercano a Cheam, en Surrey, al suroeste del centro de Londres. Su lord canciller, el cardenal Thomas Wolsey, tuvo la temeridad de construir un grandioso palacio en Hampton Court que atrajo la atención del soberano, por lo que tuvo que regalárselo. Esto no evitó que el rey lo acusara de alta traición en 1529 por oponerse a su divorcio, aunque Wolsey murió al año siguiente, antes de que comenzase el juicio.

GUY MOBERLY

El suntuoso palacio de Hampton Court despertó la codicia de Enrique VIII.

Aficionado a la ostentación, Enrique VIII hizo llamar a diestros artesanos europeos para decorar sus palacios; el castillo de Leeds, en Kent, y partes del palacio de Hampton Court son soberbios ejemplos que han perdurado en el tiempo.

Enrique VIII goza de muy mala reputación histórica por su propensión a resolver

Monarcas y gobernantes

La siguiente tabla rastrea el linaje real desde sus inicios hasta la actualidad e indica la duración del mandato de reyes y gobernantes.

Reyes sajones y daneses
Alfredo el Grande 871-899
Eduardo 899-924
Athelstan 924-939
Edmundo 939-946
Edred 946-955
Edwy 955-959
Edgar 959-975
Eduardo el Mártir 975-979
Ethelred II (el Indeciso) 979-1016
Canuto (Cnut) 1016-1035
Harold I 1037-1040
Canuto (Hardeknud) 1040-1042
Eduardo el Confesor 1042-1066
Harold II 1066

Reyes normandos
Guillermo I (el Conquistador) 1066-1087
Guillermo II (el Rojo) 1087-1100
Enrique I 1100-1135
Esteban 1135-1154

Casa de Plantagenet
Enrique II 1154-1189
Ricardo I (Corazón de León) 1189-1199
Juan (Sin Tierra) 1199-1216
Enrique III 1216-1272
Eduardo I 1272-1307
Eduardo II 1307-1327
Eduardo III 1327-1377
Ricardo II 1377-1399

Casa de Lancaster
Enrique IV (Bolingbroke) 1399-1413
Enrique V 1413-1422
Enrique VI 1422-1461 y 1470-1471

Casa de York
Eduardo IV 1461-1470 y 1471-1483
Eduardo V 1483
Ricardo III 1483-1485

Casa Tudor
Enrique VII (Tudor) 1485-1509
Enrique VIII 1509-1547
Eduardo VI 1547-1553
María I 1553-1558
Isabel I 1558-1603

Casa Estuardo
Jacobo I 1603-1625
Carlos I 1625-1649

Commonwealth y Protectorado
Oliver Cromwell 1649-1658
Richard Cromwell 1658-1659

Casa Estuardo (restaurada)
Carlos II 1660-1685
Jacobo II 1685-1688
Guillermo III (de Orange) 1689-1702 y María II 1689-1694
Ana 1702-1714

Casa de Hanover (regente desde 1811)
Jorge I 1714-1727
Jorge II 1727-1760
Jorge III 1760-1820
Jorge IV 1820-1830
Guillermo IV 1830-1837
Victoria 1837-1901

Casa de Sajonia-Coburgo-Gotha (Windsor desde 1917)
Eduardo VII 1901-1910
Jorge V 1910-1936
Eduardo VIII 1936
Jorge VI 1936-1952
Isabel II 1953-

diferencias mediante el hacha (dos de sus seis esposas –Ana Bolena y Catalina Howard– y Tomás Moro, sustituto de Wolsey como lord canciller, murieron decapitados); por perseguir a los católicos; y por acosar a sus correligionarios protestantes, que sostenían que sus reformas carecían de trascendencia. Sin embargo, a él se debe la construcción casi completa del actual hospital de St Bartholomew y de los muelles de Woolwich y Deptford, así como la creación de la Armada Real. Fue un monarca popular hasta su muerte en 1547.

Durante el reinado de María I, hija de Enrique VIII y Catalina de Aragón, se intentó devolver Inglaterra a la fe católica, pero la capital fue especialmente reacia. Unos 200 protestantes ardieron en la hoguera en Smithfield. Pese a su talante humanitario, María sancionó las persecuciones y recibió por ello el sobrenombre de "Bloody Mary" (María la Sanguinaria).

En la época en que Isabel I, hija de Enrique VIII y Ana Bolena, inició su reinado de 45 años, la causa católica estaba ya perdida y se había reanudado la persecución de sus partidarios, que llegaban a cientos a las horcas de Tyburn. Londres empezó a crecer físicamente (en la segunda mitad del siglo XVI la población se duplicó hasta 200.000 habitantes), y en lo económico se convirtió en el primer mercado mundial con la apertura de la Bolsa (Royal Exchange) en 1572. También se produjo un renacimiento literario, sobre todo del género teatral, con las obras de William Shakespeare, Christopher Marlowe y Ben Jonson representadas en nuevos teatros, como el Rose (1587) y el Globe (1599). Ambos se construyeron en Southwark, fuera de la jurisdicción de la City, que era notorio por sus burdeles, prisiones y peleas. El primer plano conocido de Londres se publicó en 1558 y John Stow redactó en 1598 *A Survey of London*, la primera historia de la ciudad.

Primer período Estuardo y guerra civil

Cuando Isabel murió en 1603 sin dejar herederos, le sucedió su primo segundo, Jacobo VI de Escocia, coronado Jacobo I de Inglaterra. Hijo de la reina católica María Estuardo, sin embargo, no se dio prisa en mejorar la situación de los católicos ingleses, por lo que Guy Fawkes y otros conspiradores intentaron sin éxito volar por los aires la sede del Parlamento el 5 de noviembre de 1605 –acontecimiento que todavía se conmemora todos los años en Gran Bretaña con hogueras y fuegos artificiales–. La indignación popular afianzó a Londres en el bando protestante.

Su sucesor, Carlos I, subió al trono en 1625 y con él llegó un período de gran hostilidad entre la Corona y el Parlamento, que fue disuelto. Después de 11 años volvió a convocarlo, e intentó arrestar a cinco diputados disidentes que huyeron a la City. Los puritanos, protestantes extremistas que querían suprimir de la Iglesia anglicana cualquier vestigio del ritual católico romano, se unieron a los comerciantes de la City –grupo en expansión que tenía todo por ganar– en apoyo a Oliver Cromwell y los defensores del Parlamento *(roundheads)* en la guerra civil que se desencadenó. Carlos se rindió en 1646 y fue decapitado tres años después ante la Banqueting House, en Whitehall.

RICHARD I'ANSON

Oliver Cromwell gobernó con mano de hierro y ordenó la ejecución de Carlos I en 1649.

Tras la ejecución del rey, la república instaurada por Cromwell y llamada Commonwealth se mantuvo durante más de una década (1649-1660). En ese tiempo los puritanos cerraron los teatros y asaltaron las iglesias, rompiendo vidrieras y destrozando todo lo que sonara a idolatría. Como lord protector, Cromwell residió en Whitehall, aunque su popularidad resultó efímera. En 1660, el Parlamento invitó al hijo de Carlos I a reclamar el trono y así Carlos II fue restituido en el Royal Exchange.

La peste y el fuego

En el Londres de mediados del siglo XVII el grito *"garde loo"* (¡agua va!) alertaba a los transeúntes de que desde una ventana iba a vaciarse un orinal a la calle. Abarrotada y sucia, la capital había sufrido varios brotes de peste bubónica desde el siglo XIV, pero no estaba preparada para la Gran Plaga de 1665, en la que murieron unas 100.000 personas.

El fin de la peste fue propiciado por otro desastre que resultó decisivo para el desarrollo de la ciudad. El 2 de septiembre de 1666 se originó un incendio en una panadería de Pudding Lane, en la City. Primero se creyó que era un fuego localizado; el propio alcalde afirmó con desdén que "una mujer orinando lo podía apagar" y se volvió a la cama. Pero la sequedad y el calor de aquel verano, unidos al fuerte viento que avivaba las llamas, propagaron el fuego. Samuel Pepys, que lo presenció desde el campanario de All Hallows-by-the-Tower, escribió una magnífica crónica del suceso en su diario. La describió como "la más triste escena de desolación", y tuvo miedo de quedarse allí mucho tiempo.

Cuando por fin se controló el incendio cuatro días después, en torno al 80% de Londres estaba arrasado. Pese al tremendo daño causado a las propiedades –88 iglesias, incluida St Paul, los locales de 44 gremios y 13.000 casas destruidas–, tan sólo murieron ocho personas.

Aunque el incendio borró casi todas las huellas del Londres medieval, Tudor y jacobeo en menos de una semana, aportó dos beneficios perdurables: limpió de peste la ciudad y dio a arquitectos como sir Christopher Wren la oportunidad de rediseñar una urbe moderna. Wren tuvo listos sus planos del nuevo Londres a los siete días del incendio, pero había que expropiar suelos de muchos terratenientes.

Para resolver los conflictos sobre la propiedad se creó un Tribunal de Incendios formado por 22 jueces. Hacia 1671 ya se habían reconstruido unos 9.000 edificios (el 70% de todo lo derruido), esta vez con piedra y ladrillo en lugar de madera, brea y yeso. Se pavimentaron por primera vez calles más anchas, y se trazaron amplias plazas abiertas para que en adelante no se propagara el fuego tan fácilmente. Los ciudadanos ricos se trasladaron desde la City hasta el actual West End. En 1710, la inauguración de la actual catedral de St Paul, obra maestra de Wren, fue el momento culminante de la llamada "Gran Reconstrucción".

Las iglesias de Wren

Sir Christopher Wren (1632-1723) recibió el encargo de reconstruir 51 de las 88 iglesias londinenses arrasadas en el Gran Incendio de 1666 y de erigir una nueva catedral de St Paul. Los fondos para las obras se reunieron aplicando un nuevo impuesto sobre todo el carbón importado a través del puerto de Londres. Los rasgos más notables de los nuevos diseños de Wren tal vez fueran las airosas torres renacentistas que reemplazaban a las sólidas y cuadradas de las anteriores iglesias medievales.

Wren edificó luego otras tres iglesias más, pero 19 de ellas han sido destruidas desde 1781. En los planos 6 a 9 se incluye una lista parcial de las que han sobrevivido y su ubicación. Para más detalles, véase www.london-city-churches.org.uk.

Londres en la Restauración

Con el trabajo prácticamente terminado, que incluía la construcción en 1677 de una gran columna coronada por llamas doradas –The Monument– para recordar el incendio, Londres volvió a dedicarse al comercio y las manufacturas, lo que atrajo a trabajadores de otras partes de las Islas Británicas y el extranjero. En 1685, tras revocar Luis XIV de Francia el Edicto de Nantes (que había garantizado la libertad de culto a los protestantes franceses durante casi un siglo), unos 1.500 refugiados hugonotes llegaron a Londres y muchos empezaron a trabajar en la producción de artículos de lujo –relojes, sedas y orfebrería– en Spitalfields y sus alrededores. En la zona de Clerkenwell se congregaban los artesanos italianos.

La Revolución Gloriosa –léase incruenta– de 1688 elevó al trono inglés al rey holandés Guillermo de Orange y a su esposa María, hija del mismo Jacobo II al que la pareja había depuesto. Cuando el asma de Guillermo empeoró por la cercanía al río Támesis del palacio de Whitehall, se trasladaron a una mansión situada en los jardines de Kensington y la convirtieron en un nuevo palacio. En 1694, la necesidad del rey de recaudar fondos para la guerra contra Francia derivó en la creación del Banco de Inglaterra, institución respaldada por el Estado, que los comerciantes londinenses reclamaban desde hacía tiempo.

Hacia 1700 Londres era la mayor ciudad de Europa, con unos 600.000 habitantes. La afluencia de trabajadores foráneos propició la expansión hacia el este y el sur, mientras que los más ricos se mudaron al norte y el oeste para huir de la contaminación, las enfermedades y la violencia del centro. Estas divisiones se mantienen con escasas variaciones en el Londres del siglo XXI.

Londres georgiano

Como Guillermo y María no tuvieron herederos, les sucedió la hermana de ésta, Ana. La nueva reina tuvo 17 embarazos, pero sólo sobrevivió uno de sus hijos, que ni siquiera llegó a alcanzar la mayoría de edad. Dado que el Acta de Establecimiento de 1701 prohibía la ascensión al trono de un católico romano, al morir Ana en 1714 hubo que buscar algún pariente protestante. Al final se eligió a Jorge de Hanover, que al llegar a Londres no hablaba inglés.

La capital cada vez parecía más un centro financiero que comercial, con todas sus ventajas e inconvenientes. En efecto, tuvo su primer descalabro financiero en 1720, en el incidente conocido como South Sea Bubble (Burbuja de los Mares del Sur): la excesiva especulación en una compañía creada para comerciar con América del Sur acabó con el colapso de la empresa y la ruina de miles de personas. El gobierno pudo salvarse gracias a la intervención de Robert Walpole, primer ministro de Jorge I y primer inquilino del 10 de Downing St.

Por esas fechas proliferaban la división y la anarquía; la prensa de la época sugiere que era la ciudad con mayor criminalidad de Europa, e incluso Jorge II fue asaltado en los jardines del palacio de Kensington por un ladrón que "con gran deferencia, privó al rey de su bolsa, su reloj y sus hebillas". Éste era el Londres del artista William Hogarth (véase el recuadro "De libertinos y cortesanas: el mundo de Hogarth", más adelante), donde los poderosos construían magníficas residencias en atractivas plazas mientras los pobres se hacinaban en espantosos guetos e ingerían una media de dos pintas de ginebra a la semana. Los locales que servían bebidas alcohólicas les tentaban con letreros del tipo "Borracho por un penique; como una cuba, por dos". Los ricos tomaban una curiosa bebida recién traída de Turquía, en cafés como el Jamaica (hoy es el pub Jamaica Wine House) de St Michael's Alley, en la City. La instalación del alumbrado público contribuyó a reducir los delitos, pero tuvo más trascendencia la fuerza de policía privada que en 1751 formaron dos magistrados de Bow, integrada por media docena de "cazaladrones". Los "Bow Street Runners" se convirtieron en el primer cuerpo de policía de la capital (aunque la policía metropolitana no se creó hasta 1829).

Hasta la apertura del puente de Westminster en 1750, la balsa para caballerías que iba de Lambeth a Millbank era la única opción para cruzar el Támesis, aparte del puente de Londres y los taxis acuáticos cuyos remeros atraían a los clientes gritando: "¿Remeros?, ¿remeros?" (según relatos de la época, algunos visitantes llegados del campo interpretaban este reclamo como una oferta de servicios carnales). Pero a medida que la población crecía, también lo hacía la presión para que se facilitara la movilidad. Como las casas y tiendas del viejo puente de Londres, atestadas y en desorden, entorpecían el tráfico de una ribera a otra, se terminaron derribando junto con gran parte de la muralla medieval y las puertas de acceso a la ciudad; actualmente éstas sólo sobreviven en algunos topónimos, como Bishopgate, Broadgate, Aldgate y Ludgate.

En 1780 el Parlamento propuso la supresión de la ley que prohibía a los católicos comprar o heredar propiedades, pero un diputado, el demente lord George Gordon, lideró una manifestación contra el papa que desembocó en los motines de Gordon: una multitud enardecida de al menos 30.000 individuos incendió las prisiones de Newgate y Clink, las "guaridas papistas" (capillas) y varios tribunales de justicia. Entre 300 y 850 personas perecieron, contando a unas 20 que bebieron hasta caer muertas tras asaltar una destilería de Holborn.

Mientras Jorge III se hundía en la locura hacia finales del XVIII, su hijo, el príncipe regente Jorge IV, formó una corte alternativa y bastante más sofisticada en Carlton House (Pall Mall). Cuando el rey falleció en 1820, Jorge IV trató de divorciarse de su esposa Carolina pretextando adulterio; ella, por su parte, intentó participar en su coronación en la abadía de Westminster. El pueblo, en general, se puso del lado de la reina, pero ésta murió poco después y su funeral desencadenó tumultos callejeros.

El Londres georgiano se caracterizó por una gran creatividad en los campos de la música, el arte y la arquitectura. George Frideric Haendel, compositor de la corte, escribió *Música acuática* (1717) y *El Mesías* (1742) mientras vivió aquí, y el Dr. Johnson elaboró el primer diccionario de la lengua inglesa en 1755. Hogarth, Gainsborough y Reynolds realizaron algunos de sus mejores grabados y pinturas; muchos de los edificios, calles y plazas más elegantes fueron proyectados o erigidos por hombres como John Soane, su pupilo Robert Smirke y el incomparable John Nash.

Londres victoriano

La reina Victoria ascendió al trono en 1837 a los 18 años de edad. Durante su largo mandato, Londres se convirtió en el núcleo del imperio más extenso y rico de la historia, que cubría una cuarta parte de la superficie terrestre y regía los destinos de más de 500 millones de personas. Para atender las necesidades del próspero comercio con las colonias se construyeron nuevos muelles y, como la congestión empeoraba, se trazaron

SIMON BRACKEN

El majestuoso palacio de Kensington ha sido el capricho de muchos reyes, Guillermo de Orange entre ellos.

líneas férreas que hacia 1850 comunicaban Londres con todas las ciudades principales. En 1863 se inauguró entre Paddington y Farringdon Rd el primer ferrocarril subterráneo del mundo; tuvo tal éxito que pronto le siguieron otras líneas.

El desarrollo de las infraestructuras continuó con rapidez; en 1843 se abrió el primer túnel bajo el Támesis (de Shadwell a Rotherhithe). Y, pese a que su nombre no es demasiado conocido, Londres le debe mucho a sir Joseph Bazalgette, que modernizó el sistema de alcantarillado, reforzó la margen sur del río y construyó algunos de los puentes más hermosos de la ciudad. Muchos de los edificios y monumentos más famosos se erigieron durante este período: la torre del reloj del Parlamento, conocida como el Big Ben (1859), el Royal Albert Hall (1871) y el puente de la Torre (1894).

Debido a la Revolución Industrial y al rápido desarrollo del comercio, la población aumentó de un millón escaso en 1801 (año del primer censo nacional) a 6,5 millones un siglo después. El resultado fue un crecimiento continuo tanto de los desmadejados barrios bajos del centro, donde vivían los pobres, como de las zonas residenciales de los ricos.

Aunque la época victoriana es definida como una fase de gran poder imperial basado en la industria y el comercio, los logros intelectuales en las artes y las ciencias fueron enormes. Charles Dickens, el mayor cronista del Londres victoriano, trató en *Oliver Twist* (1837) y otras obras los temas de la pobreza, la desesperación y la miseria de los obreros londinenses. En 1859 Charles Darwin publicó su obra inmensamente polémica *El origen de las especies*.

Algunos de los primeros ministros más capaces del Reino Unido prestaron sus servicios durante los 64 años del reinado de Victoria, como William Gladstone (cuatro mandatos entre 1868 y 1894) o Benjamin Disraeli (ocupó el cargo en 1868 y de 1874 a 1880).

Con frecuencia se ha calificado a la reina Victoria –la de "no Nos cae en gracia"– de persona severa y sin sentido del humor, pero en realidad fue muy inteligente, progresista y apasionada. Vivió para celebrar en 1897 sus bodas de diamante en el trono; falleció cuatro años después, a los 81, y sus restos reposan en Windsor. En retrospectiva, el reinado y los logros de esta extraordinaria mujer pueden considerarse como el apogeo de la supremacía británica.

Londres eduardiano y Primera Guerra Mundial

El licencioso hijo de Victoria, Eduardo, príncipe de Gales, tenía ya 60 años cuando fue coronado como Eduardo VII en 1901. Para entonces, los cambios se sucedían en Londres a velocidad de vértigo. Con la creación en 1889 del Consejo del Condado de Londres (LCC), la capital tuvo su primer gobierno elegido por sufragio directo. Los primeros autobuses entraron en servicio en 1904, y en siete años habían sustituido al antiguo ómnibus tirado por caballos, introducido en 1829. En el Londres eduardiano surgió una legión de flamantes hoteles de lujo (como el Ritz, en 1906) y abrieron sus puertas grandes almacenes (Selfridges, en 1909).

La Gran Guerra comenzó en agosto de 1914 y las primeras bombas de los zepelines cayeron cerca del Guildhall al año siguiente, matando a 39 personas. Luego, los aviones bombardearon la capital, causando en total 650 víctimas (la mitad del total nacional de bajas civiles). Por trágicas que resulten estas muertes, parecen una gota en el océano si se comparan con la carnicería ocurrida una generación después, durante la "guerra relámpago" (el Blitz) de la Segunda Guerra Mundial.

Período de entreguerras

Al finalizar la guerra en 1918, la población volvió a crecer, para llegar a 7,5 millones en 1921. El sufragio universal se amplió a todos los hombres mayores de 21 años y a las mujeres de más de 30 (en 1928 se rebajó a 21). El LCC inició el derribo de los barrios marginales y construyó nuevos edificios de viviendas, mientras los suburbios no paraban de extenderse hacia el campo. El desempleo seguía aumentando y en mayo de 1926 se produjo un conflicto salarial en la industria del carbón que derivó en una huelga general de nueve días, tan secundada que la capital quedó casi paralizada y hubo que recurrir al ejército para garantizar los servicios de autobuses y metro y mantener el orden. Esta acción represiva preparó el escenario para la conflictividad laboral que acosaría al Reino Unido durante el medio siglo siguiente.

Los años veinte fueron los de apogeo del llamado Grupo de Bloomsbury, del que formaban parte los escritores Virginia Woolf y Lytton Strachey, y el economista John Maynard Keynes. Pero en la década siguiente el centro de la vida intelectual londinense se trasladó al oeste, a Fitzrovia, donde George Orwell, Thornton Wilder, Dylan Thomas y Cyril Connolly vivían o brindaban en la Fitzroy Tavern, de Charlotte St. Fue la gran era del cine y la radio; la British Broadcasting Corporation (BBC), fundada en 1922, transmitiría desde el parque Alexandra el primer programa de televisión 14 años después.

La depresión económica mundial de finales de los años veinte anunció una década de miseria y convulsiones políticas. Incluso la familia real se vio comprometida cuando Eduardo VIII abdicó en 1936 para casarse con una mujer que no sólo se había divorciado dos veces, sino que además era estadounidense; le sucedió su hermano, el poco carismático Jorge VI. El escándalo ya insinuó el prolongado juicio mediático que la familia real empezaría a sufrir 50 años más tarde.

El mismo año de la abdicación, Oswald Mosley organizó una marcha antisemita de "camisas negras" de la Unión Británica de Fascistas desde la Torre de Londres a través del East End. Una multitud de alrededor de medio millón de personas le detuvo en Cable St. En 1938, la amenaza alemana era ya tan alarmante que se evacuó a los niños hacia el norte y el oeste de de la ciudad.

Segunda Guerra Mundial y Blitz

En septiembre de 1939 estalló la Segunda Guerra Mundial cuando Alemania invadió Polonia, aliada del Reino Unido. El primer año estuvo marcado por una tensa espera; pese a la evacuación de más de 600.000 mujeres y niños y la reclusión de 1.600 miembros de la comunidad italiana de Clerkenwell como si fueran extranjeros, no cayeron bombas. Pero el 7 de septiembre de 1940, aviones alemanes lanzaron cientos de bombas sobre el East End, causando 430 muertos y el triple de heridos.

Esta *Blitzkrieg* ("guerra relámpago", del alemán), o simplemente Blitz, duró 57 noches en las que el metro se transformó en un gigantesco refugio antiaéreo. La lluvia de bombas se prolongó seis meses más, aunque fue perdiendo intensidad. La abadía de Westminster, el palacio de Buckingham, la catedral de St Paul, el Guildhall, la Broadcasting House e innumerables iglesias de la City sufrieron impactos y algunas quedaron arrasadas. Los ataques aéreos cesaron en mayo de 1941, pero se reanudaron en enero de 1944, cuando los V-1 sin piloto –conocidos popu-

El príncipe Alberto y la Gran Exposición

En 1851 el príncipe Alberto, de origen alemán y amado consorte de la reina Victoria, organizó en Hyde Park una Gran Exposición dedicada a las nuevas tecnologías del planeta. Se celebró en un invernadero de hierro y cristal de 7,5 hectáreas, un palacio de cristal diseñado por el arquitecto y jardinero Joseph Paxton. En torno a dos millones de personas acudieron de dentro y fuera del país para admirar los más de 100.000 objetos expuestos. Además, se jugó por primera vez al cróquet, que ha sido llamado "el juego más vicioso del mundo". Esta primera exposición universal tuvo tanto éxito que Alberto logró que los beneficios se destinaran a la construcción de dos exposiciones permanentes, convertidas después en el Museo de la Ciencia y el Museo Victoria y Alberto. El revolucionario edificio original se trasladó a Sydenham, donde lo destruyó un incendio en 1936, pero la zona del sureste de Londres –y su club de fútbol– todavía conserva el nombre de Crystal Palace. A los 10 años de la exposición, el príncipe moría de tifus a la edad de 42; la reina, muy afligida, llevó luto hasta su muerte, en 1901.

larmente como bombas volantes– aparecieron en el cielo dejando caer con sigilo sus bombas cuando se paraban sus motores. Después, Londres fue el objetivo de quinientos V-2, los primeros misiles balísticos de gran alcance.

Al capitular la Alemania nazi en mayo de 1945, buena parte del East End y de la City estaban arrasadas, incluso las 16 hectáreas donde ahora se levanta el complejo de Barbican. En total murieron casi 32.000 londinenses y otros 50.000 estaban gravemente heridos. En estos terribles días, la reina Isabel (la fallecida Reina Madre) se aventuró a salir del palacio de Buckingham, también bombardeado, para inspeccionar las calles destruidas, despertando la admiración de todos los londinenses al decir: "Me alegro de que nos hayan bombardeado; ahora puedo mirar a la cara al East End".

Winston Churchill, primer ministro desde 1940, orquestó gran parte de la estrategia bélica de la nación desde las Cabinet War Rooms, en los sótanos de Whitehall, y desde allí lanzó conmovedores discursos a la población, como el que pronunció a finales de ese año en plena batalla de Inglaterra, que concluía así: "En ningún otro conflicto humano nunca tantos debieron tanto a tan pocos".

La posguerra

Al terminar la contienda se inició un urbanismo de bajo presupuesto, con edificios altos y poco atractivos en los puntos bombardeados de Pimlico, el East End y Roehampton, y el aspecto de la ciudad fue cambiando a medida que llegaban inmigrantes de las Antillas y el subcontinente indio. Notting Hill, Ladbroke Grove y Brixton adquirieron un aire caribeño, Southall se tornó marcadamente sij y el viejo East End judío desapareció al mudarse la población semita a Golders Green, al norte, y ocupar su lugar los bengalíes. Finsbury acogió a chipriotas y en el Soho se asentaron chinos de Hong Kong.

En 1951 se celebró en Londres el Festival de Gran Bretaña para conmemorar el centenario de la Gran Exposición y levantar la moral de posguerra. Su único legado permanente son los feos centros de arte de hormigón de South Bank. El racionamiento de casi todos los productos no finalizó hasta 1953, año de la coronación de Isabel II. El primer vuelo civil abandonó el aeropuerto de Heathrow en 1946 y el primer autobús Routemaster rojo de dos pisos circuló en 1956.

Durante la década de 1960 el "alegre Londres" era la ciudad de moda; la juventud, vestida de forma estrafalaria, se reunía en Carnaby St y King's Rd, aportando colorido y vitalidad a las calles; los Beatles grababan en Abbey Rd, al norte de Londres; y los Rolling Stones actuaban gratis en Hyde Park ante 500.000 *fans*. En 1965 se reformó el gobierno local, apareciendo el Consejo del Gran Londres (GLC), cuya jurisdicción se extendía a una zona mucho mayor que la del LCC.

Aunque los años setenta y los primeros ochenta fueron más duros, Londres se libró en gran medida de los apuros económicos del norte de Inglaterra y Escocia. Pero los muelles nunca superaron la pérdida del imperio, las nuevas necesidades de los buques portacontenedores modernos y las malas relaciones laborales, y fueron desapareciendo entre 1968 y 1981. Los barcos se trasladaron a Tilbury, unos 41 km hacia el este, y los Docklands cayeron en el olvido hasta que los redescubrieron los promotores inmobiliarios en la década de 1980.

Los años setenta fueron una década bastante indescriptible, comprimida entre el optimismo creciente de los sesenta y la desastrosa recesión de los primeros ochenta. En 1973 estalló una bomba en Old Bailey (Tribunal Penal Central), que marcó la llegada a suelo inglés de la campaña del IRA (Ejército Republicano Irlandés) por una Irlanda unida. Al menos, los años centrales del período estuvieron animados por las crestas de los *punks*, que alcanzaron la fama en locales como el Marquee de Charing Cross Rd.

Los años de Thatcher

En 1979 la líder del Partido Conservador (o Tory) Margaret Thatcher se convirtió en la única mujer que llegaba a ser primera ministra del Reino Unido. Su política monetarista pronto disparó el desempleo; una encuesta efectuada tras los disturbios de Brixton de 1981 reveló que el 55% de los hombres menores de 19 años residentes en esa zona estaban sin trabajo. En 1985 sucedió algo similar en Tottenham, y entre los factores causantes del conflicto figuraban de nuevo el paro y una política de mano dura.

Entretanto, el GLC, bajo la dirección de Ken Livingstone, emprendió una enérgica campaña para reducir las tarifas del transporte público. La primera ministra respondió con la abolición del Consejo en 1986, que no volvería a ver la luz hasta 14 años después (véase "Gobierno y política", más adelante).

Mientras los ciudadanos más desfavorecidos sufrían con el ataque de Thatcher al socialismo, las cosas nunca marcharon mejor para la comunidad financiera. Gracias a un clima de confianza engendrado en parte por la desregulación de la Bolsa en 1986 (el llamado Big Bang), Londres experimentó un crecimiento económico tremendo al final de la década. Aunque los nuevos promotores inmobiliarios no fueron mucho más selectivos que la Luftwaffe en la Segunda Guerra Mundial, entre toda la mediocridad levantaron algunos edificios sobresalientes, como el Lloyd's (véase el capítulo *Arquitectura contemporánea de Londres)*.

La prosperidad repentina de finales de los ochenta no duró mucho. El paro comenzó a subir de nuevo y el valor de la vivienda descendió mucho; Thatcher introdujo entonces un impuesto per cápita de tipo fijo. Las protestas iniciadas en todo el país culminaron con una marcha por Trafalgar Square, que acabó en auténtico tumulto en 1990. Poco después, la empresa Canary Wharf, buque insignia del muy promocionado plan urbanístico de Docklands, entró en suspensión de pagos. Thatcher dejó su cargo y se nombró primer ministro a John Major.

La década de 1990

En 1992 los conservadores iniciaron su cuarto mandato consecutivo. Lamentablemente para ellos, la economía cayó en picado poco después y el Reino Unido tuvo que retirarse del Mecanismo Europeo de Tipos de Cambio (European Exchange Rate Mechanisme), humillación de la que el gobierno no se recuperó. Para empeorar su situación el IRA perpetró dos terribles atentados, uno en la City en 1992 y otro en Docklands cuatro años después, que causaron la muerte a varias personas y daños materiales por millones de libras.

Las elecciones generales de mayo de 1997 dieron el gobierno al Partido Laborista por primera vez en 18 años. En realidad, se trataba de un partido neolaborista muy cambiado, despojado en gran parte de su credo socialista, que apoyaba la economía de mercado, las privatizaciones y la integración en Europa. Aunque al poco de llegar al poder el Gobierno de Tony Blair tuvo que soportar las críticas de los medios de comunicación por su "revisionismo de tercera vía" y por no cumplir sus promesas electorales, las encuestas de popularidad entre los londinenses le fueron favorables gracias al auge económico y las bajas tasas de paro de Londres, la debilidad y división de la oposición, y el carisma y las dotes de estadista del primer ministro (sobre todo en el panorama internacional).

El nuevo milenio

Al comenzar el tercer milenio, Londres tenía, sin duda, más fuerza y confianza que en

PAUL KENNEDY

La noria London Eye ofrece impresionantes vistas de la ciudad a 135 m de altura.

cualquier época precedente desde los sesenta. El año 2000 vino anunciado por un “muro de fuego” –los mayores fuegos artificiales de la historia de la ciudad– sobre el Támesis, que resultó un poco decepcionante, pues no todos los surtidores lanzaron llamas y escasos espectadores pudieron verlas. A lo largo del año se inauguraron nuevos edificios y atracciones: la noria London Eye de British Airways, la Tate Modern y el gran patio del Museo Británico entre otros. En mayo, Ken Livingstone volvió a dirigir el recién creado Greater London Authority (GLA, Gobierno del Gran Londres).

Pero el hechizo se desvaneció y para muchos londinenses el milenio no fue más que pólvora mojada. El muy pregonado y costoso Millenium Dome no atrajo el número de visitantes esperado y se cerró en 2001, abandonado, aunque no olvidado; además, dos días después de la apertura del puente Millenium, que enlaza Bankside con la City, se prohibió el tránsito de peatones por problemas estructurales.

Como todo el mundo predijo, Tony Blair fue reelegido en junio de 2001; los laboristas obtuvieron el 42% de los votos mientras los conservadores se quedaban en un 31%. Su poco carismático líder William Hague dimitió de inmediato, dejando tras de sí un partido fracturado y desorganizado. Hasta finales de septiembre no se eligió un nuevo líder, esta vez el euroescéptico derechista Iain Duncan Smith, anterior ministro de Defensa en la sombra. La victoria de Blair supuso un estímulo para una ciudad que le ha dado su apoyo mayoritario. Sin embargo, sucedieron un sinfín de calamidades: un virtual colapso del metro, los desastrosos efectos de la epidemia de fiebre aftosa sobre el turismo londinense, nuevos atentados del IRA en Shepherd’s Bush en marzo y en Ealing en agosto, y muy altas temperaturas, entre las máximas del siglo. Por todo ello, muchos londinenses desearon que ese “verano de descontento” llegara a su fin.

GEOGRAFÍA

El llamado Gran Londres, con una extensión de 1.571 km^2 rodeados por la carretera de circunvalación M25, se asienta en el sureste de Inglaterra, a orillas del Támesis (véase el capítulo *El río Támesis)*, que divide la ciudad en sus mitades norte y sur.

Londres se divide en 33 *boroughs* (municipios) bien diferenciados (13 de ellos están en el centro), gestionados por consejos locales con notable autonomía. La “milla cuadrada” *(square mile)* ocupada por el corazón de la urbe, se conoce simplemente como “the City”, y cuenta como un municipio. Los *boroughs* se subdividen en distritos, que en general se corresponden con el primer grupo de letras y cifras del código postal (véase el recuadro “Los desconcertantes códigos postales de Londres” en *Datos prácticos)*. El municipio con mayor renta per cápita es Richmond, al oeste; Barking, en el este, el más pobre.

Los distritos y códigos postales suelen aparecer en las placas de las calles y se citan al dar cualquier dirección; esto es vital, dado que los nombres se repiten con frecuencia o

Ríos subterráneos de Londres

El Támesis no es el único río de Londres; muchos otros discurren bajo el suelo, al haber sido cubiertos por las calles a lo largo de los siglos. Algunos sobreviven sólo en topónimos: Fleet, Hole Bourne, Wells, Tyburn, Walbrook y Westbourne, este último represado en 1730 para formar el lago Serpentine de Hyde Park. El más famoso es el Fleet, que nace en las charcas de Hampstead y Kenwood y fluye hacia el sur, pasando por Camden Town, King’s Cross, Farringdon Rd y New Bridge St, donde vierte al Támesis a la altura del puente de Blackfriars. Se utilizó como cloaca a cielo abierto, a la que los carniceros arrojabon sus despojos; el dramaturgo isabelino Ben Jonson describe una travesía por el Fleet en una noche de verano, en la que cada golpe de remo "levantaba un olor tan fuerte como el de todos tus orinales descargando su contenido de heces y orina". Tras el Gran Incendio, Christopher Wren supervisó la excavación y ensanchamiento del Fleet para convertirlo en un canal, pero fue cubierto en 1733; y el resto del río, tres décadas más tarde.

atraviesan varios distritos. Muchas calles cambian de nombre (Holland Park Ave se convierte en Notting Hill Gate, que a su vez pasa a ser Bayswater Rd y después Oxford St) o se entrecruzan como los caminos vecinales que antiguamente fueron. La numeración de las calles también puede desconcertar: en las grandes arterias a veces existe un desfase entre los números de ambas aceras –el 315 enfrente del 520–, o en una siguen un orden creciente mientras que en la otra descienden.

Por otra parte, algunos suburbios situados dentro de la M25 no dan "Londres" como parte de sus señas y no utilizan código postal londinense; se consideran parte de un condado –quizá Surrey, que todavía existe, o Middlesex, que pertenece al Gran Londres desde 1965–.

GEOLOGÍA

La cuenca de creta en la que se asienta la capital fue rellenada con la famosa arcilla de Londres, una dura capa azul grisácea de 130 m de grosor que sostiene muchos de los túneles y más profundos cimientos de la ciudad. Coronan el subsuelo roca y guijarros, grava y limo arcilloso, una mezcla de arena y arcilla que suele extraerse para material de construcción. El legado de siglos de continua ocupación humana aparece en forma de depósitos de 5,5 a 6,5 m en los sectores más antiguos de la City y Westminster.

CLIMA

El viejo refrán que afirma "Londres no tiene clima; sólo hace un tiempo u otro" se refiere a lo variables que son las condiciones atmosféricas en esta parte del mundo. Basta con planear un almuerzo en un parque por la mañana para que al mediodía esté lloviendo; o meterse en el cine huyendo de una tarde triste y lluviosa para encontrar al salir un sol radiante en un cielo despejado. Nunca se sabe.

Pero Londres sí tiene un clima –de hecho, de los más suaves de Inglaterra– descrito como oceánico templado, con inviernos suaves y húmedos y veranos moderados. Lo más prudente es esperar tiempo nublado y lluvias incluso en pleno verano.

En julio y agosto, las temperaturas rondan los 18ºC, aunque a veces pueden subir hasta 30ºC o más. Cuando esto ocurre, el metro se convierte en un horno y el calor concentra en las calles los gases del tráfico. Además, un buen número de edificios públicos y monumentos carecen de aire acondicionado, pese a que las temperaturas medias anuales suben año tras año. No obstante, durante la mayor parte de los veranos, el termómetro rara vez marca más de 20ºC.

En primavera y otoño las temperaturas descienden hasta 11-15ºC. En invierno no pasan de 6ºC; no suelen producirse heladas y la nieve aparece con poca frecuencia. Esto hace pensar en un clima suave, pero la humedad contribuye a duplicar o triplicar la sensación de frío. Por fortuna, la mayor parte de las atracciones turísticas londinenses están a cubierto y poseen potentes sistemas de calefacción.

Para conocer el pronóstico del tiempo en el área metropolitana, se puede llamar a Weathercall (☎ 0906 850 040).

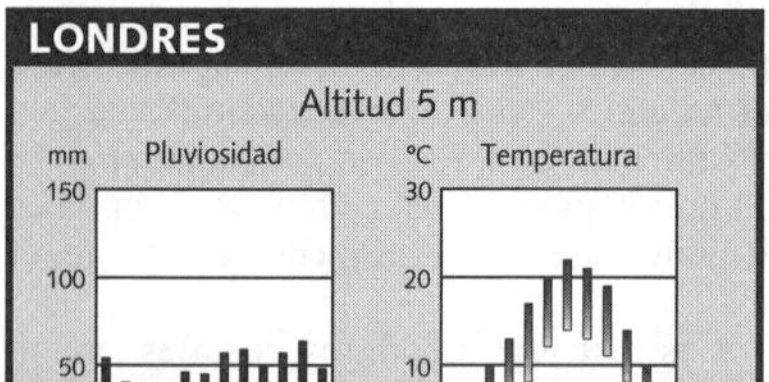

ECOLOGÍA Y MEDIO AMBIENTE

Los problemas medioambientales más serios de Londres se advierten enseguida, incluso durante una estancia breve. Con unos 145.000 vehículos dirigiéndose a diario hacia el centro –el 17% de los desplazamientos cotidianos– que se suman a los automóviles, taxis y camiones que ya se encuentran en él, la circulación se ralentiza hasta unos 17,6 km/h (velocidad similar a la de los caballos y carruajes que atascaban las estrechas calles del siglo XIX). Sin embargo, es posible que se mitigue el problema si el alcalde Livingstone pone en vigor en 2003 su "tasa de congestión" (véase "En automóvil y motocicleta", en el capítulo *Cómo desplazarse*).

El tráfico es también responsable en gran parte de otro problema obvio: la pésima calidad del aire. Ocho de las diez calles más contaminadas del Reino Unido se sitúan en Londres; muchos ciclistas llevan mascarillas para no respirar gases tóxicos. Las zonas con los niveles más altos de contaminación por dióxido de nitrógeno son Mayfair, Knightsbridge, Kensington y Hyde Park.

El *smog,* término acuñado por los victorianos para describir la tóxica combinación del humo procedente de hornos de carbón y la ubicua niebla londinense, ya forma parte del pasado gracias a la Clean Air Act, promulgada en 1956 después de que unos 4.000 ciudadanos murieran por su causa en el invierno de 1952 a 1953. Sin embargo, quienes padezcan asma u otras afecciones respiratorias deberían fijarse en las previsiones de contaminación incorporadas a los partes meteorológicos.

Al contemplar las turbias aguas del Támesis, uno podría pensar que está ante otro punto negro de polución, pero las cosas han mejorado mucho en este frente (véase el capítulo *El río Támesis*).

FLORA Y FAUNA

Londres posee más parques y espacios abiertos que cualquier ciudad del mundo; los hay recortados con esmero (parques Holland y St James) y otros semi silvestres (Richmond y Bushy). Todos proporcionan hábitats adecuados para numerosos animales y aves.

Flora

Los amantes de las plantas no querrán perderse los jardines Kew, al oeste de Londres (véase "Kew" en el capítulo *Qué ver y hacer*), pero si se buscan especies vegetales menos exóticas, los parques de la capital ofrecen variedad de árboles, arbustos y flores comunes o de jardín. Muchos londinenses se enorgullecen también de sus jardines privados, cuyo tamaño varía: desde minúsculos patios traseros hasta terrenos que parecen fincas pequeñas, algunas de las cuales se abren al público unos días al año (en general, entre mayo y septiembre) en virtud del National Gardens Scheme. El precio de las entradas es de 1,50-2 £ y se destinan a obras benéficas. Para conseguir un programa (*London Gardens*; 50 p) hay que contactar con dicha organización (☎ 01483 211535, www.ngs.org.uk), en Hatchlands Park, East Clandon, Guildford GU4 7RT.

Fauna

El mamífero más frecuente en Londres es la ardilla gris, una importación de Norteamérica que ha llegado a colonizar todos los parques grandes y diezmado la población autóctona de ardillas rojas. También viven erizos, aunque su cifra va menguando, quizá debido al creciente uso de cebos para babosas. Hay zorros que tienen su hogar en la ciudad, pero es difícil verlos, salvo de madrugada, por sus hábitos nocturnos. Los tejones se esconden entre los helechos del parque de Richmond, que, como el de Bushy, alberga rebaños de ciervos rojos y gamos.

Los aficionados a la ornitología, sobre todo a las aves acuáticas, disfrutarán en Londres. En el parque de St James, patos y pelícanos conviven con los cisnes de la reina Isabel II, mientras en el Serpentine de Hyde Park hay patos y hermosos somormujos lavancos de cabeza castaña. A veces es posible ver garzas comiendo en el Támesis, que también atrae a cormoranes, especialmente según se avanza hacia el este por los Docklands. Los canales también son muy indicados para contemplar aves acuáticas.

En todos los parques se posan pájaros de jardín, como carboneros comunes, mitos, gorriones, petirrojos y mirlos; algunos albergan otras aves migratorias más interesantes: en primavera es posible avistar bandadas de diminutos reyezuelos en el parque Holland, por ejemplo. Por la zona de la Torre de Londres anidan cernícalos, y otras especies rondan por los pantanos, en especial el de Staines, en Stanwell Moor Road (al oeste del centro; accesible desde la estación de tren de Hampton). En los campos abiertos de Barnes y Wimbledon también se reúnen diversas especies de aves y mamíferos.

La London Wildlife Trust (LWT) gestiona más de 50 reservas naturales en la ciudad, donde pueden verse numerosas aves y algún pequeño mamífero. La reserva natural del parque de Battersea posee varios senderos naturales para recorrerlo, mientras el parque Trent (⊖ Cockfosters) ofrece una ruta en braille por los bosques. Sectores de Hampstead Heath son ahora de especial interés científico por su riqueza natural. Otras importantes reservas, a las que se puede llegar muy fácilmente desde el centro urbano, son el parque natural de Camley St (⊖ King's Cross); la reserva natural de caza, en Romford (⊖ Dagenham East); Crane Park Island, en Whitton (estación: Whitton); Gunnersbury Triangle (⊖ Chiswick Park); y el bosque de Sydenham Hill (o Dulwich, estación: Sydenham Hill).

Para más información sobre reservas naturales y hábitats de fauna silvestre, se puede consultar a la corporación (☎ 7261 0447, www.wildlondon.org.uk), en Harling House, 47-51 Great Suffolk St, Londres SE1 0BS.

GOBIERNO Y POLÍTICA

Gobierno nacional

El Reino Unido es una monarquía constitucional que carece de constitución escrita; en su lugar, dispone de un compendio de estatutos parlamentarios, *common law* (es decir, un cuerpo de principios legales basados en precedentes, hasta de varios siglos de antigüedad) y costumbres. Como capital del Reino Unido de Inglaterra, Escocia, Gales e Irlanda del Norte, Londres es la sede de casi todos los ministerios nacionales, excepto los que corresponden a la jurisdicción del Parlamento Escocés de Edimburgo, la Asamblea Nacional Galesa de Cardiff y la Asamblea de Irlanda del Norte de Belfast.

Un ave regia

Ordena en hilera a todos tus cisnes, sereno Támesis,
Y depositalos uno junto al otro sobre tu majestuosa orilla

Michael Drayton *(Polyolbion;* 1612-1622)

Quién no ha permanecido junto a un lago de un parque o un canal de Londres, contemplando a esas altivas y esquivas aves de esbelto cuello, tan hermosas mientras se deslizan por el agua, cuando de repente se oye a una madre o un padre diciéndole a sus niños: "¿Sabéis que todos los cisnes de Inglaterra pertenecen a la reina?". Pero, ¿por qué Isabel II codicia los cisnes y no las avutardas, los herrerillos o los carpinteros?

Los cisnes *(Cygnus olor)* siempre han tenido vínculos con la realeza y aparecen en mitologías tan tempranas como la de la Grecia antigua. A principios de la Edad Media eran considerados una exquisitez: un cisne asado, con frecuencia relleno de pajarillos, era un plato principal en muchos menús. Ser propietario de cisnes "de caza" se convirtió en un símbolo de nobleza y prestigio conferido por la Corona, que también conservaba la propiedad de todos los existentes en aguas públicas.

En el siglo XVII se concedió el privilegio de criar cisnes a dos gremios urbanos (véase el recuadro "Los gremios de la City" del capítulo *Qué ver y hacer)*, los tintoreros y los vinateros; hoy son, junto con la reina, los únicos con permiso para poseer cisnes en el Támesis "desde la ciudad de Graveshende hasta Cicester". En julio, el cuidador de los cisnes de la reina preside la ceremonia de *swan upping* (levantamiento de cisnes), en la que se reúne a las aves y se las empuja hacia la orilla. Antes se marcaban los picos de los ejemplares jóvenes y polluelos entre Sunbury-on-Thames y Abingdon –una muesca para los tintoreros, dos para los vinateros y ninguna para la reina– y se anotaban los detalles en un censo; hoy se limitan a pesarlos y anillarlos –más complicado de lo que parece–. Durante el rodeo avícola de 2001, un ave, al parecer descontenta con el trato que se le daba, atacó a uno de los encargados de reunirlas. Es probable que hubiera oído hablar de la antigua tradición de terminar la ceremonia con un banquete de cisne asado.

El Parlamento está formado por tres elementos: el monarca, cabeza del Estado pero, en la práctica, figura simbólica que recibe consejo de los ministros y el propio Parlamento; la Cámara de los Comunes, asamblea nacional con 659 circunscripciones (o escaños) que es elegida cada cuatro o cinco años; y la Cámara de los Lores, formada en la actualidad por los lores espirituales (dos arzobispos y 24 obispos de la Iglesia anglicana), 573 pares vitalicios (cuyos títulos no pueden legarse) y 92 pares hereditarios. Los 12 lores de apelación *(law lords)* actúan como Tribunal Supremo del país y son la última instancia decisoria. Los miembros de la Cámara de los Lores se nombran, pero no se eligen por sufragio universal.

En la práctica, la institución parlamentaria suprema es la Cámara de los Comunes, y el primer ministro es el líder del partido mayoritario en dicha cámara. Los casi 20 ministros responsables de los departamentos gubernamentales –desde Asuntos Exteriores a Agricultura y Transportes– son designados por el primer ministro y forman el gabinete. El actual primer ministro, Tony Blair, y su Partido Laborista poseen 413 escaños frente a los 166 de los conservadores, 52 de los demócratas liberales y 28 de otros partidos e independientes.

La Cámara de los Lores, reformada en parte, tiene cierto poder, pero restringido por diversos procesos democráticos. Si, por ejemplo, la Cámara de los Lores veta un proyecto de ley, pero éste obtiene por dos veces la aprobación de los Comunes, es enviado a la reina para que lo apruebe automáticamente y se convierta en ley. En 1999, más de 1.000 pares hereditarios fueron excluidos de la Cámara de los Lores durante la primera fase de la reforma; por compromiso, se permitió la permanencia de otros 92, que fueron seleccionados por la cámara al completo antes de que la mayoría de sus miembros la abandonara. En la segunda fase de la reforma (sin calendario concreto), por primera vez los pares serán electos y los hereditarios desaparecerán.

Gobierno local

La historia registra que en el siglo XII, cuando el rey Ricardo Corazón de León vendió a Londres el derecho al autogobierno (véase "Londres medieval", anteriormente en "Historia"), los que respaldaron esta iniciativa afirmaron: "Los londinenses no tendrán rey, sino su propio alcalde". Esto es cierto para la City de Londres desde finales del siglo XII, pero no siempre ha valido para el Gran Londres, donde vive y trabaja la gran mayoría de la población. Cuando la primera ministra Thatcher suprimió el GLC en 1986, Londres fue durante 14 años la única capital importante del mundo que no contaba con una autoridad autónoma y un alcalde electo.

Todo eso cambió en mayo de 2000, cuando el independiente Ken Livingstone, anterior cabeza del antiguo consejo, salió elegido por votación popular para dirigir el nuevo GLA, el gobierno regional de la ciudad. Los 25 miembros de la Asamblea de Londres, con competencias en materia de transportes, desarrollo económico, planificación estratégica, medio ambiente, policía, bomberos, defensa civil y cultura, se eligen a partir de las circunscripciones del recién creado gobierno (14 miembros), y el resto (11 miembros), tomando como base todo Londres. No se trata de una oposición convencional, pero puede formar comités especiales de investigación, rechazar los presupuestos presentados por el alcalde y obligarle a responder ante la opinión pública y los medios de comunicación. En la actualidad, integran la Asamblea nueve conservadores, nueve laboristas, cuatro demócratas liberales y tres de Los Verdes. Se espera que en 2003 la asamblea se traslade a su nueva sede: el futurista edificio del GLA en Southwark, al suroeste del puente de la Torre.

La City dispone de su propio gobierno, la Corporación de Londres, encabezada por el *lord mayor* (alcalde) y un grupo de concejales, alguaciles y conserjes de extraños títulos y atuendos más extraños aún; se reúne en el Guildhall. Estos hombres –no suele haber mujeres– son elegidos por los ciudadanos de honor y miembros de los gremios de la City (véase el recuadro "Los gremios de la City" del capítulo *Qué ver y hacer)*. Aun cuando su gobierno pueda parecer anticuado y obsoleto en el tercer milenio, la corporación todavía posee un tercio más o menos de la riquísima "milla cuadrada" y desarrolla en ella un activo mecenazgo de las artes.

Diferentes *boroughs* de Londres eligen también democráticamente sus consejos locales, que se ocupan de la educación y otras actividades menores, como la limpieza de las calles y la recogida de las basuras.

ECONOMÍA

Londres es la ciudad más rica de Europa y una de las mecas para quienes buscan empleo o para las compañías internacionales, atraídas por su gran reputación de centro financiero. La riqueza de Londres puede no resultar evidente al contemplar sus interminables manzanas de torres de viviendas desde uno de los lentos autobuses o cuando se viaja en uno de los sucios vagones de metro. Pero la renta per cápita de la población aventaja a la de Viena o Hamburgo, por ejemplo. Si Londres fuera un país, su PIB de 169.000 millones de libras superaría al de Suecia, Bélgica, Dinamarca o Irlanda.

Uno de cada ocho británicos vive en Londres y sigue llegando gente, con lo que el crecimiento demográfico asciende a un 1,4% anual (quintuplicando la media nacional). El atractivo son los salarios, un 30% más elevados que los del resto del país, y la vida cultural y social de la ciudad. Un profesor gana en torno a 30.000 £ al año, mientras la media estatal está en 27.150 £; el gerente de una compañía percibe 47.000 £, unas 10.000 £ más que la media en otras zonas.

No obstante, vivir en la capital es caro y eso diluye la diferencia salarial. El Centre for Economics and Business Research estima que el nivel de vida de los londinenses es inferior al del resto de los británicos. Los alquileres, por ejemplo, resultan un 56% más caros; las bebidas se cobran un 5% más; y casi una cuarta parte de los ciudadanos emplea 51 minutos como mínimo en llegar al trabajo, proporción que supera a la de cualquier otro punto del país.

Lo que aumenta la riqueza de Londres no son sólo los pingües beneficios de los banqueros y abogados de la City. El 25% de los londinenses trabaja en el sector terciario. Más de la mitad de los empleos relacionados con la industria del cine y los medios de comunicación del Reino Unido se concentra en la capital. Y la gente trabaja mucho: la ley prescribe una semana laboral de 48 horas, frente a las 40 de casi toda Europa o las 35 de Francia.

Entre los principales creadores de empleo figuran los aeropuertos. Heathrow, el aeropuerto comercial más activo del mundo, Gatwick y Stansted juntos proporcionan alrededor de 35.000 puestos de trabajo. Heathrow, en particular, se ha convertido en un nudo del tráfico de turistas y hombres de negocios que vuelan hasta y desde Europa, América y Asia.

Todavía quedan en Londres industrias y fábricas, aunque la navegación –principal actividad de la ciudad durante siglos– desapareció en 1981. Puede que los residentes de Greenwich se vean asaltados por olores no muy agradables procedentes de la vieja refinería de azúcar Tate & Lyle del otro lado del río, pero a sus 120 años aún genera puestos de trabajo.

En el este de Londres hay fábricas que siguen produciendo en serie prendas de vestir baratas –todavía se encuentran gangas de éstas en el mercado de Petticoat Lane y en las calles que salen de Brick Lane y Commercial Rd, en el East End. Ahora es más probable que su mano de obra sea de origen bengalí, pero hasta la década de 1960 los trabajadores eran judíos o *cockneys*.

Animadas minicervecerías tipo pub, como Orange Brewery en Pimlico, y la cadena Mash, han reemplazado a locales tradicionales como el inmenso Truman Brewery, en el tan de moda Spitalfields, mientras las imprentas de Clerkenwell se han convertido en *lofts*: espacio comercial convertido en residencia, y figuran entre los inmuebles más caros de la ciudad.

Pese a que el Reino Unido ha decidido, de momento, no sumarse a las 11 naciones que han adoptado el euro, Londres es la base de un creciente número de compañías multinacionales y ha conseguido el doble de proyectos de inversión extranjera que su rival europeo más próximo, París. Sony Corp., el segundo mayor fabricante mundial de electrónica de consumo, ha decidido centralizar sus oficinas financieras en Londres, concentrando las competencias de las de Tokio, Nueva York y Singapur.

El elevado coste de la vida en Londres puede forzar la fuga de empleos fuera de la ciudad. La fortaleza de la libra esterlina y unos tipos de interés más altos que los de Estados Unidos o la Europa continental incrementan el coste de los productos o las hipotecas. Esto cambiaría si el Reino Unido al final optara por adherirse al Sistema Monetario Europeo (SME) y renunciara a la libra en favor del euro, alineando así los tipos de interés con el resto de Europa.

POBLACIÓN

En el área metropolitana viven alrededor de 12 millones de personas, 7,4 millones de ellas en el centro urbano. La población crece un 1,4% anual y la media de edad está bajando (36 años, frente a los 38 de la media nacional). Otros 28 millones de personas visitan la capital cada año.

Aunque la mayoría de los residentes son blancos y anglosajones, el carácter multicultural de la ciudad se acentúa sin cesar. Londres viene recibiendo gente de otros puntos de las Islas Británicas –no siempre con los brazos abiertos– desde la Revolución Industrial. A partir de finales del siglo XVII comenzaron a llegar también cifras significativas de refugiados extranjeros. De Francia vinieron hugonotes después de 1685 para evitar la persecución religiosa. Por las mismas fechas, la restaurada monarquía Estuardo acogió a judíos procedentes de Francia, Flandes y Renania, tras su expulsión en masa de Inglaterra en 1290; y a finales del XIX entraron otros 20.000, que escapaban de las purgas antisemitas de Rusia y Polonia. Los inmigrantes italianos se agruparon en Clerkenwell y Holborn, los chinos en Limehouse, en los Docklands, y los irlandeses en Wapping y Camden a comienzos del XX.

Desde la década de 1950 también se han producido migraciones importantes desde muchas de las antiguas colonias británicas, incluso de África y las Antillas, Paquistán e India. Los indios llegaron en nutridos grupos durante los años sesenta y setenta, tras ser expulsados de diversos países africanos. Los colectivos de inmigrantes y refugiados se instalaron juntos en zonas concretas: chipriotas, turcos y curdos en Stoke Newington, sijs en Southall, bengalíes en Spitalfields y Shoreditch, chinos en el Soho, antillanos en Brixton, africanos en Hackney y Dalston, irlandeses en Kilburn, vietnamitas en Hackney y judíos en Golders Green, Hendon y Finchley. Muchos refugiados y otras víctimas de conflictos y persecuciones –desde curdos y somalíes a bosnios y kosovares– se han asentado aquí en las dos últimas décadas.

Menos del 25% de los londinenses pertenece a minorías étnicas, según un estudio dirigido por el London Research Centre en 1999. En la capital hay 33 comunidades étnicas de más de 10.000 personas nacidas fuera de Inglaterra. Los grupos varían desde los más numerosos, como el irlandés, con unas 214.000 personas nacidas en Irlanda que ahora viven en Londres, o el indio (151.000), hasta los más pequeños, como los de Trinidad y Tobago (unos 10.000). Según informes de este centro de investigación, en la capital se hablan regularmente unas 300 lenguas.

EDUCACIÓN

En el Reino Unido, la enseñanza es obligatoria hasta los 16 años y cada vez más jóvenes prosiguen sus estudios hasta los 18. También está creciendo el número de universitarios y, con ello, la financiación asumida por el Estado, hasta el punto de que el gobierno ahora espera que los estudiantes paguen sus matrículas y gastos de manutención a través del sistema de préstamos.

En Londres, la enseñanza primaria y secundaria suele ser responsabilidad de los *boroughs* de la ciudad. En torno al 92% de los niños asiste a colegios estatales y el resto va a centros privados (los que imparten enseñanza secundaria se denominan *public schools* en el Reino Unido). Entre los más antiguos y prestigiosos están Westminster, St Paul's, Highgate, City of London y Dulwich College.

La más conocida de las numerosas universidades del Londres metropolitano es la Universidad de Londres (fundada en 1826), con 34 *colleges* (facultades) que incluyen la London School of Economics and Political Science, el King's College, el University

College London y el Imperial College of Science, Technology and Medicine, célebre en todo el mundo por su excelente labor investigadora.

CIENCIA Y FILOSOFÍA

Las aportaciones de los londinenses –o de personas muy vinculadas a Londres– a diversos campos de la ciencia y la tecnología han sido innumerables. Isaac Newton (1642-1727), el físico que formuló la ley de la gravedad, se trasladó de Cambridge a Londres en 1701 y presidió la Real Sociedad de Londres desde 1703; está enterrado en la abadía de Westminster. Edmund Halley (1656-1742), el científico que observó por primera vez el cometa que lleva su nombre, y James Bradley (1693-1762), que aportó pruebas directas de la rotación de la tierra alrededor del sol, fueron respectivamente el segundo y el tercer astrónomo real de Greenwich entre 1720 y 1762.

El teórico de la evolución, Charles Darwin (1809-1882), vivió más de cuatro décadas en la residencia Down, en el sureste de Londres. Allí escribió *El origen de las especies* (1859), aprovechando las experiencias vividas en su viaje de cinco años por América del Sur y las islas Galápagos para desarrollar la teoría de la evolución a través de la selección natural. El químico y físico Michael Faraday (1791-1867), pionero del electromagnetismo e inventor de la pila eléctrica (1812), pasó gran parte de su vida adulta en Islington y fue enterrado en el cementerio de Highgate.

Entre los personajes que residieron en Londres en el siglo XX y tuvieron notable impacto en la ciencia se incluyen el escocés Alexander Fleming (1881-1955), que descubrió la penicilina cuando trabajaba como inmunólogo investigador en el hospital de St Mary (Paddington), y John Logie Baird (1888-1946), inventor de la televisión, que en 1925 ofreció la primera demostración pública de su funcionamiento en una sala ubicada sobre un restaurante de Greek St (Soho).

En el ámbito de la filosofía, Londres puede reivindicar su relación con Thomas Hobbes (1588-1679), autor de *Leviatán* y primer pensador desde Aristóteles que desarrolló una teoría completa sobre la naturaleza que incluye el comportamiento humano. Tutor del exiliado príncipe Carlos, se convirtió en uno de los favoritos de la corte cuando éste ocupó el trono como Carlos II en 1660. Karl Marx (1818-1883), Friedrich Engels (1820-1895), George Bernard Shaw (1856-1950) y Mahatma Gandhi (1869-1948) estudiaron, pensaron y escribieron en la sala de lectura del Museo Británico. Bertrand Russell (1872-1970), influyente pensador, pacifista y premio Nobel, fue profesor en la Escuela de Economía a finales del siglo XIX y elegido miembro de la Real Sociedad de Londres en 1908.

CULTURA

Londres posee una floreciente vida cultural. No importa si se habla de arte, que no escasea en la National Gallery, las dos Tate y el Victoria y Alberto, o de obras actuales como las de Damien Hirst, Tracey Emin, Rachel Whiteread y Gilbert & George; Londres sigue reuniendo lo mejor de lo mejor.

Danza

John Playford (1623-86), músico y clérigo de la iglesia del Temple, democratizó la danza al publicar *The English Dancing Master* (1651), una selección de más de 100 danzas corales de origen rústico que podían gustar a cualquier persona, sin importar su origen o extracción social. Títulos como "Hide Park", "Mayden Lane" y "Nonesuch" sugieren que muchas de estos bailes campestres iban dirigidos a los ciudadanos de Londres.

Se cree que el *morris,* el baile tradicional más popular de Inglaterra, fue introducido en el país por Juan de Gante, duque de Lancaster (1342-1362), después de visitar España; residió en el desaparecido palacio Savoy (véase "Londres medieval", anteriormente en "Historia") y es el patriota del mismo nombre que aparece en *Ricardo II* de Shakespeare. La palabra "morris" puede derivar de "moorish" (morisco), ya que originariamente algunos de los bailarines se tiznaban la cara.

Cecil Sharp (1859-1924), fundador de la Sociedad de Danza y Música Folclóricas Inglesas, con sede en Camden (véase "Folk y músicas del mundo" en el capítulo *Ocio*), recopiló bailes campestres ingleses casi olvidados y contribuyó a su reaparición en el siglo XX.

El ballet nació en Italia y fue introducido en Francia por Catalina de Médicis, a finales del siglo XVI. Pero el ballet clásico, tal como hoy se conoce, apareció en el siglo XVIII y fue seguido en el XIX por el ballet romántico, que cautivó a los londinenses. En 1845 se representó *Pas de Quatre* y, con tal motivo, el coreógrafo francés Jules Perrot trajo hasta la capital inglesa a cuatro de las mejores bailarinas de la época.

Londres cuenta hoy con cinco compañías de danza importantes y muchas otras pequeñas y experimentales. El cuerpo de baile más célebre, el Royal Ballet, se creó en 1956 a partir del Vic-Wells Ballet (1931) de Ninette de Valois y tiene su sede en la Royal Opera House de Covent Garden. También hay algunos grupos de danza moderna muy notables, como la Richard Alston Dance Company, con sede en The Place, la London Contemporary Dance Theatre y la Rambert Dance Company, en Sadler's Wells (véase "Ballet y danza" en el capítulo *Ocio).*

Música

Música clásica. Aunque en general Gran Bretaña no destaca por sus grandes compositores, Londres tiene pasión por la música clásica; lo prueban sus cinco orquestas sinfónicas y varios grupos musicales menores, el brillante abanico de auditorios, los precios bastante razonables y el altísimo nivel de las interpretaciones.

Haendel se mudó a Londres en 1712 y se convirtió en ciudadano naturalizado en 1726, y falleció en Brook St (Soho) en 1759; escribió en la capital muchas de sus óperas y oratorios, incluyendo *El Mesías* (1741). El hijo menor de J.S. Bach, Johann Christian, es mencionado a menudo como el "Bach inglés". Nombrado compositor del King's

CHARLOTTE HINDLE

El tiempo y la marea siguen su curso inexorable en el Real Observatorio de Greenwich, cuna del GMT.

Theatre de Londres en 1762, escribiría muchas óperas italianas de éxito para este teatro hasta su muerte, ocurrida veinte años más tarde. Haydn visitó la capital en dos ocasiones (1791-1792 y 1794-1795) y compuso sus últimas 12 sinfonías aquí; la *Nº 104 en re* también es llamada "Sinfonía londinense". Mozart pasó quince meses en Londres con sus padres a mediados de la década de 1760, y compuso entonces sus primeras sinfonías (han sobrevivido tres).

En cuanto a los compositores nacionales, los únicos destacables son Henry Purcell (1659-1695), organista de la abadía de Westminster; Thomas Augustus Arne (1710-1778), que trabajó para el Drury Lane Theatre; Edward Elgar (1857-1934), cuyo rostro puede verse en los billetes de 20 £; y Ralph Vaughan Williams (1872-1958), que compuso su propia *Sinfonía de Londres* en 1914, en vísperas de la Primera Guerra Mundial. Hay otros virtuosos del siglo XX, como Benjamin Britten (1913-1976), autor de la ópera *Peter Grimes* (1945), o William Walton (1902-1983), que aparte de ópera escribió composiciones para ballet y vivió unos años en Chelsea con los hermanos Sitwell (los poetas Osbert y Sacheverell).

Gilbert y Sullivan. Sin ser música clásica ni popular, merecen una mención las óperas cómicas u operetas típicamente inglesas que W.S. Gilbert (1836-1911), autor de los libretos, y el compositor Arthur Sullivan (1842-1900) crearon entre 1871 y 1896; ambos eran londinenses. A partir de 1882, todas sus obras se representaron en el teatro Savoy. *The Yeoman of the Guard* (1888) es el único musical hasta la fecha ambientado en el interior de la Torre de Londres.

Música popular. En los alegres años sesenta, Gran Bretaña arrebató el protagonismo musical a Estados Unidos y Elvis Presley. Grupos como los Beatles, los Rolling Stones, los Who y los Kinks, estuvieron todos muy ligados a Londres. Los Stones dieron su primer concierto en el viejo Bull & Bush de Richmond en 1963 (les pagaron 22 £) y, en abril de ese año, los Beatles acudieron a oírles tocar. Apodados "The Fab Four", los Beatles grabaron el 80% de sus álbumes en los estudios Apple de Abbey Road, en St John's Wood. El final de esta década y los primeros años de la siguiente produjeron artistas convertidos hoy en leyenda, como Cat Stevens, Elton John, Eric Clapton, David Bowie, Marc Bolan y Bryan Ferry; grupos como Fleetwood Mac, Pink Floyd, Deep Purple, Led Zeppelin, Genesis y Queen. Después llegó el *punk,* cuyos abanderados fueron The Sex Pistols, The Clash y The Jam.

Los neorrománticos y el *agit-pop* de izquierdas poblaron el turbulento y cambiante panorama musical de los años ochenta, aunque también se desarrolló una frenética cultura de discotecas *(club scene)* y pinchadiscos, que ofrecían música *house* y tecno. Entre las nuevas bandas de éxito estaban Police, Pretenders, Eurythmics, Wham!, Duran Duran, Dire Straits, UB40 y Smiths. ¿Y quién podría olvidar al ambiguo Boy George, el líder de Culture Club nacido en Bexley?

A comienzos de la década de 1990, Estados Unidos se puso a la vanguardia con la música *grunge* de Seattle; pero después renacieron las bandas de *britpop* inglesas: Elastica, Oasis, Suede, Pulp y Blur. Grupos de Londres interesantes son Turin Brakes *(indie rock)*, Faithless *(pumping house*/dance, fantásticos en directo) y Asian Dub Foundation o ADF (banda de *crossover).*

Literatura

La historia de la literatura inglesa está salpicada de escritores que encontraron en Londres su fuente de inspiración, aunque no todos nacieron en la capital o en Gran Bretaña. También miles de libros tienen como escenario la capital; sólo se cita una breve selección. Para ampliarla, se puede consultar la *Historia de la literatura inglesa,* dirigida por Cándido Pérez Gallego, o *Breve historia de la literatura inglesa,* de Robert Barnard. En inglés, la *Waterstone's Guide to London Writing* (3,99 £), disponible en cualquier librería Waterstone, aporta un listado detallado.

La primera referencia literaria de Londres aparece en los *Cuentos de Canterbury* (entre 1387 y 1400) de Chaucer, cuando los peregrinos se reúnen en Tabard Inn (Southwark) para su viaje a Canterbury. William Shakespeare vivió en Londres desde los 21 años, actuó en varios teatros de Southwark y probablemente escribió sus principales tragedias –*Hamlet, Otelo, Macbeth* y *El rey Lear*– para el Globe original; pero sólo la segunda parte de *Enrique IV* incluye un escenario londinense: una taberna de Eastcheap llamada Boar's Head. Daniel Defoe redactó *Robinson Crusoe* (1720) y *Moll Flanders* (1722) mientras residía en Church St, en Stoke Newington; su *Diario del año de la peste* es un célebre relato de la Peste Negra que azotó Londres en el verano y el otoño de 1665.

Londres también inspiró a dos famosos poetas de comienzos del siglo XIX. En 1819 Keats compuso su *Oda a un ruiseñor* cuando vivía cerca de Hampstead Heath, y su *Oda a una urna griega* tras contemplar el Vaso Portland del Museo Británico. En 1802 Wordsworth visitó la capital, que le inspiró el poema *On Westminster Bridge*.

Pero quizá ningún otro escritor esté tan vinculado a Londres como Charles Dickens (1812-1870). Aunque nació en una familia de clase media, su padre acabó en Marshalsea, una prisión para morosos situada en Southwark; sólo Charles, que tenía 12 años, y una de sus hermanas se libraron de reunirse con el resto de la familia en ese lugar. Sus novelas más relacionadas con la ciudad son *Oliver Twist,* sobre la pandilla de ladronzuelos organizada por Fagin en Clerkenwell; *La pequeña Dorrit,* cuya heroína había nacido en Marshalsea y se casaría en la vecina St George the Martyr de Borough High St (hay una calle llamada Little Dorrit Court casi enfrente de la iglesia); y *Almacén de antigüedades*. Todavía existe una vieja tienda de este tipo en Portsmouth St a la altura de Lincoln's Inn Fields, pero no tiene nada que ver con la historia de Dickens. Por último, *Nuestro común amigo* es una dura crítica de los valores –monetarios y de clase social– del Londres de entonces y un fiero ataque a la corrupción, suficiencia y superficialidad de la sociedad londinense "respetable".

Tanto el impertérrito detective Sherlock Holmes de sir Arthur Conan Doyle (1859-1930) como su inseparable Dr. Watson estarán siempre asociados al 221b de Baker St. De hecho, todavía llegan a esas señas unas 20 cartas semanales dirigidas al personaje.

Hacia finales del siglo XIX Jerome K. Jerome insertó en *Tres hombres en una barca* una descripción muy ocurrente de la visita al laberinto del palacio de Hampton Court. Por esas fechas, Joseph Conrad eligió Greenwich como escenario para *El agente secreto.* En *La guerra de los mundos* de H.G. Wells hay

PAUL BIGLAND

En las páginas del pasado literario de Londres aparecen Dickens y Chaucer, los magnates de la prosa.

estupendas alusiones al Londres de entonces. La primera novela de Somerset Maugham, *Liza de Lambeth,* se basa en sus vivencias de los suburbios del sur de la capital; *Servidumbre humana* proporciona un retrato del Londres victoriano tardío más auténtico que el de cualquier otra obra conocida.

De los estadounidenses que escribieron sobre Londres a finales del XIX destaca Henry James (que residió y murió en la ciudad), con sus obras *Daisy Miller* y *Los europeos.* El relato *Gente del abismo* de Jack London, describe con sensibilidad la pobreza y desesperanza propias de la vida en el East End. Inolvidable es también *Inocentes en el extranjero* de Mark Twain, donde este inimitable humorista se ensaña con el Viejo y el Nuevo Mundo a un tiempo. T.S. Eliot, nacido en St Louis, se instaló en Londres en 1915; al poco publicó su poema *The Love Song of J. Alfred Prufrock* y posteriormente su epopeya de la desolación *La tierra baldía.*

Para conocer Chelsea en el período de entreguerras basta con leer *The Naked Civil Servant* de Quentin Crisp. Sobre la guerra tratan *El fin de la aventura* de Graham Greene, que se desarrolla en la zona de Clapham Common; y la melodramática pero sensible *The Heat of the Day* de Elizabeth Bowen, que muestra la vida cotidiana durante el Blitz. Colin MacInnes describió el ambiente bohemio y multicultural del Notting Hill de los años cincuenta en *Ciudad de ébano* y *Principiantes.* Doris Lessing trazó un boceto del Londres de la década de 1960 en *La ciudad de las cuatro puertas,* perteneciente a su serie *Los hijos de la violencia;* también hizo uno de los retratos más divertidos y perversos de la Gran Bretaña de los años noventa en *Historias de Londres: cuentos y apuntes,* una recopilación de relatos con la capital como fondo. *Campos de Londres,* de Martin Amis, resulta algo pesada. Más aclamada fue *Dinero: carta de un suicida,* cuya acción transcurre en Notting Hill. En *Metrolandia,* Julian Barnes cuenta cómo es crecer en los suburbios conectados con Londres por el metro. Nick Hornby inmortalizó al Arsenal F.C. en la casi ilegible –al menos para los no aficionados al fútbol– *Fiebre en las gradas.* Otra de sus obras conocidas es *Alta fidelidad.*

Algunos escritores modernos describen Londres desde la perspectiva de sus minorías étnicas. Hanif Kureishi escribe sobre la vida de los jóvenes paquistaníes en *El álbum negro* y sitúa *El buda de los suburbios* en Bromley. Caryl Phillips narra las vivencias de los inmigrantes caribeños en *The Final Passage,* mientras Timothy Mo se centra en el Chinatown (Soho) de la década de 1960 en *Agridulce.* Ambientada en el Londres de los años treinta e inspirada en la vida del poeta Stephen Spender, *Mientras Inglaterra duerme* de David Leavitt cuenta la historia de un joven escritor de clase alta que se enamora de un conductor del metro autodidacta. Un reciente éxito de ventas es *Dientes blancos* de Zadie Smith, sobre una familia inglesa y otra musulmana inmigrante en el norte de Londres.

Arquitectura

Londres conserva muchos restos arquitectónicos de cada período de su larga historia, pero con frecuencia están ocultos: un muro romano a la sombra de un edificio utilitarista de los setenta o una parada de postas de la Restauración, con toda su galería, escondida en un patio junto a una calle principal. Si el viajero decide explorar un poco, le aguardan sorpresas detrás de cada recodo.

Fuera de los museos perduran pocas huellas de Londinium –el Londres romano–, aunque se puede contemplar el templo de Mitra, construido en 240 (véase el recuadro "Mitra y el Gran Sacrificio", anteriormente) y reubicado en el extremo oriental de Queen Victoria St, en la City. También quedan tramos de la muralla romana: pueden verse en los cimientos de un muro medieval situado ante la estación de metro de Tower Hill, debajo del paso elevado de Bastion, al sur de London Wall y en el Museo de Londres. Sin embargo, las excavaciones efectuadas por arqueólogos de este museo durante la rehabilitación de la Royal Opera House revelaron amplios vestigios de Ludenwic, el asentamiento sajón, al hallar casas de zarzos y barro. Pero el mejor sitio para ver restos sajones es la iglesia de All Hallows-by-the-Tower, al noroeste de la Torre de Londres, que alberga un notable conjunto de arcos y los muros de una iglesia sajona del siglo VII.

Es difícil encontrar edificios normandos completos en Londres. Quizá el mejor conservado sea la recia torre Blanca, enclavada en el corazón de la Torre de Londres. En la nave de la iglesia de St Bartholomew-the-Great, en Smithfield, también hay arcos y columnas normandas. La puerta oeste y el pórtico labrado de la iglesia del Temple, en Inner Temple, constituye otro hermoso ejemplo de esta arquitectura.

Pese a que el Gran Incendio de 1666 arrasó muchos de los templos medievales de la ciudad, la espléndida abadía de Westminster deja constancia de la habilidad de los canteros del período. La iglesia del Temple en su totalidad ilustra la transición desde el sólido Románico normando y su típico arco de medio punto hasta el delicado Gótico inicial y sus ojivas, pero casi todas las iglesias medievales londinenses han sido reconstruidas y ampliadas durante siglos. Lo que ahora se ve es una mezcolanza de estilos góticos, desde el inglés primitivo hasta el perpendicular. De esa época, quizá la más hermosa de las iglesias de la City sea St Ethelburga-the-Virgin, en Bishopsgate; erigida en el siglo XIII, cayó víctima de los terribles atentados del IRA de 1992 y 1993, pero ha sido restaurada. St Olave, en Hart St, al noroeste de Tower Hill, del siglo XV, es una de las pocas iglesias parroquiales góticas existentes, mientras que la cripta de la muy reconstruida iglesia de St Etheldreda, en Ely Place, al norte de Holborn Circus, data de mediados del XIII.

Más difícil todavía es hallar edificios civiles de la Edad Media. Los restos de la torre Jewel, frente al Parlamento, proceden de 1365, y gran parte de la Torre de Londres se remonta a esa época. Aunque el Staple Inn, en Holborn, se construyó en 1378, la fachada con entramado de madera es sobre todo isabelina y constituye el único ejemplo de la arquitectura doméstica londinense del siglo XVI.

El arquitecto más destacado de Londres durante la primera mitad del XVII fue Íñigo Jones (1573-1652) y entre sus obras maestras figuran la Banqueting House, en Whitehall, y la Casa de la Reina de Greenwich. Se suele pasar por alto, al ser más sencilla, la iglesia de St Paul, en Covent Garden, diseñada para que armonizara con la nueva plaza y descrita por su autor como "el granero más bello de Inglaterra".

Pero, sin duda, el mayor arquitecto de la capital fue sir Christopher Wren (1632-1723), autor no sólo de la catedral de St Paul, sino también de muchas de las más hermosas iglesias del centro londinense (véase el recuadro "Las iglesias de Wren", anteriormente) del Hospital Real de Chelsea y del Old Royal Naval College de Greenwich. Sus edificios neoclásicos son más esbeltos, ligeros y en general más elegantes que sus predecesores medievales, como bien se puede apreciar al contemplar su obra maestra, la monumental St Paul.

Su pupilo, Nicholas Hawksmoor (1661-1736), trabajó con el maestro en varias iglesias antes de proyectar sus propias joyas arquitectónicas, como la restaurada iglesia de Cristo, de Spitalfields; St George, en Bloomsbury; St Anne, en Limehouse; St George-in-the-East, en Wapping; St Alfege, en Greenwich; y St Mary Woolnoth, en la City.

Algunos edificios de viviendas anteriores al siglo XVIII han sobrevivido hasta hoy, como la Cámara del Príncipe Enrique, con entramado de madera, y varios pubs antiguos situados en Fleet St y el Strand. El Gran Incendio acabó con la mayor parte de las construcciones anteriores, pero sí se conservan muchos edificios civiles de ese siglo, en el que se trazaron algunas de las más bellas plazas de Londres.

La era georgiana presenció el retorno del clasicismo. A John Nash (1752-1835), cuya aportación a la arquitectura capitalina es comparable a la de sir Christopher Wren, se debe el diseño del Regent's Park y las elegantes calles en forma de arco que lo circundan. También planificó Trafalgar Square y Regent St, aunque sus fachadas fueron sustituidas hace tiempo. Es posible apreciar su toque en algunas de las estancias más atractivas del palacio de Buckingham.

John Soane (1753-1837) erigió el Banco de Inglaterra (aunque gran parte de su obra se perdió durante la reconstrucción realizada por Herbert Baker entre 1921 y 1939) y la pinacoteca Dulwich. Su discípulo Robert Smirke (1780-1867) diseñó el Museo Británico, que es una de las mejores muestras del Historicismo clásico griego.

Otros arquitectos del siglo XVIII que dejaron su impronta en Londres son Robert Adam (1728-1792), que concibió las residencias Syon, Kenwood y Osterley; George Dance el Joven (1741-1825), diseñador de la Mansion House, en la City; James Gibbs (1682-1754), constructor de la iglesia de St Mary-le-Strand; William Kent (1685-1748), que trabajó en el palacio de Kensington y en la residencia Chiswick; y William Chambers (1726-1796), entre cuyas obras se cuentan la residencia Somerset y la pagoda de los jardines Kew.

En el siglo siguiente un nuevo estilo muy decorativo iba a afianzarse con rapidez: el Neogótico. Sus principales representantes fueron George Gilbert Scott (1811-78), Augustus Pugin (1812-1852), Charles Barry (1795-1860) y Alfred Waterhouse (1830-1905). Scott construyó el recargado Albert Memorial, Waterhouse diseñó el rimbombante Museo de Historia Natural y Pugin y Barry trabajaron juntos en la sede del Parlamento.

El movimiento Arts and Crafts de finales del XIX, o "Art Nouveau británico", fue fundado por William Morris (1834-1896). Este estilo combinó diseño y arquitectura y subrayó la importancia de los procesos artesanales frente a las máquinas. El parque de bomberos (1902) de la esquina de Euston Rd con Eversholt St, frente a la nueva iglesia de St Pancras, es un magnífico ejemplo de esta tendencia.

El barroco estilo eduardiano de comienzos del siglo XX tiene sus mejores exponentes en las obras de Aston Webb (1849-1930), que diseñó el monumento a la reina Victoria y el arco del Almirantazgo, además de trabajar en la fachada del palacio de Buckingham. Edwin Lutyens (1869-1944), cuyas obras se califican de Art Déco británico, diseñó el Cenotafio de Whitehall, el edificio Reuters de Fleet St y la Casa Británica (antes residencia Lutyens), situada en Finsbury Square. La elegante y divertida piscina de los pingüinos (1934) del zoo londinense es del arquitecto ruso Berthold Lubetkin y una de las primeras construcciones modernistas de la ciudad.

DAVID TOMLINSON

Trafalgar Square con la fuente iluminada y la iglesia de St Martin-in-the-Fields al fondo.

Al término de la Segunda Guerra Mundial se emprendieron algunas reconstrucciones desafortunadas, en parte debido a las prisas por reparar los daños causados por las bombas del modo más económico posible. Pero lo que unos consideran sin valor es una joya para otros: el Royal Festival Hall, proyectado por Robert Matthew y J. Leslie Martin para el Festival de Gran Bretaña (1951), recibió tantos elogios como críticas, aunque casi nadie dedicó comentarios positivos al vecino Teatro Real Nacional (1967-1977) de Denys Ladun, que recuerda a un búnker.

La década de 1960 supuso el dominio de los rascacielos de hormigón y cristal, representados por el Centre Point (1967) de New Oxford St, sobre la estación de metro de Tottenham Court Road. Por fortuna, desde mediados de los años ochenta se han erigido algunos edificios modernos sobresalientes (para más información, véase el capítulo *Arquitectura contemporánea de Londres)*.

Pintura y escultura

Aunque Londres reúne muchas colecciones de arte del máximo valor, los artistas británicos nunca protagonizaron una época o estilo concretos como hicieron los italianos, franceses y holandeses. Quizá un caso excepcional sea J.M.W. Turner (1775-1851), el único artista británico que siempre figura entre los grandes del paisajismo romántico.

Se conservan algunas joyas de la Edad Media, en particular el díptico Wilton (National Gallery) del siglo XIV, que retrata a Ricardo II con tres santos recibiendo la bendición de María y Jesús Niño. Pero el arte no brilló en Londres hasta el período Tudor. El artista alemán Hans Holbein el Joven (1497-1543) vivió en la capital en dos ocasiones y fue pintor de corte de Enrique VIII; uno de sus mejores trabajos, *Los embajadores* (1533), se exhibe en la National Gallery. El miniaturista inglés Nicholas Hilliard (1547-1619) accedió a la corte de Isabel I y retrató a sir Francis Drake y sir Walter Raleigh.

En el siglo XVII trabajaron en palacio varios grandes retratistas. El más conocido quizá sea Anthony Van Dyck (1599-1641), de origen belga, que pasó los últimos nueve años de su vida en Londres y pintó algunos retratos reales inolvidables, como *Carlos I a caballo* (1638), hoy en la National Gallery. Este monarca fue un gran amante del arte; durante su reinado llegaron a la capital obras magníficas, como los cartones para tapices de Rafael (ahora en el Museo Victoria y Alberto). El siguiente pintor de corte fue Peter Lely (1618-1680), holandés y prolífico autor de retratos barrocos (muchos se encuentran en el palacio de Hampton Court), que llegó a Londres en 1641. Le siguió el alemán Godfrey Kneller (1646-1723), cuyos cuadros de los Estuardo pueden admirarse en la National Portrait Gallery.

Durante el siglo XVIII, el arte se alejó de los retratos de corte pintados por talentos extranjeros y empezaron a emerger artistas locales. Thomas Gainsborough (1727-1788) aún realizó retratos, pero algunos eran de personajes de la alta burguesía; sobre todo, fue el primer gran paisajista británico, aunque sus paisajes sólo eran el marco en que se situaban los personajes. William Hogarth (1697-1764), en cambio, es conocido sobre todo por sus series de grabados de tema moralizador sobre el hampa londinense, especialmente *Vida de un libertino* y *Vida de una cortesana* (véase el recuadro de la página siguiente). Thomas Rowlandson (1756-1827) optó por una figuración más amable, pero no exenta de fuerza; algunas de sus obras se exponen en la galería Courtauld.

Es posible que Inglaterra deba a la naturaleza difusa (algunos dirían desvaída) de su luz la notable tradición de acuarelistas que posee, comenzando por el poeta y grabador William Blake (1757-1827); algunas de sus románticas pinturas e ilustraciones (como la de *El paraíso perdido* de Milton) están en la Tate Britain. John Constable (1776-1837) pintó paisajes en Hampstead Heath y en las lindes entre Essex y Suffolk. Trabajó varios años en un estudio de Charlotte St (Fitzrovia) y su influencia caló en toda una generación de impresionistas franceses. Turner, que dominaba asimismo la pintura al óleo, mostró una tendencia creciente a subordinar el detalle a los efectos de luz y color. Hacia la década de 1830, sus composiciones –como *Tormenta de nieve: buque de vapor saliendo del puerto* y la posterior *Lluvia, vapor, velocidad*

(1844)– habían evolucionado hacia la abstracción y fueron criticadas.

Los pintores de la hermandad prerrafaelista (1848-1854), Holman Hunt, John Everett Millais, Dante Gabriel Rossetti y Edward Coley Burne-Jones, dejaron a un lado los colores pastel en favor de grandes, brillantes y minuciosas recreaciones de leyendas medievales e historias bíblicas, muy vinculadas a la arquitectura neogótica de artistas como Augustus Pugin.

En el siglo XX el arte británico aportó al panorama internacional las esculturas monumentales de Henry Moore (1898-1986); las pinturas deformadas, casi surrealistas, de Francis Bacon (1909-1992) y Lucian Freud (nacido en 1922); y las de David Hockney (1937) cuyo realismo Pop Art de moda se plasma en cuadros planos, sin sombras, sobre amigos, piscinas californianas y perros salchicha.

El fotomontaje con óleo del londinense Richard Hamilton *¿Qué hace a los hogares de hoy tan distintos, tan simpáticos?* (1956), en el que varios personajes de papel gandulean en un cuarto de estar suburbano, lanzó el Pop Art en Gran Bretaña. En los últimos años han acaparado la atención artistas como Damien Hirst, la fallecida Helen Chadwick, el misterioso dúo Gilbert & George y los hermanos Chapman, todos aparentemente más interesados en escandalizar que en gustar: vacas cortadas por la mitad y conservadas en formaldehído (Hirst), flores esculpidas con chorros de orina (Chadwick), autorretratos de los artistas defecando (G. & G.). Otros creadores conocidos por el público son Rachel Whiteread, que en 1993 presentó un vaciado en cemento de una casa del East End, derribada enseguida, y en 2001 instaló una especie de acuario vacío en lo alto del plinto de Trafalgar Square; y Tracey Emin, que montó una tienda de campaña con los nombres de todos sus amantes bordados en ella. Entre las obras más convencionales, como los óleos, destacan las de Cecily Brown, Martin Maloney, Dexter Dalwood y Machiko Edmondson. Los lugares más indicados para ver arte contemporáneo son: la Tate Modern, la Real Academia de las Artes durante la exposición estival y la galería Saatchi. Véase *Qué ver y hacer* para más detalles.

Cine

Es sorprendente que, pese a su tamaño e importancia, Londres no resulte tan familiar para los aficionados al cine como Nueva York o Los Ángeles; y eso que la cifra de pe-

De libertinos y cortesanas: el mundo de Hogarth

William Hogarth (1697-1764) fue un pintor y grabador de temas satíricos que hoy podría pasar por un moralista que advertía sobre las consecuencias del pecado. Sus planchas fueron tan populares en su época que se falsificaron, lo que llevó al Parlamento a aprobar el Hogarth Act de 1735 para proteger los derechos de autor. Proporcionan un valiosísimo retrato de la vida del Londres georgiano, sobre todo de los barrios humildes.

La serie *Casamiento a la moda* satiriza el desenfreno y las costumbres matrimoniales de las clases altas, mientras que *Gin Lane* formó parte de una campaña para convertir la destilación de ginebra en un delito (cosa que ocurrió con el Gin Act de 1751); muestra a borrachos repantingados en la parroquia de St Giles, con la iglesia de St George's Bloomsbury al fondo. Su serie de ocho planchas *Vida de una cortesana* narra la historia de una moza desde su llegada a Londres hasta su conversión en ramera convicta y encarcelada; algunas tienen como escenario Drury Lane. En *Vida de un libertino* se ve al vicioso protagonista entretenido por un grupo de prostitutas en una taberna de Russell St; una le acaricia el pecho mientras las otras le quitan su reloj de bolsillo. Los rostros de las mujeres muestran hasta media docena de lunares postizos, muy de moda entonces.

Las obras de Hogarth se pueden admirar en el museo de Sir John Soane (Holborn), la casa de Hogarth (Chiswick), la Tate Britain y la National Gallery.

lículas rodadas en la ciudad o acerca de ella es muy abultada. Para una relación más detallada, véase *London on Film: 100 Years of Filmmaking in London* (en inglés) publicada por el Museo de Londres y a la venta en su librería. En español, se puede consultar la *Guía histórica del cine, 1895-2001* de Emilio C. García Fernández, *El cine británico* de Philippe Pilard o el *Diccionario Espasa Cine mundial* de Augusto M. Torres.

La primera imagen cinematográfica de Londres fue una vista primitiva y temblorosa de Trafalgar Square rodada por Wordsworth Donisthorpe en 1889. Unas pocas películas mudas de la década de 1920 tenían como escenario la capital, pero se trataba de un Londres de estudio más que de exteriores reales. Para que la ciudad apareciera en la pantalla habría que esperar unas décadas, e incluso entonces no todo era auténtico: *My Fair Lady* (1964), con Audrey Hepburn y Rex Harrison, se rodó en California, en un Covent Garden simulado.

Alfred Hitchcock, nacido en Leytonstone, rodó varios de sus filmes en Londres, incluidos *El enemigo de las rubias, Sabotaje, El hombre que sabía demasiado, Alarma en el expreso* y *Pánico en la escena* –casi todas en los desaparecidos estudios Gainsborough, entre Islington y Hackney– y la muy posterior *Frenesí* (1972), que supuso su regreso a Covent Garden. El momento culminante de su primera película sonora, *La muchacha de Londres* (1929), llega cuando el "malo" se estrella contra la enorme cúpula de cristal de la sala de lectura del Museo Británico.

Absolute Beginners (1986), basada en el libro de Colin MacInnes, está ambientada en el Soho y Notting Hill de los años cincuenta. Pero son más los filmes que recuerdan "el alegre Londres" de los sesenta, entre ellos *Performance* (1969), de Nicholas Roeg, con Mick Jagger y James Fox. Tiene más calidad *Blow-Up* (1966), de Michelangelo Antonioni, con David Hemmings en el papel de fotógrafo; las escenas del cadáver se filmaron en el parque Maryon (Charlton). *Alfie,* protagonizada por Michael Caine, *Georgy Girl,* con Lynn Redgrave, y *Al maestro con cariño,* que presentaba el nuevo rostro de Lulu, reflejaron los cambios sociales que se estaban produciendo de un modo más prosaico; las tres son de 1966.

Muchos cineastas han usado Londres como telón de fondo para historias de crímenes y terror. Una de robos en clave de comedia es *El quinteto de la muerte* (1955), protagonizada por Alec Guinness, que se centra en un King's Cross bastante menos peligroso que *Mona Lisa* (1986), donde Cathy Tyson interpreta a una prostituta lesbiana de clase alta y Bob Hoskins es su aspirante a pretendiente. En *Bailar con un extraño* (1984) Miranda Richardson hace de Ruth Ellis, la última mujer ahorcada en el Reino Unido, mientras Rupert Everett es su amante infiel, al que ella asesina al final. El filme cómico de terror *Un hombre lobo americano en Londres* (1981), de John Landis, termina con una fabulosa persecución en Piccadilly Circus.

Otros directores han elegido los barrios y alrededores de Londres. *Siempre estoy sola* (1964) de Harold Pinter y con Anne Bancroft, se desarrolla en St John's Wood y el zoo de Londres. Mike Leigh prefirió centrarse en rincones más deprimidos en *La vida es dulce, Indefenso,* y *Secretos y mentiras*. En *La locura del rey Jorge* (1994) aparecen los jardines Kew y la residencia Syon. Una aventura más moderna es la retratada por Stephen Frears en *Mi hermosa lavandería* (1985), en la que un ex miembro del Frente Nacional (Daniel Day Lewis) ayuda a su joven amigo asiático (Gordon Warnecke) a crear su sueño comercial mientras se va enamorando de él; es un filme divertido y entrañable, además de una crítica severa al Londres de Thatcher. Parte de la hilarante *Withnail and I* (1987) se rodó en Camden.

En los Docklands se han grabado toda clase de películas, incluidas *El largo Viernes Santo* (1979), con Bob Hoskins como matón del East End anterior a la reurbanización; *Un pez llamado Wanda* (1988), con varias escenas en un precioso piso junto al río; y la conmovedora *El hombre elefante* (1980), sobre un ser deforme interpretado por John Hurt, que es exhibido como fenómeno de feria en el Londres victoriano. Gran parte de ella se grabó en Shad Thames, frente a la Torre de Londres.

No es de extrañar que varias novelas de Dickens se hayan llevado al celuloide; la larga versión en dos partes de *La pequeña Dorrit* (1987) está considerada la mejor del género, aunque David Lean también realizó un excelente trabajo en *Oliver Twist* (1948), que recrea los horrores de los suburbios en época victoriana. Asimismo, Shakespeare pertenece ya al mundo del cine, con adaptaciones nada ortodoxas en ocasiones. En *Ricardo III* (1995) se trasladó la acción al Londres de preguerra y muchos exteriores se rodaron en la central eléctrica de Bankside (hoy Tate Modern) y la estación de St Pancras.

Algunas cintas incluyen estampas de Londres perdidas hace tiempo. La vieja epopeya policíaca *El farol azul* (1949), por ejemplo, conserva varias escenas de la zona de Paddington Green, derribada durante la construcción de la autopista elevada de Westway. Otras presentan una mirada futurista a la ciudad, como la violenta *La naranja mecánica* (1971) de Stanley Kubrick, realizada en el mugriento barrio de Thamesmead (al sureste de la ciudad) y prohibida en el Reino Unido poco después de su estreno; no pudo proyectarse de nuevo hasta 2001. La última actuación de Richard Burton, *1984,* estrenada en el año que le da título, está repleta de planos monocromos que traducen cómo imaginaba Orwell el Londres de mediados de los años ochenta cuando escribió su libro en 1948, sin faltar una amenazante y siniestra central eléctrica en Battersea.

Entre las películas infantiles ambientadas en escenarios londinenses figura *Mary Poppins* (1964), donde la heroína planea sobre la ciudad con su paraguas y pesca a un desollinador *cockney* (Dick Van Dyke) al que casi no se le entiende, y *101 dálmatas* (1960), con escenas de Scotland Yard. En la nueva versión de 1996, la malvada Cruella de Vil (Glenn Close) fija la sede de su imperio mundial en esa monstruosidad gótica posmoderna que es Minster Court, en Mark Lane (la City). En *102 dálmatas* (2000) se ve la estación de St Pancras, el mercado de Borough, el puente de Westminster y el palacio Lambeth.

Otras películas recientes retratan la capital de formas muy diversas. *Beautiful Thing* (1996), de Hettie MacDonald, trata de dos varones adolescentes de clase obrera que viven en Thamesmead; la genial banda sonora incluye temas de Mama Cass. La muy recomendada *Shakespeare in Love* (1998) evoca con gran acierto el Londres isabelino y encierra imágenes de Bankside. Las escenas más emocionantes de *Lock & Stock* (1998), protagonizada por el futbolista y ex jugador del Wimbledon, Vinnie Jones, se desarrollan en el puente de Battersea. En *Notting Hill* (1999), la sencilla comedia de Richard Curtis sobre un improbable romance entre Hugh Grant y Julia Roberts, es posible ver el mercado de Portobello Rd, el Ritz y el Strand.

El Millennium Dome hizo su debut cinematográfico al caer Pierce Brosnan sobre su techo desde un helicóptero en la película de James Bond *El mundo nunca es suficiente* (1999). Parte de *Un marido ideal* (1999), basada en la obra de Oscar Wilde y protagonizada por Rupert Everett y Kate Blanchett, se rodó en el Old Royal Naval College (Greenwich) y Old Vic. El East End y Ealing fueron el decorado perfecto para *Snatch: cerdos y diamantes* (2001), con Brad Pitt y Vinnie Jones; una escena se grabó en el pub Ye Olde Mitre de Ely Court, en Holborn. *Harry Potter y la piedra filosofal* (2001), en la que actúan John Cleese, Robbie Coltrane y Maggie Smith, muestra la Casa de Australia, en el Strand, y la estación de King's Cross.

Pero tal vez ningún filme reciente haya proporcionado una gira relámpago por Londres como *El diario de Bridget Jones* (2001), con Renee Zellweger, Colin Firth y Hugh Grant; un circuito desde el mercado de Borough y Shad Thames hasta la Tate Modern y Piccadilly Circus. El problema es que, cuando los protagonistas se abrazan al final en una esquina y comienza a nevar, la escena recuerda más a una calle de Nueva York que a Londres. Un reciente éxito de taquilla ha sido la simpática comedia *Quiero ser como Beckham* (2002), dirigida por Gurinder Chadha y ambientada en Southall y West London. En ella, el fútbol se mezcla con las diferencias culturales y religiosas que caracterizan al Londres de las minorías étnicas.

Teatro

Londres ha sido el centro del arte dramático inglés desde que James Burbage construyera en 1576 su primer teatro –bautizado como "Theatre"– en Shoreditch. Poco se sabe sobre el período anterior, cuando se cerraron los ruidosos teatros de la City para trasladarlos al este –el Theatre, el Curtain en Curtain Rd y el Fortune en Fortune St– y a Southwark. El Globe era uno más entre los asentados al sur del Támesis, como el Swan, el Hope y el Rose. Los restos de este último, donde se representaron por vez primera *Tito Andrónico* y *Enrique VI* de Shakespeare, se excavaron hace poco y ahora están a la vista del público (véase "Bankside" en el capítulo *Qué ver y hacer).*

Entre los dramaturgos que trabajaron en Southwark figuran también el dúo Francis Beaumont-John Fletcher, Thomas Middleton *(Una partida de ajedrez, A Chaste Maid in Cheapside)*, Philip Massinger, Ben Jonson *(El alquimista, Volpone, La mujer silenciosa, Bartholomew Fair)* y Christopher Marlowe *(La trágica historia del doctor Fausto, Eduardo II, El judío de Malta, Tamerlán el Grande).* Este último fue asesinado durante una reyerta en una taberna de Deptford en 1593, y una vez afirmó: "Son tontos aquéllos a quienes no les gustan los chicos y el tabaco". La catedral de Southwark, parroquia de estos teatros, contiene un monumento dedicado a Shakespeare, las tumbas de su hermano y actor, Edmond, y las de los dramaturgos Fletcher y Massinger.

Los puritanos decidieron cerrar los teatros por considerarlos antros de perversión, pero con el retorno de los Estuardo resurgieron con una avalancha de comedias. Entre los nuevos comediógrafos de la Restauración destacan William Congreve (1670-1729), cuya obra maestra *Así va el mundo* todavía se representa; el excelente John Dryden (1631-1700); y John Vanbrugh (1664-1726), que escribió *The Provoked Wife.*

En el siglo XVIII el teatro ya estaba sólidamente establecido en Londres y se consideraba respetable. Es la época en que John Gay escribió *The Beggar's Opera* (1728), un embrión de *Los Miserables* trasladado a la prisión de Newgate, que inspiró la famosa *Ópera de cuatro cuartos* de Bertold Brecht. En 1773 se representó por primera vez la divertida farsa *La dama sirvienta o Los enredos de una noche* de Oliver Goldsmith, seguida en 1775 por *The Rivals* de Richard Sheridan, y dos años más tarde, *La escuela del escándalo.*

Las grandes comedias de Oscar Wilde (1854-1900) llegaron a los escenarios en el siglo XIX, incluso sus obras maestras *La importancia de llamarse Ernesto* y *Un marido ideal,* pero su popularidad quedó pronto eclipsada por el escándalo, la persecución y una condena por homosexualidad. George Bernard Shaw (1856-1950) escribió obras imperecederas como *Pigmalión, La comandante Barbara, Androcles y el león* y *Saint Joan.* Shaw y Wilde eran de origen irlandés, pero produjeron la mayor parte de sus obras mientras residieron en la capital británica, igual que Goldsmith (1731-1774).

Uno de los escritores teatrales más populares e importantes de la primera mitad del siglo XX fue el *bon vivant* Noël Coward (1899-1973), autor de *Vidas privadas, Un espíritu burlón* y *Breve encuentro.* Estas ingeniosas, delicadas y sofisticadas comedias se representan con regularidad. Lo mismo ocurre con *Llama un inspector* de J.B. Priestley (1894-1984).

Pese a su tendencia al conservadurismo y a buscar siempre éxitos de taquilla, los teatros londinenses (sobre todo los subvencionados) ponen en escena numerosas obras de escritores modernos. Harold Pinter es célebre por sus oscuros argumentos y su opaco lenguaje; *Retorno al hogar,* ambientada en el norte de Londres, y *El conserje* se cuentan entre sus obras más famosas. David Hare *(Plenty, El beso de Judas)* o el fallecido John Osborne *(Look Back in Anger, A Patriot for Me, La danza del sargento Musgrave)* resultan más asequibles para quienes no van al teatro con asiduidad.

Alan Ayckbourn y Michael Frayn siguen escribiendo farsas muy entretenidas: *Absurd Person Singular* y *The Norman Conquests,* de Ayckbourn, o *Noises Off, Donkey's Years* y *La trampa maestra,* de Frayn. Como ocurriera con Goldsmith, Shaw o Wilde, los dramaturgos irlandeses siguen cautivando a los londinenses; algunas obras recientes de Martin McDonagh *(The Cripple of Inishmaan, The Beauty Queen of Leenane, The Lieutenant of Inishmore)*, Conor McPherson *(The Weir)* y Marie Jones *(Stones in His Pockets)* han triunfado en la capital.

Musicales. La moda de los musicales comenzó en la década de 1960, cuando *Hair* y *Jesucristo Superstar* alcanzaron gran éxito. Después, durante las restricciones de los años ochenta, los teatros empezaron a ofrecer musicales que fueran éxitos garantizados (especialmente entre los turistas) y apuestas poco arriesgadas. A veces parece como si todos fueran de Andrew Lloyd-Webber *(Cats, El fantasma de la ópera)*, pero algunos pertenecen al repertorio de Lionel Bart *(Oliver!)*, Boublil y Schönberg *(Los Miserables, Miss Saigon* y *Martin Guerre)*, Willy Russell *(Hermanos de sangre)* y Jonathan Larson *(Rent)*. Los de mayor popularidad mientras se elaboraba esta guía eran *Chicago, El rey y yo,* y *Mamma Mia!*, basado en canciones del grupo pop Abba, y una reposición de *The Sound of Music* de Lloyd-Webber.

SOCIEDAD Y COSTUMBRES

Es difícil generalizar acerca de una ciudad con 12 millones de habitantes. La mayor parte de las ideas preconcebidas sobre los londinenses –reservados, inhibidos y corteses al máximo– no se aleja mucho de la realidad; los visitantes a menudo se sorprenden por el silencio reinante en el metro y los trenes, donde lo normal es subir, ocupar un asiento, abrir el periódico o un libro (evitando llamar la atención) y permanecer en silencio. Pero Londres es uno de los lugares más concurridos del planeta y tal comportamiento es una capa protectora, esencial para hacer frente al constante trasiego de personas.

Los londinenses siempre echan una mano ante una crisis o una situación de emergencia; los ancianos todavía recuerdan los días de la Segunda Guerra Mundial, cuando nadie tenía nada y todos se ayudaban proporcionándose alojamiento, racionando los víveres y llorando a las víctimas. Si uno se cae al suelo o le roban la cartera, la gente le ayudará de algún modo, bien ofreciéndole consejo o consuelo, bien llamando a la policía o a una ambulancia. Pero quienes pasen poco tiempo en la ciudad no deben esperar hacer muchos amigos; los londinenses están demasiado abstraídos en su propio mundo de compañeros de trabajo, amistades y familia como para hacer al viajero preguntas personales: de dónde es, si está casado o no, o incluso qué tal está. No obstante, cuando se entabla una verdadera amistad con alguno de ellos, se cuenta con un amigo leal, servicial y comprensivo para siempre.

En general se muestran muy tolerantes, no se inmutan ante indumentarias o comportamientos escandalosos e ignoran a los que tratan de llamar la atención; sencillamente no muestran ningún interés. En conjunto, esta tolerancia significa niveles bastante bajos de chovinismo, racismo, sexismo o cualquier otro "ismo". Conflictos raciales como los ocurridos en Leeds y Bradford en junio de 2001 no se conocían desde hacía décadas. La fiesta anual de Mardi Gras, a finales de junio y principios de julio, es una importante celebración de la comunidad homosexual que transcurre sin incidentes y, por otro lado, Londres tiene una larga tradición en lo que se refiere a recibir oleadas de inmigrantes y refugiados.

No todo es de color de rosa. Hay actitudes groseras, discusiones de tráfico y palabras soeces que pueden resultar irritantes y amenazadoras. Existen reductos de intolerancia en toda la capital; el sureste ha sido escenario de crueles ataques racistas. La policía –los célebres *bobbies* de Londres– no siempre es tan imparcial con el color de la piel como la gente querría creer.

Qué hacer y qué no

No resulta fácil ofender a los londinenses, pero conviene recordar que no acostumbran a hablar con extraños por la calle. Si se trata de un turista que necesita orientación, no hay ningún problema; pero cuando uno intenta entablar conversación en una parada de autobús o un andén del metro, la mayoría reaccionará como si se encontrara ante un loco. No se debe mirar fijamente a la cara, sobre todo en el metro; algunas personas se ofenden y reaccionan.

Hacer cola. Los británicos siempre han sido adictos a guardar cola; de hecho, algunos *sketchs* cómicos cuentan con que la audiencia admitirá que la gente puede formar una cola sin saber para qué. El orden de la fila en bancos, oficinas de correos, quioscos y otros lugares, es sagrado –pocas cosas levantan tanto revuelo y desaprobación como un intento de colarse–. Las colas de las paradas de autobús del centro no se toman tan en serio, pues el número de vehículos en servicio es muy elevado.

El metro. Dado el papel tan importante que juega, no debe sorprender que el metro tenga su propia "etiqueta", bastante rigurosa, que comienza en cuanto se atraviesa el torniquete de entrada. En las escaleras mecánicas hay que situarse a la derecha para que los que tienen prisa puedan subirlas por la izquierda. Es ésta una norma esencial y quien se la salte se arriesga a ser empujado o insultado. Una vez en el andén, conviene apartarse de las entradas por seguridad, pues si una multitud las bloquea podría provocar la caída de alguien a la vía. Cuando el tren llega a la estación hay que hacerse a un lado hasta que hayan salido todos los viajeros de los vagones.

Ya a bordo, es aceptable lanzarse a por un asiento; en teoría, habría que cedérselo a quienes más lo necesiten: ancianos, discapacitados, embarazadas, aunque los londinenses ya no se muestran tan proclives a hacerlo. Poner los pies o las bolsas en los asientos es antisocial, pero ocurre todo el tiempo. Y si uno encuentra una bolsa o un paquete abandonado, debe esperar hasta llegar a la siguiente estación y sólo entonces pulsar la alarma para avisar a un vigilante. En general se considera un detalle, incluso un servicio social, olvidar un periódico por las mañanas, pero no es más que basura al anochecer.

Indumentaria. En algunos países no se puede entrar en las iglesias con determinado atuendo. En Londres no suele plantearse este problema y es posible visitar una iglesia con la misma ropa utilizada para andar por la calle. Quienes deseen entrar en mezquitas o templos deben recordar que se espera que se descalcen y lleven cubiertos los brazos, las piernas y la cabeza. Además, los hombres deberían quitarse el sombrero al visitar las iglesias cristianas.

Algunos restaurantes exclusivos y muchas discotecas siguen estrictas normas en cuanto a la forma de vestir. En los primeros, los caballeros usarán chaqueta y corbata y nadie (tampoco las señoras) llevarán vaqueros o zapatillas de deporte y similares; en las segundas, la dirección y los porteros establecen sus reglas, que pueden variar de un local a otro y de una noche a otra.

RELIGIÓN

La Iglesia anglicana, cristiana pero independiente de Roma desde el siglo XVI, es la mayor, más rica e influyente del país; a ella pertenece el 55% de la población. Se trata de una Iglesia "establecida", lo que significa que es la oficial del país, y mantiene una estrecha relación con el Estado: el monarca nombra a los arzobispos y obispos, previo informe del primer ministro, y éstos se sientan en la Cámara de los Lores en calidad de lores espirituales.

No se puede hablar de una sola forma de culto, pues varía desde el de la High Church –con mucha pompa, ceremonia e incienso– hasta el de la Low Church, menos tradicional y más austero, con marcada influencia del protestantismo. En 1994 varias mujeres obtuvieron por vez primera la ordenación sacerdotal, tras varios años de debate.

Tanto la jerarquía anglicana como la católica dirigen a sus fieles desde catedrales situadas al norte y al sur del Támesis: los anglicanos tienen St Paul, al norte, y Southwark, en el sur; los católicos se congregan en la catedral de Westminster, al norte, y en St George, en Southwark, al sur.

Otras Iglesias protestantes de relevancia son la metodista, la baptista, la Iglesia Reformada Unida y el Ejército de Salvación. Las Iglesias evangélicas y carismáticas son los únicos movimientos cristianos que al parecer siguen ganando conversos, aunque los proselitistas mormones, los testigos de Jehová y la cienciología también tienen seguidores.

En diversos períodos desde el siglo XVI, los fieles católicos han sufrido una terrible persecución en Londres. No consiguieron derechos políticos hasta 1829 ni una estructura formal hasta 1850; pero hoy, alrededor del 16% de los británicos dice ser católico. En torno a 225.000 judíos tienen su hogar en la capital británica, aunque no todos se declaran religiosos. Tampoco ellos han recibido siempre un trato justo: Eduardo I los expulsó de Inglaterra en 1290 y no se les permitió regresar hasta casi cuatro siglos después.

Estimaciones recientes sugieren que en Gran Bretaña viven más de un millón de musulmanes, además de congregaciones significativas de sijs e hindúes. En la actualidad parece que hay más practicantes no cristianos que cristianos.

IDIOMA

El inglés es, con diferencia, la mayor contribución de Inglaterra al mundo moderno. Sorprendentemente rico, el idioma contiene alrededor de 600.000 palabras (en comparación con las 60.000 del indonesio o el malayo) y un sinnúmero de términos descriptivos, como nombres y adjetivos, tal como se descubre al consultar cualquier diccionario. No obstante, en estos días la capital se asemeja a un verdadero Babel: se hablan unas 300 lenguas, y en algunas zonas el inglés es minoritario (es el caso de Shoreditch en el East End, de Chinatown en el Soho, o de Dalston y Stoke Newington). Incluso hay residentes que no entienden una palabra de inglés, pero suelen ser personas mayores y esposas pertenecientes a comunidades muy conservadoras, que necesitan que sus hijos y nietos actúen como intérpretes.

Los tipos de inglés que se hablan en Londres cubren toda la gama desde el elegante idioma de Chelsea hasta el poco prestigioso dialecto *cockney,* pasando por el estándar del sureste de Inglaterra –llamado “inglés del Estuario”–. Para más información, véase el capítulo *Idioma* al final del libro.

El río Támesis

Con sólo 345 km de longitud, el Támesis no es el ilimitado Estyx de los antiguos griegos, un canal que al parecer daba siete vueltas en torno a las regiones infernales del Hades. También resulta corto si se compara con los ríos junto a los que surgieron, crecieron y prosperaron otras capitales del mundo. El Danubio, por ejemplo, que baña las orillas de Viena y Budapest, sigue un curso de alrededor de 2.835 km desde su cabecera en la Selva Negra del suroeste alemán hasta verterse al mar Negro, en Rumanía. El parisino Sena tiene 768 km de largo y el Potomac de Washington, que no podría calificarse de gran afluente, mide 454 km desde su nacimiento hasta su desembocadura.

Pero el tamaño no siempre importa en cuestiones geográficas, y el "Padre Támesis" ocupa un lugar especial en los corazones y las mentes de los londinenses por muchas razones. En su curso alto, sin mareas, representa la idílica Inglaterra de la imaginación. Robert Herrick, poeta del siglo XVII, lo llamó "el más amado de los hijos del océano", mientras que su coetáneo Michael Drayton dejó escrito: "El Támesis, nuestra reina de las crecidas, coronada por barcos y cisnes". El Támesis de las mareas, por otro lado, es el histórico caballo de tiro que indujo a los romanos, y luego a los sajones, a asentarse y construir el imperio que propició la fortaleza económica de la ciudad actual. Si su boca de agua pudiera hablar, contaría historias de reyes y reinas, pícaros y asesinos de todos los siglos. El Támesis es, casi en sentido real, "historia líquida".

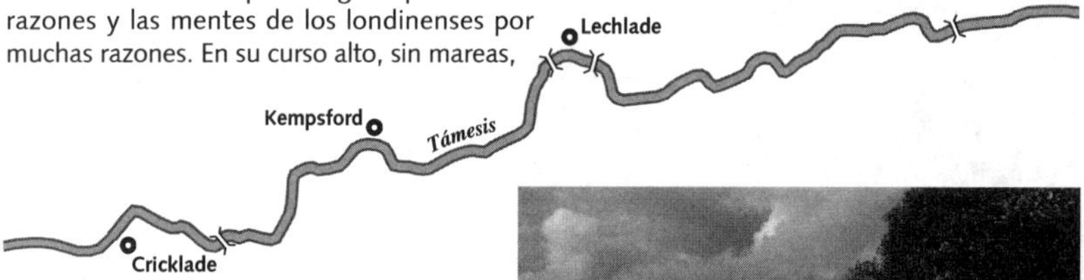

JULIA WILKINSON

Alto y bajo Támesis

Nace en una pradera del remoto Gloucestershire llamada Trewsbury Mead, al noroeste de Londres. Pero para ser el origen de un río tan notable, la cabecera del Támesis no es demasiado espectacular; no hay una cascada cayendo desde lo alto, ni un manantial borboteante y deseoso de correr libre. En realidad, el Támesis no es un río hasta que llega a la ciudad de Cricklade, al sureste, donde Alfredo el Grande, rey de Wessex y primer monarca de Inglaterra, construyó un burgo (recinto fortificado) para defenderse de los daneses en el siglo IX. Desde aquí serpentea a lo largo de 200 km, pasa por 44 esclusas, un sinnúmero de *eyots* (islotes del río) y un rosario de ciudades, pueblos y sitios históricos: Oxford, donde el Támesis es conocido temporalmente como el Isis; la ciudad romana de Dorchester; Reading, última morada de Enrique I; la elegante Henley, famosa por la regata estival que se celebra desde 1839; Eton,

Portada: La puerta del río: el puente de la Torre (1894) (fotografía de Richard I'Anson).

Arriba: Pasear en barca por el Támesis es una bucólica forma de pasar un día de verano.

célebre por su colegio; Windsor, residencia de la aristocrática familia del mismo nombre; Runnymede, donde el rey Juan tuvo que sellar la Carta Magna en 1215; y Hampton, antiguo feudo de Enrique VIII y su corte.

La naturaleza del Támesis cambia unos kilómetros más abajo. Desde Teddington –una corrupción de "Tide-end-town" (ciudad donde termina la marea) según Rudyard Kipling– hasta su estuario en el mar del Norte, unos 102 km al este, es un río con mareas y riberas de arcilla y grava. Cuando hay mareas vivas, su influjo retiene las aguas dos veces al día, dando la extraña impresión de que fluyen hacia atrás. A partir de aquí, muelles y diques sustituyen a las esclusas y a las riberas arboladas les suceden malecones de hormigón. El Padre Támesis se ha puesto su ropa de faena.

VERONICA GARBUTT

DAVID TOMLINSON

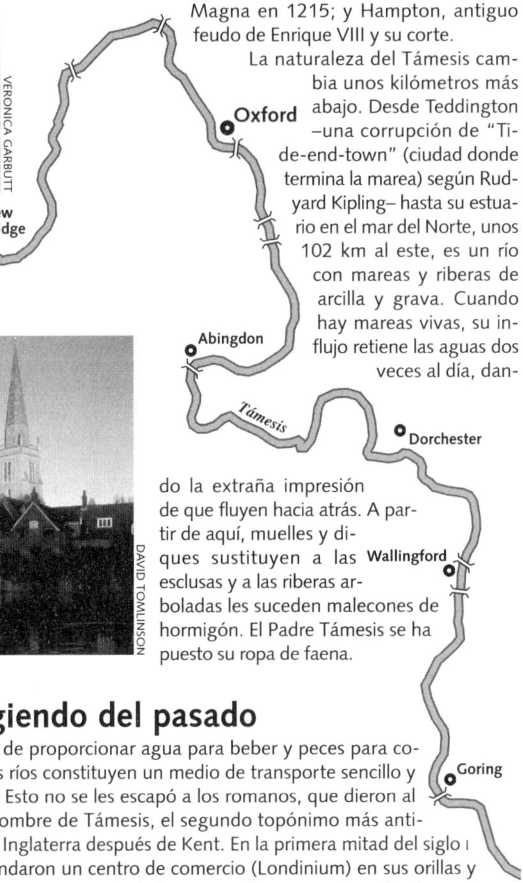

Surgiendo del pasado

Aparte de proporcionar agua para beber y peces para comer, los ríos constituyen un medio de transporte sencillo y barato. Esto no se les escapó a los romanos, que dieron al río el nombre de Támesis, el segundo topónimo más antiguo de Inglaterra después de Kent. En la primera mitad del siglo I d.C. fundaron un centro de comercio (Londinium) en sus orillas y construyeron una serie de largos muelles para aprovechar las mareas y desplazar mercancías.

Los romanos erigieron también un puente de madera sobre el Támesis entre lo que ahora es Southwark y la City –los dos únicos lugares en orillas opuestas que podían sostener cabezas de puente–. El primer puente de piedra sobre el Támesis (más o menos en el mismo sitio) surgió a finales del siglo XII, y hasta la inauguración del de Westminster en 1750, el de Londres constituía la única vía para cruzar el río, aparte de la balsa para caballerías que navegaba entre Lambeth y Millbank y los "taxis acuáticos" en servicio.

El Támesis fue tanto el alma de la ciudad como su canal hacia la riqueza en la Edad Media; no sólo porque las mareas ayudaban a los barcos

Arriba: Pescando cerca de Runnymede: en estos días se puede atrapar algo más que una bota vieja.

Abajo: Iglesia de St Helen, en Abingdon.

VERONICA GARBUTT

Arriba: ¡Todos a bordo!: alternando en la regata real de Henley.

Abajo: Molino de Hambledon, cerca de Henley.

mercantes a avanzar, sino también porque su curso alto, sin mareas pero navegable, atravesaba algunas de las tierras más productivas del país. El control del río fue un codiciado premio por el que compitieron la Corona y el Estado.

En 1197 Ricardo I, que siete años antes había reconocido a la City como comuna autónoma a cambio de fondos para financiar la Tercera Cruzada, vendió a la Corporación de Londres el control sobre el río por 1.500 marcos. El acuerdo otorgaba poco más que derechos de pesca y autoridad para eliminar diques y así abrir todas las rutas navegables al tráfico, pero la City mantuvo el dominio hasta 1857, fecha en que la Corona desafió al alcalde y consiguió arrebatar la propiedad del río a la corporación. El Acta de Conservación del Támesis de ese año permitió que una junta supervisara toda la longitud navegable, desde Cricklade hasta el mar. La situación siguió más o menos igual hasta 1909, cuando la Autoridad del Puerto de Londres se hizo cargo del curso inferior con mareas desde Teddington, mientras la junta de conservación controlaba el curso superior sin mareas.

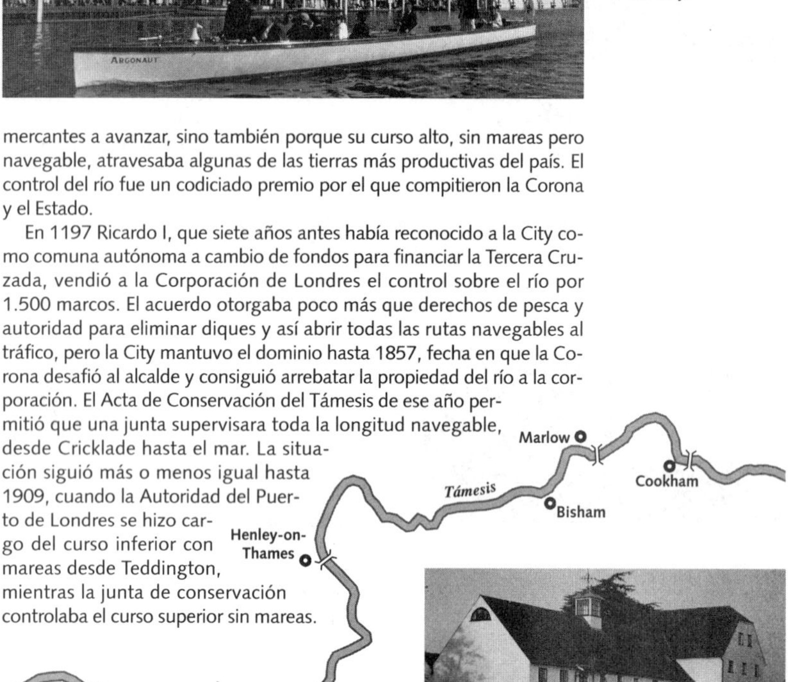

DAVID TOMLINSON

Diversión y porquería

El Támesis no sólo proveyó a la ciudad de comida, agua y transporte barato desde tiempos remotos; además ofrecía muchas formas de esparcimiento. En época medieval, las justas, en las que hombres jóvenes luchaban entre sí con lanzas mientras permanecían de pie en la proa de largos esquifes de remo, eran tan populares como el patinaje sobre hielo en invierno, con huesos de animal atados a las botas en lugar de patines. Si en otoño se habían producido avenidas (algo frecuente hasta que se cons-

ADAM McCROW

truyeron los *embankments* o malecones en el siglo XIX), se podía patinar hasta Chelsea y el helado pantano entre Lambeth y Kennington. Durante el duro invierno de 1683 a 1684, la capa de hielo sobre el río era tan sólida como para celebrar una Feria del Hielo en el mes de enero, que incluyó partidos de fútbol y hockey, carreras de caballos y carros, puestos de comida e incluso una imprenta que vendía tarjetas de recuerdo. Otra feria de este tipo se organizó en 1698, pero tras la construcción de un nuevo puente de Londres (1823-1831), más aerodinámico, el Támesis fluyó con mayor libertad y nunca volvió a helarse tanto.

Sin embargo, no todo era diversión y juego. Desde la Edad Media hasta el siglo XIX, los sistemas de eliminación de desechos casi no existían; el Támesis y sus afluentes de entonces (véase el recuadro "Ríos subterráneos de Londres", en el capítulo *Sobre Londres)* servían como cloacas a cielo abierto. En 1807, el poeta romántico Robert Southey escribió en *Letters from England*: "Si se piensa en que toda la suciedad de esta prodigiosa metrópoli se vacía en el río, sorprende que la gente beba su agua... Es tal su estado de fermentación, que se dice que resulta inflamable".

Pero la bebían –no tenían otra opción; de hecho, el Támesis sigue suministrando hoy agua potable a dos tercios de la capital– y enfermaban. Los brotes de cólera de 1848 a 1849, de 1853 a 1854 y de 1865 a 1866 mataron a casi 30.000 personas –las mismas que murieron durante los bombardeos en la Segunda Guerra Mundial–. Durante el verano de 1858 las temperaturas superaron los 35 °C y la fetidez en el río era tan intensa que hubo que cubrir las ventanas del Parlamento con sábanas empapadas en cloruro de cal; ni siquiera el vertido de ácido fénico pudo amortiguar lo que se conoció como el "gran hedor". Cuando los peces murieron, las orillas del Támesis se convirtieron en una masa rosácea de gusanos retorciéndose.

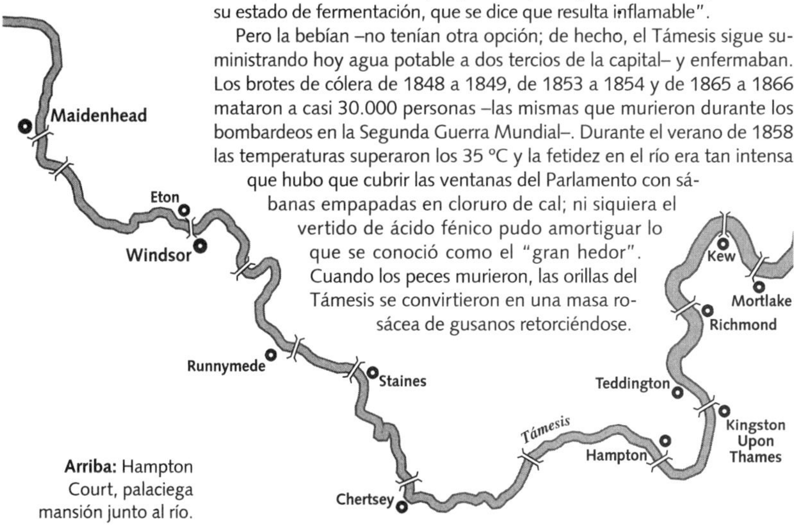

Arriba: Hampton Court, palaciega mansión junto al río.

JULIET COOMBE

Arriba: El puente de Waterloo con la ciudad detrás.

En 1855 el ingeniero jefe del nuevo Consejo Metropolitano de Obras Públicas, Joseph Bazalgette, supervisó la instalación de más de 1.984 km de túneles y bombas para tratar las aguas fecales, responsables de los recurrentes brotes de cólera. También dirigió la recuperación de 15 hectáreas de lodo ribereño y la construcción de casi 6,5 km de los malecones Victoria, Albert y Chelsea para proteger las calles de las crecidas del río. Además, trazó los planos de los puentes de Hammersmith (1887) y Battersea (1890) y reforzó el puente Albert en 1884.

Auge y decadencia

Los romanos construyeron los primeros muelles de Londres, conocidos luego como *hithes* (del término sajón "puerto"), pero hasta hace dos siglos la ciudad contaba sólo con dos grandes dársenas protegidas: una en Blackwall y la otra en Rotherhithe. Hasta entonces, la mayor parte de los barcos anclaban en el Pool, bajo el puente de Londres, y descargaban sus mercancías en gabarras (barcazas de fondo plano) que las trasladaban hasta la orilla. En el siglo XIX se produjo una frenética actividad constructora de dársenas a medida que el Imperio Británico crecía y la capital se convertía en el corazón económico de la nación

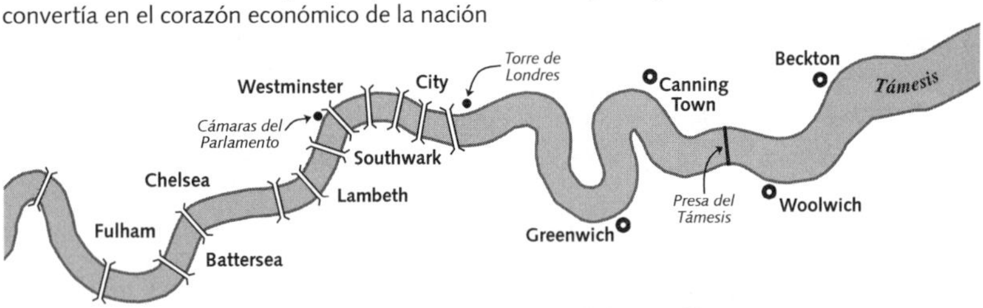

más poderosa del planeta. Las de las Antillas, Londres, Surrey y las Indias Orientales aparecieron en la primera década del siglo; les siguieron la de St Katharine (1828), la Royal Victoria (1855) y la Royal Albert (1880), y el enorme complejo portuario llegó a extenderse desde el puente de la Torre hasta Gallions Reach (más de 16 km). Casi todas las dársenas eran de construcción y gestión privadas.

La capital británica continuó siendo el puerto más importante del mundo hasta bien entrado el siglo XX –la dársena King George V se construyó en 1921–, pero después de la Segunda Guerra Mundial, una serie de factores forzaron su cierre: el fin del imperio, conflictos laborales, la competencia de los puertos extranjeros y la llegada de buques portacontenedores, que necesitan fondeaderos profundos y la posibilidad de partir con rapidez. Los barcos se fueron entonces a Tilbury y las últimas dársenas en activo del centro de Londres –el llamado Grupo Real de Dársenas (Victoria, Albert y George V)– cerraron en 1981.

VERONICA GARBUTT

El Támesis actual

El río ya no funciona como arteria económica mercante y comercial y existen pocas posibilidades de que vuelva a jugar un papel destacado en este campo. En lugar de ello, ofrece un marco cada vez más atractivo para una ciudad que también se embellece día a día.

Bajo la superficie, el Támesis no está muerto en absoluto, pues la limpieza efectuada en el último cuarto de siglo ha sido fenomenal. Hacia 1962 el impacto combinado de aguas residuales sin tratar y contaminación industrial había acabado casi con todo signo de vida. Los esfuerzos para descontaminar el río comenzaron en 1974 y hoy es el hogar de unas 115 especies de peces, como sábalos, lampreas marinas e incluso salmones –vistos por última vez en el Támesis en 1833–, para los que se han abierto pasos especiales sobre los diques. Con ellos han llegado 10.000 garzas, cormoranes y otras aves acuáticas que se alimentan de peces; hasta se han encontrado nutrias en el curso alto. La razón de la turbiedad del Támesis en el centro de Londres estriba en que es el núcleo salobre de dos zonas: una marina y otra de agua dulce.

Al mismo tiempo, el desarrollo de las riberas ha continuado a buen ritmo, sobre todo al sur del río y en Isle of Dogs. Durante el primer año del nuevo milenio y principios de 2001, más de 50 instituciones situadas a una distancia de

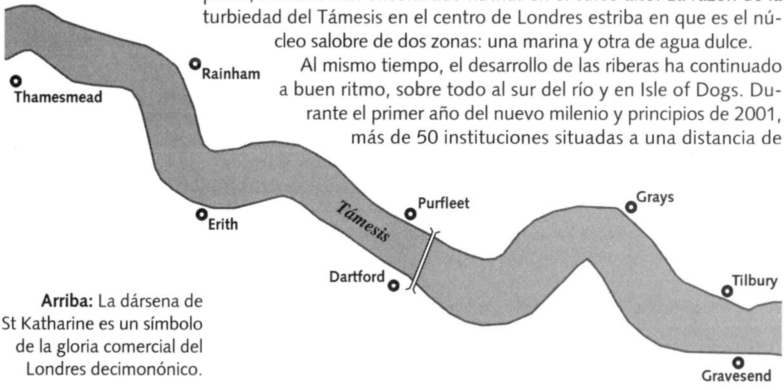

Arriba: La dársena de St Katharine es un símbolo de la gloria comercial del Londres decimonónico.

DAVID TOMLINSON

10 minutos a pie del Támesis participaron en el festival del milenio London String of Pearls (☎ 7665 1540, www.stringofpearls.org.uk), una apuesta para acercar el río otra vez a la gente. Resultó tan popular que se ha repetido en 2002 para celebrar el quincuagésimo aniversario en el trono de la reina Isabel, esta vez con 80 enclaves incluidos, y podría convertirse en una cita permanente.

Las mejores vistas del Támesis y el Londres ribereño son las que se divisan desde el puente de Waterloo hacia el este; quienes prefieran sentir "desde tierra firme" cómo se compenetran el río y la ciudad pueden pasear por Queen's Walk desde el puente de Waterloo hasta el de Southwark. Continuando hacia la catedral de Southwark para ver el espectáculo multimedia The Long View of London (véase "Catedral de Southwark" en el capítulo *Qué ver y hacer)* se capta el tremendo cambio del río a lo largo de los siglos. Para información sobre el bucólico alto Támesis se puede consultar el sitio web de la Agencia de Medio Ambiente: www.visitthames.co.uk. Los más ambiciosos pueden tomar el Thames Path National Trail (Sendero Nacional de la Ruta del Támesis), desde el nacimiento hasta la desembocadura. Son 275 km; también se puede recorrer sólo un tramo, como los 25,5 km que separan Battersea del Thames Flood Barrier (dique de las inundaciones): véase "Senderismo" en el capítulo *Cómo llegar y salir.*

El acontecimiento más extravagante relacionado con el río es el Festival del Támesis anual (www.thamesfestival.org), cuyo plato fuerte es la Gran Carrera Fluvial y el triunfante final pirotécnico. Véase "Fiestas oficiales y celebraciones" más adelante.

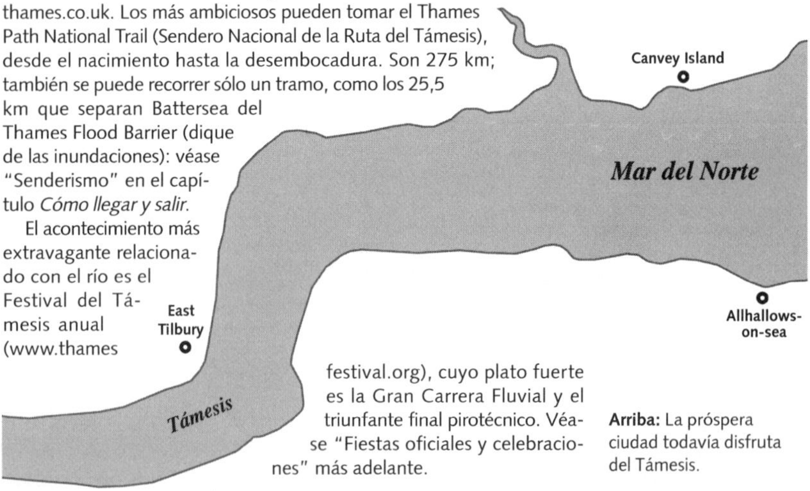

Arriba: La próspera ciudad todavía disfruta del Támesis.

Datos prácticos

DENNIS JOHNSON

El centro de Londres está plagado de atractivos en todas las direcciones.

CUÁNDO IR

Londres es un centro turístico todo el año, con pocas atracciones que cierren o reduzcan sus horarios en invierno. En julio y agosto es más probable encontrar buen tiempo, pero el sol no está garantizado y, además, es la época de más visitantes y precios más altos.

Abril/mayo y septiembre/octubre son buenos momentos para visitar la capital británica: aparte del clima agradable, las colas para los principales monumentos se reducen. Elegir estos meses ayuda a recortar el coste del billete de avión y las tarifas hoteleras. Si al viajero no le importa soportar los vientos invernales y tener menos horas de luz, los mejores precios de transportes y hoteles son de noviembre a marzo.

Algunos querrán hacer coincidir su visita con algún evento –las jornadas de puertas abiertas en septiembre, cuando pueden visitarse más de 500 edificios y otros sitios normalmente no accesibles al público; la Presentación de la Bandera a mediados de junio o la exposición floral de Chelsea a finales de mayo–. Véase "Fiestas oficiales y celebraciones", más adelante.

ORIENTACIÓN

Aunque Londres ocupa una extensión enorme, posee un elemento definidor muy útil. Su principal hito geográfico es el Támesis, un río con mareas lo bastante profundo (para fondear) y estrecho (para tender puentes) como para que los romanos construyeran un puerto fácil de defender de ataques procedentes del mar del Norte. Corre de oeste a este, dividiendo la ciudad en sus mitades norte y sur. Pero dado que traza amplios recodos, creando penínsulas a su paso, no siempre parece claro en qué lado del río se está, sobre todo en las zonas más al oeste y al este.

Pese al gran tamaño de la ciudad, el metro –conocido como *tube*– permite acceder a la mayor parte de ella, y el ubicuo plano de metro oficial es fácil de usar (aunque engañoso geográficamente). Las principales visitas, teatros, restaurantes y alojamientos asequibles se hallan dentro de un rectángulo bastante definido, formado por la línea circular (de color amarillo) de metro, que ciñe el centro urbano justo al norte del río.

En este capítulo se indica la estación de metro o tren más cercana para cada dirección –incluyendo el Docklands Light Railway (Tren Ligero de los Docklands; DLR)– y en algún caso se citan líneas de autobús opcionales. El plano 2 muestra la ubicación de las estaciones de metro y las zonas incluidas en los planos de distrito. El recuadro "Los desconcertantes códigos postales de Londres" que aparece más adelante, va acompañado de un plano que también será útil, en especial para localizar barrios periféricos.

Casi todos los aeropuertos están a cierta distancia del centro, pero bien comunicados (aunque el transporte no es barato). Véase *Cómo desplazarse*.

PLANOS

Un buen plano es fundamental para moverse por la capital. Los de esta guía resultan útiles, pero convendría hacerse con uno de una sola página para abarcar todo el centro de un vistazo. En español se puede consultar *Londres plano-guía* (Ediciones B, 2002), que efectúa un recorrido barrio a barrio con planos desplegables en los que se sitúan los principales puntos de interés cultural y práctico, y *Londres 1:10.000* (Storti Edizioni,

¿Qué hay detrás de un nombre?

¿Conoces al hombre bollo, hombre bollo, hombre bollo?
¿Conoces al hombre bollo que vive en Drury Lane?

Gracias a rimas de niñeras como *Drury Lane,* la película *Mary Poppins* y los Beatles, hay topónimos de la ciudad –desde Trafalgar Square y Berkeley Square hasta Carnaby St y Piccadilly Circus– que resultan muy familiares. Pero ¿qué hay detrás de esos nombres? Muchas calles de la City recuerdan las mercancías que se comerciaban en ellas: Poultry (aves de corral), Cornhill (cereales), Fish St Hill (pescado), Sea Coal Lane (carbón) y Milk St (leche) o Bread St (pan). Otros significados no son tan obvios.

La terminación *-wich* o *-wych* de nombres como Greenwich, Aldwych y Dulwich procede de la palabra sajona *wic,* que significa "asentamiento". *Ea* o *ey* es un término antiguo para "isla" o "pantano"; así Chelsea (isla de Sand), Bermondsey (isla de Bermond), Battersea (isla de Badric o de Peter) y Hackney (pantano de Haca). En inglés antiguo *ceap* significaba "comercio" o "mercado"; por tanto, Eastcheap es el lugar donde la plebe iba de compras en la Edad Media, mientras Cheapside (en origen Westcheap; todavía lo llaman así algunos taxistas) quedó reservado para la familia real. *Borough* viene de *burg,* antiguo vocablo inglés para "burgo", "fuerte" o "ciudad". Y los extraños nombres de East Ham y West Ham proceden de la antigua palabra *hamm* o *hem* (orilla); tan sólo eran asentamientos cercados mas grandes que los *hamlets* (caseríos) corrientes.

¿Y Drury Lane? A primera vista parece tener una etimología bastante pedestre, pues tomó su nombre de Thomas Drury, que se construyó allí una casa en el siglo XVI. Pero ese apellido procede del término *druerie* del inglés medio, que significa "prenda de amor" o "querido". Y dado que Drury Lane fue notorio por sus prostitutas en el siglo XVIII –Hogarth situó aquí una de sus láminas de la serie *Vida de una cortesana*– es posible que el hombre bollo no sólo vendiera algo sabroso para tomar a la hora del té.

1999), con 10 itinerarios. En inglés, *London City Map* (3,99 £) de Lonely Planet incluye tres planos a diferentes escalas, un recuadro dedicado al barrio de los teatros y un callejero. Planos de una hoja más detallados son *AA London Street Map* (3,99 £) y *Collins London Street Plan* (2,99 £).

Para una estancia prolongada se puede comprar *A-Z Map of London* (2,25 £) o *A-Z Visitor's Atlas & Guide* (2,95 £). El plano desplegable tiene la ventaja de que el lugar buscado nunca coincide con la unión entre dos páginas, pero los libros de planos son más fáciles de usar. Si se planea estar más tiempo, otra opción es *Mini A-Z* (4,25 £) o *A-Z London Street Atlas,* editado en varios tamaños (de 4,95 a 6,25 £); muestran hasta las callejuelas más pequeñas.

Otros dos planos resultan importantes para manejarse con el transporte público. El primero es el del metro, reproducido en esta guía; es un clásico del diseño (para más detalles, véase el recuadro "Trazando el plano del metro" del capítulo *Cómo desplazarse)* y muestra no sólo la situación de todas las estaciones, sino también la zona en que se encuentran, algo bastante útil para saber qué billete se debe comprar. Algunas personas prefieren el nuevo plano geográfico del metro, donde aparecen las líneas y estaciones en relación con las calles, estaciones de tren y otros puntos de interés del exterior. Publicado por Drumhouse Ltd. como *The Way Out Tube Map,* cuesta 1,50 £.

Para ver todas las rutas de autobús sería necesario cargar con unos 35 planos diferentes, pero la guía de autobuses del centro (gratuita) es completa y se puede conseguir en casi todas las oficinas de turismo y de transportes (véase el capítulo *Cómo desplazarse).* Si se necesita un plano de autobuses de cercanías, hay que llamar a ☎ 7371 0247 o escribir a London Buses (CDL), Freepost Lon7503, Londres SE16 4BR.

TURISMO RESPONSABLE

Londres es una ciudad llena de gente, incluso antes de que la temporada alta traiga a millones de turistas. Cualquier cosa que el visitante pueda hacer para minimizar el impacto de su estancia en la ciudad será de agradecer.

Como la congestión del tráfico y sus efectos contaminantes son problemas serios, los visitantes se harán un favor a sí mismos y a los residentes si optan por el transporte público (aunque a muchos londinenses les gustaría que evitaran el metro en hora punta, de 8.00 a 9.30 y de 17.00 a 18.30). Véase "Ecología y medio ambiente" en el capítulo *Sobre Londres* para otros detalles.

Algunas atracciones "frágiles" (como la abadía de Westminster y ciertos jardines) se saturan tanto que se ha instaurado un sistema de visitas controladas; las entradas se venden sólo el día de la visita o para un día seleccionado con antelación.

Para más información sobre los problemas causados por el turismo, contáctese con Tourism Concern (☎ 7753 3330, www.tourismconcern.org.uk) en Stapleton House, 277-281 Holloway Rd, London N7 8HN (⊖ Holloway Road). En español, www.ecoturismolatino.com promueve una actitud ambiental y socialmente responsable de los viajeros y empresas turísticas. También se puede encontrar información en www.biosfera.org/educacion o en www.consetur.com.

OFICINAS DE TURISMO

Como Londres es un centro turístico de primera categoría, las oficinas de turismo pueden dar información también sobre Inglaterra, Escocia, Gales, Irlanda y casi todos los países del mundo.

Oficinas de turismo locales

Centro Británico de Visitantes. Este completo centro de información y reservas (Britain Visitor Centre, plano 7; ⊖ Piccadilly Circus), 1 Regent St SW1, alberga las comisiones de turismo de Gales, Escocia, Irlanda del Norte, la República de Irlanda y Jersey, así como una librería Stanford's con guías y mapas en la planta baja. En el entresuelo hay un local de First Option donde se pueden reservar alojamiento, circuitos, viajes en tren, avión o automóvil; una agencia Globaltickets que vende entradas para teatros; una oficina de cambio; teléfonos para llamadas internacionales y ordenadores para consultas turísticas en Internet.

Puede estar muy lleno, pero abre los lunes de 9.30 a 18.30, martes a viernes de 9.00 a 18.30 y sábados y domingos de 10.00 a 16.00 (a 17.00 los sábados de junio a septiembre). Atiende consultas directas, en persona, pero no telefónicas. Si el viajero no se encuentra en la zona y precisa información sobre Gran Bretaña o Irlanda puede dirigirse a British Tourist Authority (BTA; ☎ 8846 9000; www.visitbritain.com; en español: www.visitbritain.com/es).

Centros de información turística. Las oficinas de turismo (TIC) de London Tourist Board (LTB) atienden sólo consultas en persona. Como alternativa, se puede telefonear a LTB (☎ 7932 2000) o utilizar su London Line (☎ 09068 663344; tarifa *premium:* 60 p/minuto), que facilita datos sobre cualquier cosa, desde atracciones turísticas y eventos (como el Cambio de guardia) a circuitos y recorridos por el río, alojamiento, restaurantes, teatros, compras, Londres para niños y locales para gays y lesbianas. Las consultas por escrito deben enviarse a London Tourist Board and Convention Bureau, Glen House, Stag Place, London SW1E 5LT (fax 7932

ASA ANDERSSON

En caso de duda, lo mejor es preguntar a un *bobby* de Londres.

DATOS PRÁCTICOS

0222). El portal de LTB (www.londontouristboard.com) también es muy completo.

La TIC principal, situada en la estación de tren Victoria (plano 11; ⊖ Victoria), facilita información, reservas de hoteles y viajes, billetes para autocares nacionales y entradas de teatro. Abre de lunes a sábado de 8.00 a 20.00 y domingos de 8.00 a 18.00, de abril a octubre; de lunes a sábado de 8.00 a 18.00 y domingos de 9.00 a 16.00 el resto del año. Suele estar abarrotada en temporada alta y el personal no es muy amable.

Hay otras TIC más serviciales en el vestíbulo de llegadas de la terminal internacional de Waterloo (plano 6; ⊖ Waterloo), que abre a diario de 8.30 a 22.30, y en la estación de Liverpool Street (plano 9; ⊖ Liverpool Street), abierta de 8.00 a 18.00 todos los días. La TIC de la estación de metro de las terminales 1, 2 y 3 de Heathrow abre a diario de 8.00 a 18.00. Los aeropuertos de Gatwick, Stansted, Luton y London City, la estación ferroviaria de Paddington y la terminal de autobuses Victoria tienen mostradores de información.

La Corporación de Londres también dispone de una oficina de información (☎ 7332 1456, fax 7332 1457, www.cityoflondon.gov.uk) en St Paul's Churchyard EC4, frente a la catedral de St Paul (plano 9; ⊖ St Paul's). Abre a diario de 9.30 a 17.00, de abril a septiembre, y de lunes a viernes de 9.30 a 17.00 (a 12.30 los sábados) el resto del año.

Algunos municipios y barrios también cuentan con sus propias TIC, como:

Clerkenwell
(☎ 7251 6311, fax 7689 3661), 53 Clerkenwell Close EC1R 0EA.

Greenwich
(☎ 0870 608200, fax 8853 4607), Pepys House, Old Royal Naval College, King William Walk SW10 9NN.

Richmond
(☎ 8940 9125, fax 8940 6899), Old Town Hall, Whittaker Ave, Richmond, Surrey TW9 1TP.

Southwark
(☎ 7403 8299, fax 7357 6321, www.southwarkonline.co.uk), London Bridge, 6 Tooley St, SE1 2SY.

Tower Hamlets
(☎ 7364 4971, fax 7375 2539), 18 Lamb St, E1 6EA.

Oficinas de turismo en el exterior

BTA dispone de mucha información sobre la capital y el Reino Unido, en su mayor parte gratis. Lo mejor es contactar con ellos antes de emprender viaje; algunos descuentos y ofertas sólo se conceden a los que reservan antes de llegar a Gran Bretaña. Aquellos viajeros con necesidades especiales (discapacitados o con dietas) deberían comunicarse con su oficina de BTA más cercana para informarse. Algunas oficinas de turismo en el exterior son:

Argentina
(☎ 54 11 414 8955, fax 54 11 415 3161), avda. de Córdoba 645, 2º piso, 1054 Buenos Aires.

Brasil
(☎ 55 21 531 1717, fax 55 21 531 0383), rua da Assembleia 10, sala 3707, Río de Janeiro, RJ 20119-900.

Chile
(☎ 56 2 236 1199, fax 56 2 235 7375), Eleodoro Yáñez 832, Providencia, Santiago.

Colombia
(☎ 57 1 618 0018, fax 57 1 218 7754), calle 87 nº 12-79, apartado aéreo 089231, Bogotá.

España
(☎ 915 411 396, fax 915 428 149, www.visitbritain.com/es), torre de Madrid 6/5, pza. de España 18, 28008 Madrid.

Estados Unidos
(☎ 212 986 2200 o 1 800 GO 2 BRITAIN, gratuita, travelinfo@bta.org.uk, www.travelbritain.org), suite 701, 551 5th Ave, Nueva York, NY 10176 0799.
(☎ 310 470 2782, fax 470 8549), suite 570, 10880 Wiltshire Blvd, Los Ángeles, CA 90024.

México
(☎ 52 5 263 1900, fax 52 5 263 1910), Lope de Vega 316, colonia Chapultepec Morales, 11570 México, D.F.

Venezuela
(☎ 58 2 952 9965, fax 58 2 952 9691), avda. principal de El Bosque, torre Credicard, piso 3º, Chaciato, Caracas.

AGENCIAS DE VIAJES

Algunas agencias de viaje donde se pueden conseguir tarifas más reducidas son:

Despegar.com (www.es.despegar.com).
Ebookers (☎ 902 345 333, www.ebookers.com/es).

Lastminute (www.es.lastminute.com).
Mucho Viaje (☎ 902 123 383, www.muchoviaje.com).
Usit Unlimited (☎ 902 252 575, www.usitunlimited.es).

España

Atrapalo (☎ 93 319 75 70, www.atrapalo.com), passeig d'Isabel II 4, 1, Barcelona.
H.I.S. (☎ 91 559 70 00, reservas y consultas 902 432 400, info@viajcs-his.cs), Gran Vía 86, edificio España, G1, planta 22, Madrid.
Metropolitan (☎ 91 448 54 13), Galileo 25, Madrid.
TIVE Madrid (☎ 91 543 02 08), Fernando el Católico 86, Madrid.
TIVE Barcelona (☎ 93 483 83 63), carrer de Rocafort 116-122, Barcelona.
Travelprice (☎ 902 246 357, www.travelprice.es), Gran Vía 86, 28013 Madrid.
ViajaraBajoPrecio (☎ 902 158 308, www.viajarabajoprecio.com), Claudio Coello 125, Madrid.
Viajes Lintur (☎ 91 456 06 06, lintur@hispavista.com), Galileo 94, Madrid.
Viajes Transfronteras (☎ 91 406 19 80, www.viajestransfronteras.es), San Bernardino 2, Madrid.
Viajes Zeppelin (☎ 91 431 40 36, www.viajeszeppelin.com, info@v-zeppelin.es), Hermosilla 92, Madrid.

Londres

La cifra de agencias es inabarcable, aunque no todas gozan de buena reputación. Entre las mejores y más fiables se cuentan STA Travel, Trailfinders y usit Campus, cuyo personal comprende lo que significa ajustarse a un presupuesto y ofrece tarifas competitivas y de confianza. No hay que ser estudiante para hacer uso de sus servicios. Sus oficinas se encuentran en:

STA Travel
(plano 10; ☎ 7361 6161 para consultas relativas a Europa, ☎ 7361 6262 para el resto del mundo, ☎ 7361 6160 para circuitos, alojamiento, alquiler de coches o seguros; www.statravel.co.uk, 86 Old Brompton Rd SW7, ⊖ South Kensington). Abierta laborables de 10.00 a 18.00, sábados de 11.00 a 17.00.
Sucursales:
(plano 8; 85 Shaftesbury Ave W1, ⊖ Tottenham Court Road).
(plano 3; 117 Euston Rd NW1, ⊖ Euston).
(plano 6; 38 Store St WC1, ⊖ Goodge Street).
(plano 6; 11 Goodge St W1, ⊖ Goodge Street).

Trailfinders
(plano 5; ☎ 7938 3939 para largos recorridos, 7938 3444 para vuelos en primera clase y preferente; www.trailfinders.com, 194 Kensington High St W8, ⊖ High Street Kensington). Abierta de lunes a sábado de 9.00 a 18.00 (a 19.00 los jueves), domingos de 10.00 a 18.00. También tiene un servicio de visados y pasaportes (☎ 7938 3848), centro de vacunación (☎ 7938 3999), cambio de divisas (☎ 7938 3850) y centro de información (☎ 7938 3303).
Delegación:
(plano 5; ☎ 7937 5400 para viajes transatlánticos, 7937 1234 para viajes en Europa, 215 Kensington High St W8, ⊖ High Street Kensington).

usit Campus
(plano 11; ☎ 0870 240 1010, www.usitcampus.co.uk, 52 Grosvenor Gardens SW1, ⊖ Victoria). Abierta laborables de 9.00 a 18.00, sábados y domingos de 10.00 a 17.00.
Sucursales:
(plano 5; 174 Kensington High St W8, ⊖ High Street Kensington).
(plano 7; 28a Poland St W1 ⊖ Oxford Circus).

Además, numerosas agencias se anuncian en las secciones de viajes de los periódicos del fin de semana *Time Out* y *TNT Magazine*. Todas deberían estar cubiertas por una licencia ATOL (Air Travel Organiser's Licence; www.atol.org.uk). Este plan, gestionado por Civil Aviation Authority (CAA), significa que si la agencia o la aerolínea quiebran, el cliente tiene garantizada la devolución del importe íntegro; o que si ya se encuentra en el extranjero podrá volver en avión más o menos a la hora prevista. Hay que advertir que según la legislación de protección del consumidor, la única forma de salir perdiendo es reservar directamente a través de una aerolínea; utilizar los servicios de una agencia de viajes da mayor protección. No obstante, para estar cubierto por dicho plan, al pagar en efectivo se debe recibir el billete o un recibo ATOL oficial donde aparezca el número de agencia.

VISADOS Y DOCUMENTACIÓN

La información que aparece en este apartado es especialmente susceptible de sufrir cambios, por lo que Lonely Planet insiste en que cada uno de estos contenidos se compruebe sistemáticamente con la embajada o el consulado correspondientes antes de partir.

A diferencia de la mayoría de los países europeos, en el Reino Unido la ley no obliga a llevar encima una identificación, pero siempre es bueno tener a mano el pasaporte o algún documento de identidad con fotografía. Además, con muy pocas excepciones, la capital británica es un lugar idóneo para obtener información y visados para otros países del mundo.

Visados

Los ciudadanos de la Unión Europea (UE) no necesitan pasaporte, basta con el carné de identidad del país de origen; tampoco precisan visado y pueden residir y trabajar en el país durante el tiempo que quieran. Los naturales de países latinoamericanos pueden permanecer seis meses en Gran Bretaña sin visado. Actualmente a los estadounidenses se les concede en el punto de llegada "permiso para entrar" en el Reino Unido por un período de seis meses, pero no pueden trabajar sin un permiso de trabajo. La normativa es siempre susceptible de cambio, así que resulta fundamental acudir a la embajada o consulado británicos para informarse antes de abandonar el país de origen.

Las autoridades de inmigración del Reino Unido son estrictas; conviene vestir de forma correcta y demostrar que se está en posesión de suficientes fondos para mantenerse durante la estancia. Una tarjeta de crédito y/o un billete de salida del país ayudarán.

Varias compañías de viajes en el Reino Unido proporcionan visados extranjeros rápidos por una cantidad. Trailfinders (véase "Agencias de viajes") tramita visados para más de una docena de países y suele entregarlos en el plazo de cinco días laborables. Global Visas (plano 7; ☎ 7734 5900 o 7317 9491, www.globalvisas.com, ⊖ Oxford Circus), piso 3º, 181 Oxford St W1, puede obtener visados para una serie de países, desde la República Checa, Francia o Australia hasta Egipto e India.

Ampliación del visado. Los visados turísticos sólo se pueden ampliar por emergencias claras (un accidente, muerte de un pariente, etc.). Si no, es necesario salir del Reino Unido (quizá ir a Irlanda o Francia) y solicitar uno nuevo, aunque esta táctica puede despertar sospechas después del segundo o tercer visado. Para prorrogar la estancia en el Reino Unido se debe llamar a la línea de información sobre pasaportes y visados (☎ 08706 067766 o 8649 7878) de Home Office, Immigration and Nationality Directorate (Dirección de Inmigración del Ministerio del Interior), Lunar House, 40 Wellesley Rd, Croydon CR9 2BY (estación: East Croydon), antes de que expire el visado. Abre los días laborables de 10.00 a 12.00 y de 14.00 a 16.00.

Visados para estudiantes. Los ciudadanos de la UE pueden entrar en el país para estudiar sin ningún requisito. El resto necesita matricularse en un curso de, al menos, 15 horas semanales en horario diurno, durante los días laborables, en una sola institución educativa, para que se les permita quedarse como estudiantes. Para más información, consúltese a la embajada o consulado británicos del país de origen.

Permisos de trabajo. Los no residentes en la UE que quieran trabajar en países comunitarios necesitarán un permiso de trabajo y otro de residencia. A los ciudadanos comunitarios no les hará falta el primero y en esencia tendrán los mismos derechos que los nacionales, aunque deberán obtener de la autoridad local un permiso de residencia en la UE. Si el objetivo principal de la visita es trabajar, hay que estar apadrinado por una compañía británica.

Los estadounidenses mayores de 18 años que estudien a tiempo completo en un *college* o universidad pueden obtener un permiso denominado Blue Card con el que podrán trabajar durante seis meses en Gran Bretaña. Cuesta 250 US$ y se consigue a través de British Universities North America Club (BUNAC; ☎ 203 264 0901, wib@bunacusa), PO Box 430, Southbury CT 06488. Una vez en el Reino Unido, BUNAC puede ayudar a los titulares de la Blue Card a encontrar empleo, alojamiento, etc. En el portal www.bunac.org se da más información.

Para realizar cualquier consulta ya en territorio británico, se debe contactar con Home Office, Immigration and Nationality Directorate (véase "Ampliación del visado", anteriormente).

Seguro de viaje

Es muy útil contratar una póliza de seguros que cubra los gastos médicos y posibles robos o extravíos del equipaje, cancelaciones o retrasos. También debería incluir la pérdida del billete, pero conviene llevar anotados todos los datos de éste en papel aparte o, mejor, una fotocopia. Existen pólizas de todo tipo, pero las de viajes de estudios internacionales de STA y otras organizaciones de viajes para estudiantes suelen ser útiles. Las pólizas ofrecen opciones de gastos médicos; a menos que se tenga acceso a la sanidad pública inglesa (NHS; véase "Salud" más adelante en este capítulo), lo mejor es contratar todos los servicios posibles. Otras pólizas más baratas no cubren la pérdida del equipaje.

Conviene contratar la póliza lo antes posible. De lo contrario, se puede descubrir que no se tiene cobertura en caso de retrasos del vuelo debidos a huelgas u otras acciones empresariales. Y siempre se debe leer con atención la letra pequeña.

Pagar el billete con tarjeta de crédito proporciona, por lo general, un seguro de accidentes limitado, que permite reclamar el importe si el operador no efectúa el servicio. En el Reino Unido, las empresas emisoras de tarjetas de crédito están obligadas por ley a reembolsar la cantidad a los clientes si una compañía quiebra y el importe supera las 100 £. Antes de suscribir una póliza nueva el viajero habría de comprobar que los beneficios que busca no están incluidos dentro de los proporcionados por alguna tarjeta de crédito, mutualidad o el seguro del coche.

Permiso de conducir

En Gran Bretaña se acepta el carné de conducir del visitante durante 12 meses desde la última fecha de entrada en el país. Después se puede solicitar en las oficinas de correos un permiso británico, que ahora es similar a los de la UE con fotografía, pero la ley prescribe que se debe llevar también el incómodo permiso de conducir equivalente, de tamaño A3. Para más información, hay que contactar con Driving and Vehicle Licensing Agency (DVLA; ☎ 0870 240 0009, fax 01 792 783071), Swansea SA6 7JL. Los que lleven un permiso de conducir extranjero, deberían aportar también el internacional, que se obtiene a través del organismo automovilístico correspondiente del país de origen. Gratuito y con un año de validez, resulta útil, junto con el carné nacional, para alquilar vehículos, tanto de dos como de cuatro ruedas.

Carné de alberguista

Para alojarse en uno de los ocho albergues de Youth Hostels Association/Hostelling International (Asociación de Albergues Juveniles/Organización Internacional de Albergues, YHA/HI, www.iyhf.org, en inglés) es preciso ser miembro. De otro modo, se cobra un suplemento de 2 £ por las seis primeras noches, a sumar a las 12 £ de la cuota de socio. Véase "Albergues de la YHA" en el capítulo *Dónde dormir.*

En España el carné se puede solicitar en la sede del TIVE, dependiente del Instituto de la Juventud; o en la Red Española de Albergues Juveniles (☎ 91 347 77 00; Ortega y Gasset 71, 28006 Madrid).

Carné joven, de estudiante o de profesor

El más práctico es el carné internacional de estudiante (International Student Identity Card, ISIC). Se trata de un documento con fotografía que identifica a su titular y que pueden obtener los estudiantes de dedicación exclusiva y, en principio, sin límite de edad (aunque en ciertos lugares existen restricciones). Entre sus beneficios se encuentran: descuentos en diferentes medios de transporte; entrada gratuita, o con menor coste, en museos y lugares turísticos; posibilidad de comer en restaurantes estudiantiles de precio reducido. Asimismo proporciona acceso a una red de organizaciones estudiantiles y a una línea de ayuda legal, médica y de urgencias. Para los profesores existen unas tarjetas similares (ITIC). Ambos carnés son aceptados en más de 5.000 organizaciones en todo el mundo, en especial en las relacionadas con los viajes de estudios, que suelen encargarse de la venta de billetes de avión, autocar y tren.

Los jóvenes menores de 26 años no estudiantes disponen de otras alternativas: el carné GO25 que emite la Federación de Organizaciones de Viajes Internacionales para Jóvenes (Federation of International Youth Travel Organisations, FIYTO); el carné Euro<26, que existe en 33 países europeos bajo diferentes denominaciones y tiene un año de validez; o el carné joven internacional (International Youth Travel Card, IYTC) que emite la Confederación de Viajes Internacionales para Jóvenes (International Student Travel Confederation, ISTC). Éstos conceden casi las mismas ventajas que el internacional de estudiante. Pueden solicitarse en las asociaciones de estudiantes, las organizaciones de albergues, las agencias especializadas en viajes para jóvenes (Usit Unlimited, www.usitunlimited.es), y otras entidades locales similares. Algunas de ellas son:

Argentina

Asatej (☎ 4511 7800, www.asatej.com), Echeverría 2592, planta alta, 1428 Buenos Aires.

Chile

Student Flight Center (☎ 335 0395, www.sertur.cl), Hernando de Aguirre 201, oficina 401, Providencia, Santiago de Chile.

Colombia

Educamos viajando (☎ 620 5359, www.eduvi.com), calle 108A nº 18-64, Bogotá.

Costa Rica

OTEC Turismo Joven (☎ 256 0633, www.turismojoven.com), calle 3, esquina avenidas 1 y 3, 323-1002 San José.

España

TIVE Madrid (☎ 91 543 02 08), Fernando el Católico 86, Madrid.

TIVE Barcelona (☎ 93 483 83 63), Rocafort 116-122, Barcelona.

México

SETEJ México A.C. (☎ 52 11 07 43, www.setej.org), Hamburgo 305, colonia Juárez, delegación Cuauhtemoc, 06600 México, D.F.

Perú

INTEJ (☎ 247 3230, www.intej.org), avda. San Martín 240, Barranco, Lima 4.

Uruguay

ASATEJ, Youth Student Travel (☎ 908 0509, www.asatej.com), Río Negro 1354, 2º piso, oficina 7, Montevideo.

Venezuela

IVI Venezuela (☎ 993 60 82, www.ividiomas.com), resd. La Hacienda, local 1-4T, final avda. principal de las Mercedes, apartado 80160, Caracas 1080.

Carné de jubilado

Muchas atracciones reducen el precio de entrada para los mayores de 60 o 65 años; merece la pena preguntar siempre, incluso si no hay una lista de descuentos a la vista.

London Pass

Este pase (☎ 0870 242 9988, www.londonpass.com) permite la entrada gratuita en más de 50 museos y otras atracciones, incluyendo la Torre de Londres, el London Dungeon y el palacio de Kensington, además de un número ilimitado de viajes en metro (zonas 1 a 6), autobuses y trenes por el centro durante uno/dos/tres/seis días. Incluyendo el transporte cuestan 24/44/55/89 £ para adultos y 16/27/34/45 £ para niños de 5 a 15 años. También facilita cambiar moneda sin comisiones, descuentos en restaurantes, acceso gratuito a Internet y tarifas telefónicas reducidas.

Fotocopias

Antes de emprender el viaje deberían hacerse dos fotocopias de todos los documentos importantes: páginas de datos personales del pasaporte y visado; tarjetas de crédito; póliza del seguro de viaje; billetes de avión, autobús o tren; permiso/s de conducir; números de serie de los cheques de viaje; direcciones de contacto, teléfonos y otros datos de interés. Una copia se la debe quedar algún familiar o amigo y la otra puede llevarla encima el viajero, en lugar diferente de los originales dentro del equipaje. También sería aconsejable fotocopiar la tarjeta de entrada/salida del país de destino y conservarla en un lugar seguro, nunca junto al pasaporte. Otra medida prudencial sería esconder una parte del dinero.

Otra alternativa es almacenar los datos de los documentos de viaje más importantes en el Travel Vault gratuito de Lonely Planet, por si se perdieran las fotocopias o para evitar hacerlas. Este archivo, protegido con una clave secreta, es accesible a través de Internet desde cualquier lugar del mundo y se puede crear en www.ekno.lonelyplanet.com.

EMBAJADAS Y CONSULADOS

Embajadas y consulados en el extranjero

En la siguiente lista se incluyen las direcciones de las legaciones británicas en algunos países. Si se requiere información sobre otros, consúltese el portal de Foreign and Commonwealth Office (www.fco.gov.uk).

Argentina
Embajada: (☎ 54 11 4808 2200, fax 54 11 4808 2274, askconsular.baires@fco.gov.uk, www.britain.org.ar), Dr. Luis Agote 2412, 1425 Buenos Aires.

Brasil
Embajada: (☎ 55 61 225 2710, fax 55 61 225 1777, britemb@terra.com.br), SES Quadra 801 Lote 8 Cj K, Av. das Nações, 70408-900 Brasilia, DF.

Chile
Embajada: (☎ 56 2 370 4100, fax 56 2 335 5988, www.britemb.cl), avda. El Bosque Norte 0125, Los Condes, Santiago.

Colombia
Embajada: (☎ 57 1 317 6690, fax 57 1 317 6401, britain@cable.net.co, www.britain.gov.co), edificio ING Barings, carrera 9 nº 76-49, piso 9º, Bogotá.

Costa Rica
Embajada: (☎ 506 258 2025, fax 506 233 9938, britemb@sol.racsa.co.cr) apartado 815, edificio Centro Colón, piso 11º, San José 1007.

España
Embajada: (☎ 917 008 200, fax 917 008 309, www.ukinspain.com), Fernando el Santo 16, 28010 Madrid.

Estados Unidos
Embajada: (☎ 202 588 6500, fax 588 7850, www.britaininusa.com), 3100 Massachusetts Ave, NW, Washington, DC 20008.
Consulado general: (☎ 212-745 0200, fax 745 0444), 845 Third Ave, New York, NY 10022.

México
Embajada: (☎ 52 55 5242 8500, fax 52 55 5242 8517, consular.mexico@fco.gov.uk), Río Lerma 71, colonia Cuauhtémoc, 06500 México, DF.

Perú
Embajada: (☎ 51 1 617 3000, fax 51 1 617 3100, www.britemb.org.pe), torre Parque Mar, piso 22º, avda. José Larco 1301, Miraflores, Lima.

Uruguay
Embajada: (☎ 598 2 622 3630, fax 598 2 622 7815, bemonte@internet.com.uy, www.britishembassy.org.uy), Marco Bruto 1073, 11300 Montevideo.

Venezuela
Embajada: (☎ 58 2 993 41 11, fax 58 2 993 99 89, britishembassy@internet.ve, www.britain.org.ve), torre Las Mercedes, piso 3º, avda. La Estancia, Chuao, Caracas 1061. Apartado de correos 1246, Caracas 1010-A.

Embajadas y consulados en Londres

El viajero ha de ser consciente de la ayuda que puede y no puede obtener de su propia embajada. En general no cabe esperar mucho si él mismo ha provocado el problema. Puesto que está sometido a la legislación del país en el que se encuentra, la embajada no intervendrá en su favor si ha sido encarcelado por cometer una acción que es delito en dicho país, incluso aunque esa acción no sea ilegal en su país de origen.

En casos de verdadera emergencia suelen proporcionar cierta ayuda, siempre que el viajero haya agotado otras posibilidades de resolverla. Por ejemplo, si urge regresar a casa, es improbable que la embajada facilite un billete gratuito de retorno, porque se espera que el viajero haya suscrito un seguro para esta contingencia. En caso de robo de todo el dinero y documentación, sí ofrecen asistencia para obtener un nuevo pasaporte, pero no acostumbran a conceder un préstamo para que el viajero prosiga el viaje.

La siguiente lista cita algunas embajadas en Londres. Para obtener información acerca de otras, véase "Embassies & Consulates" (en inglés) en *Central London Yellow Pages* (www.yell.com).

Argentina
Embajada: (☎ 020 7318 1300, fax 020 7318 1301), 65 Brook Street, London W1 K 4AH.

Brasil
Embajada: (☎ 020 7399 9000, fax 020 7399 9100, info@brazil.org.uk), 32 Green St, London W1K 7AT.

Chile
Embajada: (☎ 020 7580 6392, fax 020 7436 5204, embachile@embachile.co.uk), 12 Devonshire St, London W1G 7DS.

DATOS PRÁCTICOS

Colombia
Embajada: (☎ 020 7589 9177, fax 020 7581 1829, colombia@colombia.demon.co.uk, www.colombia.demon.co.uk), flat 3A, 3 Hans Crescent, London SW1X 0LN.
Costa Rica
Embajada: (☎ 020 7706 8844, fax 020 7706 8655, info@emberlon.demon.co.uk), flat 1, 14 Lancaster Gate, London W2 3LH.
España
Embajada: (plano 6; ☎ 020 7235 5555, fax 020 7259 5392, embespuk@mail.mae.es), 39 Chesham Place, London SW1X 8SB (⊖ Hyde Park Corner).
Consulado: (☎ 020 7589 8989), 20 Draycott Place, London SW3 2RZ.
Oficina Laboral Española: (☎ 020 7221 0098), 20 Peel St, London W8 7PD.
Estados Unidos
Embajada: (plano 6; ☎ 020 7499 9000, fax 020 7495 5012, www.usembassy.org.uk), 5 Upper Grosvenor St, London W1A 1AE (⊖ Bond Street).
México
Embajada: (☎ 020 7499 8586, mexuk@easynet.co.uk), 42 Hertford St, London W1J 7JR.
Perú
Embajada: (☎ 020 7235 1917, fax 020 7235 4463, postmaster@peruembassy-uk.com) 52 Sloane St, London SW1X 9SP.
Uruguay
Embajada: (☎ 020 7589 8835, fax 020 7581 9585, emb@urubri.demon.co.uk), 140 Brompton Rd, 2nd floor, London SW3 1HY.
Venezuela
Embajada: (☎ 020 7584 5375, www.venezlon.demon.co.uk), 1 Cromwell Rd, London SW7 2HR.

ADUANAS

Al igual que otros estados de la UE, el Reino Unido posee un sistema aduanero de dos niveles: uno para artículos libres de impuestos y otro para compras hechas en otro país de la UE donde ya se hayan pagado las tasas y derechos.

Ventas libres de impuestos

Para los que viajan de un país de la UE a otro, estas ventas se suprimieron en julio de 1999. En cuanto a artículos comprados en aeropuertos o a bordo de ferrys fuera de la UE, está permitida la importación de 200 cigarrillos, 50 puros o 250 g de tabaco; 2 l de vino no espumoso más 1 l de licor de graduación superior a 22° u otros 2 l de vino (espumoso o de otro tipo); 50 ml de perfume, 250 ml de agua de colonia y otros artículos libres de impuestos hasta un valor de 145 £.

Tasas e impuestos pagados

Es posible introducir mercancías de otro país de la UE donde ciertos artículos puedan ser más baratos, siempre que se hayan pagado sus impuestos. Deben ser para el consumo particular, pero muchos londinenses van y vienen de Francia en el día para cargar su coche con alcohol y cigarrillos baratos, que revenden luego en el Reino Unido. Con lo que se ahorran pagan el viaje.

Si se hacen las compras en una tienda del continente, la aduana maneja las siguientes cantidades máximas para distinguir las importaciones personales de las comerciales: 800 cigarrillos, 200 puros, 1 kg de tabaco, 10 l de licor, 20 l de vino de alta graduación, 90 l de vino (sólo 60 l pueden ser de vino espumoso) y 110 l de cerveza.

MONEDA

Cambio

A diferencia de la mayoría de los miembros de la UE, cuya moneda única es el euro, el Reino Unido ha mantenido su sistema monetario –la libra esterlina– y continuará haciéndolo en un futuro próximo. La libra (£) se divide en 100 peniques (p, pronunciado 'pi'). Las monedas de 1 y 2 p son de color cobre; las de 5, 10, 20 y 50 p, plateadas; la pesada moneda de 1 £ es dorada y la de 2 £ tiene el centro plateado y el canto dorado. Hay billetes de 5, 10, 20 y 50 £, cuyos colores y tamaños varían. Conviene evitar los de 50 £ porque puede ser difícil cambiarlos.

Tipo de cambio

En el momento de elaborar esta guía, los tipos de cambio eran los siguientes:

país	unidad monetaria		libras esterlinas
Argentina	1 peso	=	0,1715
Brasil	1 real	=	0,1749
Chile	1 peso	=	0,0009
EE. UU.	1 US$	=	0,6386
México	1 peso	=	0,0636
zona euro	1 €	=	0,6352
Venezuela	1 bolívar	=	0,0004

Cambio de moneda

Efectivo. Llevar efectivo es lo más cómodo, pero también lo más arriesgado. No obstante, interesa meter algunas libras en la cartera, aunque sólo sea para salir de un apuro hasta encontrar una oficina de cambio. No hay problema cuando se llega a uno de los cinco aeropuertos londinenses, pues todos disponen de mostradores de cambio con buenas tarifas, abiertos para los vuelos entrantes (véase "Cambistas", más adelante).

Cheques de viaje. Ofrecen una mayor seguridad frente a los robos. Lo mejor es llevarlos en libras y comprar los de American Express (Amex) o Thomas Cook, que son compañías muy conocidas y no cobran comisiones por cambiar sus propios cheques (aunque los tipos de cambio no son muy ventajosos). Ambas tienen oficinas en toda la ciudad; véase "Cambistas", más adelante, o búsquese "Bureaux de Change" en las páginas amarillas para localizar la más próxima. Barclays y Citibank también emiten cheques de viaje.

Se recomienda llevar casi todos los cheques de grandes sumas. Sólo al final del viaje convendrá cambiar un cheque pequeño para no acumular demasiada moneda local antes de partir. Los cheques de viaje rara vez se aceptan fuera de los bancos y no suelen utilizarse para transacciones diarias, así que habrá que cambiarlos antes por efectivo.

El precio de compra de los cheques varía en función del vendedor. Amex suele ser el más económico: cobra una comisión del 1% sin cargo mínimo. Las principales oficinas de correos también ofrecen tarifas muy competitivas. Los bancos resulta más caros y a veces piden que se avise por adelantado: National Westminster (NatWest) cobra un 1% por cheques de viaje en libras, con un cargo mínimo de 3 £; la comisión de Lloyds y Barclays es del 1,5%, con un mínimo de 3 £.

Extravío o pérdida de cheques de viaje. Conviene anotar los números de todos los cheques, incluso de los ya cambiados, y llevar esta lista en lugar aparte; en caso de robo o pérdida se podrá decir a la agencia emisora cuáles han desaparecido. Tan pronto como se advierta la falta de un cheque, hay que ponerse en contacto con la oficina emisora o su delegación más próxima. Thomas Cook (☎ 01733 318950) y Amex (☎ 029 2066 6111) funcionan las 24 horas, siete días a la semana, y reponen los cheques en el plazo de un día. El teléfono de Barclays para cheques de viaje en el Reino Unido es ☎ 0800 515 884.

Cajeros automáticos. Las tarjetas de débito se han convertido en un perfecto compañero de viaje: son ideales para compras importantes, sirven para retirar efectivo en algunos bancos y cajeros automáticos (ATM). Éstos suelen estar integrados en sistemas monetarios internacionales como Cirrus, Maestro, GlobalAccess o Plus, así que basta con insertar la tarjeta y teclear el número de identificación personal (PIN) para conseguir efectivo. Algunas tarjetas no están vinculadas a redes de cajeros automáticos a menos que se pida al propio banco que lo tramite y se solicite un PIN. También se puede preguntar en qué cajeros automáticos de bancos británicos aceptan la tarjeta propia y si hay que pagar comisión por usarlos.

Tarjetas de crédito. Tanto Visa como MasterCard, Amex y Diners Club se aceptan en muchos sitios, aunque algunos negocios pequeños del tipo *B&B* siguen prefiriendo efectivo. Hay establecimientos que cobran por aceptar un pago con tarjeta, de modo que no siempre es el medio más económico para viajar. Se pueden conseguir anticipos en efectivo con tarjeta Visa en los bancos HSBC y Barclays, o con MasterCard en NatWest, Lloyds y Barclays. Con una Amex es posible hacer efectivas hasta 500 £ de cheques personales en oficinas de Amex en cualquier período de siete días.

Quienes piensen utilizar una tarjeta de crédito deben asegurarse de contar con un límite de crédito que pueda cubrir gastos importantes, como el alquiler de un coche o billetes de avión. Otra opción es dejar la tarjeta con saldo positivo al iniciar los viajes. Y conviene llevar más de una. Todavía mejor es combinar tarjetas y cheques de viaje para tener recursos en caso de que un cajero se trague la tarjeta o el banco no la acepte.

Extravío o pérdida de tarjetas de crédito. En caso de pérdida o robo de una tarjeta se debe informar lo antes posible a la policía (véase "Urgencias", más adelante) y a la compañía emisora; de lo contrario, el titular puede tener que asumir las compras que se hayan realizado con ella. Algunos teléfonos que funcionan 24 horas para cancelar tarjetas son:

American Express	☎ 01273 689955 o 696933
Diners Club	☎ 0800 460800 o 01252 516261
JCB	☎ 7499 3000
MasterCard	☎ 0800 964767
Visa	☎ 0800 895082

Transferencias internacionales. Una rápida y eficaz forma de acceder al propio dinero es ordenar una transferencia telegráfica internacional. Si se dejan instrucciones al banco antes de partir para que envíe un giro, hay que especificar la entidad bancaria y la sucursal a la que debe dirigir el importe o esperar que el banco indique dónde realizar la operación. El procedimiento resulta más sencillo si se ha autorizado a alguien en el país de origen para que acceda a la propia cuenta.

El destinatario de la transferencia debería disponer del dinero en una semana; si se hace por correo, conviene contar con un plazo de al menos dos semanas. Cuando llegue el dinero, podrá cambiarse por moneda local en efectivo o comprar cheques de viaje. El cargo por este servicio suele rondar las 20 £. También se puede transferir dinero utilizando Amex o Thomas Cook o a través de la oficina postal MoneyGram. Western Union (☎ 0800 833833) cuenta con menos oficinas donde recoger la transferencia y cobra un 10% de comisión.

Eurocheques. Son una buena opción cuando se tiene cuenta en un banco europeo. Están garantizados hasta un cierto importe y al cambiarlos es preciso mostrar la tarjeta Eurocheque con la propia firma y el número de registro, así como el pasaporte o carné de identidad. Los Eurocheques no son de uso tan corriente en el Reino Unido como en Europa continental.

Cheques personales. Pagar mediante cheque personal (validado por una tarjeta de identidad bancaria) es una buena opción en Gran Bretaña.

Cuentas corrientes. Si se tiene previsto permanecer un tiempo en Londres, se puede considerar el abrir una cuenta corriente allí, aunque no resulta sencillo. Las sociedades de préstamo inmobiliario tienden a ser más receptivas que los bancos y suelen ofrecer mejores tipos de interés. Se necesita una dirección permanente en el Reino Unido; contar con una carta de presentación del director de la propia oficina bancaria y extractos bancarios del año anterior facilita las cosas. Poseer tarjetas de crédito/débito también ayuda. Conviene buscar una cuenta corriente que produzca intereses (aunque sean bajos) y dé talonario de cheques, tarjeta de identidad bancaria/de débito y acceso a cajeros automáticos.

Cambistas. Cambiar dinero nunca es un problema en Londres, donde hay bancos, oficinas de cambio y agencias de viajes compitiendo por los clientes. Sólo hay que asegurarse de conseguir el mejor cambio posible. Se debe tener cuidado con las oficinas; parece que ofrecen buenos tipos pero suelen cobrar comisiones excesivas (las de Chequepoint aplican hasta un 8% por hacer efectivo un cheque de viaje emitido en libras). Se aconseja comprobar con cuidado el tipo de cambio, la comisión y cualquier cargo.

Los mostradores de cambio de los aeropuertos internacionales cobran menos que la mayor parte de los bancos principales y canjean cheques de viaje en libras sin coste; en el caso de otras divisas, cargan el 1,5%, con un mínimo de 3 £. También pueden vender en el acto hasta 500 £ en casi todas las divisas importantes.

Hay oficinas de cambio que funcionan las 24 horas en las terminales 1, 3 y 4 de Heathrow. La de la terminal 2 abre a diario de 6.00 a 23.00. Thomas Cook cuenta con sucursales en las terminales 1 y 3, y Amex en la terminal 4. Se pueden encontrar mostradores de cambio (abiertos las 24 horas) en las terminales norte y sur de Gatwick y en Stansted; las oficinas de los aeropuertos de Luton y London City abren coincidiendo con las llegadas y salidas de los vuelos.

La principal oficina de Amex (plano 7; ☎ 7484 9610), 30-31 Haymarket SW1 (⊖ Piccadilly Circus), cambia divisas de lunes a viernes de 8.30 a 19.00, sábados de 9.00 a 17.30 (a 18.30 en julio y agosto) y domingos de 10.00 a 16.00 (a 17.00 de junio a septiembre). Además, Amex posee una docena de oficinas repartidas por toda la capital. La de la estación de Paddington (☎ 7706 7127), cerca de la entrada al metro, abre los días laborables de 7.30 a 19.30 y de 8.00 (9.00 los domingos) a 18.00 el fin de semana.

Thomas Cook tiene su oficina principal (plano 6; ☎ 7853 6400) en 30 St James's St SW1 (⊖ Green Park); abre los laborables de 9.00 (10.00 los miércoles) a 17.30 y sábados de 10.00 a 16.00 (normalmente sólo en verano, pero se puede llamar para confirmarlo). Hay otras 100 oficinas en el centro, muchas situadas en las sucursales de HSBC y otra en Debenhams (☎ 7707 2000), sótano, 334-348 Oxford St W1. La oficina de Thomas Cook de la primera planta del centro comercial Victoria Place, en la estación Victoria, funciona de lunes a sábado de 7.30 a 20.00 y domingos de 8.00 a 18.00.

Seguridad

Sea cual sea la forma elegida para llevar el dinero, parece razonable guardar la mayor parte en un cinturón o similar, fuera del alcance de los ladrones. También es conveniente llevar aparte unas 50 £ para una emergencia.

Hay que tener cuidado sobre todo en lugares muy concurridos, como el metro, Piccadilly Circus y Oxford St; la cartera nunca debe asomar por los bolsillos del pantalón o del bolso. En los autobuses, atracciones populares como la Torre de Londres y los grandes museos se debe estar alerta. El robo de carteras es un problema creciente en los aeropuertos.

Precios

El escritor William Shenstone señaló hace más de dos siglos que "nada es seguro en Londres, salvo que hay que gastar". En efecto, quizá no sea la ciudad más cara del mundo, pero ésa es la impresión que produce. Los precios pueden ser excesivos, sobre todo si se quiere mantener un presupuesto ajustado. El único rayo de esperanza en esta oscurísima nube con forma de £ es que los principales museos londinenses son gratuitos.

Se necesitan al menos 30 £ diarias para sobrevivir en la capital británica. Sólo el alojamiento en habitación compartida cuesta un mínimo de 12 £ por noche, un Travelcard de un día para las zonas 1 y 2 vale 4 £, y las comidas más sencillas, con bebida, costarán al menos 10 £; todo eso sin contar visitas ni ocio. No tiene mucho sentido ir a Londres si no se puede disfrutar un poco de la vida en la ciudad, así que conviene añadir otras 20 £ diarias.

Los costes se elevan si uno se aloja en un *B&B* o un hotel céntrico y frecuenta restaurantes. Las tarifas de los *B&B* parten de 30 £ por una habitación individual (en una doble, baja) y comer en un restaurante muy barato cuesta 10 £. Sumando a lo anterior un par de pintas de cerveza (4,50-5,50 £) y las entradas a atracciones turísticas o clubes, es fácil gastar al menos 60 £ al día.

Propinas y regateo

Muchos restaurantes añaden ahora a la factura un cargo "discrecional" por el servicio, pero en los locales que no lo hacen se espera una propina del 10 al 15%, a menos que el servicio no haya sido satisfactorio. Los camareros reciben sueldos irrisorios porque se presupone que su salario se complementa con las propinas. Es legal que los restaurantes incluyan un cargo por el servicio en la cuenta, aunque esto debería advertirse claramente, y en ese caso no es preciso dejar propina. Nunca se deja en un pub por tomarse una pinta, aunque el personal de los bares devuelve el cambio en un platillo, confiando en que algunas monedas se queden "pegadas" a él.

Se pueden dar propinas de hasta el 10% a los taxistas, aunque la mayoría de la gente redondea hasta los 50 p o la libra siguientes. No es muy frecuente dar propina a los conductores de minitaxis, pues la tarifa se debe acordar. Si se contrata un paseo en barca por el Támesis, lo normal es encontrar guías y/o pilotos que pidan propina por sus explicaciones; darla o no depende del cliente.

El regateo casi no se conoce en Londres, ni siquiera en los mercados, aunque a veces funciona en el de antigüedades de Bermondsey los viernes. Es correcto preguntar si hay descuentos para estudiantes, jóvenes o alberguistas, y se admite cierta negociación si se va a comprar un vehículo.

Tasas y devoluciones

El impuesto sobre el valor añadido (IVA, VAT en inglés) es del 17,5% para casi todos los artículos y servicios, excepto comida, libros y ropa para niños. Por ley, todos los restaurantes deben incluirlo en sus precios. En ocasiones, los visitantes pueden reclamar la devolución del IVA pagado por un producto; es el caso de los que hayan vivido en el Reino Unido menos de 365 días en los dos años anteriores a la compra y de los que abandonen la UE en el plazo de tres meses desde que ésta se efectuó.

No todas las tiendas participan en el plan de devolución del IVA, denominado Retail Export Scheme o Tax-Free Shopping, y los comercios exigirán un gasto mínimo para ello (en torno a 75 £). Si se solicita, las tiendas participantes facilitan un formulario especial (VAT 407), que debe presentarse en la aduana al partir junto con los artículos comprados y los recibos (los productos sin IVA no se pueden enviar por correo o barco al país de origen). Una vez que la aduana certifique el impreso, éste debe remitirse a la tienda para que efectúe la devolución (descontando una suma por las gestiones), que tardará entre 8 y 10 semanas en realizarse.

Varias compañías ofrecen un servicio de devolución centralizado a los comercios que participan en el sistema, que tienen un letrero en el escaparate (por ejemplo, Tax-Free Shopping). Se pueden evitar los gastos bancarios por hacer efectivo un cheque en libras comprando con tarjeta de crédito y pidiendo que la devolución del IVA se abone en la propia cuenta. En los aeropuertos suelen obtenerse devoluciones en efectivo.

CORREOS Y COMUNICACIONES

Correos

Cuando los londinenses se desesperan ante cómo funcionan (o más bien no funcionan) las cosas en una ciudad que parece mantenerse unida con pegamento, sólo tienen que pensar en el Royal Mail, el servicio nacional de correos, para animarse: el 90% de las cartas que llevan un sello de 1ª clase y se envían antes de mediodía llegan a su destinatario en cualquier parte del país a la mañana siguiente. Para información general sobre correos, se debe llamar a ☎ 0845 722 3344 o visitar www.royalmail.co.uk.

Tarifa postal. El correo nacional en 1ª clase resulta más rápido pero también más caro (27/41 p por una carta de hasta 60/100 g) que en 2ª clase (19/33 p).

El franqueo de cartas y postales de hasta 20 g a cualquier punto de Europa cuesta 36 p (tarifa única); para casi todo el resto del mundo, incluyendo el continente americano, asciende a 45/65 p (10/20 g máximo). Enviar un paquete de hasta 100/200 g supone 87 p/ 1,32 £ a Europa y 1,15/2–2,10 £ a cualquier otro lugar. Hay que pesarlo en la oficina de correos.

Lista de correos. A menos que se especifique otra cosa en el sobre, las cartas de la lista de correos se remiten a la oficina postal de Trafalgar Square (plano 8; ⊖ Charing Cross), 24-28 William IV St, WC2. Abre de lunes a viernes de 8.00 a 20.00 y sábados de 9.00 a 20.00. Se guarda el correo durante cuatro semanas y es necesario identificarse para recogerlo. Las oficinas de Amex también guardan el correo de sus clientes sin coste (véase "Cambistas", anteriormente, para direcciones y horarios).

Teléfono

Las famosas cabinas rojas de British Telecom (BT) sólo sobreviven en zonas protegidas (en particular, Westminster), mientras que algunas compañías privadas han pintado las suyas de negro y las han instalado en la zona de Piccadilly y Charing Cross. Hoy son más frecuentes las de cristal, con teléfonos que aceptan monedas, tarjetas telefónicas y/o de crédito.

En todos los teléfonos hay instrucciones de uso bastante claras. BT ofrece tarjetas telefónicas de 3, 5, 10 y 20 £ que pueden

Los desconcertantes códigos postales de Londres

Los 20 distritos de París van formando una espiral desde el centro en el sentido de las agujas del reloj, de un modo fácil y lógico. Si se quiere enviar una carta a alguien que viva en el 5° distrito sólo hay que escribir 75005. Se pueden comparar con los códigos postales de Londres del mapa inferior. ¿Cómo es posible que SE23 limite con SE6? Si hay un norte (N), un oeste (W) y un este (E) ¿por qué no existe un sur (S)? Y ¿qué ha pasado con el noreste (NE)?

Cuando se introdujeron en 1858, los códigos postales eran bastante claros, con todos los puntos cardinales representados, junto con un centro-este y un centro-oeste (EC y WC). Pero poco después el NE se fundió con el E y el S con el SE y el SW, y vinieron los problemas. La complicación real llegó durante la Primera Guerra Mundial, cuando se introdujo un sistema numérico para oficiales de correos inexpertos (los funcionarios profesionales estaban luchando en la guerra). El nº 1 era el centro de cada zona, pero se relacionaron otros números con el orden alfabético de los nombres de los distritos postales. Así, cualquiera que comenzara con una de las primeras letras del alfabeto, como Chingford, recibiría un número bajo (E4), aun cuando se hallara a varios kilómetros del centro, situado en Whitechapel (E1); frente a esto, a Poplar, que limitaba con Whitechapel, se le asignó el E14.

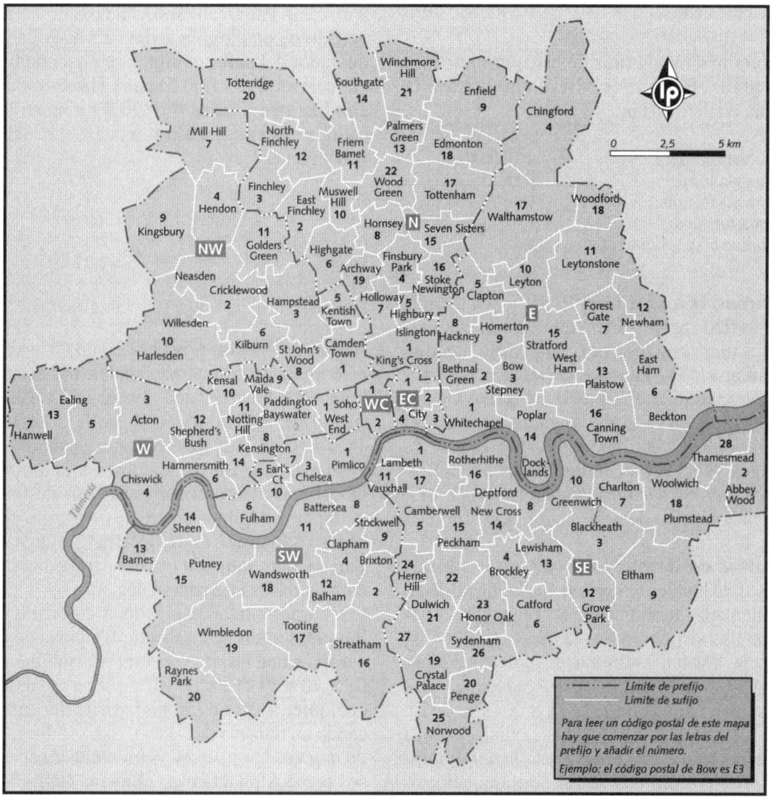

adquirirse en cualquier tienda, casi todas las oficinas de correos y puestos de periódicos. Una pantalla digital en el teléfono indica el crédito disponible en la tarjeta.

A continuación se citan algunos números de teléfono y códigos importantes (para números de emergencias, véase "Urgencias" más adelante).

Prefijo internacional	☎ 00
Información local y nacional	☎ 192
Información internacional	☎ 153
Operador local y nacional	☎ 100
Operador internacional	☎ 155
Llamadas a cobro revertido	☎ 155
Información horaria	☎ 123
Servicio meteorológico (Gran Londres)	☎ 0906 850 0401

La llamada a algunos de estos números no es gratis. Entre los códigos que merece la pena conocer están:

Llamada gratuita	☎ 0500/0800
Llamada local	☎ 0845
Llamada nacional	☎ 0870
Tarifa *premium* (desde 60 p minuto)	☎ 09

Llamadas a Londres. El prefijo de la capital es 020 seguido de un teléfono de ocho dígitos que comienza por 7 u 8. Sólo hay que marcar el 020 cuando se llama a Londres desde cualquier otro punto del Reino Unido. Para hacerlo desde el extranjero, se marca el código de acceso internacional del país de origen, luego 44 (el código nacional del Reino Unido) y después 20 (suprimiendo el 0 inicial) seguido del teléfono de ocho dígitos.

Tarifas de llamadas locales y nacionales. Las locales se cobran por la duración de la llamada, mientras que las regionales y nacionales se cobran por la duración y la distancia. Las tarifas diurnas se aplican de lunes a viernes de 8.00 a 18.00; las reducidas rigen los mismos días de 18.00 a 8.00; y la de fin de semana, más reducida, se aplica desde la medianoche del viernes hasta la del domingo. Las dos últimas tarifas permiten ahorros sustanciales. Las llamadas a información local o nacional cuestan 11 p por minuto (crédito mínimo: 20 p) desde un teléfono público y 40 p desde uno particular.

Tarifas de llamadas internacionales. Es posible realizar llamadas internacionales de marcación directa (IDD) a cualquier país desde casi todos los teléfonos públicos. Para telefonear a un número de fuera del Reino Unido hay que marcar 00, después el código del país, el prefijo (en general se suprime el 0 inicial, si lo lleva) y el teléfono.

Una llamada directa es más barata que otra a cobro revertido a través de operador internacional (☎ 155). Las llamadas a información internacional (☎ 153) cuestan nada menos que 1,50 £ por minuto desde un teléfono particular. Para realizar llamadas a cobro revertido o con cargo a tarjeta a través de un operador del país de origen, se pueden utilizar servicios del tipo España Directo. Para ello hay que marcar ☎ 0800 89 y luego los códigos nacionales; a continuación se incluyen algunos:

Brasil	☎ 0055
Chile	☎ 0056
Colombia	☎ 0057
España	☎ 0034
EE. UU.	☎ 0011
Venezuela	☎ 0058

Algunas empresas privadas, como Callshop, ofrecen llamadas internacionales más económicas que BT. Hay una oficina de Callshop (plano 10; ☎ 7390 4549, ⊖ Earl's Court) en 181a Earl's Court Rd SW5. Abre a diario de 9.00 a 23.00. En los locutorios disponen de cabinas con contador y se abona después el importe. Algunos cibercafés y locales con acceso a Internet, como Internet Lounge en Earl's Court, también ofrecen tarifas baratas para llamadas internacionales.

Otra posibilidad para reducir las tarifas de llamadas internacionales de BT consiste en comprar una tarjeta especial (normalmente de 5, 10 o 20 £) con un PIN, que se usa desde cualquier teléfono (incluso particular) marcando un número de acceso. Existen docenas de tarjetas de esta clase –con nombres curiosos como Alpha, Omega, Banana Call, First National y Swiftlink– a la venta en quioscos y tiendas de comestibles. Para decidir cuál es la mejor hay que comparar las tarifas ofertadas para el país al que se quiere llamar –en los escaparates o puertas de las tiendas suele haber carteles con los precios de las distintas compañías–.

eKno Communication Service. El servicio mundial de comunicaciones eKno de Lonely Planet es muy útil para hacer llamadas internacionales a bajo coste (para el resto de llamadas, mejor usar tarjetas telefónicas locales). También ofrece servicios gratuitos de mensajería, correo electrónico, información de viajes y una caja de seguridad en Internet para viajeros en la que se pueden guardar con fiabilidad los documentos importantes. La dirección es www.ekno.lonelyplanet.com, en inglés; en ella se hallarán los números locales de acceso a los centros de servicio al viajero durante las 24 horas. Una vez establecido el contacto, se pueden consultar los números de acceso más recientes en cada país y las actualizaciones que se hayan producido.

Teléfonos móviles. El Reino Unido utiliza la red GSM 900, que cubre el resto de Europa, pero no es compatible con la GSM 1900 de Norteamérica. Si se tiene un teléfono GSM, se debe confirmar con el proveedor de servicios que es posible utilizarlo en Gran Bretaña y evitar que las llamadas se canalicen por vía internacional (las locales pueden salir muy caras). También es posible alquilar un móvil de alguna compañía, por ejemplo Mobell (☎ 0800 243524, www.mobell.com) o Cellhire (☎ 0870 561 0610, www.cellhire.com) por unas 20 £ semanales, dependiendo de la duración del alquiler; pero no se puede utilizar el número propio.

Fax y telégrafo

Para enviar faxes se puede recurrir a la cadena de servicios empresariales Kinko's (véase "Hacer negocios", más adelante), que dispone de cuatro locales en el centro de la capital, abiertos las 24 horas. Cobran 50 p/página por enviar un fax dentro de la ciudad, 1 £ (50 p por cada página adicional) a otros puntos del Reino Unido, 2 £ (50 p) al resto de Europa y Estados Unidos y 3 £ (50 p) a cualquier otro país. Recibir un fax aquí cuesta 50 p por página. También se puede enviar y recibir un fax en muchos cibercafés, incluyendo Cyberg@te.

Si se tiene que enviar urgentemente un telegrama a cualquier lugar de Gran Bretaña o del extranjero, hay que llamar a ☎ 0800 190190; cuesta 8,99 £ por un máximo de 50 palabras en el Reino Unido, y se envía por correo. Por 13 £ se garantiza la entrega antes de las 12.00 del día siguiente.

Correo electrónico e Internet

La mayor parte de los hoteles, albergues e incluso pubs disponen de acceso a Internet. Si el alojamiento elegido no lo tiene, hay muchos cibercafés. Algunos de los más céntricos son:

Buzz Bar
(plano 5; ☎ 7460 4906, www.buzzbar.co.uk.), 95 Portobello Rd W11 (⊖ Notting Hill Gate). Encima del Portobello Gold Hotel, ofrece seis terminales (1,50 £ por media hora) de lunes a sábado de 10.00 a 19.00.

Cyberg@te
(plano 4; ☎ 7387 3810, www.c-gate.com), 3 Leigh St WC1 (⊖ Russell Square). Cobran 1 £ por 20/30 minutos para adultos/estudiantes. Abierto de 9.00 a 23.00 de lunes a sábado; domingos de 12.00 a 20.00. El Cyberg@te de STA Travel (plano 3; ☎ 7383 2282), 117 Euston Rd NW1, abre laborables de 10.00 a 17.00 y sábados de 11.00 a 17.00.

Cyberia
(plano 6; ☎ 7681 4223, www.cyberiacafe.net), 39 Whitfield St W1 (⊖ Goodge Street). Fue el primer cibercafé de la ciudad y dispone de 14 ordenadores; el acceso cuesta 50 p por 15 minutos. Laborables de 9.00 a 20.00, sábados de 11.00 a 19.00.

easyEverything
(plano 11; ☎ 7233 8456, www.easyeverything.com), 12-14 Wilton Rd SW1 (⊖ Victoria). Esta cadena de cibercafés pertenece a la aerolínea económica easyJet, abre las 24 horas todos los días y cobra 1 £ por conectarse entre 20 y 60 minutos, según la hora del día. Otros locales del grupo (mismo teléfono) están en Fitzrovia (plano 7; 9-16 Tottenham Court Rd W1, ⊖ Tottenham Court Road); Kensington (plano 5; 160–166 Kensington High St W8, ⊖ Kensington High St); Oxford St (plano 6; 358 Oxford St W1, ⊖ Oxford Street); y el Strand (plano 8; 7 Strand WC2, ⊖ Charing Cross).

Internet Exchange
(plano 7; ☎ 7437 3704, www.internet-exchange.co.uk, ⊖ Piccadilly Circus), London Trocadero, piso 1º, Piccadilly Circus W1. Esta cadena posee tantos locales como easyEverything, cobra 3/4,20 £ por hora de 10.00 a 12.00/de 12.00 a 24.00, o 1,50 £ por 20 minutos a cualquier hora. Abre de 10.00 a 24.00 y tiene locales en Covent Garden (plano 8; ☎ 7836 8636, 37 The Market WC2, ⊖ Covent Garden) y Bayswater (plano 5; ☎ 7792 5790, 47–49 Queensway W2, ⊖ Bayswater).

Internet Lounge
(plano 10; ☎ 7370 5742, ⊖ Earl's Court), 24a Earl's Court Gardens SW5. Tarifas: 1 £ por 50 minutos. Abre a diario de 9.00 a 24.00.

usit Campus
(plano 11; ☎ 870 240 1010, www.usitcampus.co.uk), 52 Grosvenor Gardens SW1 (⊖ Victoria). Esta popular agencia de viajes para estudiantes (véase "Agencias de viajes" en el capítulo *Cómo llegar y salir)* cobra 1 £ por hora. Laborables de 9.00 a 18.00, sábados de 10.00 a 17.00 y domingos de 11.00 a 15.00.

Vibe Bar
(plano 9; ☎ 7247 3479, 7377 2899, www.vibebar.co.uk), The Brewery, 91-95 Brick Lane E1 (⊖ Shoreditch/Aldgate East). Siete terminales disponibles sin coste para los clientes. Lunes a sábado de 11.00 a 24.00 y domingos de 12.00 a 24.00.

Virgin Megastore
(plano 7; ☎ 7631 1234), 14-30 Oxford St W1 (⊖ Tottenham Court Road). Esta tienda de discos ofrece 20 terminales de lunes a sábado de 9.30 a 22.00 y domingos de 12.00 a 18.00. Precios: 2/4 £ por hora para miembros/no miembros (cuota de miembro vitalicio: 6 £).

Webshack
(plano 7; ☎ 7439 8000, www.webshack-cafe.com), 15 Dean St W1 (⊖ Tottenham Court Road). Céntrico cibercafé con 40 ordenadores (50 p/1,25/2 £ por 10/40/60 minutos, o 1,25 £ por hora después de las 20.00). Abierto de lunes a sábado de 10.00 a 23.00, domingos de 13.00 a 21.00.

RECURSOS EN INTERNET

Portales

Gran Bretaña posee un número muy elevado de portales (sólo Estados Unidos lo supera) y muchos son de interés para los viajeros. Una creciente cifra de atracciones, hoteles y empresas de transporte tiene su propio portal; en esta guía se indican allí donde puedan ser de utilidad para los visitantes.

Lo mejor para empezar la exploración de Internet es el portal de Lonely Planet en español, www.lonelyplanet.es. Aquí aparecen resúmenes de destinos de casi cualquier lugar del mundo y también un foro donde es posible plantear preguntas antes de ir a un país o dar consejos a la vuelta. En www.lonelyplanet.com, en inglés, no faltan noticias sobre viajes y actualizaciones de muchas de las guías Lonely Planet más conocidas, ni postales de viajeros; la sección subWWWay permite enlazar con muchos otros portales de utilidad para viajar.

Portales generales sobre Londres con datos útiles son:

En inglés:
www.6thsenselondon.com
Una guía de la ciudad a través de los cinco sentidos.
www.buzzlondon.co.uk
Recorrido virtual por la capital.
www.freshdirection.co.uk
Guía completa de Londres para estudiantes.
www.londononline.co.uk
Visión útil de la capital británica.
www.streetmap.co.uk o www.multimap.com
Las calles de la capital y rutas poco frecuentadas.
www.thisislondon.com
La guía *Evening Standard* de Londres.

En español:
www.ukinspain.com
La página del Reino Unido en España.
www.visitbritain.com/es/londres
El portal de la BTA en español sobre Londres.
www.guialatina.uk.com
Alojamiento y excursiones en la capital británica.
www.viajar.com/viajes/guia_id$14513
Guía de Londres del portal viajar.com.

CitySync

CitySync London es la guía digital de Londres que Lonely Planet ha realizado para las Palm OS portátiles. Con CitySync se puede buscar, ordenar y señalar rápidamente cientos de restaurantes, hoteles, atracciones, locales nocturnos –todos indicados en planos que se van desplazando–. Secciones de actividades, transporte y acontecimientos locales permiten tener una imagen general y conocer los más pequeños detalles. En www.citysync.com es posible comprar CitySync London o ver una *demo.*

LIBROS

Son muy numerosas las buenas librerías (véase "Libros" en el capítulo *De compras)*, que disponen de una amplia variedad de libros, planos, vídeos y otros materiales centrados en la capital. Si se busca algún título sobre Londres antes de llegar, probablemente existan diversas ediciones de las obras aquí recomendadas, incluso en distintos países, aunque algunas podrían no estar disponibles en el mercado en este momento.

Lonely Planet

Aparte de las guías *Inglaterra* y *Escocia,* editadas en español por geoPlaneta, Lonely Planet ha publicado en inglés *Britain, Walking in Britain, Edinburgh* y *Wales,* que proporcionan información para los que piensen viajar por otras zonas de la isla. El vídeo *London City Guide* constituye un complemento de esta guía. *London Condensed* es una guía de bolsillo escrita para los que planeen una visita más corta a la capital. *Cycling Britain* propone recorrer la isla en bicicleta. La guía *Ireland* de Lonely Planet cubre la República de Irlanda e Irlanda del Norte. Los que quieran enfrentarse al inglés británico *–cockney,* en particular– deberían hacerse con *British Phrasebook* de Lonely Planet.

Guías

Las guías de Londres cubren todos los aspectos y también cualquier interés específico; aquí se proporciona sólo una breve selección.

En español, se puede optar por alguna de las guías a la venta, como *Londres (La Guía Verde)* editada por Michelin (2001), *Londres (Guía Viva)* de Anaya Touring (2001), *Londres (Guía Acento)* de Acento Ediciones (2001), la *Guía Fodor's de Londres* de la Editorial Aguilar (1999) o *Londres* de la colección Guías a Mano de geoPlaneta (2000). Circe Ediciones ha publicado *Londres para mujeres* (2000), orientado a viajeras independientes. Un grupo de títulos que, a pesar de los años transcurridos, conserva su atractivo es el formado por *Londres para turistas pobres, Londres para turistas ricos* (ambas en Tiempo Libre, 1985) y *Londres para pecadores* (Marte, 1975) de Joaquín Merino. También Vicente Molina Foix plasmó su visión personal de la ciudad en *Guía secreta de Londres* (Sedmay, 1979). *Londres-París: teoría, arte y arquitectura en la ciudad moderna* de Antonio Pizza (Edicions UPC, 2001) se acerca al arte del siglo XIX.

En inglés, quienes quieran conocer Londres mejor que los londinenses pueden hojear *The London Encyclopaedia* de Ben Weinreb y Christopher Hibbert, pero no llevarla encima: tiene 1.072 páginas. Los que estén ávidos de cultura y arte de la capital deberían comprar *Museums & Galleries of London* de Abigail Willis, que ofrece un recorrido por las principales colecciones. *A Guide to the Architecture of London* de Christopher Woodward y Edward Jones es una obra completa, original, con buenas ilustraciones, pero utilizar el índice resulta frustrante. *London: A Guide to Recent Architecture* (5ª edición) de Samantha Hardingham es una excelente introducción de bolsillo a los edificios contemporáneos de la capital. De la misma autora, *Eat London* está dedicado a los restaurantes que destacan por su arquitectura o diseño.

Para encontrar rincones escondidos y trivialidades interesantes se debe consultar alguna de las obras de Geoffrey Fletcher (*London: A Private View*, *London Overlooked)*, que suelen incluir bonitos dibujos. Muchos de estos títulos están descatalogados, aunque se pueden encontrar a través de los libreros de Internet. *London for Free* de Brian Butler y *Harden's London for Free* de Richard y Peter Harden son indispensables para los que quieren gastar poco.

Gastronomía. *Out to Eat: London* de Lonely Planet ofrece una amplia selección de los mejores restaurantes, con casi 400 comentados. *Cheap Eats in London* de Sandra Gustafson enumera más de 170 pubs, restaurantes, bares y salones de té económicos. Los no carnívoros pueden recurrir a *Vegetarian London* de Alex Bourke. Los viajeros que sigan una dieta *kosher* deberían poveerse de la *The Really Jewish Food Guide* publicada por London Beth Din Kashrut Division.

Viajes

Londres no parece haber inspirado a demasiados escritores de viajes modernos, a diferencia de lo ocurrido en el siglo XIX con autores como Mark Twain y otros (véase "Literatura" en el capítulo *Sobre Londres)*. En español se puede leer *Escenas de Londres* de Virginia Woolf (Lumen, 1986), traducido por Andrés Bosch con dibujos de Gustave Doré. *Historias de Londres* de Enric González (Península, 1999), que fue corresponsal en la capital británica del diario *El País*, muestra su fascinación por esta urbe compleja e inabarcable, recorre Notting Hill, Picadilly Circus o el Whitechapel de Jack el Destripador, además de recomendar pubs y restaurantes. Más clásico es *La ciudad de la niebla* (Bruño, 1993) de Pío Baroja, en el que los protagonistas huyen de Madrid a Londres a causa de unas intrigas políticas, e incluye descripciones de la ciudad.

En inglés están las andanzas divertidas y estrafalarias que el estadounidense Bill Bryson describe en su éxito *Notes from a Small Island.* El periodista y ex músico *punk* Derek Hammond trazó en *London, England* un retrato irreverente del "Londres en la onda". *Lights Out for the Territory* de Iain Sinclair, subtitulado "Nueve excursiones por la historia secreta de Londres", es oscuro, siniestro e imposible de abandonar una vez que se ha empezado.

Historia y política

Para aspectos generales se puede consultar en español *Historia de Inglaterra* de E. L. Wooldward (Alianza Editorial, 1996). *Londres victoriano* de Juan Benet (Planeta, 1995) explica la vida capitalina durante el reinado de Victoria I. *Londres: las claves de su historia* de Paul Tournier (Ma Non Troppo, 2001) también se adentra en la historia de la ciudad.

En inglés, *Traveller's History of London* de Richard Tames es una excelente y muy legible introducción a la historia de la urbe, desde el Londinium romano hasta la noria London Eye. *London* de Christopher Hibbert se centra en la historia social de Londres (ahora resulta anticuado), con excelentes ilustraciones y láminas en color. *Biography of London* de Peter Ackroyd, en parte historia y en parte ficción, narra el pasado oscuro de la capital en capítulos temáticos como la infancia, la bebida, el teatro, la pobreza, el sexo.

Cualquiera que tenga interés en el Londres del siglo XVII debería leer el *Samuel Pepys' Diary.* Escrito en taquigrafía entre 1660 y 1669, contiene suficientes referencias para confirmar que Londres era más impúdico y desinhibido durante la Restauración que ahora. Se publica en tomos gruesos, así que es mejor optar por *The Concise Pepys,* aunque éste tiene unas 800 páginas. *Restoration London* de Liza Picard es una historia social de la misma década y cubre más aspectos: cocina, compras, lavandería, medicina, delitos y sexo. *The Dreadful Judgement: The True Story of the Great Fire of London* de Neil Hanson relata paso a paso el incendio de 1666. Más próximo a la época actual es *London in the Twentieth Century: A City & Its People* de Jerry White. *Longitude* de Dava Sobel cuenta la fascinante historia de John Harrison, un relojero del siglo XVIII que definió la longitud, ayudando así a los navegantes a mantener su rumbo. Todo ocurrió en Greenwich.

PERIÓDICOS Y REVISTAS

Periódicos

La mayor parte de los periódicos del Reino Unido son de ámbito nacional, aunque muchos se publican fuera de la capital. El único diario (aparece de lunes a viernes) realmente londinense es el *Evening Standard,* un tabloide vespertino muy leído que unas veces parece de derechas y otras radical (en general, cuando los asuntos afectan directamente a Londres). Merece la pena leer sus críticas de restaurantes, sobre todo las de Fay Maschler, y el suplemento de ocio de los jueves *Hot Tickets* por ser una excelente y ecléctica fuente de información. El *Standard* publica un resumen de sus historias en *Metro* (disponible en las estaciones de metro las mañanas laborables).

En la categoría inferior del mercado en cuanto a contenido –pero a la cabeza en lo que respecta a tirada– están los tabloides *Sun, Mirror, Daily Star* y *Daily Record.* En un nivel medio se hallan *Daily Mail* y *Express,* muy conservadores. Casi todos poseen ediciones los domingos.

De los periódicos de gran formato, el *Daily Telegraph* vende muchos más ejemplares que sus rivales. A veces se afirma que es un diario anticuado, pero cuenta con excelentes trabajos y cobertura internacional. *The Times* todavía es conservador e influyente y tiene correctas secciones de viajes y deportes. El *Guardian,* de izquierdas pero moderado, es leído por los intelectuales (la clase media liberal). Su repaso a los medios de comunicación mundiales lleva el título *The Editor;* aparece como suplemento los sábados y es esencial para conocer el panorama internacional. El suplemento de ocio *Guide* (también con el *Guardian* de los sábados) es recomendable. El *Independent* trata de ser fiel a su nombre pero lucha por mantenerse a flote. Es bastante pesado y resulta excesivamente correcto para las noticias. *Financial Times,* de contenido económico, tiene una estupenda sección de viajes en su edición de fin de semana.

Los periódicos del domingo tienen mucho peso en Gran Bretaña, pero suelen estar llenos de cotilleos, reportajes sobre celebridades, suplementos de moda y diatribas mezquinas contra los altos funcionarios, los extranjeros (en especial los franceses) y todo aquél al que la vida le sonría. El *Sunday Times* es muy voluminoso, aunque la mayor parte de sus páginas carecen de interés. El *Observer,* que aparece sólo los domingos, mantiene un tono similar al *Guardian* (de su propiedad). Casi todos los diarios cuentan con un dominical que suele compartir sus opiniones políticas.

En el centro también se pueden comprar el *International Herald Tribune,* con base en París, que pasa por ser una excelente fuente de información internacional, y muchos periódicos en otros idiomas. Los quioscos de prensa del centro comercial Victoria Place (en la estación de tren Victoria), los de Charing Cross Rd, de Old Compton St y de Queensway ofrecen una buena selección. En muchos de ellos puede comprarse *El País, ABC* o *El Mundo.*

Revistas

En Londres se vende una gran variedad de revistas, desde semanarios de tema político hasta *fanzines* para jovencitas. Un buen sitio para comprarlas son los quioscos de las estaciones de líneas principales. *Time Out* (2,20 £), la revista de eventos londinenses que sale los miércoles, es un listado completo de actualidad.

Los semanarios gratuitos *TNT Magazine, Southern Cross* y *SA Times* resultan de gran utilidad para cualquier viajero con escaso presupuesto, pues incluyen secciones de ocio y viajes, anuncios por palabras sobre empleos, billetes baratos, servicios de transporte marítimo y alojamiento. Pueden conseguirse en el exterior de las estaciones de metro, sobre todo en Earl's Court, Notting Hill y Bayswater. *TNT Magazine* (www.tntlive.com) es la más elegante y completa; en ☎ 7373 3377 se indica cuál es el punto de distribución más próximo.

Loot (1,30 £) es un periódico de anuncios gratuitos que sale cinco veces a la semana, en el que se ofrece prácticamente de todo, además de una amplia selección de pisos y alquileres compartidos.

RADIO Y TELEVISIÓN

Radio

Entre las emisoras londinenses se cuentan Capital FM (95.8 MHz FM), el equivalente comercial a Radio 1 de la BBC, que es la más oída de la ciudad para música popular, y Capital Gold (1548 MHz AM), donde se escuchan temas clásicos de los sesenta, setenta y ochenta. BBC London Live (94.9 MHz FM) es una emisora de entrevistas con especial predilección por la capital. Xfm, en 104.9 MHz FM, se anuncia como una cadena alternativa y pone música *indie.*

Hay muchas emisoras privadas que a veces ofrecen noticias locales y tertulias junto con música. Virgin (105.8 MHz FM) se dedica al pop, mientras que Choice FM (96.9 MHz FM) y Kiss 100 (100 MHz FM) se han especializado en soul y dance respectivamente. Classic FM (100.9 MHz FM) se inclina por la música clásica con anuncios, y la excelente Jazz FM (102.2 MHz FM) se orienta al jazz y el blues. Talk Sport (1089 MHz AM) se dedica a los deportes; LBC (1152 MHz AM) también programa tertulias. Magic FM (105.4 MHz FM) pone clásicos. News Direct (97.3 MHz FM) es "todo noticias" con boletines completos cada 20 minutos.

En la capital británica se pueden sintonizar todos los servicios nacionales de la BBC. Radio 1 (98.8 MHz FM), la principal emisora pública de pop, rock y dance, ha experimentado un fuerte resurgimiento; Radio 2 (89.1 MHz FM) ha ampliado su espectro y ahora ofrece temas hasta los ochenta; Radio 3 (91.3 MHz FM) sigue con música clásica y ópera, mientras Radio 4 (720 MHz AM, 93.5 MHz FM) ofrece un cóctel de noticias, drama, actualidad y tertulias; su programa *Today* (de 6.00 a 9.00 de lunes a viernes y desde las 7.00 los sábados) es muy popular. Radio 5 Live (909 Hz AM) emite deportes y noticias, con énfasis en lo primero. BBC World Service (648 MHz AM) ofrece una magnífica cobertura de las noticias e informaciones curiosas de cualquier punto del planeta.

Radio Exterior de España también puede sintonizarse en Londres.

Televisión

Gran Bretaña todavía produce algunos de los mejores programas del mundo, aunque al correcto producto nacional añade importaciones americanas, culebrones australianos, comedias de situación, tertulias insustanciales y concursos de cosecha propia. Hay cinco canales que emiten con regularidad. BBC1 y BBC2 reciben fondos públicos y, lo mismo que las emisoras de radio de la BBC, no incluyen anuncios; ITV, Channel 4 y Channel 5 son cadenas privadas y sí emiten publicidad. Éstas están compitiendo ahora con los canales vía satélite BSkyB de Rupert Murdoch –con una variedad de canales y programas poco interesantes– y diversos canales por cable.

En Londres es posible ver el Canal Internacional de Televisión Española.

SISTEMAS DE VÍDEO

Lo mismo que casi toda Europa, el Reino Unido utiliza el sistema PAL, incompatible con el NTSC americano. Como las tiendas de muchas atracciones turísticas venden vídeos en ambos, conviene asegurarse de elegir el adecuado.

DATOS PRÁCTICOS

JULIET COOMBE

Arquitectura futurista para un nuevo enfoque de la programación: Channel 4.

VÍDEO Y FOTOGRAFÍA

Películas y revelado

Aunque se encuentran con facilidad carretes de fotografías, los de diapositivas resultan más escasos; si no hay una tienda de fotografía especializada en los alrededores, es probable que la cadena farmacéutica Boots tenga lo que se busca. En los centros fotográficos Jessops, que hacen descuento por la compra de 10 carretes, uno de 36 exposiciones cuesta 2,69 £ para ISO 100 y 3,49 £ para ISO 400. Los de diapositivas que llevan incluido el revelado suelen ser más baratos; en Jessops, uno de 36 cuesta 5,79 £ para ISO 100. La oficina más céntrica de Jessops (plano 8; ☎ 7240 6077, ⊖ Tottenham Court Road) está en 63-69 New Oxford St WC1.

Consejos técnicos

Teniendo en cuenta que en la capital británica predominan los cielos nublados y grises durante todo el año, lo correcto es elegir una película de alta velocidad (ISO 200 o 400). Cuando aparece el sol en verano, los mejores momentos para hacer fotos son por la mañana temprano y a última hora de la tarde, pues la luz no deslumbra.

Limitaciones

En muchas atracciones turísticas, como museos y pinacotecas, está prohibido tomar fotografías o se cobra por hacerlas. Tampoco suele permitirse el uso de flas, para proteger pinturas y telas. A veces se prohíbe usar cámaras de vídeo por las molestias que pueden causar a otros visitantes.

Seguridad en el aeropuerto

El viajero tendrá que pasar su cámara y los carretes por la máquina de rayos X de todos los aeropuertos británicos. Se supone que estos aparatos no dañan las películas, pero para protegerlos se pueden llevar los carretes usados en una bolsa con revestimiento especial.

HORA LOCAL

Hace apenas un siglo, el sol no se ponía en el Imperio Británico, de modo que sus habitantes pensaban que Londres (concretamente Greenwich) era el centro del universo. Por Greenwich sigue pasando el meridiano 0, que divide el mundo en los hemisferios oriental y occidental.

En cualquier parte del globo se mide el tiempo en relación a la hora de Greenwich –Greenwich Mean Time (GMT, hora media de Greenwich)–, aunque se usa sólo en navegación aérea y marítima; en los casos restantes se hace referencia a una hora universal coordinada (UTC).

El horario de verano sirve a los británicos para ganar horas de luz pero provoca confusión, pues desde finales de marzo a finales de octubre, Londres va por delante de la GMT. En España hay una hora más que en la capital británica, excepto en las islas Canarias, cuya hora coincide con la del meridiano de Greenwich. México lleva seis horas de retraso; en Estados Unidos, San Francisco suele llevar ocho horas de retraso con respecto a la GMT y Nueva York, cinco. Para informarse sobre la diferencia horaria con otros países, se recomienda llamar a ☎ 155.

ELECTRICIDAD

En el Reino Unido la electricidad funciona a 230/240 V (corriente alterna) 50 Hz. Los enchufes tienen tres clavijas cuadradas, pero se encuentran con facilidad adaptadores para los enchufes europeos.

PESOS Y MEDIDAS

En teoría, Gran Bretaña ha adoptado el sistema métrico decimal. Por ley, todos los vendedores deben indicar las medidas en él junto con sus equivalencias inglesas, aunque estas últimas siguen siendo utilizadas por gran parte de la población. Las distancias se dan todavía en millas, pero los constructores y los más jóvenes tienden a utilizar metros y centímetros en lugar de yardas, pies y pulgadas. Los líquidos se venden por litros –excepto la leche y la cerveza (que se sirven por medias pintas y pintas)–. En esta guía se utiliza el sistema métrico y se facilitan tablas de conversión en el interior de la contraportada.

LAVANDERÍAS

Como dice el refrán,"el tiempo pesa mucho en una lavandería", pero en algún momento del viaje es necesario lavar la ropa. Muchos albergues y algunos hoteles tienen máquinas y secadoras en régimen de autoservicio y casi en cada calle principal hay una lavandería. El precio medio por lavado es 2-2,60 £ y el de secado 60 p-1,20 £. Suelen abrir a diario de 6.30 u 8.00 a 20.00 o 21.00. Algunas de ellas son:

Bayswater
Laundrette Centre (plano 5), 5 Porchester Rd W2.
Sandwich Bar Laundrette (plano 5), 28 Craven Terrace W2.
Bloomsbury
Red & White Laundrette (plano 4), 78 Marchmont St WC1.
Red & White Laundrette (plano 6), 88 Cleveland St WC1.
Camden
Forco (plano 3), 60 Parkway NW1.
Chelsea, South Kensington y Earl's Court
Cremorne Launderers (plano 10), 395 King's Rd SW3.
Bobo's Bubbles (plano 10), 111 Earl's Court Rd SW5.
Wash & Dry (plano 10), 34 Harrington Rd SW7.
Hampstead
Hampstead Laundrette (plano 12), 57 South End Rd NW3.
Islington
Upper St Laundrette (plano 4), 177 Upper St N1.

LAVABOS

Pese a que muchos aseos del centro resultan bastante deprimentes, los de diversas estaciones, terminales de autobuses y atracciones están bien y normalmente están adaptados para discapacitados y niños. En las estaciones de ferrocarril y autobuses es frecuente tener que pagar 20 p por el uso de los servicios, algo muy molesto teniendo en cuenta lo caras que son las tarifas ferroviarias. También hay que pagar por utilizar los aseos de hormigón autolimpiables en lugares como Leicester Square.

Muchos aseos para discapacitados sólo pueden abrirse con una llave especial que se facilita en las oficinas de turismo o enviando un cheque o giro postal de 3 £ a RADAR (véase "Viajeros con discapacidades", más adelante), junto con una breve descripción de la minusvalía.

CONSIGNA

Todas las estaciones de ferrocarril (con la excepción de London Bridge) y la de autobuses Victoria (véase el capítulo *Cómo llegar y salir)* tienen consignas o taquillas, igual que los aeropuertos (véase *Cómo desplazarse)*. Cuestan entre 2,50 y 8 £ diarias, en función del tamaño. Las consignas de las principales estaciones pueden cerrar sin previo aviso por razones de seguridad.

SALUD

Aparte de los peligros derivados de la frenética vida nocturna y la amplia circulación de alcohol, hierbas y sustancias químicas, Londres no presenta ningún riesgo importante para la salud. Cuidar lo que se come y se bebe y mantener una correcta higiene debería bastar. No es probable que aparezcan problemas serios, aunque sí puede producirse algún trastorno estomacal leve por el cambio de dieta. El agua del grifo es siempre segura (pero con un alto contenido de cal), así que no hace falta pagar los altos precios que piden los restaurantes por una botella de agua. Para visitar el Reino Unido no hay que vacunarse de nada. Cada uno decidirá si quiere comer carne de vacuno o cordero después de la encefalopatía espongiforme bovina (BSE o "mal de las vacas locas") y la epidemia de fiebre aftosa; los londinenses más carnívoros lo siguen haciendo.

Atención médica

Los beneficiarios de la Seguridad Social española tienen derecho a asistencia sanitaria en el Reino Unido (la sanidad pública británica es el National Health Service, NHS; ☎ 0845 4647, www.nhsdirect.nhs.uk), presentando un impreso E111 validado en España. Para más información se puede llamar a ☎ 900 166 565.

Es aconsejable tener un seguro de viaje, pues ofrece mayor flexibilidad en cuanto a dónde y cómo recibir tratamiento y, a diferencia del NHS, cubre los gastos de ambulancia y repatriación (véase "Seguro de viaje", anteriormente). Los ciudadanos de Latinoamérica sólo pueden recibir asistencia médica gratuita ante una emergencia en los servicios de urgencias de los hospitales públicos. Si tuvieran que permanecer ingresados, incluso por causa de accidente, o si fueran remitidos a una clínica como pacientes externos, deberán pagar los servicios.

Para direcciones de médicos y hospitales locales, se puede consultar la guía telefónica o llamar a ☎ 100.

Hospitales. Los siguientes disponen de servicios de urgencias y de accidentes las 24 horas:

Hospital de Charing Cross
(plano 2; ☎ 8846 1234), Fulham Palace Rd W6 (⊖ Hammersmith).

Hospital de Chelsea y Westminster
(plano 10; ☎ 8746 8000), 369 Fulham Rd SW10 (⊖ South Kensington, después autobús Nº 14 o 211).

Hospital de Guy
(plano 9; ☎ 7955 5000), St Thomas St SE1 (⊖ London Bridge).

Hospital Homerton
(plano 2; ☎ 8919 5555), Homerton Row E9 (estación: Homerton).

Real Hospital de Londres
(plano 9; ☎ 7377 7000), Whitechapel Rd E1 (⊖ Whitechapel).

Royal Free Hospital
(plano 12; ☎ 7794 0500), Pond St NW3 (⊖ Belsize Park).

University College Hospital
(plano 3; ☎ 7387 9300), Grafton Way WC1 (⊖ Euston Square).

Servicios dentales. Para encontrar un dentista de urgencias se puede llamar a Dental Emergency Care Service (☎ 7955 2186) entre 8.45 y 15.30 los días laborables o al Hospital Dental de Eastman (plano 4; ☎ 7915 1000, ⊖ King's Cross), 256 Gray's Inn Rd WC1.

Farmacias. El farmacéutico puede aconsejar en caso de problemas leves. Siempre hay alguna farmacia abierta las 24 horas; en otras se indican los horarios en el escaparate y también se pueden mirar el periódico o las páginas amarillas. Es posible encontrar cualquier medicina, ya sea con receta o sin ella, así que no es preciso llevar una provisión importante.

Servicios de vacunación

Varias agencias de viajes ofrecen servicios de vacunación a diferentes precios para los que vayan a seguir viaje hacia otros destinos. Trailfinders (plano 5; ☎ 7938 3999, ⊖ High Street Kensington) tiene una clínica en 194 Kensington High St W8 y ofrece una gama completa. Abre los días laborables de 9.00 a 17.00 (hasta 18.00 los jueves) y los sábados de 10.00 a 17.15. La Vaccination Clinic (☎ 7259 2180) cuenta con un centro de vacunación en Top Deck Travel (plano 10; ☎ 7370 4555, ⊖ Earl's Court), 131-135 Earl's Court Rd SW5. En Nomad Traveller's Store y Medical Centre (☎ 8889 7014, www.nomadtravel.co.uk, ⊖ Turnpike Lane), 3-4 Wellington Terrace, Turnpike Lane N8, se vacuna los jueves y sábados a última hora de la tarde. Entre semana prestan servicio en su centro de vacunación de STA Travel (40 Bernard St WC1).

VIH y sida

Contraer el virus de inmunodeficiencia humana (VIH) puede desembocar en el sida. La enfermedad se suele propagar por contactos sexuales sin la utilización de preservativo o por compartir agujas –las utilizadas para vacunas, acupuntura, tatuajes o piercing pueden ser potencialmente tan peligrosas como las empleadas para inyectarse droga por vía intravenosa–. En cuanto a las transfusiones, la sangre utilizada en los hospitales londinenses ha sido analiza y debería ser segura.

Organizaciones VIH/sida. En la línea National AIDS Helpline (☎ 0800 567123) y en Terrence Higgins Trust (plano 6; ☎ 7831 0330), 52–54 Gray's Inn Rd WC1 (⊖ Chancery Lane) se puede encontrar ayuda y apoyo.

Enfermedades de transmisión sexual

El sida y la hepatitis B se pueden transmitir por contacto sexual; también la gonorrea, los herpes y la sífilis. Sus síntomas son irritación, ampollas, erupciones cutáneas en la zona genital, secreciones o dolor al orinar. En algunas de estas enfermedades, como la clamidia o las verrugas genitales, los síntomas pueden ser leves o incluso inexistentes, especialmente en las mujeres; sin embargo, son causa de infertilidad inmediata. La sintomatología de la sífilis desaparece con el tratamiento, pero no la enfermedad, que puede tener efectos posteriores muy graves. La única prevención es el uso del preservativo. Cada enfermedad requiere un tratamiento con una clase de antibióticos concreta.

Salud de la mujer

Problemas ginecológicos. Ciertos antibióticos, la ropa interior sintética, el sudor, los anticonceptivos o una mala alimentación pueden favorecer las infecciones vaginales por hongos. Se caracterizan por la aparición de erupciones, picor y secreciones. Para combatirlas se suelen recetar cremas antimicóticas. Como prevención se debe mantener una adecuada higiene personal y vestir prendas amplias y ropa interior de algodón.

Los problemas vaginales graves están causados por enfermedades de transmisión sexual. Algunos de sus síntomas son secreciones malolientes, coito doloroso y ardor al orinar. Requieren atención médica inmediata tanto para la mujer como para su pareja. Para más detalles véase "Enfermedades de transmisión sexual" anteriormente. El uso del preservativo ayuda a evitarlas.

MUJERES VIAJERAS

En general, Londres es un lugar bastante tranquilo y no es probable tener problemas si se adoptan las precauciones habituales para cualquier ciudad. Aparte de los ocasionales silbidos de admiración y algún que otro contacto no deseado en el metro, las mujeres verán que los hombres londinenses son bastante educados. No hay nada que les impida entrar solas en los pubs, aunque a menudo no sea una experiencia cómoda ni siquiera en el centro.

Precauciones

Las mujeres que viajen solas apenas deberían tener problemas, aunque no está de más actuar con sentido común, sobre todo por la noche. Resulta muy imprudente entrar en un vagón de metro vacío o con sólo uno o dos ocupantes varones, y hay algunas estaciones de metro, en especial las de la línea Northern más alejadas del centro, donde uno no se siente cómodo por la noche. Lo mismo vale para algunas estaciones de líneas principales del sur (como Lambeth) y el sureste (por ejemplo Bromley), que tienen un aspecto tétrico y en las que puede no haber personal. En tales casos conviene optar por un taxi.

Con frecuencia se venden preservativos en los lavabos de caballeros y señoras. Si no, es posible encontrarlos en farmacias y estaciones de servicio. En el Reino Unido sólo se venden anticonceptivos con receta médica, aunque la píldora del día siguiente (eficaz hasta 72 horas después de la relación sexual sin protección) pueden adquirirla sin receta en las farmacias las mujeres de más de 16 años.

Información y organizaciones

The Well Women Centre (plano 6; ☎ 0845 300 8090), Marie Stopes House, 108 Whitfield St W1 (⊖ Warren Street), ofrece asesoramiento sobre anticonceptivos y embarazo. Abre de lunes a sábado de 9.00 a 17.00 (a 20.00 martes y miércoles).

Rape and Sexual Abuse Helpline (☎ 8239 1122) se ocupa de violaciones y abusos sexuales; se puede llamar de lunes a viernes de 12.00 a 14.30 y de 19.00 a 21.30; sábados y domingos de 14.30 a 17.00.

COMUNIDAD HOMOSEXUAL

Londres posee un floreciente panorama homosexual. Ciertamente la gente ahora reconoce su homosexualidad de un modo impensable hace dos décadas. El actual gobierno cuenta con varios miembros gays y un ministro; British Tourist Authority ha hecho publicidad en el extranjero con el eslogan "You don't know the half of it" (No sabes ni la mitad) en un intento de atraer más turistas gays y lesbianas; la edad núbil se ha rebajado a 16 años para equipararla a la de los heterosexuales.

Dicho esto, lo cierto es que todavía quedan algunos reductos de hostilidad –basta con leer los tabloides procaces para darse cuenta de los límites de la tolerancia– y las demostraciones públicas de afecto no siempre son prudentes fuera de locales de ambiente y zonas como el Soho (Old Compton St en particular).

Para más detalles sobre la escena homosexual londinense, véase "Locales de ambiente" en el capítulo *Ocio*.

Información y organizaciones

Para estar informado, conviene conseguir un ejemplar de revistas gratuitas con direcciones como *Pink Paper* o *Boyz,* o comprar una copia de *Gay Times* (2,95 £), que también incluye listas de locales. *Diva* (2,25 £) está orientado a lesbianas. Las revistas gratuitas se encuentran en la mayoría de los bares de ambiente, locales nocturnos y saunas, mientras que las de pago pueden adquirirse en la librería Gay's the Word (véase "Libros" en el capítulo *De compras). Gay London: a Guide* de Will McLoughlin continúa donde lo dejan los simples, y a menudo confusos, listados de *Spartacus International Gay Guide.* Todas estas publicaciones están en inglés.

Otra fuente de información útil es la línea Lesbian and Gay Switchboard (☎ 7837 7324), que funciona las 24 horas y proporciona información general y específica. London Friend (☎ 7837 3337) ofrece servicios similares todos los días de 19.30 a 22.00. Algunos portales que merece la pena visitar son: www.gaylondonguide.co.uk; www.queenscene.com; www.heymickey.com/gaylondon; y la guía para lesbianas http://www.gingerbeer.co.uk.

El portal www.guiagay.com, en español y muy completo, ofrece información sobre cultura, noticias, agenda, viajes y otros datos de cualquier país y ciudad del mundo. Igualmente recomendable resulta http://latino.gay.com/terceros/otros/calu.htm, de la agencia de viajes argentina Calú Travel Services (☎ 00 54 11 4325 5477), que es miembro de la Internacional Gay and Lesbian Travel Association (IGLTA) y organiza viajes exclusivamente para la comunidad homosexual.

VIAJEROS CON DISCAPACIDADES

Para muchos de ellos Londres es una extraña mezcla de facilidades y notorio desinterés. Los hoteles nuevos y las atracciones turísticas modernas suelen ser accesibles para personas en silla de ruedas, pero muchos *B&B* y pensiones se hallan en edificios más antiguos, difíciles (o imposibles) de adaptar. Esto supone que los viajeros con problemas de movilidad pueden terminar pagando más por el alojamiento que el resto.

La historia se repite en el transporte público. Algunos trenes y autobuses más modernos disponen de plataformas que se bajan para facilitar el acceso (por ejemplo, los autobuses Stationlink que siguen una ruta similar a la de la línea circular y se describen en el capítulo *Cómo desplazarse),* pero siempre conviene comprobarlo antes. Unit for Disabled Passengers (División de Viajeros Discapacitados) de Transport for London (☎ 7918 3312, lt.udp@ltbuses.co.uk) puede aconsejar con más detalle y publica *Access to the Underground,* donde se indican las estaciones de metro dotadas de rampas y ascensores (todas las del DLR tienen). Para recibir una copia antes del viaje, se debe escribir a Transport for London Unit for Disabled Passengers, 172 Buckingham Palace Rd, London SW1 9TN.

Muchas taquillas, oficinas de venta de billetes y bancos, entre otros, cuentan con dispositivos auditivos para ayudar a las personas sordas; hay que buscar el símbolo de una oreja. Ciertos aseos adaptados a discapacitados sólo pueden abrirse con una llave especial. En "Lavabos" (anteriormente en este capítulo) se explica cómo obtenerla.

Información y organizaciones

En el portal de LTB (www.londontouristboard.com) se puede encontrar información para personas discapacitadas. Una publicación muy recomendable es *Access in London* de Gordon Couch, William Forrester y Justin Irwin (7,95 £), una completa guía de la capital y excelente fuente de información orientada a viajeros discapacitados. En Artsline (☎ 7388 2227), que atiende llamadas los laborables de 9.30 a 17.30, se proporciona información general sobre accesos para sillas de ruedas en teatros, cines y otros locales culturales.

En Internet, el portal en español de Kevin Tour (www.kevin-tour.com.ar/escuela/discapaz.html) contiene información y consejos para personas con discapacidades que vayan a emprender viajes.

En España, la Federación ECOM (☎ 93 451 55 50, fax 93 451 69 04, ecom@ecom.es, www.ecom.es; Gran Via de les Corts Catalanes 562, principal 2ª, 08011 Barcelona) aborda, entre otros asuntos de interés para discapacitados, el turismo accesible. Por su parte, Viajes 2000 (☎ 91 323 25 23; paseo de la Castellana 228, 28002 Madrid), agencia de viajes perteneciente a la Organización Nacional de Ciegos de España (ONCE), dispone de información sobre accesibilidad en hoteles, restaurantes y otros lugares de interés en las ciudades que se desee visitar.

En Argentina, la Fundación Turismo para Todos (☎/fax 5411 4662 7456, info@turismoaccesible.com.ar; Julián Aguirre 1995, B1686- EVG Hurlingham) es una ONG que trabaja en la mejora del ocio relacionado con el turismo en general y con discapacitados en particular (seguridad y calidad turística, turismo accesible y otros).

CHARLOTTE HINDLE

Leyendas de las profundidades en un derroche de imaginación: Acuario de Londres (County Hall).

The Royal Association for Disability and Rehabilitation (RADAR; ☎ 7250 3222, www.radar.org.uk), Unit 12, City Forum, 250 City Rd, London EC1V 8AF, es una organización global de grupos de voluntarios para discapacitados y una útil fuente de información. The Holiday Care Service (☎ 01293-774535, www.holidaycare.org.uk), piso 2º, Imperial Buildings, Victoria Rd, Horley, Surrey RH6 7PZ, publica *Accessible Britain* (6,50 £) en conjunto con RADAR, y ofrece asesoramiento los días laborables de 9.00 a 13.00.

Existe un abono ferroviario para discapacitados (Disabled Person's Railcard, 14 £) que proporciona descuentos del 34% sobre las tarifas, pero no es fácil de conseguir. Primero se rellena un impreso publicado en un folleto (con el código RTDP2), disponible en las estaciones que cuentan con personal, delegaciones de Citizens Advice Bureau, algunas oficinas de correos y bibliotecas. Después se envía por correo a Disabled Person's Railcard Office, PO Box 1YT, Newcastle-upon-Tyne NE99 1YT. Puede tardar hasta tres semanas, así que conviene solicitarlo con bastante antelación.

TERCERA EDAD

Las personas mayores tienen derecho a descuentos en el transporte público y entradas a museos, siempre que acrediten su edad; a veces necesitarán un pase especial. La edad mínima para ello suele ser de 60 a 65 años para los hombres y de 55 a 65 para las mujeres. Interesa preguntar incluso si no hay una lista de descuentos a la vista.

Puede que en el país de origen exista una edad inferior para disfrutar de descuentos y paquetes especiales (en el alquiler de un coche, por ejemplo) a través de organizaciones y agencias de viajes para mayores. Conviene informarse en las oficinas para la tercera edad del propio país.

LONDRES PARA NIÑOS

Aunque las muchedumbres, el tráfico y la contaminación pueden disuadir a algunos padres de viajar con sus hijos, la capital está llena de cosas que los entretendrán. Para más información, ideas y consejos, consúltense en Internet la versión española de la revista *My Health and Safety* (Mi salud y seguridad): www.healthwindows.com/edison/es/travel.shtml; o el portal www.kevin-tour.com.ar/escuela/children.html, que sugiere pautas de comportamiento a los padres para que el niño disfrute del viaje.

La librería y agencia de viajes madrileña De Viaje (www.deviaje.com) ofrece diferentes recorridos pensados especialmente para padres con hijos.

Las siguientes atracciones están especialmente recomendadas para niños. En el capítulo *Qué ver y hacer* se informa sobre precios y horarios.

Acuario de Londres
Centro de calcos de planchas sepulcrales de latón, iglesia de St Martin-in-the-Fields
Cine IMAX
Clíper *Cutty Sark*
Crucero HMS *Belfast*
London Dungeon (no recomendable para los más pequeños)
Madame Tussaud y planetario
Museo de Historia Natural
Museo de la Ciencia
Museo de la Infancia Bethnal Green
Museo del Juguete Pollock
Museo del Transporte de Londres
Museo Horniman
Museo Imperial de la Guerra
Museo Marítimo Nacional
Noria London Eye de BA
Torre de Londres (para más mayores)
Trocadero de Londres
Zoo de Londres
Zoo infantil del parque de Battersea

Hay varios teatros orientados a niños:

Teatro infantil Polka
(☎ 8543 4888, www.polkatheatre.com), 240 The Broadway SW19 (⊖ South Wimbledon/ Wimbledon).

Teatro infantil Unicorn
(plano 2; ☎ 7700 0702), St Marks Studios, Chillingworth Rd N7 (⊖ Holloway Road).

Teatro Little Angel
(plano 4; ☎ 7226 1787, www.littleangeltheatre.com), 14 Dagmar Passage N1 (⊖ Angel).

Teatro Pleasance
(plano 2; ☎ 7609 1800), Carpenter's Mews, North Rd N7 (⊖ Caledonian Road).

Casi todos los hoteles londinenses pueden recomendar a alguna canguro por si se quiere pasar el día sin niños o salir por la noche. Otra opción es contactar con las siguientes organizaciones:

Childminders
(plano 6; ☎ de día 7935 2049; noches: 7935 3000, www.babysitter.co.uk), 6 Nottingham St W1 (⊖ Baker Street). Esta agencia proporciona canguros –tienen más de 1.500 registradas– por 6,80 £/hora durante el día y entre 5,20 y 6,40 £/hora por la noche, dependiendo del día de la semana. Hacerse miembro (es necesario) cuesta 59 £ al año más IVA, y la renovación 45 £.

Pippa Pop-Ins
(plano 10; ☎ 7385 2458, fax 7385 2458), 430 Fulham Rd SW6 (⊖ Fulham Broadway). Guardería y jardín de infancia que ofrece cuidado por el día y actividades diversas para niños de 2 a 12 años. Abre los laborables de 8.00 a 18.00 y cuesta 32/48 £ medio día/día completo.

OTRAS ORGANIZACIONES

Si se piensa permanecer bastante tiempo en el Reino Unido y se tiene interés en mansiones rurales y otros edificios históricos, no hay que descartar hacerse miembro de English Heritage (EH) y National Trust (NT). Ambas son organizaciones sin ánimo de lucro dedicadas a la protección del entorno y cuidan centenares de sitios espectaculares. Si sólo se va a visitar la capital, su utilidad resultará limitada.

Club Globetrotters
Si se quiere conocer a otros viajeros, Globetrotters celebra reuniones el primer sábado de cada mes a las 14.30 en Church of Scotland Crown Court (plano 8; ☎ 7836 5643 o 8674 6229), Russell St WC2 (⊖ Covent Garden). La entrada cuesta 2/4 £ para miembros/no miembros.

Drifters
(plano 5; ☎ 7262 1292), 22a Craven Terrace W2 (⊖ Lancaster Gate). Este club ofrece servicios de apoyo, como almacenamiento de equipajes, recogida de correo, información local, envío de mercancías, compra de equipo y circuitos baratos. Aunque orientada a australianos y neozelandeses, todo el mundo es bienvenido. Hacerse miembro cuesta 10-15 £.

English Heritage
(☎ 0870 333 1181 o 7973 3434, www.english-heritage.org.uk). La visita a las propiedades de

EH cuesta a los no miembros entre 1,50 y 6 £. La cuota de socio permite la entrada libre a todas sus posesiones, y a mitad de precio para las de Historic Scotland (Escocia) y Cadw (Gales) durante el primer año (gratuito después si se es miembro); también proporciona una excelente guía y mapa. Las cuotas son: adulto 31 £, pareja 50 £, familia 55 £, menores de 16 años 13 £, de 16 a 20 años 18 £.

Great British Heritage Pass

Este pase da acceso a cientos de propiedades abiertas al público de NT, EH y otras instituciones. Puede conseguirse en el extranjero (se recomienda preguntar en la agencia de viajes habitual o contactar con la oficina Thomas Cook más próxima) y cuesta 54 US$ por una semana, 75 US$ para 15 días y 102 US$ para un mes. También se compra en Londres (en el Centro Británico de Visitantes) por 35/46/60 £.

National Trust

(☎ 0870 458 4000 o 8315 1111, www.nationaltrust.org.uk). La entrada a la mayor parte de las posesiones de NT cuesta a los que no son miembros hasta 5,50 £. Las cuotas de socio son: mayores/menores de 26 años 31/15 £, pareja 52,50 £, familia 58 £. Permite entrar sin pagar a todas las propiedades inglesas, galesas y norirlandesas de NT y proporciona una guía y un mapa muy buenos. Es posible afiliarse en los sitios principales. Existen acuerdos recíprocos con otras organizaciones NT (de Escocia, por ejemplo) y con la estadounidense Royal Oak Foundation.

BIBLIOTECAS

La más importante de la capital es la Biblioteca Británica de St Pancras, que es también la principal del Reino Unido en cuanto a propiedad literaria y recibe una copia de cada publicación aparecida en el país. Tiene 11 salas de lectura con capacidad para más de 1.200 personas, pero sólo pueden acceder investigadores y esta norma se aplica de forma estricta; para más detalles, contáctese con la Oficina de Admisión de Lectores (Reader Admissions Office), Biblioteca Británica (plano 3; ☎ 7412 7677, reader-admissions@bl.uk, www.bl.uk, ⊖ King's Cross St Pancras), 96 Euston Rd NW1. Abre los lunes de 10.00 a 20.00, martes a jueves de 9.30 a 20.00 y viernes y sábados de 9.30 a 17.00.

El viajero tendrá libertad para leer o consultar periódicos, revistas y libros, pero no se prestan; consúltense las páginas amarillas para la dirección de la biblioteca más cercana. La Biblioteca Central Empresarial y de Consulta (Westminster Central Reference and Business Library, plano 8; ☎ 7641 4634, ⊖ Charing Cross), 35 St Martin's St WC2, es pública y tiene toda clase de publicaciones, incluso periódicos y guías telefónicas, repartidas por tres plantas. Abre de lunes a viernes de 10.00 a 20.00 y sábados de 10.00 a 17.00. La Cámara de Comercio e Industria (plano 9; ☎ 7248 4444), 33 Queen St EC4 (⊖ Mansion House), guarda toda clase de información y material relacionado con el comercio.

UNIVERSIDADES

Para información general sobre las universidades de la capital, véase "Educación" en el capítulo *Sobre Londres*. La Universidad de Westminster y muchos *colleges* de la Universidad de Londres (incluyendo la London School of Economics and Political Science y el Imperial College of Science, Technology and Medicine) alquilan sus residencias a no estudiantes durante las vacaciones, desde finales de junio a mediados de septiembre (véase "Residencias universitarias" en *Dónde dormir)*.

Casi todos los clubes de universitarios permiten la entrada de estudiantes extranjeros a sus bares y alguna otra ventaja, siempre que posean algún documento que los acredite, como el carné internacional de estudiante (ISIC); véase "Visados y documentación" anteriormente.

CENTROS CULTURALES

La misión fundamental del British Council (plano 7; ☎ 7930 8466, www.britishcouncil.org.uk, ⊖ Charing Cross), 10 Spring Gardens SW1, es proporcionar clases de inglés y acceso al saber británico en los campos de la ciencia y la tecnología. Elabora una lista gratuita de *colleges* acreditados que cumplen los niveles mínimos en lo tocante a instalaciones, personal cualificado y respaldo pastoral. También ofrece asesoramiento a estudiantes extranjeros sobre oportunidades educativas en el Reino Unido. Su portal en España es: www.britishcouncil.es.

El Institut Français (plano 9; ☎ 7838 2144, www.institut.ambafrance.org.uk), 17 Queensberry Place SW7 (⊖ South Kensington), promueve la cultura francesa en el extranjero y cuenta con una biblioteca, un cine (Ciné Lumière) que proyecta películas en francés (véase "Cines" en el capítulo *Ocio)* y un restaurante (Brasserie de l'Institut; véase el capítulo *Dónde comer)*, con toda probabilidad, excelente.

Quienes busquen libros y películas alemanas o la oportunidad de conocer a algún germanoparlante, pueden contactar con el Goethe Institute (plano 9; ☎ 7596 4000, www.goethe.de/london), 50 Princes Gate, Exhibition Rd SW7 (⊖ South Kensington).

El Instituto Cervantes (☎ 44 207 201 0750, fax 44 207 235 0329, http://londres.cervantes.es), 102 Eaton Square SW1W 9AN, se dedica a la promoción y la enseñanza del español, a la difusión de la cultura española e hispanoamericana y a favorecer los intercambios culturales. Su centro de la capital británica tiene biblioteca con servicio de préstamo.

ADVERTENCIAS

Delitos

Teniendo en cuenta su extensión y las grandes diferencias económicas existentes, Londres es una ciudad bastante segura; la mayoría de los visitantes pasarán sus dos semanas en la capital sin que les ocurra nada peor que tener que pagar un precio exagerado por un helado. Aunque los delitos violentos se elevaron en un 20% entre 1995 y 1999 y el uso de pistolas lo hizo en un 40% durante el mismo período, la capital británica tiene una de las tasas de homicidios más bajas del mundo desarrollado: 2,36 por cada 100.000 habitantes; basta compararla con la de Washington (50,82), Moscú (18,20) o Amsterdam (5,37).

Conviene adoptar las precauciones usuales contra los carteristas, que actúan en sitios públicos abarrotados de gente, como el metro o las principales atracciones turísticas. Siempre deben llevarse los bolsos delante y si se dejan en el suelo no hay que quitarles ojo, sobre todo en un pub lleno o en la terraza de un café. Nunca se debe llevar la cartera en un bolsillo trasero.

Por las noches hay que tener especial cuidado. Al viajar en metro conviene elegir un vagón en el que vayan más personas y evitar las estaciones desiertas del extrarradio; en esos casos, el autobús o el taxi son más seguros.

Se deben proteger de un posible robo, en especial, el pasaporte y otros documentos importantes, el dinero y las tarjetas de crédito (en este orden). Siempre es mejor llevar estos objetos pegados al cuerpo o en una funda de cuero en el cinturón, e intentar separarlos, porque si se perdiera la bolsa, se perdería todo.

Hay que tener cuidado incluso en los hoteles y albergues; se puede usar un candado cuando tengan armarios y no deben quedar artículos de valor repartidos por la habitación. No conviene dejar nada en un coche, ni el equipaje toda la noche. Se ha de informar de los robos a la policía y pedir una copia de la denuncia; de otro modo, el seguro de viajes no los cubrirá.

Tráfico

Como los coches circulan por la izquierda en el Reino Unido, es necesario mirar a la derecha en los pasos de peatones antes de cruzar; en casi todos los del centro se indica en qué dirección mirar. Los mensajeros que van a toda velocidad por las calles en moto y bicicleta, zigzagueando entre los coches, pueden ser más peligrosos que los automovilistas. Hay que tener precaución en los pasos, incluso si el semáforo está verde.

Terrorismo

Londres no ha sido objetivo principal del IRA desde 1996, fecha en que explotó una bomba en los Docklands. En 1999 un ultraderechista, que al parecer actuaba en solitario, colocó bombas de metralla que explotaron en zonas muy concurridas de Brixton, Brick Lane (East End) y Old Compton St (Soho); iban dirigidas contra negros, asiáticos y gays respectivamente. Tres personas murieron y otras 100 resultaron heridas. En marzo de 2001 un coche bomba explotó delante del centro de información de la BBC, y en agosto, otro lo hizo en Ealing, hiriendo a varias personas; se creyó que eran obra del grupo terrorista republicano irlandés disidente conocido como IRA Auténtico.

En la capital británica se respira seguridad y se toman precauciones regularmente. Si al viajero se le pide que abra el bolso para su inspección en museos u otros sitios públicos, debe hacerlo. Entre las pequeñas molestias que el terrorismo ha traído a los ciudadanos se cuentan los retrasos de los transportes causados por la inspección de paquetes sospechosos; el "anillo de acero" en torno al 75% de la City, con policías revisando periódicamente coches y otros vehículos que entran o salen del centro; y en ocasiones el sellado de las taquillas para equipajes de las estaciones de tren y autobús y de los buzones, o la retirada de cubos de basura.

Objetos perdidos

Todos los años se extravían miles de objetos: teléfonos móviles, llaves, bolsas de dinero, joyas, incluso dentaduras postizas. Casi todos los artículos hallados en el metro y los autobuses acaban en la Oficina de Objetos Perdidos (Lost Property Office) de Transport for London (plano 5; ☎ 7486 2496, fax 7918 1028), 200 Baker St, NW1 5RZ (⊖ Baker Street), donde pueden recogerse de lunes a viernes de 9.30 a 14.00. Se cobran 3 £ por objeto o 2 £ si se recupera en la cochera de autobuses donde fue encontrado.

Los artículos que se pierden en trenes de líneas principales suelen acabar en las terminales importantes; llamando a ☎ 7928 5151 se conecta con el número apropiado. Cuando se olvide algo en un taxi negro, hay que llamar a ☎ 7918 2000 (Objetos Perdidos de Taxis).

Ganchos y timos

Los ganchos de hoteles y albergues abordan a los mochileros en las estaciones de metro y de líneas principales, como Earl's Court, Liverpool Street y Victoria. Conviene tomarse sus propuestas con escepticismo y no aceptar ofertas de traslados gratuitos a menos que se sepa exactamente a dónde se va. Cada año, hombres extranjeros son atraídos hasta los clubes de *strip-tease* y cabarés del Soho y se dejan enormes sumas; si se niegan a pagar, las cosas pueden ponerse feas. Lo mejor es evitar estas situaciones.

Mendigos

En estos días hay en la capital británica un deprimente número de mendigos y vagabundos; resulta difícil saber cuál es el mejor modo de tratarlos. Todos los argumentos en contra de dar limosna a los indigentes en los países desarrollados son aplicables; quizá sea mejor donar una cantidad a una organización de caridad reconocida. Shelter (☎ 7505 2000), 88 Old St EC1Z 9HU, ayuda a las personas sin hogar y agradece cualquier donativo. Otra posibilidad es comprar *Big Issue* (1 £), una revista semanal que venden por la calle los "sin techo" (reciben 60 p por cada ejemplar).

Racismo

Londres tiene sus problemas raciales, sobre todo las zonas más deprimidas del East End y el sur, pero la tolerancia suele prevalecer. No es probable que los visitantes tengan conflictos a causa del color de su piel.

Fumar

Está prohibido en cines, teatros, transportes públicos y casi todas las tiendas; la mayor parte de los restaurantes tienen zonas para no fumadores, que deben pedirse especialmente al hacer una reserva. Los pubs son uno de los últimos reductos de los fumadores, aunque la cadena Wetherspoon ha dispuesto algunos rincones para los que no fuman.

Basura

Muchos de los que visitan Londres por primera vez se quedan asombrados ante la suciedad de la ciudad, con basura tirada por todas partes. Se podría decir como excusa que los cubos de basura se retiran periódicamente en amplias zonas para prevenir atentados; pero los londinenses parecen ser aficionados a tirar papeles y desperdicios. Los dueños de perros resultan especialmente irresponsables.

Gran Bretaña se sitúa a la cola de las listas de reciclaje de la UE, con una tasa de reciclado de vidrio del 25% frente al 40% de España, el 42% de Portugal, el 55% de Francia y el 81% de Alemania.

URGENCIAS

En caso de emergencia hay que telefonear a ☎ 999 (llamada gratuita) para el servicio de bomberos, la policía o una ambulancia. En "Salud", anteriormente, se incluye una lista de hospitales con servicio de urgencia las 24 horas e información sobre medicina dental.

PROBLEMAS LEGALES

Si se tuviera algún problema legal durante la estancia en la capital británica es aconsejable visitar cualquiera de las Oficinas de Asesoramiento al Ciudadano (Citizens Advice Bureaux, www.nacab.org.uk) incluidas en "Counselling and Advice" de las páginas amarillas o contactar con la Guía de Servicios Legales Comunitarios (Community Legal Services Directory, ☎ 0845 608 1122, www.justasl.org.uk).

Drogas

Es posible encontrar drogas ilegales de todo tipo, sobre todo en los locales nocturnos. Sin embargo, además de los riesgos relacionados con ellas, se han producido varias muertes asociadas con el consumo de éxtasis, cuya pureza suele ser dudosa. Hace poco se ha reclasificado el hachís como droga de clase C, lo que significa que no se arresta al poseedor de una pequeña cantidad, pero se mantienen condenas duras para quienes trafiquen y manejen grandes cantidades. El resto de las drogas conservan su clasificación anterior y el trato que reciben es mucho más severo.

Infracciones de tráfico

Las normas contra la conducción bajo los efectos del alcohol se han endurecido y se tratan ahora con mayor severidad. Está permitido un nivel de alcohol en sangre de 35 mg/100 ml, pero se discute reducirlo. Para informarse sobre límites de velocidad y normas de aparcamiento, véase "En automóvil y motocicleta" del capítulo *Cómo desplazarse.*

Multas

En general el importe de las multas no tiene que pagarse en el acto, pero los trenes, el metro y los autobuses son una excepción, pues si no se puede mostrar un billete válido al revisor, habrá que abonar 5 £ en los autobuses y 10 £ en los trenes y el metro. No vale con disculparse.

HORARIO COMERCIAL

Las oficinas abren de lunes a viernes de 9.00 a 17.00 o 17.30, las tiendas también los sábados y su horario suele ser más amplio. Una cifra creciente de comercios y casi todos los grandes almacenes permanecen abiertos seis horas (el máximo permitido por la ley) los domingos, en general de 10.00 a 16.00 o de 12.00 a 18.00. Los jueves se puede comprar por la noche en el West End.

Casi todas las oficinas de correos abren de lunes a viernes de 9.00 a 17.00 o 17.30, y las principales lo hacen también los sábados de 9.00 a 12.00. La que da a Trafalgar Square (véase "Correos y comunicaciones" anteriormente), donde se recibe la lista de correos, abre de lunes a viernes de 8.00 a 20.00 y los sábados de 9.00 a 20.00.

El horario de los bancos es variable, pero suelen encontrarse abiertos de 9.30 a 15.30 los días laborables; los viernes por la tarde pueden estar muy llenos. Algunos también atienden los sábados de 9.30 a 12.00.

FIESTAS OFICIALES Y CELEBRACIONES

Fiestas oficiales

Los británicos no tienen demasiadas fiestas en comparación con otros países desarrollados, aunque el panorama es mucho mejor que el anterior a 1871, fecha en que se aprobó el Bank Holidays Act. Hasta entonces, los únicos dos días en que los patrones permitían a los trabajadores descansar eran Navidad y Viernes Santo.

Casi todos los bancos y comercios cierran durante las ocho fiestas siguientes: Año Nuevo (1 de enero), Viernes Santo y Lunes de Pascua (finales de marzo/abril), primer lunes de mayo *(May Day Bank Holiday)*, último lunes de mayo *(Spring Bank Holiday)*, último lunes de agosto *(Summer Bank Holiday)*, día de Navidad y 26 de diciembre.

Los museos y otras atracciones turísticas pueden cerrar el 25 y el 26 de diciembre, pero normalmente permanecen abiertos el resto de los festivos. Algunas excepciones cierran los domingos y es posible que también lo hagan durante los *bank holidays*. Hay museos menores que cierran los lunes y/o los martes, y varios sitios lo hacen el domingo por la mañana.

Celebraciones

En la ciudad y sus alrededores se celebran innumerables festivales y fiestas. En la publicación bimestral *Events in London* de London Tourist Board (LTB) o en su folleto *Annual Events* se aporta información; también se incluye una lista de eventos en su portal www.londontouristboard.com. Y no hay que olvidar la London Line (☎ 09068 663344) de LTB, que facilita datos sobre los acontecimientos en curso o futuros.

Año Nuevo (1 de enero)
London Parade – el alcalde de Westminster encabeza este desfile de 10.000 músicos y artistas ambulantes, con carrozas y carruajes, va desde Parliament Square hasta Berkeley Square.

Primera quincena de enero
Exposición internacional de embarcaciones – Centro de Exposiciones de Earl's Court.

Finales de enero/primeros de febrero
Año Nuevo chino – danzas del león y otras coloristas celebraciones en el Soho.

Finales de febrero/marzo
Carreras de tortitas del martes de carnaval – Spitalfields, Covent Garden y Lincoln's Inn Fields.

Última semana de marzo
Regata entre Oxford y Cambridge – la tradicional carrera del Támesis desde Putney a Mortlake.
Regata Head of the River – una regata por el Támesis menos conocida, desde Mortlake a Putney, con alrededor de 400 equipos.
Feria internacional del libro en Londres – Olympia.

Finales de marzo/abril
Feria de Pascua – parque de Battersea.
Maratón de Londres – una carrera de casi 42 km desde el parque de Greenwich hasta el Mall, que pasa por Isle of Dogs y Victoria Embankment.

Mediados/finales de mayo
Concurso hípico de la Casa Real de Windsor – concurso de saltos.
Exposición floral de Chelsea – Royal Hospital Chelsea.

Junio
Festival de Spitalfields – tres semanas de fiestas en el mercado de Spitalfields con música, teatro, tertulias y paseos.

Primera semana de junio
Exposición estival de la Real Academia – exposición de arte única, que dura hasta agosto.
Beating of the Retreat (Toque de retreta) – bandas militares y marchas en Horse Guards Parade, Whitehall.

Segundo sábado de junio
Trooping of the Colour (Presentación de la Bandera) – se celebra el cumpleaños de la reina con desfiles y gran pompa en Horse Guards Parade, Whitehall.

Finales de junio/primeros de julio
Torneo de tenis de Wimbledon – durante dos semanas, reúne a los mejores tenistas.
Festival de la City de Londres – actuaciones musicales, danza y teatro de primera categoría en iglesias y plazas de la City.
Marcha del orgullo gay de Londres y Mardi Gras – marcha de gays y lesbianas desde Hyde Park y gran festival en el parque de Finsbury.

Primeros de julio
Festival internacional de Greenwich y los Docklands – danza, teatro y música a ambos lados del Támesis.
Exposición floral internacional del palacio de Hampton Court – flores a discreción en uno de los mejores jardines.
Regata Real de Henley – elegante carrera fluvial por el Támesis.

Mediados de julio
Festival de Clerkenwell – diversión y juegos en Farringdon.
Desfile de la Sociedad de Vinateros – con sus trajes tradicionales, los vinateros van en procesión desde Upper Thames St hasta la iglesia de St James's Garlickhythe.
Promenade Concerts o "Proms" – comienzo del mayor festival musical del mundo en el Royal Albert Hall, que se prolonga hasta mediados de septiembre.

Finales de agosto
Carnaval de Notting Hill – la mayor fiesta al aire libre de Europa, un gran carnaval organizado en Notting Hill durante el fin de semana del último lunes de agosto.

Mediados de septiembre
Festival del Támesis – el mayor acontecimiento relacionado con el Támesis, con un parque de atracciones, teatro ambulante, puestos de comida, fuegos artificiales y, como pieza central, la Gran carrera fluvial.
Great River Race (Gran carrera fluvial) – barcazas, barcas de dragón y embarcaciones largas compiten en una regata de unos 35 km desde la residencia Ham, en Richmond, hasta los jardines Island, en Isle of Dogs frente a Greenwich.

Finales de septiembre
Jornadas de puertas abiertas – se abren al público unos 550 edificios y otros sitios habitualmente cerrados.
Domingo del jinete – un vicario a caballo bendice a más de 100 equinos ante la iglesia de St John and St Michael, Hyde Park Crescent W2; después hay un concurso de saltos en los jardines de Kensington.

Primeros de octubre
Dance Umbrella – compañías de danza británicas e internacionales actúan en diferentes locales durante cinco semanas.

Festival Punch & Judy – una reunión de fanáticos de las marionetas en la plaza de Covent Garden.
Pearly Harvest Festival Service – más de un centenar de *Pearly Kings and Queens* con trajes de botones de perlas, asisten a misa en la iglesia de St Martin-in-the-Fields.

Finales de octubre
Desfile del Día de Trafalgar – bandas militares invaden Trafalgar Square para depositar guirnaldas en conmemoración de la victoria de Nelson sobre Napoleón en 1805.

Noviembre
Festival de cine de Londres – en el National Film Theatre, South Bank.
Carrera de coches antiguos de Londres a Brighton – coches de época anteriores a 1905 se alinean en Serpentine Rd, Hyde Park, para correr hasta Brighton.

Primeros de noviembre
Apertura oficial del Parlamento – la reina visita el Parlamento en carroza oficial, entre salvas, para convocar a los parlamentarios después del descanso estival.

5 de noviembre
Noche de Guy Fawkes – también llamada Noche de las Hogueras, conmemora un intento de golpe católico con fogatas y fuegos artificiales en toda la ciudad, pero sobre todo en el parque de Battersea, Primrose Hill, Blackheath, Clapham Common y el parque de Crystal Palace.

Mediados de noviembre
Desfile del alcalde – el recién elegido alcalde de la City viaja en carruaje desde Mansion House hasta los Reales Tribunales de Justicia, entre carrozas, bandas de música y fuegos artificiales.
Domingo del recuerdo – la reina, miembros del gobierno y otros notables depositan guirnaldas en el Cenotafio para recordar a las víctimas de las dos guerras mundiales; todo el mundo lleva una amapola roja.
Mercado turístico mundial – la mayor muestra turística del mundo, en el Centro de Exposiciones de Earl's Court.

Diciembre
Encendido del árbol de Navidad y el alumbrado – se iluminan las bombillas de un enorme abeto noruego en Trafalgar Square y todas las luces navideñas colocadas en Oxford St, Regent St y Bonds St.

HACER NEGOCIOS

Alrededor de cinco millones de personas llegan cada año a Londres, uno de los mayores centros comerciales del mundo y sede de casi una cuarta parte de las oficinas centrales de las 500 compañías más importantes de Europa. Por eso, los hoteles principales dependen de las personas en viaje de negocios y están dotados de centros de operaciones con líneas ADSL, faxes, servicios de secretaría y acceso a Internet, entre otras cosas. Desde la capital británica se puede llamar directamente a más países que desde cualquier otro punto de Europa y las tarifas son más baratas. Hay vuelos a más de 160 destinos diferentes de todo el mundo, atendidos por unas 90 aerolíneas.

La principal fuente de información sobre negocios es el serio *Financial Times* de color sepia, publicado de lunes a sábado, mientras que *The Economist* es una revista semanal más detallada. Otras fuentes de utilidad son:

Banco de Inglaterra
(plano 9; ☎ 7601 4878, fax 7601 5460, www.bankofengland.co.uk), Threadneedle St EC2R 8AH (⊖ Bank).

Board of Inland Revenue (Agencia Tributaria)
(plano 10; ☎ 7605 9800, www.inlandrevenue.gov.uk), Charles House, 375 Kensington High St W14 (⊖ Kensington-Olympia).

Cámara de Comercio e Industria de Londres
(plano 9; ☎ 7248 4444, fax 7489 0391, www.londonchamber.co.uk), 33 Queen St EC4R 1AP (⊖ Mansion House).

Confederación de la Industria Británica
(plano 8; ☎ 7395 8195, fax 7379 0945), Centre Point, 103 New Oxford St WC1A 1DU (⊖ Tottenham Court Road).

Ministerio de Comercio e Industria
(plano 6; ☎ 7215 5000, fax 7222 0612, dti.enquiries@imsv.dti.gov.uk), 1 Victoria St SW1H 0ET (⊖ St James's Park).

Oficina de la Comisión Europea
(plano 6; ☎ 7973 1992, fax 7973 1900), 8 Storey's Gate, London SW1P 3AT (⊖ Westminster/St James's Park).

Trade Partners UK
(anterior Consejo de Comercio Británico Internacional; plano 6; ☎ 7215 5444, fax 7215 4231, www.tradepartners.gov.uk), Ministerio de Comercio e Industria, Kingsgate House, 66-74 Victoria St, London SW1E 6SW (⊖ Victoria).

Para tratamiento de textos o servicios de secretaría, se puede ir a Typing Overload (plano 6; ☎ 7404 5464, www.typingoverload.com), piso 1°, 67 Chancery Lane WC2 (⊖ Chancery Lane). En cuanto a fotocopias o servicios informáticos (escáner, alquiler de ordenadores y videoconferencia) se recomienda Kinko's (plano 6; ☎ 7539 2900, www.kinkos.com), una cadena fiable que abre las 24 horas y cuenta con una sucursal en 326-328 High Holborn WC1 (⊖ Chancery Lane). Tiene sucursales en 29-35 Mortimer St W1 (plano 6; ☎ 7643 1900; ⊖ Goodge Street) y en 1 Curzon St W1 (plano 6; ☎ 7717 4900; ⊖ Green Park).

TRABAJO

Si uno está dispuesto a trabajar muchas horas en empleos de baja categoría con salarios escasos, encontrará trabajo. El problema es que sin preparación resulta difícil dar con un empleo que permita ahorrar. Es posible llegar a fin de mes, pero probablemente se ahorraría más en el país de origen. Y hay que competir con recién llegados de Europa del Este. Véase "Permisos de trabajo" en "Visados y documentación", anteriormente, para más detalles.

Los visitantes no cualificados solían trabajar en pubs y restaurantes o como niñeras. Estos empleos con frecuencia proporcionaban alojamiento, pero los horarios eran largos, el trabajo agotador y la paga no demasiado buena. En abril de 1999 se introdujo un salario mínimo (ahora 4,10 £ por hora; 3,20 £ para personas de 18 a 21 años), aunque si se trabaja sin contrato nadie está obligado a pagar ni siquiera esa cantidad. Antes de aceptar un empleo, conviene asegurarse de dejar claras las condiciones, en especial cuántas horas (y cuándo) hay que trabajar.

Contables, sanitarios, periodistas, programadores, profesores y administrativos con experiencia informática tienen más posibilidades de encontrar un empleo bien remunerado. Aún así, se necesitará algún dinero para mantenerse mientras se busca. Hay que llevar copias de las titulaciones, referencias (que se suelen comprobar) y un currículum vitae.

Los docentes deberían contactar con los distintos consejos locales de los *boroughs,* que cuentan con sus propios departamentos de educación, aunque algunos colegios los seleccionan de forma directa. Para trabajar como enfermera o comadrona es preciso inscribirse (56 £) en el Consejo de Enfermería y Partos (United Kingdom Nursing & Midwifery Council) y el proceso es largo –hasta tres meses–; hay que escribir a Overseas Registration Department, UKNMC, 23 Portland Place, London W1N 4JT, o llamar a ☎ 7333 9333 (fax 7636 6935). Sin estar registrado se puede trabajar como auxiliar de enfermería.

La publicación gratuita *TNT Magazine* es un buen punto de partida para buscar empleo y agencias orientadas a viajeros. En cuanto al trabajo como *au pair* y niñera, se puede comprar *The Lady.* También conviene mirar el *Evening Standard,* los periódicos nacionales y las agencias de colocación gestionadas por el gobierno (están repartidas por toda la ciudad y hay una lista de ellas en la guía telefónica, en la sección "Employment Services"). Sea cual sea la formación propia, conviene inscribirse en alguna agencia de trabajo temporal.

Para informarse sobre todos los aspectos de un empleo temporal, consúltese el excelente *Work Your Way Around the World* de Susan Griffith, o *Working Holidays Abroad* de Mark Hempshall y *Directory of Summer Jobs in Britain,* de David Wentworth.

Los no residentes en la UE que quieran trabajar en la capital británica necesitarán permisos de trabajo y de residencia. A los residentes comunitarios no les hará falta el primer requisito y en esencia tendrán los mismos derechos que los ciudadanos nacionales, aunque deberán obtener de la autoridad local un permiso de residencia en la UE.

Los españoles que quieran trabajar pueden acercarse al Instituto Nacional de Empleo (INEM, ☎ 91 585 98 35; Condesa de Venadito 9, 28027 Madrid), que dispone de un coordinador nacional de la Red Eures (Euro-asesoramiento) para atender las cuestiones de intercambio laboral en el ámbito internacional. Otra opción es dirigirse a la Dirección Provincial de Trabajo, Seguridad Social y Asuntos Sociales, e inscribirse en el Registro de Demandantes de Empleo en el Exterior (REDE) de la oficina que le corresponda, o recurrir directamente a la Dirección General de Trabajo y Migraciones (☎ 91 347 90 00; Pío Baroja 6, 28009 Madrid). En cuanto a los ciudadanos latinoamericanos lo más eficaz es consultar en su embajada.

Se puede trabajar como profesor de lengua española. En las universidades y escuelas de idiomas disponen de tablones de anuncios con las ofertas y demandas de diferentes actividades y trabajos, entre ellos, dar clases. Una posibilidad nueva y difícil es obtener trabajo en los centros del Instituto Cervantes (☎ 91 436 76 00, www.cervantes.es). En este caso, a los licenciados en Filología Hispánica o Románica y a los lingüistas se les exige una experiencia de 500 horas (700 al resto de licenciados) y haber realizado un curso de formación didáctica en español como lengua extranjera.

Si un ciudadano de la UE encuentra un empleo de duración inferior a un mes, no necesitará empadronarse ni obtener el permiso de residencia; bastará con el pasaporte o el DNI vigentes; si el trabajo se extiende más de un mes y menos de tres, sólo será necesario comunicar la estancia a las autoridades de extranjería competentes; si el contrato laboral se prolonga más de tres meses, habrá que solicitar el permiso de residencia.

Quienes toquen un instrumento musical o posean otros talentos artísticos pueden probar a trabajar en la calle; mucha gente lo hace; ahora es legal tocar en ciertos trenes y estaciones de metro, siempre que el artista consiga una licencia (20 £ al año) de Transport for London, lo cual requiere una audición previa. A los músicos callejeros se les asignan un sitio y unas horas concretos donde actuar. Los consejos municipales también están empezando a conceder licencias a músicos para las principales atracciones turísticas y zonas populares, como Covent Garden o Leicester Square, que están vetadas para los que no tengan permiso.

Impuestos

Como trabajador legal, el viajero verá cómo le deducen automáticamente de su salario semanal el impuesto sobre la renta y la seguridad social. Las deducciones se calculan suponiendo que se va a trabajar todo el año fiscal (del 6 de abril al 5 de abril). De no ser así, se puede tener derecho a una devolución. Para ello, hay que ponerse en contacto con Board of Inland Revenue (Agencia Tributaria; véase "Hacer negocios" anteriormente) o recurrir a una de las agencias anunciadas en *TNT Magazine*, pero comprobando antes sus tarifas o el porcentaje que se llevan.

Cómo llegar y salir

Londres es uno de los nudos de tráfico aéreo más activos del mundo y la fuerte competencia existente entre aerolíneas facilita que siempre se encuentren vuelos baratos. Además, hay una serie de servicios de autobús, ferry y tren entre Europa y el Reino Unido, que incluyen los que utilizan el túnel del Canal.

Los periódicos nacionales de fin de semana y el *Evening Standard* insertan anuncios de tarifas económicas, lo mismo que *TNT Magazine,* que se consigue gratuitamente en el exterior de las principales estaciones de tren y metro. Para agencias de viajes recomendadas, véase "Agencias de viajes" en el capítulo *Datos prácticos.*

EN AVIÓN

El Gran Londres cuenta con cinco aeropuertos: Heathrow es el mayor, seguido de Gatwick, Stansted, Luton y London City. Para información sobre transportes hasta/desde estos aeropuertos, véase "Aeropuertos" en *Cómo desplazarse.*

Tasas de embarque

Todos los vuelos nacionales y los que salen de Londres hacia destinos de la UE llevan un cargo de 10 £ en concepto de tasas de embarque. Para vuelos a otras ciudades del extranjero hay que pagar 20 £. Este importe suele ir incluido en el precio del billete.

Otras partes del Reino Unido

Casi todas las capitales regionales de Gran Bretaña están conectadas con Londres, pero a menos que se viaje desde un punto muy alejado, en particular desde el norte de Escocia, el avión resulta sólo un poco más rápido que el tren, si se tienen en cuenta los desplazamientos a/desde los aeropuertos.

Los principales operadores son British Airways (BA; ☎ 0845 773 3377, www.britishairways.com) y British Midland (☎ 0870 607 0555, www.flybmi.com). Hay otras compañías más pequeñas que ofrecen precios muy competitivos, como easyJet (☎ 0870 600 0000, www.easyjet.com), Go (☎ 0845 605 4321, www.go-fly.com) y Ryanair (☎ 0870 156 9569, www.ryanair.com). Casi todas las aerolíneas disponen de varias clases de billetes, incluyendo los de tarifa completa (muy caros pero flexibles), Apex (se debe reservar con al menos 14 días de antelación) y, en algunos servicios, ofertas especiales. También hay tarifas jóvenes (normalmente para menores de 26 años), pero las Apex y las ofertas pueden resultar más económicas aún, pues el descuento para aquéllas se aplica sobre billetes de tarifa completa.

Los precios varían mucho. Cuando se elaboró esta guía, un billete desde Edimburgo o Glasgow hasta Londres con BA costaba 162/304 £ ida/ida y vuelta de tarifa completa; la Apex 92 £ y la tarifa BA World Offer 70 £. British Midland cobra 259 £ por un billete de ida y vuelta de tarifa completa desde Edimburgo o Glasgow, pero puede bajar hasta 49 £ (56 £ los fines de semana) reservando por adelantado y pasando la noche del sábado en el lugar de destino. La aerolínea de bajo coste easyJet tiene vuelos de ida entre Edimburgo o Glasgow y Luton desde 17,50 hasta 117,50 £; sus billetes sólo se venden por teléfono o a través de su portal en Internet. Y aplican el principio de que se atiende antes a los primeros que llegan; cuando se agotan las tarifas de 17,50 £ se pasa al siguiente nivel de precios y así hasta llegar a las de 117,50 £. Casi todas las tarifas económicas están sujetas a condiciones que cualquier agencia de viajes o compañía aérea aclarará; alojarse la noche del sábado en el destino o viajar a mitad de semana son dos de las más frecuentes.

BA también ofrece vuelos entre Belfast y Heathrow desde 96 a 330 £; British European (☎ 0870 567 6676, www.british-european.com), de Belfast a Gatwick, Stansted o London City por 69-320 £.

Otros países

Irlanda. Dublín está conectada con todos los aeropuertos principales de Londres. Las tarifas de BA para volar de Dublín a Gatwick

Glosario de términos

Billete 'onward' o de salida del país. Una condición que se exige para entrar en muchos países es que el viajero tenga también un billete de salida. Si no se está seguro del itinerario, lo más sencillo sería comprar un billete de salida barato hacia un país vecino o uno de una compañía fiable que reembolse su cuantía si no se llega a utilizar.

Billete 'open jaw', con ida y vuelta diferentes. La vuelta se realiza desde un destino distinto al de la ida. La distancia que existe entre ambos se conoce como *surface*.

Confirmación. Poseer un billete impreso con el número de vuelo y la fecha no garantiza tener asiento hasta que la aerolínea confirma el billete; mientras tanto, la situación es *on request* (solicitado). Al menos 72 horas antes del viaje se debe llamar a la línea aérea y volver a confirmar el asiento. Si no, la compañía podría borrar el nombre de la lista de pasajeros y el viajero perdería su plaza.

'Overbooking'. Las compañías no son partidarias de volar con asientos vacíos. Como siempre hay pasajeros que no aparecen, se suelen aceptar más reservas que asientos disponibles. Normalmente no hay problemas, pero de vez en cuando alguien se queda fuera (en inglés *bumped*), y suele ser el pasajero que factura tarde.

Penalizaciones por cancelación. Si un viajero tiene que cancelar o cambiar un billete de tarifa reducida tendrá que pagar una penalización, seguramente elevada. Después puede intentar obtenerla del seguro. Algunas líneas aéreas también imponen penalizaciones en los billetes de tarifa estándar.

Pérdida del billete. En caso de pérdida del billete, normalmente la compañía aérea lo trata como un cheque y, después de unas gestiones, expide otro. Sin embargo, legalmente puede tratarlo como dinero en metálico. Es mejor tener cuidado.

Restricciones. Los billetes de tarifa reducida tienen restricciones: pago por adelantado, períodos de tiempo específicos y penalizaciones por cambio.

Tarifas completas. Las compañías ofrecen billetes de primera clase (código F), clase *business* (código J), y clase turista (código Y). Actualmente hay tantas ofertas y descuentos que casi nadie paga un billete completo. Las tarifas promocionales tienen un descuento oficial y se pueden comprar en la agencia de viajes o directamente a la compañía.

Traspaso del billete. Los billetes aéreos no se pueden transferir a otra persona. En el momento de volar, los agentes pueden solicitar al pasajero documentación que pruebe que es el titular.

oscilan entre 104 y 528 € y las de British Midland hasta Heathrow, de 77,50 a 413 €. Con la compañía económica Ryanair a veces se encuentran billetes para un solo trayecto por 24 €, tasas incluidas.

Europa continental. Entre las tarifas más corrientes de ida y vuelta con descuento a Londres se cuentan: Amsterdam, 122,50 €; Francfort, 204,50 €; París, 137 €; y Roma, 159 €. Go tiene tarifas de ida y vuelta no flexibles desde Nápoles o Roma hasta Stansted por unos 133 €. Los billetes normales de aerolíneas como BA pueden costar mucho más. También la compañía irlandesa Ryanair (☎ 0870 156 9569, www.ryanair.com) atiende varias rutas desde Londres Stansted hasta el continente. Y Virgin Express (☎ 020 7744 0004, www.virgin-express.com) vuela desde Stansted, Gatwick y Heathrow hasta un buen número de ciudades europeas.

Last Minute (www.lastminute.com) es un portal del Reino Unido que vende ofertas de última hora. Otros portales para billetes baratos son www.ebookers.com, www.travelocity.com y www.bargainholidays.com.

España. Iberia (☎ 902 400 500, www.iberia.com) realiza varios vuelos diarios a Londres desde Madrid y Barcelona, con enlaces en otras ciudades españolas. Dispone de más de 40 oficinas y puntos de venta de billetes en toda España. Air Europa (☎ 902 401 501, www.air-europa.es) fleta varios vuelos semanales; y oficinas en Barcelona y Madrid.

British Airways (☎ 902 111 333 para información y reservas) enlaza con varias ciudades españolas, en vuelos directos o con escalas. Otras compañías aéreas que vuelan a Londres son: Air France (www.airfrance.es), Spanair (www.spanair.com/es), GB Airways o British Midland.

easyJet (☎ 902 299 992, www.easyjet.com), Go (www.go-fly.net) y Virgin (☎ 900 467 612, www.virgin-express.com) son aerolíneas de bajo coste muy económicas: por ejemplo, se puede volar de Barcelona a Luton con easyJet desde 40 € por trayecto. Dada la competencia entre estas aerolíneas, es probable que al cierre de esta edición los precios hayan bajado aún más. En general, no incluyen las tasas. Madrid-Londres con Iberia puede costar unos 173 €, mientras con Spanair ronda los 120 €.

Estados Unidos. Council Travel (www.counciltravel.com) y STA (www.statravel.com) tienen oficinas por todo Estados Unidos. Mientras se elaboraba esta guía, un billete de ida y vuelta Nueva York-Londres costaba en torno a 450 US$ en temporada baja y 650 US$ en temporada alta. Tarifas equivalentes desde la costa Oeste son entre 100 y 200 US$ más caras.

Priceline (www.priceline.com) es un servicio online del tipo "diga su precio". Se introduce el destino deseado, las fechas de viaje y el precio que se está dispuesto a pagar por un billete y si una de las aerolíneas participantes posee una plaza libre y le compensa, contestará por correo electrónico al solicitante en 15 minutos. Hay que recordar que no se sabrá la hora ni la compañía concreta con la que se volará hasta después de comprar el billete. Whole Earth Travel (☎ 212 864 2000, www.4standby.com) es adecuada para billetes de ida y con ella se puede viajar a Londres por 175/225/250 US$ desde la costa Este/Midwest/costa Oeste.

Otra opción es un vuelo de mensajería, en el que se va acompañando a un paquete o flete que debe ser recogido en el lugar de destino. Ida y vuelta Nueva York-Londres cuando se elaboró esta guía costaba alrededor de 300 US$ en temporada baja. También se puede conseguir un vuelo sólo de ida. Los inconvenientes son que la estancia en Europa se ve limitada a una o dos semanas, que en general sólo se puede llevar una bolsa de mano (el paquete o mercancía cuenta como equipaje permitido) y algunas compañías de mensajería exigen ser residente de Estados Unidos.

Para más información, contáctese con International Association of Air Travel Couriers (IAATC; ☎ 352 475 1584, fax 475 5326, www.courier.org), Now Voyager Travel (☎ 212 431 1616, fax 334 5243, www.nowvoyagertravel.com) o As You Like It Travel (☎ 212 216 0644, fax 947 6117, www.asulikeit.com).

América Latina. Dos son las principales opciones para volar a Londres: las grandes compañías nacionales y British Airways. Entre las primeras destacan: American Airlines (www.americanair.com), que vuela a Londres desde México, Costa Rica, Guatemala, Chile, Ecuador y Perú; Iberia (www.iberia.com), desde Nicaragua, Cuba, República Dominicana, Argentina, Brasil, Ecuador, Paraguay y Uruguay; Aeroméxico (www.aeromexico.com), desde varias ciudades mexicanas; Varig (www.varig.com.br) desde Brasil, Argentina, Bolivia, Chile y Uruguay; Avianca (www.avianca.com.co), desde Colombia, Argentina, Chile, Ecuador y Perú; y Aerolíneas Argentinas (www.aerolineas.com.ar), desde Argentina, Brasil y Paraguay.

British Airways (www.britishairways.com) tiene 5 vuelos semanales desde Buenos Aires, 5 desde Río de Janeiro, 3 desde Bogotá, 3 desde Ciudad de México y 2 desde Cancún; 3 desde Caracas; y 2 desde La Habana. En algunos realiza escalas en otras capitales americanas.

Venezuela posee los vuelos más baratos hasta Londres. TAP Air Portugal e Iberia suelen ofrecer las tarifas más económicas para volar a Europa. IVI Tours (☎ 58 2 993 3958) es agente de STA Travel y cuenta con una amplia gama de ofertas.

En Río de Janeiro tiene su sede la Student Travel Bureau (☎ 55 11 816 1500), afiliada a STA Travel. En Buenos Aires está ASATEJ

(☎ 54 1 315 1457), la agencia de viajes para estudiantes de Argentina, que también es agente de STA Travel.

Oficinas aéreas

Las principales aerolíneas poseen puntos de venta de billetes en Londres. A continuación se detallan las más importantes, pero es posible encontrar otras en las páginas amarillas (www.yell.com), una guía comercial disponible en hoteles y bibliotecas, y en el servicio de información www.192.com.

Aer Lingus	☎ 0845 973 7747
Aeroflot	☎ 7355 2233
Aerolíneas Argentinas	☎ 0800 333 0276
Aeroméxico	☎ 0800 237 6639
Air France	☎ 0845 084 5111
Alitalia	☎ 0870 544 8259
American Airlines	☎ 0845 778 9789
Avianca	☎ 0800 284 2622
British Airways	☎ 0845 773 3377
British European	☎ 0870 567 6676
British Midland	☎ 0870 607 0555
Continental Airlines	☎ 0800 776464
Delta Air Lines	☎ 0800 414767
Iberia	☎ 0845 601 2854
KLM uk	☎ 0870 507 4074
Lufthansa Airlines	☎ 0845 773 7747
Olympic Airways	☎ 0870 606 0460
Ryanair	☎ 0870 156 9569
Scandinavian Airlines (SAS)	☎ 0845 607 2772
TAP Air Portugal	☎ 0845 601 0932
United Airlines	☎ 0845 844 4777
Varig	☎ 0300 788 7000
Virgin Atlantic	☎ 01293 747747

EN AUTOBÚS

Casi todos los autocares rápidos de larga distancia (llamados *coaches* en el Reino Unido) en Londres salen de la estación de autobuses Victoria (Victoria Coach Station, plano 11; ☎ 7730 3466), una bonita construcción estilo años treinta situado en 164 Buckingham Palace Rd SW1 (⊖ Victoria), a unos 10 minutos a pie y hacia el sur de las estaciones Victoria de metro y tren. La terminal de llegadas está en un edificio aparte, al otro lado de Elizabeth St.

En el vestíbulo principal de entrada hay mostradores de información (abiertos a diario de 7.30 a 21.00) y cerca de la puerta 11 (todos los días de 10.00 a 18.00). El vestíbulo de venta de billetes, detrás de la puerta 11, abre a diario de 6.00 a 23.00. Para evitar colas, se pueden reservar billetes hasta dos horas antes del viaje, llamando a ☎ 7730 3499 (lunes a sábado de 9.00 a 19.00); hay que recogerlos al menos 30 minutos antes de la salida del autocar. La consigna, detrás de la puerta 6, abre de 6.00 a 23.00 en verano y de 7.00 a 23.00 en invierno. Cobra 1 £ por depósitos de menos de 2 horas y 2-2,50 £ por períodos de 2 a 24 horas; los precios dependen del tamaño del equipaje.

Otras partes del Reino Unido

Los autobuses casi siempre son de compañías privadas. National Express (☎ 0870 580 8080, www.gobycoach.com) controla la red más amplia –domina el mercado y es filial de Eurolines (véase "Otros países")–. No obstante, en las rutas principales suelen aparecer competidores menores. En general, si se quiere viajar en autobús es más barato hacerlo a mitad de semana. Reservar una semana antes puede proporcionar descuento. En pocas rutas resulta más económico comprar dos billetes de un solo trayecto que uno de ida y vuelta.

Las tarjetas de descuento (Discount Coachcards) de National Express (9 £ por un año, 19 £ por tres) reducen un 30% la tarifa de adulto y están disponibles en todas las agencias de National Express para estudiantes y personas de entre 16 y 25 años o más de 50. Se requiere una fotografía de carné y los carnés ISIC para demostrar la condición de estudiante.

Otros países

Incluso sin viajar por el túnel del Canal se puede ir/venir de Europa en autobús con un breve trayecto en ferry incluido. Eurolines (plano 11; ☎ 0870 514 3219, www.euroli nes.es), 52 Grosvenor Gardens SW1 (⊖ Victoria), un consorcio formado por más de 30 compañías de autobuses, conecta Londres con puntos de Europa central y occidental, Escandinavia y Marruecos. Los autocares son más lentos y menos cómodos que los trenes pero resultan más baratos, sobre todo si se tiene derecho al descuento del 10% ofrecido para jóvenes (menores de 26 años) y mayores de 60 años o se aprovechan las ofertas periódicas.

Los billetes pueden comprarse en cualquier oficina de National Express, incluyendo la estación de autobuses Victoria, y en muchas agencias de viajes. Las compañías del consorcio Eurolines están en toda Europa, también en Barcelona (☎ 93 490 40 00) y Madrid (☎ 91 528 11 05). Las tarifas para adultos en ida/ida y vuelta y las duraciones de los viajes en verano son: Amsterdam 48/79 € (9 1/2 horas); Barcelona 88/158,50 € (22 a 24 horas); Bruselas 44/68 € (7 1/2 horas); Francfort 70/112 € (10 1/2 a 18 1/2 horas); París 69/110 € (7 a 10 horas) y Roma 114/186 € (31 a 36 horas). En temporada alta se debe reservar con unos días de antelación.

EN TREN

La privatización de la antigua British Rail ha creado unos 25 operadores ferroviarios diferentes (en inglés, TOC), organizados dentro de la Association of Train Operating Companies (ATOC; ☎ 7904 3077). En esta guía se emplea la palabra "estación" para referirse a las de tren, diferenciándolas de las de metro.

Cada operador puede fijar las tarifas que desee. Así, en aquellas rutas atendidas por más de un operador, los viajeros pueden comprar un billete más barato para un viaje indirecto o pagar más por un trayecto más rápido y directo.

Otras partes del Reino Unido

Las rutas principales están atendidas por trenes InterCity que circulan a velocidades de hasta 225 km/h y pueden viajar de Londres a Edimburgo en poco más de 4 horas.

Estaciones de líneas principales. En Londres hay 10 terminales de este tipo y cada una cubre una zona geográfica diferente del país:

Charing Cross
Sureste de Inglaterra (Kent, Sussex, sur y suroeste de Londres).

Euston
Norte de Gales, noroeste de Inglaterra, Escocia, norte de Londres.

King's Cross
Hertfordshire, Cambridgeshire, norte y noreste de Inglaterra, East Anglia, Escocia, norte de Londres, aeropuerto de Luton.

Liverpool Street
East Anglia, aeropuerto de Stansted, este y noreste de Londres.

London Bridge (puente de Londres)
Sureste de Inglaterra (Kent, Sussex, Hertfordshire).

Marylebone
Los Chiltern, noroeste de Londres.

Paddington
Sur de Gales, oeste y suroeste de Inglaterra, sur de las Midlands, aeropuerto de Heathrow, Escocia.

St Pancras
Este de las Midlands, sur de Yorkshire.

Victoria
Sur y sureste de Inglaterra (Kent, Sussex), aeropuerto de Gatwick, puertos de ferrys del Canal.

Waterloo
Sur y suroeste de Inglaterra (Surrey, Hampshire, Dorset), Gales, suroeste de Londres.

La mayor parte de las estaciones tiene consigna para equipajes (en torno a 4 £), lavabos (20 p) con duchas (sobre 3 £), puestos de periódicos, librerías y varios sitios para comer o beber algo. Algunas, como las de Victoria y Liverpool Street, tienen centros comerciales anejos.

Clases. En los trenes existen dos clases de plazas: 1ª clase y clase estándar, que es el nombre oficial de lo que todo el mundo llama 2ª clase. En 1ª se paga entre un 30 y un 50% más, dependiendo de la línea y la hora del viaje. En general no merece la pena abonar la diferencia, excepto en los trenes más llenos.

En algunos trenes nocturnos hay compartimentos de literas, que deben reservarse con antelación. El coste adicional de una litera asciende a 35/25 £ para 1ª/2ª clase entre Exeter, Plymouth o Penzance y Londres (Great Western, ☎ 0845 700 0125) o bien a 39/33 £ en las rutas procedentes de Escocia (ScotRail, ☎ 0845 755 0033).

Billetes. Como el sistema es muy complejo en el Reino Unido, encontrar la mejor tarifa para un trayecto concreto no resulta fácil. Lo mejor es preguntar. Los niños menores de

5 años viajan gratis; los de 5 a 15 pagan la mitad de casi todos los billetes, excepto los Apex, que se pagan completos.

Si se prevé un viaje largo, los más baratos deben comprarse al menos una semana antes de partir. Adquirir un billete Apex da derecho a reserva de plaza. Para informarse sobre horarios, tarifas y teléfonos de reservas (varían de un operador a otro), se puede llamar al National Rail Enquiries (☎ 0845 748 4950) las 24 horas. Para viajes más cortos; basta con comprar los billetes en la estación antes de subir al tren.

También se pueden consultar los horarios nacionales y la frecuencia de los servicios en Internet. Si se introducen las estaciones de salida y llegada en www.rail.co.uk/ukrail/planner/planner.htm, aparecerá la ruta más adecuada y las horas de salida, aunque no las tarifas.

Otros países

Desde la inauguración del túnel del Canal (véase el recuadro), la principal estación término de Londres para los trenes procedentes de Europa es Waterloo International, pese a que está previsto transferir este tráfico a St Pancras en los próximos años.

Dos servicios diferentes operan a través del túnel: un tren lanzadera de alta velocidad conocido como Eurotunnel para coches, motocicletas, bicicletas, autocares y mercancías desde Coquelles (unos 5 km al suroeste de Calais) a Folkestone, y un servicio de viajeros de alta velocidad llamado Eurostar, que funciona entre París, Bruselas y Londres, conectando a la capital británica con ciudades de toda Europa.

Las correspondencias tren/ferry suelen llegar a las estaciones ferroviarias de Victoria, Liverpool Street y Charing Cross, dependiendo del punto de partida en el continente. Hay centros de información en las estaciones principales. Para enlazar con trenes europeos, hay que contactar con Rail Europe (☎ 0870 584 8848, www.raileurope.co.uk o www.eurostarplus.com) o visitar en Internet los portales de las compañías ferroviarias

ELLIOT DANIEL

Una obra maestra: la estación neogótica de St Pancras fue diseñada por sir George Gilbert Scott.

europeas –Renfe: www.renfe.es; el Deutsche Bahn alemán: www.bahn.de; y el francés SNCF: www.sncf.fr.

Eurotunnel. Trenes Eurotunnel diseñados especialmente (☎ 0870 535 3535 en el Reino Unido, ☎ 03 21 00 61 00 en Francia, www.eurotunnel.com) circulan durante las 24 horas, todos los días del año, con un máximo de cuatro salidas cada 60 minutos en horas punta (uno cada hora de 1.00 a 6.00).

Las terminales de Eurotunnel están claramente señalizadas y comunicadas con las autopistas. Las formalidades aduaneras y de inmigración se llevan a cabo antes de montar en el tren. La duración total del viaje de autopista a autopista, incluyendo carga y descarga, es de alrededor de una hora, aunque el recorrido en tren sólo ocupa 35 minutos.

Las tarifas varían en función de la época del año, la hora y el tipo de vehículo, pero el precio normal de un trayecto para un coche, ocupantes incluidos, oscila entre 198 y 259 €. Ida y vuelta en el día cuesta de 99 a 267 €; ida y vuelta en cinco días, entre 259 y 320 €. A veces hay tarifas económicas para períodos de uno a cinco días (ida y vuelta en tres días: 120 €). Los billetes de ida y vuelta válidos para más de cinco días suelen costar entre 381 y 534 €. Para llevar una bicicleta hay que pagar 23 €; hay que reservar por adelantado.

Se puede reservar por teléfono o sacar el billete, en efectivo o con tarjeta de crédito, en la cabina de peaje.

El túnel del Canal

Inaugurado en 1994 después de una construcción costosísima, es el primer enlace terrestre entre Inglaterra y Francia desde las últimas glaciaciones. Está formado por tres túneles paralelos de hormigón –dos ferroviarios y uno de servicio–. Se perforó entre Folkestone y Calais a través de un estrato de marga y creta impermeable situado entre 25 y 45 m bajo el fondo del Canal de la Mancha. Tardó siete años en terminarse. Los túneles tienen 49,6 km de longitud, de los que unos 39 km discurren bajo el Canal. Se invirtieron casi 15.000 millones US$ de capital privado en este proyecto, que constituye el cuarto intento efectivo de conectar los dos países por una vía subterránea (los de 1880, 1922 y 1974 se abandonaron).

Eurostar. Los trenes de viajeros Eurostar (☎ 0870 518 6186 o 01233 617575 en el Reino Unido, ☎ 08 36 35 35 39 en Francia, www.eurostar.com) circulan hasta 25 veces diarias entre la Gare du Nord de París y Waterloo International en Londres; entre Bruselas y Londres, la mitad. Algunos paran en Lille y Calais (Francia) y en Ashford (Kent). Los trámites de inmigración se llevan ahora a cabo en las estaciones.

El trayecto París-Londres dura casi 3 horas (se reducirá a 2 1/2 h cuando se termine la línea de alta velocidad que pasa por Kent). Desde Bruselas a Londres se tarda 2 h 40 min; este recorrido se acortará hasta 2 h 10 min.

Los billetes se compran en agencias de viajes, principales estaciones ferroviarias, la Eurostar Ticket Shop de Amex, 102-104 Victoria St SW1 (⊖ Victoria), o llamando a Eurostar. La tarifa flexible de ida/ida y vuelta desde París cuesta 259/412 €, aunque las ofertas especiales y la compra anticipada pueden reducirla hasta 151 €. El precio normal para ida/ida y vuelta desde Bruselas es de 235,50/461 € y el de ida y vuelta con descuentos y ofertas especiales baja hasta 108 €. También hay descuentos para niños de entre 5 y 12 años, para menores de 26 y mayores de 60.

Tren/ferry. Eurostar ha eclipsado a gran parte de las correspondencias tren/ferry existentes desde hace tiempo, aunque éstas siguen siendo el modo más barato de cruzar el Canal de la Mancha.

Hay servicios tren-barco-tren ofertados en conjunto con Hoverspeed (☎ 0870 524 0241 en Gran Bretaña, ☎ 0820 00 35 55 en Francia, www.hoverspeed.co.uk) y otros hasta la estación de Charing Cross desde la Gare du Nord de París vía Dover, que tardan en torno a 9 h y cuestan a partir de 76 € (ida y vuelta en un período de cinco días). Son más baratos que Eurostar, pero se tarda más y hay que desplazarse en autobús entre la estación de tren y la terminal de ferrys en ambos lados.

EN AUTOMÓVIL Y MOTOCICLETA

Llegar a Londres en coche o en motocicleta no podría ser más fácil (véase "En automóvil y motocicleta" del capítulo *Cómo desplazarse*). Desde Francia o Bélgica se puede recurrir al servicio Eurotunnel o a los ferrys indicados en "En barco" (véase "En tren", anteriormente). El capítulo *Cómo desplazarse* aporta normas de circulación en el Reino Unido.

Una vez en Gran Bretaña hay buenas conexiones por carretera desde todos los puertos hasta Londres, que está rodeada por la M25, útil para acercarse hasta la zona deseada sin adentrarse en las calles de la ciudad. Si se piensa conducir hasta/desde Londres, puede merecer la pena comprar el plano *A-Z M25 Main Road London* (4,45 £), que señala las principales arterias (en las que no está permitido parar).

EN BICICLETA

Es muy fácil llevar una bicicleta a la capital británica; trenes, barcos y aviones las transportan, generalmente por un importe (23 € en Eurotunnel, 30,50 € en Eurostar), aunque las plegables suelen llevarse gratis. Es preciso contactar con la compañía de transportes para averiguar los trámites necesarios.

EN AUTOSTOP

Nunca es del todo seguro y no se recomienda en esta guía como forma de llegar o salir de Londres. Pero quienes decidan hacer autostop pueden reducir los riesgos yendo en parejas y asegurándose de decir a alguien a dónde se dirigen y cuándo deberían llegar. Algunas tarifas de ferry y todas las de Eurotunnel incluyen a pasajeros adicionales; esto podría convencer a los conductores para que llevasen algún viajero.

EN BARCO

Existe un sorprendente número de ferrys y barcos que navegan entre Gran Bretaña e Irlanda y Europa continental. El vademécum

DALE BUCKTON

La fiebre de las bicicletas está arraigando en Londres y puede mejorar los atascos del tráfico.

del transporte marítimo es *DG&G Travel Information Cruise & Ferry Guide,* publicada cuatro veces al año por DG&G Travel Information (☎ 0800 731 0163, www.dggtravelinfo.co.uk), 3rd floor, Dukeminster House, Church St, Dunstable, Bedfordshire LU5 4HU. Muchas agencias de viajes disponen de copias.

Abundantes compañías compiten por los clientes en las rutas principales, de manera que hay una amplia y compleja variedad de servicios. La misma empresa puede tener distintas tarifas para la misma ruta, dependiendo de la hora del día o la época del año, el período de validez del billete o el tamaño del vehículo. Ida y vuelta para cinco días suele ser de las opciones más económicas. Los billetes de ida y vuelta pueden resultar mucho más baratos que dos de un solo trayecto, y los billetes para vehículos a veces incluyen al conductor y a uno o varios ocupantes. Los hay de ida y vuelta en el día baratísimos, aunque las compañías no se los facilitan a quienes los utilizan para un solo trayecto; una mochila grande es un indicio de que el viajero no va a pasar la tarde en Dover.

Conviene planificar el viaje y reservar con tiempo, pues suelen ofrecerse descuentos especiales fuera de temporada. Todos los ferrys transportan coches, motocicletas y bicicletas.

Irlanda

Son numerosos los servicios de ferry de Irlanda a Gran Bretaña que utilizan transbordadores para coches. Las tarifas indicadas corresponden a un único trayecto; existen ofertas especiales, tarifas de ida y vuelta y otros medios de ahorro que merece la pena investigar. Hay servicios desde ocho puertos de la República de Irlanda e Irlanda del Norte hasta 12 puertos de Inglaterra, Escocia y Gales. Para ampliar la información, véanse las guías de Lonely Planet *Ireland, Britain* y *Wales* (en inglés), e *Inglaterra* y *Escocia* (editadas en español por geoPlaneta).

Francia

El trayecto más corto de ferry entre Francia y Gran Bretaña es Calais-Dover, y Dover es el puerto recomendable para los que van a Londres en autobús o tren. P&O Stena Line (☎ 08 25 01 00 20 en Francia o 0870 600 0600 en el Reino Unido, www.posl.com), Sea France (☎ 0870 571 1711 en Gran Bretaña, www.seafrance.com) y Hoverspeed (☎ 08 20 00 35 55 en Francia o 0870 241 2737 en el Reino Unido, www.hoverspeed.co.uk) navegan entre ambos puertos cada una o dos horas. Conviene comparar las tarifas de las tres compañías.

Los precios cambian mucho, pero cuando se elaboraba esta guía se cobraban 37 € (un trayecto) por un adulto y 18 € por niños de 4 a 15 años; un coche con un máximo de nueve ocupantes costaba de 154 a 280 €, según la hora y el día. Ida y vuelta para un coche con los mismos ocupantes y un plazo de cinco días cuesta de 178 a 337 €. Otras rutas por el Canal son Boulogne-Folkestone; Dieppe-Newhaven; Cherburgo-Poole; de Ouistreham (Caen) o Le Havre, en Normandía, o St Malo, en Bretaña, hasta Portsmouth; Roscoff-Plymouth; y St Malo-Weymouth.

Bélgica y Países Bajos

Tanto P&O Stena Line como Hoverspeed fletan ferrys entre Oostende y Dover. Las tarifas de los servicios de este último entre Bélgica y el Reino Unido son las mismas que las de Calais-Dover.

Los ferrys de Stena Line (☎ 017 431 58 11 en Países Bajos) conectan Hoek van Holland con Harwich en 3 1/2 horas. Los pasajeros pagan 63,50/45 € (adultos/niños); un coche con conductor, 236-377 € por trayecto o 168-313 por ida y vuelta en cinco días.

Dinamarca y Alemania

DFDS Seaways (☎ 79 17 79 17 en Dinamarca, ☎ 040 389 03 71 en Alemania, www.dfdsseaways.com o www.scansea.com) efectúa servicios de ferry hasta Gran Bretaña. El de

MANFRED GOTTSCHALK

El modo más tradicional y eficaz de cruzar el Canal.

Harwich a Esbjerg (Dinamarca) sale en días alternos en verano y dos veces a la semana en invierno; dura 19 h. El trayecto Harwich-Hamburgo dura 20 h y sale cada dos días en verano y tres veces a la semana en invierno.

España

Brittany Ferries (☎ 942 360 611 en Bilbao, www.brittanyferries.es) ofrece dos servicios a la semana en transbordador para coches desde Santander a Plymouth, entre mediados de marzo y mediados de noviembre. El trayecto dura 24 h. P&O Portsmouth (☎ 944 234 477 en España, ☎ 0870 242 4999 en el Reino Unido, www.poportsmouthes.com) gestiona dos servicios semanales durante todo el año entre Santurce (Bilbao) y Portsmouth; dura 29 h desde España y 35 h desde Gran Bretaña. Las tarifas para pasajeros oscilan entre 69-179 € ida y 93-156 € ida y vuelta para un plazo de 10 días; un coche con conductor 258-481 € ida y 385-1.690 € ida y vuelta en 10 días.

A PIE

Aunque se supone que Dick Whittington (véase el recuadro "Un chico, un minino y el Ayuntamiento" en el capítulo *Sobre Londres)* no tuvo ningún problema en hacerlo, llegar a Londres andando no parecía una idea muy brillante hasta hace poco. Pero con la apertura del Sendero Nacional de la Ruta del Támesis (Thames Path National Trail) ya no hay nada que detenga al viajero de recorrer a pie los 275 km que separan el nacimiento del río cerca de Kemble, en los Cotswolds, del dique Thames Barrier. Los que no se consideren tan intrépidos pueden cubrir el tramo de 25,5 km desde Battersea hasta el dique en unas 6 1/2 horas. En *Walking in Britain* de Lonely Planet o en www.thamesvalleygui de.co.uk pueden encontrarse más detalles.

Como alternativa, es posible recorrer la primera ruta fluvial nacional de Gran Bretaña: National Waterway Walk, que sigue el trazado del canal Grand Union desde la dársena de Gas St Basin en Birmingham hasta Little Venice en Londres, una distancia de 230 km. British Waterways (☎ 01923 201 120, www.british-waterways.co.uk) facilita un folleto de la ruta. Para información en español, consúltese el portal de la BTA (www.visitbritain.com/es).

> **Advertencia**
>
> La información de este capítulo está siempre sujeta a cambios: los precios de los viajes internacionales son imprevisibles, las rutas varían a menudo, los horarios se alteran, las ofertas especiales aparecen y desaparecen, la normativa de los visados se modifica. Lo mejor es hablar directamente con la compañía aérea o con el agente de viajes para obtener información pormenorizada de las condiciones del billete. También se debe ser consciente de las exigencias de seguridad para los vuelos internacionales y estar advertido de la *letra pequeña* y los extras inesperados, tan abundantes en el sector turístico.
>
> En conclusión, merece la pena que el viajero recoja información de diferentes compañías y agencias de viaje antes de decidirse a gastar el dinero. Los datos de este capítulo deben tomarse sólo como una referencia; no sustituyen a una búsqueda personal actualizada.

CIRCUITOS ORGANIZADOS

Casi todas las agencias españolas ofrecen paquetes de viaje a Londres que incluyen los vuelos y las reservas hoteleras, con posibilidad de contratar excursiones desde la ciudad. También se puede optar por una amplia variedad de circuitos, desde *Gran Bretaña al completo* hasta *Gales y el país de Shakespeare,* o *Inglaterra y Escocia;* todos salen desde la capital británica, incluyen transporte en autocar, alojamiento y desayuno, un número de visitas y un guía de habla española. Las excursiones más frecuentes desde Londres son al castillo de Windsor, Oxford, Stratford-upon-Avon, la región de los Costwolds, Canterbury, Dover y el castillo de Leeds. Un buen punto de partida para consultar ofertas son los portales en Internet de las principales agencias y mayoristas: Barceló Viajes (www.barcelo-viajes.es), Iberojet (www.iberojet.es), Marsans (www.marsans.cs), Halcón Viajes (www.halconviajes.com) y Viajes

El Corte Inglés (viajes.elcorteingles.es). Britain Travel Service (914 090 040, britravel@ctv.es) está especializada en circuitos por Gran Bretaña. También en www.es.despegar.com se ofrecen alternativas para pasar un fin de semana en la City, con vuelos desde Madrid o Barcelona, alojamiento y desayuno incluidos.

Se puede complementar la oferta de las agencias de viajes recurriendo a algunas organizaciones (Ticketworld; ☎ 915 401 804, www.ticketworld.es) que facilitan servicios de venta de entradas para determinados museos, espectáculos y musicales o abonos de transporte como la Travelcard.

Una vez en Londres, entre las compañías orientadas al público joven se cuentan: Top Deck Travel (plano 10; ☎ 7370 4555, www.topdecktravel.co.uk), 131–135 Earl's Court Rd SW5 (⊖ Earl's Court); Drifters Travel (plano 5; ☎ 7262 1292), 22a Craven Terrace W2 (⊖ Lancaster Gate); y Contiki Travel (plano 6; ☎ 7637 0802, www.contiki.com), Royal National Hotel, Bedford Way WC1 (⊖ Russell Square).

Quienes no encajen en esta categoría deben probar en Shearings Holidays (☎ 01942 824824, www.shearingsholidays.com), Miry Lane, Wigan, Lancashire WN3 4AG, que dispone de circuitos en autobús de 4 a 12 días de duración por todo el país. También tienen ofertas de Club 55 para personas más maduras. Los mayores de 60 años pueden dirigirse a Saga Holidays (☎ 0800 300500 o 0800 300456 para conseguir un folleto, www.saga.co.uk), Saga Building, Middleburg Square, Folkestone, Kent CT20 1AZ, que proporciona desde circuitos baratos en autocar y estancias en centros de veraneo hasta cruceros de lujo por el Reino Unido. También opera en Estados Unidos como Saga International Holidays (☎ 800 343 0273 o 617262 2262, www.sagaholidays.com), 222 Berkeley St, Boston MA 02116.

Cómo desplazarse

Londres cuenta con cinco aeropuertos que van desde el enorme Heathrow hasta el pequeño London City.

AEROPUERTOS

Aeropuerto de Heathrow

Heathrow (LHR; ☎ 0870 000 0123, www.baa.co.uk/heathrow), a 24 km al oeste del centro urbano, es el aeropuerto comercial más activo del mundo, con más de 63 millones de viajeros al año. Actualmente tiene cuatro terminales y una quinta en construcción. Dos estaciones de metro de la línea Piccadilly lo comunican con la capital: una para las terminales 1, 2 y 3, la otra para la 4. Conviene comprobar de cuál de ellas parte el vuelo de regreso (véase el recuadro inferior).

Aunque puede parecer caótico y abarrotado, cuenta con pubs y bares, restaurantes y tiendas *duty-free* (para los que vuelan hasta y desde países no miembros de la UE). En cada terminal hay servicios de cambio de divisas, de información y de reserva de alojamiento. Dispone de 15 hoteles internacionales –ninguno demasiado bueno o barato–, a los que se accede mediante el autobús Heathrow Hotel Hoppa (☎ 0870 574 7777), que cuesta 2,50 £; circula de 6.00 a 23.00 cada 15 minutos, cada 10 en hora punta, para las terminales 1, 2 y 3. Desde la terminal 4, cada 30 minutos.

La consigna de la terminal 1 (☎ 8745 5301) abre a diario de 5.00 a 23.00; la de la terminal 2 (☎ 8745 4599) de 5.30 a 22.30; la de la 3 (☎ 8759 3344) las 24 horas; y la de la 4 (☎ 8745 7460) de 5.00 a 23.00. El precio por bulto es: 3,50 £ las primeras 12 horas, 4 £ hasta 24 horas. Todas pueden enviar equipajes.

A/desde Heathrow. Lo más rápido para llegar al centro es tomar el Heathrow Express (☎ 0845 600 1515, www.heathrowexpress.co.uk), un tren ultramoderno que va de la estación de Heathrow Central (recomendada para las terminales 1 a 3) y la estación de la terminal 4 hasta la de Paddington (plano 5; ⊖ Paddington) en 15 minutos. Resulta caro –12/23 £ ida/ida y vuelta en clase exprés (20/40 £ en 1ª)–, pero se ahorran 1/3 £ ida/ida y vuelta reservando con antelación. También existe una tarifa Meeter-greeter de ida y vuelta en el día (para ir a recibir o despedir a viajeros) por 13 £. Hasta cuatro niños menores de 16 años pueden acompañar gratis a un adulto. Los trenes salen de Paddington cada 15 minutos, el primero a las 5.10 y el último a las 23.40. Desde el aeropuerto, el primer tren sale desde la terminal 4 de lunes a sábado/domingos a las 5.07/5.03, desde Heathrow Central 5.12/5.08; el último a las 23.32 y 23.37 respectivamente. Muchas aerolíneas, como American Airlines, BA y United Airlines, tienen mostradores de facturación en Paddington.

El metro sigue siendo la forma más barata de llegar a Heathrow (3,60/1,50 £ por adultos/niños de 5 a 15 años). Funciona a diario de 5.30 a 23.45. Si se opta por una Travelcard (véase "Tarifas" en "Metro de

Terminales de Heathrow

Las dos estaciones de metro de Heathrow (en la línea Piccadilly) acercan al viajero a las siguientes compañías aéreas (sólo se indica en qué estación hay que bajarse; el viajero debe comprobar con la aerolínea o el agente de viajes cuál es la terminal exacta para su vuelo):

Terminal 4
- British Airways (vuelos intercontinentales)
- British Airways (vuelos a Amsterdam, Atenas, Basilea, Moscú y París)
- KLM Royal Dutch Airlines

Terminales 1, 2, 3
- British Airways (vuelos nacionales y otros vuelos europeos)
- British Airways (vuelos a Ciudad del Cabo, Lagos y Miami)
- Resto de los vuelos

PAUL BIGLAND

Trenes Heathrow Express de diseño conectan el aeropuerto con la estación de Paddington a toda velocidad.

Londres", más adelante), debe ser válida para las seis zonas. Se puede comprar el billete en las máquinas de las zonas de recogida de equipajes de las terminales de Heathrow. El recorrido a/desde el centro de Londres dura una hora.

Airbus A2 (☎ 0807 574 7777, www.gobycoach.com) comunica la estación de King's Cross con Heathrow unas 30 veces al día y efectúa paradas, entre otras, en las estaciones de metro de Baker Street, Marble Arch y Notting Hill Gate. El primer autobús sale de King's Cross a las 4.00, el último a las 20.00, todos los días. En el aeropuerto sale de la terminal 4 a las 5.30, pasando por las terminales 3, 2 y 1 (6.10/6.20 laborables/fin de semana); el último es a las 21.45. Los billetes tienen tres meses de validez y cuestan 7/10 £ (adultos) y 3,50/5 £ (niños) ida/ida y vuelta. El recorrido dura 1 3/4 horas.

Un taxi a/desde el centro de Londres (Oxford St) cuesta unas 35 £.

Aeropuerto de Gatwick

Gatwick (LGW; ☎ 0870 000 2468, www.baa.co.uk/gatwick), a 48 km al sur del centro de la capital, es más pequeño y está mejor organizado que Heathrow. Las terminales norte y sur se comunican por un eficiente monorraíl que va de una a otra en dos minutos. La consigna de la terminal norte (☎ 01293 502013) abre a diario de 6.00 a 22.00; la de la terminal sur (☎ 01293 502 014) las 24 horas. El precio es de 3,50 £ por bulto para las primeras 6 horas y 4 £ hasta 24 horas.

A/desde Gatwick. Trenes de Gatwick Express (☎ 0870 530 1530, www.gatwickexpress.co.uk) conectan la estación cercana a la terminal sur con la estación Victoria (plano 10; ⊖ Victoria) cada 15 minutos, de 5.20 a 0.50; cada hora de 1.35 a 4.35. Desde Victoria, salen cada 15 minutos desde las 5.00 hasta poco después de medianoche y cada hora entre 0.30 y 4.30. Las tarifas de ida/ida y vuelta ascienden a 10,50/20 £ en clase exprés y a 17/34 £ en 1ª; los menores de 16 años pagan la mitad. El viaje dura unos 30 minutos. Los pasajeros de BA y American Airlines pueden facturar en la estación.

Los trenes de la compañía Connex South Central (☎ 0845 748 4950, www.connex.co.uk) salen desde Victoria cada 15-30 minutos (cada hora de 1.00 a 4.00), tardan un poco más pero sólo cuestan 8,20/4,10 £ por trayecto. También hay un servicio Thameslink (☎ 08 45 748 4950, www.thameslink.co.uk) desde King's Cross, Farringdon y London Bridge, a partir de 9,80/4,95 £.

El Airbus 5 (☎ 0807 574 7777, www.gobycoach.com) va desde la estación de autobuses Victoria a Gatwick 16 veces al día de 6.00 a 23.00 (de 4.15 a 21.15 desde el aeropuerto al centro urbano urbano). Un billete de ida/ida y vuelta válido para tres meses cuesta 8,50/10 £; niños de 5 a 15 años, la mitad. El recorrido dura 1 1/2 horas.

Un taxi a/desde el centro cuesta alrededor de 70 £.

Aeropuerto de Stansted

A unos 56 km al noreste del centro de Londres, Stansted (STN; ☎ 0870 000 0303, www.baa.co.uk/stansted) es el tercer aeropuerto internacional de la capital en cuanto a tráfico, pero también el más atractivo y ambicioso; la cifra anual de pasajeros ha crecido un 30% (hoy casi son 13 millones). El diseño futurista de la terminal es de Norman Foster.

A/desde Stansted. Los trenes de Stansted Express (☎ 0845 748 4950, www.standstedexpress.com) comunican el aeropuerto con la estación de Liverpool Street (plano 8; ⊖ Liverpool Street). Salen de esta estación cada 15-30 minutos de 5.00 (4.45 los sábados) a 23.00; el trayecto dura 45 minutos. Desde el aeropuerto, el primer tren sale a las 6.00 y el último poco antes de medianoche. El billete cuesta 13/21 £ ida/ida y vuelta (niños la mitad); en clase preferente 18/31 £. Para conectar con el metro hay que hacer transbordo en Tottenham Hale a la línea Victoria, o seguir hasta Liverpool Street para enlazar con la línea central.

El Airbus A6 (☎ 0807 574 7777, www.gobycoach.com) lo comunica con la estación de autobuses Victoria unas 40 veces al día durante las 24 horas y el recorrido dura 1 1/2 horas. Salen de la estación cada media hora de 4.05 a 23.35, y después cada hora. Desde el aeropuerto, cada media hora entre 3.30 y 23.30, y después cada hora. Un billete de ida/ida y vuelta válido para tres meses cuesta 7/10 £; los niños la mitad.

Un taxi a/desde el centro cuesta 70-80 £.

Aeropuerto de London City

London City (LCY; ☎ 7646 0000, www.londoncityairport.com), está a unos 10 km al este del centro urbano, en los Docklands, junto al Támesis. Considerado como un aeropuerto para personas en viaje de negocios e infrautilizado hasta hace poco, ahora dispone de vuelos a 20 ciudades europeas y a ocho puntos de las Islas Británicas (Aberdeen, Belfast, Dublín, Dundee, Edimburgo, Glasgow, isla de Man y Jersey).

A/desde London City. El autobús lanzadera azul del aeropuerto (Shuttlebus, ☎ 76 46 0088, www.londoncityairport.com/shuttlebus) conecta London City con la estación de Liverpool Street vía Canary Wharf entre las 6.50 (11.00 los domingos) y las 22.00 (13.15 los sábados). Los billetes de ida/ida y vuelta hasta Liverpool Street salen por 6/12 £ (adultos) y 2/4 £ (niños) o 3/6 £ y 1/2 £ hasta Canary Wharf. El primero sale de Liverpool Street a las 6.15 (10.30 los domingos), y el último los laborables a las 21.00 (12.45 los sábados). Hay servicios cada 10/15 minutos (laborables/fin de semana) y el recorrido dura 25/10 minutos desde Liverpool Street/Canary Wharf. El autobús lanzadera verde une el aeropuerto con la estación de Canning Town (en las líneas Jubilee de metro, DLR y Silverlink) cada 10 minutos de 6.00 (10.05 los domingos) a 22.20 (13.15 los sábados). Cada trayecto cuesta 2/1 £ (adultos/niños) y dura cinco minutos.

Un taxi a/desde el centro cobra unas 20 £.

Aeropuerto de Luton

Pequeño para las dimensiones de Londres, y alejado (unos 56 km al norte), Luton (LTN; ☎ 01582 405100, www.london-luton.co.uk) está dedicado sobre todo a vuelos chárter baratos, aunque la aerolínea de descuento easyJet (véase "En avión" del capítulo *Cómo llegar y salir)* también ofrece servicios regulares desde aquí.

A/desde Luton. Trenes de Thameslink (☎ 0845 748 4950, www.thameslink.co.uk) van desde King's Cross y otras estaciones céntricas hasta la de Luton Airport Parkway, desde donde sale un autobús lanzadera del aeropuerto que llega en ocho minutos. Los trenes salen cada 5-15 minutos de 7.00 a 22.00, el trayecto dura 30-40 minutos y cuesta 9,50/4,75 £ (adultos/niños).

El autobús 757 de Green Line (☎ 0870 608 7261, www.greenline.co.uk), que sale de Buckingham Palace Rd, al sur de la estación Victoria, lleva a Luton por 8/13 £ (adultos) o 4,50/7,50 £ (niños) ida/ida y vuelta. Sale cada media hora de 7.05 (7.35 los fines de semana) a 22.00 y cada hora hasta las 6.30. De Luton parten cada media hora de 8.00 a 20.00 y cada hora hasta las 7.30.

Un taxi a/desde el centro de Londres cuesta 70-80 £.

METRO DE LONDRES

El *tube* se inauguró en 1863 (era poco más que un foso techado) y a veces parece que casi nada ha cambiado desde entonces; es lento, poco fiable y son frecuentes las averías, dado que el envejecido sistema ha sufrido las secuelas de décadas de exiguas subvenciones y, en algunos puntos, abandono. A veces se cierran tramos enteros y existe una amenaza constante de huelga de los operadores y la plantilla ante la privatización propuesta por el gobierno. Lo peor es que resulta muy caro: basta con comparar la tarifa más barata para un trayecto en el centro de Londres (1,50 £) con las del metro de París (1,2 €/76 p), Nueva York (1,50 US$/1,10 £) y Hong Kong (4 HK$/38 p). Y tanto en París como en Nueva York se puede viajar por toda la red con la misma tarifa, mientras que en la capital británica, por 1,50 £ sólo es posible desplazarse por el centro (zona 1).

Con todo, el metro suele ser el medio más rápido y sencillo para moverse y llega a puntos tan lejanos como Amersham, en Buckinghamshire (al noroeste), Epping, en Essex (al noreste), el aeropuerto de Heathrow (al suroeste) o, tras enlazar con el Docklands Light Railway (DLR), hasta Beckton (al sureste). Se calcula que cada día se producen 2,5 millones de desplazamientos en metro.

Información

En los centros de información del metro venden billetes y facilitan planos gratuitos. Los hay en todas las terminales de Heathrow, en las estaciones de Euston, King's Cross, St Pancras, Liverpool Street, Oxford Circus, Piccadilly Circus, St James's Park y Victoria, así como en las principales estaciones de tren y en la estación de autobuses de Hammersmith. Para información general sobre el metro, el DLR o trenes dentro de la capital, se puede llamar a ☎ 7222 1234 o visitar los portales del metro (www.thetube.com) y Transport for London (www.transportforlondon.gov.uk). Para datos sobre el funcionamiento del servicio hay que contactar con Travelcheck (☎ 7222 1200).

La red

El Gran Londres tiene 12 líneas de metro, además del DLR privado (aunque conectado) y una red ferroviaria también interconectada (véase "DLR y tren", más adelante). El primer convoy del metro sale de lunes a sábado a las 5.30 y los domingos hacia las 7.00; el último entre las 23.30 y 0.30, dependiendo del día, la estación y la línea.

Conviene recordar que cualquier tren que circule de izquierda a derecha en el plano lleva dirección este y si va desde arriba hacia abajo tiene dirección sur, independientemente de los cambios de dirección efectuados. Si las estaciones de origen y destino del viajero no están en la misma línea, debe hacer transbordo en aquélla donde se crucen las dos líneas.

La fiabilidad de las líneas de metro varía; la circular, que conecta la mayoría de las estaciones principales y es la más utilizada por los turistas, es también la de peor historial, seguida por la Northern, que está mejorando; la central, a pesar de los millones de libras invertidos recientemente en un nuevo sistema de señalización; y la Hammersmith & City. La línea Piccadilly a/desde Heath-

Trazando el plano del metro

El plano del metro de Londres es tan familiar que a veces se utiliza como símbolo de la capital. Millones de personas se refieren a él cada año sin pensar en Harry Beck (1902-1974), el delineante que diseñó el plano en 1931. Se dio cuenta de que toda la red podía encajarse en un espacio razonable y resultar manejable, aun cuando para ello hubiera que sacrificar la exactitud geográfica. Al fin y al cabo, una vez en el metro no es necesario saber dónde está cada sitio, sino cuál es su ubicación con respecto a otro punto de la red.

Beck amplió el espacio destinado a las estaciones del centro, volvió a dibujar todas las líneas para que fueran horizontales, verticales o estuvieran a 45 grados unas de otras e ideó el sistema de códigos cromáticos para cada línea. Por sus esfuerzos se le pagó la importante suma de cinco guineas (unas 5,25 £ de hoy), pero todos los planos del metro londinense llevaron su nombre hasta 1960. Incluso ahora, el trazado ha cambiado muy poco, si se exceptúa la adición de nuevas líneas y estaciones.

El 'tube': anécdotas curiosas

El metro de Londres es el sistema de transporte subterráneo más antiguo (1863), extenso (405 km de vía y 275 estaciones) y utilizado (18 millones de pasajeros al año) del mundo. Pero como sufre una avería cada 16 minutos por término medio, es también el menos fiable; y el precio por kilómetro en trayectos como el de Covent Garden a Leicester Square (1,50 £ por 250 m) hace que ir en metro sea más caro que volar en el Concorde. Pero éstas no son las únicas singularidades:

- La línea más larga es la central (74 km), seguida por la línea Piccadilly (71,3 km); la más corta es la de Waterloo & City (2,4 km), conocida como *The Drain* (el desagüe), que conecta Bank con Waterloo.
- La línea Jubilee es la única que tiene correspondencias con todas las demás y con el DLR.
- El trayecto más largo posible sin hacer transbordo va de West Ruislip a Epping, en la línea central (54,4 km), y dura 1 1/2 horas.
- La mayor distancia entre estaciones es la que separa a Chesham de Chalfont & Latimer, en la línea Metropolitan (6,4 km); la menor, la de Leicester Square a Covent Garden (menos de 250 m).
- La estación situada a más profundidad es Hampstead, en la línea Northern (58,5 m).
- La línea District es la que tiene más estaciones (60); le siguen Piccadilly (52) y central (49); en la de Waterloo & City sólo hay dos.
- La estación más utilizada es Victoria, con 7,6 millones de viajeros al año, seguida de Oxford Circus, King's Cross, Liverpool Street y Baker Street.
- En el metro hay 112 ascensores y 408 escaleras mecánicas, de las que 25 corresponden a Waterloo, mientras que la de Angel, en la línea Northern, es la más larga (60 m para superar un desnivel de 27,5 m).
- Existen unas 40 estaciones fantasma (abandonadas), entre ellas: British Museum, en la línea central (cerrada en la década de 1930); Down Street, cerca de Hyde Park Corner, en la línea Piccadilly, utilizada por Churchill y su familia durante la Segunda Guerra Mundial; Marlborough Street, en la línea Metropolitan, cerca de Lord's; South Kentish Town, próxima a Camden, en la línea Northern, que se cerró por un corte de suministro eléctrico y nunca se reabrió; y Hounslow Town, en la línea District, en servicio de 1883 a 1886 y de nuevo de 1903 a 1909, fecha en que cerró definitivamente por falta de uso.
- Las estaciones en curva que provocan mayor separación entre coche y andén son Embankment y Bank.
- No está demostrado, pero se da por supuesto: todos los londinenses se han quejado del metro alguna vez en su vida.

row suele funcionar bien, y la línea Victoria, que enlaza la estación con Oxford Circus y King's Cross, es muy rápida. La Jubilee tiene 11 estaciones más después de la ampliación de 16 km realizada en 1999; cada una de ellas fue diseñada por un arquitecto diferente y muchas son verdaderas obras de arte ultramodernas.

Si se sorprende a alguien en el metro sin billete válido (lo que incluye pasar a una zona que el billete no cubra) deberá pagar una multa de 10 £ en el acto.

Tarifas

El metro divide la ciudad en seis zonas concéntricas. La tarifa básica (más barata) de adultos/niños de 5 a 15 años para la zona 1 es 1,50 £/60 p; para las zonas 1 y 2 cuesta 1,90 £/80 p; para 3 zonas 2,20/1 £; para 4 zonas 2,70/1,20 £; para 5 zonas 3,30/1,40 £; y para todas las zonas (por ejemplo, a/desde Heathrow), 3,60/1,50 £. Si se viaja por un par de zonas o varias veces al día, puede interesar un bono o alguna otra tarifa que aplique descuento.

Bonos de viaje y tarifas con descuento. Una tarjeta Travelcard válida para todos los días es la forma más económica de moverse por Londres y puede utilizarse los laborables desde las 9.30 y todo el día los fines de semana o festivos en cualquier medio de transporte de la capital: metro, trenes suburbanos, DLR y autobuses (incluidos los nocturnos). La mayoría de los visitantes se las arreglará con una que cubra las zonas 1 y 2 (4 £), pero una tarjeta para las zonas 1, 2, 3 y 4 cuesta 4,30 £ y otra para las zonas 2, 3, 4, 5 y 6 baja a 3,50 £. La que permite viajar por las seis zonas cuesta 4,90 £, sólo 1,30 £ más que un billete de un trayecto para todas las zonas, pero vale para todo el día. Una tarjeta de un día para niños de 5 a 15 años cuesta 2 £ sin importar las zonas, aunque los de 14 y 15 años necesitan una Child Photocard para beneficiarse de esta tarifa. Las Travelcard pueden comprarse varios días antes, pero no en los autobuses.

Quienes piensen desplazarse un día laborable antes de las 9.30 pueden comprar una tarjeta LT para las zonas 1 y 2 por 5,10/2,50 £ (6,20/3 £ para las zonas 1, 2, 3 y 4, y 7,70/3,30 £ para las seis zonas); es válida en el metro, el DLR y autobuses (no en los trenes suburbanos) durante un día completo.

Por 6/3 £ (adultos/niños) en las zonas 1 y 2, y por 7,30/3 £ en las seis zonas, una Weekend Travelcard válida para los sábados, domingos y festivos resulta un 25% más barata que dos tarjetas de un día. También existen las Family Travelcards para uno o dos adultos y hasta cuatro niños de 5 a 15 años; las tarifas mínimas ascienden a 2,60 £ (adultos) y 80 p (niños) para las zonas 1 y 2, y las máximas a 3,20 £/80 p para las seis zonas.

Otra posibilidad es una Weekly Travelcard, aunque requiere un carné de identidad con fotografía. Para la zona 1 cuesta 15,90/6,60 £ (adultos/niños de 5 a 15 años); para zonas 1 y 2: 18,90/7,70 £; zonas 1, 2 y 3: 22,40/10,30 £; zonas 1, 2, 3 y 4: 27,60/12,80 £; zonas 1, 2, 3, 4 y 5: 33,30/14,10 £; para las seis zonas: 36,40/15,40 £. Permite desplazarse a cualquier hora del día y en los autobuses nocturnos, pero antes de comprarla es conveniente decidir si se va a viajar más por la mañana temprano o por la noche; cinco Travelcards de un día para todas las zonas más una Weekend Travelcard de fin de semana suman 31,80 £, es decir, alrededor de un 12% menos que un bono semanal. También hay Travelcards mensuales y anuales, válidas para un número de zonas de entre una y seis (de 61,10 a 139,80 £ por un mes, de 636 a 1.456 £ por un año).

Para hacer muchos trayectos dentro de la zona 1 solamente, se puede comprar un bono de 10 viajes por 11,50/5 £ (adultos/niños), que supone un ahorro de 3,50/1 £.

EN AUTOBÚS

Si no se tiene mucha prisa, recorrer la ciudad en un autobús de dos pisos puede resultar más agradable que en el metro. Aunque se privatizaron en 1994, los 5.500 autobuses urbanos están bajo la protección de Transport for London. Unos 3,5 millones de personas los utilizan a diario.

Información

Hay unas tres docenas de guías de autobuses diferentes (y gratuitas) para zonas tan alejadas como Harrow, Romford y Hounslow; pero la mayoría de los visitantes tendrá suficiente con la del centro, básicamente un plano, disponible en casi todos los centros de información de transportes. Quienes no tengan acceso a esos centros pueden llamar a ☎ 7371 0247 para que les envíen uno o bien escribir a London Buses (CDL), Freepost Lon7503, London SE16 4BR. Para informarse sobre los autobuses londinenses se debe llamar a ☎ 7222 1234 (24 horas); y sobre los servicios, a Travelcheck (☎ 7222 1200).

La red y líneas útiles

Una de las mejores formas de explorar Londres es comprar una Travelcard y subir a un autobús (sobre todo a un Routemaster de dos pisos).

De norte a sur (o a la inversa) resulta idóneo el 24. Comienza en South End Green, en Hampstead Heath, atraviesa Camden y va por Gower St hasta Tottenham Court Rd. Sigue por Charing Cross Rd, Leicester Square y Trafalgar Square, continúa por Whitehall, pasa frente al palacio de Westminster, la abadía de Westminster y la catedral de Westminster, llega a la estación Victoria y enfila hacia Pimlico, que queda cerca de la Tate Britain.

Otra ruta norte-sur es la 19, que se inicia en la boca de metro de Finsbury Park, pasa por Upper St (Islington), atraviesa Clerkenwell, Holborn y Bloomsbury, y continúa por New Oxford St, Cross Rd y Shaftesbury Ave hasta Piccadilly. Después discurre por el lado norte de Green Park hasta Hyde Park Corner, antes de bajar por Sloane St y King's Rd. Si uno se apea en el extremo sur del puente de Battersea puede visitar el parque homónimo.

De este a oeste, o a la inversa, circula el 8; un autobús Routemaster que viene de Bow, en el este. Discurre por Bethnal Green Rd y los mercados de Spitalfields y Petticoat Lane, pasa por la estación de Liverpool Street, la City, el Guildhall y Old Bailey, luego cruza Holborn y entra en Oxford St, atraviesa Oxford Circus y gira en New Bond St hacia Piccadilly, Hyde Park Corner y Victoria.

La 9 y la 10 son otras dos buenas rutas; salen de Hammersmith y cruzan Kensington y Knightsbridge, pasan por Albert Memorial, Royal Albert Hall y Harrods antes de llegar a Hyde Park Corner. La 9 va después por Piccadilly hasta Piccadilly Circus y Trafalgar Square, pasa por el Strand y termina en Aldwych (próximo a Covent Garden). La 10 se dirige desde Hyde Park Corner al norte, a Marble Arch, y recorre Oxford St, luego Tottenham Court Rd hasta Euston, King's Cross y llega a la estación de metro Archway.

Los autobuses de Stationlink (☎ 7941 4600) accesibles para sillas de ruedas mediante una rampa accionada por el conductor, siguen una ruta similar a la de la línea circular y enlazan todas las estaciones de línea principal: desde Paddington, Euston, St Pancras y King's Cross hasta Liverpool Street, London Bridge, Waterloo y Victoria. Las personas con movilidad reducida o equipajes pesados pueden encontrar más cómoda esta línea que el metro, pero sólo pasa un autobús cada hora. Desde Paddington hay servicios en el sentido de las agujas del reloj (SL1) de 8.15 a 19.15, y a la inversa (SL2) de 8.40 a 18.40.

DENNIS JOHNSON

Recorrer la ciudad en un autobús Routemaster es una forma excelente de conocer las principales atracciones gastando poco.

Autobuses nocturnos

Trafalgar Square es el punto central para dos tercios de los más de 60 autobuses nocturnos (llevan la letra "N") que empiezan a funcionar cuando el metro cierra y los autobuses diurnos se retiran; si no se conocen las rutas, es mejor ir a esta plaza. Los nocturnos circulan de medianoche a 7.00, pero pasan con poca frecuencia y sólo paran previa petición.

Tarifas

Aunque la red de autobuses está dividida en cuatro zonas, esto sólo afecta a los titulares de bonos válidos para una semana o más. Los billetes sencillos los vende el conductor o un revisor (ambos disponen de cambio) y cuestan 1 £ en el centro (zona 1) o 70 p desde cualquier punto de la ciudad; las tarifas de los autobuses nocturnos son ahora idénticas a las del resto. Los niños de 5 a 15 años pagan 40 p. Los autobuses de Stationlink cuestan 70/40 p (adultos/niños de 5 a 15 años).

Actualmente las Travelcards descritas en "Metro de Londres" son válidas en todo tipo de autobuses.

Bonos de viaje y tarifas con descuento. Un tíquet Saver (3,90 £) es un talonario de seis billetes para todos los autobuses, también los del centro y los nocturnos. Son transferibles y sirven para un trayecto.

Si se prevé utilizar sólo el autobús durante la estancia en Londres, se puede comprar un bono de un día, válido en toda la ciudad, por 2/1 £ (adultos/niños). A diferencia de las Travelcards de un día, pueden usarse antes de las 9.30. También hay bonos semanales/mensuales para todas las zonas por 9,50/36,50 £ (adultos) y 4/15,40 £ (niños).

DLR Y TREN

El Docklands Light Railway (DLR), un tren sin conductor, enlaza la City (en Bank) y Tower Gateway (en Tower Hill) con Beckton y Stratford, al este y noreste, y los Docklands (llega hasta los jardines Island, en el extremo sur de Isle of Dogs), Greenwich y Lewisham, al sur. El DLR funciona los laborables de 5.30 a 0.30, sábados de 6.00 a 0.30 y domingos de 7.30 a 23.30. Las tarifas son las mismas que las del metro, aunque ofrece muchos bonos diarios, semanales, mensuales y anuales: el Rail & River Rover para un día cuesta 7,80/3,90/20,50 £ (adultos/niños/familiar) y permite un número ilimitado de trayectos en el DLR y City Cruises (véase "Lanzadera fluvial" en "En barco", más adelante), que comunica el centro con Greenwich. Para informarse sobre el DLR, se puede llamar a ☎ 7363 9700 o visitar www.dlr.co.uk. Travelcheck (☎ 7222 1200) también informa.

Varias compañías ferroviarias ofrecen servicios en Londres: la línea Silverlink –llamada también North London (☎ 01923 207258, www.silverlinktrains.com)–, que conecta Richmond, en el suroeste, con North Woolwich, en el sureste, pasando por Kew, West Hampstead, Camden Road, las estaciones de Highbury & Islington y Stratford; y la muy concurrida Thameslink (☎ 0845 748 4950, www.thameslink.co.uk), conocida como la "línea de las sardinas", que va de Elephant & Castle y el puente de Londres, en el sur, hasta King's Cross y Luton, al norte, pasando por la City. Casi todas las líneas conectan con el metro y permiten usar la Travelcard.

Quienes se alojen en el sureste de la capital, donde los trenes suburbanos resultan más prácticos que el metro, pueden plantearse adquirir la tarjeta Network Railcard de un año, pues supone un descuento de un tercio sobre casi todas las tarifas ferroviarias del sureste de Inglaterra y las Travelcards de un día para las seis zonas. Sólo se permite viajar después de las 10.00 los días laborables y a cualquier hora los fines de semana. Cuesta 20 £ y se vende en casi todas las estaciones.

EN AUTOMÓVIL Y MOTOCICLETA

No se recomienda circular en coche por Londres. Hay atascos tremendos, los conductores pueden ser muy agresivos, se producen frecuentes broncas por el tráfico y no hay mucho espacio para aparcar. Los agentes de tráfico y los encargados de inmovilizar los coches actúan con extrema eficiencia. Para que le quiten el cepo al vehículo hay que pagar casi 100 £ (multa incluida) y ponerse en contacto con la Clamping & Vehicle Section (☎ 7747 4747), que funciona las 24 horas. Cuando la grúa ha retirado el coche, recuperarlo costará al menos 125 £.

Además, el alcalde Ken Livingstone quiere aplicar una tasa de congestión de 5 £ a cada vehículo particular que penetre en el centro los días laborables de 7.00 a 19.00. Para ello, se controlarán las matrículas mediante cámaras digitales y se multará con 80 £ a los que incumplan la norma. Motocicletas, taxis, microtaxis, autobuses, furgonetas de correos, servicios de emergencias y vehículos conducidos por discapacitados quedan exentos.

Normas de tráfico

Los vehículos circulan por el lado izquierdo de la calzada. Es obligatorio llevar puestos los cinturones de seguridad, al menos en los asientos delanteros y, si el coche dispone de ellos, también en los traseros. En las rotondas se debe ceder el paso a los que vienen de la derecha (los coches que ya estén en ella tienen preferencia). Los motociclistas han de llevar casco siempre.

Los límites de velocidad actuales son de 48 km/h en zonas urbanas, 96 km/h en carreteras de un solo carril y 112 km/h en autovías y carreteras de dos carriles. Otros límites de velocidad se indican mediante señales. Muchas calles secundarias tienen ahora badenes para que el tráfico discurra lento.

Si se tiene previsto conducir por la ciudad, conviene conseguir el *Highway Code,* disponible en tiendas de AA y RAC, en librerías y oficinas de turismo (TIC). Un permiso de conducir extranjero es válido en Gran Bretaña durante 12 meses desde la última fecha de entrada en el país. Si se trae el coche desde Europa, conviene disponer de un seguro adecuado.

Para informarse sobre los límites de alcoholemia, véase "Problemas legales" en el capítulo *Datos prácticos.*

Asociaciones automovilísticas

Las dos principales en el Reino Unido, que ofrecen asistencia las 24 horas en caso de avería, son Automobile Association (AA; ☎ 0800 028 8540 para información, 0800 887766 para averías, www.theaa.com) y Royal Automobile Club (RAC; ☎ 0800 550550 para información, 0800 828282 para averías, www.rac.co.uk). La cuota anual de socio para AA/RAC asciende a 42/39 £ y ambas pueden ampliar su cobertura también a Europa continental. En España se puede solicitar información en el Race (Real Automóvil Club de España, ☎ 902 120 441, www.race.es, inforace@race.es); sus socios tienen cubierta la asistencia en Gran Bretaña.

Aparcamiento

Debe evitarse conducir en los horas punta (de 7.30 a 9.30 y de 16.30 a 19.00) y planearlo con tiempo si se pretende aparcar en el centro.

Hay que fijarse en las bandas amarillas de la acera. Una línea sencilla indica estacionamiento limitado; es preciso encontrar la señal vecina que especifique de qué restricción se trata. Una línea doble significa que no se puede aparcar; una discontinua señala otras limitaciones. La línea roja sencilla que aparece en las rutas principales dentro y fuera del centro urbano indica que está prohibido parar, cargar y descargar o aparcar de 7.00 a 19.00, mientras que dos líneas rojas suponen que no se puede aparcar ni parar.

Existen aparcamientos tanto para períodos breves y para largos. Los precios suelen ser idénticos para una estancia de dos o tres horas, pero para más tiempo, los de estancias breves salen más caros. En cuanto a los de períodos largos, pueden ser menos céntricos, aunque sí más baratos. En National Car Parks (NCP; ☎ 7499 7050, www.ncp.co.uk) se facilitan direcciones de aparcamientos londinenses.

City of London Information Centre (☎ 73 32 1456) puede proporcionar un folleto sobre aparcamiento para discapacitados en la City.

Alquiler

Las tarifas son muy elevadas en el Reino Unido; suele resultar mejor realizar los trámites en el país de origen aprovechando alguna oferta. Las principales compañías internacionales de alquiler cobran unas 40/120/200 £ por sus coches más pequeños (un Ford Fiesta) para un día/fin de semana/una semana.

Entre las más importantes se encuentran Avis (☎ 0870 606 0100, www.avis.co.uk), Budget (☎ 0800 181181, www.go-budget.com), Europcar (☎ 0870 607 5000, www.europcar.co.uk), Hertz (☎ 0870 599 6699, hertz.com) y Thrifty Car Rental (☎ 0800 731 1366, www.thrifty.co.uk).

Holiday Autos (☎ 0870 530 0400, www.holidayautos.com) opera a través de una serie de compañías de alquiler y ofrece excelentes precios, a partir de 135 £ semanales. Para otras empresas con buenas tarifas, consúltese *TNT Magazine.*

Si se prefiere una motocicleta, se recomienda Scootabout (☎ 7833 4607, ⊖ King's Cross St Pancras), 1-3 Leeke St WC1, que dispone de un amplio surtido a partir de 15 £ al día.

EN TAXI

Los taxis negros de Londres (www.londonblackcabs.co.uk) son un elemento tan típico del paisaje urbano como los autobuses rojos, aunque hoy tienen diferentes colores y llevan publicidad. También se ha introducido un nuevo modelo en negro más aerodinámico.

Tomar un taxi puede merecer la pena para un grupo de tres o cuatro personas, pues así se evitarán esperar un tren o autobús.

También son recomendables por la noche, aunque los precios suben. Un taxi está libre cuando el luminoso amarillo colocado sobre el parabrisas está encendido; entonces basta con extender el brazo para indicar que pare. Llevan taxímetro, la bajada de bandera supone 1,40 £ y se añaden 20 p por cada 219 m recorridos (después de los primeros 438 m). Otros suplementos son: 40 p por cada pasajero adicional; 10 p por cada bulto colocado en el asiento delantero cerca del conductor; 60 p por carreras entre 20.00 y 24.00; y 90 p de 0.00 a 6.00, aunque se está pensando añadir 3 £ de 20.00 a 6.00 para animar a los taxistas a trabajar de noche. Se les puede dejar una propina de hasta el 10%, pero la mayoría de la gente redondea hasta los siguientes 50 p o la libra.

Se puede pedir un taxi por teléfono a Radio Taxis (☎ 7272 0272); cobran el precio de la carrera hasta la dirección desde la que se ha llamado, con un máximo de 3,80 £. No hay que confiar en encontrar un taxi por la noche en zonas de ambiente nocturno como el Soho. De todos modos, si el viajero está en una de estas zonas, puede probar a parar incluso a un taxi con las luces apagadas. Muchos taxistas piden tarifas elevadas a altas horas.

Los microtaxis (algunos ya tienen licencia) son competidores autónomos y más baratos de los taxis negros, pero suelen conducirlos personas sin formación que con frecuencia no tienen seguro. No es legal pararlos por la calle, sino que hay que pedirlos por teléfono o en una de las oficinas (todas

En posesión del saber

Cuando el viajero suba a uno de los 24.000 taxis negros de Londres puede viajar tranquilo sabiendo que llegará al destino deseado por el camino más rápido posible, porque todos los taxistas deben superar unas rigurosas pruebas conocidas como *The Knowledge* (el saber) antes de poder conducir por las calles. Esto significa que, para conseguir una licencia All London, deben adquirir un ciclomotor, un buen plano o callejero y pasar hasta cuatro años estudiando y memorizando 25.000 calles en un radio de 10 km desde Charing Cross.

Pero no basta con aprender cómo llegar de la calle A a la Z; se espera que los conductores sepan dónde están los hospitales, clubes, hoteles, teatros, estaciones, templos... la lista no tiene fin. El proceso termina con una serie de entrevistas de 15 minutos y pruebas que pueden tardar meses en aprobar. Se requiere mucho tiempo, dinero y paciencia, lo que supone que, según la Public Carriage Office, sólo los taxistas comprometidos se unirán al "noble oficio". Pero éste no es un mundo perfecto y si el viajero se encuentra con un conductor no tan noble, puede presentar una queja en Public Carriage Office, ☎ 7230 1631, de lunes a viernes de 9.00 a 16.00.

ASA ANDERSSON

las calles principales tienen alguna). Por la noche es probable que se acerquen al viajero microtaxis en el Soho o la zona de Victoria; éstos son los peores.

Algunos conductores de microtaxis tienen una idea muy limitada de lo que supone desplazarse con eficiencia y seguridad –es posible acabar dando vueltas por la ciudad–. Como no llevan taxímetro, se debe acordar un precio antes de arrancar, y regatear bastante (casi todos piden de entrada un 25% más del precio que están dispuestos a aceptar). Pueden llevar hasta cuatro personas.

Se puede preguntar el nombre de alguna compañía de microtaxis solvente o llamar a los principales operadores, que funcionan las 24 horas (☎ 7387 8888, 7272 2222, 7272 3322 o 8888 4444). Las mujeres que viajen solas, por la noche pueden optar por Ladycabs (☎ 7254 3501), que llevan conductoras. Gays y lesbianas cuentan con Freedom Cars (☎ 7734 1313).

EN BICICLETA

Circular en bicicleta por la capital es un modo de recortar gastos de transporte, aunque el intenso tráfico y los humos desvirtúan el placer del ejercicio. London Cycling Campaign (LCC; ☎ 7928 7220) trata de mejorar la situación, en parte haciendo campaña para la creación de la Red de Ciclismo de Londres (London Cycle Network), que ya funciona en tramos de South Bank y en Bankside. No obstante, los planes para establecer 1.984 km de vías para bicicletas por toda la ciudad para el 2004 se han congelado a causa de los recortes en las subvenciones de Transport for London. LCC produce el plano *Central London Cycle Routes* (5 £). Es aconsejable llevar casco y cada vez más londinenses usan máscaras por la contaminación.

Si se desea comprar una bicicleta se puede ir a las subastas de Lloyd's Auctioneers (☎ 8788 7777), 118 Putney Rd SW15 (estación: East Putney/Putney Bridge). La policía descarga allí, en miércoles alternos, a las 15.00, las bicicletas robadas o perdidas (la inspección comienza a las 10.30). En *Cycling Weekly* (www.cyclingweekly.co.uk), *Loot* y *Exchange & Mart* se anuncian bicicletas de segunda mano.

Alquiler

Si se prefiere alquilar la bicicleta, en los siguientes locales se ofrecen de montaña o mixtas en perfecto estado. Todos piden una fianza de 100-200 £ (se acepta tarjeta de crédito), aunque el período sea corto.

Bikepark Covent Garden
(plano 8; ☎ 7430 0083, www.bikepark.co.uk), 11 Macklin St WC2 (⊖ Holborn).

Bikepark Chelsea
(plano 10; ☎ 7731 7012), 63 New Kings Rd SW6 (⊖ Fulham Broadway). El importe mínimo en los dos Bikepark asciende a 12 £ el primer día, 6 £ el segundo y 4 £ los siguientes; la primera semana 38 £; las siguientes 28 £.

London Bicycle Tour Company
(plano 6; ☎ 7928 6838, www.londonbicycle.com), 1a Gabriel's Wharf, 56 Upper Ground SE1 (⊖ Blackfriars). 2,50 £/hora, 12 £ primer día, 6 £ los siguientes, 36 £ primera semana y 30 £ las siguientes. También ofrecen circuitos de tres horas por Londres, los sábados y domingos a las 14.00; 12 £ incluyendo la bicicleta o 9 £ sin ella. Las rutas aparecen en su portal de Internet.

Sólo se pueden llevar bicicletas en las líneas de metro District, circular, Hammersmith & City y Metropolitan fuera de horas punta (es decir, laborables de 10.00 a 16.00 y a partir de las 19.00). Las plegables se admiten en cualquier línea. También las aceptan en los tramos no subterráneos de otras líneas de metro y en la Silverlink. Están prohibidas en el DLR.

Las restricciones al transporte de bicicletas en trenes suburbanos y de líneas principales varían de una compañía a otra; se recomienda comprobar este punto con antelación llamando a ☎ 0845 748 4950.

EN BICI-TAXI

Estos vehículos de tres ruedas conocidos como *pedicabs,* con espacio para dos o tres personas sentadas, aparecieron en el Soho en 1998 y desde entonces su número y su popularidad han crecido. Desde 2 £/persona por un trayecto corto en el Soho hasta 15 £ por ir hasta King's Cross, son sobre todo para turistas y paseos de placer, pero no el medio de transporte barato que representan en Asia. La compañía más conocida es Bugbugs (☎ 8675 6577, www.bugbugs.co.uk), sin ánimo de lucro, que opera de 19.00 a 2.00 (a 5.00, los fines de semana) aunque también pueden reservarse recorridos diurnos.

A PIE

Muchas de las principales visitas están cerca unas de otras, dentro del casco urbano, de modo que basta con un buen plano (véase "Planos" en el capítulo *Datos prácticos).*

También se puede comprar algún folleto que incluya circuitos. Uno recomendable es *The London Wall Walk* (Museo de Londres; 1,95 £) de Hugh Chapman, que incluye 21 puntos de interés en un itinerario de 3,2 km a lo largo de las antiguas murallas romana y medieval. Es probable que las TIC dispongan de un plano (1,50 £) con la ruta Silver Jubilee Walkway, de 20 km de longitud, que comienza en Leicester Square y atraviesa la City, discurre por South Bank y Westminster, y describe en indicadores plateados las visitas. *Explore London's Canals* puede conseguirse gratis en British Waterways (véase "A pie" en el capítulo *Cómo llegar y salir)*; detalla seis paseos por los caminos de sirga de los canales.

En el capítulo *Qué ver y hacer* se dan otras ideas para organizar circuitos a pie. En cuanto a los recorridos guiados, véase "Circuitos organizados", más adelante. Un portal recomendable para rutas a pie es www.londonwalking.com, gestionado por London Walking Forum (☎ 7582 4071).

EN BARCO

Lanzadera fluvial

En un intento de dar a conocer la "arteria líquida" de Londres, con frecuencia olvidada, han surgido compañías de barcos-lanzadera que ofrecen transporte por el Támesis. Los titulares de una Travelcard tienen un descuento de un tercio sobre todas las tarifas indicadas a continuación.

City Cruises (☎ 7740 0400, www.citycruises.com) gestiona servicios de ferry todo el año desde el muelle de Westminster al de la Torre, y desde éste al de Greenwich por 5/2,50 £ ida (adultos/niños de 5 a 16 años) o 6/3 £ ida y vuelta; desde el muelle de Westminster hasta Greenwich, 6/3 £ ida (adultos/niños), 7,50/3,75 £ ida y vuelta. Un bono River Red Rover Day Ticket cuesta 7,50/3,75/19,50 £ (adultos/niños/familiar) y permite bajarse y volver a embarcar. Los horarios varían en función de las etapas incluidas y la época del año, pero suelen salir cada 20-40 minutos de 10.00-10.30 a 17.00-18.00, con salidas posteriores en verano (de junio a agosto) y menos frecuentes en invierno (de noviembre a marzo).

Catamaran Cruisers (☎ 7987 1185 o 7925 2215, www.catamarancruisers.co.uk) ofrece un servicio similar que conecta los muelles de Embankment, la Torre y Greenwich y cuesta 5,70-9 £ (adultos) o 3,50-5,50 £ (niños), dependiendo del trayecto y la temporada, con regreso incluido. El River Pass permite la utilización ilimitada durante un día por 10,50-11,50 £ (adultos) o 5,50-6,50 £ (niños). Los horarios varían a lo largo del año, pero suelen circular cada 30 minutos de 10.00 a 18.00, con seis o siete salidas diarias en invierno.

Placas azules

La costumbre de colocar placas azules en las casas de personas distinguidas (o en el lugar que ocupaban antes de desaparecer de esta ciudad en continuo cambio) data de 1867; incluso es posible comprar la guía *The London Blue Plaque Guide* de Nick Rennison, que identifica unas 700 de ellas en su emplazamiento. Los posibles candidatos tienen que llevar muertos al menos dos décadas o haber nacido 100 años antes y ser conocidos por los "transeúntes instruidos". Pero lo habitual es no reconocer a la gran mayoría de los nombres, muchos de los cuales seguramente pertenecieron a personas que aparecen en las notas a pie de página de la historia. Sin embargo, dos grandes de la música, de estilos muy diferentes, tienen placas en edificios de Brook St W1, en el Soho: el músico de rock estadounidense Jimi Hendrix (1942-1969) vivió en el nº 23 desde 1968 hasta su muerte, mientras que el compositor alemán George Frideric Haendel (1685-1759) falleció en el nº 25, después de ocuparlo 36 años.

Cruceros por canales

La ciudad tiene 64 km de canales interiores, la mayor parte construidos a comienzos del siglo XIX para transportar mercancías desde la región industrial de las Midlands hasta el puerto de Londres. Tras años de abandono, están reviviendo como elemento de ocio para caminantes, pescadores, ciclistas y para pasear en barca. En British Waterways (plano 5; ☎ 7286 6101, www.britishwaterways.co.uk, ⊖ Warwick Avenue), Toll House, Delamere Terrace W2, facilitan más detalles.

El canal Regent serpentea por el norte de la capital a lo largo de 4 km desde Little Venice hasta la esclusa de Camden Lock, pasando por el zoo y Regent's Park. London Waterbus Company (☎ 7482 2660 para información o 7482 2550 para reservas) organiza recorridos de 90 minutos en una embarcación cerrada entre Camden Lock (⊖ Camden Town) y Little Venice (⊖ Warwick Avenue). De abril a octubre salen de Camden y Little Venice cada hora de 10.00 a 17.00 (último regreso a las 16.00) y cada 30 minutos los domingos y festivos (último regreso a las 16.30). De noviembre a marzo sólo los fines de semana; salen cada hora a partir de las 10.00 desde Camden Lock y de las 11.00 desde Little Venice hasta las 15.00 o 16.00. Un trayecto cuesta 4,20/2,80 £ (adultos/niños); 5,60/3,60 £ ida y vuelta.

Para ir al zoo, un billete de ida desde Little Venice, que incluye la entrada para una visita de una hora, cuesta 11/8,20 £ o 10,50/8 £ si se quiere cruzar desde Camden Lock. Quienes deseen pasar más tiempo en el zoo pueden optar por un servicio posterior hasta Camden Lock por 2,60/2 £, mientras que hasta Little Venice cuesta 3,90/2,70 £. Los barcos del zoo a Camden Lock zarpan a las 10.35, y luego cada hora hasta las 17.35 (las 15.35 en invierno); hacia Little Venice salen a las 10.15, y después cada hora hasta las 17.15 (entre 11.15 y 16.15 en invierno). De junio a septiembre hay servicios los domingos cada 30 minutos.

Como alternativa, es posible recorrer la misma ruta en un barco abierto por los lados de Jason's Canal Trips (☎ 7286 3428, www.jasons.co.uk). Sale de Little Venice a las 10.30, 12.30 y 14.30 de abril a primeros de noviembre, y a las 16.30 los fines de semana y festivos de julio y agosto; en octubre y noviembre se suprime la de las 10.30. Cuesta 5,95/4,75 £ ida (adultos/niños de 3 a 14 años); 6,95/5,50 £ ida y vuelta; ida y vuelta familiar 20 £.

Jason's Canal Trips (plano 5) opera frente a 60 Blomfield Rd W9 en Little Venice. Los barcos de London Waterbus Company (plano 5) zarpan un poco más al este, al otro lado del puente de Westbourne Terrace.

Jenny Wren (plano 3; ☎ 7485 4433) ofrece un servicio a bordo del *My Fair Lady* desde Garden Jetty, cerca de Waterside Cafe, 250 Camden High St NW1, por 5,80/3,50 £

PHILIP GAME

Navegar por el Támesis es un modo divertido y bucólico de conocer Londres.

(adultos/niños). También se puede reservar un crucero para cenar (21,95 £) o los domingos para almorzar (18,95 £). El crucero con cena no se realiza en fechas fijas, pero suele iniciarse a las 20.00 y regresa tres horas después. Para el del almuerzo dominical se embarca a las 12.30.

También hay cruceros por el río Lea, en el este, a bordo del *Pride of Lea*. Contáctese con Environmental Education Centre (☎ 8983 1689, fax 8983 7476), The Miller's House, Three Mill Lane E3 (⊖ Bromley-by-Bow). Los horarios varían, pero las opciones incluyen cruceros de una hora por 4/3 £ (adultos/jubilados y niños de 5 a 15 años) y uno de cuatro horas, East London Ring, que cuesta 12/9 £ o 16/15 £ con almuerzo, además de viajes hasta la abadía de Waltham (24/22 £ con comida), el Museo de los Canales de Londres (17,50/15,50 £ entrada incluida) y el Museo Ragged School (9/7 £, con entrada).

Por los puentes de Londres

Un total de 15 puentes se tienden entre el de la Torre, neogótico, al este, y el de Battersea, al suroeste. El de más larga e interesante historia (se remonta a la época romana) es el puente de Londres, que atraviesa el Támesis entre Southwark y la City. El más reciente y hermoso es el del Milenio, que conecta Bankside con la City.

La *Crónica anglosajona* narra que una bruja convicta fue arrojada desde el puente de Londres (plano 9) en el siglo x, y la letra de una canción para niños –"London Bridge Is Falling Down"– cuenta que el rey Olaf de Noruega lo atacó en 1014 en apoyo del monarca Ethelred el Indeciso. En 1176 Pedro de Colechurch comenzó a trabajar en el que se considera el primer puente de piedra europeo después del período romano; la obra no se terminó hasta 1209. Se apoyaba sobre pilares, pero sólo tenía anchura para que pasaran dos carros a la vez. Sin embargo, hacia 1358 ya había 139 tiendas adheridas a sus pretiles.

Hasta que se construyó el puente de Westminster en 1749, el de Londres era el único punto por donde se podía cruzar el Támesis, y menos de una década después se demolieron las tiendas para aliviar el tráfico. En 1823 comenzó la edificación de un nuevo puente de Londres, diseñado por sir John Rennie y continuado por su hijo. Éste fue sustituido en 1973 por otro de hormigón con tres ojos, concebido por Harold Knox King. La vieja estructura de los Rennie se desmanteló y embarcó hacia Estados Unidos, donde ocupa un lugar central en un parque de Lake Havusu, Arizona.

El puente del Milenio (plano 9), un diseño de Norman Foster y Anthony Caro, fue el primero construido sobre el Támesis en el centro de Londres (sin contar los que sustituyeron a otros anteriores) desde que se terminó el de la Torre en 1894. Mide 350 m de largo y 4 m de ancho, se eleva hasta 9,5 m sobre el agua, su peso es de 360 toneladas y se tarda cinco minutos en cruzarlo a pie. Pero pocas personas han tenido la oportunidad de hacerlo durante su primer año de vida.

Poco después de inaugurarlo en junio de 2000, se descubrió que la plataforma oscilaba y vibraba (a veces violentamente) a medida que pasaba más gente por él. Se cerró sólo dos días después y las pruebas realizadas determinaron la necesidad de instalar una serie de amortiguadores para absorber las vibraciones. Los trabajos de reparación comenzaron un año más tarde. Por fortuna, los tirantes no afean el hermoso diseño del puente, pero han conseguido enfriar el entusiasmo por lo que se consideraba el proyecto más práctico del milenio.

El recién construido Jubilee, una estructura de acero y cristal a prueba de oscilaciones, se ha montado sobre una pasarela ya existente a lo largo del puente ferroviario de Cannon St para comunicar Southwark con la City. Se trata del primer puente cubierto erigido en la capital desde el de Londres (1176) y se espera que 3,4 millones de peatones lo utilicen cada año. Es probable que se proyecte otro, río arriba, para conectar Battersea y Pimlico.

CIRCUITOS ORGANIZADOS

Los que dispongan de poco tiempo y prefieran viajar en grupo pueden elegir entre varias compañías que ofrecen circuitos organizados por la ciudad, muchos de ellos en autobuses descubiertos, en los que es posible apearse y subir a otro más tarde. Para visitas organizadas por la periferia de Londres, véase el capítulo *Excursiones.*

En helicóptero

Aeromega Helicopters (☎ 01708 688361, www.aeromega.co.uk), en el aeródromo de Stapleford (Essex), ofrece vuelos en helicóptero sobre Londres de 30 minutos de duración (99 £ por persona) el primer y el tercer domingo de cada mes. Cabair Helicopters (☎ 8953 4411, www.cabair.com), en el aeródromo de Elstree, Borehamwood (Hertfordshire), lo hace por 125 £, cada domingo.

En autobús

Original London Sightseeing Tour (☎ 8877 1722, www.theoriginaltour.com), Big Bus Company (☎ 7233 9533, www.bigbus.co.uk) y London Pride (☎ 01708 631122, www.londonpride.co.uk) organizan circuitos en autobuses de dos pisos (algunas veces descubiertos) que incluyen las principales atracciones turísticas y permiten al viajero recorrer la ciudad sin apearse o también bajar del vehículo y subir después en el siguiente. Cuestan 12,50-14 £ (adultos) y 5,50-7,50 (niños) y los billetes suelen ser válidos para 24 horas. Salen a las 8.30-9.00 y funcionan hasta las 19.00-20.00 en verano; de 9.00-9.30 a 17.00-18.00 en invierno.

Los puntos de partida más céntricos son Trafalgar Square, junto a St Martin-in-the-Fields; enfrente de la estación de metro de Baker Street, cerca del museo de Madame Tussaud; en Haymarket, al sureste de Piccadilly Circus; y en los jardines Grosvenor, frente a la estación Victoria.

En el portal www.visitbritain.com/es (en español) pueden solicitarse folletos de circuitos en autobús por Londres, entre otros los de Original London Sightseeing Tour y Big Bus Company. Catai (www.catai.es/europasecreta) ofrece la posibilidad de contratar los circuitos Londres panorámico, de medio día de duración, y Gran tour de Londres, que recorren las calles principales de la capital. Viajes El Corte Inglés incluye en su catálogo una serie de excursiones, entre las que figuran "Londres panorámico", "Londres histórico", "Londres tradicional" (que combina un paseo en barco por el Támesis y un recorrido por la City) o "Londres de noche y tour de pubs", con visita a los tres locales más emblemáticos.

En barco

La mayor parte de los cruceros por el Támesis se inician en los muelles de Westminster, Embankment (también llamado muelle de Charing Cross) y Waterloo.

Hacia el este por el Támesis. Circular Cruise (☎ 7936 2033) tiene un servicio desde el muelle de Westminster hasta el de St Katharine, en Wapping, cada 30-40 minutos entre las 11.00 y las 19.00 de abril a septiembre, con salidas diarias el resto del año a las 11.00, 12.20, 13.40 y 15.00. Los barcos hacen escala en el muelle London Bridge City y, durante los fines de semana estivales, en el muelle Festival, en South Bank. Las tarifas son 6/5/3/15,80 £ (adultos/estudiantes y jubilados/niños de 5 a 15 años/familiar). Sale más económico si se navega sólo entre dos escalas: Westminster-London Bridge City 4,30/3,20/2,20/11 £.

Catamaran Cruisers (☎ 7987 1185, www.catamarancruisers.co.uk) cuenta con un crucero circular que parte del muelle Embankment y regresa desde la Torre de Londres cada hora de 10.15 a 17.15 y de 18.30 a 20.30 de abril a octubre (con posibles viajes a las 21.30 y 22.30 en verano). Durante el mismo período hay salidas cada hora desde el muelle de Waterloo de 10.45 a 18.45. De noviembre a marzo sólo zarpan de Waterloo a las 11.45, 12.45, 13.45, 15.45, 16.45 y 17.45. El trayecto dura 50 minutos y cuesta 6,70-7/4,70-5 £ (adultos/niños), dependiendo de la temporada.

Los cruceros del Westminster to Greenwich Thames Passenger Boat Service (WGTPBS; ☎ 7930 4097, www.westminsterpier.co.uk) zarpan del muelle de Westminster rumbo a Greenwich cada 30 minutos de 10.00 a 16.00 o 17.00 (temporada alta), pasan por el teatro Globe, paran en la Torre de Londres y continúan bajo el puente de la Torre y junto a las dársenas. Los últimos barcos regresan de Greenwich a las 17.00 (18.00 en verano). Los billetes de ida cuestan 64,80/3/15,75 £ (adultos/jubilados/niños/familiar) y los de ida y vuelta, 7,50/6/3,77/19,50 £. Por 6,50/5/3,40/17,25 £ ida y 8/6,50/4,25/21 £ ida y vuelta, los pasajeros pueden permanecer a bordo y seguir hasta el dique Thames Barrier antes de retornar a Greenwich (o a Westminster, si compran billete de ida y vuelta). Hay dos o tres salidas diarias a Thames Barrier en verano (11.00, 13.00 y, a veces, 14.00) y una diaria a las 11.00 el resto del año.

Hacia el oeste por el Támesis. Embarcaciones de Westminster Passenger Service Association (☎ 7930 4721, www.wpsa.co.uk) remontan el Támesis desde el muelle de Westminster en una agradable excursión de mayor duración que el crucero hacia el este y quizá menos interesante. Los principales destinos son los jardines Kew y el palacio de Hampton Court. En julio y agosto se puede desembarcar en Richmond. No hay barcos en esta dirección desde finales de octubre hasta finales de marzo.

Los que zarpan del muelle de Westminster rumbo al Real Jardín Botánico de Kew, vía Putney, salen hasta cinco veces al día de 10.15 a 14.00 desde finales de marzo a septiembre, con servicios reducidos en octubre. Tardan 1 1/2 horas y un billete de ida/ida y vuelta cuesta 7/11 £ (adultos), 6/9 £ (jubilados) y 3/5 £ (niños). Los que van a Hampton Court salen del muelle de Westminster a las 10.30, 11.15 y 12.00 de abril a septiembre/octubre, emplean 3 1/2 horas y la ida asciende a 10/8/4 £ (adultos/jubilados/niños), 14/11/7 £ ida y vuelta.

A pie

Discover London on Foot (☎ 01494-888520, www.tourlondon.com) propone un circuito de un día (8.30 a 16.00) que comprende la abadía de Westminster, la catedral de St Paul y la Torre de Londres, pasando por una docena de atracciones principales. Su precio, que incluye las entradas y los trayectos en metro o autobús, pero no el almuerzo, es de 58/53/48 £ (adultos/jubilados y estudiantes/menores de 15 años).

Varias compañías ofrecen paseos temáticos con un guía; los más populares son los de ciertos escritores –Shakespeare, Dickens o Pepys–, el de la ciudad judía, el Beatles' Magical Mystery Tour y uno que sigue las huellas de Jack el Destripador por Whitechapel. Aunque se organizan todo el año, la oferta es más amplia entre abril y octubre. Suelen durar dos horas y cuestan 5/4 £ (adultos/jubilados y estudiantes) y se inician en diversas bocas de metro.

La mejor compañía quizá sea The Original London Walks (☎ 7624 3978, www.walks.com), que ofrece a diario al menos una docena de circuitos temáticos a pie: varios relacionados con los Beatles, rutas por el viejo Bloomsbury o interesantes recorridos de fantasmas y espías. Otras compañías con circuitos similares son:

Ray's Route of Rock (☎ 7733 5347)
Historical Tours (☎ 8668 4019)
Capital Walks (☎ 8650 7640)
Cityguide Walks (☎ 01895-675389)

Entre los más fascinantes están los que organiza Architectural Dialogue (☎ 7267 7697), que examinan la arquitectura londinense, desde la georgiana hasta la contemporánea, pasando por la regeneración de los Docklands. Los circuitos de medio día cuestan 18,50/13 £ (adultos/jubilados y estudiantes) y se inician delante de la Real Academia, Burlington House, Piccadilly W1 (⊖ Green Park), los sábados a las 10.15 y domingos a las 10.45; duran tres horas. Los de todo el día cuestan de 20 a 39 £ y se realizan pocos al mes.

Clerkenwell & Islington Guides (☎ 7622 3278) ofrece paseos por Clerkenwell, que comienzan junto a la estación de metro de Farringdon a las 11.00 los miércoles y a las 14.00 los domingos. El llamado Smithfield Trail se inicia en la boca de metro de Barbican los martes a las 11.00 y los sábados a las 14.00; el Angel Trail comienza en los torniquetes del metro de Angel los domingos a las 14.00; y el Canonbury Trail parte desde el metro de Highbury & Islington algunos domingos a las 11.00 (llamando se pueden conocer las fechas exactas). Todos cuestan 4,50/3,50 £.

Para los circuitos guiados por Greenwich, véase el capítulo *Qué ver y hacer.*

Los mejores guías son los 900 inscritos en la Association of Professional Tourist Guides (APTG), pues reciben preparación antes de poder lucir la preciada insignia azul (Blue Badge). El viajero puede decidir dónde quiere ir y cuánto debe durar el circuito. Sus tarifas son altas (85/128 £ por medio día/un día para una visita guiada en inglés o 97/154 £ en otros idiomas), pero sale más barato en grupo. Para informarse u obtener el folleto *Registered Guides,* contáctese con la APTG (☎ 7403 2962, www.touristguides.org.uk). También es posible contratar guías Blue Badge a través de Tour Guides Ltd (☎ 7495 5504, www.tourguides.co.uk), acreditado por la APTG.

Qué ver y hacer

Lo mejor y lo peor de Londres

Lo mejor:
- El Museo Británico.
- La catedral de St Paul.
- La National Portrait Gallery.
- El Museo Victoria y Alberto.
- Un paseo en barco por el Támesis.
- Los parques de Londres, en especial el de St James.
- El puente de Waterloo: las mejores vistas.
- La Tate Modern.
- Greenwich, sobre todo el Museo Marítimo Nacional.
- El palacio de Hampton Court.

Lo peor:
- El metro y su pésimo servicio.
- La desangelada Leicester Square.
- Una visita al palacio de Buckingham.
- El estruendoso London Trocadero.
- Los conductores de Londres.
- La mala señalización de las calles.
- El alto precio de los restaurantes.
- El aeropuerto de Heathrow.
- Los periódicos sensacionalistas.

ITINERARIOS RECOMENDADOS

Según el tiempo de estancia en Londres, resultará difícil elegir qué sitios visitar y qué cosas hacer. La siguiente es una sugerencia de itinerario de una semana para los que visiten esta hermosa ciudad por primera vez:

Primer día
Visitar la abadía de Westminster y ver las Cámaras del Parlamento y el Big Ben. Recorrer Whitehall, pasando por Downing St., el Cenotafio y la Horse Guard Parade. Cruzar Trafalgar Square para hacer una visita a la National Gallery o a la National Portrait Gallery. Acercarse a Picadilly Circus para ver la estatua de Eros.

Segundo día
Visitar el Museo Británico y pasear o ir de compras por Oxford Street.

Tercer día
Visitar el Museo de la Ciencia, el de Historia Natural o el Museo Victoria y Alberto en South Kensington; después tomar un autobús a Harrods. Echar un rápido vistazo al palacio de Buckingham desde fuera y dar una vuelta por el parque de St James.

Cuarto día
Visitar la catedral de St Paul y el Museo de Londres.

Quinto día
Visitar la Torre y el puente de Londres. Tomar el tren Docklands Light (DLR) hasta Isle of Dogs y ver Greenwich desde los jardines Island.

Sexto día
Atravesar el Támesis para visitar el New Globe Theatre y la Tate Modern. Pasear a lo largo de South Bank.

Séptimo día
Pasar el día en Greenwich, donde se puede visitar el Museo Marítimo Nacional, el *Cutty Sark,* el mercado de Greenwich y otros lugares de interés. Montar en una barca hacia el Thames Flood Barrier pasando de camino por el admirable Millennium Dome, aún no habilitado.

Si se dispusiese de una semana más se podrían recorrer algunos de los mercados de la ciudad, ir al zoo y a Camden Lock; también sería interesante visitar algunos de los pequeños museos, como la extraordinaria Colección Wallace en Marylebone, el de Sir John Soane en Lincoln's Inn Fields, la residencia Leighton en el parque Holland, o el Old Operating Theatre cerca del puente de Londres. Otra posibilidad sería ir hacia el norte, hacia Hampstead, y adentrarse en el brezal, visitar las casas de Freud y Keats, o tomar una barca hacia el oeste para conocer el palacio de Hampton Court.

Con una tercera semana habría oportunidad de explorar algunos de los barrios de las afueras, como Chiswick y Richmond, y entrar en las residencias Ham y Osterley. Asimismo podría visitarse algún día cualquiera de los lugares que se detallan en el capítulo *Excursiones*.

Téngase en cuenta que los horarios que aparecen en este capítulo son los de apertura y cierre exactos, y que en la mayor parte de los museos y atracciones no se permitirá la entrada media hora o, en algunos casos, una hora antes de cerrar.

Centro de Londres

TRAFALGAR SQUARE (plano 8)

Trafalgar Square *(WC2; ⊖ Charing Cross)* es el punto central donde se congregan los turistas. Aquí se celebran numerosas marchas y concentraciones, y miles de juerguistas se reúnen para recibir el año nuevo. Aunque las bandadas de palomas también se disputan el espacio. Actualmente hay una ordenanza municipal que prohíbe la venta de comida de pájaros en la plaza, pero a pesar de ello se estima que unas dos mil de estas aves urbanas se alimentan gracias a las chucherías que los turistas compran en las tiendas de los alrededores.

La plaza, diseñada por John Nash a principios del siglo XIX para ocupar el lugar donde se encontraban las antiguas Caballerizas del Rey, fue construida por sir Charles Barry, también responsable, en parte, de las Cámaras del Parlamento. La **columna de Nelson,** de 43,5 m de altura, está hecha con granito de Cornualles y de las Highlands escocesas, y quedó acabada en 1843. Conmemora la victoria del almirante Nelson sobre Napoleón en el cabo español de Trafalgar, en 1805. Edwin Landseer diseñó los cuatro leones de bronce de su base, añadidos en 1867. Si se echa un vistazo a la estatua del almirante, se advierte que está orientada hacia el suroeste, como si vigilase, según dicen, su flota de barcos junto a las farolas que iluminan The Mall.

Entre los ilustres personajes que se elevan sobre tres de los cuatro pedestales de la plaza, destaca la estatua ecuestre de Jorge IV. El de la esquina noroeste permanece vacío; allí, en los últimos años, han expuesto sus obras los artistas locales. Una de ellas, la titulada *Monumento*, de Rachel Whiteread, algo así como un acuario fabricado con resina que intentaba representar el reflejo del propio pedestal (pero al revés), suscitó polémica.

Importantes calles desembocan en Trafalgar Square, flanqueada por numerosos edificios imponentes. Hacia el norte se encuentra la **National Gallery** y detrás de ella está la **National Portrait Gallery; Pall Mall,** cuyo nombre proviene de un juego italiano parecido al cróquet llamado *palla a maglio,* al que jugaban Carlos II y su corte, discurre en dirección suroeste desde lo alto de la plaza. La iglesia de **Saint Martin-in-the-Fields** se halla al noreste y al este se encuentra la **Casa de Suráfrica** (1933), donde las cabezas de piedra de la fauna africana observaron durante décadas a los que protestaban contra el *apartheid* en esta plaza. Hacia el sur la plaza se abre y es posible vislumbrar las Cámaras del Parlamento y, abajo, Whitehall entre el tráfico. En dirección suroeste se encuentra el **arco del Almirantazgo,** erigido en honor de la reina Victoria en 1910, y un poco más allá está The Mall, que conduce al palacio de Buckingham. Hacia el oeste se halla la **Casa de Canadá** (1827), diseñada por Robert Smirke.

National Gallery

El pórtico de la fachada de la National Gallery *(☎ 7747 2885; www.nationalgallery.org.uk, Trafalgar Square WC2; ⊖ Charing Cross; gratuito; abierto de 10.00 a 18.00 de jueves a martes y de 10.00 a 21.00 los martes)* se extiende a lo largo de la cara norte de Trafalgar Square. Con más de dos mil pinturas europeas, es una de las más grandes y exquisitas pinacotecas del mundo: atrae aproximadamente a 4,65 millones de visitantes al año. La estupenda ala Sainsbury, al oeste, se añadió tras una gran polémica; el príncipe Carlos, que no se caracterizaba por su sentido vanguardista del diseño arquitectónico, rechazó una propuesta definiéndola como "un grano horrible en la cara de un querido amigo".

En el exterior de la galería –un sitio más bien inapropiado, ya que se trata del corazón de Londres y la capital del antiguo Imperio Británico– se erige la estatua del hombre que *robó* a Inglaterra sus colonias del Nuevo Mundo: el heroico general George Washington. Fue un obsequio del estado de Virginia en 1921.

Las obras se distribuyen conforme a un criterio cronológico. Así pues, si se inicia la visita en el ala Sainsbury y se sigue en dirección este, podrá contemplarse una colección de obras pintadas entre mediados del siglo XIII y principios del XX: para ver los cuadros más antiguos (1260-1510), hay que comenzar el recorrido por la segunda planta del ala Sainsbury; las obras pertenecientes al Renacimiento (1510-1600) se pueden ver en el ala oeste del edificio principal. Rubens, Rembrandt y Caravaggio se encuentran en el ala norte (1600-1700), y las obras del Impresionismo francés y de artistas como Gainsborough, Constable, Turner y Hogarth están, expuestas en el ala este (1700-1900). Si se desea una colección más extensa de artistas británicos, se puede visitar la Tate Britain (véase el siguiente apartado "Westminster y Pimlico"). Las exposiciones especiales se pueden visitar en el sótano del ala Sainsbury (8/6/4/16 £ adultos/jubilados/estudiantes/familias). Las grandes obras enumeradas en el recuadro adjunto pueden dar una idea de lo más selecto de la galería, aunque, si se desea profundizar, conviene pedir una audioguía (donativo recomendado 4 £) en el vestíbulo central, que está detrás de la entrada de Trafalgar Square. Como cada pintura está numerada, al marcar su dígito el aparato la localizará en el CD-ROM. Además hay audioguías de gran circuito (aproximadamente 30 pinturas) en seis idiomas y láminas de actividades para los niños (50 p). Las visitas guiadas, gratuitas, que duran una hora, abarcan una media docena de pinturas; comienzan a las 11.30 y 14.30 todos los días, y los miércoles, además, hay un recorrido adicional a las 18.30. El ***Gallery Café*** se encuentra en la sótano del ala oeste. En el ***Crivilli's Garden*** (véase el capítulo *Dónde comer)*, que está en la primera planta del ala Sainsbury, se sirven platos muy elaborados.

De interés en la National Gallery

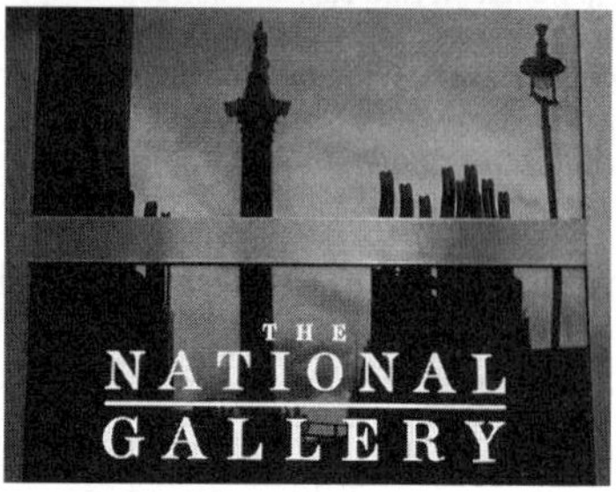

CHARLOTTE HINDLE

- *El matrimonio Arnolfini* – Van Eyck.
- *La Venus del espejo* – Velázquez.
- *Díptico Wilton.*
- *Grandes bañistas* – Cézanne.
- *Venus y Marte* – Botticelli.
- *Boceto* – Leonardo da Vinci.
- *La batalla de San Romano* – Paolo Uccello.
- *Los embajadores* – Holbein el Joven.
- *Carlos I a caballo* – Van Dyck.
- *Retrato de Susana Fourment (El sombrero de paja)* – Rubens.
- *El carro de heno* – Constable.
- *Los girasoles* – Van Gogh.
- *La Grenouillère* – Monet.
- *El* Temerario *remolcado a su último fondeadero* – Turner.

Nacional Portrait Gallery

La visita a esta galería de arte *(☎ 7312 2463, www.npg.org.uk, Saint Martin's Place WC2; ⊖ Charing Cross/Leicester Square; gratuito; abierto sábados, domingos y de lunes a miércoles de 10.00 a 18.00; jueves y viernes de 10.00 a 21.00)* tiene más interés desde el punto de vista histórico que desde el artístico, ya que en ella se pueden ver los retratos de figuras famosas y otras tristemente célebres de la historia británica desde el Medioevo hasta la actualidad. Fundada en 1856, alberga una colección principal, repartida en cinco pisos, de unas 9.000 obras realizadas mediante todo tipo de técnicas: óleos, acuarelas, dibujos en carboncillo, esculturas, siluetas, fotografías e incluso arte electrónico. Se dice que los artistas seleccionados entre las aproximadamente cuarenta adquisiciones anuales obtienen más prestigio que los que pertenecen a la Honours List de la reina de Inglaterra

El orden de las pinturas es cronológico: comienza en el segundo piso con los primeros Tudor y continúa en la planta baja hasta concluir en el siglo XX. Los retratos de Isabel I con sus mejores galas (1575) y de Byron con un romántico traje oriental (1813), obras de Thomas Phillips, son tan fascinantes como las más recientes: la reina Isabel II vista por Andy Warhol; el príncipe Carlos bajo un platanero; fotografías de Oscar Wilde, Virginia Woolf y Diana de Gales.

Con las audioguías, que explican las obras más interesantes entre unos doscientos retratos, se pueden escuchar, además, las voces de algunos de los personajes inmortalizados. La exposición se ha prolongado a través de la nueva ala Ondaatje, con pinturas que abarcan desde el siglo XVI hasta la Regencia. El ***Portrait Café*** y la librería están en el sótano, y el ***Portrait Restaurant,*** en la última planta.

Monumento a Edith Cavell

En una glorieta, delante de la entrada de la National Portrait Gallery, se encuentra la estatua de Edith Cavell (1865-1915), la enfermera que ayudó a los soldados aliados a escapar de Bruselas durante la Primera Guerra Mundial y fue ejecutada por las tropas alemanas. Es obra de George Frampton, el mismo que diseñó la estatua de Peter Pan que se encuentra en Hyde Park.

Saint Martin-in-the-Fields

Influyente obra maestra de James Gibbs (1682-1754), la "iglesia parroquial real" de Saint Martin-in-the-Fields *(☎ 7766 1199 y 7930 9306 la cripta, www.stmartin-in-the-fields.org; Trafalgar Square WC2; ⊖ Charing Cross/Leicester Square; gratuito; abierto todos los días de 8.00 a 18.30; la cripta de 10.00 a 18.00 de lunes a sábado, de 12.00 a 18.00 los domingos)* ocupa el primer lugar en la esquina nororiental de la plaza. En ella destaca la torre, similar a una tarta de bodas, magníficamente iluminada por la noche, y la espléndida piedra blanca con la que se edificó tanto la iglesia como la National Gallery.

La tradición en Saint Martin era ayudar a los pobres y a las personas sin hogar que volvían de la Primera Guerra Mundial. Al lado hay un mercado de artesanía y, en la cripta, una tienda de objetos de latón bruñido, una librería y el popular ***Café in the Crypt*** (véase *Dónde comer)*. Para detalles sobre conciertos, véase más adelante "Conciertos en iglesias" en "Música clásica" del capítulo *Ocio*.

WESTMINSTER Y PIMLICO (planos 2, 6 y 11)

Mientras que la City ha estado siempre centrada en actividades comerciales, el centro del poder político reside en Westminster, cuyos lugares más relevantes están vinculados en su mayor parte a la monarquía, el Parlamento o la Iglesia de Inglaterra. Pimlico, que se extiende hacia el sur y suroeste, nunca ha sido tan elegante como Belgravia, si bien cuenta con admirables casas de principios del siglo XIX y con la incomparable Tate Britain.

Whitehall (plano 6)

La amplia avenida Whitehall *(SW1; ⊖ Charing Cross/Westminster)*, junto con su prolongación, Parliament Street, une Trafalgar Square con Parliament Square. Está llena de edificios gubernamentales, estatuas, monumentos y otros testimonios históricos; para tener una idea de conjunto, lo mejor es dar el paseo descrito en la excursión por Whitehall. Los interesados en los hitos turísticos como la abadía de Westminster y las Cámaras del Parlamento, encontrarán información más adelante.

Abadía de Westminster (plano 6)

Una de las iglesias más visitadas en Christendom, la abadía de Westminster *(☎ 7222 5152, www.westminster-abbey.org, Dean´s Ward SW1; ⊖ Westminster; adultos/jubilados y estudiantes/niños de 11 a 17 años/familias 6/3/2/12 £; abierta de 9.45 a 16.45 los lunes, de 9.30 a 16.45 los martes y de jueves a sábado, de 9.30 a 16.45 y de 18.00 a 19.00 los miércoles)* ha desempeñado un papel crucial en la historia de Inglaterra y de la Iglesia anglicana. Con excepción de Eduardo V y Eduardo VIII, desde Guillermo el Conquistador en 1066 todos los soberanos han sido coronados en ella. Asimismo, la mayoría de los monarcas desde Enrique III (muerto en 1272) hasta Jorge II (1760) han recibido sepultura en esta abadía, pero a partir de la muerte de Jorge III, en 1820, se les entierra en Windsor.

Aunque son varios los estilos arquitectónicos que se mezclan en el edificio, constituye el más elegante ejemplo del primitivo Gótico inglés (1180-1280). El templo original fue construido en el siglo XI por el rey, más tarde santo, Eduardo el Confesor, que está enterrado en la capilla situada detrás del altar mayor. Enrique III, que reinó de 1216 a 1272, inició las obras en el nuevo edificio, pero no las completó; la nave de estilo Gótico francés fue acabada en 1388. Más tarde, en 1519, se añadió la magnífica capilla de Enrique VII.

Pero a diferencia de St Paul, la abadía de Westminster nunca ha sido una catedral, sino un templo administrado directamente por la Corona.

Orientación. El acceso principal a la nave y las capillas reales es la puerta norte. Nada más franquear la entrada se llega a la **nave lateral de los estadistas,** donde se honra a los políticos y figuras públicas eminentes, la mayoría con majestuosas estatuas de mármol. Los monumentos de los primeros ministros *whig* y *tory* que dominaron el último período victoriano, Gladstone (enterrado aquí) y Disraeli, están situados uno junto al otro. Cerca se halla el monumento a Robert Peel, quien, como secretario de Interior, en 1829 creó la policía metropolitana. Por eso se hicieron conocidos como *Bobby´s boys* y, más tarde, simplemente como *bobbies*. Sobre ellos hay un rosetón de James Thornhill que representa a once de los apóstoles (falta Judas).

Avanzando en dirección este, a la izquierda, hay varias capillitas con extraordinarias obras del siglo XVI, entre ellas, una delicada *Virgen con el Niño* de alabastro en la capilla Crewe. Frente a la capilla Islip, en la galería norte, se hallan tres magníficas tumbas medievales, incluida la de Edmund Crouchback, hijo menor de Enrique III y fundador de la Casa de Lancaster. Y aún más adelante están los sepulcros de Eduardo I y Enrique III.

En el extremo este del santuario, frente a la entrada de la capilla de Enrique VII, podrá verse la **silla de la coronación,** de sencilla apariencia, en la que, se dice, fueron coronados la mayoría de los reyes desde 1066. Esta silla de roble data de finales del siglo XVIII, de manera que debió existir otra anterior. Bajo ella se encontraba la Piedra del Destino *(Stone of Scone)*; era la piedra escocesa de la coronación, robada en 1297 por Eduardo I y finalmente devuelta a los escoceses, que la requerían para futuras coronaciones, en 1996.

Si se sube por la escalera situada enfrente y se gira hacia la izquierda, se accederá a la angosta **capilla de la reina Isabel.** Más que una capilla, pues no tiene altar, constituye la nave norte de la capilla de Enrique VII. Aquí comparten una tumba de primoroso trabajo Isabel I, que dio a la abadía sus estatutos, y su hermanastra *Bloody Mary*. Enfrente del altar hay recordatorios a la hija de Jacobo I, que murió en su niñez: la efigie de la princesa Sofía, una niña en su cuna, se refleja en un espejo.

En la parte más oriental de la abadía se encuentra la **capilla de Enrique VII,** un sobresaliente ejemplo de la tardía arquitectura perpendicular (una variación del Gótico inglés caracterizada por el predominio de las líneas verticales) con una espectacular bóveda circular en el techo. Las sillas del coro, magníficamente talladas en madera y reservadas para los caballeros de la Orden de Bath, muestran coloridos yelmos con sus símbolos particulares: dragones, gallos, leones y otros.

Tras el altar de la capilla, con una *Virgen y el Niño* de Vivarini (siglo XV), se halla el primoroso sarcófago de Enrique VII y la reina consorte, Isabel de York, diseñado por el escultor florentino Pietro Torrigiano. Un poco más allá está la **capilla de la Real Fuerza Aérea** y la vidriera que conmemora la batalla de Bretaña. Muy cerca, una placa señala dónde reposaron dos años los restos de Oliver Cromwell antes de la Restauración, cuando fue desenterrado, colgado en Tyburn y decapitado.

La nave lateral sur de la capilla alberga la **tumba de María Estuardo** (decapitada por orden de su prima Isabel con la aquiescencia de su hijo, el futuro Jacobo I) y el imponente sepulcro de lady Margaret Beaufort, madre de Enrique VII. También están enterrados en este lugar Carlos II, Guillermo III y su mujer, María, y la reina Ana.

La **capilla de San Eduardo el Confesor,** el recinto más sagrado de la abadía, se encuentra justo al este del santuario, detrás del altar mayor; el acceso suele estar restringido para proteger el pavimento, del siglo XIII. San Eduardo fue el fundador de la abadía, que fue consagrada pocas semanas antes de su muerte. Su tumba se reconstruyó con algunos cambios después de la destrucción de la original durante la Reforma. En el sepulcro que descansa bajo el baldaquino verde de madera todavía hay mosaicos y nichos, en los que los peregrinos rezaban pidiendo protección contra las enfermedades y dejaban exvotos.

Algunas de las sepulturas que rodean la capilla –las de Enrique III, Eduardo I, Eduardo III, Ricardo II, Enrique V y cuatro reinas– son visibles desde las galerías norte y sur: **Leonor de Castilla,** esposa de Eduardo I, descansa en una de las tumbas de bronce más antiguas, diseñada por el orfebre William Torel en 1291. En el crucero sur se halla el **rincón de los poetas,** donde están enterrados muchos de los grandes escritores ingleses, el primero de los cuales fue Geoffrey Chaucer, sepultado aquí no por su obra literaria, sino por haber sido funcionario del palacio de Westminster. Esta práctica de inhumar a los literatos en la abadía comenzó formalmente en 1700.

Enfrente de los frescos medievales de Santo Tomás y de San Cristóbal con el Niño, situados en el muro oriental, se halla el **monumento a William Shakespeare** (aunque, como sucede en el caso de Byron, Tennyson, William Blake, T. S. Eliot y otros insignes autores, él no está realmente enterrado en este lugar). También se pueden contemplar las esculturas conmemorativas dedicadas a Haendel (sosteniendo una partitura de *El Mesías*), Edmund Spenser y Robert Browning, así como las tumbas o monumentos de Charles Dickens, Lewis Carroll, Rudyard Kipling y Henry James. La capilla de St Faith está reservada al rezo privado.

ABADÍA DE WESTMINSTER

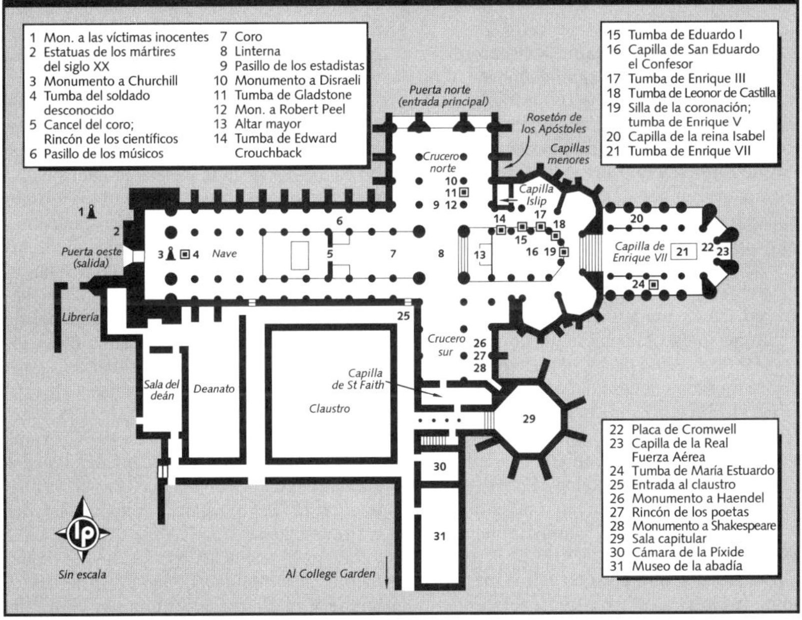

Al norte del rincón de los poetas está la **linterna,** el corazón de la abadía, donde se celebran las coronaciones. Si desde el centro se mira al este podrá verse el **santuario.** El ornamentado **altar mayor** fue diseñado en 1897 por George Gilbert Scott. Detrás se encuentra el **coro** (o presbiterio) de Edward Blore, de mediados del siglo XIX, una estructura sobrecogedora de estilo victoriano en dorado, azul y rojo. Lugar antaño de devoción de los monjes, ahora cantan allí los niños de la Choir School y los seglares durante los oficios diarios.

La entrada al **claustro** data del siglo XIII, mientras que el resto es del XIV. Siguiendo por un pasillo que discurre en dirección este desde el claustro, hay **tres museos** que se mantienen gracias al EH (Patrimonio Inglés) *(www.english-heritage.org.uk; entrada a los tres museos y a la abadía 1£/80 p/50 p adultos/jubilados y estudiantes/niños de 11 a 17 años; sin la abadía: 2,50/1,90/1,30 £).* El acceso a la sala capitular, a la cámara de la Píxide y al museo (al cual se puede acceder por Dean's Yard y el claustro) es gratis para los miembros de EH y para los que alquilan, por 2,50 £, una audioguía.

La octogonal **sala capitular** *(abierta de 9.30 a 17.00 de abril a septiembre, de 10.00 a 17.00 en octubre, y de 10.00 a 16.00 de noviembre a marzo)* posee uno de los pavimentos de baldosas medievales mejor conservados de Europa y conserva algunos restos de frescos religiosos. Esta sala la utilizaba el consejo del rey y también fue lugar de reunión de la Cámara de los Comunes en la segunda mitad del siglo XIV. La **cámara de la Píxide** *(abierta todos los días de 10.30 a 16.00),* antaño era la Tesorería Real y contiene la caja que le da nombre: un cofre con patrones monetarios de oro y plata que servía para comprobar el peso de la acuñación.

En el **Museo de la Abadía** *(abierto todos los días de 10.30 a 16.00)* se exhiben las máscaras mortuorias de miembros de la realeza, las efigies de cera de Carlos II y Guillermo III (subido en un taburete para igualar en altura a su mujer, María), armaduras y vidrieras.

Por Dean's Yard y los **claustros menores,** junto a Great College Street, se accede al **College Garden** *(abierto de 10.00 a 18.00 de martes a jueves, de abril a septiembre, y de 10.00 a 16.00 de martes a jueves, de octubre a marzo),* fundado hace 900 años.

Rodeando el claustro se llega a la parte occidental de la nave, donde se encuentra la **tumba del soldado desconocido,** rodeada de amapolas en honor a los caídos en la Primera Guerra Mundial, y delante de ella, una piedra dedicada a **Winston Churchill,** primer ministro durante la Segunda. Más adelante se halla el cancel que separa la nave del coro; éste, construido en 1834, fue el cuarto que se erigió en el lugar. Junto a él hay varios monumentos dedicados a Isaac Newton, Charles Darwin, lord Stanhope, Michael Faraday y cuatro premios Nobel, entre ellos lord Kelvin y Ernest Rutherford: es el **rincón de los científicos.** Sobre el cancel hay un magnífico órgano de 1730. Cabe destacar la hermosa bóveda de piedra en la nave y las bóvedas de abanico en los pasadizos laterales.

Una parte del corredor norte de la nave se conoce como el **pasillo de los músicos,** con monumentos a los compositores que sirvieron en este templo, como Henry Purcell (organista de la abadía), Vaugham Williams, Edward Elgar y Benjamin Britten.

Nicholas Hawksmoor diseñó las dos torres que se levantan sobre la puerta oeste, por donde se sale, y cuya construcción acabó en 1745. Sobre la puerta, alojados en nichos del siglo XV, se encuentran los últimos elementos de carácter sagrado añadidos a la abadía (1998): diez estatuas de piedra de **mártires del siglo XX,** entre ellas, el líder estadounidense, defensor de los derechos civiles, Martin Luther King; el sacerdote polaco san Maximiliano Kolbe, asesinado por los nazis en Auschwitz; santa Isabel de Rusia, fundadora de una orden de monjas de la caridad en Moscú a principios del siglo XX y asesinada por los bolcheviques en 1918; y Wang Zhiming, un pastor que cayó en manos de los comunistas chinos durante la Revolución Cultural en 1972. Protestantes o católicos, todos eran cristianos.

Según se sale, a la derecha, hay un monumento a las víctimas de la opresión, la violencia y la guerra en el mundo, en el que

GLENN BEANLAND

Elaborada decoración en el techo circular de la abadía de Westminster.

puede leerse: "Todo aquello que pasas por alto, ¿no significa nada para ti?".

Visitas guiadas. Duran aproximadamente 1 1/2 horas, cuestan 3 £ y se realizan de lunes a sábado, entre tres y seis veces al día, de abril a octubre; y tres o cuatro veces de noviembre a marzo. Es recomendable llamar si se desea información detallada. Aunque no muy completas, también hay audioguías por 2 £. Una de las mejores formas de visitar la abadía es asistiendo a una misa, especialmente a vísperas (17.00 de lunes a viernes, 15.00 sábados y domingos). La misa cantada se celebra el domingo a las 11.15.

Cámaras del Parlamento (plano 6)

Ambas cámaras, la de los Comunes y la de los Lores, se hallan en el **palacio de Westminster** *(www.parliament.uk, Parliament Square SW1; ⊖ Westminster),* construido por Charles Barry y Augustus Pugin en 1840, en pleno apogeo del estilo Neogótico; una minuciosa limpieza ha revelado el suave brillo dorado de la estructura original. El rasgo exterior más famoso es la torre del reloj, conocida como **Big Ben** (en su interior cuelga la campana *Ben*, que debe su nombre a Benjamin Hall, encargado de las obras cuando se terminó la torre en 1858). El Big Ben lleva dando la bienvenida al nuevo año desde 1924. La mejor vista de todo el complejo se obtiene desde la parte este del puente Lambeth. Cada cinco años, varios trabajadores limpian las agujas y la esfera del reloj.

En el extremo contrario del edificio se encuentra la **torre Victoria,** finalizada en 1860. En los jardines hay una pequeña estructura de aspecto medieval con un colorido tejado; es el **monumento a la emancipación de los esclavos** en el imperio británico, construido en 1834.

En la **Cámara de los Comunes** se reúnen los miembros del Parlamento para proponer y debatir nuevas leyes e interpelar al primer ministro y al resto del gabinete. Su trazado se inspira en la capilla de San Esteban, del palacio original de Westminster. La cámara actual, diseñada por Giles Gilbert Scott, reemplaza a la original, alcanzada por una bomba en 1941. Aunque los Comunes constituyen una asamblea nacional de 659 miembros, la cámara tiene escaños para sólo 437 de ellos. Los miembros del Gobierno se sientan a la derecha del portavoz y los de la oposición, a la izquierda. El portavoz preside las reuniones desde una silla donada por Australia, mientras que los ministros discuten sobre una mesa cedida por Nueva Zelanda.

Se puede asistir a las sesiones parlamentarias desde la **galería de visitantes de la Cámara de los Comunes** *(☎ 7219 4272, Puerta de St Stephen, St Margaret St SW1; gratuita; abierta de 14.30 a 19.30 de lunes a miércoles, los jueves de 11.30 a 19.30, los viernes de 9.30 a 15.00).* Hay que hacer por lo menos una hora de cola. Las vacaciones parlamentarias abarcan los tres meses de verano y algunas semanas en Navidad y Semana Santa, por lo que conviene telefonear antes para cerciorarse de que hay sesiones. Se puede conocer el tema de debate del día consultando el tablón de anuncios que hay junto a la entrada; o echando un vistazo al *Daily Telegraph* o al periódico gratuito *Metro* en la sección "Today in Parliament". Antes de entrar a la galería se inspeccionan bolsos y cámaras; las maletas y mochilas pasan por una puerta de control semejante a la de los aeropuertos. La **galería de visitantes de la Cámara de los Lores** *(☎ 7219 3107; gratuita; abierta desde las 14.30 de lunes a miércoles, desde las 15.00 los jueves, desde las 11.00 los viernes)* también puede visitarse, pero no merece la pena perder la tarde en ella. Los horarios de cierre varían mucho.

WHITEHALL

distancia: alrededor de 1,6 km

salida: Trafalgar Square
⊖ Charing Cross

final: Broad Sanctuary
⊖ Westminster

Antiguamente fue núcleo administrativo del Imperio Británico y hoy sigue siendo sede central del gobierno. Desde el extremo sur de Trafalgar Square se inicia el trayecto por Whitehall. En la isleta hay una **estatua ecuestre de Carlos I (1)** que, vaciada en 1633 y enterrada en un jardín durante la Commonwealth, no fue erigida hasta después de la Restauración. Según se avanza en dirección sur puede verse, a la derecha, el **arco del Almirantazgo (2)** (1910), el **Antiguo Almirantazgo (3)** y a la izquierda el **Ministerio de Defensa (4).**

En la esquina noroeste de este último se halla la **Banqueting House (5)** *(☎ 7930 4179, www.hrp.org.uk; adultos/jubilados y estudiantes/niños de 5 a 15 años 3,90/3,10/2,30 £; abierto de 10.00 a 17.00 de lunes a sábados)*, la única parte que se conserva del palacio de los Tudor que, hasta el incendio de 1698, se extendía por Whitehall. Construido en 1622 según diseño de Íñigo Jones, es el primer edificio estrictamente renacentista de Inglaterra. Su fama se debe a que el 30 de enero de 1649 se ejecutó a Carlos I, acusado de traición por Cromwell, en el patíbulo erigido junto a la ventana del primer piso. Después del incendio del palacio, la Banqueting House se convirtió en la capilla real. Aún se usa para banquetes oficiales y conciertos. En el interior se proyecta un vídeo sobre su historia. En el vestíbulo del primer piso hay nueve lienzos (1635) de Rubens en el techo.

Enfrente de ella se encuentra la **Horse Guards Parade (6),** donde, a las 11.00 de lunes a sábado y a las 10.00 los domingos, se realiza el cambio de la guardia montada de la Household Cavalry, una versión más accesible de la ceremonia que se lleva a cabo en el palacio de Buckingham. Hay otro cambio de guardia, menos vistoso, diariamente a las 16.00. Es posible informarse en London Line *(☎ 09068 663344).*

Mas al sur se encuentra **Downing St,** residencia oficial del primer ministro británico desde 1732, cuando Jorge II concedió el **nº 10 (7)** a Robert Walpole. Tony Blair y su familia viven ahora en los apartamentos más espaciosos del nº 11. En cambio el ministro de Hacienda, Gordon Brown, está instalado en el pequeño piso del nº 10. Desde hace poco, Blair ocupa las oficinas del nº 12, sede tradicional del jefe de disciplina, por necesidad de espacio. Durante el gobierno de Margaret Thatcher, los accesos y la propia calle se cerraron al público por temor a los atentados del IRA. Se facilita información en www.number10.gov.uk.

En el centro de Whitehall está el **Cenotafio (8)** (en griego "tumba vacía"), erigido en memoria de los caídos durante las guerras mundiales. La reina y otras personalidades depositan amapolas el 11 de noviembre.

Al oeste se halla el edificio restaurado de la **Foreign and Commonwealth Office (9)** (FCO; 1872), de George Gilbert Scott y Matthew Digby Wyatt. En un intento de librarse de su reputación de ministerio muy reservado, la FCO ofrece al público *(☎ 7270 1500; gratuito; abierto de 10.00 a 16.30 de lunes a viernes)* un centro de tecnología de la información, una galería de exposiciones y películas que explican sus proyectos diplomáticos.

Si se avanza hacia el oeste por King Charles St y se baja Clive Steps hacia Horse Guards Rd se llega a las **Cabinet War Rooms (10)** *(☎ 7930*

6961; gratuitas; abiertas de 9.30 a 17.15 de abril a septiembre; de 10.00 a 17.15 de octubre a marzo), que pertenecen al Museo Imperial de Guerra y en cuyo sótano, blindado por 3 m de hormigón, se refugió el Gobierno británico durante la Segunda Guerra Mundial. Desde aquí Churchill pronunció algunos de sus más conmovedores discursos. Destacan la habitación en la que el gabinete mantuvo alrededor de cien reuniones; la sala del mapa, con gráficos de los movimientos de las tropas y los barcos; y la habitación del telégrafo, cuyo cartel colgado en la puerta ("libre/ocupado") hace pensar más bien en un lavabo. En 2005 se inaugurará junto a las Cabinet War Rooms un museo dedicado a Churchill.

Whitehall termina en **Parliament Square,** donde el tráfico impide apreciar las estatuas de primeros ministros como **Winston Churchill (11)** y personajes ilustres como **Abraham Lincoln (12).** Hacia el noreste, a lo largo de Bridge St, se levanta el ultramoderno **edificio del Parlamento (13),** sobre la estación de metro de Westminster. Siguiendo la calle hacia el este se encuentra el **Big Ben (14)** y, pasando el puente de Westminster, una **estatua de la reina Boadicea (15)** con sus hijas en un carro.

Al sur y sureste de la plaza se encuentran la **abadía de Westminster (16)** y las **Cámaras del Parlamento (17).** Frente a la primera está **St Margaret's, Westminster (18)** *(☎ 7222 5152, www.westminster-abbey.org; abierta de 9.30 a 16.30 de lunes a viernes; de 9.30 a 14.45 los sábados, de 14.00 a 17.00 los domingos)*, consagrada en 1523. Es la iglesia de la Cámara de los Comunes, famosa por sus bodas de alta sociedad. En una hornacina del muro exterior descansa el **busto de Carlos I (19)** y la estatua de **Cromwell (20)**, el que le condenó. Al oeste está **Middlesex Guildhall (21)** (1913), de estilo Neogótico muy ornamentado, que alberga la Corona de Middlesex.

En el Story's Gate se encuentra el **Westminster Central Hall (22),** un interesante edificio construido en 1911 en estilo francés, actual sede de la Iglesia metodista. Se celebró allí la primera reunión de las Naciones Unidas en 1946. En la actualidad se usa para conciertos y oficios religiosos. Las visitas guiadas *(☎ 7222 8010)* salen de 11.00 a 15.30 los martes, miércoles y jueves; y cada media hora, de 13.30 a 17.30, los domingos desde principios de mayo hasta principios de octubre. Se puede comer en ***Wesley's Café*** (abierto de 10.00 a 14.30 todos los días).

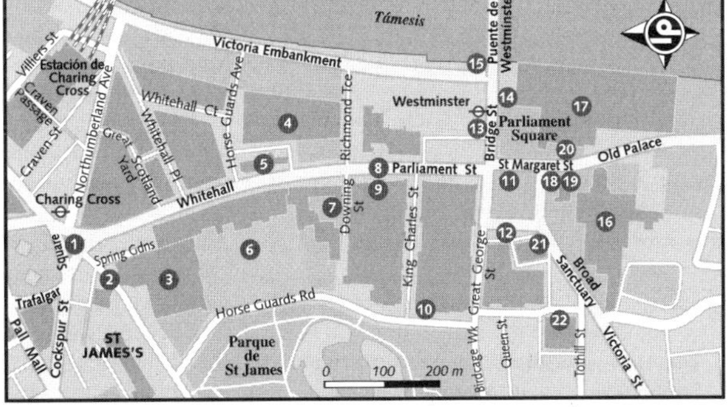

Hay visitas guiadas (☎ *7344 9966)* a 3,50 £, de 9.15 a 16.30 de lunes a sábado, desde principios de agosto hasta finales de septiembre. Se entra por St Stephen en Saint Margaret St.

Mientras se esperan las pertenencias antes de pasar por la máquina de rayos X, si se mira a la izquierda se puede observar el asombroso techo del **Westminster Hall**, construido en 1099, la parte más antigua que perdura del palacio, sede de la monarquía inglesa desde el siglo XI hasta principios del XVI. La techumbre, que fue añadida entre 1394 y 1401, es el más temprano ejemplo conocido de cubierta *hammer-beam,* estructura de arcos y tirantes de madera artísticamente entrelazados, y ha sido descrita como el mayor logro que se conserva de la carpintería medieval inglesa. Se utilizaba para los banquetes de coronación en la Edad Media. También sirvió de juzgado hasta el siglo XIX. Aquí se celebraron los juicios de William Wallace (1305), Tomás Moro (1535), Guy Fawkes (1606) y Carlos I (1649). Los monarcas del siglo XX y personalidades como Winston Churchill pasaron por aquí.

RICHARD I'ANSON

El palacio de Westminster, una maravilla decorativa primorosamente esculpida.

Torre Jewel (plano 6)

Antaño parte del palacio de Westminster, la Jewel Tower *(☎ 7973 3479, 7222 2219; www.english-heritage.org.uk, Abingdon St SW1; adultos/estudiantes y jubilados/niños de 5 a 15 años 1,60/1,20/0,80 £, abierta todos los días de 10.00 a 18.00 de abril a septiembre, de 10.00 a 17.00 en octubre, de 10.00 a 16.00 de noviembre a marzo)*, que está situada frente a las Cámaras del Parlamento y junto a la abadía de Westminster, fue construida en 1365 para albergar el tesoro de Eduardo III. Al principio estaba rodeada por un foso que fue rellenado en 1664. Después sirvió como despacho de los oficinistas de la Cámara de los Lores. En la actualidad aloja exposiciones sobre la historia del Parlamento y las funciones que desempeña. Se puede ver un vídeo de 25 minutos que muestra la labor de algunos de sus miembros actuales. Interesa realizar la visita antes de asistir a un debate de los Comunes, pues así se entenderá mejor lo que se ve.

Catedral de Westminster (plano 11)

Acabada en 1903, la catedral de Westminster *(☎ 7798 9055, www.westminstercathedral.org.uk, Victoria St SW; ⊖ Victoria; gratuita; abierta diariamente de 7.00 a 19.00; torre: adultos/jubilados y estudiantes/familias 2/1/5 £; abierta de 9.00 a 17.00 diariamente de abril a noviembre, de 9.00 a 17.00 de jueves a domingo de diciembre a marzo)* es la sede de la Iglesia católica en Gran Bretaña y el único buen ejemplo de arquitectura neobizantina de Londres. Su característica torre, con franjas de ladrillos rojos y piedra blanca, destaca sobre el horizonte londinense, aunque pocas personas se acercan a visitarla. Hay audioguías por 2,50 £.

Su interior está construido en parte con mármol y mosaicos y en parte con ladrillo visto; el presupuesto destinado a su construcción se agotó y las obras nunca se acabaron. Encierra las apreciadas tallas en piedra de las *14 Estaciones de la Cruz* (1918), de Eric Gill; y su magnífica penumbra, sobre todo al atardecer, cuando los mosaicos brillan a la luz de las velas, la convierten en un acogedor refugio contra el bullicio exterior. Son hermosas las vistas desde la **torre del campanario,** de 83 metros de altura, a la que se accede en ascensor.

Los sábados se ofician cinco misas; de lunes a viernes y los domingos, siete. También hay una tienda de regalos y una **cafetería** abiertas todos los días de 10.00 a 16.30.

Tate Britain (plano 2)

Esta galería constituye el archivo histórico del arte británico desde principios del siglo XVI hasta la actualidad *(Tate Britain, ☎ 7887 8008, 7887 8888, www.tate.org.uk, Millbank SW1; ⊖ Pimlico; gratuito, exposiciones principales adultos/con descuento/familias 5/ 3,50/13,50 £; abierta diariamente de 10.00 a 17.50).* Su galería hermana, Tate Modern, está en Bankside (véase este apartado al final del capítulo).

La Tate Britain, construida en 1897, se ha ido ampliando en los últimos años, y las nuevas galerías Linbury, reservadas para exposiciones temporales, han triplicado su espacio. Con todo este ajetreo, es imposible decir qué se expondrá ni dónde. Probablemente, lo más interesante se encuentra en la galería Constable; el Gainsborough Octagon; la galería Focus, con obras de Reynold, Spencer y Hockney; y Portrait Galery, con creaciones de Whistler, Bacon y Spencer. En Tate Modern también están representados Blake, Hogart y Rossetti.

Junto al edificio se encuentra la peculiar **Galería Clore** de James Stirling, un aceptable intento de arquitectura postmoderna, en el que se puede encontrar el grueso de la obra de Turner.

Hay visitas guiadas de una hora a las 11.30, 14.30 y 15.30 de lunes a viernes, y a las 15.00 los sábados; y una audioguía llamada *Tate Inform* por 1 £. El conocido ***Tate Restaurant*** *(☎ 7887 8825),* que luce un espléndido mural de Rex Whistler, sólo abre de 12.00 a 15.00 todos los días y los sábados hasta las 16.00. El ***Tate Café & Espresso Bar*** tiene el mismo horario que el museo.

ST JAMES'S Y MAYFAIR (plano 6)

Mezcla de clubes exclusivos (Army & Navy, Reform y Carlton), tiendas tradicionales y edificios elegantes, St James´s ha escapado

CHRISTINE OSBORNE

La colección de arte británico más grande del mundo puede verse en la Tate Britain.

en gran medida a la reurbanización llevada a cabo en numerosas partes de la ciudad. Dentro de las 36 hectáreas que ocupa, hay alrededor de 150 construcciones de notable significación histórica.

Mayfair es la zona bordeada por Oxford St al norte, Picadilly al sur, Park Lane y Hyde Park al oeste y Regent St al este. Esta última debe su original diseño a John Nash (véase "Arquitectura" en *Sobre Londres),* que intentó separar la refinada Mayfair del Soho, zona de clase obrera. El proyecto arquitectónico de Nash, el más importante que ha tenido Londres, pretendía que Regent St llegase desde el Mall hasta Regent's Park. Aunque no pudo continuar con el plan al norte de Oxford St debido a la inflexibilidad de los propietarios, todavía pueden admirarse sus inmaculadas terrazas de estuco alrededor del perímetro del Regent's Park.

Rodeando la esquina suroriental de Hyde Park, se encuentra el mercado Shepherd –el punto neurálgico de Mayfair–, hoy un pequeño enclave de pubs, restaurantes y *bistros,* y antaño un barrio de intensa vida nocturna.

Instituto de Arte Contemporáneo

El Institute for Contemporary Arts *(ICA; ☎ 7930 3647, 7930 6393, www.ica.org.uk, The Mall SW1; ⊖ Charing Cross/Piccadilly*

Circus; pase diario 1,50/2,50 £ de lunes a viernes/sábado y domingo; abierto de 12.00 a 23.00 los lunes, de 12.00 a 1.00 de martes a sábado, de 12.00 a 22.30 los domingos) tiene fama de estar a la vanguardia de todas las formas del arte. Aquí se ofrecen danza, películas desconocidas, fotografía, arte, teatro, conciertos, conferencias, obras multimedia o presentaciones de libros.

El complejo consta de librería, galería, cine, bar, teatro y el ***ICA café*** (véase *Dónde comer).*

Subiendo las escaleras contiguas al ICA hacia Waterloo Place, se ve la **columna del duque de York,** que rinde homenaje a uno de los hijos de Jorge III. Fue erigida en 1834 y, aun siendo 6 m más alta que la de Nelson en Trafalgar Sq, nunca ha atraído la atención de la gente tanto como ésta.

Parque y palacio de St James

El parque de St James *(☎ 7930 1793, The Mall SW1; ⊖ St James´s Park; abierto diariamente desde las 5.00 hasta el anochecer)* es el más cuidado y regio de los jardines reales de la capital británica y ofrece magníficas vistas: Westminster, el palacio de St James, la Carlton Terrace y la Horse Guards Parade. La mejor panorámica del palacio de Buckingham se aprecia desde el puente peatonal sobre el lago del parque. En verano, los arriates de flores dan un toque suntuoso y colorido; algunos de los árboles, parterres y arbustos se han replantado con el fin de imitar los jardines originales de John Nash. Aunque lo que hace a este parque tan especial es su gran lago y sus aves acuáticas, entre ellas un grupo de pelícanos. Esta especie habita aquí desde el reinado de Jaime I, cuando el embajador de Rusia le regaló unos ejemplares. Sin embargo, ahora vienen de Florida y pueden ser violentas.

La llamativa torre Tudor de entrada al **palacio de St James,** la única parte que resta de un edificio iniciado en 1530 por Enrique VIII, obsesionado por los palacios, sale al paso yendo desde St James´s St a la parte norte del parque. Residencia del príncipe Carlos y sus hijos, William y Harry, no esta abierto al público. La princesa Diana, que odiaba este lugar, vivió aquí hasta su divorcio de Carlos y se traslado al palacio de Kensington en 1996. Irónicamente se pensó en este lugar como el más apropiado para su entierro después de su muerte en 1997. Los embajadores extranjeros en el Reino Unido aún se acreditan ante la "corte de St James". Al lado se encuentra la **residencia Clarence** (Clarence House, 1828), donde vivió de la reina madre.

Residencia Spencer

Fuera del parque se encuentra Spencer House *(☎ 7499 8620, www.spencerhouse.co.uk, 27 St James´s Place SW1; ⊖ Green Park adultos/estudiantes y menores de 16 años 6/5 £; abierta los domingos de 10.30 a 17.30 de febrero a julio y de septiembre a diciembre),* construida por el primer conde Spencer, antepasado de Diana de Gales, en estilo palladiano entre 1756 y 1766. Los Spencer se mudaron aquí en 1927 y, con el tiempo, su gran casa se convirtió en oficina, pero la reciente restauración emprendida por lord Rothschild le ha devuelto su antigua gloria. Sólo se puede acceder con una visita guiada. Los jardines abren de 14.00 a 17.00 dos domingos durante el verano. La entrada cuesta 3,50 £.

Palacio de Buckingham

Al final de The Mall, donde los parques de Saint James y Green confluyen en una amplia glorieta, se eleva el palacio de Buckingham *(☎ 7839 1377, www.the-royal-collection.org.uk; ⊖ St James´s Park/Victoria; adultos/jubilados/menores de 17 años/familias 11/9/5,50/27,50 £; abierto de 9.30 a 16.30 diariamente en agosto y septiembre).* En el centro de la plaza se halla el **monumento a la reina Victoria,** cercano al lugar donde se encontraba Marble Arch (arco de mármol) antes de que lo trasladasen en 1851 a su emplazamiento actual. Realizado por Thomas Brock en 1911, tallado en un solo bloque de mármol de casi 25 metros de altura, representa a la reina sentada y con la mirada hacia el este, rodeada de figuras alegóricas que representan la Caridad, la Verdad y la Justicia cerca de la base, además del Progreso, la Pintura, la Construcción naval y otras.

El palacio se construyó en 1705 como residencia del duque de Buckingham, y ha sido el hogar londinense de la familia real desde 1837, al considerar el de St James pasado de moda y poco solemne. De las 661 habitaciones, tan sólo 19 están abiertas al público durante ocho semanas en verano, entre ellas el enorme salón de baile. No se permite ver el dormitorio de la reina, que comparte con el duque de Edimburgo: una suite de 12 habitaciones en el ala norte, de cara a Green Park. Mucha gente encuentra esta visita cara y decepcionante.

El circuito comienza en el **cuerpo de guardia,** demasiado pequeño para realizar la ceremonia de la guardia, que se despliega a las habitaciones adyacentes. Continúa en el **comedor oficial,** amueblado en damasco rojo y Regencia, con un retrato de Jorge III ataviado con pieles. La **galería de pintura de la reina Victoria,** de 76,5 metros de largo, alberga obras de Van Dyck, Rembrandt, Canaletto, Poussin y Vermeer. En la **sala azul** destaca el magnífico artesonado de John Nash. En la **sala blanca** el monarca recibe a los embajadores; y en el **salón de baile** tienen lugar los banquetes y recepciones oficiales.

En el **salón del trono,** las sillas rosadas reservadas para la pareja real con las iniciales "ER" y "P" se sitúan petulantes bajo lo que parece un arco de escenario. Antes se permitía a los turistas pasear por la parte sur de los espléndidos jardines de palacio, desde donde se veía su hermoso lago.

Las entradas para el palacio se venden en un quiosco de aspecto futurista, al norte de Green Park, abierto de 9.00 a 16.00 todos los días desde una semana antes del comienzo de la temporada. Se pueden reservar con tarjeta de crédito en ☎ 7321 2233.

Cambio de guardia. Ésta es una de las atracciones típicas. Cuando la vieja guardia (Guardia de Infantería del Regimiento de la Casa Real) ha cumplido su servicio, es relevada por otra nueva, frente al palacio de Buckingham, lo que ofrece a los turistas la oportunidad de admirar los uniformes de color rojo vivo, los sombreros de piel de oso (se contempla la posibilidad de hacerlos con material sintético), las órdenes y la marcha. Conviene llegar temprano para conseguir un buen sitio y poder apreciar la ceremonia, que se celebra todos los días a las 11.30 de abril a agosto, y en días alternos (normalmente los impares) el resto del año. Por si hubiese alguna modificación, se recomienda telefonear a London Line, ☎ 09068 663344 (60 p minuto). Para informarse sobre el cambio de la guardia montada en Whitehall, véase "Whitehall" anteriormente.

Galería de la Reina. Aquí se exponen pinturas, dibujos, estampas, miniaturas y grabados de la abundante Colección Real *(☎ 7839 1377, 7799 2331; www.the-royal-collection.org.uk; ala sur del palacio de Buckingham, puerta de Buckingham).* Diseñada por Nash como invernadero, se convirtió en una capilla para la reina Victoria en 1834, fue destruida en 1940 durante un ataque aéreo y se reabrió como galería en 1962. Es relativamente pequeña pero, después de una rehabilitación de 10 millones de libras, se ensanchó el vestíbulo, se añadió un pórtico dórico y se amplió

RICHARD I'ANSON

La reina Victoria, inalcanzable en la cúspide de su monumento de mármol blanco.

el espacio destinado a exposiciones, con ocasión del cincuenta aniversario de la reina Isabel II.

Royal Mews. Al sur del palacio, el Royal Mews *(☎ 7839 1377, 7799 2331; www.the-royal-collection.org.uk, Buckingham Palace Rd SW1; ⊖ Victoria; adultos/jubilados/menores de 17 años/familias 4,60/3,60/2,60/11,80 £; abierto de 10.30 a 16.30 de lunes a jueves en agosto y septiembre, de 12.00 a 16.00 de martes a jueves de octubre a julio)* fue originalmente un coto de cetrería, pero ahora alberga los llamativos vehículos que utiliza la realeza para las grandes ceremonias, incluido la sorprendente carroza oficial de oro, de 1762, que se usa para las coronaciones desde Jorge III, y la carroza de cristal de 1910, para las bodas reales. No se deben olvidar los establos, diseñados por John Nash alrededor de 1820, donde están los Queen's Cleveland Bays (caballos bayos de la reina) y los Windsor Greys (caballos tordos).

Green Park

Unido al parque de St James al noroeste, al otro lado de The Mall, Green Park *(☎ 7930 1793, Piccadilly W1; ⊖ Green Park; abierto diariamente desde las 5.00 hasta el anochecer)* es un jardín menos bullicioso y más ondulado, con árboles y espacios abiertos. Fue antaño campo de duelos y, al igual que Hyde Park, durante la Segunda Guerra Mundial, un huerto. Suele ser más tranquilo que su ilustre vecino. Si se tiene que ir a Hyde Park Corner desde, por ejemplo, el palacio de Buckingham, es más ameno cruzar el parque paseando que tomar el metro o el autobús.

Mayfair

Es uno de lo barrios más selectos de Londres –como bien sabe cualquiera que haya jugado al Monopoly inglés–. Su corazón es **Grosvenor Square,** dominada por la embajada de Estados Unidos en la parte oeste y la **estatua de Franklin D. Roosevelt** en el centro, envuelto en una capa y apoyado en un bastón. Inaugurada por Eleanor Roosevelt en 1948, se costeó gracias a 200.000 británicos que aportaron cinco chelines (25 p actuales) cada uno. Tal fue la popularidad del trigésimo segundo presidente americano después de la Segunda Guerra Mundial que en 24 horas se alcanzó la suma de 50.000 libras.

Otro famoso punto de referencia de Mayfair es **Berkeley Square,** donde tal vez canten aún los ruiseñores entre los árboles, aunque sea imposible oírlos debido al tráfico. La casa del nº 44, parte del club Clermont, todavía mantiene la magnífica verja de hierro, llena de matacandelas para apagar el fuego de las antorchas que llevaban los lacayos.

WEST END: DE PICCADILLY AL SOHO Y COVENT GARDEN (planos 6, 7 y 8)

Aunque los londinenses nunca se han puesto de acuerdo en cuáles son los límites precisos del West End, puede decirse que abarca Piccadilly Circus y Trafalgar Square al sur, Oxford St y Tottenham Court Road al norte, Regent St al oeste, y Covent Garden y Strand al este. Mezcla embriagadora de consumismo y cultura, en el West End conviven magníficos museos y galerías con baratijas para turistas, mientras edificios mundialmente conocidos y monumentos comparten sus calles con salas de juego y algunas de las tiendas más conocidas de la capital. Este es el Londres de las postales, de los puestos de camisetas y también de la memoria popular.

Piccadilly Circus (plano 7)

Aquí se encuentra la estatua del Ángel de la Caridad Cristiana, popularmente conocida como Eros y dedicada a lord Ashley, el conde victoriano de Shaftesbury, quien defendió la reforma social e industrial. Éste fue el primer monumento de aluminio construido en la ciudad y su inauguración en 1893 desató polémicas. La gente prefiere la estatua situada entre Piccadilly y Haymarket: los **Caballos de Helios,** con sus palpitantes ollares y los chorros de agua. Es un buen punto de encuentro.

Piccadilly Circus era el centro de la vida londinense, donde las floristas vendían su mercancía, se concertaban citas y la gente se encontraba. Hoy en día está muy contaminado y ha perdido interés, dominado por los supermercados de discos y el Rock Circus.

Las calles que salen de Piccadilly Circus son otra historia. Hacia el noreste está **Shaftesbury Ave,** corazón teatral londinense, llamado así por el conde epónimo. Hacia el este, Coventry St conduce, pasando por Planet Hollywood, hasta Leicester Square y Covent Garden. Hacia el sur, en Regent St, se pasa por el Centro Británico de Visitantes, mientras que en la paralela Haymarket se encuentra la oficina principal de American Express, la Casa de Nueva Zelanda y el antiguo Hotel Carlton, en el que trabajó como camarero, en 1913, el líder revolucionario vietnamita Ho Chi Minh (1890-1969). Hacia el oeste se extiende la calle también llamada Piccadilly, que conduce a Hyde Park Corner, pasando por Fortum & Mason, la Real Academia y Green Park. Desde la esquina noroeste de la plaza, Regent St, llena de elegantes galerías comerciales, se curva hacia el norte hasta Oxford Circus.

Rock Circus. Aunque parezca extraño, el Rock Circus *(☎ 7734 7203, 0870 400 3030, www. rock-circus.com, London Pavilion, Piccadilly Circus W1; ⊖ Piccadilly Circus; adultos/jubilados y estudiantes/niños 8,25/ 6,95/5,95 £; abierto de 10.00 a 17.30 de miércoles a lunes y de 11.00 a 17.30 los martes, de fines de junio a principios de septiembre; de 10.00 a 20.00 lunes, miércoles, jueves y domingos; de 11.00 a 20.00 los martes, y de 10.00 a 21.00 viernes y sábados, el resto del año)* es una de las atracciones más populares de la capital, a pesar de ser uno de los lugares más horteras para el turista. Se puede ver un vídeo de cinco minutos sobre la historia del rock y un espectáculo de autómatas que sincronizan sus labios con la música mientras se mueven bruscamente como títeres con instrumentos: Michael Jackson, Bryan Ferry, los Beatles y las Spice Girls.

Trocadero de Londres. Es un enorme centro de seis plantas dedicado al ocio *(☎ 09068 881100, www.troc.co.uk, 1 Piccadilly Circus W1; ⊖ Piccadilly Circus; gratuito; abierto diariamente de 10.00 a 1.00)* que cuenta con varias atracciones de alta tecnología cuyo eje es Funland, el parque temático del interior. Constituye un lugar ideal

SIMON BRACKEN

La estatua de Eros en Piccadilly Circus es una plegaria en vuelo.

para llevar a los niños, aunque la excursión no será ni tranquila ni barata. La entrada es gratuita, pero habrá que pagar 3 £ por cada una de las ocho atracciones (o bien comprar bonos de 2/5/12/26 viajes que cuestan 5/10/ 20/40 £), entre las que se incluyen el Max Flight y el Cybersled, asi como karts, autos de choque y boleras.

También se puede acabar medio muerto en el **Scream Ride** (3 £) o ver una película en una de las siete pantallas del **UGC Trocadero** *(☎ 0870 907 0716)*. Además, Funland cuenta con más de 400 videojuegos capaces de mantener ocupado incluso al más hiperactivo.

Piccadilly (plano 7)

De la calle que discurre en dirección oeste desde Piccadilly Circus se dice que toma el nombre de los *picadils*, cuellos o gorgueras rígidas, de moda en la corte en el siglo XVII, confeccionados por un sastre que construyó aquí su casa. Según se sale de Piccadilly Circus se ve a la izquierda **Saint James's**

Piccadilly *(☎ 7734 4511, 197 Piccadilly W1; abierto diariamente de 8.00 a 19.00)*, diseñado por sir Christopher Wren después del gran incendio de 1666. Es otra de esas iglesias con vida social, donde se come y se escuchan conciertos, y también tienen lugar en ella un **mercadillo de antigüedades** (los martes de 8.00 a 18.00) y una **feria de artesanía** (de 10.00 a 18.00 de miércoles a domingo).

A la derecha se encuentra la **Real Academia de las Artes** *(☎ 7300 8000, www.royalacademy.org.uk, Burlington House, Piccadilly W1; ⊖ Green Park; adultos/jubilados y estudiantes/de 12 a 16 años/de 9 a 11 años 7/6/2,50/1,50 £ durante la Exposición de Verano; abierto los domingos entre 10.00 y 18.00, los viernes de 10.00 a 22.00)*, que ha albergado algunas exposiciones de gran resonancia en los últimos años; su *Monet en el siglo XX,* a principios de 1999, fue visitada por 800.000 personas en sólo tres meses y obligó a la academia a permanecer abierta las últimas 36 horas. Desde primeros de junio a mediados de agosto tiene lugar su tradicional Exposición de Verano. Aunque no sea extraordinaria, no parece importar cuando se realiza en una de las pocas mansiones londinenses del siglo XVIII que se conservan.

Al lado oeste de la academia está **Burlington Arcade** *(51 Piccadilly W1)*, que fue construida en 1819. En ella se comercializan antigüedades y objetos exclusivos. Los Burlington Berties son guardas uniformados que patrullan el centro comercial para evitar alborotos, silbidos y los poco elegantes globos de chicle. A la derecha según se sale puede verse, en los jardines de Burlington, un imponente edificio de estilo italiano del siglo XIX que fue hasta hace poco el Museo de Mankind y que ahora alberga el Departamento de Etnografía del Museo Británico.

En dirección oeste a través de los jardines se llega a Old Bond St, donde se pueden encontrar galerías comerciales de arte. La **Royal Arcade** *(28 Old Bond St W1 o 12 Albemarle St W1)*, que discurre en dirección oeste, es una calle cubierta llena de carísimas tiendas donde se venden tanto productos ingleses como chaquetas de caza, tabaco de pipa, jerséis de cachemira y pantalones de golf. Se construyó en 1879 y refleja la pasión de la época por el estilo Neogótico. Un poco más al norte, New Bond St lleva hasta la estatua de Winston Churchill y Franklin D. Roosevelt sentados en un banco, también conocida como los ***Aliados***, realizada por Lawrence Holofcener in 1995.

Al suroeste de Old Bond St, bordeando Green Park, está ***The Ritz*** (véase el capítulo *Dónde dormir)*, quizá el más resplandeciente de los hoteles de lujo de la capital. Fue una de las primeras construcciones realizadas con estructura de acero, pero esto probablemente no interese demasiado si lo que se desea es ir a tomar té (véase el recuadro "Los mejores tés" en *Dónde comer)*.

Si se sigue por Piccadilly hacia el suroeste se llega a **Hyde Park Corner.**

Regent Street (plano 7)

En un principio fue diseñada por John Nash como un camino ceremonial que unía la residencia Carlton, vivienda urbana del príncipe regente demolida hacía tiempo, con las lejanías del Regent Park; más tarde se convirtió en un nexo entre el Soho de clase obrera y la adinerada zona residencial de Mayfair. La calle está bordeada de tiendas con elegantes escaparates que se remontan a 1925. Aquí se encuentra ***Hamley's***, la mayor juguetería de la ciudad, y los aristocráticos grandes almacenes ***Liberty*** (véase el capítulo *De compras)*. Si se va en dirección este por Great Marlborough St, se llega al extremo norte de **Carnaby St,** que discurre paralela a Regent St. Ésta fue la calle de moda en el *swinging London* de la década de 1960. Toda la zona (ahora peatonal y llena de tiendas entre las calles Beak, Ganton y Kingly) está reviviendo para el turismo.

All Souls, Langham Place (plano 6). Esta encantadora iglesia *(☎ 7580 3522, Langham Place W1; ⊖ Oxford Circus; gratuita; abierta de 9.30 a 18.00 de domingo a viernes)* fue una solución de John Nash para la curva del norte de Regent St. Posee un pórtico circular de columnas y un singular chapitel de aguja que recuerdan a un templo griego. La iglesia no gustó mucho cuando se terminó en 1824; una viñeta contemporánea de George Cruikshank muestra a Nash, compungido, con el capitel atravesándole el trasero, y debajo el texto "Nashional Taste!!!" (¡gusto *nashional!,* juego de palabras entre *national* y *Nash).* Muy afectada por los bombardeos nocturnos de la capital, durante la Segunda Guerra Mundial, fue reformada en 1951.

Broadcasting House (plano 6). Enfrente de All Souls, hacia el norte, se encuentra la Broadcasting House, desde donde comenzó sus emisiones radiofónicas la BBC en 1932. Hay una tienda que vende algunos vídeos, discos, cintas y libros relacionados con los programas de la cadena (abre de 9.30 a 18.00 de lunes a sábado y de 10.00 a 17.30 los domingos). También es posible visitar los estudios de televisión de la BBC.

Oxford Street (planos 6 y 7)

Aunque fue en un tiempo la más elegante calle comercial, Oxford St resulta decepcionante, especialmente si se sale de la estación Oxford Circus y se avanza hacia el este hasta Tottenham Court Rd y las magníficas tiendas de discos HMV y Virgin. Da la impresión de hallarse en constante desafío con los permanentes anuncios de las últimas rebajas. Es mejor ir al oeste desde Oxford St en dirección a Marble Arch, donde se encuentran los grandes almacenes famosos, como John Lewis y Selfridges (véase más adelante el capítulo *De compras).*

Soho (planos 6 y 7)

Al este de Regent St y al sur de Oxford St, con Shaftesbury Ave y Charing Cross Rd hacia el sur y el este respectivamente, se encuentra el Soho, uno de los rincones más atractivos, lugar de diversión y juegos después de anochecer. Aunque es difícil de creer, esta zona fue un coto de caza y *"so-ho!"* era un grito de reunión, algo como el *"tally-ho"* del cazador; de ahí su nombre. Hace una década el Soho era un barrio con muy mala fama, lleno de clubes y espectáculos de *strip-tease* y pornografía en los que hombres incautos perdían con facilidad la cartera. Algunos de estos locales todavía existen, pero conviven con las salas, bares y restaurantes más de moda (para más información véanse más adelante los capítulos *Dónde comer* y *Ocio).*

Museo de Haendel (plano 6). Es el primer museo de Londres dedicado a un compositor. El nuevo museo Haendel *(☎ 7495 1685, 23-25 Brook St W1; ⊖ Bond Street/Oxford Circus; entrada adultos/jubilados y estudiantes/niños 4,50/3,50/2 £; abierto martes, miércoles, viernes y sábado de 10.00 a 18.00; los jueves de 10.00 a 20.00, y los domingos de 12.00 a 18.00)* rememora la vida y época del compositor alemán George Friederic Haendel (1685-1759) que vivió en el nº 25 desde 1723 hasta su muerte, 36 años después. Haendel se mudó a la capital en 1712 y en 1726 obtuvo la ciudadanía. Como compositor de la corte escribió aquí algunas de sus obras más célebres, entre ellas *Música acuática* (1717) y *El Mesías* (1741). De entre las piezas más interesantes del museo, sobresalen las primeras ediciones de sus óperas y oratorios, los arreglos escritos a mano por Mozart a una fuga de Haendel, obras de arte de su época y los famosos retratos realizados por Philip Mercier en 1730.

Parece una ironía del destino que la casa contigua, la nº 23 (ahora parte del museo), la ocupase un músico tan diferente de Haendel como el guitarrista americano Jimi Hendrix (1942-1969), que residió aquí desde 1968 hasta su muerte.

Leicester Square (planos 6, 7 y 8)

A pesar de los esfuerzos para mejorarla y de la existencia de cuatro grandes cines, algunas discotecas, pubs, bares y restaurantes, la

CHARLOTTE HINDLE

No es la calle más histórica de la ciudad sino el sueño de los que salen de compras.

peatonal Leicester Square parece más una zona de tránsito entre Covent Garden y Piccadilly Circus que un lugar con vida propia. No hay visitante que no pase por ella en algún momento, pero es difícil imaginar cómo artistas como Joshua Reynolds y William Hogarth decidieron vivir aquí en tiempos.

El trozo de césped situado en medio de la plaza resulta aceptable para merendar si no quedan energías para llegar al parque de St James. La fuente del centro se erigió en honor a Shakespeare y tiene una pequeña estatua de Charlie Chaplin en uno de sus lados. También hay placas en el suelo que registran las distancias entre las capitales de los países de la Commonwealth y Londres. En las aceras de fuera están impresas las huellas de las manos de varias estrellas de Hollywood, ya que aquí se estrenan muchas películas británicas.

Chinatown (planos 7 y 8)

Inmediatamente al norte de Leicester Square se encuentran las calles Liske y Gerrard, el corazón de Chinatown en la capital británica, cuyos carteles están escritos tanto en inglés como en chino y donde son frecuentes los farolillos rojos y las puertas con lunas y dragones. Aquí se puede comprar comida china a altas horas de la noche; siempre hay algún sitio abierto las 24 horas (véase "El West End: Piccadilly, Soho y Chinatown" en *Dónde comer*). Para ver este barrio en todo su esplendor la mejor ocasión es el Año Nuevo chino, que se suele celebrar entre finales de enero y principios de febrero, cuando miles de petardos estallan en las calles y se representan las danzas del dragón.

Covent Garden (plano 8)

En la década de 1630, Íñigo Jones transformó lo que comenzó siendo una huerta de la abadía de Westminster en la elegante plaza –o *piazza*– de Covent Garden. En aquel tiempo era frecuentada por escritores como Pepys, Fielding y Boswell en busca del estímulo de la vida nocturna. Sin embargo, en época victoriana se estableció allí un mercado de frutas y verduras (inmortalizado en *My Fair Lady,* la adaptación cinematográfica (1964) de *Pigmalión* (1912) de George Bernard Shaw. Cuando en la década de 1980 el mercado se trasladó a Nine Elms, en Battersea, el solar se convirtió en una de las mecas turísticas del centro de Londres, al construirse comercios en los viejos soportales: donde los tenderos vendían productos frescos, ahora se comercializan antigüedades, ropa y baratijas por encima de su precio.

Aunque lleno de gente, Covent Garden (*⊖ Covent Garden)* sigue siendo en verano uno de los pocos lugares de la capital británica donde se puede pasear y disfrutar en una esquina tranquila de los músicos callejeros.

Mirando hacia el sureste se encuentra la **iglesia de St Paul** *(☎ 7836 5221, Bedford St WC2; gratuita; abierta de lunes a viernes de 9.00 a 16.30, los domingos de 9.00 a 12.30)*, desde hace tiempo relacionada con el teatro y los actores. Dentro hay monumentos dedicados a algunas estrellas del escenario y la pantalla como Charlie Chaplin y Vivian Leigh, que nacieron en Inglaterra. La diseñó, alrededor del año 1630, Íñigo Jones, quien la definió como "el granero más bonito de Inglaterra": es un pequeño rectángulo de piedra con un tejado a dos aguas. En la plaza de enfrente, Samuel Pepys contempló el primer espectáculo del clásico teatrillo inglés de marionetas *Punch y Judy* en 1662; todavía se puede asistir allí a representaciones.

Al sureste de la plaza se encuentran los recintos Jubilee y Floral, donde se instalan puestos (véase el capítulo *Mercados de Londres)*. En excavaciones llevadas a cabo por el Museo de Londres en esta zona se han descubierto restos del asentamiento sajón de Lundenwic, como casas de adobe.

Más allá de la plaza hay calles con mucho ajetreo llenas de bares, restaurantes y tiendas de ropa y objetos de diseño. Al norte, en Floral St, tienen sus sucursales diseñadores como Paul Smith, Joseph, Jones y Agnès B. Una manzana más al norte se encuentra Long Acre, con las ostentosas Kookaï, Boss, Versace y Marks & Spencer. También aquí hay librerías (entre las que está Standford's con sus mapas y guías) y el Colegio St Martin de Moda y Diseño. Neal St, un callejón estrecho que va desde Long Acre a Shaftesbury Ave, es especialmente recomendable tanto para ir de compras como para comer

RICK GERHARTER

Té y sinfonía en el vestíbulo sur de Covent Garden para relajarse después de unas compras.

(para más detalles sobre Neal's Yard véase *Dónde comer).*

Al noreste de la plaza se encuentra la remodelada **Royal Opera House** *(☎ 7304 4000, www.royaloperahouse.org, Bow St WC2).* Abierta al público todo el día, ofrece visitas guiadas (adultos/jubilados y estudiantes 7/6 £) a las 10.30, 12.30 y 14.30 de lunes a sábado. Para informarse sobre venta de entradas para actuaciones, véase el apartado "Ópera" en el capítulo *Ocio.*

Museo del Transporte de Londres (plano 8)

Situado en la esquina de Covent Garden, entre Jubilee Hall y el restaurante Tutton's, el Museo del Transporte *(☎ 7565 7299, www lt museum.co.uk, Covent Garden Piazza WC2; adultos/jubilados, estudiantes y niños hasta 16 años 5,95/3,95 £; abierto de sábados a jueves de 10.00 a 18.00, viernes de 11.00 a 18.00)* muestra cómo la ciudad pasó de los coches de caballos a los trenes de la DLR y la ultramoderna linea Jubilee, que discurre a través de calles atestadas de automóviles. A los niños les encantarán todas las exposiciones prácticas y las actividades de la interactiva KidZone, que incluye un simulador de metro.

Museo del Teatro (plano 8)

Dependiente del Museo Victoria y Alberto, el Museo del Teatro *(☎ 7943 4700, www.theatremuseum.org, Russell St WC2; ⊖ Covent Garden; gratuito; abierto de 10.00 a 18.00 de martes a domingos)* expone vestuario y elementos relacionados con el teatro y también, desde hace poco, con la ópera y el ballet. Tiene recuerdos de grandes actores como David Garrick, Edmund Kean, Henry Irving y Ellen Terry, y trajes que vistió la diva del ballet Margot Fonteyn. Antes de pasar por un corredor en el que algunos actores famosos han dejado sus manos impresas, se puede asistir a demostraciones de cómo se aplica el maquillaje y también ver grabaciones del National Video Archive of Stage Performance.

El Strand (plano 6)

A finales del siglo XII, los nobles construyeron sólidas casas de piedra con jardines a lo largo de la "playa" *(strand)* del Támesis. El Strand unía Westminster, sede del poder político, con la City, el centro industrial y comercial. Se convirtió en uno de los lugares de residencia más prestigiosos de la ciudad en el siglo XIX. Disraeli la proclamó la calle más elegante de Europa. Actualmente en su extensión de 1.609 m se suceden tiendas, hoteles elegantes, teatros y oficinas, en cuyos portales los indigentes tienden sus sacos de dormir por las noches. Para más información, véase la excursión por Fleet Street y el Strand al final de este capítulo.

Residencia Somerset. Esta obra maestra de estilo palladiano *(☎ 7845 4600, wwwsomerset-house.org.uk; ⊖ Temple/Covent Garden)*, diseñada por William Chambers en 1775, alberga tres fabulosos museos: la Galería Courtlaud, la Colección Gilbert de Artes Decorativas y las Salas del Hermitage. El gran patio central, que se empleó durante mucho tiempo como aparcamiento para funcionarios, es ahora el escenario de 55 fuentes en constante movimiento, abiertas al público diariamente desde las 7.30 hasta las 23.00. También se celebran conciertos todos los jueves a las 19.00, de finales de junio a finales de julio (11/9 £ adultos/reducido), y en invierno se instala una pista de patinaje sobre hielo. Existen también recorridos de 45 minutos por los lugares más interesantes todos los martes, jueves y sábados a las 11.00 y a las 15.15, que cuestan 2,75 £.

PAUL BIGLAND

La llamativa residencia Somerset, en el Strand, alberga tres magníficas colecciones de arte.

Galería Courtauld. Situada en el ala norte (o Strand Block), la Courtauld *(☎ 7848 2526, www.courtauld.ac.uk, Somerset House, The Strand WC2; adultos/jubilados y estudiantes 4/3 £, menores de 18 años; lunes de 10.00 a 14.00 gratuito; entrada combinada para la Colección Gilbert y la Galería Courtauld adultos/jubilados y estudiantes 8/5 £; abierta diariamente de 10.00 a 18.00 de mediados de abril a agosto, los viernes de 10.00 a 21.00 de finales de julio a principios de septiembre; el resto del año de lunes a sábados de 10.00 a 18.00 y domingos de 12.00 a 18.00)* expone algunas de las magníficas pinturas del Instituto Courtauld en un entorno recién rehabilitado. Incluye obras de Rubens *(Paisaje nocturno)*, Bellini, Velázquez, Cranach *(Adán y Eva)* y Botticelli *(La Trinidad)*. Para muchos, lo más memorable son las muestras de arte impresionista y postimpresionista, representadas por Van Gogh, Cézanne, Rousseau, Gauguin, Toulouse-Lautrec, Manet, Pissarro, Sisley, Renoir, Degas y Monet.

La galería cuenta también con una pequeña exposición de artistas de Bloomsbury del siglo XX, como Duncan Grant, Vanesa Bell y Roger Fry, junto con mobiliario colorista de los talleres Omega (también de Bloomsbury), influenciado por las máscaras africanas y otros objetos etnográficos que constituyeron entonces todo un descubrimiento.

Hay visitas guiadas de una hora de duración los martes, jueves y sábados al mediodía (5,50/5 £ adultos/reducido, incluida la entrada). Cuenta con una ***Coffee Gallery*** en Museum St (véase la sección de Bloomsbury en *Dónde comer)*.

Colección Gilbert de Artes Decorativas. Las bóvedas situadas bajo South Terrace, donde está alojada la Colección Gilbert, ofrecen una de las mejores vistas del Támesis *(☎ 7420 9400, www.gilbert-collection.org.uk, Somerset House, The Strand; adultos/jubilados y estudiantes/menores de 18 años o de 16.30 a 17.30 5/4 £/gratis; entrada combinada para la Colección Gilbert y la Galería Courtauld adultos/jubilados y estudiantes 8/5 £; abierto diariamente de 10.00 a 18.00)*. Esta valiosa colección incluye plata europea, cajas de rapé de oro, mosaicos italianos y retratos ingleses en miniatura de los siglos XVIII y XIX, legado del empresario Arthur Gilbert, natural de Londres pero residente en Estados Unidos. Las visitas guiadas de una hora se realizan los martes, jueves y sábados a las 14.00 (5,50/5 £ adultos/reducido, incluida la entrada).

Salas del Hermitage. Las Hermitage Rooms (*☎ 7845 4630, www.hermitagerooms.com, Somerset House, The Strand WC2; adultos/reducido/menores de 5 años 6/4 £/gratis; abierto diariamente de 10.00 a 18.00 de mediados de abril a agosto, los viernes de 10.00 a 21.00 de julio a principios de septiembre; el resto del año de 10.00 a 18.00 de lunes a sábado y domingos de 12.00 a 18.00)* comparten espacio con la Colección Gilbert en South Terrace. Albergan tesoros de la pintura antigua, medallas, joyas, escultura clásica y otros, procedentes del Museo Hermitage de San Petersburgo en una exposición itinerante que va cambiando cada 6 o 10 meses.

Real Tribunal de Justicia

Hacia el extremo este del Strand, donde se une con Fleet St, se abre el **Royal Courts of Justice** (*☎ 7936 6000, 460 The Strand; gratuito; abierto de lunes a viernes de 9.00 a 16.30*), una colosal combinación de agujas góticas, pináculos y piedra bruñida de Portland, diseñada por G. E. Street en 1874. Éste es el lugar donde se juzgaban los casos civiles y donde muchas apelaciones han dejado su huella. Los asuntos criminales se destinaban a la comúnmente conocida Old Baley, cerca de la catedral de St Paul (véase "Tribunal Criminal Central" más adelante).

Está permitida la entrada para asistir a procesos (a menos que sean juicios cerrados). Hay medidas de seguridad como en los aeropuertos y las cámaras están prohibidas.

BLOOMSBURY (planos 3, 4 y 6)

Se halla al este de Tottenham Court Rd y al norte de High Holborn, al sur de Euston Rd y al oeste de Gray's Inn Rd. Aquí se mezclan la Universidad de Londres, el Museo Británico, arquitectura y hermosas plazas de estilo georgiano, historia literaria, tráfico, oficinistas, estudiantes y turistas. **Russell Square (plano 6)**, la plaza más grande de Londres, que constituye el corazón mismo de Bloomsbury, fue construida en el año 1800 y ha experimentado una reciente reforma, con el añadido de una fuente de 10 metros de altura.

En el período de entreguerras, sus agradables calles fueron ocupadas por el llamado Grupo de Bloomsbury, formado por artistas e intelectuales. Los novelistas Virginia Wolf y E. M. Foster y el economista John Maynard Keynes son quizá los más conocidos. El centro literario era **Gordon Square (plano 3)**, donde vivieron Bertrand Russell en el nº 57; Lytton Strachey en el nº 51; Vanesa y Clive Bell, Maynard Keynes y la familia Wolf en el 46; y Strachey, Dora Carrington y Lidia Lopokova (posterior esposa de Maynard Keynes) en el 41. No todos los edificios (muchos de los cuales pertenecen ahora a la universidad) están marcados con placas azules.

Hasta hace unos años, en la preciosa **Bedford Square (plano 6)**, la única completamente georgiana que se conserva en Bloomsbury, tenían sede muchas editoriales, que tuvieron que trasladarse al oeste debido al empuje de las multinacionales. Entre ellas figuraban Jonathan Cape, Chatto y Bodley Head (fundada por Virginia Woolf y su marido Leonard); fueron, en parte, responsables de crear y mantener la leyenda del Grupo de Bloomsbury, publicando interminables colecciones de cartas, memorias y biografías.

Museo Británico (plano 6)

El Museo Británico (*☎ 7323 8000, www.thebritishmuseum.ac.uk, Great Russell St WC1; ⊖ Tottenham Court Road/Russell Square; gratuito, donativo sugerido 2 £; abierto de sábados a miércoles de 10.00 a 17.30, jueves y viernes de 10.00 a 20.30*) es el mayor de Inglaterra y uno de los más antiguos del mundo. Asimismo, constituye la mayor atracción turística de Londres, con cerca de seis millones de visitantes anuales.

Posee una colección muy abundante, variada y tan rica que puede resultar abrumadora. No se debe intentar ver todo en un día; la entrada es gratuita, así que es mejor ir varias veces para apreciar las exposiciones con calma. El edificio es imponente. Diseñado por

De interés en el Museo Británico

- Objetos de bronce de Benin.
- Los mármoles de Elgin.
- Las momias egipcias.
- La piedra Rosetta.
- El tesoro del *Sutton Hoo*.
- El ajedrez Lewis.
- El tesoro de Mildenhall.
- El escudo de Battersea y el yelmo de Waterloo.
- El hombre de Lindow.
- El tesoro de Oxus.
- El vaso Portland.

Robert Smirke en 1823, se terminó en 1847, menos la sala central de lectura, con su gran cúpula de cobre, que no quedó acabada hasta diez años después. La colección se originó a partir de las curiosidades recopiladas por sir Hans Sloane, que vendió al país en 1753; posteriormente, se enriqueció con manuscritos y libros de otras dos grandes bibliotecas.

El Museo Británico tiene dos entradas: el solemne pórtico principal diseñado por Smirke en Great Russell St, al sur, y otra trasera que da a Montague Place, al norte, menos congestionada. En los puestos de información que hay a derecha e izquierda de la puerta principal se puede consultar la lista de visitas guiadas gratuitas (véase "Visitas guiadas" más adelante). Si se prefiere ver el museo individualmente, es recomendable utilizar un plano: la *Visit Guide* cuesta 2,50 £ y propone un recorrido muy claro para contemplar las obras más importantes.

Desde la entrada principal se puede elegir entre subir las escaleras o empezar por la izquierda. Para realizar el circuito rápido, se recomienda ir hacia la izquierda hasta las galerías que albergan los antiguos hallazgos asirios de Nimrud, Nínive y Jorsabad (salas 6 a 10). Lo que más llama la atención son los grandes leones alados con cabezas humanas (siglo IX a.C.) que protegían el palacio real en Nimrud. Los bajorrelieves de la cacería de leones datan del siglo VII a.C. Hacia el este, en la sala 4, pueden verse esculturas egipcias y la **piedra Rosetta,** descubierta en 1799 y esculpida en dos formas de egipcio antiguo (jeroglífico y demótico), además de griego antiguo. Esta piedra fue la clave para descifrar los jeroglíficos que hasta entonces habían supuesto un problema insoluble para los estudiosos. Las famosas **momias egipcias** se encuentran en las salas 62 y 63 de la planta superior, a la que se accede por la escalera este.

Al oeste de estas salas, en la planta principal, se encuentran las salas dedicadas a la Grecia clásica y helenística y al Imperio Romano (11 a 23). Las obras más conocidas son los **mármoles de Elgin,** robados de los muros del Partenón en la Acrópolis de Atenas por Lord Elgin entre 1801 y 1806 (sala 18). Formaban parte del friso y se cree que representaban el gran desfile hacia el templo que tuvo lugar durante las fiestas panateneas, pero llevan la marca del deterioro sufrido a través de los siglos. Grecia ha ofrecido prestar a Gran Bretaña cientos de nuevos tesoros clásicos a cambio de los mármoles, algo que está considerando el Ministerio de Cultura. La fachada reconstruida del **monumento de las Nereidas,** de Jantos (Turquía), se encuentra en la sala 17.

En la sala 21 se pueden ver esculturas del Mausoleo de Halicarnaso y en la 22 una columna tallada en forma de tambor del templo de Artemisa en Éfeso. Estos lugares, situados en la Turquía actual, estaban entre las Siete Maravillas de la Antigüedad.

Al pie de la escalera este se encuentra la galería mexicana (sala 27) con la bella **máscara de Tezcatlipoca,** un mosaico de turquesas sobre un cráneo. En las salas 33 y 34, las colecciones asiáticas guardan las maravillosas **esculturas Amaravati** (sala 33A): diosas indias, Shivas bailando y tranquilos budas de cobre y piedra.

Si se sube por la escalera este, al torcer a la izquierda se entra en la galería de Asia occidental (salas 51 y 52). Aquí se encuentra el imponente **tesoro de Oxus,** una colección de piezas de oro persa de los siglos VII a IV a.C., rescatadas de los bandidos en un bazar de Rawalpindi. Según se cree, eran originarias de Persépolis, capital de la antigua Persia. La sala 56 se destina al **tesoro de Ur,** de los caldeos, del que destacan una figurilla que representa una cabra apoyada en sus patas traseras mirando a través de unas hojas de oro, y un extraordinario cofre conocido como el Estandarte Real de Ur. Se cree que estas piezas datan del 2500 a.C., con lo que se sitúan entre las más antiguas del museo.

Las salas 49 y 50 contienen objetos de la Britania romana, la Edad del Bronce y la Europa celta (aproximadamente entre el 900 y el 100 a.C.), entre ellas, el magnífico **tesoro de Mildenhall,** compuesto por una vajilla de plata de 28 piezas del siglo IV; el tesoro celta de **Snettisham,** compuesto por torques (collares) de oro y plata; y el **escudo de Battersea** y el **yelmo de Waterloo,** hallados en el Támesis, cerca de los puentes que les dan nombre. El escudo está fechado entre 350 y 150 a.C., y el yelmo con cuernos, el único de este tipo que se ha encontrado, entre 150 y 50 a.C. El **tesoro de Hoxne** es el mayor conjunto de monedas romanas descubierto en Gran Bretaña.

Aquí también puede verse al **hombre de Lindow,** un individuo de la Edad del Hierro que parece haber sido golpeado en la cabeza con una hachuela y luego apaleado. Posiblemente le degollaron para desangrarlo como parte de un sacrificio ritual. Su curtido cuerpo se conservó en una turbera de Cheshire hasta que en 1984 fue rebanado por una máquina de cortar turba y quedó al descubierto.

Finalmente se llega a las salas 41, 42 y 43, dedicadas al arte medieval europeo. Son especialmente interesantes los fragmentos de los **murales de la capilla de St Stephen** del palacio de Westminster. La capilla se incendió en 1834, pero ya se habían rescatado estas escenas del Libro de Job. Los dos paneles del techo de la cámara real, conocida como la Cámara Pintada por sus murales del siglo XIV, se redescubrieron en Bristol en 1993. Muestran un serafín y un profeta.

Aquí también se pueden observar los hallazgos del ***Suton Hoo*** (sala 41), un barco anglosajón del año 620, enterrado cerca de Woodbridge en Suffolk, que fue descubierto en 1939. Entre los restos de madera se encontraron magníficos broches de oro y esmaltes y portamonedas. Tal vez lo más interesante sea el yelmo del supuesto rey. El museo está planeando devolver muchas de estas piezas al National Trust, que las expondrá en el lugar del hallazgo.

También merece la pena ver las 67 **figuras de ajedrez en marfil de morsa** escandinavas (sala 42), descubiertas en los bancos de arena de la isla de Lewis en 1831 y que datan de mediados del siglo XII, así como el **cisne de Dunstable,** joya sin igual del siglo XV, realizada en oro con las plumas en esmalte blanco.

Los *objects d'art* de la 44 a la 48 pueden parecer más apropiados para el Museo Victoria y Alberto, pero vale la pena observar el **reloj-barco** de Bohemia de finales del siglo XVI, cuya esfera está escondida al pie del palo mayor. La colección de **joyas Hull-Grundy,** con diseños de Tiffany, Boucheron y otros maestros, tampoco debería ignorarse.

En el rellano de la escalera principal surge un imponente **mosaico romano** del siglo IV de Hinton St Mary, que lleva el símbolo cristiano representado por las letras griegas *ji* y *ro*. Mirando hacia abajo por el hueco de la escalera, en la pared se pueden ver los **bronces de Benin,** del siglo XVII: placas que representan a soldados, músicos y escenas de la vida diaria que fueron robadas al rey y sus ministros en 1897, cuando una compañía británica tomó la ciudad de Benin y lo derrocó.

Al otro lado del pasillo se pueden encontrar más restos de la Grecia helenística y el Imperio Romano del sur de Italia y Chipre (salas 69 a 73), entre ellos el **vaso Portland** (sala 70), azul y blanco, uno de los primeros objetos hechos de cristal, tal vez famoso porque un visitante lo rompió en 200 trocitos en 1845 y hubo que restaurarlo concienzudamente. Hay más antigüedades de Egipto y Asia occidental en el pasillo entre la escalera del este y la del oeste. La sala 66 abarca obras del Egipto copto, y más allá, subiendo unas escaleras, se abre un área de exposiciones temporales (sala 90) que normalmente muestra gratuitamente colecciones de grabados y dibujos. Un poco más adelante hay una galería dedicada al arte coreano. Si se continúa subiendo, es posible acceder a unas magníficas estancias (92 a 94) dedicadas al arte japonés.

Como parte de las celebraciones del milenio, el Museo Británico sufrió una gran renovación. El cambio más importante fue que el patio interior, cerrado al público desde hace casi un siglo y medio, fue cubierto con un espectacular techo de cristal y acero diseñado por Norman Foster: en el centro del ahora diáfano **Gran Patio** *(abierto los lunes de 9.00 a 18.00; martes, miércoles y domingos de 9.00 a 21.00; y jueves y sábados de 9.00 a 23.00)* está la **sala de lectura** *(abierta de 10.00 a 19.30 de sábados a miércoles y de 10.00 a 20.30 jueves y viernes)*, donde Mahatma Gandhi y George Bernard Shaw estu-

Cómo evitar la fatiga en los museos

Ejercicios de calentamiento, media hora de respiro, una silla plegable, una botella de agua y algo para comer... Todo esto puede sonar a los preparativos de una excursión a la montaña; son, sin embargo, algunas de las recomendaciones de los expertos para visitar los museos de Londres. La tentación de verlo todo es ahora mucho mayor que antes, con la mayor parte de museos gratuitos. Conviene estar advertido.

Sólo el Museo Británico tiene más de 4 km de pasillos, además de unos siete millones de objetos expuestos en 90 galerías y alrededor de seis millones de visitantes que, apretujados, intentan ver lo que les interesa en muy poco tiempo. Hay gente cansada antes incluso de haber traspuesto el umbral.

Para evitar la fatiga se deben llevar zapatos cómodos y hacer uso de los guardarropas gratuitos. Hay que tener en cuenta que permanecer de pie y andar lentamente provoca cansancio; conviene sentarse cuando sea posible. Reflexionar sobre las obras y hacer asociaciones con ellas hace que la información pase de la memoria de corto plazo a la de largo plazo; así las experiencias se acumulan en algo más que una serie de citas visuales.

Algunos estudios afirman que la mayoría de los visitantes de museos no pasan más de 10 segundos viendo una obra y otros 10 leyendo la etiqueta para intentar informarse de todo lo posible antes de quedar exhaustos. Lo más recomendable en este tipo de museos, como el Británico o el Victoria y Alberto, es elegir un período o una sección en particular y hacerse a la idea de que el resto no existe. Es posible echar un vistazo y tomar las decisiones antes, visitando la página www.24hourmuseum.org.uk, que ofrece enlaces con cientos de colecciones londinenses, comentarios sobre pinturas y obras de arte importantes, así como visitas virtuales.

ASA ANDERSSON

Hay otras formas de evitar la fatiga. Es posible unirse a las visitas guiadas (muchas de ellas gratuitas) que sólo muestran los puntos de interés. También hay que recordar que las entradas a muchas de las atracciones turísticas se pueden comprar en agencias o en las conserjerías de los hoteles, lo que permitirá evitar las colas. En cada estación de metro se venden ahora entradas para la Torre de Londres, lo que evita las largas esperas en verano.

diaron y donde Friedrich Engels y Karl Marx escribieron *El manifiesto comunista.*

Al norte, al final del Gran Patio, se encuentran las **galerías africanas** y otras dedicadas a escultura y arquitectura griega y romana.

Visitas guiadas. El museo dispone de visitas gratuitas temáticas llamadas eyeOpener (Mundo asiático en la sala 33, Mundo islámico en la 34, Inglaterra prehistórica y romana en la 49...). Duran 50 minutos y comienzan a las 10.30, 13.30, 14.30 y 15.30 a diario. Los circuitos Focus de una hora para contemplar los objetos más importantes (las esculturas del Partenón, la piedra Rosetta, los relieves asirios) cuestan 5/3 £ (adultos/jubilados y estudiantes) y empiezan a las 15.15 de lunes a sábado y a las 16.30 los domingos, con salidas adicionales a las 17.00 y a las 19.00 los jueves y viernes. Los recorridos Highlights de 90 minutos (7/4 £) parten a las 11.30 y 12.30 todos los días, con salidas adicionales a las 17.00 y 19.00 jueves y viernes.

Los que quieran visitar el museo por su cuenta pueden alquilar en la recepción audioguías por 2,50 £, o 3 £ la específica del Partenón.

St George de Bloomsbury (plano 8)

No muy lejos del Museo Británico en dirección sur se encuentra St George *(☎ 7405 3044, Bloomsbury Way WC1; ⊖ Holborn/ Tottenham Court Road; gratuito; abierto de lunes a viernes de 9.30 a 17.30, domingos de 10.30 a 12.30)*, otra de las creaciones de Nicholas Hawksmoor que se terminó de construir en 1731. La iglesia no llama la atención por su pórtico de capiteles corintios, sino por su campanario, inspirado en el Mausoleo de Halicarnaso, en cuya cima hay una estatua de Jorge I vestido de romano. Este campanario sólo puede entenderse en el contexto de *Gin Lane*, el grabado satírico de Hogarth acerca de los desafueros en la zona anteriormente conocida como Rookery (hoy Clerkenwell).

La casa de Dickens (plano 4)

Esta casa *(☎ 7405 2127, www.dickensmuseum.com, 49 Doughty St WC1; ⊖ Russell Square; adultos/jubilados y estudiantes/entre 5 y 15 años/familias 4/3/2/9 £; abierto de 10.00 a 17.00 de lunes a sábado)* es la única residencia que sigue en pie de las muchas que el gran novelista victoriano ocupó antes de mudarse a Kent. Mientras vivió aquí, de 1837 a 1839, escribió *Papeles póstumos del Club Pickwick, Nicholas Nickleby* y *Oliver Twist*, entre las malas rachas derivadas de deudas, muertes y conflictos familiares.

En aquellos tiempos, Doughty St era un barrio selecto con porteros de librea. La casa tiene 11 habitaciones que revisten cierto interés, incluida una cocina victoriana completa y gran cantidad de recuerdos del autor, pero sólo el cuarto de dibujo se ha restaurado para dejarlo igual que el original. Dos escritorios ilustran la trayectoria de Dickens de pobre a rico: la mesa tosca de madera en la que trabajó cuando tenía 15 años como secretario legal en Gray´s Inn y otra forrada de terciopelo que más tarde utilizó para sus lecturas por Inglaterra y América.

HOLBORN Y CLERKENWELL (planos 6 y 8)

En Holborn, la parte norte del Strand y Fleet St, entre la City al este, Covent Garden al oeste y High Holborn al norte, se encuentran varios de los Colegios de Abogados donde ejercen estos profesionales y el Museo de Sir John Soane. Se trata del más pequeño de los antiguos barrios metropolitanos y toma su nombre de un afluente del río Fleet (véase "Ríos subterráneos de Londres" en el capítulo *Sobre Londres).*

Clerkenwell, justo al noroeste de la City, se llama así por Clerk's Well en Farringdon Lane (debajo de las casas nº 14 a 16) donde, según el relato del monje William Fitz Stephen de 1174, los clérigos interpretaban autos sacramentales. Este barrio, conocido en la época victoriana por Rookery y famoso entonces por sus pésimas casuchas (y por los delitos callejeros), fue lugar de asentamiento de italianos, cuya huella pervive en algunos cafés. Mazzini, el revolucionario, se asentó aquí, y también Garibaldi en 1836. El gran tenor Caruso actuó en la escalinata de la iglesia de St Peter y Lenin editó el influyente periódico *Iskra* (Chispa) desde el 37A de

Clerkenwell Green, en la actualidad sede de la Karl Marx Memorial Library (véase "Otras atracciones" más adelante), donde vivió de 1902 a 1903.

Clerkenwell se ha convertido en uno de los lugares de moda de los últimos años. Abundan los restaurantes caros y las propiedades se cotizan a precios exorbitantes, que superan incluso los de Mayfair. La zona que rodea Clerkenwell Green es encantadora, con la iglesia de St James sobresaliendo entre las casas. También aquí se encuentra la restaurada Old Sessions House del siglo XVIII, donde supuestamente habita el fantasma de una mujer cuyo amante fue deportado.

Colegios de Abogados (plano 6)

Existen cuatro Colegios de Abogados (Inns of Court) alrededor de Holborn y al sur de Fleet St: **Lincoln's Inn** *(☎ 7405 1393, Lincoln's Inn Fields WC2; ⊖ Holborn; jardines abiertos de lunes a viernes de 9.00 a 18.00, capilla de 12.30 a 14.30)*; **Gray's Inn** *(☎ 7458 7800, Gray's Inn Rd WC1; ⊖ Holborn/Chancery Lane; jardines abiertos de lunes a viernes de 10.00 a 16.00, capilla de 10.00 a 18.00)*; **Inner Temple** *(☎ 7797 8250, King's Bench Walk EC4; ⊖ Temple; jardines abiertos de 10.00 a 16.00 de lunes a viernes)*; y **Middle Temple** *(☎ 7427 4800, Middle Temple Lane EC4; ⊖ Temple; jardines abiertos de 10.00 a 11.30 y de 15.00 a 16.00 de lunes a viernes)*. Los dos últimos forman parte del complejo Temple, entre Fleet St y Victoria Embankment; para informarse sobre la iglesia del Temple, véase "La City" más adelante.

Todos los abogados de Londres trabajan en alguno de estos lugares, que alardean de su lista de antiguos miembros: de Oliver Crowmwell y Charles Dickens a Mahatma Gandi y Margaret Thatcher. Llevaría tiempo comprender toda la complejidad y sutileza de los viejos protocolos de los colegios: son parecidos a los de la francmasonería (ambas organizaciones datan del siglo XIII) y muchos abogados también son masones.

Gray's Inn y el más bonito, Lincoln's Inn, tienen capillas y patios, así como tranquilos y pintorescos jardines con césped y árboles en los que se puede pasear, especialmente por las mañanas, antes de que los abogados, con sus pelucas y togas, empiecen a aparecer.

Los cuatro colegios fueron muy dañados durante la guerra. Lincoln's Inn permanece relativamente intacto con sus edificios originales del siglo XV, incluida la garita estilo Tudor, en Chancery Lane (aunque el arco de entrada del parque adyacente, Lincoln's Inn Fields, remplazó en 1957 al antiguo). Íñigo Jones ayudó en el proyecto de la capilla de Lincoln's Inn, construida en 1623, todavía en muy buen estado; la de Gray's Inn, la menos interesante, data de 1689, fue destruida durante la Segunda Guerra Mundial y luego reconstruida y ampliada.

Staple Inn (plano 6)

Justo enfrente de Gray's Inn Rd, en Holborn, se encuentra el Staple Inn (1589), una de las ocho chancillerías cuyas funciones fueron sustituidas por los Colegios de Abogados en el siglo XVIII. Aún conserva bastante de su estructura original, incluida la fachada, que fue restaurada en la década de 1950 tras los bombardeos. La mayor parte del edificio está ahora ocupado por el Instituto de Actuarios y por oficinas privadas. En la misma acera de Holborn, pero más cerca de Fetter Lane, se encuentra **Barnard's Inn**, remodelado en 1991. Según la novela de Dickens *Grandes esperanzas,* en este lugar vivió Pip con Herbert Pocket.

Museo de Sir John Soane (plano 8)

El Sir John Soane *(☎ 7405 2107, www.soane.org, 13 Lincoln's Inn Fields WC2; ⊖ Holborn; gratuito; abierto de 10.00 a 17.00 de martes a sábados, de 18.00 a 21.00 el primer martes de cada mes)* es por una parte una preciosa y peculiar casa y por otra un pequeño museo que pone de relieve los gustos personales de este hombre.

John Soane (1753-1837) fue un notable arquitecto que diseñó el Banco de Inglaterra, la Dulwich Picture Gallery y la residencia Pitshanger, inspirándose en ideas recopiladas durante un largo viaje por Italia en el siglo XVIII. Amasó una gran fortuna que invirtió en decorar a su gusto dos mansiones en Lincoln's Inn Fields: el museo ocupa una de ellas; la otra es la casa contigua, que en los próximos dos años albergará la ampliación. El edificio en sí es toda una rareza, con una cúpula de cristal que proyecta la luz hacia el sótano, una habitación repleta de faroles y estatuas y una galería de cuadros que se pliegan al ser presionados, dejando ver otros debajo.

La colección egipcia de Soane representa la pasión victoriana por esa cultura e incluye un sarcófago de Seti I, además del *Rake's Progress* original, una serie de caricaturas de William Hogarth sobre los bajos fondos londinenses de finales del siglo XVIII (véase el cuadro "De libertinos y cortesanas: el mundo de Hogarth" en el capítulo *Sobre Londres).*

Se ofrece una visita guiada de una hora (3 £) los sábados a las 14.30.

St Andrew Holborn (plano 6)

Esta iglesia *(☎ 7353 3544, Holborn Viaduct EC4; gratuita; abierta de 9.00 a 16.30 de lunes a viernes)* situada al sureste de Holborn Circus y citada por primera vez a finales del siglo X, fue reconstruida por Wren en 1686 y constituye la más grande de sus parroquias. Los bombardeos de 1941 produjeron enormes daños en su interior; gran parte de lo que contiene es original, pero procede de otras iglesias.

Viaducto de Holborn (plano 6)

Este magnífico puente de hierro con sus cuatro estatuas de bronce fue construido en 1869 para unir Holborn y Newgate St por encima de lo que en su día fue un valle formado por el río Fleet y parte del cementerio de St Andrew Holborn. Las estatuas de la parte norte representan el comercio y la agricultura, y las de la parte sur la ciencia y las bellas artes.

Puerta de St John (plano 6)

A primera vista, parece la puerta de una maqueta de ciudad medieval, dividida por St John's Lane (⊖ Farringdon). Data de principios del siglo XVI, pero sufrió una importante restauración 300 años después. Durante las Cruzadas, los caballeros de San Juan de Jerusalén tuvieron que asumir el papel de enfermeros, y en Clerkenwell establecieron un priorato que en un principio comprendía aproximadamente cuatro hectáreas. Su iglesia, St John's Clerkenwell en St John's Square, tenía una nave circular como la del Temple. Todavía se puede apreciar algo de la construcción en ladrillo del exterior.

La puerta de St John fue construida para dar esplendor a la entrada de la iglesia en 1504. Aunque la mayoría de los edificios fueron destruidos cuando Enrique VIII acabó con los prioratos del país entre 1536 y 1540, la puerta siguió en pie y fue objeto de los más variados usos, entre ellos un café para hablantes de latín, con poco éxito, que regentó el padre de William Hogarth en tiempos de la reina Ana. La restauración se llevó a cabo mientras se instalaba la Old Jerusalem Tavern, en el siglo XIX.

Museo de la Orden de San Juan. En la puerta de St John's se halla el pequeño Order of St John Museum *(☎ 7253 6644, St John's Lane EC1; gratuito; abierto de 10.00 a 17.00 de lunes a viernes; de 10.00 a 16.00 los sábados).* Relata la historia de estos caballeros y de sus propiedades repartidas por el mundo, así como de la versión británica moderna: la brigada St John Ambulance.

Los martes, viernes y sábados, de 11.00 a 14.30, hay una visita guiada (4/3 £, adultos/jubilados y estudiantes) por las ruinas restauradas de la iglesia y su hermosa cripta normanda, que alberga la estatua de alabastro en honor a un caballero castellano (1575); el monumento del último prior, William Weston, un deteriorado esqueleto envuelto en una mortaja; y una vidriera en la que están representadas las figuras más relevantes de la historia de la orden. También se muestra la Sala Capitular, donde se reúne el cabildo general de la orden cada tres meses.

Charterhouse (plano 6)

Otro vestigio del Clerkenwell medieval es Charterhouse *(☎ 7253 9503, Charterhouse Square EC1; ⊖ Barbican/Farringdon; entrada 3 £; sólo visitas guiadas los miércoles a las 14.15 de abril a julio, o cita concertada).* Es lo que queda de un monasterio cartujo fundado en 1371 por sir Walter de Manny, caballero de Eduardo III. Los cartujos, la más estricta de las órdenes monásticas católicas, no comían carne, cultivaban sus propias verduras y sólo rompían el voto de silencio tres horas los domingos.

Durante la Reforma el monasterio estuvo perseguido; al menos tres de sus priores fueron ahorcados en Tyburn y después descuartizados; una docena de monjes serían enviados a Newgate donde murieron de hambre encadenados a un poste. Enrique VIII lo confiscó en 1537 y posteriormente se convirtió en residencia privada de diversos nobles hasta que Thomas Sutton, conocido como "el plebeyo más rico de Inglaterra", lo compró en 1611. Abrió un colegio para niños pobres que permaneció hasta 1872, fecha en que se trasladó a Godalming, en Surrey; tuvo entre sus alumnos a William Thackeray. Instituyó también una casa de caridad para caballeros desposeídos; alrededor de tres docenas de pensionistas (conocidos como *brothers*) viven en ella actualmente.

Charterhouse quedó muy dañada durante la Segunda Guerra Mundial, pero ha sido en parte reconstruida. La única forma de conocer el monasterio es a través de una visita guiada de dos horas de duración, que comienza en la puerta (del siglo XIV), en la plaza Charterhouse, y continúa por el Preacher's Court (vale la pena ver las tres celdas originales de los monjes en la pared oeste) y Master's Court. Finaliza en el Gran Vestíbulo, donde se puede ver el techo reconstruido de arcos de madera tipo *hammer-beam,* y la Gran Cámara, que albergó a Isabel I en numerosas ocasiones. Los restos del filántropo Sutton descansan en la capilla, en una tumba tallada primorosamente en mármol.

LA CITY (planos 6 y 9)

La City of London es la *square mille* ("milla cuadrada") que se extiende en la ribera norte del Támesis, donde los romanos levantaron por primera vez una muralla para el asentamiento de una comunidad hace 2.000 años. Los límites de la City actual no han cambiado mucho, y se puede saber cuándo se está dentro de ellos porque en los carteles de las calles aparece el escudo de armas de la Corporación de Londres y la pequeña imagen de un grifo mitológico con el lema *Domine Dirige Nos* ("Señor, guíanos"). Éste es el corazón de los negocios de Londres, donde se encuentra no solamente el Banco de Inglaterra, sino también las sedes de muchos bancos británicos y extranjeros, compañías de seguros y otras entidades financieras.

La catedral de St Paul y la Torre de Londres están dentro de la City, también las casas de algunos de los gremios y muchas de las iglesias levantadas por sir Christopher Wren después del Gran Incendio de 1666. En los últimos quince años la construcción se ha disparado, con docenas de manzanas y torres en marcha o en proyecto.

Darse una vuelta tranquila un fin de semana, cuando bancos y oficinas están cerrados, es una oportunidad única para apreciar la riqueza arquitectónica de los edificios más famosos y los peculiares callejones que ahora separan las futuristas torres de oficinas. No hay que olvidarse de que algunos monumentos, igual que las tiendas de Leadenhall Market y la mayoría de los pubs cierran sábados y domingos.

Barbican (plano 9)

Situado en un rincón de la City, donde antes hubo una atalaya o *barbican*, se encuentra el vasto centro urbano de Barbican (☎ *7638 8891 para información, 7638 4141 por centralita, www.barbican.org.uk, Silk St EC2;* ⊖ *Barbican/Moorgate; abierto de 9.00 a 23.00 de lunes a sábado, de 10.30 a 23.00 los domingos)*, construido sobre las ruinas que causó un bombardeo durante la Segunda Guerra Mundial.

Aunque el ambicioso plan original era crear un complejo elegante y moderno destinado a oficinas, viviendas y actividades artísticas, el resultado, quizá inevitable, fue una serie de galerías de difícil acceso con escasez de tiendas, un sinfín de apartamentos extraordinariamente caros y un enorme centro cultural perdido en mitad del conjunto. Aquí se encuentran las sedes de la Royal Shakespeare Company y de las orquestas sinfónica y clásica de Londres, así como **dos cines,** auditorios teatrales más pequeños y la magnífica **Galería Barbican** (☎ *7638 8891, Level 3, Barbican Centre, Silk St EC2; adultos/jubilados, estudiantes y menores entre 12 y 17 años 7/5 £; abierta de 10.00 a 18.00 lunes,* *martes, jueves-sábado, de 10.00 a 21.00 los miércoles, de 12.00 a 18.00 los domingos).* Cuenta con una de las mejores exposiciones de fotografía.

Para más información sobre teatros, cines o salas de concierto, consúltese el capítulo *Ocio*; sobre el prestigioso restaurante Searcy's, véase *Dónde comer*.

Museo de Londres (plano 9)

A pesar de que disfruta de una ubicación poco atractiva entre los senderos de hormigón de Barbican (entrada por la puerta 7), el Museo de Londres *(☎ 7600 3699 o 7600 0807, www.museumoflondon.org.uk, London Wall EC2; ⊖ Barbican; gratuito; abierto de 10.00 a 17.50 de lunes a sábado; de 12.00 a 17.50 los domingos)* es uno de los más interesantes de la ciudad y en él se detalla el proceso evolutivo que ha sufrido la capital británica desde la era glacial hasta la de Internet. Además es el mayor del mundo sobre historia urbana, con sus archivos y más de un millón de objetos expuestos.

El museo, construido para este propósito en 1976, está dividido en varias secciones que van de la Prehistoria a la actualidad. El archivo arqueológico alberga material de excavaciones; la nueva galería World City se centra en el crecimiento de Londres desde el siglo XVIII, cuando era una capital europea más, hasta comienzos del siglo XX, al convertirse en centro neurálgico de un imperio mundial.

Las secciones dedicadas a la Britania y el Londinium romanos utilizan las cercanas ruinas de una fortaleza de la época, descubierta durante la construcción de una carretera, y ofrecen hallazgos tales como el espectacular ataúd de plomo del siglo IV y el sarcófago de piedra con restos de una joven patricia que fue encontrado en un centro urbanizado de Spitalfields a principios de 1999. La muestra propone un recorrido a través de los siglos, valiéndose de recursos audiovisuales que recrean sucesos como el Gran Incendio de 1666.

Hay objetos como una de las dos camisas que Carlos I vistió la mañana de su ejecución en 1649, "para que mis escalofríos no se tomen como signo de miedo", pero la atención se centra en la gente sencilla, así como en calles y edificios. El Londres de Dickens, una ciudad de prostitución y de explotación

Los gremios de la City

En la Edad Media, la mayoría de los artesanos pertenecía a gremios que promocionaban el aprendizaje y que fueron el origen de los sindicatos actuales. Los gremios más ricos construyeron magníficos talleres; sus jefes vestían elegantes trajes o uniformes. Podían aspirar a ocupar una serie de cargos, el más elevado de los cuales era el de *lord mayor* (alcalde) de la ciudad de Londres.

Ya no quedan asociaciones de artesanos, pero existen más de cien gremios (sólo unos pocos se consideran los principales), cuyos dirigentes ocupan un puesto en el Concejo Municipal que rige el Ayuntamiento –por tanto, la ciudad– de Londres. A pesar de que la mayoría de estos talleres se destruyeron durante el Gran Incendio o los bombardeos de la Segunda Guerra Mundial, algunos se han reconstruido y son admirables, aunque poco accesibles. Uno de los más interesantes es el Merchant Taylor's Hall en Threadneedle St, que todavía conserva su gran cocina, en funcionamiento desde 1425. La próspera Vinters' Company es el más viejo de los talleres que perduran. Está en Upper Thames St y data de finales del siglo XVII.

Si se tiene interés en visitar uno de estos talleres, conviene acudir al Centro de Información Turística de Londres *(☎ 7332 1456, www.cityoflondon.gov.uk);* véanse "Oficinas de turismo locales" en el capítulo *Datos prácticos*. Reciben entradas en febrero para visitar los talleres de plateros, pescaderos, ferreteros, cereros, merceros y curtidores; pero se agotan rápidamente. Por otra parte, se puede visitar el Guildhall, donde los artesanos se reúnen para elegir a dos gobernadores civiles en junio y, en septiembre, al alcalde.

laboral, refleja historias conmovedoras. El museo también tiene algunas exposiciones especiales interesantes. Parte de la colección que tiene que ver con el puerto de Londres y el Támesis se ha llevado al largamente esperado Museo en Docklands (véase el paseo a Wapping e Isle of Dogs).

El agradable ***Museum Café***, enfrente de la entrada, prepara comidas ligeras de 10.00 a 17.30 (domingos a partir de 11.30). La magnífica ***librería*** tiene una amplia selección de relatos, ficticios y reales, sobre la ciudad.

Mercado de Smithfield (plano 6)

Smithfield *(☎ 7248 3151, West Smithfield EC1; ⊖ Farringdon)* es el último mercado de carne que aún sobrevive en el centro. Para más información, véase el capítulo *Mercados de Londres.*

St Bartholomew-the-Great (plano 6)

Una de las iglesias más antiguas de Londres, junto a uno de los primeros hospitales de la ciudad, St Bartholomew-the-Great *(☎ 7606 5171, www.greatbarts.com, West Smithfield EC1; ⊖ Barbican; abierta de 8.30 a 17.00 de miércoles a viernes, de 10.30 a 13.30 los sábados, de 8.00 a 20.00 los domingos)* está situada a un paso de Barbican y merece la pena dedicarle un tiempo. Sus arcos y detalles normandos confieren al lugar una calma antigua; a medida que se va paseando desde el cercano mercado de Smithfield, bajo las bóvedas restauradas del siglo XIII, se tiene la sensación de retroceder en el tiempo. En ella fue bautizado Hogarth y Benjamin Franklin se inició como pintor, pero también ha servido de escenario para filmar escenas de *Cuatro bodas y un funeral* y *Shakespeare in love.*

A tres manzanas hacia el suroeste, encaramada sobre la esquina de Cock Lane y Gilspur St, al otro lado del **hospital de St Bartholomew,** hay una pequeña estatua de un chico robusto "en recuerdo del incendio que arrasó Londres en 1666 por el pecado de la gula". Es el lugar que un día ocupó la taberna Fortune of War, donde los "resucitadores" (ladrones de cuerpos) se apoderaban de los cadáveres que luego vendían a los cirujanos del hospital.

Tribunal Criminal Central (Old Bailey) (plano 6)

Al parecer, los más conocidos gángsters británicos, asesinos en serie y mentirosos compulsivos (como Jeffrey Archer), se encontraron finalmente en el Central Criminal Court *(galería pública ☎ 7248 3277, Cnr Newgate St and Old Bailey; abierto de 10.00 a 13.00 y de 14.00 a 17.00 de lunes a viernes).* Conocido comúnmente como Old Bailey por la calle donde está ubicado (*baillie* significaba iglesia fortificada en francés normando). Si se levanta la vista hacia la gran cúpula de cobre se observa la figura de la Justicia sosteniendo una espada y una balanza; extrañamente no lleva los ojos vendados, lo cual ha provocado comentarios sarcásticos acerca de los que son procesados allí.

En el lugar estuvo un día la prisión de Newgate, del siglo XII, escenario de innumerables ahorcamientos. Como la mayoría de las cárceles de Londres, se quemó durante los motines de Gordon en 1780, para renacer

JULIET COOMBE

La figura de la Justicia, con los ojos destapados, en la cima del Old Bailey.

de nuevo de sus cenizas y seguir alojando prisioneros hasta 1902.

Catedral de St Paul (plano 9)

Construida por sir Christopher Wren entre 1675 y 1710, en medio de una gran controversia, la catedral de St Paul *(☎ 7236 4128, www.stpauls.co.uk, St Paul's Churchyard; ⊖ St Paul's; entrada adultos/jubilados y estudiantes/entre 6 y 16 años 5/4/2,50 £; abierta de 8.30 a 17.00 de lunes a sábado)* ocupa un solar que albergó cuatro catedrales anteriormente, la primera en el año 604.

St Paul fue uno de los 50 encargos que le hicieron a Wren tras el Gran Incendio. Aunque ya planeaba realizar algunos cambios en el edificio, el fuego le dio a Wren la oportunidad de empezar a construir de la nada. Las autoridades rechazaron algunos proyectos antes de aceptar el diseño actual. La cúpula domina todavía la ciudad y sólo la de San Pedro en Roma la supera en tamaño. Las pinturas de la catedral que se salvaron milagrosamente de los devastadores bombardeos de la Segunda Guerra Mundial están expuestas en una urna de cristal en la nave sur; la cúpula quedó prácticamente intacta, aunque hubo daños en otras partes del edificio, por ejemplo en las ventanas; de ahí la gran cantidad de cristal transparente que luce.

Una **estatua de la reina Ana** se yergue frente a la Gran Puerta Oeste, que sirve de entrada principal. Antes de entrar al interior, se puede dar un paseo alrededor de la catedral caminando en dirección norte (a la izquierda de la gran escalera). En el pequeño jardín del cementerio de St Paul, al otro lado del crucero norte, se levantó en 1999 un **monumento al pueblo de Londres,** que no rinde homenaje a los militares y héroes cuyos restos descansan en la cripta, sino que, sencillo pero elegante, hace honor a los 32.000 civiles que murieron (y a los 50.000 que resultaron heridos) por defender la ciudad y la catedral durante la Segunda Guerra Mundial.

Si desde la entrada principal se camina hacia la nave del norte, pasando por la **capilla All Souls,** la de **St Dunstan,** consagrada al arzobispo de Canterbury del siglo X, y el grandioso **monumento al duque de Wellington** (1875), se llega a la embaldosada zona central bajo la cúpula. Está decorada con motivos circulares y lleva un epitafio de Wren en latín: *Lector, si monumentum requiris, circumspice* ("Lector: si buscas un monumento, mira a tu alrededor"). Una vez allí aproximadamente a 30 m del suelo se encuentra la primera de las tres cúpulas (en realidad una cúpula dentro de un cono que a su vez se halla dentro de otra cúpula), sostenida por ocho columnas macizas. El pasillo circundante se llama **galería de los susurros,** pues si se habla cerca de la pared, ésta transmite los sonidos a 32 m de distancia.

A la galería de los susurros, al igual que a la **galería de piedra** y la **galería dorada,** se puede acceder a través de una escalera en la parte oeste del crucero sur. Hay 259 escalones hasta la primera, otros 119 hasta la segunda y 152 más hasta la última: un total de 530. Si no se quiere acometer toda la ascensión, vale la pena al menos intentar llegar a la galería de piedra para contemplar las hermosas vistas.

En el crucero norte puede admirarse la célebre pintura *La luz del mundo* de Holman Hunt, que representa a Cristo llamando a una puerta inmensa, la cual, simbólicamente, sólo se abre desde dentro. Un poco más lejos se encuentra el **coro** (o presbiterio), cuyos techos y arcos deslumbran con sus mosaicos verdes, azules, rojos y dorados, y el altar mayor. Destaca la **sillería,** profusamente tallada por Grinling Gibbons, así como las **puertas ornamentales de hierro forjado** que separan las naves del altar, obra de Jean Tijou (ambos artistas trabajaron también en el palacio de Hampton Court). Bordeando el altar y su baldaquino de roble dorado macizo, se llega a la **capilla americana,** un monumento a los 28.000 estadounidenses destinados en Gran Bretaña que perecieron en la Segunda Guerra Mundial.

Mientras se avanza por la parte sur del deambulatorio, se puede ver la **efigie de John Donne** (1573-1631), que fue deán de la catedral, colocada en una hornacina. Casi enfrente hay una vitrina con fotografías de **St Paul** durante la Segunda Guerra Mundial.

En el lado este del crucero sur, al lado del monumento al pintor J. M. W. Turner, una escalera conduce a la cripta, el tesoro y la

CATEDRAL DE ST PAUL

PLANTA BAJA
1 Estatua de la reina Ana
2 Gran puerta oeste (entrada principal)
4 Capilla All Souls
5 Entrada exterior al Crypt Café y a la tienda
6 Monumento al pueblo de Londres
7 Capilla de St Dunstan
8 Monumento a Wellington
11 *La luz del mundo*, de Holman Hunt
12 Cúpula y epitafio de Wren
15 Coro
16 Sitiales del coro
17 Puertas de Tijou
19 Altar mayor
20 Capilla americana
21 Puertas de Tijou
22 Fotos de la catedral en la Segunda Guerra Mundial
24 Monumento a John Donne
25 Entrada a la cripta
26 Entrada a la cúpula y galería Whispering
28 Capilla de St George y St Michael

CRIPTA (en gris)
3 Crypt Café
9 Aseos
10 Tesoro
13 Tumba de Nelson
14 Tumba de Wellington
18 Capilla OBE
23 Tumba de Wren
27 Tienda de la catedral

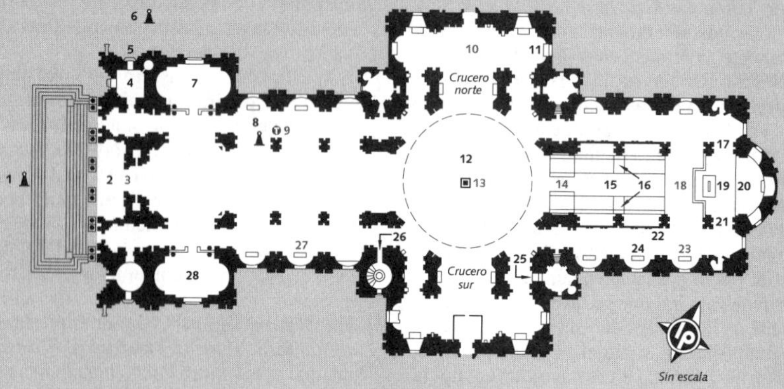

capilla OBE, donde se realizan los servicios reservados a los miembros de la Orden del Imperio Británico. En la **cripta** hay en torno a 300 monumentos dedicados a héroes militares, entre ellos Wellington, Kitchener y Nelson, quien reposa bajo la cúpula en un sarcófago negro (diseñado en un principio para el cardenal Wolsey); de las paredes cuelgan placas dedicadas a todos los ciudadanos de la Commonwealth que murieron en las diferentes guerras y conflictos del siglo XX: desde Gallípoli (1915), pasando por las guerras mundiales y Corea, hasta las Malvinas (1982) y Kuwait (1991).También se conservan unas estatuas bastante deterioradas, rescatadas de las catedrales anteriores. Algunas se salvaron del Gran Incendio, pero la mayoría fueron dañadas por los hombres de Cromwell. Una urna exhibe los controvertidos proyectos de Wren y su maqueta de trabajo.

El más conmovedor de todos los monumentos es el de sir Christopher, que se encuentra al suroeste de la capilla OBE y consta de una simple losa con su nombre, el año de su muerte (1723) y su edad (XCI). Agradable resulta el del escultor George Frampton (1860-1933), autor de la estatua de Hyde Park que muestra a un niño que sostiene a Peter Pan en su mano extendida. Las cenizas del arquitecto Edwin Lutyens (1869-1994) se conservan en un nicho cercano.

El **tesoro** exhibe parte de la vajilla de la catedral, además de unos espectaculares bordados, entre ellos la capa pluvial del aniversario del deán Beryl de 1977, que representa las agujas de 73 iglesias londinenses, y la mitra a juego. El ***Crypt Cafe*** y el restaurante ***Refectory*** abren de 9.00 a 17.00 de lunes a sábado y los domingos desde las 11.00.

Visitas guiadas. Por 3,50/3 £ (adultos/jubilados y estudiantes) se puede conseguir una audioguía de 45 minutos. Las visitas guiadas, que duran unos 90 minutos, cuestan 2,50/2/1 £ (adultos/jubilados y estudiantes/niños de 6 a 16 años) y salen del mostrador de excursiones a las 11.00, 11.30, 13.30 y 14.00. También se ofrecen recitales de órgano gratuitos a las 17.00 casi todos los domingos, así como conciertos (adultos/reducido 7,50/5 £) a las 18.30 los primeros jueves del mes, entre mayo y octubre. El servicio de vísperas tiene lugar a las 17.00 entre semana y a las 15.15 los domingos.

Fleet St (plano 6)

Desde que en 1500 Wynkyn de Worde trasladara la imprenta de Caxton desde Westminster a una tienda situada junto a la iglesia de St Bride, Fleet St (⊖ Blackfriars) ha dado que hablar. En el siglo XX se ganó el sobrenombre de "la calle de la vergüenza", ya que allí las imprentas, alimentadas por bulos y rumores, elaboraban los calumniosos tabloides de Gran Bretaña. Pero a mediados de la década de 1980 llegaron Rupert Murdoch, la nueva tecnología y la reurbanización de los Docklands, y cuando la acción se trasladó hacia el este sólo quedaron fantasmas como El Vino's y el antiguo edificio del *Daily Telegraph* (1928), ahora ocupado por varios bancos.

Como Whitehall en Westminster, Fleet St y sus alrededores están llenos de sitios interesantes, y la mejor forma de conocerlos es hacer la excursión por Fleet St y el Strand que se detalla más adelante. Quienes sólo estén interesados en visitar lo más importante deberían leer las secciones sobre la iglesia de St Bride's, la casa del doctor Johnson y la Cámara del príncipe Enrique.

St Bride's, Fleet St. Esta pequeña y perfecta iglesia *(☎ 7353 1301, Fleet St EC4; abierta diariamente de 8.00 a 16.45)* es la octava construida en este lugar. La estructura actual fue diseñada por sir Christopher Wren en 1671 y era la más alta y cara después de la de St Paul. Se dice que la torre, añadida en 1703, se inspira en una tarta nupcial de varios pisos. Las bombas la alcanzaron en diciembre de 1940 y en la actualidad su interior es de paneles de madera, moderno y no demasiado atractivo.

Todavía se habla de St Bride's como la "iglesia de los periodistas" o "la catedral de los impresores". Hay una capilla muy conmovedora en el pasillo norte en honor a los periodistas que perdieron la vida o fueron heridos mientras trabajaban. En la cripta se puede visitar un pequeño museo dedicado al oficio de impresor, entre los cimientos de iglesias anteriores y los restos romanos encontrados durante la reconstrucción de posguerra (entre ellos, los vestigios de una casa romana). También es interesante el traje de fiesta de Susannah Pritchard, esposa de William Rich (1755-1811), el repostero que tuvo el mérito de modelar su tarta de boda en el campanario.

Casa del Doctor Johnson. Esta casa georgiana excelentemente conservada *(☎ 7353 3745, www.drjh.dirco.co.uk, 17 Gough Square EC4; adultos/jubilados y estudiantes/entre 5 y 14 años/familias 4/3/1/9 £; abierta de mayo a septiembre de lunes a sábado de 11.00 a 17.30; el resto del año de 11.00 a 17.00 de lunes a sábado)* perteneció al doctor Johnson, que vivió aquí de 1748 a 1759. Fue un lexicógrafo que, trabajando junto con seis ayudantes en el ático, compiló el primer diccionario de inglés.

También es famoso por sus agudos y cáusticos aforismos, todos escritos por su amanuense y colega escocés, James Boswell (un edificio de oficinas cercano, la Casa Boswell, le rinde homenaje). Fueron de Johnson estas palabras: "Cuando un hombre está cansado de Londres, está cansado de la vida, pues hay en Londres todo lo que la vida puede proporcionar".

SIMON BRACKEN

Además de su condición de centro financiero de Londres, la City posee otros puntos de interés histórico.

FLEET STREET Y EL STRAND

Este recorrido lleva de Fleet St al Strand, las calles que unieron los dos mundos opuestos de Londres durante siglos: la City de los negocios y el Westminster de la política.

distancia: alrededor de 2,4 km

salida: Ludgate Circus ⊖ Blackfriars

final: Lancaster Place ⊖ Covent Garden

El recorrido empieza en Ludgate Circus (⊖ Blackfriars) y sigue en dirección oeste a lo largo de Fleet St, la que en tiempos fue la zona de los periódicos de la nación. Muy cerca, a la izquierda, hay una puerta que da acceso a la **iglesia de St Bride (1)**, diseñada por sir Christopher Wren. La oficina de la agencia Reuters está un poco más adelante, en el nº 85.

En la parte norte de la calle, en el nº 135, se encuentra el **Peterborough Court (2)**, antiguo edificio del *Daily Telegraph*, diseñado por Elcock y Sutcliffe en 1928 y descrito con adjetivos tan diversos como "moderno jazzístico" y "neogriego". La puerta de al lado, el 129, corresponde al **Salisbury Court (3),** la antigua sede del *Daily Express*, de estilo Art Déco. Una calle estrecha, la Wine Office Court (donde permaneció hasta 1665 la oficina de impuestos), conduce a un famoso pub, el **Ye Olde Cheshire Cheese (4)**. Lo acompañan varios edificios georgianos.

Si se vuelve a Fleet St y se continúa en direción oeste por la misma acera, en el nº 154 se encuentra la **Bouverie House (5)**, antaño sede del diario *Sun*. Torciendo a la derecha por la estrecha Johnson's Court se llega a Gough Square y la **casa del doctor Johnson (6)**. En la primera planta se encuentra la silla en la que se sentaba cuando iba a beber a la **Ye Olde Cock Tavern (7).** Esta taberna, la más antigua de Fleet St, al otro lado de la calle, en el nº 22, fue la favorita del poeta T. S. Eliot. Se dice que el gallo de colores del letrero fue diseñado por Grinling Gibbons, cuya obra adorna muchas iglesias de Londres, entre ellas la catedral de St Paul. Pepys, el doctor Johnson, Goldsmith y Dickens solían beber aquí, cuando no lo hacían en Ye Olde Cheshire Cheese.

Enfrente se encuentra **St Dunstan-in-the-West (8)**, construida por John Shaw en 1832, que destaca por su magnífica torre octogonal. En la fachada se puede ver la única estatua de Isabel I, que permaneció en Ludgate hasta su demolición en 1760. No se debe olvidar a Gog y Magog (véase el cuadro al final del capítulo), metidos en el hueco encima del reloj, que giran siempre a la hora en punto para hacer sonar las campanas.

Más hacia el oeste, en el nº 17, se encuentra la **Cámara del príncipe Enrique (9)**; un poco más adelante, un pasaje conduce a la **iglesia del Temple (10)** en el Inner Temple.

En el centro de Fleet St, una estatua de un grifo que se eleva sobre un pedestal primorosamente tallado señala el sitio original del **Temple Bar (11)**, donde Westminster se convierte en la City. El pedestal está decorado con estatuas de la reina Victoria y su marido, el príncipe Alberto, junto a símbolos alegóricos del arte y la ciencia, la guerra y la paz.

El **Wig & Pen Club (12)**, en los números 229 y 230 del Strand, data de 1625 y fue el único edificio que sobrevivió al Gran Incendio de 1666; en la actualidad es un restaurante. Se recomienda echar un vistazo a las simbólicas pelucas y plumas de las obras de escayola del exterior.

En dirección oeste se puede apreciar hermosos edificios. Un poco más al este de Wig & Pen, entre el 222 y el 225, hay una sucursal Art Déco del **Lloyd's Bank (13)** decorada con unos peces tallados alrededor de sus ventanas circulares y unos azulejos en el hueco de los cajeros automáticos. En el nº 216 está **Twinings (14)**, una tienda de té que abrió Thomas Twining en 1706 y que desde entonces sigue en el mismo sitio y en manos de la misma familia, por lo que se la considera la empresa más antigua de Londres. Un vistoso cartel sobre la puerta muestra a dos chinos y un león que recuerdan el nombre de la primera tienda: The Golden Lyon (El león dorado). En la parte norte del Strand se levanta la extraordinaria creación neogótica del **Real Tribunal de Justicia (15).**

La iglesia del centro de la calle es **St Clement Danes (16)** *(☎ 7242 8282; abierta de 8.30 a 16.30 de lunes a viernes, de 9.00 a 15.30 los sábados, de 9.00 a 12.30 los domingos).* Fue diseñada por sir Christopher Wren en 1682; James Gibbs añadió el campanario en 1719. Sólo éste y los muros sobrevivieron al bombardeo de 1941. En 1958 fue reconstruida por la Real Fuerza Aérea (RAF); en el suelo hay más de 800 insignias de los diferentes escuadrones y unidades. A las 9.00, 12.00, 15.00 o 18.00, los carillones hacen sonar la vieja nana *Oranges and Lemons* (véase el recuadro "Una iglesia para todos los carillones" más adelante en este capítulo). La estatua situada frente al templo es la del polémico sir Arthur *Bomber* Harris, mariscal de la RAF, que ordenó los bombardeos sobre Alemania durante la Segunda Guerra Mundial, provocando la muerte de 10.000 civiles en Dresde.

Hacia el oeste por el Strand se encuentra la **Casa de Australia (17)**, diseñada por Marshall Mackenzie entre 1912 y 1919, y a la derecha la **Residencia Bush (18),** de 1920, que alberga oficinas de la BBC. El colosal edificio de la **Casa de la India (19)** data de 1930. En el centro de la calle se encuentra **St Mary-le-Strand (20)**, diseñada por James Gibbs entre 1715 y 1724; es la iglesia del Real Servicio Naval de Mujeres.

Al sur hay un elegante edificio diseñado por sir William Chambers en 1774, la **Residencia Somerset (21)**, que fue acabado en 1835. Actualmente alberga varias oficinas del gobierno, además de la **Galería Courtauld (22),** las **Salas del Hermitage (23)** y la **Colección Gilbert de Artes Decorativas (24).**

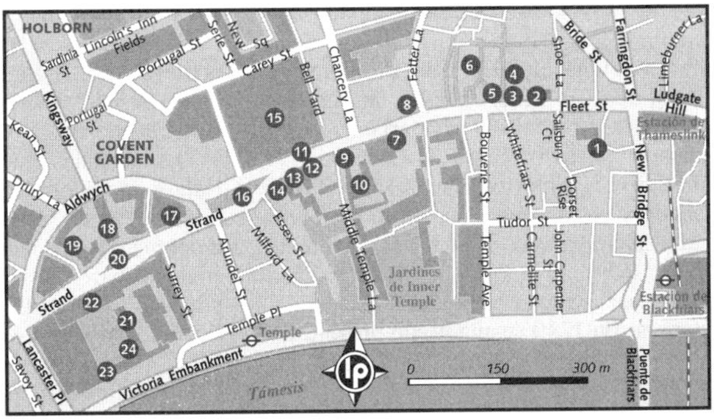

La casa está llena de cuadros de amigos y allegados de Johnson, entre ellos su sirviente negro, Francis Barber, con quien fue muy generoso en su testamento (se expone una copia). Hay un vídeo que ofrece más información sobre Johnson y Boswell, y sobre los interesantes dispositivos antirrobo colocados en el siglo XVIII en la puerta principal. En Gogh Square puede verse una estatua moderna del gato de Johnson, *Hodge*, comiendo ostras con displicencia.

Cámara del príncipe Enrique. Justo antes del pasaje que conduce a la iglesia del Temple, y a la izquierda del quiosco de prensa, está la Cámara del príncipe Enrique *(☎ 7936 2710, 17 Fleet St EC4; gratuita; abierta de lunes a sábado de 11.00 a 14.00).* Ocupa la primera planta de un edificio del siglo XVI que fue ampliamente remodelado como taberna con fachada voladiza de entramado de madera en 1611. Desde entonces, las habitaciones que sobresalían se empezaron a conocer como Prince's Arms, y las tres plumas que constituían la enseña del príncipe de Gales se grabaron en la carpintería exterior. La sala, con objetos relacionados con la vida y los escritos de Samuel Pepys, presume de poseer el mejor techo jacobeo de escayola de todo Londres, algunos paneles de roble originales y vidrieras de la época.

Iglesia del Temple (plano 6)

Esta iglesia *(☎ 7353 8559, Inner Temple, King's Bench Walk EC4; ⊖ Temple/Blackfriars; abierta de 11.00 a 18.00 de miércoles a viernes, de 11.00 a 14.30 los sábados, de 12.45 a 14.45 los domingos)* está justo fuera de Fleet St, bajo un arco al lado de la Cámara del príncipe Enrique. Pasando por debajo, aparece Inner Temple, uno de los Colegios de Abogados. Originariamente fue planeada y construida por la Orden de los Caballeros Templarios entre 1161 y 1185, basándose en la iglesia del Santo Sepulcro de Jerusalén; para los pilares y el núcleo del edificio se utilizó mármol de Purbeck. Es la única iglesia circular que queda en la capital británica. En 1240 se añadió un presbiterio más convencional y alargado, de estilo inglés primitivo.

A pesar de que los templarios habían sido disueltos y sus tierras entregadas a los Colegios de Abogados, todavía se cincelaron en piedra caballeros en el siglo XIII, adornando los suelos de la nave circular; algunos de ellos aparecen sentados con las piernas cruzadas, lo que no significa necesariamente, en contra de la creencia popular, que se trata de cruzados. A la altura de los ojos, también en el muro circular, surgen unas grotescas caras que miran hacia abajo. A un par de ellas, unos monstruos les están mordiendo las orejas.

En el exterior, lo más importante quizá sea la puerta oeste, de estilo normando, cuyo pórtico aparece primorosamente labrado. Está en una pendiente que muestra cuánto ha subido el nivel del suelo a lo largo de los siglos. Durante la Segunda Guerra Mundial sufrió bastantes daños, pero desde que fue restaurada sirve como capilla de Middle Temple e Inner Temple.

Aparte de la abadía de Westminster y la catedral de St Paul, ésta es posiblemente la iglesia más interesante e importante desde el punto de vista arquitectónico. Es aconsejable visitarla.

Guildhall (plano 9)

El Guildhall *(☎ 7606 3030, corpoflondon.gov.uk, Gresham St EC2; ⊖ Bank; gratuito; abierto diariamente de 10.00 a 17.00 de mayo a septiembre; el resto del año, de lunes a sábado de 10.00 a 17.00),* situado exactamente en el centro de la *square mile,* ha sido la sede del gobierno de la City durante aproximadamente 800 años. El edificio actual es del siglo XV y sus paredes sobrevivieron al Gran Incendio de 1666 y a los bombardeos nocturnos de 1940, aunque es difícil apreciarlo desde fuera debido al crecimiento de sus alrededores.

Los visitantes pueden ver acceder al **Gran Hall** donde se elige al alcalde y a los gobernadores civiles, un gran espacio vacío con monumentos que recuerdan más una iglesia, en cuyas paredes se pueden ver los escudos y banderas de los 12 principales gremios de Londres (véase el cuadro "Los gremios de la City" al principio de este capítulo). Giles Gilbert Scott es autor del impresionante techo de madera, reconstrucción de posguerra. La galería de los juglares al final del lado oeste tiene estatuas de Gog y Magog (véase el cuadro correspondiente) que remplazan a las figuras del siglo XVIII destruidas durante los bombardeos nocturnos. Entre los monumentos que se deben ver están los de Winston Churchill, el almirante Nelson, el duque de Wellington y los dos primeros ministros: Pitt el Viejo y el Joven.

La vidriera de Guildhall se destrozó durante los bombardeos citados y hoy una ventana moderna, situada en la esquina suroeste, reproduce la historia de la City. De ella destacan Dick Whittington y su gato, la vieja catedral de St Paul y la nueva, y las más modernas manifestaciones arquitectónicas, como el edificio Lloyd's. En dos alféizares cercanos se pueden ver las medidas estándar de pies, yardas y metros.

Las reuniones del concejo municipal todavía tienen lugar en el Hall el tercer jueves de cada mes (excepto en agosto) a las 13.00. El Guildhall también acoge una exposición anual de flores y varios banquetes, entre los que se incluye el del premio Booker, el galardón británico de literatura más importante.

Debajo del Gran Hall se encuentra la cripta medieval más grande de Londres, con 19 vidrieras que muestran los escudos de armas de los gremios. A ella sólo se accede mediante una **visita guiada** gratuita *(☎ 7606 3030 ext. 1463)*.

Al oeste se hallan los edificios de las oficinas del Ayuntamiento y la **Guildhall Library** *(☎ 7606 3030, Aldermanbury EC2; abiertos de 9.30 a 16.45 de lunes a sábado)*, fundados alrededor de 1420 en cumplimiento de la voluntad de Richard *Dick* Whittington. La biblioteca está dividida en tres secciones de investigación: la de libros, la de manuscritos e impresos y la de mapas y dibujos. Aquí también se encuentra el **Museo del Gremio de Relojeros** *(☎ 7332 1868, Guildhall Library, Aldermanbury EC2; gratuito; abierto de 9.30 a 16.45 de lunes a viernes)*, con una colección de más de 700 relojes, algunos con 500 años de antigüedad. Este museo a veces cierra los lunes durante una o dos horas para darles cuerda.

Gog y Magog

Según la *Historia Regum Britanniae* (Historia de los reyes de Britania) de Geoffrey de Monmouth, que data del siglo XII, Gran Bretaña fue habitada antaño por gigantes, a quienes conquistaron Bruto el Troyano y su compatriota Corineo. Bruto fundó Troia Nova (Nueva Troya), o Londres, mientras que Corineo se estableció en Cornualles, después de arrojar al mar al último de los gigantes, el gran jefe Gogmagog, que medía 3'5 metros de altura.

En el siglo XVIII se creía que Gog y Magog habían sido los últimos gigantes supervivientes, obligados a trabajar para Bruto en su palacio, donde hoy se encuentra el Guildhall. Las efigies de los gigantes son las terceras desde el reinado de Enrique V.

Guildhall Art Gallery. Situada al sureste del patio del Guildhall, esta galería *(☎ 73 32 3700, www.guildhall-art-gallery.org.uk, Guildhall Yard EC2; ⊖ Bank; adultos/jubilados y estudiantes/familias 2,50/1/5 £; abierta de 10.00 a 17.00 de lunes a sábado y de 12.00 a 16.00 los domingos)* abarca una pequeña selección de más de cuatro mil trabajos de la colección del Ayuntamiento de Londres. El museo volvió a abrir sus puertas en 1999 por primera vez desde la Segunda Guerra Mundial, cuando el edificio original (1885) fue destruido. La mayoría de los trabajos tienen más interés histórico que artístico.

Iglesia de St Lawrence Jewry (plano 9)

En la parte suroeste de Guildhall Yard se encuentra St Lawrence Jewry *(☎ 7600 9478, Gresham St EC2 T Bank; gratuita; abierta de 7.00 a 13.00 de lunes a viernes)*, la iglesia del Ayuntamiento, que se conserva en excelentes condiciones. Construida por sir Christopher Wren en 1677, fue casi reedificada en su totalidad después de la Segunda Guerra Mundial. Al fondo, en dirección oeste, se encuentra la caja del órgano, con las armas de la ciudad. En la parte norte está la **capilla**

Una iglesia para todos los carillones

ELLIOT DANIEL

St Martin-in-the-Fields

Naranjas y limones, dicen las campanas de St Clements;
Miras y dianas, dicen las campanas de St Margaret;
Atizadores y tenazas, dicen las campanas de St Johns;
Tortitas y buñuelos, dicen las campanas de St Peters;
Dos palos y una manzana, dicen las campanas en Whitechapel;
Viejo Padre Calvo, dicen las campanas en Aldgate;
Criadas con delantales blancos, dicen las campanas de St Catherines;
Cascos de ladrillo y tejas, dicen las campanas de St Giles;
Calderas y cazuelas, dicen las campanas en St Annes;
Me debes cinco cuartos de penique, dicen las campanas de St Martins;
Cuándo me los pagarás, dicen las campanas de Old Bailey;
Cuando sea rico, dicen las campanas de Shoreditch;
Y cuándo llegará ese día, dicen las campanas de Stepney;
Lo único que sé es que no lo sé, dice la gran campana en Bow;
Aquí viene una vela para iluminar tu cama;
Aquí viene un hacha para cortarte la cabeza.

Naranjas y limones, una canción infantil que menciona muchas iglesias y monumentos de la City y el este de Londres, se escuchó por primera vez en 1744. Se cree que St Clements era St Clement Danes (o quizá St Clement Eastcheap, cerca de las dársenas, donde se recibían cargamentos de cítricos), y St Martins, St Martin-in-the-Fields, mientras que las campanas de Old Bailey pertenecían a St Sepulchre, Holborn; las de Shoreditch a St Leonards; y las de Stepney a St Dunstan, Stepney. La gran campana de Bow perteneció a St Mary-le-Bow y era la que, con su alcance, determinaba quién era un *cockney* y quién no. El resto son suposiciones y algunos creen que el autor de la canción se inventó los nombres de los santos para que rimasen con la frase elegida. Esta teoría cobra credibilidad por el hecho de que los de las iglesias no siempre son los mismos. En algunas de las versiones que todavía se oyen, por ejemplo, Shoreditch es Fleet Ditch y Bow se ha convertido en Paul.

de la Commonwealth, adornada con las banderas de los países miembros, y una moderna pintura de la Virgen y el Niño que incorpora imágenes de los pecados del mundo moderno: codicia económica, drogas, pornografía y obsesión por el nivel de vida.

Como el propio nombre de la iglesia sugiere, esta zona fue antaño parte del barrio judío (el centro era Old Jewry, la calle del sureste). En un saqueo que se produjo en 1262, cuando un cristiano dijo que un prestamista le había cobrado muchos intereses, murieron unos 500 hebreos. Eduardo I expulsó a toda la comunidad llevándola a Flandes en 1290 y no volvieron hasta finales del siglo XVII.

Bank (plano 9)

Es una de las mejores estaciones de metro para explorar el corazón de la City; en su salida convergen siete calles llenas de bancos. Por Prince's St, al noroeste, se llega al Guildhall, o por Threadneedle St, en dirección noreste, al Museo del Banco de Inglaterra.

Entre Threadneedle St y Cornhill, al este, está la antigua Bolsa, **Royal Exchange,** el tercer edificio construido en este lugar, que escogió Thomas Gresham en 1564: su emblema, un saltamontes, todavía gira en la veleta. Hasta 1992 se podía ver la London International Financial Futures Exchange en acción; sin embargo, ahora se encuentra situada en un nuevo edificio de hormigón y cristal en la Bolsa **(Stock Exchange),** más adelante por Threadneedle St, que está cerrado al público. Los escalones de Royal Exchange son un buen punto desde el que observar la ciudadela donde se halla el Banco de Inglaterra, situada al norte.

Lombard St, llamada así desde que los banqueros italianos empezaron a dirigir los mercados del dinero de Londres entre los siglos XIII y XVI, tras la expulsión de los judíos, va en dirección sureste. Vale la pena observar los grandes letreros de los bancos, algunos de los cuales orientan sobre las fechas de fundación: un saltamontes (1563), una yegua a la carrera (1677), un gato y un violín. Estos carteles estaban por todas partes hasta que cayeron por los fuertes vientos, causaron incluso la muerte de algunas personas. Estuvieron prohibidos hasta 1902, cuando se colgaron de nuevo para señalar la coronación de Eduardo VII.

Desde el ángulo que forman Lombard St y King William St, mirando al sur, se pueden ver las torres gemelas de **St Mary Woolnoth,** de Hawksmoor *(☎ 7626 9701; abierta de 8.00 a 17.00 de lunes a viernes)*, construida en 1717. Las inmensas columnas corintias de su interior anuncian su versión perfeccionada en la iglesia de Cristo en Spitalfields. St Mary Woolnoth fue la única iglesia que Hawksmoor levantó en la City.

Entre King William St y Walbrook se encuentra la grande y porticada **Mansion House** *(☎ 7626 2500, www.cityoflondon.gov.uk)*, un trabajo del siglo XVIII de George Dance el Viejo, construida como residencia oficial del alcalde. No está abierta al público aunque a veces se permite la visita de grupos si se reserva con antelación.

Walbrook, que va en dirección sur, toma su nombre de uno de los ríos perdidos de Londres (véase el recuadro titulado "Ríos subterráneos de Londres" en el capítulo *Sobre Londres)*. Aquí se encuentra **St Stephen Walbrook** *(☎ 7283 4444, 39 Walbrook EC3; gratuita; abierta de 10.00 a 16.00 de lunes a jueves, de 10.00 a 15.00 los viernes)*. Mucha gente ve a St Stephen Walbrook como la iglesia más bella entre todas las que hizo Wren; de hecho, fue con su cúpula con la que experimentó antes de embarcarse en la catedral de St Paul. Unas 16 columnas con capiteles corintios se elevan para soportar el techo y la cúpula, dejando en el centro un gran espacio abierto en el que ahora se encuentra una gran piedra de color beis grisáceo, obra de Henry Moore, que hace las veces de altar, y a la que los primeros críticos, no muy entusiastas, llamaron "el Camembert".

Desde Queen Victoria St, que va en dirección suroeste desde Bank, enfrente de Temple Court pero un poco más adelante, en el nº 11, se encuentran los restos del **templo de Mitra,** del siglo III, excavados a 5,5 metros bajo tierra en 1954 y trasladados aquí desde un lugar cercano. Mitra fue el dios persa de la justicia y del pacto social, y su culto se extendió por el Imperio Romano a través de sus legionarios (véase el recuadro "Mitra y el Gran Sacrificio" en *Sobre Londres)*. Los hallazgos del templo, tales como esculturas e incensarios de plata, se pueden ver en el Museo de Londres.

Derecho al oeste de Bank está Poultry, que sigue hacia Cheapside, lugar en el cual se celebra un gran mercado medieval (véase el recuadro "¿Qué hay detrás de un nombre?, en *Datos prácticos)*. A la izquierda se puede ver **St Mary-le-Bow** *(☎ 7248 5139, Cheapside EC2; gratuita; abierta de 6.30 a 18.00 de lunes a jueves, de 6.30 a 16.00 los viernes)*, otra de las grandes iglesias de Wren, construida en 1673 y famosa por sus campanas, que dicen quién es un *cockney* y quién no (véanse los recuadros "Una iglesia para todos los carillones" y "Rima *cockney* y realeza"). Su delicado campanario es uno de los mejores trabajos del artista y resultan muy atractivas sus modernas vidrieras. Cerca hay una buena cafetería llamada ***The Place Below*** (véase *Dónde comer)*.

Museo del Banco de Inglaterra. El Banco de Inglaterra *(☎ 7601 5545, www.bankofengland.co.uk, Bartholomew Lane EC2; ⊖ Bank; gratuito; abierto de 10.00 a 17.00 de lunes a viernes)* se encarga de mantener la integridad y el valor de la libra esterlina y del sistema financiero británico. Se creó en 1694, cuando el gobierno tuvo necesidad de aumentar su riqueza para financiar una guerra con Francia. Al principio se encontraba en Mercers´ and Grocers´, pero en 1734 se trasladó al edificio actual. Desde 1788 hasta 1833 John Soane, cuya estatua adorna la zona Lothbury de lo que se conoce como la Vieja Dama de Threadneedle St, fue el arquitecto encargado, y aunque muchas de sus obras se destruyeron durante las reedificaciones posteriores a la Primera Guerra Mundial, algunas han sido restauradas.

La primera sala del museo es una reconstrucción del vestíbulo de Soane del siglo XVIII: la Bank Stock Office, llena de maniquíes de clientes y oficinistas. También hay una estatua de Guillermo III, que reinaba en el momento de la fundación del banco. Se pueden ver además las cariátides que soportaban la rotonda original de Soane, posteriormente reemplazada por la de Herbert Baker (sala 8).

El museo describe la historia del banco y de los billetes. Destacan un par de lingotes de oro romanos que se encuentran en la rotonda (sala 8) y un diorama que muestra el ataque que sufrió el banco durante las revueltas de Gordon de 1780 (sala 13). Por último, aquéllos que han soñado con hacer carrera en el mercado de divisas pueden disfrutar de un vídeo interactivo en la sala 24.

El Monumento (plano 9)

En el extremo sureste de King William St, cerca del puente de Londres, se encuentra el Monumento (*☎ 7626 2717, Monument St; ⊖ Monument; adultos/entre 5 y 15 años 1,50 £/50 p; abierto diariamente de 10.00 a 17.40*). Fue un proyecto de sir Christopher Wren para conmemorar el Gran Incendio de 1666, que se inició en una panadería de Pudding Lane, al este del Monumento. Se terminó en 1677 y su altura es de 60,6 metros, la misma distancia que hay hasta la panadería. En el extremo superior hay una urna de llamas hecha de bronce dorado que parece, según algunos, un gran acerico dorado. Si se suben los 311 pequeños escalones se llega a un balcón situado debajo de la urna, que ofrece muy buenas panorámicas de la City.

Mercado de Leadenhall (plano 9)

Hubo un mercado en este lugar de Whittington Ave fuera de Gracechurch St (⊖ Bank) desde tiempos romanos, cuando servía como foro. A finales del siglo XIV se permitía a los que venían de fuera vender su género aquí; en 1445, el Ayuntamiento lo convirtió en un mercado oficial de alimentos. Para más información, véase *Mercados de Londres*.

El Monumento señala el lugar en el que comenzó el Gran Incendio.

Lloyd's de Londres (plano 9)

Aunque es la compañía de seguros más famosa del mundo, donde se aseguran desde barcos, cargueros y aviones hasta las caras de las estrellas de cine y las piernas de los bailarines, la Lloyd's de Londres (*☎ 7623 1000, 1 Lime St EC3; ⊖ Aldgate/Bank*) no tendría mucho interés turístico si no fuera por el edificio donde está instalada.

En 1986 Richard Rogers, uno de los arquitectos del centro Pompidou de París, creó un nuevo e impresionante edificio en una zona de Londres no conocida hasta ese momento por su arquitectura vanguardista. Lloyd's, con sus tuberías y conductos de acero inoxidable en el exterior, fue una triunfante excepción, especialmente cuando por las noches su estructura se ilumina con luces amarillas y azules. Gran parte de la fachada del antiguo edificio de 1925 se conservó y puede verse en Leadenhall St. El acceso a su magnífico interior, muy bien distribuido, está restringido a grupos profesionales que deben reservar con antelación.

Torre de Londres (plano 9)

Uno de los tres lugares de la capital británica que son Patrimonio de la Humanidad (los otros dos son la abadía de Westminster con los edificios aledaños y Maritime Greenwich) es la Torre de Londres *(☎ 7709 0765, www.hrp.org.uk, Tower Hill EC3; ⊖ Tower Hill; adultos/jubilados y estudiantes/niños de 5 a 15 años/familias 11,30/8,50/7,50/34 £; entrada combinada a la Torre y al palacio de Hampton Court adultos/jubilados y estudiantes/niños entre 5 y 15 años/familias 19/14,50/ 12,50/55,50 £; abierta de 9.00 a 18.00 de lunes a sábado y de 10.00 a 17.00 los domingos de marzo a octubre; de 9.00 a 16.00 de martes a sábado y de 10.00 a 16.00 los domingos y lunes de noviembre a febrero).* La Torre de Londres ha dominado la parte sureste de la City desde 1078, cuando Guillermo el Conquistador puso la primera piedra de la Torre Blanca (White Tower) para reemplazar el castillo de tierra y madera que él mismo construyó en aquel lugar.

Guillermo II terminó los trabajos iniciados por su padre y entre 1190 y 1285 se construyeron dos muros con torres y un foso alrededor. Más tarde se añadió un muelle en la orilla del río y desde entonces las defensas medievales apenas fueron modificadas.

Los sucesivos monarcas se sentían satisfechos viviendo en la Torre Blanca, pero al subir al trono Enrique III (1216-1272), y para reforzar las defensas, mandó levantar un palacio entre aquélla y el río. También inició la Royal Menagerie, el primer zoológico de la ciudad, después de que Luis IX de Francia le regalase un elefante en 1255. En el siglo XIX fue trasladado a Regent's Park y se convirtió en el definitivo Zoo de Londres.

A principios de la Edad Media, la Torre de Londres no sólo fue la residencia real sino que además sirvió como Ministerio de Hacienda, Casa de la Moneda, arsenal y prisión. Después de que Enrique VIII se mudase al palacio de Whitehall en 1529, el papel de la Torre como prisión se hizo cada vez más importante; Tomás Moro, las reinas Ana Bolena y Catalina Howard, el arzobispo Cranmer, lady Jane Grey, la princesa (más tarde reina) Isabel y Robert Devereux, conde de Essex, fueron algunos de los famosos prisioneros de los Tudor.

Después de reinstaurarse la monarquía en 1660, se estableció una gran guarnición en la Torre y se agrandó el arsenal. Por primera vez se le permitió a la gente ver las insignias y las armas de la coronación.

RICHARD I'ANSON

El crepúsculo desciende sobre la Torre de Londres, el gigantesco baluarte de la City.

Fauna en la Torre

Los cuervos y las aves carroñeras han permanecido durante siglos en la Torre de Londres, acechando los restos que se tiraban desde las ventanas y dándose un festín con los cuerpos decapitados de los traidores, que se mostraban públicamente para atemorizar al pueblo. El primer informe al respecto lo elaboró nada menos que Thomas Becket a principios del siglo XIII. Ya en el siglo XVII se volvieron tan numerosos que hubo quienes propusieron matarlos a todos, pero alguien recordó la vieja leyenda: si los cuervos abandonaban la Torre, ésta se derrumbaría y un gran desastre se cerniría sobre Inglaterra. El flamante rey Carlos II era tan supersticioso que prestó oídos y contrajo un compromiso. Ahora, nunca hay menos de seis cuervos habitando la Torre, pero no pueden volar porque tienen las alas cortadas.

Sin embargo, también es posible encontrarse en el lugar con especies de plumaje mucho más colorido: los alabarderos de la Torre de Londres, más conocidos como *beefeaters*, que visten unos trajes de color azul oscuro y rojo, excepto en ocasiones solemnes, cuando lucen una vestimenta de estilo victoriano más elaborada, de colores rojo y dorado, cuyo valor asciende a 12.000 libras. Los alabarderos han custodiado el edificio durante 900 años.

Hay más de tres docenas de *beefeaters*. Todos ellos pasan 22 años en los servicios armados y alcanzan el rango de sargento mayor. Pueden permanecer en el puesto hasta que cumplen los 60 y vivir en las zonas de la Torre a ellos destinadas. Sirven de guías en las visitas y representan la antigua ceremonia de las llaves todas las tardes, que consiste en cerrar cada una de las puertas de la fortaleza y guardar protocolariamente las llaves en la Casa de la Reina.

Los *beefeaters* (término que significa "comedores de carne") recibían una ración diaria de carne y cerveza. Los celos y la envidia generaron este apodo en el siglo XVII, época en la que estos productos eran un lujo fuera del alcance de los pobres.

Cuando el duque de Wellington consiguió el mando de la Torre en 1826, su principal preocupación era que la revolución pudiese extenderse por el Canal desde Francia, así que reforzó las defensas militares. La Royal Menagerie se cerró y el archivo nacional se trasladó de lugar. Nuevos cuarteles reemplazaron rápidamente al Grand Storehouse cuando ardió en 1814.

El esposo de la reina Victoria, el príncipe Alberto, vio las cosas de otra manera y supervisó la demolición de algunos de los edificios más nuevos y la reparación o reconstrucción de las torres medievales. Desde entonces, la despiadada historia de la Torre se convirtió en poco más que una atracción turística, aunque hasta el fin de la Segunda Guerra Mundial todavía se encarcelaban en ella prisioneros (uno de los más famosos fue Rudolf Hess, en 1941).

Hoy en día, la Torre recibe la visita de más de dos millones de personas al año; incluso en las frías tardes de invierno se forman impresionantes colas para entrar, pero avanzan con rapidez y normalmente sólo hay que esperar, incluso en verano, alrededor de 20 minutos para ver las joyas de la Corona. Se pueden comprar entradas con antelación en la mayoría de las estaciones de metro.

Orientación. La entrada de la Torre es la puerta oeste y se sigue por un pasillo a través de un húmedo foso entre las torres **Middle** y **Byward.**

Caminado por Water Lane, entre los muros, a la derecha se llega a la **torre de St Thomas,** construida por Eduardo I de 1275 a 1279, justo encima de la **puerta de los Traidores (Traitor's Gate),** la compuerta por la que entraban a la Torre de Londres los prisioneros que venían del río. Las habitaciones muestran lo que alguna vez pudo ser la sala del rey; también se puede ver cómo los arqueólogos han ido retirando las capas de las construcciones más nuevas para dejar al descubierto lo que era anteriormente.

Enfrente de la torre de St Thomas se encuentra la **torre Wakefield,** construida por

Enrique III entre 1220 y 1240. En el suelo se aprecian las piedras de lo que anteriormente fue la prisión. En marcado contraste, el piso de arriba se ha acondicionado con la réplica de un trono y con un gran candelabro para recrear la atmósfera en tiempos de Eduardo I. Se cree que Enrique VI fue asesinado en la capilla de la torre en 1471.

Pasando por debajo de la compuerta de Enrique III se accede a las torres **Cradle, Well** y **Develin,** en la parte sur. A la izquierda está la torre **Lanthorn,** una copia victoriana de la original, que se quemó en 1774. Siguiendo hasta el interior de la sala y torciendo a la derecha se llega a la **torre Salt,** construida alrededor de 1238 y tal vez utilizada como almacén de salitre para hacer pólvora. Algunos guardianes creían que estaba embrujada. En la primera planta se pueden leer las inscripciones que grabaron en la pared los prisioneros de los Tudor.

Desde allí se puede acceder al **paseo de la Muralla (Wall Walk),** que discurre a lo largo de las murallas del siglo XIII. Junto a la torre Salt se encuentra la **Nueva Armería,** un macizo edificio de ladrillo rojo construido en 1664, donde se guardan varias obras, entre ellas dibujos de la Torre, cuadros de la Royal Menagerie, el frontón esculpido de Grand Storehouse, que sobrevivió al incendio de 1841, y una lista de los prisioneros más famosos, desde Ranulf Flambard (obispo de Durham en 1100), hasta Josef Jakobs (un espía alemán que fue ejecutado por un pelotón de fusilamiento en 1941). En el césped de enfrente hay fragmentos del **muro de la ciudad romana** y, un poco más al norte, un magnífico **cañón** flamenco construido en 1607 y traído desde Malta en 1800. En él se observan las armas de la Orden de San Juan de Jerusalén y del gran maestre Alof de Wignacourt con una placa de peltre que representa el naufragio de San Pablo en Malta. Cerca está la torre **Broad Arrow,** construida en 1238, que ha sido decorada como el dormitorio de Simon Burley, tutor del joven Ricardo II.

Pasando el **Hospital Block,** que se habilitó en 1700 como vivienda de los oficiales del Cuerpo de Artillería, se encuentra el **Museo de Fusileros,** que depende del Real Regimiento de Fusileros. En él se muestra la historia de este cuerpo, que se remonta a 1685, y exhibe maquetas de muchas batallas. Mediante un vídeo de 10 minutos se pueden conocer detalles del actual regimiento.

El Wall Walk acaba en la **torre Martin,** que alberga una exposición sobre las galas propias de la coronación. Se pueden ver algunas de las coronas más añejas, diseñadas de tal modo que sus joyas pueden sacarse. La más antigua, la de Jorge I, tiene en lo alto la bola y la cruz de la corona de Jacobo II. La de Jorge IV (1821) contaba originalmente con 12.314 diamantes tallados. En esta misma torre, el coronel Thomas Blood, disfrazado de clérigo, intentó robar las joyas de la Corona en 1671.

La más llamativa de todas las construcciones del complejo es, sin lugar a dudas, la gran **torre Blanca,** situada en el centro del recinto, con su sólida arquitectura románica y sus cuatro torreones. Fue pintada de blanco durante el reinado de Enrique III, de ahí su nombre. Después de las profundas reformas que duraron ocho años, ahora alberga una colección de la Real Armería, con sede en Leeds, distribuida en nueve galerías. Entre ellas destaca una armadura de niño diseñada para Enrique, el hijo pequeño de Jacobo I. Hay otra exposición de instrumentos de castigo y tortura entre los que se incluye el bloque de piedra y el hacha con los que se ejecutó al jacobita escocés de 80 años Simon Fraser, el undécimo lord Lovat, en 1747. También se puede contemplar la restaurada Line of Kings, un conjunto de modelos de monarcas a caballo que datan de 1660. En la segunda planta se encuentra la capilla de **San Juan Evangelista,** la más antigua de Londres (1080).

Frente a la Torre Blanca, hacia el norte, se hallan los **cuarteles de Waterloo,** una estructura neogótica construida durante el mando del duque de Wellington para albergar a 1.000 soldados. En la actualidad guarda las joyas de la Corona: orbes, cetros y la pieza más importante, la corona imperial, adornada con 2.868 diamantes, además de zafiros, esmeraldas, rubíes y perlas. Está asegurada en 27,5 millones de libras. En el cetro con la cruz se encuentra el diamante más grande, la Primera Estrella de África,

TORRE DE LONDRES

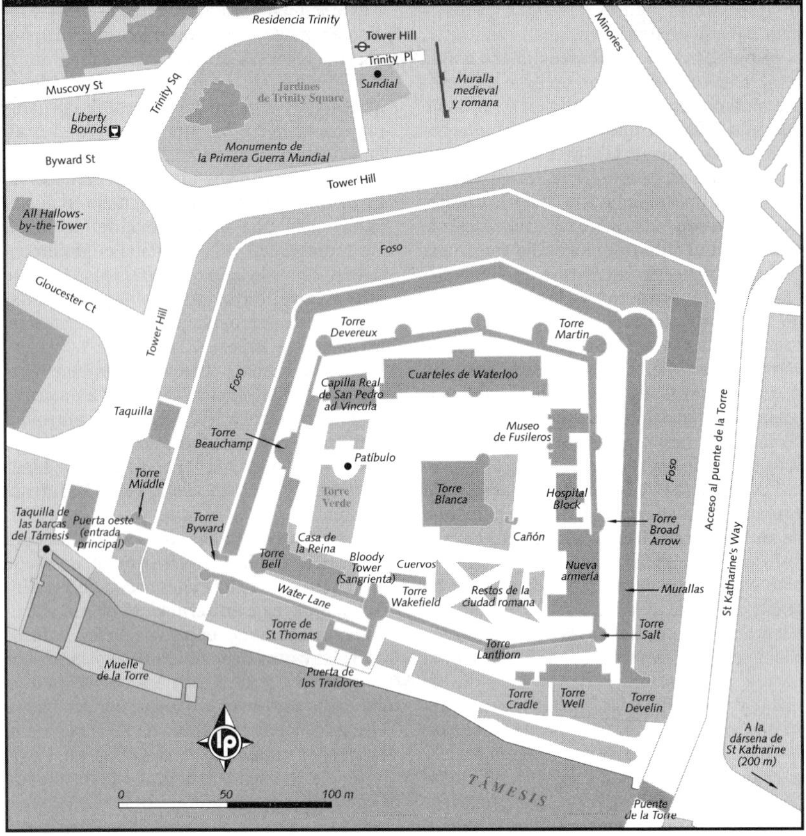

con un peso de 530 quilates. Un verdadero bastón de mando.

Junto a los cuarteles de Waterloo, se encuentra la **Real Capilla de San Pedro ad Vincula,** que sólo puede visitarse después de las 16.30 o en grupo. Si se va solo, la única solución es incorporarse a uno o esperar a que se celebre alguna misa. Ésta es la tercera iglesia edificada en el recinto y un raro ejemplo de la arquitectura religiosa del período Tudor, pero resulta interesante, sobre todo, por ser el lugar donde enterraban a los decapitados en el patíbulo exterior o en la cercana Tower Hill. Estos cuerpos, enterrados sin mucha ceremonia en su momento, fueron exhumados en la época victoriana y sepultados de nuevo con los honores correspondientes. Los servicios religiosos tienen lugar los domingos a las 9.00.

Este apacible y pintoresco rincón de la Torre fue, en realidad, un escenario bastante sangriento. En el césped frente a la iglesia se encontraba el **patíbulo,** erigido durante el reinado de Enrique VIII. Allí murieron decapitadas siete personas, entre ellas sus dos esposas supuestamente adúlteras: Ana Bolena y Catalina Howard, ésta junto con su dama de honor, Jane Rochford. También fue ejecutada, a sus 70 años, Margaret Pole, condesa de Salisbury, tan sólo por ser descendiente de la Casa de York.

Por otra parte, también corrió esa suerte lady Jane Grey cuando sólo tenía 16 años, durante el reinado de María I, hija de Enrique VIII. Proclamada reina al morir Eduardo VI, y para asegurarse de que los católicos no recobraran la Corona, Jane acudió a la Torre esperando ser coronada, pero sólo nueve días antes de la fecha prevista, los que la apoyaban se sublevaron contra ella. Desde su habitación, con vistas a la torre Verde, vio que se llevaban a su marido para ejecutarlo en Tower Hill, poco antes de que ella misma fuese arrastrada al patíbulo.

Ejecutaron a estas cinco mujeres dentro del recinto de la Torre, sobre todo, para librar a la monarquía de un embarazoso acto público. También fueron ejecutados aquí William, lord Hastings, en 1483, y Robert Devereux, conde de Essex, antes favorito de Isabel I. Aunque él la había traicionado, se consideró una muestra de su afecto impedir que la ejecución fuese pública. También es posible que las autoridades temieran una sublevación popular en su apoyo.

Al oeste del patíbulo se encuentra la **torre Beauchamp,** construida alrededor de 1281, cuyo nombre alude a Thomas Beauchamp, conde de Warwick, quien estuvo prisionero aquí entre 1397 y 1399. Los muros, sobre todo los de la celda superior, están llenos de inscripciones. Existe una lista numerada con la que se pueden identificar los textos más interesantes.

Alrededor de la torre Verde hay unas atractivas casas de estilo Tudor, con entramado de madera, donde vive el personal de la Torre. La **Casa de la Reina,** donde se cree que Ana Bolena estuvo prisionera porque dejó su firma grabada en la pared de su celda, es ahora la vivienda del gobernador residente. Cuando el príncipe Carlos o su hijo, el príncipe Guillermo, sucedan a Isabel II, pasará a llamarse Casa del Rey.

Junto a la torre Wakefield se encuentra la **Bloody Tower** (torre Sangrienta), probablemente la más conocida de todo el complejo. En la primera planta se puede ver el torno que controlaba el rastrillo, la compuerta de reja que se bajaba para defender la entrada. Un bastidor de madera del siglo XVII lo separa de una celda amueblada con artefactos que se remontan al período entre 1520 y 1620. Allí estuvo prisionero sir Walter Raleigh y escribió su *Historia del mundo*, de la que se expone una copia. La habitación superior

VERONICA GARBUTT

Custodia de las joyas de la Corona, una colección de 2.868 diamantes.

está amueblada de forma similar, con un dormitorio del siglo XVI del que destaca una bella cama con dosel de roble.

A la Bloody Tower, antes conocida como torre Garden, le viene su desagradable nombre de la leyenda según la cual en ella fueron asesinados "los príncipes de la Torre", Eduardo V y su hermano menor. Casi siempre se ha culpado a su tío Ricardo III, aunque también se cree que pudo haber sido Enrique VII.

Antes de abandonar el recinto, merece la pena echar un vistazo al césped que cubre el pequeño espacio que media entre las torres Walkefield y Blanca, lugar antaño ocupado por el Gran Hall. Ahí se dan cita los famosos cuervos de la Torre (véase el recuadro "Fauna en la Torre").

Circuitos guiados. Los circuitos organizados por los Yeoman Warders, que son realmente entretenidos y duran una hora, salen de la torre Middle cada 30 minutos desde las 9.30 (los domingos a las 10.00) hasta las 15.30 (14.30 en invierno) todos los días. Los celadores (*warders*) también ofrecen ocho breves charlas (35 minutos) y circuitos (45 minutos) sobre temas específicos. El primero es a las 9.30 de lunes a sábado (10.15 los domingos en verano, 11.30 en invierno) y el último a las 17.15 (15.00 en invierno). Las audioguías, con las que uno puede ir a su aire, están disponibles en cinco idiomas en el punto de información en Water Lane por 3 £.

Alrededores de la Torre (plano 9)

A pesar de que la Torre es Patrimonio de la Humanidad, la zona que continúa hacia el norte es bastante decepcionante. En el exterior de la estación de metro de Tower Hill, un enorme reloj de sol hecho en bronce describe la historia de Inglaterra desde el año 43 hasta 1982. Los vecinos **jardines de Trinity Square** fueron antaño el lugar donde se asentaba el cadalso de Tower Hill y en la actualidad albergan el monumento a Edwin Lutyens que rinde homenaje a los marines y marineros mercantes que perdieron la vida durante la Primera Guerra Mundial. Una zona de hierba próxima a la escalera del paso subterráneo que atraviesa la carretera principal, permite observar un tramo de la **muralla medieval,** construida sobre cimientos romanos, enfrente de la cual se alza una moderna estatua del emperador Trajano (que gobernó entre los años 98 y 117). En el otro extremo del túnel hay un postigo (o puerta) del siglo XIII.

All Hallows-by-the-Tower. Aquí hubo, desde el año 675, una iglesia con ese nombre (Todos los Santos). A pesar de estar muy cerca del lugar donde comenzó el Gran Incendio (Samuel Pepys vio las llamas desde la torre de ladrillo), All Hallows-by-the-Tower *(☎ 7481 2928, Byward St EC3; ⊖ Tower Hill; gratuita; abierta de 9.00 a 17.45 de lunes a viernes, de 10.00 a 17.00 sábados y domingos)* no sufrió mayores daños; no escapó, sin embargo, del impacto de las bombas alemanas en 1940.

Lo único que queda del edificio original es la torre de ladrillo, los muros exteriores de la iglesia y un importante arco sajón. La aguja de cobre fue añadida en 1957 para que sobresaliera en una zona devastada por las bombas. Merece la pena fijarse en el púlpito, procedente de una iglesia de Wren, en Cannon St, que fue destruida durante la guerra; en la preciosa cubierta de la pila bautismal, decorada con tres querubines y una paloma, talla del siglo XVII en madera del maestro Grinling Gibbons; y, por último, en las placas conmemorativas de los siglos XIV al XVII. Fueron enterradas aquí (al menos por un tiempo) algunas personas ejecutadas en la Torre de Londres o en Tower Hill, entre ellos Tomás Moro y el arzobispo William Laud. William Penn, fundador de Pensilvania, fue bautizado en 1644 y John Quincy Adams, sexto presidente de Estados Unidos, se casó en esta iglesia en 1797.

La baldosas de la **cripta** *(entrada 2,50 £; abierto de 10.00 a 16.00 de lunes a sábado, de 13.00 a 16.00 los domingos)* provienen de un edificio romano; las paredes, de una iglesia sajona del siglo VII. Puede solicitarse una audioguía de 45 minutos para recorrer la iglesia (se recomienda dejar un donativo). En el **centro de calcos** *(abierto de 10.00 a 16.00 de lunes a sábados, de 13.00 a 16.00 los domingos)*, los calcos sobre latón cuestan entre 2 y 5 £.

Puente de la Torre (plano 9)

El Tower Bridge *(⊖ Tower Hill)* fue construido en 1894, cuando Londres todavía era un puerto floreciente. Hasta entonces, el puente de Londres había sido el punto de cruce situado más al este, y la congestión en la zona era tan grande que los propietarios de los barcos se vieron forzados a construir un nuevo puente, equipado con un ingenioso mecanismo basculante que permitía despejar, en sólo tres minutos, el camino para los barcos que venían en dirección contraria. Las torres gemelas, de 25 m de alto, tienen una estructura de acero y están recubiertas de piedra.

Los pasos peatonales del puente ofrecen una excelente panorámica de la City y los Docklands. Para conocer la **Tower Bridge Experience** *(☎ 7940 3985, www.towerbridge.org.uk; adultos/jubilados y estudiantes y niños entre 5 y 15 años/familias 6,25/4,25/18,25-22,25 £; abierta diariamente de 10.00 a 18.30 de abril a octubre, de 9.30 a 18.00 de noviembre a marzo),* hay que tomar un ascensor en la moderna zona para visitantes situada en el muelle norte, donde se narra la historia de su construcción. También merece la pena visitar la sala de máquinas y la galería de los mecánicos.

A pesar de que el esplendor del puerto ha quedado atrás, el puente sigue funcionando: se abre quinientas veces al año y diez al día en verano. Para conocer la próxima apertura, se puede llamar al ☎ 79403984.

SUR DEL TÁMESIS: DE BERMONDSEY A BATTERSEA

Hace una década, la parte sur del centro de Londres era el arrabal de la ciudad, una zona deteriorada, descuidada y con pocos estímulos para los visitantes, sobre todo después de conocer los centros artísticos de South Bank. Todo esto ha cambiado recientemente y algunas áreas situadas al sur del río pueden resultar tan atractivas como las del norte.

El teatro Globe, una réplica del original de la época de Shakespeare, que abrió sus puertas con muy buena acogida en 1997, y el nuevo restaurante en la vieja torre Oxo impulsaron a la gente a conocer "el otro lado". Un alud de nuevas atracciones y museos se han intalado en Southwark, South Bank y sus alrededores, desde la Tate Modern hasta el cine IMAX y la gigantesca noria London Eye.

MANFRED GOTTSCHALK

Las básculas del puente de la Torre se siguen levantando unas 500 veces al año.

El puente peatonal del Milenio contribuirá a unir de verdad las dos zonas, una vez que deje de bambolearse.

Esta parte abarca las zonas siguientes (de este a oeste): Bermondsey, Southwark (incluidos Borough y Bankside), Waterloo, South Bank, Lambeth y Battersea.

Bermondsey (plano 9)

Aunque algunas secciones de Bermondsey todavía sufren cierto abandono, existen focos de restauración, algunos bastante selectos, sobre todo a lo largo de la zona portuaria llamada Shad Thames. Los amantes de las antigüedades tienen la oportunidad de recorrer los viernes por la mañana el mercado de Bermondsey Square (véase el capítulo *Mercados de Londres).*

Museo del Diseño. El blanco y luminoso Design Museum de sir Terence Conran's *(☎ 7940 8790, www.designmuseum.org, 28 Shad Thames SE1; ⊖ Tower Hill; adultos/estudiantes/niños de 5 a 16 años/familias 5,50/4,50/4/15 £; abierto de 11.30 a 18.00 de lunes a viernes, de 10.30 a 18.00 sábados y domingos)* demuestra cómo ha evolucionado el diseño de productos a través del tiempo y hasta qué punto este aspecto puede significar el éxito o el fracaso de los artículos ideados para el consumo masivo. Pueden probarse unas sillas confortables y utilizar un ordenador para idear un nuevo modelo de cepillo de dientes. Las exposiciones temporales de la primera planta muestran, entre otras cosas, cómo se desarrolló la novedosa aspiradora Dyson Cyclonic; celebran el 40 aniversario del Mini, o hacen un repaso de los nuevos avances en sillas de ruedas o cuberterías. Las galerías de la segunda planta ofrecen un panorama del desarrollo pasado y futuro del diseño de los objetos de uso cotidiano, desde televisores y lavadoras a sillas y artículos para el hogar.

El ***Riverside Café*** abre de lunes a viernes de 11.00 a 17.30, los sábados y domingos de 10.30 a 17.30. El ***Blue Print Café***, que tiene más de restaurante que de cafetería, es bastante caro, pero garantiza unas extraordinarias vistas panorámicas del río (véase *Dónde comer).*

Museo Bramah del Té y el Café. Describe la historia de estos productos en el Reino Unido *(☎ 7378 0222, 1 Maguire St SE1; ⊖ Tower Hill; adultos/jubilados y estudiantes/familias 4/3/10 £; abierto diariamente de 10.00 a 18.00).* Hubo un tiempo en el que en el cercano muelle de Butler desembarcaban 6.000 cajones de té cada día. Hay una abundancia apabullante de formas y tipos de teteras: cactus, ovillo de lana con sus agujas de tejer, tren de Eurostar, de plata y grabadas. Las exposiciones relacionadas con el café (entrada por Gainsford St) son apasionantes, especialmente las que se centran en los cafés del siglo XVII y en las cafeterías de los años cincuenta, pero en ninguna parte explican por qué los británicos no son capaces de preparar como es debido una taza.

En el excelente salón de té se prepara la infusión con un reloj de arena, por lo que se puede tomar en su punto.

A poca distancia del sur, en Millenium Square, en el extremo este de Queen Elizabeth St, hay una **estatua de *Jacob*** en bronce; se trata de uno de los muchos caballos de tiro de Courage que se utilizaban en el siglo XIX. Estos caballos trabajadores distribuían cerveza por toda la ciudad desde la fábrica de Horselydown Lane, donde las pobres bestias descansaban antes de cruzar el puente. Una vida francamente dura.

Southwark (plano 9)

Asentamiento romano originalmente, Southwark se convirtió en la Edad Media en una importante vía de paso para quienes viajaban a Londres. Durante siglos, el puente de Londres, con todas sus casas y tiendas, fue el único lugar por el que se podía cruzar el Támesis. Los viajeros se congregaban en Southwark, donde encontraban posadas dispuestas a atenderlos. En la época de los Tudor, las autoridades prohibieron los teatros en la City; por ello se construyeron el Globe, el Rose, el Swan o el Hope en el Bankside de Southwark, que en aquel entonces hacía gala de poseer un ambiente totalmente libertino, con muchas *stews* (mezcla de casas de baño y burdeles), varias prisiones e innumerables garitos de animales de pelea.

El Southwark victoriano floreció gracias al comercio del puerto. Algunas empresas procesadoras y de embalaje se establecieron en la zona, muchas de ellas tan célebres en el Reino Unido como Crosse and Blackwell o Jacob's and Courage. Sin embargo, Southwark padeció el impacto de la Segunda Guerra Mundial y las secuelas de la posguerra, cuando se cerró el puerto y desapareció el comercio que le había hecho prosperar.

Aunque Southwark aún se encuentra un tanto deteriorado, mejora poco a poco; algunos dicen que es el nuevo Left Bank de Londres. Es interesante explorar sus callejuelas, ya que cuentan con numerosas atracciones y pequeños museos como el HMS *Belfast,* el London Dugeon y la Britain at War Exhibition. En la zona conocida como Borough hay un mercado encantador (véase el capítulo *Mercados de Londres)*, y el excelente Old Operating Theatre Museum. La Tate Modern, en el Bankside, es la nueva joya de la corona: atrae más visitantes que cualquier otro museo de arte contemporáneo en el Reino Unido y encabeza la lista de atracciones turísticas favoritas, después del Museo Británico, aunque el teatro Globe y la catedral de Southwark no le van a la zaga.

HMS 'Belfast'. El HMS *Belfast (☎ 7940 6300, www.hmsbelfast.org.uk, Morgan's Lane, Tooley St SE1; ⊖ London Bridge; adultos/jubilados y estudiantes/menores de 16 años 5/3,80 £/gratis; abierto diariamente de 10.00 a 18.00 de marzo a octubre, de 10.00 a 17.00 de noviembre a febrero)* es un enorme buque ligero, construido con 16 cañones de 15,25 centímetros, que se botó en 1938. Tomó su nombre del astillero Harland and Wolff de Belfast, donde fue construido. Durante la Segunda Guerra Mundial, el *Belfast* escoltaba barcos mercantes en el Ártico, pero en 1939 una mina lo dejó fuera de servicio hasta 1942. Participó en la batalla de Cabo Norte, Noruega, en 1943. Tomó parte en el desembarco de Normandía, antes de ser trasladado a Asia para repatriar a los prisioneros de guerra y a los expatriados cuando acabó la contienda. Estuvo de servicio 404 días durante la guerra de Corea.

En 1952 el *Belfast* volvió al Reino Unido y fue cuidadosamente reparado antes de emprender un nuevo viaje alrededor del mundo. En 1963 regresó al muelle de Devonport y se salvó de convertirse en chatarra al ser rescatado por el Museo Imperial de la Guerra en 1971. Fue trasladado a Portsmouth, donde lo pintaron y remozaron en el verano de 1999; ésa fue la primera vez que se hizo a la mar desde que fuera salvado para la nación.

Aunque probablemente resulte más interesante para los aficionados a cuestiones navales, el *Belfast* es sorprendente, ya que enseña cómo se vive a bordo de un crucero. Encontrar lo que se busca entre las ocho zonas de las nueve cubiertas y plataformas puede ser bastante complicado, incluso con la ayuda del plano que suministra la *Guía para visitantes*. Hay que estar preparado para subir y bajar gran cantidad de incómodas escalerillas.

En la sala de operaciones del puente de mando, zona 3, las maquetas y los efectos de sonido intentan revivir la batalla de Cabo Norte. En la zona 5, la exposición permanente *HMS* Belfast *en la guerra y la paz* ofrece información detallada y muestra un vídeo de la batalla. Una segunda exposición titulada *Marina Real moderna* proporciona detalles sobre la fuerza nuclear disuasoria británica. Uno de los lugares donde más se puede disfrutar es la zona 7; es posible entrar en la cocina del barco, el quirófano, la consulta del dentista, la capilla y la lavandería. Más interesante incluso resulta la zona 4, donde se encuentran las cubiertas destinadas al ocio y las celdas de castigo.

London Dungeon. Bajo los arcos de la estación de London Bridge, el London Dungeon *(☎ 09001 600066, www.thedungeons.com, 28-34 Tooley St SE1; ⊖ London Bridge; adultos/estudiantes/jubilados y menores de 14 años 19,95/9,50/6,95 £; abierto diariamente de 10.00 a 18.30 de abril a septiembre, de 10.00 a 17.30 de octubre a marzo)* se convirtió en interesante cuando algunos niños perdieron el miedo a la cámara de los horrores de Madame Tussaud. Aquí se puede ver gente colgada de las horcas de Tyburn; escuchar a Ana Bolena antes de que un verdugo procedente de Calais le cortase diestra y fieramente la cabeza (no con hacha, sino con espada); observar el asesinato de Thomas Becket; y asombrarse ante una sofisticada variedad de métodos de tortura. Ver en acción la guillotina francesa reconstruida es algo impresionante, pero nada comparado con lo que depara la sala dedicada a Jack el Destripador, el famoso asesino en serie de la época victoriana, y a las cinco prostitutas que él descuartizó, representadas con todo lujo de detalles con sus vísceras al aire. El Día del Juicio Final permite a los espectadores sentirse como condenados a muerte subidos a bordo de una barca con su verdugo para un último viaje a través de la puerta de los Traidores; el Mayhem Medieval presenta una ciudad sitiada; y el Gran Incendio de Londres conduce, literalmente, a un reguero de llamas. Puede gustar o no gustar: a los niños, sin duda, les fascinará.

Hay que estar preparado para esperar largas colas en julio y agosto, a menos que se hayan comprado entradas con antelación en algún punto de venta acreditado, como el centro de visitantes de Southwark (véase "Oficinas de turismo locales" en el capítulo *Datos prácticos*).

Britain at War Experience. Bajo otro arco de la estación de tren de Tooley St se encuentra el Britain at War Experience *(☎ 7403 3171, www.britainatwar.co.uk, 64-66 Tooley St SE1; ⊖ London Bridge; adultos/jubilados y estudiantes/menores de 15 años/familias 5,95/3,95/2,95/14 £; abierto diariamente de 10.00 a 18.00 de abril a septiembre, de 10.00 a 17.00 de octubre a marzo)*. Tiene como objetivo informar a las generaciones más jóvenes de los efectos que tuvo la Segunda Guerra Mundial en la vida cotidiana, a la vez que avivar la nostalgia de la generación de la guerra, imitando refugios antiaéreos y reproduciendo el sonido de las sirenas y los bombarderos sobrevolando las cabezas de forma imparcial. En general, se rinde mayor tributo a la gente del pueblo que a los héroes y estadistas, y tiene mucho éxito.

Un ascensor conduce al lugar que reproduce una estación de metro, con literas, teteras e incluso una biblioteca de la que se pueden llevar libros prestados (tal y como eran algunas estaciones en aquella época). Avanzando por las distintas salas es posible ver primeras planas de periódicos de la guerra, así como carteles y cartillas de racionamiento del Ministerio de Alimentación. Varios maniquíes ilustran cómo las mujeres se las tenían que arreglar frente a la escasez de trabajo; también hay una réplica de tarta nupcial glaseada en cartón, y un pequeño cajón debajo con un pedazo de pastel de frutas auténtico. El estudio de la BBC permite escuchar discursos de personajes como Winston Churchill y Edward Murrow, Hitler y lord Haw Haw. El Rainbow Corner es una imitación de los clubes londinenses frecuentados por soldados americanos. Finalmente, se accede a las ruinas de una tienda alcanzada por una bomba y se contempla el rescate de los heridos o los muertos en medio de una gran humareda.

Casa St Olaf. Este diminuto bloque de oficinas frente al río Támesis, en Tooley St (nombre que proviene de St Olave's St) fue construido en 1932 y es uno de los edificios más bellos del Art Déco de Londres. Se destacan el cartel de mosaico dorado en la fachada y las esculturas de bronce en relieve.

Old Operating Theatre Museum and Herb Garret. Mientras que London Dungeon representa los efectos del terror, el cercano Old Operating Theatre Museum *(☎ 7955 4791, www.thegarret.org.uk, 9a St Thomas St SE1; ⊖ London Bridge; adultos/jubilados y estudiantes/niños/familias 3,50/2,50/1,75/8 £; abierto diariamente de 10.30 a 17.00)* se centra en un sufrimiento más cotidiano, el de los tratamientos hospitalarios en el siglo XIX. Se llega subiendo los 32 escalones de la estrecha y desvencijada torre de la iglesia de St Thomas (1703). El boticario del hospital de St Thomas utilizó esta buhardilla como almacén de hierbas medicinales. Ahora alberga un evocador museo de medicina con manojos de hierbas que atenúan el impacto de los horribles utensilios expuestos en las vitrinas.

Aún más interesante es la sala de operaciones femeninas del siglo XIX, junto a la buhardilla. Un edificio adyacente sirvió como adecuada sala quirúrgica de St Thomas: su aislamiento aseguraba el silencio y el alto techo de la iglesia, por otra parte, permitía aprovechar la luz solar. Días antes de una intervención, se desinfectaba la estancia; los estudiantes rodeaban la mesa de intervenciones en ese espacio semejante a un aula; debajo se ponía una caja con serrín donde caían la sangre y las vísceras. Algunos informes de la época cuentan que los cirujanos vestían con levitas "tiesas, malolientes, llenas de pus y sangre". Es mejor no comer antes de realizar esta visita.

Bankside (planos 6 y 9). En esta esquina de Southwark se encuentran muchas de las atracciones principales del sur de Londres.

Catedral de Southwark (plano 9). Ya hubo en 1086 una iglesia en el lugar en el que se encuentra la catedral de Southwark (*☎ 7367 6700, dswark.org, Montague Close SE1; ⊖ London Bridge; gratuito, 2,50 £ donativo sugerido; abierta diariamente de 8.00 a 18.00*). Se reconstruyó en 1106 y por tercera vez en el siglo XIII. Durante la Edad Media era parte del priorato de St Mary Overie (de "St Mary Over the Water"). Se convirtió en la iglesia parroquial en 1539, después de la disolución de los monasterios. En la década de 1830 comenzó su decadencia y mucho de lo que puede verse hoy es en realidad de época victoriana –la nave se reconstruyó en 1897–, aunque la torre central data de 1520 y el coro del siglo XIII. En 1905, la colegiata de St Saviour y de St Mary Overie pasó a ser la catedral de Southwark, con obispo propio. Suele designársela como "la Cenicienta de las catedrales inglesas". A menudo no se le presta atención, pero merece la pena visitarla, sobre todo por sus referencias históricas.

Se entra por la puerta suroeste y, justo a la izquierda, se encuentra el monumento ***Marchioness*** a las 51 personas que murieron en 1989, cuando un crucero de placer por el Támesis naufragó al golpear con un dragador cerca del puente de Southwark. En la pared este hay una serie de **crucerías de madera** del siglo XV, procedentes del techo original de la nave; una de ellas muestra un pelícano (Cristo) alimentando a su cría (los fieles) con la sangre de su propio pecho, motivo frecuente en la iconografía cristiana medieval.

Ya en la nave lateral norte, a la izquierda, puede verse, cubierta con un doselete, la colorida **tumba de John Gower** (c. 1330-1408), cuya *Confessio Amantis* se considera el primer poema escrito en inglés.

En el crucero norte se encuentran varios monumentos de los siglos XVII y XVIII, así como el hermoso **espadero** de madera del siglo XVII de la iglesia de St Olave Old Jewry, demolida en 1888. Más interesante es la **lápida de Lionel Lockyer,** un curandero famoso por sus píldoras, y su gracioso epitafio. En la parte este del crucero norte se emplaza la **capilla Harvard,** originalmente la capilla de San Juan Evangelista, que recibe su nombre de John Harvard, fundador de la Universidad de Harvard en Cambridge, Massachusetts, y bautizado aquí en 1607.

En la nave norte del presbiterio hay una macabra **tumba medieval** con un esqueleto en un sudario y la rara y bien restaurada **efigie de un caballero** vestido con cota de malla, de madera, que data del siglo XIII. Justo enfrente se encuentra el **monumento a Richard Humble,** del siglo XVII, que aparece de rodillas ante el altar con sus dos jóvenes esposas detrás. Cerca puede verse un magnífico cofre taraceado, **Nonsuch Chest,** donado a la iglesia en 1588.

El transcoro (que se usó como panadería y pocilga en el siglo XVI), detrás del altar mayor, se divide en cuatro capillas. Volviendo por la nave sur del presbiterio, a la derecha se encuentra la hermosa **tumba del siglo XVII de Lancelot Andrewes,** último obispo de Winchester, que ayudó a traducir la versión del rey Jacobo de la Biblia. Unos pasos más adelante se aprecia la **estatua romana de un dios cazador,** encontrada en un pozo cercano en 1976, probablemente del siglo II o III.

En el presbiterio se pueden admirar los arcos y bóvedas de estilo inglés primitivo, y el **gran cancel** del siglo XVI, regalo del obispo de Winchester en 1520, que lo separa del transcoro. Las imágenes de las hornacinas se añadieron en 1905. En el suelo del presbiterio hay lápidas que señalan la **tumba de Edmond Shakespeare,** actor y hermano del Bardo, que murió en 1607. También están enterrados aquí John Fletcher y Philip Massinger, dramaturgos de la época de Jacobo I.

Volviendo por la nave sur del presbiterio y continuando hacia el crucero sur, puede contemplarse el hermoso **órgano** que Lewis diseñó en 1897 (reconstruido en 1952). Cuando se pasa por debajo de la torre del siglo XVI hay que detenerse bajo el magnífico **techo pintado.** De él cuelga un **candelabro de latón** que data de 1680. Se dice que la corona, la mitra y la paloma representadas reflejan la preocupación de la época por las relaciones entre la Iglesia y el Estado.

Mientras se recorre la nave sur, conviene hacer un alto para contemplar el **monumento a William Shakespeare,** de alabastro verde, cuyas obras dramáticas fueron originariamente escritas para los teatros del Bankside. El fondo representa el teatro Globe y la catedral de Southwark; las **vidrieras** de encima, muestran personajes de *Hamlet, La tempestad* y *El sueño de una noche de verano*. La verdadera tumba de Shakespeare se encuentra en Stratford-upon-Avon y este monumento no se construyó hasta 1912. Cada 23 de abril se oficia aquí una misa en su memoria. Justo al lado del de Shakespeare hay un pequeño **monumento a Sam Wanamaker** (1919-1993), el actor y director de cine estadounidense que impulsó la reconstrucción del teatro Globe.

Existen audioguías de 40 minutos con las voces de Tommy Steele, Prunella Scales y Zoë Wanamaker por 2,50/2/1,25 £ para adultos/jubilados y estudiantes/niños. Los oficios de vísperas se celebran martes y viernes a las 17.30, sábados a las 16.00 y domingos a las 15.30. Los conciertos de mediodía suelen ser a las 13.10 los lunes y martes.

Como otros lugares interesantes de Londres, la catedral de Southwark lanzó para el nuevo milenio dos proyectos de edificios adyacentes al templo: uno de ellos ahora tiene un excelente centro de visitantes con una ex-

CATEDRAL DE SOUTHWARK

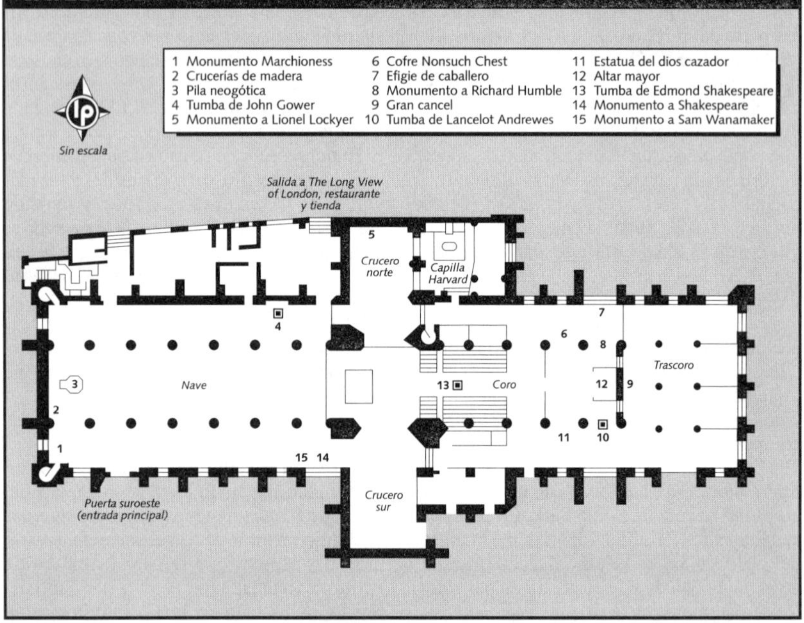

posición llamada ***The Long View of London*** *(adultos/jubilados y estudiantes/niños 3/2,50/1,50 £; con audioguías: adultos/jubilados y estudiantes/niños/familias 5/4/2,50/12,50 £; abierta de 10.00 a 18.00 de lunes a sábado, de 11.00 a 17.00 los domingos)*, basada en el panorama definitivo del Londres histórico que el grabador Wenceslaus Hollar elaboró en 1638. La tecnología multimedia permite al visitante, desde este privilegiado emplazamiento, ser testigo de los grandes cambios que se han producido en los últimos 2.000 años. El segundo proyecto abarca una tienda y el restaurante ***Refectory*** (abierto diariamente de 10.00 a 17.00).

'Golden Hinde' (plano 9). Réplica (1973) del barco con el que sir Francis Drake circunnavegó el mundo entre 1577 y 1580, el *Golden Hinde (☎ 7403 0123, www.goldenhinde.co.uk, Cathedral St SE1; ⊖ London Bridge; adultos/jubilados y estudiantes/niños 2,50/2,10/1,75 £; abierto diariamente de 9.00 a 17.30)* permanece amarrado en el pequeño muelle de St Mary Overie. Es posible subir a bordo y explorar las cinco cubiertas. Las entradas se compran en la tienda de postales y recuerdos que hay justo enfrente del *Golden Hinde*. Merece la pena ver el equipamiento y los cañones de la época Tudor, pero hay que tener cuidado con la cabeza, ya que los techos son muy bajos. Los aventureros que quieran pasar la noche a bordo podrán hacerlo por 31,50 £ por persona, tarifa que incluye cena con estofado y pan y desayuno con pan y queso. Para reservas llamar al ☎ 0870 011 8700.

Palacio de Winchester (plano 9). Al noroeste de la catedral de Southwark está Clink St, antaño centro de un enorme complejo palaciego construido en 1109 para el obispo de Winchester, William Giffard. Fue residencia de los obispos de Winchester durante más de 500 años, pero en 1642, con Cromwell, se convirtió en prisión para los monárquicos. Los restos son escasos: se conserva parte del suelo y un hermoso rosetón del siglo XIV (descubierto en un almacén de Clink St en 1814), procedente del Gran Hall. Desde fuera se ven las ruinas.

Museo de la Prisión de Clink (plano 9). Antaño cárcel privada en el parque del palacio de Winchester (un parque de 28 hectáreas conocido como la Libertad de Clink, bajo la jurisdicción del obispado y no de la City), en la prisión de Clink había estafadores, prostitutas, ladrones e incluso actores. Se incendió en 1780, durante los motines de Gordon, aunque llevaba un siglo sin funcionar. Su célebre nombre dio origen a la expresión popular inglesa *in the clink*, equivalente a "en chirona". Su pequeño y desolador museo *(☎ 7378 1558, www.clink.co.uk, 1 Clink St SE1; ⊖ London Bridge; adultos/jubilados, estudiantes y niños/familias 4/3/9 £; abierto diariamente de 10.00 a 18.00)* revela las lamentables condiciones de vida de los prisioneros, obligados a pagar su manutención y alojamiento y, en ocasiones, a comer ratones. También hace un repaso de la historia de la prostitución, ya que éste fue, en rigor, el corazón del barrio chino al sur del río. Hay que reservar con antelación para hacer una visita guiada: adultos 1 £/gratuita niños.

Vinopolis – Ciudad del Vino (plano 9). Puede sorprender en la capital de un país de escasa tradición y producción vinícola, pero Vinopolis *(☎ 0870 444 4777, www.vinopolis.co.uk, 1 Bank End, Park St SE1; ⊖ London Bridge; adultos/jubilados/niños de 5 a 15 años 11,50/10,50/5 £; abierto los lunes de 11.00 a 21.00, de martes a viernes y domingos de 11.00 a 18.00, y los sábados de 11.00 a 20.00)*, que ocupa una hectárea de naves ferroviarias victorianas en Bankside, rentabiliza el gusto de los londinenses por los distintos tipos de vino. Las muestras de alta tecnología introducen al visitante en la historia de la elaboración del vino, diferentes variedades de uva y viñedo, características regionales de cada uno y adecuación de cada vino a la diversidad gastronómica. Los menores de 18 años deben ir acompañados por un adulto.

El plato fuerte de esta atracción es el recorrido por las regiones productoras de vino más importantes del mundo. Así pues, es posible pasar por las colinas de Chianti en un escúter, sobrevolar Hunter Valley, o visitar Argentina, Chile, California, España y Sudáfrica. El circuito finaliza en los Grand

Tasting Halls, donde se pueden degustar cinco variedades procedentes de todas partes del mundo. También hay **tardes de degustación de vino;** una sucursal de los vinos ***Majestic;*** una ***tienda de alimentos y vino para gourmets,*** y la ***Cantina Vinopolis,*** que ofrece almuerzos todos los días y cenas de lunes a sábado.

Teatro Rose (plano 9). Aunque no se ha encontrado nada del teatro Globe original, los cimientos del cercano Rose *(☎ 7593 00 26, www.rosetheatre.org.uk, 56 Park St SE1; adultos/jubilados y estudiantes/niños de 5 a 15 años/familias 4/3/2/10 £; abierto de 11.00 a 17.00 de abril a septiembre, de 10.00 a 17.00 de octubre a marzo)*, construido en 1587, se descubrieron en 1989 bajo un edificio de oficinas en Southwark Bridge. Cada media hora se ofrece todos los días en las excavaciones un espectáculo de luz y sonido que dura 25 minutos.

El Globe de Shakespeare (plano 9). El teatro Globe *(☎ 7902 1500, www.shakespeares-globe.org, 21 New Globe Walk SE1; ⊖ London Bridge; abierto diariamente de 10.00 a 17.00)* incluye el reconstruido Globe y, debajo de él, una **exposición** *(adultos/jubilados y estudiantes/niños entre 5 y 15 años/familias 7,50/6/5/23 £ con visita guiada; entre 9.00 y 12.00 de mayo a septiembre, entre 10.00 y 17.00 de octubre a abril)* que se centra en el Londres isabelino y en la lucha para lograr su reconstrucción. Son interesantes los objetos expuestos, dedicados a los efectos especiales de la época, y la reproducción a tamaño natural de un roble de Norfolk de 450 años de edad.

El Globe original (conocido como Wooden O por su forma circular y su centro sin techo) fue construido en 1599 con madera procedente del teatro (1576) situado en Curtain St, en Shoredwitch. Se incendió en 1613 y fue reconstruido inmediatamente. Los puritanos, que veían en él un antro de perdición, lo cerraron finalmente en 1642 y quedó desmantelado dos años después. A pesar de la gran popularidad de Shakespeare en el mundo entero, el Globe era apenas un vago recuerdo cuando el actor americano (luego

SIMON BRACKEN

Si de representar se trata, no hay mejor sitio que el teatro Globe.

director de cine) Sam Wanamaker se interesó por él en 1949. Sin dejarse intimidar por el hecho de que los cimientos hubieran desaparecido bajo una hilera de valiosas casas georgianas, fundó el Globe Playhouse Trust en 1970 y emprendió una recaudación de fondos para levantar un teatro conmemorativo. Los trabajos comenzaron en 1987, pero Wanamaker falleció en 1993, cuatro años antes de que abriera sus puertas.

El nuevo Globe se construyó con 600 listones de roble (no hay ni un solo clavo o tornillo), ladrillos refractarios del período Tudor y un techo de paja de Norfolk que, quién sabe por qué razón, no le gusta a las palomas. La escayola contiene incluso pelo de cabra, cal y arena, tal como se hacía en tiempos de Shakespeare. A diferencia de otros escenarios donde se representan obras del Bardo, el nuevo teatro ha sido diseñado para ser una réplica del original. Incluso se ha dejado una zona sin asientos al aire libre que, reservada para 500 *groundlings* (espectadores que en el teatro isabelino veían las representaciones de pie), dificulta la visión desde los asientos más próximos al escenario debido a dos gigantescas columnas de estilo corintio. En invierno, las obras se representan en un teatro cubierto vinculado con el Globe, el nuevo teatro Íñigo Jones, réplica de las casas de comedias jacobeas.

Para información sobre entradas, véase "Teatro" en el capítulo *Ocio*. Es un sitio popular, con muchos espectadores nativos y extranjeros que hablan inglés. The ***Globe Café*** y ***Globe Restaurant*** sirven diariamente almuerzos y cenas hasta las 22.00 o las 23.00.

Puente del Milenio (plano 9). A pesar de que empezó con mal pie (véase el recuadro "Por los puentes de Londres" en *Cómo desplazarse)*, el puente del Milenio (Millenium Bridge), que une Bankside y la City, se encuentra hoy día en pleno funcionamiento. Arranca de la ribera meridional del Támesis, frente a la Tate Modern, y se tiende hasta Peter's Hill, en la ribera septentrional. Un camino conduce a través de Queen Victoria St al cementerio de St Paul y la catedral. El puente es transitable las 24 horas del día y, por supuesto, gratuito.

Tate Modern (planos 6 y 9). La espaciosa central eléctrica de Bankside, diseñada por sir Giles Gilbert Scott después de la Segunda Guerra Mundial, pero fuera de servicio desde 1986, alberga en la actualidad la galería de arte Tate Modern *(☎ 7887 8008, www.tate.org.uk, Queen's Walk SE1; ⊖ Blackfriars/London Bridge; gratuita, exposiciones especiales 3-10 £; abierta de 10.00 a 18.00 de domingo a jueves, de 10.00 a 22.00 viernes y sábados).* Expone la colección británica de arte internacional moderno y del siglo XX. Fue la inesperada ganadora del concurso de popularidad del proyecto Millenium: al finalizar su primer año ya había acogido a 5,2 millones de visitantes, lo que la situaba como la segunda atracción preferida en Londres, después del majestuoso Museo Británico.

Se exponen valiosas obras de Picasso, Matisse, Cézanne, Pollock, Rothko, Warhol y muchos otros. Están ordenadas por motivos y no por artistas ni cronológicamente. Así podrán encontrarse asuntos como quietud, objetos, vida cotidiana, desnudos, acción, cuerpo, historia, recuerdos y sociedad. La reputación vanguardista que han adquirido sus exposiciones especiales –que se montan en el emplazamiento de Millbank (ahora Tate Britain)– continúa por la margen sur del río, con exposiciones recientes centradas en la escuela italiana del Arte Povera de finales de los sesenta y esculturas tardías de Juan Muñoz. Hay audioguías disponibles por 1 £ que ofrecen cuatro recorridos diferentes, y visitas guiadas gratuitas a los lugares más importantes, con salidas diarias a las 10.30, 11.30, 14.30 y 15.30. Cuenta con ***cafés*** en las plantas 2 y 7, abiertos de 10.00 a 17.30 de domingo a jueves y hasta las 21.30 viernes y sábados.

El edificio –con sus dos pisos superiores rodeados de cristal, su intensa iluminación nocturna y su chimenea central como punto de referencia– resulta espectacular, sobre todo cuando se observa desde la orilla opuesta o desde el puente del Milenio. La amplia sala de turbinas resulta ser la entrada más espectacular de todos los espacios públicos de Londres.

Galería Bankside (plano 6). Esta galería de arte *(☎ 7928 7521, www.banksidegallery.com, 48 Hopton St SE1; ⊖ Blackfriars/Waterloo; adultos/jubilados y estudiantes 3,50/2 £; abierto de 10.00 a 20.00 los martes, de 10.00 a 17.00 de miércoles a viernes, de 11.00 a 17.00 sábados y domingos)* es la sede de la Real Sociedad de Acuarelistas y de la Real Sociedad de Pintores-Grabadores. Es un lugar acogedor que no posee una colección permanente pero realiza exposiciones temporales de acuarelas y grabados. Sus Artists Perspectives, los martes a las 18.30, ofrecen la oportunidad de conocer a los artistas e intercambiar opiniones sobre sus obras. Merece la pena detenerse en la ***librería.***

Waterloo (plano 6)

En el poco atractivo Waterloo, donde finaliza el Eurostar, se encuentra el London IMAX Cinema, cuya construcción costó 20 millones de libras. Está situado en medio de una gran plaza circular donde, en la Edad Media, se ataba a toros y osos para luego soltar una jauría de perros sobre ellos. En los últimos años, el desafortunado paso subterráneo que atraviesa Tenison Way llegó a apodarse "ciudad de cartón" por los innumerables mendigos que hicieron suyos tan desoladores confines. Cuando se construyó el cine, fueron desalojados.

Cine IMAX. Dependiente del British Film Institute, el London IMAX Cinema *(☎ 7902 1234, www.bfi.org.uk/imax, 1 Charlie Chaplin Walk SE1; ⊖ Waterloo; adultos/jubilados y estudiantes/niños entre 5 y 16 años 6,95/5,95/4,95 £, con película 4,20 £ más; pases diarios 13.15, 14.25, 15.25, 16.35, 17.35, 18.50 y 20.00, pase especial viernes y sábado 21.15)* es el más grande de toda Europa, con una pantalla de 10 pisos de altura y 26 metros de ancho. Dispone de 485 asientos y proyecta las habituales películas en 2-D y otras en IMAX 3-D (documentales sobre el espacio, viajes y vida salvaje que sorprenden al principio, pero al final resultan pesados y repetitivos). La duración de estas últimas oscila entre 40 minutos y 1 1/2 horas.

South Bank (plano 6)

Al norte de la estación de Waterloo, y cruzando el Támesis desde la estación de metro Embankment, se encuentra South Bank, un laberinto de escenarios artísticos alineados en senderos de hormigón, que abarca desde el puente ferroviario Hungerford hasta más allá del de Waterloo. Su estética no resulta agradable; se prevé una rehabilitación general para mejorarla a largo plazo, pero por el momento sigue igual.

El **Royal Festival Hall** *(☎ 7960 4242, www.rfh.org.uk, Belvedere Rd SE1; ⊖ Waterloo)* se construyó en 1951 para el Festival de Gran Bretaña, pero ahora es un lugar dedicado a la música clásica y coral, a la ópera y al jazz. Actualmente se está sometiendo a un lavado de cara de 50 millones de libras para celebrar su 50º aniversario. Al lado hay ***cafés*** y ***restaurantes*** de precios variados (entre ellos el popular ***People's Palace***, en el tercer piso; véase el capítulo *Dónde comer)*, además de un recinto donde, a la hora del almuerzo y muchas noches, se realizan conciertos gratuitos. El pequeño **Queen Elizabeth Hall** al noreste y la **sala Purcell,** que también serán restaurados en los próximos años, ofrecen espectáculos similares.

Casi escondido bajo los arcos del puente Waterloo se encuentra el **National Film Theatre** *(NFT; ☎ 7633 0274 información o 7928 3232 reservas, www.bfi.org.uk/nft, South Bank SE1; ⊖ Waterloo)*, que fue construido en 1958 y proyecta anualmente alrededor de 2.000 películas. Al lado se encuentra el popular **Museum of the Moving Image** *(www.bfi.org.uk/museum),* que cuenta la historia del cine y la televisión. Permanecerá cerrado por reformas hasta 2003. El **mercado de Riverside Walk,** de libros de segunda mano, se monta en frente del National Film Theatre, bajo los arcos del puente (véase "Libros" en el capítulo *De compras).*

El **Teatro Real Nacional** *(Royal National Theatre; ☎ 7452 3000, www.nationaltheatre.org.uk, South Bank SE1; ⊖ Waterloo)*, complejo estéticamente polémico de tres salas (Olivier, Lyttleton y Cottesloe), es el decano de los teatros del país. Menospreciado por el príncipe Carlos como "una central eléctrica en desuso", lo diseñó en 1976 el arquitecto modernista Denys Lasdun, un fanático del hormigón y de las líneas horizontales, y en 1999 se llevó a cabo una modernización de 42 millones de libras. Hay visitas guiadas por los camerinos a 5/4,25 £ adultos/jubilados y estudiantes, tres veces al día de lunes a sábado. Para detalles sobre representaciones, véase "Teatro" en el capítulo *Ocio.*

Si se camina en dirección este por South Bank se llega a **Gabriel's Wharf,** un conjunto de tiendas de artesanía, bares, cafés y restaurantes, resultado visible de la resistencia, por parte de los residentes, a un desarrollo en gran escala de la zona. Desde el South Bank Walkway, hay magníficas vistas de St Paul y la City al otro lado del río.

Galería Hayward. La mastodóntica Galería Hayward *(☎ 7261 0127 para información o 7960 4242 para reservas, www.sbc.org.uk, Belvedere Rd SW1; adultos/reducido 8/6 £; abierta de 10.00 a 18.00 lunes y de jueves a domingo, de 10.00 a 20.00 martes y miérco-*

ELLIOT DANIEL

South Bank es la evidencia de la prosperidad de las artes escénicas en la City.

les) se construyó en 1968 y es una de las primeras galerías londinenses dedicada a muestras de arte internacional de gran convocatoria. Mientras hay quien admira esta grisácea fortaleza de hormigón, otros no ven en ella nada interesante. Pero sin duda es un excelente espacio para el arte contemporáneo y del siglo XX. Su futuro es incierto. El coste de la entrada depende de la exposición.

County Hall. Cruzando el puente de Westminster desde las Cámaras del Parlamento se encuentra el County Hall *(⊖ Westminster/Waterloo)*, sede del Consejo del Condado de Londres (LCC) que cambió su nombre en 1965 por Consejo del Gran Londres (GLC) hasta el definitivo desacuerdo con Margaret Thatcher en 1986. Este gran edificio con fachada curva de columnas se construyó en 1922. Después de una década discutiendo sobre su futuro, finalmente inició una nueva andadura con la instalación de un gran acuario en el sótano, un museo consagrado a la obra del artista Salvador Dalí, dos hoteles y un restaurante.

Acuario de Londres. Este magnífico acuario de varias salas es uno de los más grandes de Europa *(☎ 7967 8000, www.londonaquarium.co.uk, County Hall, Westminster Bridge Rd SE1, entrada por Albert Embankment; ⊖ Westminster/Waterloo; adultos/jubilados y estudiantes/niños de 3 a 14 años/familias 8,75/6,50/5,25/25 £; abierto todos los días de 10.00 a 18.00)*. Sin embargo, resulta impropio el contraste existente entre el gran estanque de los tiburones y los que hay a los lados, tan pequeños que cualquier fotógrafo desconsiderado que se pusiese delante podría taparlos. Los arrecifes de coral y el nuevo acuario con tortugas son estupendos, así como el de peces de colores japoneses.

Universo Dalí. La colección del Dalí Universe *(☎ 7620 2720, www.daliuniverse.com, County Hall, Westminster Bridge Rd SE1; ⊖ Westminster/Waterloo; adultos/jubilados y estudiantes/niños de 5 a 16 años/familias 8,50/6/5/22 £; abierto todos los días de 10.00 a 18.30)* se compone de más de quinientas obras del pintor surrealista catalán, desde los relojes blandos y el famoso sofá con los labios de Mae West hasta la enorme pintura que creó para la película de Hitchcock *Spellbound* (*Recuerda,*1945), con tres grupos temáticos: sensualidad y feminidad, religión y mitología, sueños y fantasía.

British Airways London Eye. Al norte del County Hall se encuentran los **jardines Jubilee,** el lugar donde se celebró el Festival de Gran Bretaña de 1951, que se extienden hacia el norte hasta el puente de Hungerford. En la esquina suroeste de los jardines y frente al Támesis se eleva la noria London Eye *(Millennium Wheel; ☎ 0870 500 0600, www.ba-londoneye.com, Jubilee Gardens SE1; ⊖ Waterloo; adultos/jubilados/niños de 5 a 15 años 8,50/6,50/5 £ enero-marzo, 9/7/5 £ abril-junio y octubre-diciembre, 9,50/7,50/5 £ julio-septiembre; abierto todos los días de 10.00 a 19.00 de octubre a marzo, de 10.00 a 20.00 abril, mayo y septiembre, de 10.00 a 22.00 de junio a agosto).* Con 135 metros de altura, es la noria más grande del mundo. Resulta emocionante estar en una de las 32 góndolas de cristal cerradas y disfrutar de las vistas, que en los días despejados abarcan hasta 40 km. Tarda 30 minutos en dar la vuelta completa y en cada góndola pueden entrar hasta 25 pasajeros. Al principio se pensaba dejarla instalada sólo hasta 2005, pero se ha convertido en un icono de la ciudad que la mayoría de los londinenses admira.

Lambeth (planos 2 y 6)

Es el distrito situado al sur del puente de Westminster. Allí se encuentra el palacio de Lambeth con el Museo de Historia de la Jardinería al lado y el hospital de St Thomas, con el Museo Florence Nightingale, en sus sótanos.

Museo Florence Nightingale (plano 6). A pocos pasos del County Hall y anejo al hospital de St Thomas se encuentra el Museo Florence Nightingale *(☎ 7620 0374, www.florence-nightingale.co.uk, 2 Lambeth Palace Rd SE1; ⊖ Westminster/Waterloo; adultos/jubilados, estudiantes y niños/familias 4,80/3,60/10 £; abierto de 10.00 a 17.00 de lunes a viernes, de 11.30 a 16.30 sábados y domingos).* Cuenta la historia de la valerosa heroína de guerra (1820-1910) que condujo a un grupo de enfermeras a Usküdar (Turquía) en 1854 durante la guerra de Crimea, donde trabajó para mejorar las condiciones de los soldados antes de volver a Londres y fundar una escuela de enfermería en el hospital de St Thomas en 1859. El museo puede parecer pobre, aunque el vídeo de su vida merece la pena.

Palacio de Lambeth (plano 2). La garita de ladrillo rojo de estilo Tudor que hay justo al lado de la iglesia de St Mary-at-Lambeth conduce al palacio de Lambeth *(Lambeth Palace Rd SE1; ⊖ Lambeth North),* residencia londinense del arzobispo de Canterbury. El edificio no suele estar abierto al público, pero sí, a veces, los jardines; se deben comprobar los detalles en una TIC (véase "Oficinas de turismo" en *Datos prácticos).*

Museo de Historia de la Jardinería (plano 2). En el extremo sur del palacio de Lambeth está el Museo de Historia de la Jardinería *(☎ 7401 8865, www.museumgardenhistory.org, Lambeth Rd SE1 T Lambeth North; gratuito; abierto de 10.30 a 17.00 de lunes a viernes y domingos de febrero a mediados de diciembre).* Se encuentra en la iglesia de St Mary-at-Lambeth, que posee unas maravillosas vidrieras (como *El buhonero de Lambeth*, el cual dejó al párroco un acre de tierra a cambio de que apareciesen él y su perro representados en una vidriera) y una pila bautismal adecuada para el rito baptista (la única de Londres). El museo se inspiró en el trabajo de John Tradescant (1608-1662) y su hijo, también llamado John, que fueron jardineros de Carlos I y Carlos II respectivamente. Los Tradescant vagaron por el mundo entero y trajeron a la capital británica muchas plantas exóticas, entre ellas la piña. Se dedicaron a recopilar objetos extraños y curiosos que guardaron en The Ark, su casa en South Lambeth Rd. Esta colección fue la base del Museo Ashmolean de Oxford (véase el capítulo *Excursiones).*

Aunque la torre de la iglesia data del siglo XIV, la nave fue reconstruida en 1852 y ahora

Arquitectura contemporánea de Londres

Arquitectura contemporánea de Londres

RICHARD I'ANSON

Todo lo nuevo ha conmocionado siempre a Gran Bretaña y, por extensión, a Londres. Ésta es la capital de un país donde tradicionalmente se ha venerado lo antiguo –desde edificios a nombres de pubs–, sin importar su valor estético o utilidad presente. Además, las novedades provocan recelos de inmediato.

Pero lo antiguo tuvo que ser nuevo alguna vez y los londinenses reaccionaron en general de un modo predecible. El proyecto de la cúpula de Christopher Wren para la catedral de St Paul fue rechazado dos veces antes de recibir luz verde en 1675. La prensa arponeó –literalmente– a John Nash por la airosa aguja de su iglesia de All Souls, en Langham Place (plano 6), terminada en 1824; y la muy querida estatua de Eros situada en Piccadilly Circus (1892; plano 7) fue ridiculizada de tal modo que su autor, Alfred Gilbert, decidió exiliarse durante los siguientes 30 años. En fechas más recientes, la elegante Biblioteca Británica (Colin St John Wilson, 1998; plano 3), con su cálido exterior de ladrillo con toques orientales y su interior inundado de luz, ha recibido una acogida hostil (aun cuando el diseño original tenía casi 25 años en el momento de rematar el edificio).

A diferencia de ciudades como París, Washington o Budapest, pocas zonas de Londres han sido objeto de planificación; en lugar de ello, la ciudad se ha desarrollado "orgánicamente" (léase "de cualquier manera"). Siempre ha existido aversión hacia el grupo arquitectónico y, hasta hace poco, los edificios rara vez formaban parte de un plan más amplio, fuera urbano o de distrito.

En la década de 1970 se construyó poco en Londres (aparte de carreteras) y la recesión de los últimos años ochenta y primeros noventa paralizó gran parte del desarrollo y la especulación en los Docklands y la City. En 1990 se publicó *A Vision of Britain*, un tratado polémico del

DOUG MCKINLAY

Portada: El gigante de la ciudad: Canary Wharf (fotografía: Doug McKinlay).

Arriba: La catedral de St Paul despertó controversia en su día.

Abajo: Después de años de trámites, la Biblioteca Británica se inauguró en 1998.

príncipe Carlos en el que defendía una tradición inglesa sintética, y que contribuyó a radicalizar la oposición entre tradicionalistas y modernistas. Por estas y otras razones, el horizonte londinense no puede compararse con el de Nueva York, Hong Kong o Singapur, aunque están llegando vientos de cambio.

El problema no ha sido la falta de talento; Gran Bretaña ha dado al mundo algunos de los arquitectos más brillantes desde la Segunda Guerra Mundial: basta con entrar en el metro de Bilbao (1995) o visitar el Carrée d'Art (1993) de Nîmes para advertir el notable trabajo de Norman Foster; lo mismo vale para Richard Rogers y su Centro Pompidou de París (1977). El reciente auge de la construcción en la capital británica, debido a una fuerte inversión privada y a los fondos de la Lotería Nacional, ha favorecido el surgimiento de estos Wren y Hawksmoor actuales y de otros de igual valía pero menor fama internacional.

La arquitectura contemporánea londinense nació en los Docklands y la City hace alrededor de 15 años. En los Docklands (plano 13), que ilustran la evolución de la cultura empresarial británica, ocupa el primer

DOUG MCKINLAY

Canary Wharf, el edificio más alto del Reino Unido, puede verse desde cualquier punto de Londres.

Arquitectura contemporánea de Londres

puesto One Canada Square (1991): con sus 244 m de alto, esta obra de Cesar Pelli, más conocida como Canary Wharf, se divisa claramente desde el centro de Londres. Ahora está flanqueada por dos nuevos vecinos: las torres gemelas de HSBC Holdings de Foster y la sede central de Citigroup. El edificio residencial Cascades (CZWG Architects) y el de las rotativas del *Financial Times*, de Nicholas Grimshaw, (ambos de 1988) son sólo dos ejemplos más de las innovadoras y polémicas construcciones de ese período.

La principal obra de la City (plano 9) fue el edificio Lloyd's (1986), espléndido ejemplo del estilo "de dentro afuera" de Rogers, fabricado con cristal y acero inoxidable, conductos y tuberías. Otras dos edificaciones novedosas de la City (de GMW Partnership) son Minster Court (1991), una estructura gótica posmoderna convertida en cuartel general de Cruella de Vil en la película *101 Dálmatas*, y 54 Lombard St (1993), un monolito que no desentona con los bloques vecinos.

Pero las novedades no se limitan a los Docklands y la City. Embankment Place (Terry Farrell, 1990; plano 8) tiene una ubicación inmejorable sobre la estación de Charing Cross y ofrece 32.000 m^2 para oficinas. El simétrico Vauxhall Cross (Farrell, 1993; plano 2), más conocido como edificio MI6, se erigió al sur del río en Vauxhall, una zona que entonces no destacaba por su arquitectura vanguardista. Y el extenso Hammersmith se convirtió en la sede del London Ark (1991; plano 2) de Ralph Erskine, similar a un barco. La cadena de televisión Channel 4 demostró coraje al trasladarse desde el gueto de los medios de comunicación del Soho hasta sus nuevas y asimétricas oficinas de cristal, con forma de herradura (Rogers, 1994; plano 11), en Victoria.

Si la arquitectura moderna de la ciudad no se limitó a una zona, tampoco quedó restringida a un uso; hay muchas construcciones que no son bloques de oficinas o sedes de medios de comunicación. La tribuna del campo de críquet de Lord's (Michael Hopkins, 1987; plano 3) es una especie de tienda de campaña cubierta de PVC elástico; como sólo se usa durante los meses más calurosos, está abierta por los lados y recuerda a un barco en el mar. El centro de prensa NatWest del Lord's (Fu-

Izda.: El singular MI6, en Vauxhall.

Dcha.: "De dentro afuera": el desenfadado edificio Lloyd's de Richard Rogers.

DOUG MCKINLAY

NEIL SETCHFIELD

DOUG MCKINLAY

ELLIOT DANIEL

ture Systems, 1999), una vaina de aluminio y cristal sobre pilares, parece una visión futurista de los años sesenta –un extraño ojo gigantesco mirando el campo de juego–. Para una entidad tan conservadora como el club de críquet Marylebone, estas estructuras situadas junto a otras más antiguas se antojan muy arriesgadas.

Otros edificios interesantes con usos diferentes son: la terminal internacional de Waterloo (Grimshaw, 1993; plano 6), un arco de cristal y acero sobre un viaducto de hormigón que soporta el paso de trenes de 800 toneladas, solución brillante para un espacio de 400 m de largo y sólo de 30 a 50 m de ancho; el supermercado Sainsbury's (Grimshaw, 1988; plano 3) en Camden Town; la taquilla del palacio de Buckingham (Hopkins, 1994; plano 6), en el lado de Green Park, con su singular tejado al aire; y los galardonados lavabos públicos con marquesina de cristal

Arriba: La puerta de Europa: terminal internacional de Waterloo.

Abajo: El London IMAX Cinema encierra la mayor pantalla de Europa.

Arquitectura contemporánea de Londres

MANFRED GOTTSCHALK

Art Déco (CZWG Architects, 1993; plano 5) situados en el cruce de Westbourne Grove y Colville Rd. El London IMAX Cinema (Brian Avery, 1999; plano 6), en Waterloo, es una impresionante obra de ingeniería: concebido con forma de tambor, se asienta sobre "muelles" para reducir las vibraciones y el ruido del tráfico, y el exterior cambia de color por la noche. No importa si el sentenciado Millennium Dome (Richard Rogers, 1998; plano 13), la mayor estructura de su clase en todo el mundo, fue un éxito como atracción turística; era y sigue siendo todo lo que la arquitectura moderna debe y puede ser: innovadora, complementaria y muy hermosa.

DOUG MCKINLAY

Dada la tendencia londinense a aferrarse a cualquier recuerdo del pasado, no sorprende descubrir que muchos proyectos recientes son adaptaciones de edificios existentes para nuevos usos. Ejemplos de ello son la vieja fábrica de Michelin construida en 1911 en Fulham Rd, que alberga el restaurante Bibendum (Conran Roche, 1987; plano 10); la torre Oxo, antigua factoría de carne de South Bank, convertida en un complejo de restaurantes, tiendas y pisos por Lifschutz Davidson en 1996 (plano 6); el teatro Cochrane (plano 6) en Bloomsbury, transformado en 1991 por el nigeriano Abiodun Odedina a partir de un teatro de los años sesenta; la reformada central eléctrica de Bankside, ac-

Arriba: Un costoso éxito arquitectónico: los 750 millones de libras del Millennium Dome.

Abajo: Art Déco en la torre Oxo.

tual sede de la Tate Modern (Herzog & De Meuron, 1999; plano 9) y ganadora del premio Pritzker en 2000; y el edificio Imagination (Herron Associates, 1989; plano 6) de Bloomsbury, cuya modesta fachada (un colegio eduardiano) esconde un deslumbrante interior multifunción.

Entre las construcciones que se deben visitar se cuentan el puente del Milenio (plano 9), magnífica "espada de luz" de Norman Foster, y el edificio del Gobierno del Gran Londres (plano 9) del mismo autor, una notable estructura de hormigón con un característico globo de cristal, al suroeste del puente de la Torre para albergar la Asamblea de Londres y la alcaldía. La cubierta de cristal y acero del gran patio del Museo Británico (Foster, 2000; plano 6) resulta espectacular, y Broadwick House (Rogers, 2001; plano 7) es un diamante en el tosco mercado de Berwick St (Soho).

Aunque no es posible admirarlas desde lejos, las 11 estaciones (1998-1999) de la ampliación de la línea de metro Jubilee son diseños de 11 arquitectos diferentes. Muy notables resultan la de Southwark (plano 6), con sus luminosas paredes de cristal, arcos y tuberías plateadas, obra de Richard MacCormac; la estación de Stratford y su elegante techo curvo, de Chris Wilkinson; y la de North Greenwich (plano 1), de Will Alsop, cuyo interior en forma de casco con azulejos azules recuerda el pasado marítimo de Greenwich.

Una obra muy esperada es la ampliación del museo Victoria y Alberto (plano 10) de David Libeskind, bautizada como "la espiral" por su forma circular. Si llega a materializarse, esta moderna y vanguardista estructura hará por Londres lo que el museo Guggenheim de Frank Gehry ha hecho por Bilbao. Entretanto, habrá que contentarse con el edificio Swiss Re, construido por Foster en cristal y acero con 40 plantas de altura en el emplazamiento del Baltic Exchange de la City, destruido en un atentado del IRA en 1992. Lo han bautizado como el "pepinillo erótico".

JULIET COOMBE

La ecológica London Ark junto al intenso tráfico de la A4.

NEIL SETCHFIELD

Ojo y símbolo: la emblemática noria del Milenio tal vez sea trasladada en 2005.

JULIET COOMBE

La torre de British Telecom se eleva sobre Fitrovia.

JULIET COOMBE

El Traffic Light Tree, cerca de Canary Wharf, controlaría el cruce de 75 calles.

CHARLOTTE HINDLE

La majestuosa torre Barbican se impone sobre Londres.

ANGUS OBORN

El puente de la Torre, emblema de la grandeza arquitectónica de la ciudad, atraviesa el Támesis.

SIMON BRACKEN

No hay que perder la cabeza en la Torre de Londres, en otro tiempo refugio, fortaleza y patíbulo.

RICHARD I'ANSON

El palacio de Westminster, de estilo neogótico, ha sido foro de debate político desde el siglo XIX.

RICHARD I'ANSON

Un respiro en las fuentes de Trafalgar Square mientras se observa el trajín de la plaza.

DOUG MCKINLAY

Para ver a los políticos en acción hay que ir al palacio de Westminster.

CHARLOTTE HINDLE

Partes de All Hallows-by-the-Tower datan de época sajona.

JULIET COOMBE

La cúpula de St Paul, obra de sir Christopher Wren, es la segunda mayor del mundo.

GLENN BEANLAND

El escabroso pasado de la Torre de Londres todavía horripila a los visitantes.

GLENN BEANLAND

De pocilga a lugar de culto: la catedral de Southwark ha tenido una intensa historia.

SIMON BRACKEN

El Westminster Arms sirve una variada selección de *real ales*.

DENNIS JOHNSON

Los Beatles hicieron que este paso de cebra en Abbey Rd, se conociese por todo el mundo.

ELLIOT DANIEL

El castillo de un inglés: la residencia Syon sigue siendo la casa del duque de Northumberland.

RICHARD I'ANSON

Para quienes quieran alojarse en el corazón londinense, nada más céntrico que el West End.

RICHARD I'ANSON

Fleet St fue en otro tiempo "la calle londinense de la vergüenza".

DOUG MCKINLAY

El Soho, un barrio atrevido y lleno de tentaciones.

RICHARD I'ANSON

Pato a la pequinesa para entonarse: la puerta del paraíso de las frituras en Chinatown.

GLENN BEANLAND

Virginia Woolf en la puerta. Bloomsbury fue antaño el refugio de los literatos londinenses.

DOUG MCKINLAY

Cuando las luces de Piccadilly se difuminan, es el momento de irse a dormir a Bloomsbury.

CHARLOTTE HINDLE

Mirando al cielo se pueden ver los pintorescos tejados y chimeneas de Chancery Lane.

NEIL SETCHFIELD

La guardia de infantería de Su Majestad luce sus uniformes en el exterior del palacio de Buckingham.

DOUG MCKINLAY

Los Beefy Yeoman Warders vigilan la Torre de Londres desde hace 900 años.

MANFRED GOTTSCHALK

El Museo de Madame Tussaud:
es increíble lo que se puede hacer con cera.

DAVID WALL

Fusión antillana con *garage*, *reggae* y salsa en el carnaval anual multicultural de Notting Hill.

JULIET COOMBE

Los jardines de Kew poseen la colección de orquídeas más grande del mundo.

DOUG MCKINLAY

Entre la numerosa fauna del parque de Richmond se cuentan rebaños de ciervos comunes.

CHRISTINE OSBORNE

Tranquilidad en el Wetland Centre, que atrae a unas 130 especies de aves.

PAUL BIGLAND

Cisnes en el parque de St James, una joya real entre los espacios verdes de Londres.

expone información sobre la vida de los Tradescant y la inspiradora paisajista del siglo XX Gertrude Jekyll. En el pequeño cementerio se ha diseñado la réplica de un jardín del siglo XVII, de intrincado trazado, que constituye un espacio acogedor para las tumbas de los Tradescant y William Bligh (1754-1817), el capitán de barco que fue abandonado a la deriva durante el motín de la *Bounty* en 1789.

Museo Imperial de Guerra (plano 2). En un magnífico edificio de 1815, con una cúpula de cobre (1845), el Imperial War Museum *(☎ 7416 5320 o 0891 600140, www.iwm.org.uk, Lambeth Rd SE1; ⊖ Lambeth North; gratuito; abierto todos los días de 10.00 a 18.00)* recorre varios de los conflictos del siglo XX. La sede del museo fue originalmente el tercer Real Hospital de Bethlehem, conocido como Bedalm (el primero se estableció fuera de Bishopsgate, en Liverpool St, en 1247; el segundo en Moorfields en 1676). Cuando el hospital se trasladó a Kent en 1926, el vizconde Rothermere compró el viejo edificio y lo donó a la nación para que hiciese de él un museo. A la izquierda de la entrada principal se puede apreciar un trozo del Muro de Berlín.

Aunque la exposición incluye abundante material militar y el centro de la sexta planta es una visión cronológica de las dos guerras mundiales, actualmente el museo da más importancia al coste social de la guerra: los bombardeos nocturnos de Londres (Blitz), la falta de comida y la propaganda. En la segunda planta se pueden ver cuadros sobre la guerra, según la óptica de Stanley Spencer y el sargento John Singer.

Las exposiciones más populares son la Trench Experience, la cual describe la horrible existencia diaria de un soldado de infantería en las trincheras del frente de batalla en Somme; y la Blitz Experience, que permite a los visitantes sentarse dentro de un simulacro de refugio antiaéreo durante un bombardeo y después darse una vuelta por las calles destrozadas del East End. Ambas se encuentran en la planta baja. Otra exposición muy popular es Secret War, en el primer piso, que muestra el trabajo de los servicios secretos desde 1909 hasta hoy día, con un vídeo del asedio en 1980 a la embajada iraní en Knightsbridge, que acabó con un dramático asalto de 11 minutos de los comandos SAS encapuchados.

Sin embargo, la mayor atracción del museo es la exposición *Holocausto,* que abrió sus puertas en el año 2000, en la tercera planta. Se ha vuelto enormemente popular. Aunque se hayan visto muchas otras imágenes del holocausto, no deja de ser espeluznante releer el cartel de la entrada al campo de Auschwitz: "Arbeit macht frei" ("El trabajo os hará libres") o contemplar huesos mezclados con pilas de zapatos y maletas abandonadas. Se llega al borde del llanto cuando se muestran cientos de cadáveres de seres raquíticos enterrados en fosas comunes.

Hay exposiciones temporales que tratan temas como los partes de guerra, la moda en los años de posguerra y la reconstrucción –por dentro y por fuera– de una casa estilo años cuarenta que se presentó en un documental del Channel 4 con ese nombre.

En los jardines del museo, frente a Lambeth Rd, está el **jardín Tibetan Peace,** inaugurado por el Dalai Lama en mayo de 1999.

Battersea (planos 10 y 11)

En dirección suroeste a través del Támesis, desde Lambeth, se encuentra Battersea (estación de Battersea Park). No es uno de los distritos más atrayentes de la capital, pero merece la pena su hermoso parque a la orilla del río, con un zoo para niños, una pagoda y la imponente estructura de la antigua central eléctrica de Battersea.

Central eléctrica de Battersea (plano 11). Conocida por la carátula de un disco de Pink Floyd, la Battersea Power Station, que se puede ver desde el puente Chelsea, es un edificio con cuatro chimeneas, parecido a una mesa patas arriba. Giles Gilbert Scott la construyó en 1933 con sólo dos chimeneas, las otras dos se añadieron en 1955. Dejó de funcionar en 1982. Desde entonces ha habido innumerables propuestas para darle una nueva vida, desde un parque temático de Disney, los multicines de la Warner y un teatro del Cirque du Soleil, hasta una nueva estación de tren y un complejo comercial y hotelero. Mientras tanto, el vestíbulo principal sigue expuesto a la acción de los elementos, por lo que resulta incierto el futuro del complejo.

Parque de Battersea (planos 10 y 11). Entre los puentes Albert y Chelsea se encuentra el parque de Battersea *(☎ 8871 75 34; abierto todos los días de la mañana a la noche)*, que abarca 50 hectáreas. Entre sus muchos puntos de interés, el más atractivo es la **pagoda de la Paz (plano 10)**, construida en 1985 por una secta de budistas japoneses cuyo objetivo era levantar pagodas parecidas por todo el mundo. En sus cuatro caras hay hornacinas con estatuas doradas de Buda y se remata con un pináculo de 10 metros.

Se pueden alquilar barcas para navegar por el pequeño lago (4,60 £ la hora); los billetes se compran en la cabina de la pista de atletismo (☎ 8871 7537). El pequeño **zoo infantil (plano 10)** (☎ *8871 7540, Battersea Park SW11; adultos/jubilados y estudiantes/niños 2/1/1 £; abierto de abril a septiembre todos los días de 10.00 a 17.00, de octubre a marzo sólo sábados y domingos de 11.00 a 15.00)* se encuentra en el parque. En los días festivos se suele instalar una feria con diversas atracciones, cuyo bullicio llega hasta más allá del río.

CHELSEA, SUR DE KENSINGTON Y EARL'S COURT (PLANO 10)

Gran parte de la zona oeste de Londres está ocupada por la clase alta; así, Kensington y Chelsea, por ejemplo, disfrutan del más elevado nivel de ingresos de todos los barrios capitalinos. Sin embargo, si se va un poco más hacia el oeste, hasta Earl's Court y Barons Court, podrá apreciarse que se trata de zonas menos prósperas que parecen haber surgido allí por el simple capricho del azar.

Hasta el siglo XVIII, Chelsea era un pueblo algo distante que concentraba las fincas rústicas de la gente adinerada. En Cheyne Mews se hallaba la casa solariega de Enrique VIII, construida en 1536 y demolida poco después de la muerte de su último residente, Hans Sloane, en 1753, cuya colección fue el núcleo del Museo Británico. Actualmente es parte integrante de Londres, aunque la zona más próxima a la orilla del río es el lugar de residencia preferido de la alta sociedad. Durante la década de 1960, Chelsea constituía un símbolo de elegancia para los aficionados a la moda que frecuentaban Kings Rd. El

PAUL BIGLAND

La central eléctrica de Battersea, enorme y sólida mesa patas arriba, se halla a la espera de una transformación.

auge del *punk* trajo consigo un breve renacimiento del color en la década siguiente y los Sloan Rangers se impusieron en los años 80 desde Sloane Square. A pesar de que Chelsea ya no representa la vanguardia de la moda, sigue siendo uno de los distritos más exclusivos de Londres.

Gracias al príncipe Alberto y a la Gran Exposición de 1851 (véase el recuadro "El príncipe Alberto y la Gran Exposición" en el capítulo *Sobre Londres)*, el sur de Kensington es la principal zona de museos, ya que en la misma calle están situados el de Historia Natural, el de la Ciencia y el Victoria y Alberto. El Albert Memorial, reformado magníficamente en los últimos años, se halla al norte de los tres.

Earl's Court es una parte de la ciudad muy cosmopolita y llena de vida, con muchos habitantes en constante movimiento, en particular polacos y, en menor medida, australianos. Es una mezcla muy divertida entre lo elegante y lo informal: en un momento se encuentra uno en Earl's Court Rd observando a la gente beber latas de cerveza en la calle y al rato se está en Old Brompton Rd, con sus bares gay y sus cafés de estilo continental.

Real Hospital de Chelsea

El Royal Hospital Chelsea *(☎ 7881 5204, Royal Hospital Chelsea Rd SW3; ⊖ Sloane Square; gratuito; abierto de 10.00 a 12.00 y de 14.00 a 16.00 de lunes a sábado y de 14.00 a 16.00 los domingos)* es un soberbio edificio de 1692 diseñado por sir Christopher Wren durante el reinado de Carlos II. El patio está adornado con una estatua del monarca vestido de romano, mirando hacia el sur. Desde aquí se pueden contemplar unas excelentes vistas "fotográficas" de la central eléctrica de Battersea al otro lado del Támesis. Fue hogar de soldados veteranos y todavía alberga a 337 pensionistas de Chelsea, ex militares de alrededor de 65 años, viudos o solteros. En 2001 se anunció que las mujeres ex militares de 65 años que cumplieran los rigurosos requisitos que impone el hospital, serían admitidas también. Los pensionistas pasean por los jardines con sus abrigos oscuros en invierno y con sus levitas color escarlata en verano.

DOUG MCKINLAY

Una oportunidad para la concordia en la pagoda budista de la Paz de Battersea.

Se puede dar una vuelta por los jardines (se entra por West Rd), visitar la sencilla y elegante **capilla** con su pintura del altar, *La Resurrección*, de Sebastiano Ricci, y el **Gran Hall,** un refectorio engalanado con banderas y retratos reales. Se celebra una misa en la capilla a las 11.00 los sábados. La **exposición floral de Chelsea** (☎ *7834 4333*) tiene lugar en los jardines del hospital en mayo.

Museo Nacional del Ejército

Al lado mismo del hospital, diseñado a finales de la década de 1960 sin tener en cuenta la elegancia del edificio vecino, el National Army Museum *(☎ 7730 0717, www.national-army-museum.ac.uk, Royal Hospital Rd SW3; ⊖ Sloane Square ; gratis, donativo recomendado; abierto desde las 10.00 hasta las 17.30 todos los días)* hace todo lo posible por dar vida a sus exposiciones militares, que abarcan la historia de las armas, ejércitos, tácticas y artillería, pero la mejor es la que se centra en la vida y la época que va desde los "casacas rojas", soldados británicos de la batalla de Agincourt (1415), hasta la revolución americana (en el sótano). La historia continúa con las guerras napoleónicas en la primera planta, hasta el Ejército británico actual en la tercera. En el exterior hay una placa en inglés y en chino, que rinde homenaje al regimiento Middlesex, "que defendió Hong Kong con honor en diciembre de 1941".

Chelsea Physic Garden

Creado en 1673 por la Sociedad de Boticarios, un gremio de la City, para estudiar las relaciones entre la botánica y la medicina (entonces conocida como *physic art*), el Chelsea Physic Garden *(☎ 7352 5646, www.cpgarden.demon.co.uk, 66 Royal Hospital Rd SW3, entrada por Swan Walk; ⊖ Sloane Square; adultos/niños entre 5 y 16 años, 4/2 £; abierto de 12.00 a 17.00 los miércoles y de 14.00 a 18.00 los domingos de abril a octubre)* es uno de los jardines botánicos más grandes de Europa; en sus 1,5 hectáreas se ven muchas plantas y árboles extraños. Algunos recodos se han dedicado al ámbito de la medicina, de la aromaterapia o al de la elaboración de tintes. Muchos jardineros destacados han trabajado aquí durante años, como William Aiton, el primer jardinero de Kew, y William Forsyth, quien dio nombre al arbusto llamado forsitia.

Durante la exposición floral de Chelsea, en mayo, y el festival de Chelsea, en junio, el jardín abre de 12.00 a 17.00 de lunes a viernes. En Snowdrop Days (los dos primeros domingos de febrero) abre de 11.00 a 15.00.

Casa de Carlyle

Desde 1834 hasta su muerte en 1881, el gran ensayista e historiador victoriano Thomas Carlyle vivió en este edificio de tres plantas que en la actualidad se conoce como Carlyle's House *(☎ 7352 7087, 24 Cheyne Row SW3, ⊖ Sloane Square; adultos/niños 3,50/1,75 £; abierta de 11.00 a 17.00 de miércoles a domingo, de abril a principios de noviembre)*. En el ático de esta casa, propiedad de la National Trust, escribió su famosa historia de la Revolución Francesa y muchas otras obras. Cuenta la leyenda que, cuando el manuscrito estaba terminado, una criada lo arrojó accidentalmente al fuego, por lo que el concienzudo Thomas tuvo que escribirlo de nuevo. Aunque no es demasiado grande, esta encantadora casa adosada, construida en 1798, conserva mucho de cuando Carlyle vivía aquí, en la época en la que Chopin, Tennyson y Dickens fueron sus huéspedes. Hay un pequeño jardín en la parte trasera.

Iglesia Vieja de Chelsea

Paseando a lo largo de Cheyne Walk se descubre la **estatua de Tomás Moro** (1477-1535), negra y dorada. El lord canciller fue ejecutado por oponerse a los planes de Enrique VIII de autoproclamarse jefe de la Iglesia de Inglaterra tras su divorcio de Catalina de Aragón y su matrimonio con Ana Bolena. Moro y su familia vivieron en Chelsea, en una propiedad que fue confiscada por el rey después de la ejecución del canciller.

Justo detrás de la estatua se halla la Chelsea Old Church *(☎ 7795 1019, Cheyne Walk, Old Church St SW3; ⊖ Sloane Square; gratuita; abierta de 13.30 a 17.30 de martes a viernes y domingos)*, que data de finales del siglo XII, pero fue derribada por dos bombas en 1941 y reconstruida posteriormente. Su interior contiene valiosos monumentos de estilo Tudor. La **capilla de Tomás Moro,** en la parte sur, fue reconstruida por él mismo en 1528, conserva su techo de madera y los capiteles de los pilares, ejemplo de estilo renacentista temprano. En el extremo oeste de la nave sur no hay que perderse los libros "encadenados", únicos en una iglesia londinense (se encadenaban para que nadie se los llevase); entre ellos figura una copia del ***Libro de los Mártires*** de Foxe, que data de 1684. Fueron un regalo de Hans Sloane, del Museo Británico.

Entre los antiguos residentes de Cheyne Walk, uno de los más célebres fue George Eliot, autor de *Middlemarch,* quien vivió y murió en el nº 4 de esta calle; el artista Dante Gabriel Rossetti y el poeta Algernon Swinburne compartieron casa en el 16 y el pintor J.M.W. Turner vivió en el nº 119 bajo el alias de Booth.

Puentes Albert y Battersea

Uno de los puentes más impresionantes de Londres es el Albert, mezcla de voladizo y colgante, que fue apuntalado en la década de 1960 para hacerlo más seguro y así evitar su

PAUL BIGLAND

El puente Albert, otra maravilla de la era victoriana, confiere un brillo especial al Támesis.

cierre. Lo diseñó Roland Mason Ordish en 1873 y posteriormente lo modificaría el ingeniero Joseph Bazalgette (véase "Londres victoriano" en "Historia" del capítulo *Sobre Londres*). Pintado de blanco y rosa y con bombillas de colores suspendidas de sus cables, tiene un aspecto verdaderamente festivo por las noches. Las cabinas permanecen en los extremos desde la época en la que había que pagar peaje para cruzarlo.

El puente de Battersea, que fue reproducido por Whistler en sus grabados y en su obra *Nocturnos,* era tan sólo un modelo de madera que databa de 1772. Bazalgette, una vez más, sacó adelante el diseño del puente actual, que se construyó en 1890.

King's Rd

En el siglo XVII, Carlos II creó en Chelsea un nido de amor para su amante, una vendedora de naranjas del teatro Drury Lane llamada Nell Gwyn. Para regresar de su casa al palacio de Hampton Court empleaba un camino rural que, inevitablemente, pasó a ser conocido como King's Road *(⊖ Sloane Square/ South Kensington).*

En la actualidad, mucho después de haber abandonado la zona *hippies* y *punks,* King's Rd sigue siendo un lugar de moda. Comienza en Sloan Square, al norte de la cual discurre Sloane St, célebre por sus tiendas de diseño. En el nº 75 de Sloane St está el hotel Cadogan, donde en 1895 arrestaron a Oscar Wilde (en la habitación 118, para ser exactos), encarcelándolo después por su "amistad" (eufemismo de la época) con lord Alfred Douglas.

Residencia Michelin

Aunque uno no pueda permitirse el lujo de comer en el restaurante ***Bibendum*** de Terence Conran (véase el capítulo *Dónde comer*), merece la pena dar un paseo hasta Michelin House *(81 Fulham Rd SW3; ⊖ South Kensington)* para admirar su espléndida arquitectura de estilo Art Nouveau. La construyó François Espinasse para Michelin entre 1905 y 1911, y fue completamente restaurada en el año 1985. El famoso brazo rollizo del hombre Michelin aparece en una moderna vidriera. La fachada abierta de la planta baja deja sitio para puestos de flores y pescado de primera calidad; en el vestíbulo, decorado con azulejos, se exponen automóviles de principios del siglo XX. También en este lugar se encuentra la Conran Shop (véase "Muebles y decoración" en el capítulo *De compras*).

Chelsea World of Sport

Preciado tributo al club de fútbol Chelsea, el Chelsea World of Sport *(☎ 7915 2222, www.chelseaworldofsport.com, Chelsea Village, Fulham Rd SW6; ⊖ Fulham Broadway; adultos/jubilados y niños de 5 a 16 años/familias 12,50/8/40 £; abierto de 10.00 a 18.00 de lunes a viernes, de 9.00 a 18.00 sábados y domingos, y de 9.00 a 12.00 los días de partido sólo para los miembros del CFC)* repasa mediante una exposición multimedia la historia y los éxitos del club, el estadio de Stamford Bridge y el complejo recreativo Chelsea Village, en continua expansión. Otras exposiciones interactivas se centran en deportes como tenis, remo, voleibol, atletismo y escalada.

Oratorio Brompton

Esta iglesia de rito católico *(☎ 7808 0900, 215 Brompton Rd SW7; ⊖ South Kensington; abierta todos los días de 6.30 a 20.00)*, también conocida como oratorio de San Felipe Neri. Se construyó en estilo Barroco italiano en 1884. Los días laborables se celebran seis misas diarias; una a las 18.00 el sábado; nueve entre 7.00 y 19.00 los domingos.

Museo Victoria y Alberto

El famoso Victoria and Albert Museum *(V&A; ☎ 7942 2000, www.vam.ac.uk, Cromwell Rd SW7; ⊖ South Kensington; gratuito; abierto de 10.00 a 17.50 lunes, martes y de jueves a domingos; de 10.00 a 22.00 los miércoles y el último viernes de cada mes)* es un estupendo museo, grande y laberíntico, dedicado al arte decorativo y el diseño. En él se expone parte del legado que hizo el príncipe Alberto a la nación, tras el éxito que obtuvo en la Gran Exposición de 1851 (véase el recuadro "El príncipe Alberto y la Gran Exposición" en el capítulo *Sobre Londres).*

Igual que con el Museo Británico, será preciso programar muy bien el recorrido si se quiere sacar provecho de la visita. Como es gratis, se puede volver tantas veces como se desee.

Tan pronto como se llegue a la puerta giratoria, debe echarse un vistazo al plano del suelo y elegir lo que más interese; es recomendable seguir este plano, a no ser que se acabe el tiempo y todavía se estén contemplando los moldes de yeso de esculturas clásicas. Una buena alternativa es hacer una visita guiada gratuita. Increíblemente, la mayoría de los cuatro millones de obras que componen la colección V&A están expuestas pero, por más veces que se visite, es imposible verlo todo.

De interés en el Museo Victoria y Alberto

- Los bocetos de Rafael.
- La sala de música de la residencia Norfolk.
- Los comedores Morris, Gamble y Poynter.
- El cancel de Hereford de George Gilbert Scott.
- La copa de vino del sha Jahan.
- El trono del maharajá Ranjit Singh.
- La urna de Becket.
- El tapiz *La caza del jabalí y el oso.*
- El escritorio de Enrique VIII.
- Burghley Nef.
- La gran cama de Ware.
- *Las tres gracias* de Antonio Canova.

Orientación. La puerta principal del museo está en Cromwell Rd, aunque también se puede entrar por Exhibition Rd. El nivel A está dedicado casi por completo al arte y el diseño indio, chino, japonés y coreano, así como al arte europeo. En la sala 40 se expone indumentaria, desde pelucas del siglo XVIII y corsés hasta los zapatos de plataforma que llevó Naomi Campbell cuando se cayó en una pasarela de París.

La sala 48A es conocida como galería de Rafael (1483-1520) y está dedicada a siete cartones del artista. No son sólo bocetos satíricos, sino grandes pinturas que el papa León X encargó como diseños para los tapices que ahora cuelgan en las paredes del Museo Vaticano. Los más bellos son *Cristo acusando a Pedro, La pesca milagrosa* y *San Pablo predicando en Atenas*. También en esta planta, más allá del jardín Pirelli, en la salida de las salas 13 y 15 de la sección de arte italiano, se encuentran los tres comedores originales del museo, que datan de la década de 1860. William Morris, con la ayuda de su amigo Edward Coley Burne-Jones, diseñó el magnífico comedor Verde. El siguiente es el salón Gamble, adornado con elegantes azulejos, estatuas de mármol y frisos con citas del Eclesiastés. Más allá se encuentra el salón Poynter, diseñado por Edward Poynter, que todavía conserva su parrilla original para asar chuletas. En la galería de fotografía Canon (sala 38) se organizan excelentes muestras temporales.

En el nivel B se exponen colecciones de forja (salas 113 y 114), vidrieras (salas 111 y 116), joyería (de la sala 91 a la 93) e instrumentos musicales (sala 40A). En las 15 galerías británicas, reabiertas recientemente, se representa cada uno de los aspectos del diseño británico de 1500 a 1900. Es posible ver la gran cama de Ware de finales del siglo VI, en la que pueden dormir hasta cinco personas, que se diseñó para promocionar una posada en Hertfordshire. Lo más interesante de esta planta son las galerías de la plata (de la sala 65 a la 69), que vale la pena visitar. Las copas, cálices y otras piezas de orfebrería se pueden ver en la galería victoriana, al lado de una bonita escalera de baldosines que estuvo a punto de ser destruida cuando cayó en desgracia el estilo victoriano por considerarse de mal gusto.

SIMON BRACKEN

Tal vez lleve demasiado tiempo ver los cuatro millones de objetos expuestos en el Victoria y Alberto.

También en esta planta se exhibe indumentaria (de la sala 95 a la 100), armas y armaduras (salas 88A y 90) y muebles del siglo XX (salas 70 a 74 y 103 a 106). En los niveles C y D hay más ejemplos de arte y diseño británico, así como cerámicas, cristales y porcelana de Europa y Asia.

El ala Henry Cole, que es un anexo del museo en la parte que da a Exhibition Rd, tiene la colección más grande de obras de John Constable reunidas bajo un mismo techo. Fue un legado de los estudios del artista en Charlotte St y se compone, sobre todo, de acuarelas y, en menor medida, de óleos. También se exponen grabados y técnicas de estampación, así como pinturas y miniaturas europeas. Es muy interesante la sección que se centra en el trabajo del arquitecto americano Frank Lloyd Wright (1869-1959).

El ***New Restaurant,*** cerca de la entrada de Exhibition Rd, sirve tentempiés y comidas de 10.00 a 17.30 todos los días (de 10.00 a 21.30 los miércoles).

Visitas guiadas. Se ofrecen circuitos gratuitos de una hora de duración, que recorren varias galerías entre las 10.30 y 15.30 todos los días, con una salida adicional los miércoles a las 16.30. Las charlas, que abarcan todos los aspectos del arte y el diseño, tienen lugar todos los días a las 13.00 y duran 45 minutos.

Museo de Historia Natural

Se encuentra en uno de los edificios neogóticos más bellos de Londres, diseñado por Alfred Waterhouse entre 1873 y 1880. El Natural History Museum *(☎ 7942 5000, www.nhm.ac.uk; Cromwell Rd SW7; ⊖ South Kensington; gratuito; abierto de 10.00 a 17.50 de lunes a sábados, de 11.00 a 17.50 los domingos)* tiene una entrada que parece la de una gran catedral, con ladrillos azul brillante, color tierra y terracota, delgadas columnas, arcos articulados y esculturas de animales y plantas por todas partes: una joya.

El viejo Museo Geológico de Exhibition Rd también forma parte del de Historia Natural. Las dos colecciones se dividen entre las

De interés en el Museo de Historia Natural

- Réplica animada del *Tyrannosaurus rex.*
- La entrada a las galerías de la Tierra.
- El simulacro del terremoto de Kobe.
- Insectos.
- Minerales y gemas en Tesoros de la Tierra.
- El esqueleto del diplodocus.
- La exposición *Ballena Azul.*
- La fauna del jardín.

contiguas galerías de la Vida (entrada por Cromwell Rd) y las galerías de la Tierra (entrada por Exhibition Rd). Lo que una vez estuvo lleno de polvorientas cajas de cristal con mariposas e insectos, ahora está repleto de exposiciones interactivas sobre temas como biología humana e insectos, además de una interesante sección sobre mamíferos y dinosaurios, que incluye reproducciones robotizadas con movimiento como la del *Tyrannosaurus rex,* de 4 m de altura. Los escolares se amontonan para verlos, pero afortunadamente así se queda libre la maravillosa galería de los mamíferos, la exposición *Ballena Azul* y la galería de la Ecología, con su réplica de una selva tropical.

Las galerías de la Tierra pueden resultar aún más asombrosas. Si se entra por Exhibition Rd, se sube una escalera mecánica que conduce a un habitáculo esférico. Alrededor de la base se distribuyen, magníficamente expuestas, diferentes rocas y gemas. Subiendo las escaleras se encuentran las dos exposiciones principales: *Earthquake (Terremoto)* y *Restless Surface (Superficie agitada)*, que explican cómo el viento, el agua, el hielo, la gravedad y la propia vida afectan a la tierra. La primera es un extraordinario simulacro de un seísmo que demuestra lo que pasó en una tienda de comida en Japón durante el terremoto de Kobe en 1995, en el que murieron 6.000 personas. En la planta de abajo hay excelentes montajes, entre los cuales se encuentran Earth Today and Tomorrow (Presente y futuro de la Tierra), centrado en la ecología; Earth's Treasury (Tesoros de la Tierra), sobre gemas y piedras preciosas; y Beginning (El principio), sobre la formación de los planetas.

Para evitar coincidir con las excursiones de los colegios, se recomienda hacer la visita por la mañana temprano o bien entrada la tarde. El ***Waterhouse Café***, en la primera planta de las galerías de la Vida, es bastante bueno y ofrece una variedad aceptable de platos vegetarianos.

Museo de la Ciencia

El Science Museum *(☎ 0870 870 4868, www.sciencemuseum.org.uk, Exhibition Rd SW7; ⊖ South Kensington; gratuito; cine IMAX adultos/jubilados, estudiantes y menores de 16 años 6,75/5,75 £; abierto de 10.00 a 18.00 todos los días)* está a la vanguardia

DAVID WALL

Animales de patas largas y mosquitos amenazantes, extrañas criaturas del Museo de Historia Natural.

De interés en el Museo de la Ciencia

- La máquina de vapor de Boulton y Watt.
- El péndulo de Foucault.
- Puesto de mando del Apolo 10.
- El *Rocket* de Robert Stephenson.
- La plataforma petrolífera.
- El reloj de la catedral de Wells (1392).
- La exposición de hologramas.
- *Gipsy Moth* de Amy Jonson.
- La farmacia de Mr Gibson (1905).
- Digitopolis.

con sus exposiciones sobre una materia que, de otro modo, podría resultar árida.

En la planta baja, Making the Modern World (Construcción del mundo moderno) abarca el pasado, con la historia de la Revolución Industrial a través de sus máquinas, y también el futuro, con la exploración del espacio. Se pueden ver viejos trenes (como *Puffing Billy,* una locomotora de vapor de 1813) y coches antiguos (1919-1930), que mantendrán a los niños contentos y entretenidos. En la siguiente planta se puede comprobar el impacto de la ciencia en la comida, el tiempo, las telecomunicaciones y el clima. Otra planta más arriba se encuentra el mundo de las computadoras, la química y la energía nuclear. En la tercera hay aeroplanos, ente los que se encuentra el *Vickers Vimy,* con el que Alcock y Brown sobrevolaron por primera vez el Atlántico en 1919. La cuarta y la quinta plantas versan sobre la historia de la medicina y la veterinaria.

Una versión moderna del péndulo de Foucault se ha colgado en el vestíbulo. A lo largo del día, el péndulo parece cambiar de dirección, debido a que la tierra se mueve bajo él, aunque en realidad sigue en el mismo sitio. Así fue como Foucault demostró que la tierra gira sobre su propio eje.

El sótano cuenta con imaginativas galerías donde los niños pueden tocar y practicar: el Jardín, para niños de 3 a 6 años; Cosas, para chicos de 7 a 11 años; y la Vida secreta del hogar, una colección de electrodomésticos para ahorrar trabajo, apta para todas las edades.

El ala Wellcome, una extensión del museo que ha costado 50 millones de libras, está llena de exposiciones prácticas, así que resulta un sitio adecuado para los niños. Tienen especial interés Digitopolis, centrada en la tecnología digital; On Air sobre la radiodifusión; o Flight Lab, donde es posible probar un modelo en un túnel de viento, o intentar despegar un helicóptero. El cine IMAX de 450 butacas (entrada por la planta baja del ala Wellcome) proyecta los típicos documentales de viajes, aventuras en el espacio y ataques de dinosaurios, con un sorprendente efecto en 3D.

El ***Deep Blue Café***, situado en la planta baja del ala Wellcome, abre de 10.30 a 17.30 todos los días.

KNIGHTSBRIDGE, KENSINGTON Y HOLLAND PARK (planos 5 y 10)

En Knightsbridge se dan cita los grandes almacenes más conocidos de Londres, entre ellos Harrods y Harvey Nichols (véase "Grandes almacenes" en el capítulo *De compras).* Kensington, hacia el oeste y el noroeste, es otro apetecible barrio en el que no es fácil comprar una casa por menos de un millón de libras. Su calle principal, Kensington High St, es un nuevo paraíso plagado de tiendas. Al norte de la misma está Holland Park, un distrito residencial con elegantes viviendas, en el corazón del arbolado parque Holland, abierto desde las 7.30 hasta el anochecer. Aquí se encuentra el magnífico teatro Holland Park (véanse "Ópera" y "Ballet y danza" en el capítulo *Ocio),* un hostal en la parte jacobea de la antigua residencia Holland (véase el capítulo *Dónde dormir),* deliciosos jardines (espléndidos en verano), un campo de juegos y un restaurante. La vieja Orangery a menudo se usa para exponer la obra de artistas jóvenes.

Albert Memorial (plano 5)

Situado en el extremo sur de Hyde Park, frente a Kensington Gore, el Albert Memorial (⊖ *South Kensington o Gloucester Road),* un

ELLIOT DANIEL

El elegante Albert Memorial se yergue frente al Albert Hall en Hyde Park.

desaforado monumento dedicado al esposo alemán de la reina Victoria, Alberto (1819-1861), ha sido objeto de una reforma de ocho años de duración. Mide 52 metros, fue diseñado por George Gilbert Scott en 1863 y está decorado con 178 figuras que representan a los continentes (Asia, Europa, África y América), así como las artes, la industria y la ciencia. Los mosaicos son obra de los renombrados artistas eclesiásticos Clayton y Bell. Alberto aparece sujetando una copia del catálogo de la Gran Exposición de 1851 (véase el recuadro "El príncipe Alberto y la Gran Exposición" en el capítulo *Sobre Londres)*. Las visitas guiadas (☎ 7495 0916) duran de 35 a 40 minutos y salen a las 14.00 y 15.00 los domingos, cuestan 3,50/3 £ (adultos/jubilados y estudiantes). El monumento impresiona más por la noche, cuando está totalmente iluminado.

Royal Albert Hall (plano 5)

Frente al Albert Memorial se levanta un gran edificio de ladrillos rojos con forma de anfiteatro, el Royal Albert Hall *(☎ 7589 3203, www.royalalberthall.com, Kensington Gore SW7; ⊖ South Kensington)*. Se terminó en 1871 y se adornó con un friso de tejas Minton. Nunca fue concebido para ser sala de conciertos sino como Hall de Artes y Ciencias; la reina Victoria añadió el Royal Albert cuando puso la piedra fundamental, para sorpresa de los allí presentes.

El Hall es más conocido por sus Promenade Concerts (o *proms*), que se ofrecen cada verano desde 1947 (véase "Música clásica" en el capítulo *Ocio)*. Lamentablemente la única forma de visitar el interior es asistiendo a uno de los conciertos. La acústica es horrible: resulta tan desagradable el eco que se produce en su estructura oval; según se dice, la única forma de que un compositor británico escuche "dos veces" su trabajo es interpretándolo en el Royal Albert Hall.

El órgano victoriano se construyó en 1868 y es el más grande de Gran Bretaña. Actualmente lo están afinando y no se podrá tocar hasta el año 2004.

Real Sociedad Geográfica (plano 5)

Cerca del Royal Albert Hall, hacia el este, se encuentra la sede de la Royal Geographical Society *(RGS; ☎ 7591 3040, www.rgs.org, 1 Kensington Gore SW7; ⊖ South Kensington; gratuito, plano del recorrido adultos/estudiantes 10/5 £; abierto de 10.00 a 17.00 de lunes a viernes)*. Este edificio de1874 en ladrillo rojo, que sigue el estilo del período de la reina Ana, es fácil de identificar por las estatuas de los exploradores David Livingstone (que mira a Kensington Gore) y Ernest Shackleton (que mira hacia Exhibition Rd), que se encuentran en el exterior. Permanecerá cerrada por reformas hasta mediados de 2003.

Palacio de Kensington (plano 5)

Durante un tiempo, el palacio de Kensington *(☎ 7937 9561, Kensington Gardens W8; ⊖ Queensway o Notting Hill Gate; entrada a las dependencias oficiales adultos/jubilados y estudiantes/niños de 5 a 16 años/fami-*

lias 8,80/6,90/6,50/26,80, abiertas de 10.00 a 16.00 todos los días de noviembre a febrero; parque y jardines gratuitos, desde las 5.00 hasta 30 minutos antes de anochecer, todos los días) fue la residencia de las princesas Margarita y Diana de Gales. Data de 1605, fecha en que fue habitado por el segundo conde de Nottingham. En 1688, al llegar Guillermo de Orange para asumir el trono como Jacobo II, encontró el viejo palacio de Whitehall demasiado cerca del agitado río para su asma pertinaz. La reina María también se quejaba de "no ver nada más que agua y paredes", de modo que compraron la casa del parque de Nottingham y la adaptaron bajo la dirección de sir Christopher Wren y Nicholas Hawksmoor. Cuando Jorge I llegó de Hanover para suceder a la reina Ana, la última monarca Estuardo sin descendientes, reclutó a William Kent para modernizar el palacio; la mayor parte de la decoración que todavía puede verse es obra, a veces desmañada, de este artista. La reina Victoria nació en 1819 en una alcoba de la planta baja; se conserva una habitación en homenaje a ella.

Las visitas se hacen mediante una audioguía que cada uno puede seguir a su manera, aunque dura alrededor de 1 1/2 horas. El recorrido pasa por las dependencias oficiales, que datan de la época de Guillermo de Orange, y las más grandes y espaciosas del período georgiano.

Expuestos bajo unas luces amortiguadas se pueden admirar los trajes de la Colección Real de Vestidos de Ceremonia, que van desde enormes faldas con miriñaques hasta una llamativa colección de vistosos modelos pertenecientes a Diana de Gales.

La más bella de todas las estancias es la **sala de la cúpula,** donde se celebraba la ceremonia de iniciación de los hombres en la exclusiva Orden de la Jarretera y donde fue bautizada Victoria. El blasón de la orden está pintado en el techo que, básicamente plano, se vale de un efecto de trampantojo para simular una cúpula. La habitación se rodea de columnas de mármol y hornacinas con estatuas doradas de estilo romano. En el centro, encima de un plinto escalonado, hay un reloj de mal gusto que solía reproducir música de Haendel y Corelli.

La **King's Long Gallery** muestra parte de la colección de arte real, que incluye la única pintura clásica conocida de Van Dyck. En el techo, William Kent pintó la historia de Ulises, pero se confundió y le otorgó dos ojos al Cíclope.

La **King's Drawing Room** está dominada por una mala pintura de *Cupido y Venus* de Giorgio Vasari (1511-1574), un pintor manierista italiano más conocido por su trayectoria renacentista. Por la ventana se puede ver el **Round Pond,** una charca que una vez estuvo llena de tortugas con las que se preparaba sopa y donde ahora navegan barcos de modelismo; y también una estatua de la joven reina Victoria, esculpida por su hija, la princesa Luisa.

La **escalera del rey** está decorada con llamativos murales de William Kent, quien se pintó a sí mismo con un turbante en la falsa cúpula. En ella se incluyó una figura de un habitante de las Highlands escocesas cuando la amenaza de los jacobitas en Escocia todavía era real. También se retrata a Peter, "el niño salvaje" descubierto en los bosques de Hanover y llevado a Inglaterra para entretener a la aburrida corte.

El **Sunken Garden** (Jardín Hundido), cerca del palacio, es magnífico en verano. Cerca se encuentra la Orangery, el invernadero diseñado por Hawksmoor y Vanbrugh, con esculturas de Grinling Gibbons. Tomar el té aquí es un placer caro (véase el recuadro "El rito del té" en el capítulo *Dónde comer).*

Residencia Linley Sambourne (plano 5)

Escondida detrás de Kensington High St está la Linley Sambourne House *(☎ 8994 1019, 18 Stafford Terrace W8; ⊖ High Street Kensington; adultos/jubilados y estudiantes/niños 3,50/2,50/2 £; abierta de 10.00 a 16.00 los miércoles, de 14.00 a 17.00 los domingos de marzo a octubre)*, que fue la vivienda, desde 1874 hasta 1910, de Linley Sambourne, dibujante de sátiras políticas y aficionado a la fotografía. Ésta es una de esas casas de una familia victoriana acomodada que permanecen tal y como era, con maderas oscuras, alfombras turcas y coloridas vidrieras, ya que el propietario ni la volvió a decorar ni se deshizo de nada. Es una buena oportunidad de conocer cómo era una vivienda del siglo XIX.

Instituto de la Commonwealth (plano 5)

En la parte sur de Holland Park, justo al final de Kensington St, un espacio abierto con fuentes y mástiles de banderas da al Commonwealth Institute *(☎ 7603 4535, www.commonwealth.org.uk, Kensington Hight St W8; ⊖ Hight Street Kensington)*. Diseñado en 1962 a modo de gran tienda de campaña, se construyó con materiales reunidos de todos los países de la Commonwealth; estéticamente feo. El interior, bastante vulgar, se ha renovado para resaltar los valores de los 54 países miembros. Hay exposiciones temporales relacionadas con la Commonwealth.

Casa de Leighton (plano 10)

Cerca de Holland Park y de Kensington, frecuentemente pasada por alto, se encuentra Leighton House *(☎ 7602 3316, 12 Holland Park Rd W14; ⊖ High Street Kensington; gratuita, donativo recomendado; abierta de 11.00 a 17.30 de miércoles a lunes)*, una magnífica mansión diseñada en 1866 por George Aitchison. Fue la residencia de lord Leighton (1830-1896), un pintor que perteneció al movimiento olímpico y decoró partes de la casa con rasgos de estilo oriental. La más hermosa de todas las habitaciones es el exquisito patio árabe, añadido en 1879 con recubrimiento de azulejos azules y verdes procedentes de Rodas, El Cairo, Damasco e Iznik (Turquía), con una fuente cantarina en el centro. Incluso las celosías de madera de las ventanas y la galería proceden de Damasco. La casa posee notables pinturas prerrafaelistas de Burne-Jones, Watts, Millais y del propio lord Leighton. La restauración de los jardines traseros, del hueco de la escalera y de las habitaciones superiores ha devuelto a la casa su esplendor victoriano.

NOTTING HILL Y BAYSWATER (plano 5)

La gran popularidad del carnaval de Notting Hill en el fin de semana del último lunes de agosto refleja la riqueza multicultural de esta zona londinense. En la década de 1950 se convirtió en centro de atracción para los inmigrantes de la isla de Trinidad. En la actualidad, es un floreciente y vibrante rincón, separado del West End y de Mayfair por la gran extensión de Hyde Park, que conviene visitar sobre todo los sábados, cuando se monta el mercado de Portobello Rd (véase el capítulo *Mercados de Londres)*.

No hay mucho que ver en Notting Hill, aunque merece la pena observar el recientemente renovado **Electric Cinema,** de estilo eduardiano. Situado en el 191 de Portobello Rd, es el más antiguo de los cines construidos para tal fin en el Reino Unido (véase "Cines" en *Ocio)*.

Bayswater, donde había una fuente (Baynard's Watering) que proporcionaba en la Edad Media agua fresca a la ciudad, estuvo prácticamente deshabitado durante siglos por la proximidad de las horcas de Tyburn (véase "Marble Arch" más adelante). Hoy es una acomodada zona residencial que no casa bien con su vecina, la descuidada Paddington. Su calle principal es Queensway, que tiene una aceptable selección de restaurantes, muchos de ellos chinos. Los domingos en Bayswater se pueden ver las pinturas (la mayoría copias con fines puramente turísticos) que se venden en las verjas de Hyde Park y los jardines de Kensington, a lo largo de Bayswater Rd o, al abrigo del viento, en los alrededores del balneario de Porchester (Véase "Baños públicos" en "Actividades", más adelante).

ZONA DE HYDE PARK (planos 5 y 6)

En el extremo occidental de Piccadilly, Hyde Park es un territorio poblado de hoteles de lujo y tiendas de prestigio, que existen desde que quedó excluida de la zona la gente de menores recursos. Si se va en coche, se recomienda evitar la ajetreada rotonda de Hyde Park Corner, aunque tampoco resulta muy fácil encontrar la salida correcta si se va en metro.

Hyde Park (plano 5)

Con sus 145 hectáreas, Hyde Park *(☎ 7298 2100; abierto todos los días de 5.30 a 24.00)* es el espacio abierto más grande de Londres. Después de que Enrique VIII se lo expropiara a la Iglesia en 1536, se transformó en un coto de caza para reyes y aristócratas y finalmente en escenario de duelos, ejecuciones y carreras de caballos. Fue el primer parque real que se abrió al público, a principios del siglo XVII. En 1851 acogió la Gran Exposición (véase el recuadro "El príncipe Alberto y la Gran Exposición" en el capítulo *Sobre Londres)*, y durante la Segunda Guerra Mundial se convirtió en un enorme patatar. Más recientemente ha servido también para conciertos. El parque ofrece un extraordinario colorido durante la primavera, y en verano se plaga de ociosos y pálidos visitantes que van a tomar el sol. Remar en el Serpentine es una opción para aquellos que se sientan con suficientes energías; véase el apartado "Actividades" más adelante.

La **Galería Serpentine** *(☎ 7402 6075, www.serpentinegallery.org; ⊖ Knightsbridge; gratuita; abierta de 10.00 a 18.00 todos los días)*, con esculturas de Henry Moore y Jacob Epstein, y la estatua de **Peter Pan** de George Frampton, está muy bien situada al sur del Serpentine y al oeste de la calle principal que atraviesa el parque, separándolo de los jardines de Kensington. Patrocina exposiciones temporales y especializadas de arte contemporáneo.

Situado cerca de Marble Arch, **Speakers' Corner** (el rincón de los oradores) *(⊖ Marble Arch)* cobró vida en 1872 como respuesta a los serios disturbios de 17 años atrás, cuando 150.000 personas se manifestaron contra el Sunday Trading Bill frente al Parlamento. Todos los domingos, cualquiera que tenga un cajón –o algo que sirva de tribuna improvisada– puede disertar sobre lo que le apetezca. Si no se va con la intención de oír un discurso al estilo retórico de Churchill, puede ser muy entretenido.

Como ocurre con otros parques, los paseantes disponen de pasos peatonales y pueden observar a los ciclistas y a los patinadores.

Marble Arch (plano 5)

En la esquina noreste de Hyde Park se encuentra el Marble Arch *(⊖ Marble Arch)*, un enorme arco diseñado por John Nash en 1827, que fue trasladado a su actual emplazamiento desde el palacio de Buckingham, donde estaba situado originalmente, en 1851. En su interior hay, incluso, un apartamento de una habitación.

En el cruce de Edgware Rd y Bayswater Rd estuvo el llamado **árbol de Tyburn:** en este sitio estaban instaladas las horcas de tres patas en las que se colgó a 50.000 personas entre 1300 y 1783. Muchos de los condenados eran llevados al patíbulo desde la Torre de Londres o la prisión de Newgate, en la City. Más hacia el oeste, a lo largo de Bayswater Rd, se encuentra el **convento de Tyburn** *(☎ 7723 7262, 8 Hyde Park Place; gratuito; abierto todos los días de 6.15 a 20.30)*, benedictino, cuya capilla contiene reliquias de 105 mártires católicos ejecutados en Tyburn durante la Reforma (obsérvense los escudos de armas de las víctimas en las paredes). Hay recorridos gratuitos de 40 minutos a las 10.30, 15.30 y 17.30, todos los días.

Residencia Apsley y Museo de Wellington (plano 6)

La asombrosa mansión Apsley *(149 Piccadilly W1; ⊖ Hyde Park Corner)* tuvo antaño la prestigiosa dirección "número 1, Londres", cuando era el primer edificio que se veía si se entraba por el oeste; sin embargo, en la actualidad da a la ajetreada rotonda de Hyde Park Corner. Fue diseñada por Robert Adam entre 1771 y 1778 para el barón Apsley. Se vendió en 1817 al primer duque de Wellington, vencedor de la batalla de Waterloo y

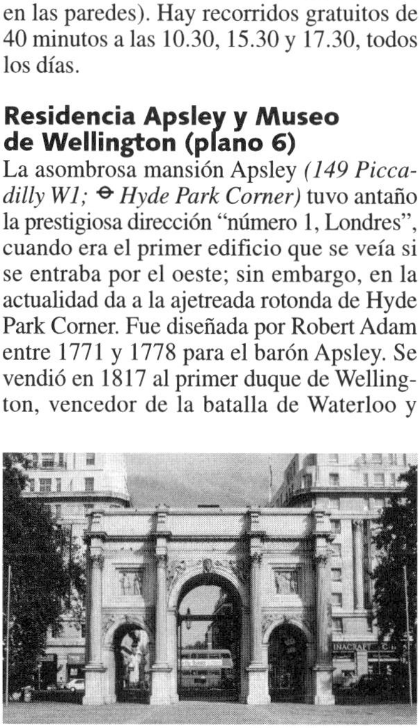

DENNIS JOHNSON

El apartamento más grande de Londres, también conocido como Marble Arch.

más tarde primer ministro, que vivió en ella hasta su muerte en 1852. En 1947 la casa fue donada a la nación y hoy es la sede del Museo de Wellington (☎ *7499 5676; gratuito; abierto de 11.00 a 17.00 de martes a domingo*). A diferencia de la mayoría de las casas de Londres, la Apsley conserva gran parte de su mobiliario y de sus colecciones, además de que todavía residen en ella descendientes de la familia original. No obstante, hay unas 10 habitaciones abiertas al público.

La planta baja muestra una sorprendente colección procedente de China entre la que destacan una vajilla decorada con escenas egipcias y parte de la platería del duque, como un jarrón y un escudo de Waterloo magníficos. Domina el hueco de la escalera una impresionante estatua de Antonio Canova, de 3,4 metros de altura, que representa a Napoleón desnudo, pero con la obligatoria hoja de parra. "Tal vez demasiado atlético", opinó el corso al verla. Las habitaciones de la primera planta tienen un elegante techo de escayola y pinturas de Velázquez, Goya, Rubens, Brueghel y Murillo. La galería del sótano contiene recuerdos de Wellington, como sus medallas, algunas viejas y divertidas estampas y su máscara mortuoria.

Arco de Wellington (plano 6)

Frente a la residencia Apsley, en el pequeño espacio verde asfixiado por la rotonda de Hyde Park Corner, está el Welligton Arch (☎ *7973 3539, www.english-heritage.org.uk, Hyde Park Corner W2; ⊖ Hyde Park Corner; adultos/ jubilados y estudiantes/niños 2,50/1,90/1,30 £; abierto de 10.00 a 18.00 de miércoles a domingo*), durante mucho tiempo de acceso restringido, aunque ahora pertenece al EH y está abierto al público. Construido en 1826 para conmemorar la victoria de Wellington sobre Napoleón, el arco fue durante muchos años la comisaría de policía más pequeña de Londres, antes de sufrir un profundo deterioro. Gracias a su rehabilitación de 1,5 millones de libras, consta de tres plantas de exposición, algunas dedicadas a los arcos, tanto el de Wellington como Marble Arch, y una plataforma de observación con espectaculares vistas de Hyde Park y las Cámaras del Parlamento.

MARYLEBONE Y REGENT'S PARK (planos 3, 5 y 6)

Marylebone Rd, que se halla al norte de Oxford St, alberga uno de los principales centros de atracción turística de la capital, el Museo de Cera de Madame Tussaud. Se encuentra también cerca de Regent's Park, un reducto de paz dentro de la capital en el que se ubica el Zoológico de Londres.

Colección Wallace (plano 6)

Aunque relativamente desconocida, incluso para los londinenses, la Wallace Collection (☎ *7935 9500, www.wallace-collection.com, Herford House, Manchester Square W1; ⊖ Bond Street; gratuita; abierta de 10.00 a 17.00 de lunes a sábado y de 12.00 a 17.00 los domingos*) es la galería pequeña más elegante de Londres. Contiene un tesoro de estupendas pinturas de los siglos XVII y XVIII compuesto por obras de Rubens, Tiziano, Poussin y Rembrandt, entre otros, en una magnífica mansión italiana que fue donada a la nación por la viuda del coleccionista de bellas artes sir Richard Wallace (1818-1890). Hay también una exposición de armaduras finamente labradas. El exquisito edificio de estilo clásico merece una visita por su gran belleza; la escalera está considerada como uno de los mejores ejemplos de arquitectura francesa de interior. Estaba destinada al Banque Royal de París, pero Wallace la compró y la instaló en este edificio en 1874. Enormes lienzos de Frances Boucher adornan el vano de la escalera.

Cuatro nuevas galerías en el sótano se centran en acuarelas y conservación; no hay que perderse la sección titulada Falsificación e imitación en la colección reservada. Desde aquí se puede cruzar al Jardín de la Escultura o visitar el agradable ***Café Bagatelle,*** que abre a la misma hora que la colección.

Las visitas guiadas son gratuitas y comienzan sobre las 11.30 o a las 13.00 de lunes a viernes; a las 11.30 los sábados y a las 15.00 los domingos (conviene telefonear para informarse del horario exacto).

Madame Tussaud (plano 5)

El Madame Tussaud (☎ *0870 400 30000, www.madame-tussauds.com, Marylebone Rd NW1; ⊖ Baker Street; adultos/jubilados/me-*

nores de 16 años 12/9,50/8,50 £, si se incluye el Planetario 14,45/11,30/10 £; abierto de junio a mediados de septiembre de 9.00 a 17.30 todos los días, de mediados de septiembre a mayo de lunes a viernes de 10.00 a 17.30 y de 9.30 a 17.30 sábados y domingos) es una de las atracciones turísticas más populares de Londres (después del Museo Británico, la Tate Modern y la National Gallery) y atrae aproximadamente a 2,7 millones de visitantes al año. Para evitar las largas colas (particularmente en verano), se recomienda acudir al museo por la mañana temprano o a última hora de la tarde; o, mejor aún, comprar las entradas por adelantado en un punto de venta o mediante reserva telefónica con tarjeta (2 £ de cuota).

El Madame Tussaud –o Museo de Cera de Madame Tussaud, como era conocido antes– se remonta a hace dos siglos y medio, cuando ella misma empezó a modelar las cabezas de las personas que morían durante la Revolución Francesa; en la exposición, de 200 años ya, se muestra su trabajo con la máscara mortuoria de María Antonieta en su estudio original.

Gran parte del Madame Tussaud moderno se ha formado a partir de la exposición **Garden Party,** iniciada en el antiguo museo, donde es posible hacerse fotografías junto a celebridades como Pierce Brosnan o Julio Iglesias. En el **Gran Hall** se hallan las figuras de líderes mundiales del pasado y el presente, incluyendo a la familia real (todos menos Sarah Ferguson y, al margen, un calco perfecto de Diana de Gales). También hay estrellas del pop como los Beatles. Las figuras de los personajes que han disfrutado de una fama efímera se guardan en el armario por si vuelven a recuperarla.

En el "taxi cronometrado" **Espíritu de Londres,** la experiencia consiste en entrar en una imitación de taxi negro londinense: allí, durante cinco minutos, se hace un resumen visual y auditivo de la historia de la ciudad. Los modelos están bien, pero es bastante molesto escuchar el relato del Gran Incendio mientras las imágenes muestran el *swinging London* de los sesenta..

La **cámara de los horrores** tiene modelos de prisioneros contemporáneos como Dennis Nilsen (el "asesino de la colina Muswell"), que se encuentra sentado, con gesto inquieto, al lado de terroríficas figuras históricas, como el cadáver mutilado de una de las víctimas de Jack el Destripador. Pero todo esto resulta aburrido si se compara con el festival de sangre del London Dungeon.

Planetario de Londres (plano 5)

Junto al edificio de Madame Tussaud, el Planetario (☎ *0870 400 3000, www.madame-tussauds.com, Marylebone Rd NW1;* ⊖ *Baker Street; adultos/jubilados/menores de 16 años 7/5,60/4,85 £; incluido el Madame Tussaud, 14,45/11,30/10 £; abierto de 9.00 a 17.30 todos los días entre junio y mediados de septiembre, de 10.00 a 17.30 de lunes a viernes y de 9.30 a 17.30 sábados y domingos de mediados de septiembre a mayo)* presenta espectáculos de 30 minutos sobre las estrellas y los planetas, animados con efectos especiales; en las Maravillas del Universo se puede subir a una nave espacial de pasajeros y hacer un impresionante recorrido por el sistema solar. Hay figuras de cera de científicos y personajes relacionados con la materia, desde Copérnico y Stephen Hawkings hasta los astronautas americanos Buzz Aldrin y Neil Amstrong, así como varios ordenadores que responden, si no a todas, a la mayor parte de las preguntas que se formulen relacionadas con el espacio y los viajes espaciales.

Estación de metro de Baker Street (plano 5)

A todos los amantes de los trenes les interesará saber que una de las estaciones originales de la primera línea de metro del mundo (el Metropolitan Railway) descansa debajo de Baker Street y se puede visitar simplemente comprando un billete de metro o utilizando el abono. Baker Street, una de las siete estaciones primitivas de la línea de 6 km que se extiende de Paddington a Farringdon St, empezó a funcionar en 1863. Se encuentra en los andenes 5 y 6 (líneas Circle y Hammersmith & City) y llegó a su estado actual, poco iluminado, después de su reforma en 1983.

Museo de Sherlock Holmes (plano 5)

Aunque la dirección del Museo Sherlock Holmes (☎ *7935 8866, www sherlock-holmes.co.uk, 221b Baker St; adultos/ niños entre 6 y 12 años 6/4 £; abierto de 9.30 a 18.30 todos los días*) es 221b Baker St, la casa donde supuestamente residió el detective corresponde en realidad al edificio de la Abadía Nacional, un poco más al sur de la esquina con Melcombe St. Los aficionados a sus libros disfrutarán de las tres plantas de reconstrucción victoriana y de las nuevas figuras de cera de los personajes que se encuentran dispersas por todo el museo, como Charles Augustus Milverton; "el hombre del labio torcido" (Neville St Claire); y, por supuesto, el profesor Moriarty.

ASA ANDERSSON

Al sol en uno de los amplios espacios abiertos del centro de Londres.

Regent's Park (plano 3)

Situado al norte de Marylebone y al suroeste de Camden, Regent's Park (☎ *7486 7905; abierto todos los días desde las 5.00 hasta el anochecer;* ⊖ *Baker Street/Regent's Park)*, fue en otra época, como muchos de los parques de la capital británica, un coto real de caza. Posteriormente sirvió como tierra de cultivo hasta convertirse en un lugar de diversión y ocio en el siglo XVIII.

Regent's Park es un lugar animado aunque sereno, local pero cosmopolita, un verdadero refugio en el corazón de la ciudad, con el zoológico, el **canal Grand Union** que discurre al norte, un **teatro al aire libre** (véase el capítulo *Ocio)* donde se representan obras de Shakespeare durante los meses de verano, sus estanques y coloridas alfombras florales, sus campos de fútbol y sus partidos de *softball* en verano. Los rosales de los **jardines de Queen Mary** poseen una singular belleza. Hay un café al lado.

En la parte occidental del parque, la **mezquita y el Centro Islámico Central** (☎ *7724 3363, 146 Park Rd NW8;* ⊖ *St John's Wood)* ocupan un enorme edificio blanco con una cúpula reluciente. Se pude entrar, siempre y cuando uno se descalce y vaya vestido con decoro, aunque el interior puede parecer bastante inhóspito.

Al norte de Regent's Park, cruzando Prince Albert Rd, se llega a **Primrose Hill,** que a pesar de no ser tan turístico y tener una belleza menos convencional, posee unas espectaculares vistas de la ciudad.

Zoológico de Londres (plano 3)

Uno de los más antiguos del mundo, el zoológico de Londres (☎ *7722 3333, www.londonzoo.co.uk, Regent's Park NW1;* ⊖ *Camden Town; adultos/jubilados y estudiantes/ niños entre 3 y 14 años 10/8,50/7 £; abierto todos los días de 10.00 a 17.30 entre marzo y octubre y de 10.00 a 16.00 entre noviembre y febrero)* acusa, al igual que el metro, el paso del tiempo: cumplió 170 años en 1998. Durante la Segunda Guerra Mundial, la mayor parte de los animales salvajes fueron sacrificados por temor a que se escaparan si una bomba alcanzaba el recinto. El resto fue evacuado a Irlanda. Se sospecha que el destino del pez tropical fue la cena de los empleados.

El zoológico se compone de muchas construcciones que son históricamente interesantes, pero no satisface plenamente las expectativas de los visitantes modernos en cuanto a los derechos de los animales. Se encuentra, no obstante, en el epicentro de un proyecto de modernización a diez años que se centra especialmente en la conservación y la educación, manteniendo menos especies pero posibilitando los grupos reproductivos.

El **Web of Life** es un pabellón de cristal que contiene aproximadamente 60 animales vivos en exposición (desde termitas y medusas hasta pájaros y abejas). Dispone de una muestra interactiva de la vida real de los animales y hasta se pueden observar los procesos de reproducción. También incluye un recorrido muy interesante por el parque zoológico.

No hay que perderse los recintos que albergan a grandes felinos, elefantes y rinocerontes, simios y monos, pequeños mamíferos y pájaros. Las renovadas Mappin Terraces cobijan la **montaña de los osos.** La elegante y alegre **piscina de los pingüinos** es una de las estructuras modernistas más importantes de Londres, diseñada por Berthold Lubetkin en 1934.

El camino más agradable para llegar al zoológico es en barca por el canal desde Little Venice o Camden (para más información véase "Cruceros por canales" en el capítulo *Cómo desplazarse).* También se puede llegar paseando por el camino de sirga.

Norte de Londres

Los límites septentrionales del centro londinense abarcan un amplio arco que se extiende desde St John's Woods al oeste, hasta Islington al este. Estos dos distritos dan fe del importante contraste económico que existe en la capital, pues mientras que en el primero habitan las familias adineradas, en Islington, que se halla muy deteriorado y ocupa las inmediaciones de Angel, menos del 10% de la superficie está destinada a espacios públicos. Entre uno y otro, Regent's Park y su prolongación al norte, Primrose Hill, se encuentra la mayor extensión de zonas verdes. El canal Grand Union (o Regent's), que bordea el norte del parque, supone una agradable alternativa para evitar el tráfico que se dirige al mercado de Camden. Entre las atracciones más importantes ubicadas al norte de Londres cabe mencionar Hampstead Heath –donde es tan fácil olvidar que se está en una gran ciudad como acabar extraviándose– y ese Valhalla victoriano que es el cementerio de Highgate.

ST JOHN'S WOOD Y MAIDA VALE (planos 2 y 3)

El elegante St John's Wood es un frondoso barrio de refinadas casas cuya confortable calma se debe a su situación al oeste de Regent's Park. A los amantes del arte les encantará desviarse por este lugar para visitar la Galería Saatchi, una de las colecciones de arte más vanguardistas de Londres; y los fanáticos del pop no querrán perderse el nº 3 de Abbey Rd NW8, donde los Beatles grabaron la mayor parte de sus discos, entre ellos el propio *Abbey Road* (1969), la foto de cuya carátula fue tomada en el **paso de cebra (plano 3)**; los aficionados al críquet pueden dirigirse al Lord's Cricket Ground. Un poco más al suroeste se encuentran Maida Vale y Little Venice, uno de los sitios de embarque para llegar por el canal hasta el Zoo de Londres y a Camden (véase "Cruceros por canales" en el capítulo *Cómo desplazarse).*

Galería Saatchi (plano 2)

La colección privada de arte moderno de la Galería Saatchi *(☎ 7624 8299, Boundary Rd NW8; ⊖ Kilburn High Road; adultos/jubilados, estudiantes y niños entre 12 y 18 años, 5/3 £; abierto de 12.00 a 18.00 de jueves a domingo)* es propiedad de Charles Saatchi, el hasta hace poco jefe de Saatchi & Saatchi, que fue la mayor agencia de publicidad del mundo.

Éste no es un lugar recomendado para los amantes de Constable o Turner; aquí habrá que enfrentarse con unos estanques gigantes de aceite que reflejan el techo, o con réplicas de figuras humanas tan reales que da miedo de sólo pensar que puedan moverse y empezar a hablar. Saatchi patrocinó a Damien Hirst, el rey del formaldehído; a Rachel Whiteread, quien transformó una casa entera en un trabajo escultórico y la derribó poco después; así como a Tracey Emin y Sarah Lucas. El espacio de exposición es amplio y está bien iluminado y ventilado.

Campo de críquet de Lord (plano 3)

Hay circuitos guiados todos los días por el Lord's Cricket Ground *(☎ 7432 1066, www.lords.org, St John's Wood Rd NW8;*

⊖ St John's Wood), que entran en la famosa Long Room, donde los socios ven los partidos rodeados de retratos de excelentes jugadores, y también hay un pequeño **museo** *(☎ 7432 1033)* con recuerdos de este deporte. En el campo se puede ver la famosa veleta del Padre Tiempo y la magnífica tribuna Mound Stand (véase *Arquitectura contemporánea de Londres).* Las visitas guiadas salen de Grace Gates en St John's Wood Rd a las 10.00, 12.00 y 14.00 todos los días de octubre a marzo (no se puede visitar los días de partido). Cuestan 6,50/5/4,50 (adultos/jubilados y estudiantes/niños de 5 a 16 años), y duran 1 3/4 horas. El museo (2 £) se puede visitar sin hacer la visita guiada, pero sólo los días de partido y comprando entrada.

EUSTON Y KING'S CROSS (plano 3)

Euston Road une la estación de ferrocarril homónima con las de St Pancras y King's Cross. Aunque no se trata de una zona especialmente turística, muy probablemente haya que pasar por allí en caso de que se vaya al norte de Inglaterra. Las atracciones son escasas, aunque se puede visitar la restaurada estación de St Pancras, una obra maestra de estilo victoriano, y la fabulosa Biblioteca Británica, abierta tanto para lectores como para visitantes.

Aunque se ha intentado reducir la prostitución callejera y las drogas en los alrededores de King´s Cross, es conveniente evitar esta zona por la noche.

Nueva Iglesia de St Pancras

La impresionante Greek Revival St Pancras New Church *(☎ 7388 1461, Cnr Euston Rd y Upper Woburn Place WC1; gratuita; abierta de 9.00 a 17.00 de jueves a viernes, de 9.15 a 11.00 los sábados, de 7.45 a 12.00 y de 17.30 a 19.15 los domingos)* dispone de una torre que imita el Templo de los Vientos de Atenas, además de un pórtico con seis columnas jónicas y un ala decorada con cariátides que recuerdan el *Erecteion* de la Acrópolis. Cuando se terminó en el 1822, fue la más cara de todas las nuevas iglesias capitalinas desde la catedral de St Paul. En la entrada se puede ver una gran lápida en memoria de las 31 personas que perdieron la vida en el incendio de la estación de metro de King's Cross en noviembre de 1987.

Biblioteca Británica

Después de 15 años de obras y un gasto de 500 millones de libras (el edificio más caro de Gran Bretaña después del Millenium Dome), la Biblioteca Británica *(☎ 7412 7000 centralita, 7412 7332 atención al visitante, www.bl.uk, 96 Euston Rd NW1; ⊖ King's Cross St Pancras; gratuita; abierta de 9.30 a 18.00 los lunes y de miércoles a viernes, de 9.30 a 20.00 los martes, de 9.30 a 17.00 los sábados, de 11.00 a 17.00 los domingos),* fue diseñada por Colin St John Wilson y se abrió en 1998. Se trata de la principal biblioteca de Inglaterra y guarda una copia de cada publicación del país, así como manuscritos históricos, libros y mapas procedentes del Museo Británico.

Cuenta con cerca de 270 kilómetros de estanterías y cuatro niveles de sótano. Cuando se llene por completo, almacenará unos 12 millones de volúmenes.

Orientación. En el corazón del edificio se encuentra la magnífica **biblioteca del Rey,** una colección de 65.000 volúmenes perteneciente a Jorge III, que su hijo Jorge IV donó a la nación en 1823 y que se concentra en

De interés en la Biblioteca Británica

- La Carta Magna.
- La Biblia de Gutenberg.
- El Primer Folio de Shakespeare.
- El *Libro de horas Sforza*.
- El cuaderno de notas de Leonardo da Vinci.
- El manuscrito de *Alicia en el país de las maravillas* de Lewis Carrol.
- El sello Penny Black.
- *El Mesías* de Haendel.
- La *Historia de Inglaterra* de Jane Austen.
- Las primeras canciones de los Beatles.

una torre de cristal de seis pisos y 17 metros de altura. A la izquierda, según se entra, se encuentran la excelente librería y las galerías de exposiciones.

Subtitulada *Tesoros de la Biblioteca Británica*, la **galería John Ritblat** realiza un recorrido a través de casi tres milenios por cada uno los continentes. Entre los documentos más importantes se encuentran la Carta Magna (1215); el *Codex Sinaiticus,* el primer texto completo del Nuevo Testamento, escrito en griego en el siglo IV; una Biblia de Gutenberg (1455), el primer libro de Occidente impreso con caracteres móviles; el Primer Folio de Shakespeare (1623); manuscritos de algunos de los mejores escritores británicos (como Lewis Carroll, Jane Austen, George Eliot y Thomas Hardy); incluso varios borradores de las primeras canciones de los Beatles (entre ellas, *I Want to Hold Your Hand* y *A Ticket to Ride).* Algunas de las grabaciones históricas de la biblioteca (entre las que se halla la primera de todas, efectuada por Thomas Edison en 1877) se pueden escuchar de 11.00 a 13.00 y de 14.00 a 16.00 todos los días. La muestra Turning the Pages (Pasando las páginas) permite hojear, a través de una pantalla de ordenador, muchos textos importantes, tales como el *Libro de horas Sforza,* el *Diamante Sutra* y un cuaderno de notas de Leonardo da Vinci.

La **exposición filatélica,** al lado de la galería John Ritblat, se basa en las colecciones iniciadas en 1891 con el legado de la colección Tapling. Ahora cuenta con unos 80.000 ejemplares que incluyen sellos de correos y fiscales, matasellos y sobres de "primer día" de casi todos los países y períodos.

El **taller de letras, sonidos e imágenes** documenta el desarrollo de la escritura y de la comunicación escrita, examinando cuidadosamente el trabajo de los primeros escribas, impresores y encuadernadores. La sección de sonido compara grabaciones en diferentes formatos, desde los cilindros de cera de principios del siglo XX hasta los modernos discos compactos. La **galería Pearson** da cobijo a exposiciones especiales de excepción, como las últimas, *Oscar Wilde: una vida en seis actos* y *Tesoros del Arca: 1.700 años de arte cristiano armenio.*

Visitas guiadas. Recorren durante una hora los espacios públicos de la biblioteca (5/3,50 £ adultos/jubilados y estudiantes); empiezan a las 15.00 los lunes, miércoles, viernes, y el sábado, además, a las 10.30. Las visitas guiadas que también incluyen las salas de lectura (6/4,50 £) salen a las 18.30 los jueves y a las 11.30 y 15.00 los domingos.

Estación de St Pancras

Junto con las Cámaras del Parlamento, la estación de St Pancras es la cumbre de la arquitectura historicista gótica victoriana. Tiene una espectacular estructura de hierro y cristal en la parte de atrás, obra del gran ingeniero Brunel, y un fantástico pináculo de George Gilbert Scott en el frente de la antigua residencia.

Se espera que en St Pancras termine el Eurostar a Europa continental en 2004.

CHARLOTTE HINDLE

Una estación frente a otra: St Pancras y King's Cross.

ISLINGTON Y STOKE NEWINGTON (planos 1 y 4)

Islington es una zona residencial del noreste de Londres donde apetece comer en uno de los restaurantes de Upper St, o visitar sus pubs, bares o clubes. A los amantes de las antigüedades les encantará pasearse por el mercado de Camden Passage (no confundir con el más conocido mercado de Camden en Camden Town) que se describe en el capítulo *Mercados de Londres*. También cuenta con un hermoso museo de arte moderno italiano.

Son muchas las referencias literarias en Islington: George Orwell vivía en el 27 de Canonbury Square cuando publicó *Rebelión en la granja* en 1945. El dramaturgo Joe Orton (1933-1967) habitó en el 25 de Noel Rd durante siete años, cuando su amante, Kenneth Halliwell, lo mató y a continuación se suicidó.

Stoke Newington da la impresión de ser un "pueblo de Londres con sabor internacional", lo que es bastante cierto. Los vecinos pueden ser desaliñados y bulliciosos, y Stoke Newington Church St está atestada de tiendas, pubs y restaurantes exóticos. Daniel Defoe escribió *Robinson Crusoe* y *Moll Flanders* mientras vivía en una casa del nº 95. Merece la pena visitar el cementerio de Abney Park, también llamado el "Highgate de los pobres".

Cementerio de Abney Park (plano 1)

El espeluznante Abney Park Cemetery *(☎ 7275 7557, Stoke Newington Church St N16; estación Stoke Newington/Bus 73, gratuito; abierto desde las 8.00 hasta el anochecer todos los días)*, que está cubierto de hierba, una vez fue lugar de enterramiento de inconformistas (protestantes opuestos a la Iglesia anglicana). Se construyó en 1840 y contiene, entre otras, la tumba del general William Booth, fundador del Ejército de Salvación.

Colección Estorick de arte moderno italiano (plano 4)

La Estorick Collection *(☎ 7704 9522, www.estorickcollection.com, 39a Canonbury Square N1, entrada por Canonbury Rd; ⊖ Highbury e Islington; adultos/precio reducido 3,50/2,50 £; abierto de 11.00 a 18.00 de miércoles a sábado; de 12.00 a 17.00 los domingos)*, situada en una bonita finca de estilo georgiano, se centra en el Futurismo, movimiento artístico de principios del siglo XX surgido en Italia como respuesta al rápido ritmo del desarrollo tecnológico. Se trata de la colección de pinturas, dibujos, aguafuertes y esculturas del escritor estadounidense y marchante Eric Estorick y su mujer Salome. Abarca obras de Giacomo Balla, Umberto Boccioni, Gino Severini y Ardengo Soffici. Es una bella exposición, aunque esto sea discutible para algunos.

CAMDEN Y KENTISH TOWN (plano 3)

Desde la estación de Euston, subiendo por Eversholt St se llega a Camden, un lugar muy turístico, sobre todo los fines de semana. Hace unas dos décadas, residía en Camden Town una gran comunidad irlandesa, pero ha habido una afluencia cada vez mayor de *yuppies,* que ocupan ahora los confines de Chalk Farm, mezclados con los tranquilos habitantes de clase media de Hampstead, al norte.

En Kentish Town, al norte de Camden, se instaló una enérgica clase trabajadora en la década de 1860, con la llegada del ferrocarril de las Midlands. Todavía hay vestigios de fama en esta zona, ya que Karl Marx, el artista Ford Madox Ford y el escritor George Orwell vivieron en Kentish Town en diferentes períodos.

Mercado de Camden

En algo más de 20 años, el mercado de Camden se ha convertido en la mayor atracción gratuita de la ciudad, con unos 10 millones de visitantes al año. Lo que empezó como un conjunto de llamativos puestos artesanales de Camden Lock, en el canal Grand Union, ahora ocupa la mayor parte del trayecto desde la estación de metro de Camden Town hasta la de Chalk Farm, al norte. Que guste más o menos depende de si se aguantan o no las multitudes y de cuánto interesen los tenderetes de baratijas, pero lo cierto es que la gente se amontona en los puestos de salchichas y

ELLIOT DANIEL

ELLIOT DANIEL

ELLIOT DANIEL

Camden Hight St es un batiburrillo de tiendas y comercios extravagantes.

patatas instalados sobre cajas de polietileno. Véase el capítulo *Mercados de Londres.*

Museo Judío

Esta rama del Museo Judío *(☎ 7284 1997, www.jewmusm.ort.org, Raymond Burton House, 129-31 Albert St NW1; ⊖ Camden Town; adultos/jubilados/estudiantes y menores de 13 años/familias 3,50/2,50/1,50/8 £; abierto de 10.00 a 16.00 de lunes a jueves, 10.00 a 17.00 domingos)* examina el judaísmo y las prácticas religiosas judaicas en la galería de Arte Ceremonial, así como la historia de la comunidad judía en Inglaterra desde el tiempo de los normandos hasta el presente, en la galería de Historia. También hay una tercera sección dedicada a exposiciones contemporáneas.

La rama **Finchley** del museo (plano 1) *(☎ 8349 1143, www.jewmusm.ort.org, Sternberg Centre, 80 East End Rd N3; ⊖ Finchley Central; adultos/jubilados, estudiantes y menores de 13 años 2/1/gratis £; abierto de 10.30 a 17.00 de lunes a jueves, 10.30 a 16.30 los domingos)* alberga las colecciones sociales e históricas, documentos sonoros y archivos fotográficos; también se realizan exposiciones temporales. La colección permanente incluye reconstrucciones de talleres de sastrería y ebanistería del East End, así como una exhibición del Holocausto centrada en la experiencia de un judío bretón que sobrevivió a Auschwitz.

HAMPSTEAD Y HIGHGATE (planos 3 y 12)

Hampstead, un barrio elitista al que sus habitantes denominan *village,* se halla encaramado en una colina de 6 km al norte de la City, en medio de un enorme e irregular brezal. Aquí es posible perderse y olvidar que se está en una de las ciudades más grandes y ruidosas del mundo.

Desde el siglo XVII muchos famosos han vivido en Hampstead, entre ellos los poetas Coleridge, Keats y Pope; la amante de Carlos II, Nell Gwyn; el general Charles de Gaulle, que durante la Segunda Guerra Mundial permaneció en un convento en el 99 de Frognal; Sigmund Freud; y además los pintores John Constable y William Hogarth.

Hampstead Heath (plano 12)

El agreste parque de brezo de Hampstead Heath *(☎ 7485 4491; ⊖ Gospel Oak o Hampstead/Estación de Hampstead Heath)* ocupa una superficie de 320 hectáreas, en gran parte cubiertas de bosque, colinas y dunas donde habitan centenares de especies de aves. Algunas zonas se utilizan para la práctica de deportes como el fútbol y el críquet. Hay varias lagunas, pero sólo recomendadas para nadadores fuertes y diestros (véase "Natación" en "Actividades" de este capítulo). Al caminar por Parliament Hill o por la colina de North Wood, en los días despejados se pueden ver Canary Wharf y los Docklands.

Hay dos lugares en los que beber algo después de pasear por la zona: el Spaniard's Inn y el Jack Straw's Castle (véase "Pubs y bares" en el capítulo *Ocio)*, que jugaron un papel relevante en sublevaciones famosas. El nombre de Jack Straw's Castle viene de los compañeros de armas de Wat Tyler en la revuelta campesina (aunque los edificios son de la década de 1970), mientras que algunos de los amotinados de Gordon en 1780 pasaron por la Spaniard's Inn a tomar un trago antes de continuar el ataque a la casa Kenwood.

Por la noche, Hampstead Heath es una zona de encuentro gay y las autoridades pasan por alto las actividades que allí se llevan a cabo. En 1999 el consejo local aprobó un plan de reforma de unos baños públicos victorianos construidos en 1897 en South End Green, frente a la estación de Hampstead Heath. Estos baños fueron el lugar que el dramaturgo homosexual Joe Orton eligió para sus relaciones ocasionales con otros gays. George Orwell, que trabajó en una librería situada enfrente, sin duda los usó una o dos veces para la función que originalmente se concibió para ellos.

Residencia Kenwood (plano 12)

En la parte norte del brezal se yergue esta fastuosa mansión neoclásica (*☎ 8348 1286, www.english-heritage.org.uk, Hampstead Lane NW3; ⊖Archway/Golders Green, después autobús 210; gratuita; abierta todos los días de 10.00 a 18.00 entre abril y septiembre, de 10.00 a 17.00 en octubre, de 10.00 a 16.00 entre noviembre y marzo; jardines abiertos todos los días de 8.00 a 20.30 entre abril y septiembre y de 8.00 a 16.35 entre octubre y marzo)*. Fue remodelada por Robert Adam entre 1764 y 1779 y está repleta de pinturas de Gainsborough, Reynolds, Turner, Lely, Hals, Vermeer y Van Dyck; en el exterior hay esculturas de Henry Moore (como *Dos figuras reclinadas*, 1964) y Barbara Hepworh. Ésta es, posiblemente, la mejor colección de arte europeo de Londres. La gran escalinata y la biblioteca de Adams (una de las 14 habitaciones abiertas al público) son especialmente bellas. Alquilar una audioguía cuesta 3,50/1,75 £ adultos/precio reducido. Hay también un restaurante-pub llamado ***Brew House and Garden Café*** que abre todos los días, donde se puede picar algo o tomar una taza de té.

Casa de Keats (plano 12)

A corta distancia del tramo inferior del parque se ubica esta elegante casa estilo Regencia (*☎ 7435 2062, www.keatshouse.org.uk, Wentworth Place, Keats Grove NW3; ⊖ Hampstead/Estación de Hampstead Heath; adultos/precio reducido/menores de 16 años 3/1,50 £/gratuita; abierta de 10.00 a 12.00 (sólo visitas guiadas con cita previa) y de 12.00 a 17.00 martes, jueves y sábados, de 12.00 a 20.00 los miércoles y de 12.00 a 17.00 los domingos entre mayo y octubre)*. Fue el hogar del maestro de los poetas románticos desde 1818 hasta 1820. Siempre rodeado de amigos generosos, Charles Armitage Brown convenció a Keats para que se refugiara en este lugar y aquí conoció a su prometida, Fanny Brawne. Sentado bajo un ciruelo del jardín, Keats escribió en 1819 su poema más célebre: *Oda a un ruiseñor*. Además de muchos recuerdos, que incluyen manuscritos originales y su colección de obras de Shakespeare y Chaucer, también se puede leer alguna de sus cartas de amor.

Número 2 de Willow Rd (plano 12)

Esta propiedad del National Trust puede resultar interesante para los aficionados a la arquitectura moderna (*☎ 7435 6166, www.nationaltrust.org.uk, 2 Willow Rd; ⊖ Hampstead Heath; adultos/niños 4,30/2,15 £; abierta de 12.15 a 16.00 de jueves a sábados entre abril y octubre, de 12.00 a 17.00 los sábados en marzo y entre noviembre y mediados de diciembre)*. Es la casa central de un bloque de tres que diseñara el racionalista estructuralista Erno Goldfinger en 1939 y que convirtió en su residencia familiar. Aunque para diseñarla se inspiró en principios georgianos, muchos la consideran muy similar al tipo de arquitectura mundana de la década de 1950 que se ve por doquier. Aunque así sea, el nº 2 de Willow Rd fue, de hecho, la precursora, mientras que las otras son sólo imitaciones y, por cierto, bastante malas. El interior, con un espacio ingeniosamente concebido que alberga obras de arte de Henry Moore, Max Ernst y Bridget Riley, resulta sumamente interesante y accesible.

Todas las visitas son guiadas, de una hora de duración.

Residencia Burgh (plano12)

En esta mansión de estilo Reina Ana de finales del XVII, se halla el **Museo Hampstead** de historia local *(☎ 7431 0144, New End Square NW3; ⊖ Hampstead; gratuito; abierto de 12.00 a 17.00 de miércoles a domingo)* y una pequeña galería de arte.

En el sótano se encuentra el ***Buttery***, un salón de té que sirve comidas bastante aceptables por 5 libras, de 11.00 a 17.30, de miércoles a sábado.

Residencia Fenton (plano 12)

Una de las casas más antiguas de Londres, Fenton House *(☎ 7435 3471, www.nationaltrust.org.uk, Windmill Hill, Hampstead Grove NW3; ⊖ Hampstead; adultos/niños/familias 4,30/2,15/10,50 £; abierta en marzo de 14.00 a 17.00 sábados y domingos, desde abril hasta principios de noviembre de 14.00 a 17.00 de miércoles a viernes y de 11.00 a 17.00 sábados y domingos)* data de finales del siglo XVII y es la vivienda de un comerciante. Posee un gran jardín tapiado y una estupenda colección de instrumentos de teclado, entre los que se encuentra un clavicordio de 1612 que utilizó Haendel.

Museo Freud (plano 3)

Sigmund Freud habitó en este edificio los últimos dieciocho meses de su vida, tras darse cuenta de que corría peligro si permanecía en Viena, ocupada por los nazis en 1938. La casa *(☎ 7435 2002, www.freud.org.uk, 20 Maresfield Gardens NW3; ⊖ Finchley Road; adultos/precio reducido/menores de 12 años 4/2/gratis £; abierta de 12.00 a 17.00 de miércoles a domingo)* se halla en una tranquila calle residencial bordeada de árboles. Puede verse el diván original del psiquiatra, sus objetos griegos y asiáticos, y sus libros. Una foto muestra cómo trató de reproducir cuidadosamente su casa vienesa en los alrededores de Londres, para él desconocidos. Más tarde vivió también su hija Anna, una destacada psicóloga infantil.

Una pequeña **tienda** vende todo tipo de historias, biografías y libros relacionados con la psique.

Cementerio de Highgate (plano 12)

El famoso camposanto de Highgate *(☎ 8340 1834, Swain's Lane N6, ⊖ Highgate; sector este adultos/niños entre 8 y 16 años 2/1 £, abierto de 10.00 a 17.00 de lunes a viernes y de 11.00 a 17.00 sábados y domingos entre abril y octubre; de 10.00 a 16.00 de lunes a viernes y de 11.00 a 16.00 sábados y domingos entre noviembre y marzo)* ocupa 20 hectáreas salvajes de sepulturas victorianas profusamente recargadas y sombrías tumbas familiares, dispuestas en forma circular, que imitan los antiguos enterramientos egipcios; todo flanqueado por cipreses. En este lugar descansa Karl Marx, la novelista Mary Anne Evans (que escribía bajo el seudónimo de George Eliot), el científico Michael Faraday, el filósofo Herbert Spencer y muchos otros seres anónimos.

El cementerio se divide en dos partes. La única manera de visitar la tremendamente evocadora sección oeste consiste en participar de los paseos que se realizan a las 12.00, 14.00 y 16.00 de lunes a viernes y de 11.00 a 16.00 los fines de semana entre abril y octubre. De noviembre a marzo, sólo los fines de semana de 11.00 a 15.00. Los recorridos cuestan 3/1 £ adultos/niños, 1 £ extra si se lleva cámara.

MUSWELL HILL (plano 1)

En una zona montañosa del norte se encuentra el acomodado barrio de Muswell Hill. Tardó mucho en construirse, desde 1897 al estallido de la Primera Guerra Mundial. El resultado es esta hilera de casas de ladrillo con estucos ornamentales que poseen un estilo arquitectónico uniforme (en este caso eduardiano), desconocido en otras partes de Londres. En la década de 1980, el Great Northern Railway (ferrocarril del norte) se extendía desde Highway hasta el recientemente inaugurado Alexandra Palace.

Parque Alexandra y Alexandra Palace

El parque Alexandra *(estación Alexandra Palace)*, cuyo nombre alude a la consorte de Eduardo VII antes de que fuese rey, se extiende sobre 88 hectáreas de lo que un día fue la explotación maderera de Tottenham. Ahora está ocupado por jardines públicos, una zona protegida, una reserva de ciervos y varias instalaciones deportivas, como un lago para lanchas, un campo de minigolf y una pista de patinaje. Sin embargo, la atracción principal del parque reside en la zona noroeste.

Construido en 1873 como respuesta del norte de Londres al Cristal Palace, el Alexandra Palace *(☎ 8365 2121, www.alexandrapalace.com, Alexandra Palace Way N22; estación Alexandra Palace)* tuvo la aciaga suerte de incendiarse tan sólo dieciséis días después de haber abierto sus puertas. Alentados por las cifras de asistencia, los inversores decidieron reconstruirlo y abrirlo de nuevo dos años después. Aunque cuenta con un teatro, una sala de lectura, una biblioteca y un gran vestíbulo con uno de los órganos más grandes del mundo, no llega a estar a la altura del Cristal. Albergó a los prisioneros de guerra alemanes durante la Primera Guerra Mundial y aquí tuvo lugar, en 1936, la primera retransmisión televisada del mundo, un espectáculo de variedades llamado *Here's Looking at You.* El palacio volvió a arder en 1980 y fue reconstruido por tercera vez e inaugurado en 1988. Actualmente Ally Pally (como se lo conoce cariñosamente) es un gran centro multiusos de conferencias y exposiciones, con numerosas instalaciones, como una pista cubierta de patinaje sobre hielo, el panorámico ***Phoenix Bar & Beer Garden*** y atracciones durante el verano y los días festivos.

NEASDEN (plano 1)

En el increíble emplazamiento de Neasden, un barrio que se extiende por el noroeste de Londres, la comunidad hindú de Gran Bretaña ha construido el primer *mandir* o templo tradicional. Constituye una vista realmente sorprendente, con sus torres y pináculos de azúcar cristalizado.

Shri Swaminarayan Mandir

El templo hindú Shri Swaminarayan Mandir *(☎ 8965 2651, 105-19 Brentfield Rd NW10; ⊖ Neasden/Stonebridge Park; gratuito; abierto todos los días de 9.00 a 18.00)* se construyó con 5.000 toneladas de piedra caliza y mármol italiano que, trasladadas en barco hasta la India, se tallaron al estilo tradicional y volvieron a embarcarse rumbo a Inglaterra para ser colocadas. Aunque algunas tallas en los pilares resultan poco refinadas, la *mandapa* (cúpula) es una obra maestra, tan finamente labrada que, más que mármol, parece encaje. Se tardó tres años en terminar y costó alrededor de 7,5 millones de libras. Gran parte del trabajo fue realizado por voluntarios. Abrió sus puertas en el año 1995.

Las mejores horas para visitarlo son de 9.00 a 12.00 y de 16.00 a 18.00, momentos en los que se puede asistir al *murtis,* representaciones de dioses y santos. Deben dejarse los zapatos en una rejilla cercana a la puerta y las mujeres que lleven minifalda tendrán que cubrirse con una sábana.

WALTHAMSTOW (plano 1)

En el noreste de Londres, Walthamstow era sólo un pueblo de las afueras cuando el diseñador William Morris nació en Forest Road, en 1834. Ahora en este lugar hay un cuartel de bomberos.

Galería William Morris

La galería de arte que lleva el nombre de William Morris *(☎ 8527 3782, Lloyd Park, Forest Rd E17; ⊖ Walthamstow Central; gratuita; abierta de 10.00 a 13.00 y de 14.00 a 17.00 de martes a sábado y el primer domingo de cada mes)* está ubicada en una preciosa casa georgiana donde vivió la familia del artista desde 1848 a 1856. Las habitaciones de la planta baja describen la vida de Morris y sus relaciones de trabajo con otros prerrafaelistas como Burne-Jones. Las paredes están cubiertas de espléndidos empapelados; también hay cretonas y muebles diseñados por Morris, así como azulejos y vidrieras, obra de sus amigos. La sala de la planta superior acoge una estupenda selección de pinturas de dicho movimiento artístico.

Para llegar, hay que avanzar unos 15 minutos en dirección norte, a lo largo de Hoe St, y después torcer a la izquierda, hacia el oeste, en Forest Rd. La galería está situada justo al otro lado de la calle.

Este de Londres

Los límites orientales de la capital británica vienen dados por el East End –el Londres de las viejas películas de Hollywood y las pantomimas de Navidad– y la desordenada urbanización de los Docklands, donde conviven lo viejo y decadente junto a las más revolucionarias innovaciones.

EAST END (planos 2, 4 y 9)

Puede que los distritos de Shoreditch, Hoxton, Spitalfields y Whitechapel se encuentren a un paso de la City, pero existe un abismo extraordinario entre sus estilos y formas de vida. Tradicionalmente el East End era el Londres de la clase obrera, una zona que fue desarrollándose con la llegada de varias oleadas de inmigrantes, quienes generaron una curiosa mezcla de culturas y tendencias: irlandeses, calvinistas franceses, bengalíes y judíos, cuya influencia aún persiste en cierta medida. Tras haber sufrido un período de decadencia y abandono a principios de la década de 1980, está comenzando a emerger poco a poco, especialmente en Spitalfields, donde

Rima *cockney* y realeza

Algunos visitantes llegan a Londres esperando encontrar a sus habitantes hablando en *cockney*. Tradicionalmente los *cockneys* eran personas que habían nacido bajo el repique de las *bow bells*, las campanas de la iglesia de St Mary-le-Bow. Cuando aún vivía poca gente en la City, la mayoría de los *cockneys* eran del East End.

El término *cockney* suele referirse a aquellos que hablan lo que también se conoce como "inglés del estuario" (en el cual la "t" y la "h" no se pronuncian). De hecho, la verdadera jerga *cockney* utiliza el llamado *rhyming slang* (argot basado en rimas), que pudo haberse desarrollado entre los vendedores ambulantes como un código secreto para despistar a la policía. En este código se sustituyen nombres comunes y verbos por frases rimadas. De esta forma, una frase como *"going up the apples and pears"*, significa *"going up the stairs"*; *"the trouble and the strife"* quiere decir *"wife"*; o *"Would you Adam and Eve it?"*, en realidad *"would you believe it?"* Con el tiempo, la segunda palabra dejó de pronunciarse y así la rima desapareció. Poca gente utiliza ya el *cockney* puro. Es más frecuente encontrarlo en frases sueltas como *"use your loaf"* (usa la cabeza, con "rebanada de pan", *loaf of bread*, en lugar de "cabeza", *head*), *"ooh, me plates of meat* (mis pobres pies, con "platos de carne" en lugar de "pies", *feet*) o *"e's me best china"* (es mi mejor amigo, con "plato de loza", *china plate*, por "amigo", *mate*).

Los monarcas *cockney* son los reyes y reinas Pearly que representaban a los vendedores ambulantes en sus roces con la ley: en el siglo XIX, un barrendero huérfano, Henry Croft, que soñaba con crear un ejército de caridad que recolectase dinero para los pobres, se cosió botones nacarados en la ropa para llamar la atención. Los reyes y reinas del gremio quedaron muy impresionados y pronto se adornaron del mismo modo para ir a recaudar fondos. Resulta inolvidable el Pearly Harvest Festival Service, que se celebra a principios de octubre, en el que un centenar de reyes y reinas Pearly celebran su ceremonia en la iglesia de St-Martin-in-the-Fields. Cada traje está confeccionado con unos 30.000 botones, bordados en forma de soles, lunas y símbolos celestes. El más elaborado se compone de 90.000 piezas.

ASA ANDERSSON

EAST END

Este paseo abarca las calles Spitalfields y Whitechapel, en el este de Londres. Desde la estación de Liverpool se puede ver el **Broadgate Centre (1).** Cruzando Bishopsgate, hacia el norte se llega a Spital Square, que en un principio fue un hospital medieval. A la derecha se encuentra Folgate St, una calle llena de casas georgianas donde los protestantes hugonotes se asentaron a finales del siglo XVII, trayendo sus técnicas y artesanos, como las tejedoras de seda. Nombres de calles como Fleur-de-Lis y Nantes Passage recuerdan su presencia.

distancia: alrededor de 2,4 km

salida: Liverpool St
⊖ Liverpool Street

final: Whitechapel Rd
⊖ Whitechapel

En el nº 18 de Folgate St se encuentra la casa de **Dennis Severs (2)** *(☎ 7247 4013, www.denisseverhouse.co.uk)*, cuyo nombre proviene del excéntrico estadounidense que le devolvió su esplendor del siglo XVIII. Abre para visitas de 14.00 a 17.00 el primer sábado de cada mes (7 £) y de 12.00 a 14.00 el primer lunes (5 £); no es necesario reservar. Cada lunes por la tarde se realiza la visita llamada *Silent Night* (10 £) a la luz de las velas. Es recomendable hacer reserva.

A la derecha (sur) a lo largo de Commercial St se puede ver el **mercado de Spitalfields (3)** parte del cual ha sido arrebatado de las manos de los que lo reorganizaron. Los domingos se celebra uno de los más interesantes (véase *Mercados de Londres).*

En Commercial St, prácticamente enfrente, se levanta la **iglesia de Cristo (Christ Church), Spitalfields (4)** *(☎ 7247 7202; gratuita; abierta de 12.30 a 14.30 de lunes a viernes, de 12.30 a 16.30 los domingos).* Espléndida estructura del Barroco inglés diseñada por Nicholas Hawksmoor para los tejedores hugonotes; se terminó en 1729. Aunque los trabajos de reconstrucción están llegando a su fin, programa breves horas de apertura.

Bajando por Fournier St, a la izquierda (norte) de la iglesia se pueden admirar las bellas y restauradas casas georgianas con sus contraventanas de madera. La mayoría se construyeron entre 1718 y 1728 para los comerciantes ricos y sólo podían ocuparlas los sederos y sus familias.

En Brick Lane, al final de Fournier St, se encuentra uno de los edificios más interesantes de Spitalfields, la **Nueva Iglesia Francesa (New French Church) (5)**, construida en 1743 por los hugonotes. En 1899 se convirtió en la Gran Sinagoga de los judíos de Rusia y Europa Central. En 1975 cambió de nuevo de fe y pasó a ser la Gran Mezquita bengalí.

A la izquierda (norte) de Brick Lane hay una calle de pequeñas casas de comida india y curry, entre tiendas en las que se pueden comprar telas brillantes, además de todos los ingredientes para preparar el propio curry y otras delicias del islam. En 1550 esto era tan sólo una carretera que llevaba a los ladrillares, pero en el siglo XVIII se pavimentó y se construyeron casas y cortijos que habitaron los tejedores de Spitalfields. En aquellos tiempos, también los bengalíes se ganaban la vida vendiendo ropa, y por eso los nombres de las calles aparecen además en bengalí, incluso Bacon St, seguramente dedicada al ensayista Francis.

Cruzando Hanbury, a mano izquierda se llega a la **Antigua fábrica de cervezas Truman (Old Truman's Brewery) (6)**, la más grande de Londres a mediados del siglo XVIII. La casa del director, a la izquierda, es de 1740.

La cervecería cerró en 1989 y ahora es un moderno café-bar y centro artístico. La vieja **Casa del Tanque (7),** del siglo XIV, con un campanario hexagonal, está al otro lado de la calle. A su lado se encuentran la casa del ingeniero, de 1830, y los antiguos establos.

Volviendo por Brick Lane hacia el sur se llega a Whitechapel High St. A la derecha, nº 80 a 82, está la **Galería de Arte Whitechapel (8)** *(☎ 7522 7888 o 7572 7878, www.whitechapel.org; gratuita; abierta de 11.00 a 17.00 los martes y de jueves a domingo, de 11.00 a 20.00 los miércoles).* Tiene exposiciones temporales y un agradable ***café*** en el que se sirven platos vegetarianos (véase *Dónde comer).*

En dirección este por Whitechapel High St se llega a Whitechapel Rd. En los nº 32, 33 y 34 se encuentra la **fundición de campanas de Whitechapel (9)** *(☎ 7247 2599, www.whitechapelbellfoundry.co.uk),* presente en este lugar desde 1738, aunque cerca hay otra que ya funcionaba en 1570. La campanas de la catedral de St Paul, el Big Ben y la Liberty de Filadelfia salieron de aquí. Se hacen visitas guiadas de 1 1/2 horas los sábados a las 10.00 (8 £, sólo mayores de 14 años). Hay que reservar con antelación. La tienda abre de 9.30 a 17.00 los fines de semana.

Es el momento de entrar en el **territorio de Jack el Destripador.** La identidad de este asesino en serie del siglo XIX sigue siendo un misterio, lo que otorga aún más interés al personaje. Está claro que en 1888 mató a cinco prostitutas en las horribles callejas traseras del victoriano East End; Mary Anne Nichols murió en Bucks Row (ahora Durward St) al norte de Whitechapel; Annie Chapman en Hanbury St cerca del pub Ten Bells, frente a la iglesia de Cristo, Spitalfields; Elizabeth Stride en Berner St (ahora Henriques St) al sur de Commercial Rd; Catherine Eddowes en Mitre Square, cerca de Aldgate; y Mary Kelly en Miller's Court.

Desde aquí, caminando a lo largo de Fieldgate St se encuentran buenos ***restaurantes paquistaníes*** y la **Gran Sinagoga de Fieldgate (10)**, ahora parte del la mezquita de Whitechapel. También se puede seguir en dirección este por Whitechapel Rd hasta el cruce con Cambridge Heath Rd, donde se puede ver el **pub Blind Beggar (11)** *(☎ 7247 6195)* en el nº 337, conocido como el lugar en el que Ronnie Kray disparó a George Cornell en 1966, en una pelea entre bandas del East End. La estación de metro de Whitechapel está a corta distancia, al oeste.

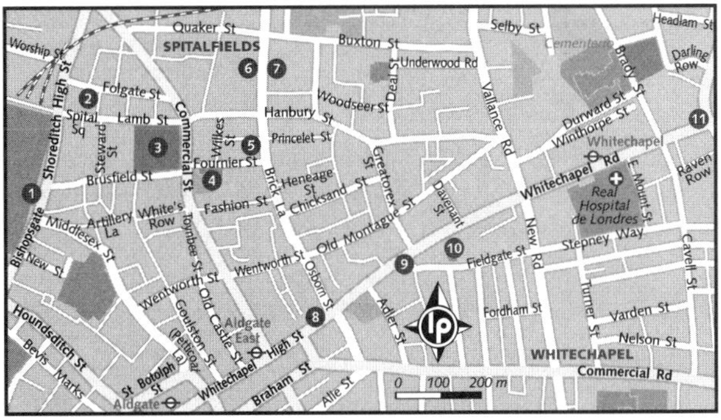

limita con la City y la estación de Liverpool Street, en el nuevo distrito de moda, Hoxton, y en los aledaños de Old Street.

Todos aquellos que estén interesados en la ciudad moderna y multicultural no deben dejar de pasarse por el East End. Además de un par de museos interesantes se puede encontrar la mejor cocina asiática en Whitechapel y, en menor grado, en Brick Lane (véase *Dónde comer)*, así como algunos de los más coloridos mercados (véase *Mercados de Londres)*. También se puede visitar la Galería de Arte Whitechapel o comer en su excelente cafetería. Para más detalles, véase el paseo por East End.

El centro de información de Tower Hamlets (véase "Oficinas de turismo locales" en *Datos prácticos)* ofrece visitas guiadas por Spitalfields a las 14.30 los domingos.

Museo Geffrye (plano 4)

Los 14 hospicios que forman el Museo Geffrye *(☎ 7739 9893, www.geffryemuseum.org.uk, 136 Kingsland Rd E2; ⊖ Old Street, después autobús 243, o estación de Dalston Kingsland; gratuito; abierto de 10.00 a 17.00 de jueves a sábado, 12.00 a 17.00 domingos)*, en un principio fueron construidos por la compañía Ironmongers para alojar a ancianos pobres, con el dinero legado por Robert Geffrye, un alcalde de Londres de finales del siglo XVI que se hizo rico con la venta de esclavos. En la actualidad se dedica al interiorismo; cada sala está amueblada para mostrar cómo vivían las familias de la relativa clase media, desde los tiempos isabelinos hasta finales del siglo XIX. Tiene un anejo posmodernista (1998), de Nigel Coates, compuesto de varias habitaciones del siglo XX (un piso de los años treinta, una habitación de estilo contemporáneo de los años cincuenta y un almacén reformado de los noventa), así como una galería para exposiciones contemporáneas, un centro de diseño con trabajos de la comunidad local, tienda y restaurante. En el museo hay además un bonito jardín de hierbas y también sobrevive la capilla original.

SIMON BRACKEN

La Whitechapel Art Gallery ofrece una gran variedad de exposiciones.

Museo de la Infancia Bethnal Green (plano 2)

El Bethnal Green Museum of Childhood *(☎ 8980 2415, www.museumofchildhood.org.uk, Cambridge Heath y Old Ford Rds E2; ⊖ Bethnal Green; gratuito; abierto de 10.00 a 17.50 de lunes a jueves, sábados y domingos)* permite a los visitantes recordar su niñez. Se encuentra en un edificio algo destartalado del siglo XIX y está lleno de muñecas, casitas, trenes, coches, ropa de niños, juegos de mesa, libros, teatrillos y marionetas desde el siglo XVII hasta la actualidad. La planta de arriba se propone ofrecer el contexto de los juguetes a través de las diferentes etapas de la infancia, desde que el niño es un bebé hasta que se va de casa.

LOS DOCKLANDS (planos 9 y 13)

El puerto de Londres llegó a ser el mayor del mundo, eje del Imperio Británico y de su enorme expansión comercial por todo el orbe. Aunque en el siglo XVI existían ya 20 muelles de carga al este de la ciudad, el movimiento carguero aumentó tanto durante los siglos XVIII y XIX, que la incapacidad de aquéllos para absorber tan intensa actividad obligó a la apertura de las nuevas dársenas *(docks)*: la de las Antillas en 1802, la de Londres en 1805, la de las Indias Orientales en 1806 y la de Victoria en 1855.

Pero éstas no fueron suficientes y se construyeron otras más: Millwall en Isle of Dogs en 1868, Royal Albert en 1880 y Tilbury en 1886. Cada una estaba dedicada a un tipo de mercancía –desde ron y caucho hasta lana y marfil. Más tarde, en 1921, se abrió la última dársena: King George V.

Después del bombardeo aéreo de la Segunda Guerra Mundial, los muelles no se encontraban en condiciones de hacer frente a los cambios tecnológicos y políticos de la posguerra, mientras el imperio se desvanecía. Al mismo tiempo, nuevos y enormes cargueros y barcos portacontenedores pedían puertos más profundos y nuevas técnicas de carga y descarga. Desde mediados de la década de 1960 se produjo el cierre de las dársenas con la misma rapidez con la que se habían habilitado, y el número de trabajadores del sector descendió de unos 50.000 en 1960 a 3.000 en 1980. En aquella época, casi un 12% del área total de Londres permanecía abandonada.

En 1981 se estableció la London Docklands Development Corporation (LDDC) para remozar la zona y alentó la edificación de viviendas y oficinas. Los constructores se trasladaron hasta allí y se creó la Docklands Light Railway (DLR) con el propósito de favorecer las comunicaciones con el resto de la ciudad. Se construyeron nuevas sedes y casas al lado de los modernos puertos deportivos. Los lugares como **Tobacco Dock (plano 9)** en Wapping fueron transformados en centros comerciales. Pero la falta de criterio estético y el no haber previsto espacios verdes y públicos dejó a la comunidad local pobremente abastecida.

Con la recesión económica de principios de los noventa, se vino abajo el sueño de los Docklands. Las oficinas quedaron vacías, la gente perdió sus empleos, no había quien comprase los pisos y las galerías comerciales decayeron cuando las tiendas de moda se pusieron en venta. A todo esto hay que añadir el ambicioso proyecto de Canary Wharf en **Isle of Dogs (plano 13)**, que acabó fracasando debido a la recesión y a la caída de los precios de los inmuebles, sobre todo después del atentado del IRA de 1996, que devastó la zona circundante.

Las cosas han cambiado desde entonces y el nº 1 de Canada Square –nombre oficial de **Canary Wharf Tower**– se encuentra repleto de periodistas. Al ser la sede del *Daily Telegraph* y el *Independent,* se lo ha definido como una "Fleet St vertical", un llamativo punto focal visible en cualquier dirección. Los edificios próximos (véase la visita guiada por Wapping e Isle of Dogs para más detalles) han ayudado a crear un activo centro financiero en Isle of Dogs. Lamentablemente, Tobacco Dock sigue siendo una estructura hueca en espera de reencarnación.

El talón de Aquiles de los Docklands siempre fue el transporte, pero la DLR ha superado sus problemas y, en los últimos años, se ha extendido incluso por debajo del Támesis hacía Greenwich y el sur (véase "DLR y tren" en *Como desplazarse).* Aún más, la ampliación de la línea Jubilee significa que, por primera vez, se puede llegar a Isle of Dogs en metro. La estación de Heron se encontraba hasta hace poco cerrada por reformas, pero estaba previsto que volviera a abrir mientras se realizaba esta guía. Para más información, conviene llamar a Docklands Travel Hotline (☎ 7918 4000).

Docklands es hoy un mundo de contrastes, con sus llamativos puentes a través de las dársenas y los edificios futuristas que dominan la línea del horizonte; ésta es la visión del futuro de la capital británica. Tampoco puede olvidarse que es una zona histórica; para comprobarlo, basta con hacer la visita guiada por Wapping e Isle of Dogs (véase el apartado correspondiente).

Museo en Docklands

Este Museum in Docklands, tan esperado, aunque de nombre algo extraño *(☎ 7515 11 62, www.museumindocklands.org.uk, Warehouse nº1, West India Quay E14; DLR: West India Quay o ⊖ Canary Wharf; adultos/menores de 16 años 5 £/gratuito; abierto de 10.00 a 18.00 diariamente)*, se centra en la historia del Támesis, su puerto y su industria. Con sus cinco plantas de galerías multimedia se puede vivir desde el comercio en la época romana, el éxito de la Compañía de las Indias Orientales, el declive de los muelles en el siglo XX y el renacimiento de los Docklands en las últimas dos décadas. Una de las atracciones más interesantes es el *Rhinebeck Panorama* (1810), un enorme mural de la parte superior de Pool of London, que se exhibe como una pintura y como una imagen interactiva digitalizada.

WAPPING E ISLE OF DOGS

distancia: alrededor de 6,4 km

salida: Tower Hill
⊖ Tower Hill

final: Island Gardens
DLR: Island Gardens

El punto de partida de este recorrido por los Docklands es Tower Hill. Pasando bajo el puente de la Torre, según se viene de la Torre de Londres, se llega a la **dársena de St Katharine (1)**, creada en 1828 y abandonada cuando ya contaba con 1.000 casas y una iglesia del siglo XII. Fue el primero de los muelles que se reformó tras su cierre en 1968. Es un lugar agradable, apartado del ajetreo de la Torre, con un puerto deportivo y el ***Dickens Inn*** (véase "Pubs y bares" en *Ocio).*

En dirección este a lo largo del río, desde St Katharine, se llega a Wapping y **Wapping High St.** John Stow, en su obra del siglo XVI *A survey of London,* describió esta apacible calle empedrada llena de almacenes rehabilitados como "un pasadizo sucio y estrecho, con callejones llenos de pequeños patios de vecindad". Mientras se avanza por la calle, si se mira a la izquierda por Scandrett St, se descubren los vestigios de lo que fue una pequeña comunidad, con una iglesia, un colegio y un pub.

El primer puerto de escala real es **Execution (2)**, cerca del viejo puesto policial ribereño en Wapping New Stairs. Aquí ahorcaban a los piratas convictos, cuyos cuerpos se encadenaban a un poste en bajamar y se dejaban hasta que tres mareas hubiesen pasado sobre ellos. Un **pub** cercano (véase "Pubs y bares" en *Ocio)* recuerda a uno de los ejecutados más famosos, el capitán William Kidd en 1701.

Desde Wapping High St, en dirección norte por Wapping Lane, cruzando The Highway, se llega a **St George-in-the-East (3).** Sufrió graves daños durante los bombardeos y actualmente un templo moderno más pequeño sustituye a la estructura original de la iglesia, diseñada por Nicholas Hawksmoor en 1726.

Por Cannon St Rd hacia el norte se llega a Cable St, donde se fabricaban sogas a finales del siglo XVIII. En una ocasión se hizo una tan larga como la medida estándar inglesa del cable (180 m). Hacia el este está el **edificio Town Hall (4)** (ahora, una biblioteca). En la pared exterior hay un mural que conmemora la batalla que tuvo lugar en octubre de 1936, cuando el fascista británico Oswald Mosley con un grupo de "camisas negras" trató de intimidar a la población judía.

Desde aquí se puede acceder al distrito de **Limehouse** siguiendo Commercial Rd en dirección este o tomando el DLR (dos paradas) hasta Westferry. Limehouse se convirtió en el centro de la comunidad china –su primer Chinatown– tras asentarse aquí 300 marineros en 1890. El protagonista de *El retrato de Dorian Gray* (1891), de Oscar Wilde, pasaba por este lugar en busca de opio. Las únicas huellas que quedan son calles con nombres como Ming y Mandarin y un par de restaurantes de estilo chino antiguo en Commercial Rd. En la esquina de Commercial Rd y Three Colt St está **St Anne's, Limehouse (5)**, la primera iglesia de Hawksmoor (1724), que posee el reloj más alto de la ciudad.

Dos paradas después de Westferry en el DLR se llega a Canary Wharf en Isle of Dogs. Los etimologistas están buscando el origen de su nombre. Parece ser una corrupción de la palabra flamenca *dijk* (dique), refiriéndose a los bajos fangosos de la isla.

Canary Wharf está dominada por la **torre (6)** de 244 m de Cesar Pelli (1991), descrita como "un prisma cuadrado con vértice piramidal". Se encuentra rodeada por dos nuevos vecinos: las torres gemelas de **HSBC Holdings (7)** y los **Citigroup Headquarters (8)**. En el centro del complejo, en la planta baja, se halla **Cabot Square**, un centro comercial con eventos culturales y artísticos. La estación de metro de la línea Jubilee diseñada por Norman Foster es muy impactante (véase *Arquitectura contemporánea de Londres)*. El nuevo **Museo en Docklands (9)** (véase el apartado correspondiente) está situado al norte, en uno de los almacenes al lado de la estación del DLR del muelle de las Antillas.

Al suroeste de Canary Wharf, en el centro de una glorieta, hay una escultura moderna de Pierre Vivant, ***Traffic Light Tree* (10),** compuesta de 75 semáforos con luces rojas, verdes y ámbar que semejan un desaforado árbol de Navidad fuera de sí. Al sur, un **puente peatonal (11)**, sinuoso y futurista, cuyos mástiles y cables evocan un barco en el mar, une los muelles Heron y Sur.

Un poco más al sur está **London Arena (12)**, una enorme sala para ferias, exposiciones y conferencias al lado de la estación Crossharbour & London Arena del DLR. Muy cerca, en dirección sureste, el **parque y la granja de Mudchute (13)** permite conocer cómo fue antaño Isle of Dogs.

Desde la estación del DLR de Isle of Dogs, llamada **Island Gardens,** se pueden apreciar unas preciosas vistas de la herencia arquitectónica de Greenwich. Si se desea llegar allí (al sur), se puede tomar el tren en la estación de Cutty Sark o bien cruzar el **túnel peatonal (14)** de 390 metros que pasa bajo el Támesis. Las escaleras de acceso al túnel abren de 7.00 a 19.00 de lunes a sábado y de 10.00 a 17.30 los domingos; tiene entre 88 y 100 escalones que habrá que bajar y luego volver a subir.

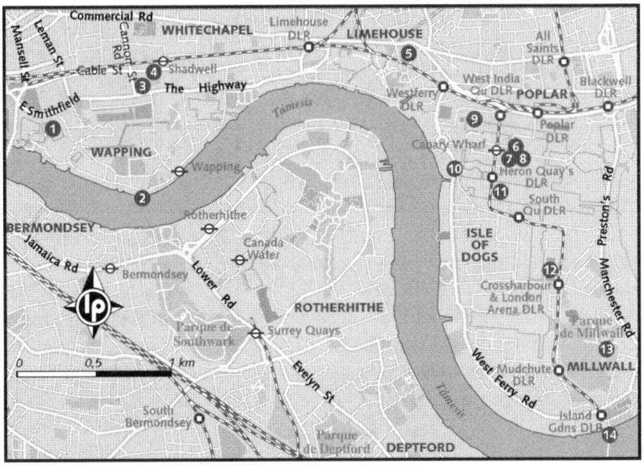

Sur de Londres

Una buena razón para aventurarse por el sur del Támesis es conocer Greenwich, aunque también se puede disfrutar mucho en el animado mercado de Brixton o visitando el excelente Museo Horniman, en Forest Hill o la Dulwich Picture Gallery, diseñada por John Soane.

GREENWICH (plano 14)

Rico por su espléndida arquitectura, mantiene fuertes vínculos con el mar, la ciencia, los soberanos y, por supuesto, con el tiempo.

En Greenwich, que se halla al sureste del centro de Londres, donde el Támesis se ensancha y se hace más profundo, se percibe una sensación de espacio bastante extraña en la ciudad. Se trata de una zona encantadora, peculiar y con apariencia de pueblo, que se jacta de albergar el majestuoso *Cutty Sark* y el Museo Marítimo Nacional, pero que además figura entre los lugares elegidos por la Unesco como Patrimonio de la Humanidad desde 1997. Dentro de la lista de prioridades de cualquier visita a Londres deberá estar incluida una excursión hasta Greenwich, a la que habrá que dedicar al menos un día para hacerle justicia, especialmente si uno quiere dirigirse río abajo hacia la presa Thames Flood Barrier y pasar por el Millennium Dome.

Greenwich cobija un extraordinario conjunto de edificios clásicos; todos los grandes arquitectos de la Ilustración han dejado aquí su huella, debido, en gran medida, al mecenazgo real. Éste fue el lugar de nacimiento de Enrique VIII y sus hijas María e Isabel. Por otra parte, Carlos II tenía también cierta debilidad por la zona, motivo por el cual le pidió a sir Christopher Wren que construyera el Real Observatorio y parte del Royal Naval College, que completaría John Vanbrugh a comienzos del siglo XVII.

Merece la pena programar una visita a los mercados de artesanía y antigüedades; véase el capítulo *Mercados de Londres*. Para más información, se puede llamar al ☎ 8293 3110.

Desde la estación Cutty Sark DRL, se puede llegar fácilmente a casi todas partes de Greenwich. Una línea regular de autobús (1,50 £ ida y vuelta), que enlaza el embarcadero de Greenwich con el Real Observatorio, el Museo del Abanico y la Casa de los Rangers, circula diariamente de 11.00 a 17.00, entre abril y octubre.

La división entre norte y sur

Los londinenses siguen hablando del Támesis como si aún fuese la gran barrera que separaba el norte y el sur en la Edad Media. De hecho, el abismo psicológico entre las dos orillas se acentúa cada vez más; la mayoría de los habitantes del norte (esto quiere decir casi todos los londinenses) se resiste a creer que haya algo importante en la otra orilla. Una de las preguntas más frecuentes entre los londinenses es: "¿Cuándo fue la última vez que cruzaste el río?" (que normalmente quiere decir "fuiste al sur") y abundan las bromas sobre tener que conseguir un visado antes de cruzar el Támesis. Un gracioso incluso denominó al sur "el lado B del Támesis", refiriéndose –es de esperar– al gran número de lugares cuyo nombre empieza por esa letra (Battersea, Borough, Brixton, Beckton y otros muchos) más que a una cuestión de prejuicios.

Información

La TIC (☎ 0870 608 2000, fax 8853 4607, www.greenwich.gov.uk), Pepys House, 2 Cutty Sark Gardens SE10 (DLR: Cutty Sark) abre diariamente de 10.00 a 17.00. El anejo Greenwich Gateway (☎ el mismo; gratuito; abierto diariamente de 10.00 a 17.00) posee un centro de visitantes que ofrece una pequeña exposición sobre la historia de Greenwich desde los romanos hasta la actualidad.

Las visitas guiadas (☎ 8858 6169, www.greenwichtourguides.co.uk) a los lugares seleccionados cuestan 4/3 £/gratuito adultos/precio reducido/menores de 14 años y salen de la TIC a las 12.15 y a las 14.15 todos los días. También hay recorridos con otros temas y a otras horas del día.

DENNIS JOHNSON

Desde el Real Observatorio de Greenwich se contempla el Old Royal Naval College y, detrás, la ciudad.

'Cutty Sark'

El clíper *Cutty Sark (☎ 8858 3445, Cutty Sark Gardens SE10; adultos/niños entre 5 y 16 años/familias 3,50/2,50/8,50 £; abierto diariamente de 10.00 a 17.00)* se encuentra en los jardines Cutty Sark, en la parte más alta de King William Walk, cerca de la oficina de turismo. Cuando se fletó, en 1869, era la embarcación más rápida que jamás hubiera cruzado los siete mares. Aunque fue construido como barco de vapor, en esa época la apertura del Canal de Suez comenzaba a dejar sin sentido la navegación a vela. Constituye el único superviviente de los clíper que dominaban el comercio del té y la madera, cruzando los océanos Pacífico y Atlántico a mediados del siglo XIX. Todavía transportaba carga cuando fue restaurado en 1922 y llevado a Greenwich en 1954.

Merece la pena caminar por el puente de mando del barco, observar los progresos de la restauración en curso y luego sumergirse en su historia bajo cubierta, contemplando grabados, pinturas y la mayor colección del mundo de mascarones de proa.

'Gipsy Moth IV'

Junto al *Cutty Sark* se encuentra el *Gipsy Moth IV (☎ 8858 3445, Cutty Sark Gardens SE10)*, el queche de tan sólo 16 m de eslora en el que sir Francis Chichester realizó la primera singladura alrededor del mundo sin ayuda alguna a bordo (1966-1967). Chichester, que en ese momento tenía 64 años, permaneció 226 días en esta embarcación de pequeño tamaño. Fue nombrado caballero junto al lugar donde se puso el barco en dique seco y, para ello, Isabel II se sirvió de la misma espada que su antepasada Isabel I empleara al investir caballero a Francis Drake. Debido a sus reducidas dimensiones, no se admiten visitas a bordo.

Old Royal Naval College

Si se camina hacia el sur por King William Walk desde el *Cutty Sark,* se acabará llegando al Old Royal Naval College *(☎ 8269 4747 o 0800 389 3341, King William Walk SE10).* Aunque esta obra maestra de Wren comenzó a depender en gran medida de la Universidad de Greenwich desde que la Marina Real se mudara de allí en 1998, los visitantes tienen aún la posibilidad de ver el fabuloso vestíbulo pintado y la capilla *(adultos/jubilados, estudiantes y menores de 16 años 3/2 £, gratis a partir de las 15.30 y domingos; abierto de 10.00 a 17.00 de lunes a sábado y de 12.30 a 17.00 los domingos).*

Los trabajos del *college* se iniciaron en el emplazamiento del viejo palacio de Greenwich en 1692, cuando Guillermo y María ordenaron la construcción de un hospital naval para atender a los heridos que habían dado la victoria a Inglaterra contra Francia en la batalla de La Hoge. En un principio estaba destinado a ser un asilo para veteranos de la marina, tal y como el Real Hospital de Chealsea lo era para los veteranos del ejército. Fue diseñado en dos partes independientes, con el fin de no estropear las vistas del río desde la

Casa de la Reina, obra maestra en miniatura de Íñigo Jones, al sur.

Se puede visitar la **capilla** en el Queen Mary Building, que se terminó en 1742, casi dos décadas después de la muerte de Wren, pero que acabó consumida por el fuego en 1779, cuando los albañiles dejaron caer una vela en una habitación de la parte inferior. Al ser redecorada se empleó un estilo Rococó más luminoso. Dominando el extremo este hay una pintura del siglo XVIII del artista estadounidense Benjamin West que muestra *La protección de san Pablo después del naufragio en Malta*. Las columnas corintias de mármol están hechas, en realidad, de piedra *coade*, un material artificial que se fabricaba cerca del puente de Westminster en el siglo XIX; la fórmula secreta de su composición se ha perdido. La misa cantada se celebra en la capilla los domingos a las 11.00.

Aún más impresionante es el **vestíbulo pintado,** compuesto por el Gran Hall (o inferior) y el Hall Superior, al otro lado de Upper Grand Square, en King William Building. Nada más entrar en el Gran Hall, los ojos se fijan en el techo, donde se pueden observar las espléndidas pinturas de James Thornhill (los espejos son muy útiles para no hacerse daño en el cuello). Muestran a Guillermo III y María II sentados en el trono, entre los símbolos de las virtudes. A los pies de él se postra el derrocado rey francés Luis XIV, arrastrándose aferrado a una bandera. Un poco más arriba se encuentra el Hall Superior, donde está representado, en la pared oeste, Jorge I con su familia. En la esquina de abajo, a mano derecha, Thornhill se pintó a sí mismo dentro del cuadro, apuntando en dirección a su obra.

Wren diseñó el vestíbulo como comedor del hospital, pero pronto resultó demasiado pequeño y fue desocupado. Permaneció vacío hasta principios de 1806, cuando trasladaron allí el cuerpo del almirante Nelson.

El ***Queen Elizabeth Anteroom Restaurant*** está en el sótano.

Museo Marítimo Nacional

Algo más hacia el sur, a lo largo de King William Walk, se encuentra el National Maritime Museum (*☎ 8312 6565, www.nmm.ac.uk, Romney Rd SE10; gratuito; abierto a diario de 10.00 a 18.00 entre abril y septiembre y de 10.00 a 17.00 entre octubre y marzo)*, que alberga una inmensa colección de barcos, planos, cartas, uniformes y arte marítimo, diseñada con el propósito de relatar la larga y convulsa historia de Gran Bretaña como nación marinera.

Como parte de las celebraciones del milenio, el patio central, Neptune Court, ha sido cubierto con un enorme techo de cristal de una sola pieza, con la intención de proporcionar un fácil acceso a las 20 galerías temáticas que se han habilitado en dos de los tres niveles del museo. Las salas presentan muestras interactivas y vídeos que versan sobre temas relacionados con la ecología marina y el futuro del mar, el comercio del té y de esclavos y el arte marítimo.

En el tercer nivel está la galería Nelson, con vídeos que relatan la historia de las batallas del Nilo y de Trafalgar, y una impresionante exposición de recuerdos del almirante, entre los que se cuenta su túnica con el agujero causado por la bala que le dio muerte. All Hands es una exposición interactiva "a bordo", destinada a los niños, que trata sobre artillería, señalización e inmersiones en el fondo del mar.

Casa de la Reina

La Queen's House (*☎ 8858 4422, Romney Rd SE10; gratuita; abierta diariamente de 10.00 a 18.00 entre junio y principios de septiembre y de 10.00 a 17.00 el resto del año)* es una mansión de estilo palladiano, que se encuentra junto al Museo Marítimo Nacional por el lado oriental, además de un excelente escenario artístico. Íñigo Jones empezó a construir la casa para Ana de Dinamarca, esposa de Jacobo I, en 1616, pero no fue terminada hasta 1635, cuando se convirtió en residencia de Carlos I y su consorte, Enriqueta María.

Las habitaciones dan al **Gran Hall,** cuyo techo original fue pintado por Orazio Gentileschi y su hija Artemisia, una de las pocas artistas femeninas que llegaron a alcanzar la fama. Por desgracia, el original fue trasladado posteriormente. Gran parte del mobiliario original también se ha perdido y ha sido reemplazado por imitaciones del siglo XVII; por lo tanto, es posible que el interior no resulte tan interesante como cabe esperar, en comparación con la parte exterior del edificio. La casa aparece en la película de Ang Lee *Sentido y Sensibilidad* (1995), que protagoniza Emma Thompson. Las exposiciones se centran en marineros ilustres y en la historia de Greenwich.

Iglesia de St Alfege

Diseñada por Nicholas Hawksmoor en 1714 para sustituir a una anterior del siglo XII, esta iglesia *(☎ 8858 6828, Church St SE10; gratuita; abierta de 10.00 a 16.00 de lunes a sábado y de 13.00 a 16.00 los domingos)* está dedicada a St Alfege, arzobispo de Canterbury, quien fue martirizado en este lugar por los vikingos en 1012. Se incendió con las bombas de la Segunda Guerra Mundial y fue consagrada de nuevo en 1953.

Museo del Abanico

El encantador Fan Museum *(☎ 8305 1441, 12 Croom's Hill SE10; adultos/precio reducido 3,50/2,50 £; abierto de 11.00 a 17.00 de martes a sábado y de 12.00 a 17.00 los domingos)*, situado en una casa georgiana del siglo XVIII, muestra una colección de abanicos de todo el mundo y retrocede al siglo XVII para examinar su papel a lo largo de la historia. También monta unas estupendas exposiciones temporales. En la parte de atrás hay un jardín de estilo japonés con una ***Orangery*** donde se sirve el té por las tardes (4,50/3,50 £ grande/pequeño), de 15.00 a 17.00, sólo martes y sábados.

Parque de Greenwich

El Greenwich Park *(☎ 8858 2608)* es el mayor de Londres y uno de los más hermosos. Cuenta con una gran avenida, amplios espacios abiertos, una rosaleda y laberínticos y pintorescos paseos. Parte del trabajo es de Le Nôtre, quien diseñó los jardines del palacio de Versalles para Luis XIV. Posee varios monumentos históricos, un ***café*** y una reserva de ciervos llamada **Wilderness.**

Si se avanza en dirección sur por el parque, se llega a Blackheath (véase "Alrededores de Greenwich", más adelante).

Real Observatorio. En 1675 Carlos II hizo construir el Royal Observatory *(☎ 8312 65 65, www.nmm.ac.uk, Greenwich Park SE19; gratuito; abierto diariamente de 10.00 a 18.00 entre abril y septiembre y de 10.00 a 17.00 entre octubre y marzo)* sobre una colina situada en el centro del parque de Greenwich, con el propósito de que la astronomía sirviera para determinar las coordenadas de longitud en el mar (véase el recuadro "La solución de la longitud"). La sala octogonal, diseñada por Wren, y la cercana sala del sextante, son los lugares donde John Flamsteed (1646-1719), el primer astrónomo real, hacía sus observaciones y cálculos. Éste es uno de los pocos interiores conocidos de Wren que han sobrevivido intactos.

En el Real Observatorio, el globo se divide entre este y oeste. Aquí se puede poner un pie a cada lado de la línea del meridiano y abarcar los dos hemisferios; por una pequeña cantidad, una máquina lo certifica.

En el **planetario de Greenwich** *(gratuito; sesiones a las 14.30 de lunes a viernes, a las 13.30 y 15.30 los sábados y a las 14.00 y 15.00 los domingos)*, anejo al Observatorio, se puede ver el cielo nocturno proyectado en una bóveda.

Casa de los Rangers. Al suroeste del observatorio se encuentra Ranger´s House *(☎ 8853 0035, www.english-heritage.org.uk, Greenwich Park SE10; adultos/jubilados y estudiantes/niños 2,50/1,90/1,30 £; abierto todos los días de 10.00 a 18.00 de abril a septiembre, de 10.00 a 17.00 en octubre, de 10.00 a 16.00 de miércoles a domingos de noviembre a marzo)*, una majestuosa mansión construida para el almirante Francis Hosier en 1700, que más tarde se usó como residencia de los vigilantes del parque. La mayor atracción de la casa son los tesoros artísticos de Luton Hoo, una rica colección de joyas y viejas obras maestras que reunió el hijo de un ingeniero ferroviario que se hizo rico en los campos de diamantes de Suráfrica en el siglo XIX. También pueden verse retratos jacobeos y estuardos, entre los cuales hay algunos de Lely y Kneller, impresionantes al menos por su tamaño. Es posible, también, subir al cenador del almirante Hosier, en la azotea.

La solución de la longitud

CHARLOTTE HINDLE

Un pie en cada hemisferio.

Constituía el desafío del siglo. Establecer la latitud, las líneas imaginarias que rodean la Tierra, era un juego de niños; cualquier marinero podía hacerlo observando la altitud del sol o las estrellas en el horizonte. Sin embargo, encontrar la longitud era algo muy diferente que había desconcertado a los astrónomos desde la época de los griegos hasta Galileo.

Si la Tierra tarda 24 horas en dar una vuelta completa de 360°, una hora sería la vigesimocuarta parte o un ángulo de 15°. Los astrónomos del siglo XVI sabían que se podía encontrar dicha magnitud comparando la hora local con la del reloj de un puerto u otro lugar de longitud conocida. Para esto eran precisos dos relojes fiables que pudieran mantener siempre la hora exacta, aunque los barcos cabecearan o sufrieran sacudidas, o las temperaturas bajaran y subieran. Esa tecnología, sin embargo, no apareció hasta el siglo XVIII.

La medición inexacta de la longitud durante los largos viajes marítimos costaba mucho dinero a las empresas navieras e incrementaba el número de marineros muertos debido al escorbuto y a numerosos accidentes contra islas, rocas y arrecifes que aparecían inesperadamente. En 1714 el Parlamento ofreció 20.000 £, una recompensa de rey en el siglo XVIII, a quien descubriera un método para hallar la longitud exacta en un radio de 30 millas. Es una larga historia que relata el magnífico (y breve) libro *Longitude* de Dava Sobel. Pero fue finalmente el inventor inglés John Harrison quien recibió el premio por fabricar un cronómetro marino que se probó entre 1761 y 1762 en el Real Observatorio de Greenwich.

En 1884 se reconoció la contribución del observatorio para resolver el enigma cuando, en un congreso internacional en Washington, se mencionó "al meridiano que pasa por el centro del instrumento de transición en el observatorio de Greenwich como meridiano inicial para la longitud" o primer meridiano. El Greenwich Mean Time (GMT) fue aceptado como medida universal de tiempo.

Cómo llegar y salir

En la actualidad se accede a Greenwich muy fácilmente a través del DLR; Cutty Sark es la estación más cercana a la oficina de turismo y a la mayoría de los lugares que merece la pena visitar. Si se quiere ir desde los Docklands, se puede subir al DLR hasta Island Gardens y pasear a través del histórico túnel peatonal hasta la ribera sur del río (véase el paseo "Wapping e Isle of Dogs").

Existen trenes rápidos y baratos desde Charing Cross hacia la estación de Greenwich, a través del puente de Londres, aproximadamente cada 15 minutos. La estación Maze Hill, cerca de la esquina noreste del parque, es más indicada que la de Greenwich si se quieren ver muchas cosas.

La forma más placentera para llegar y salir de Greenwich, si el tiempo acompaña, es en barca. Para más información, véase "Circuitos organizados" en *Cómo desplazarse).*

ALREDEDORES DE GREENWICH

Blackheath (plano 1)

Aunque podría parecer en el mapa un prolongación hacia el sur del parque de Greenwich, Blackheath *(estación Blackheath)* debe considerarse como un lugar con vida propia, junto con el *village* epónimo al sureste. Esta zona, conocida como el "Hampstead del sur", con una extensión comunal de 110 hectáreas, jugó un papel más importante en la historia de Londres que su hermana mayor, al norte.

Los daneses acamparon aquí a principios del siglo XI, después de haber capturado a Alfrege, el arzobispo de Canterbury; también lo hizo Wat Tyler antes de entrar en Londres con unos 10.000 hombres de Essex y Kentish, durante la rebelión campesina de 1381. Enrique VII consiguió defenderse en este lugar de los rebeldes de Cornualles en 1497; y fue en el brezal donde Enrique VIII conoció a su cuarta mujer, Ana de Clèves, en 1540 (se divorció de ella seis meses después). Más tarde se convirtió en el sitio preferido de los salteadores y no fue seguro hasta que, a finales del siglo XVII, se desarrolló en el eje sureste del brezal el agradable **Paragon,** una zona donde se empezaron a construir en media luna *(crescent)* mansiones georgianas, para impulsar a la gente de bien a instalarse allí. El nombre del brezal *(heath)* viene del color *(black)* de la tierra, no por ser el supuesto lugar de enterramiento durante la Peste Negra del siglo XIV.

Hoy en día el brezal, azotado por el viento, es un lugar agradable para pasear, volar cometas o tomar una copa en uno de los dos pubs históricos del sur: el ***Hare and Billet*** y el ***Princess of Walles***. Es habitual ver a artistas pintando sus telas sobre caballetes: por lo visto, estos seguidores de Turner sienten que la luz de ese campo silvestre es inspiradora.

Además del Paragon, hay otros edificios destacables, como la iglesia **All Saints** (1858), con su afilada aguja al sur, y el **Morden College,** el Ritz de los asilos, construido en 1695 para albergar a los "comerciantes turcos arruinados" durante los tiempos de crisis. El edificio es ahora una residencia de ancianos cerrada al público. Se cree que fue diseñado por Christopher Wren.

Para llegar a Blackheath desde el parque de Greenwich hay que ir en dirección sur a través de Chesterfield Walk, pasar la Casa de los Rangers (o en dirección sur por Blackheath Ave a través de Blackheath Gate) y después cruzar Shooter Hill Rd.

Millennium Dome (plano 14)

La polémica cúpula del Milenio se abrió el primer día del año 2000 y fue la construcción más ambiciosa de la capital británica desde que la catedral de St Paul se completase en 1710. Y también la más cara, con un coste superior a 750 millones de libras; más de la mitad del dinero ha sido sufragado con fondos de la Lotería Nacional.

Lamentablemente, el Dome no empezó bien y cerró un año después de haber atraído a 6,5 millones de visitantes, la mitad de lo que se predijo. Su futuro uso –si es que llega a tenerlo– no estaba decidido en el momento en que se escribió esta guía; se ha discutido todo, desde un parque temático y un centro de negocios de alta tecnología, hasta un estadio de deportes, un gran invernadero o incluso una cartelera gigante visible desde los aviones. Pero no cabe duda de que el Millenium Dome continúa siendo un proyecto

JULIET COOMBE

Sobre ascuas: el futuro del Dome es aún incierto; pero ha costado una fortuna.

muy caro incluso en el tercer milenio, ya que el mantenimiento de este edificio cuesta 100.000 libras a la semana.

Thames Flood Barrier (plano 1)

La presa del Támesis entre Greenwich y Woolwich se construyó entre 1972 y 1982 para proteger a Londres de las inundaciones. Consiste en 11 puertas movibles sujetas entre nueve pilares de hormigón con cubiertas plateadas que albergan la maquinaria. Constituye una visión surrealista, pues parece una hilera de cubas gigantescas extendiéndose de orilla a orilla del río.

Londres necesitaba esta barrera porque el nivel del agua ha ido aumentando unos 75 cm cada siglo, mientras que el río se ha ido haciendo más estrecho; en tiempos de los romanos podría tener 800 m de ancho en el lugar en el que hoy se encuentra el puente de Londres, mientras que ahora llega escasamente a 250 m, con la presión constante por desarrollar las orillas. La marea del Támesis sube y baja sin causar ningún daño dos veces al día, y una vez cada quince días hay una marea viva. El peligro surge cuando ésta coincide con un oleaje inesperado que empuja toneladas de agua hacia el río. La presa se construyó para evitar que el agua se vertiese por las orillas e inundase las casas cercanas. En 1953, alrededor de 300 personas se ahogaron cuando el Támesis se desbordó.

El **centro de visitantes de la Thames Barrier** *(☎ 8305 4188, www.environment-agency.gov.uk, 1 Unity Way SE18, entrada a la presa gratis, exposición audiovisual adultos/jubilados y niños de 5 a 16 años/familias 3,40/2/7,50 £; abierto de 10.00 a 17.00 de lunes a viernes, de 10.30 a 17.30 sábados y domingos)* cuenta la historia del Támesis a través del tiempo, de la barrera y de los intentos más recientes de limpiar el río. La exposición audiovisual dura unos 20 minutos.

CHARLOTTE HINDLE

Desde 1982 la Thames Flood Barrier se ha levantado veinte veces para prevenir las inundaciones en la ciudad.

Los mecanismos de la presa se comprueban aproximadamente una vez al mes. Si se quiere ver esta maravilla en funcionamiento hay que llamar al centro de visitantes para conocer la fecha y hora exactas.

Cómo llegar y salir. Se puede llegar a la presa en un paseo de 20 minutos tomando un tren hacia Charlton desde Charing Cross o London Bridge. Una vez allí, hay que torcer a la izquierda (hacia el norte) al salir de la estación para llegar a Charlton Church Lane, cruzar Woolwich Rd y seguir por Anchor & Hope Lane hasta Thames Path. Siguiendo en dirección norte unos 800 metros se llega a la barrera. Aunque no sea el camino más recto, resulta más conveniente que pasar por la ajetreada Woolwich Rd.

Para ir desde Greenwich se pueden tomar los autobuses 177 o 180 que pasan por Rommey Rd y paran en el pub Victoria, en el nº 757 de Woolwich Rd. Desde Westmoor St en dirección norte se encuentra el centro de visitantes.

Una manera más lenta aunque más agradable de llegar desde Greenwich es en barca. Desde finales de marzo hasta octubre es posible hacerlo con Campion Launches (☎ 8305 0300). Zarpan del muelle de Greenwich a las 11.15, 12.30, 14.00 y 15.30 todos los días, tardan 35 minutos (si se toma la última barca, el centro de visitantes estará cerrado), pasando por el Dome (el tiquet de ida cuesta 3,55/3/2,25 £ adultos/jubilados y estudiantes/niños de 5 a 16 años, y el de ida y vuelta 5/4,25/3,50/3/14 £ para adultos/jubilados/estudiantes/niños de 5 a 16 años/familias). Hay salidas a las 12.00, 13.30 y 15.00 todos los días en noviembre y principios de diciembre, y vuelven a funcionar a principios de febrero hasta marzo; no hay servicio en enero. También se puede llegar desde el muelle de Westminster, en el centro de Londres, con el

Westminster to Greenwich Thames Passenger Boat Service (WGTPBS; ☎ 7930 4097, www.westminsterpier.co.uk). Véase "Circuitos organizados" en el capítulo *Cómo desplazarse* para más información.

Real Arsenal de Woolwich (plano 1)

Una nueva atracción del Royal Arsenal en Woolwich es el **Firepower** *(☎ 8855 7755, www.firepower.org.uk, Royal Arsenal, Woolwich SE18; estación Woolwich Arsenal; adultos/jubilados y estudiantes/niños de 5 a 15 años 6,50/5,50/4,50 £; abierto de 10.00 a 17.00 todos los días)*, que intenta recrear las experiencias de los artilleros del siglo pasado con una extravagante exposición audiovisual llamada *Campo de tiro*. La galería de la historia cuenta la evolución de la artillería desde los romanos hasta la época presente, y la galería de armas reales permite probar la puntería disparando con un tanque o un fusil por medio de un simulador. Es algo ruidoso y destellante, pero para los niños no habrá nada mejor.

Palacio de Eltham (plano 1)

El Eltham Palace *(☎ 8294 2548, www.english-heritage.org.uk, Court Rd SE9; estación Eltham; sólo jardines, adultos/jubilados y estudiantes/niños de 5 a 16 años 3,60/2,70/1,80 £, jardines y casa 6/4,50/3 £; abierto de 10.00 a 18.00 de miércoles a viernes y domingos de abril a septiembre, de 10.00 a 17.00 de miércoles a viernes y domingos en octubre, de 10.00 a 16.00 de miércoles a viernes y domingos de noviembre a marzo)* es un híbrido: parte Tudor, parte Art Déco de la década de 1930. Empezó siendo un palacio real en 1305 y durante un tiempo fue la casa de infancia de Enrique VIII. Pero los Tudor la abandonaron en 1526 a favor de Greenwich y se fue deteriorando. De 1933 a 1937, un miembro del clan de los Courtauld (del Instituto Courtauld) y su mujer convirtieron los restos del palacio en una finca rústica. Lo ocupó el ejército desde la Segunda Guerra Mundial hasta 1995, cuando pasó a manos del English Heritage.

De las reminiscencias del período Tudor destaca el gran vestíbulo medieval, cuyo techo tipo *hammer-beam* de tracería de madera se dice que es el tercero en importancia, después del de Westminster Hall y el del palacio de Hampton Court. Sin embargo, las líneas principales son Art Déco, y han sido restauradas devolviéndoles el aspecto que tenían cuando vivían los Courtauld: desde la gran alfombra circular con formas geométricas del hall abovedado de la entrada, la chimenea recubierta de madera maciza, el comedor de mármol negro con techo de láminas de plata, hasta una jaula climatizada, ambientada con murales tropicales y escaleras de bambú hasta el suelo, para la mimada pareja de lémures Mah-Jongg.

DULWICH Y FOREST HILL (plano 1)

Situado en la amplia zona sur de Londres a la que no llega el metro, Dulwich es un barrio apacible y frondoso con elegantes construcciones y una atmósfera sofisticada. Tal vez uno quiera aventurarse por estos pagos para ver la Dulwich Picture Gallery, un trabajo del particularísimo arquitecto del siglo XIX John Soane.

Un poco más lejos que Dulwich, apartado y falto de cohesión, Forest Hill presume de una atracción que merece la pena conocer: el Museo Horniman. Se llega tomando un tren suburbano.

Dulwich Picture Gallery

John Soane diseñó en 1811 la Dulwich Picture Gallery *(☎ 8693 5254, www.dulwichpicturegallery.org.uk, Gallery Rd SE21; estación de West Dulwich; adultos/ jubilados y estudiantes/niños y viernes 4/3 £/gratis; abierta de 10.00 a 17.00 de martes a viernes, 11.00 a 17.00 sábados y domingos)*. Es la galería de arte pública más antigua del país, para albergar pinturas reunidas por el comerciante Noel Desenfans y el pintor Francis Bourgeois. Quizá la galería cumpla únicamente la función de mausoleo para esta honorable pareja, iluminada como está por esa melancólica *lumière mystérieuse* que generan las vidrieras. En el recinto, que ha atravesado un período de reforma y ampliación para el milenio, hay obras maestras de Rembrandt, Rubens, Reynolds, Gainsborough,

Lely y otros. Las exposiciones temporales de artistas modernos generalmente ocupan un espacio mayor.

El museo se encuentra a un paseo de diez minutos hacia el norte por Gallery Rd, que empieza casi enfrente de la estación de West Dulwich.

Museo Horniman

El Horniman Museum *(☎ 8699 1872, 8699 2339, 100 London Rd SE23; estación de Forest Hill; gratuito: abierto de 10.30 a 17.30 de lunes a sábado, de 14.00 a 17.30 los domingos)* es un pequeño pero extraordinario lugar que guarda la colección original de Frederick John Horniman, el hijo de un comerciante de té que poseía el edificio, estilo Art Nouveau, con una torre del reloj y mosaicos diseñados especialmente para la casa en 1901. El etnográfico vestíbulo principal ha sufrido algunas reformas y ha emergido como African Worlds, la primera galería permanente de arte y cultura africana y afrocaribeña del Reino Unido. La sala de música contiene un excelente conjunto de instrumentos, cada uno de los cuales se completa con grabaciones digitalizadas y auriculares. La pequeña *Living Waters Aquarium* resulta un poco extraña comparada con las demás exposiciones, pero cuanto más se la conoce más agradable resulta.

Para llegar, desde la estación de Forest Hill se debe torcer a la izquierda por Devonshire Rd y después a la derecha por London Rd. El Horniman se encuentra a la derecha.

BRIXTON (plano 15)

En lo que es ahora Brixton, la terminal sur de la línea Victoria, hubo un asentamiento apenas un año después de la invasión de los normandos. Pero siguió siendo un pueblo aislado y remoto hasta el siglo XIX, cuando el nuevo puente de Vauxhall (1810) y el ferrocarril (1860) lo conectaron con el centro de Londres. Después de la Segunda Guerra Mundial se establecieron inmigrantes de las Antillas, dando a Brixton un sabor caribeño que aún se aprecia en las frutas exóticas y verduras que se venden en su mercado (véase *Mercados de Londres)*. Se puede oír el *reggae* que suena en las radios de los coches y los altavoces, y en los clubes que no descansan en toda la noche.

El gran declive económico y las tensiones entre la policía y los negros (que eran solamente el 29% de la población de Brixton por aquellos tiempos) provocaron las revueltas de los años ochenta (véase "Historia" en el capítulo *Sobre Londres)*. Desde entonces, el panorama se ha convertido en más esperanzador. El aumento de los precios de los inmuebles ha generado una clase de nuevos propietarios y se advierten, en la mayoría de las calles, los signos del aburguesamiento. Si es que algo queda de los días oscuros de la década de 1980, ha sido superado por la agitación de los restaurantes y los clubes (véase "Brixton" en el capítulo *Dónde comer* y "Locales nocturnos" en el de *Ocio)*, que han crecido en los últimos años como hongos después de la lluvia.

WANDSWORTH (plano 1)

Este hermano más pobre y proletario del opulento distrito de Battersea, río abajo, fue centro de producción de tocados de calidad desde principios del siglo XIII. Cuando la jerarquía católica de Roma comenzó a encargar sus mitras y birretes a los recién establecidos sombrereros hugonotes en el siglo XVIII, los sombreros Wandsworth se hicieron famosos en toda Europa. Si interesan más las bebidas que los sombreros, hay que visitar una de las fábricas de cerveza que aún siguen activas en la capital británica.

Cervecería Young's Ram

Young's Ram Brewery *(☎ 8875 7005, Cnr Wandsworth Hight y Ram Sts SW18; estación de Wandsworth Town; visita de la fábrica adultos/jubilados y estudiantes/niños de 14 a 17 años 5,50/4,50/3 £, visita de los establos adultos/niños de 6 a 18 años/familias 3,50/2/9 £; centro de visitantes abierto de 10.00 a 18.00 de lunes a sábado)* es un lugar recomendable para descansar de los museos y asimilar la historia con un buen brindis. La cerveza, *ale* o *bitter,* no *lager* o rubia (véase el recuadro "Cerveza: la bebida nacional" en el capítulo *Ocio)*, se elabora en este lugar desde finales del siglo XVI. Las visitas a la fábrica, que incluyen una pinta de cerveza en el antiguo pub anejo, duran 1 1/2 horas y se realizan a las 12.00 y a las 14.00, de lunes a jueves y los domingos; hay que llamar con antelación para hacer la reserva. Para visitar los establos, que albergan una manada de percherones, también hay que reservar anticipadamente. Los menores de 18 años deben ir acompañados por un adulto.

Para llegar desde la estación de Wandsworth Town (trenes de Waterloo), hay que caminar hacia el oeste por Old Cork Rd, cruzar por Armoury Way e ir en dirección sur a lo largo de Ram St.

WIMBLEDON (plano 1)

Es normal asociar este frondoso barrio meridional con los campeonatos de tenis sobre hierba que, desde 1877, se celebran en junio. El resto del año se puede visitar el Museo de Tenis de Wimbledon. Por otra parte, Wimbledon Common es un lugar apropiado para hacer una merienda al aire libre.

Museo de Tenis sobre Hierba de Wimbledon

En el Wimbledon Lawn Tennis Museum (*☎ 8946 6131, www.wimbledon.org, Gate 4, Church Rd SW19, ⊖ Southfields/Wimbledon Park; adultos/precio reducido 5/4 £; abierto diariamente de 10.30 a 17.00, espectadores sólo durante los campeonatos)* los entusiastas del tenis se encontrarán en su lugar ideal, ubicado como está en la propia cuna de la historia de este deporte, cuyo origen se remonta a la invención de las primeras máquinas cortacésped en 1830 y de la pelota de goma de la India en la década de 1850. Sin embargo, su apariencia es muy vanguardista; hay muchos vídeos que permiten a los aficionados revivir los mejores momentos. Existe un ***salón de té*** y una ***tienda*** que vende todo tipo de artículos y recuerdos relacionados con el tenis.

Wimbledon Common

Prolongándose hasta Putney Heath, el Wimbledon Common ocupa 440 hectáreas del sur de Londres, una magnífica superficie de espacios abiertos idónea para pasear, hacer senderismo y meriendas campestres. Hay algunos lugares para visitar, entre ellos el sorprendente **Wimbledon Windmill** (*☎ 8947 2825, Windmill Rd SW19; ⊖ Wimbledon; adultos/niños 1 £/50p, abierto los sábados de 14.00 a 17.00 y los domingos de 11.00 a 17.00 entre abril y octubre)*, un precioso molino de viento de 1817. Durante su estancia en él en 1908, Robert Baden-Powell se inspiró para escribir algunos fragmentos de su obra *Escultismo para muchachos*. En la parte sur se encuentra el mal llamado **campo de Caesar**, un barranco de la era prehistórica que demuestra que Wimbledon ya existía antes de los romanos.

Templo de Buddhapadipa

Otro lugar sorprendente, esta vez situado en un barrio residencial a 800 metros de Wimbledon Village, es el templo tailandés de Buddhapadipa *(☎ 8946 1357, 14 Calonne Rd SW19; ⊖ Wimbledon; gratuito; el complejo abre diariamente de 8.00 a 21.30 en verano, de 8.00 a 18.00 en invierno; el templo, de 13.00 a 18.00 todos los sábados y de 12.30 a 18.00 los domingos)*. Tan auténtico como cualquiera que se pueda encontrar en Bangkok, fue construido por una asociación de jóvenes budistas de Gran Bretaña e inaugurado en 1982. El *wat* (recinto del templo) cuenta con una *bot*, o capilla consagrada, decorada con escenas tradicionales, hechas por dos prestigiosos artistas tailandeses. Hay que quitarse los zapatos antes de entrar en la *bot*.

Para llegar al templo hay que tomar el metro o el tren hasta Wimbledon y después el autobús 93 hasta Wimbledon Parkside. Se encuentra a la derecha de Calonne Rd.

Oeste de Londres

Hay sobradas razones para que los visitantes se adentren en el oeste de Londres, entre ellas el palacio de Fulham, los jardines de Kew, la residencia Syon, el parque Richmond o, incluso, una tarde de copas en uno de los pubs frente al río en Hammersmith (véase "Pubs y bares" en el capítulo *Ocio)*. Pero la principal es acercarse al Hampton Court, modelo de palacios.

HAMMERSMITH Y FULHAM (planos 1 y 2)

Hammersmith no es lo que se dice un municipio muy atrayente, con sus enojosos pasos a nivel y sus caóticas rotondas. Aparte de los Estudios Riverside, no hay muchos otros lugares interesantes para visitar. Si sobra tiempo, se puede ir a algunos de los pubs situados frente al río, en Chiswick, pasando el puente de Hammersmith, y dar un paseo de unos 3 km al borde del Támesis, desde el centro comercial junto al puente hasta Chiswick.

Fulham es más agradable que Hammersmith y su atracción principal es el palacio de Fulham.

Estudios Riverside (plano 1)

Riverside Studios *(☎ 8237 1000, Crisp Rd W6; ⊖ Hammersmith; abiertos de 9.00 a 23.00 de lunes a sábados y de 12.00 a 23.00 los domingos)* es el equivalente del ICA (Instituto para las Artes Contemporáneas) en el oeste de Londres, un centro de comunicación y encuentro entre las artes. Tiene dos auditorios donde se presentan películas, obras de teatro, danza moderna y alrededor de una docena de exposiciones al año. Véase "Cines" en el capítulo *Ocio*.

Palacio de Fulham (plano 2)

En el parque Bishop, cerca de una de las orillas del Támesis que atraviesa el puente de Putney, se encuentra el palacio de Fulham *(☎ 7736 3233, Bishop's Ave SW6; ⊖ Putney Bridge; adultos/jubilados y estudiantes 1,50 £/75 p; abierto de 14.00 a 17.00 de miércoles a domingo entre marzo y octubre, de 13.00 a 16.00 de jueves a domingo entre noviembre y febrero)*. Fue la residencia veraniega de los obispos de Londres desde 704 hasta 1973. Originalmente rodeado por un ancho foso, es el mayor lugar de Europa de estas características. La parte más antigua que sobrevive es la puerta de ladrillos rojos de estilo Tudor; el edificio principal, sin embargo, data de mediados del siglo XVII, y fue reformado en el XIX. Hay un bonito jardín amurallado y, apartada del núcleo central, una capilla neotudor diseñada por Butterfield en 1866.

El **museo del palacio** cuenta la historia del recinto. Las visitas guiadas, de 1 1/4 horas de duración (3 £), normalmente comienzan a las 14.00 el segundo domingo de cada mes (llamar para confirmar), y abarca el Gran Hall, la capilla, el comedor del obispo Sherlock y el museo.

Centro Wetland (plano 1)

Considerado el mayor proyecto de pantano interior de Europa, con 42 hectáreas de extensión, el Wetland Centre *(☎ 8409 4400, www.wetlandcentre.org.uk, Queen Elizabeth's Walk SW13; ⊖ Hammersmith, luego autobús 283, conocido como Duck Bus; adultos/jubilados y estudiantes/niños de 5 a 15 años/familias 6,75/5,50/4/17,50; abierto de 9.30 a 18.00 todos los días)* se creó a partir de cuatro embalses victorianos en el año 2000 y atrae a unas 130 especies de aves y 300 tipos de mariposas, sin mencionar a sus 100.000 visitantes.

CHISWICK (plano 1)

A pesar de la infernal carretera A4, que separa los caminos ribereños del centro, Chiswick sigue siendo un barrio agradable, con cafeterías y restaurantes que montan sus terrazas en Chiswick High Rd. La mayoría de la gente va para visitar la residencia Chiswick y la casa del artista William Hogarth. Hay un agradable paseo por la ribera del río que llega hasta Hammersmith.

Residencia Chiswick

Chiswick House *(☎ 8995 0508, www.english-heritage.org.uk, Chiswick Park, al final de Burlington Lane W4; estación de Chiswick; adultos/jubilados y estudiantes/niños 3,30/2,50/1,70 £; abierto de abril a septiembre todos los días de 10.00 a 18.00, en octubre de 10.00 a 17.00, de noviembre a marzo miércoles y domingos de 10.00 a 16. 00)* es un bonito pabellón de estilo palladiano que posee una cúpula octogonal y un pórtico columnado. Fue diseñado por el tercer conde de Burlington (1694-1753) al volver de su viaje por Italia, de donde regresó entusiasmado por todo lo romano. Lord Burlington lo utilizó para agasajar a sus amigos e instalar su biblioteca y su colección de arte.

Dentro, la planta baja alberga vestigios de los recientes trabajos de restauración y varias estatuas que antes estaban en el parque, para protegerlas de la intemperie. Ciertas habitaciones interiores han sido remodeladas con un esplendor que a algunos podrá resultarles agobiante. La cúpula del salón principal se ha dejado sin dorar y las paredes se hallan decoradas con ocho monumentales pinturas. En el vestidor azul se puede ver, encima de una de las puertas, el retrato de Íñigo Jones, el arquitecto más admirado por lord Burlington. Las pinturas del techo son de William Kent, quien también decoró los aposentos oficiales del palacio de Kensington. Burlington también proyectó los jardines originales de la casa, ahora parque de Chiswick, pero desde entonces han cambiado mucho. Ya borbotea de nuevo la cascada, después de muchos años inactiva.

La casa se encuentra a 1,6 km al suroeste de la estación, justo frente al inicio de Burlington Lane.

Casa de Hogarth

Despojada de su apacible entorno primitivo por el estridente tráfico de la A4, la Hogarth's House *(☎ 8994 6757, Hogarth Lane, Great West Rd W4; ⊖ Turnham Green; gratuita; abierta entre abril y octubre de martes a viernes de 13.00 a 17.00 y sábados y domingos de 13.00 a 18.00, en noviembre, diciembre, febrero y marzo de martes a viernes de 13.00 a 16.00 y sábados y domingos de 13.00 a 17.00)* ofrece, sin embargo, la oportunidad de ver el interior de una pequeña casa del siglo XVIII.

William Hogarth la habitó de 1749 a 1764 y, aunque quedan pocos muebles de aquel entonces, las paredes color pistacho están decoradas con los grabados del artista que evocan la vida en el Londres georgiano (véase "De libertinos y cortesanas: el mundo de Hogarth" en el capítulo *Sobre Londres*), aunque *Vida de un libertino* es una copia del original, conservado en el Museo de Sir John Soane, en Lincoln's Inn Fields.

KEW (plano 1)

Siempre se lo relacionará con los jardines de Kew, sede de la Real Sociedad Botánica. Presume de tener una de las colecciones de plantas más bellas del mundo. Central Kew Green es un bonito lugar en el que se juega al críquet en verano.

Jardines de Kew

Entre los sitios de mayor atracción en un recorrido turístico de Londres, lo que significa que puedes estar demasiado concurridos durante el verano, sobre todo los fines de semana, se encuentran los Reales Jardines Botánicos *(☎ 8332 5000 o 8940 1171, www.rbgkew.org.uk, Kew Rd, Kew; ⊖ Kew Gardens; adultos/jubilados, estudiantes y mayores de 16 años/menores de 16 años 6,50/4,50 £/gratis; última entrada 45 minutos antes de que cierren los invernaderos, 4,50 £; los jardines abren desde finales de marzo hasta agosto de 9.30 a 18.30 de lunes a viernes y de 9.30 a 19.30 sábados y domingos; entre septiembre y octubre, diariamente de 9.30 a 18.00; entre noviembre y febrero, de 9.30 a 16.15; los invernaderos, desde finales de marzo a octubre de 9.30 a 17. 30, de noviembre a febrero de 9.30 a 15.45)*. Aunque la primavera es probablemente la mejor época para visitarlos, en cualquier momento del año esta extensión de césped de 120 hectáreas, con sus sobrios jardines e invernaderos, tiene muchos encantos que ofrecer. Además de ser un jardín público, Kew es un importante centro de investigaciones que mantiene su reputación como la colección botánica más exhaustiva del mundo.

Para tener una visión completa se puede subir al minitren Kew Explorer (2,50/1,50 £), que permite bajar y subir en las distintas paradas del recorrido. El circuito completo dura alrededor de media hora.

Orientación. Aparte de sus maravillosas plantas y árboles, Kew abarca otros sitios interesantes. Si se llega en metro y se entra por la **puerta Victoria,** inmediatamente se observa un gran estanque desde **Palm House,** un enorme invernadero de metal y planchas curvas de cristal diseñado por Decimus Burton y Richard Turner (1848), con todo tipo de exóticas especies tropicales. Al noroeste de Palm House está la pequeña, pero irresistible, **Water Lily House** (sólo abre de marzo a diciembre), que data de 1852.

Al norte se encuentra el fabuloso **conservatorio Princesa de Gales,** abierto en 1987, y que alberga numerosas plantas –desde las que viven en el desierto hasta las que pueblan los bosques–, cultivadas en 10 microclimas diferentes controlados por ordenador. Más allá se encuentra la **Galería de los Jardines de Kew,** bordeando Kew Green, que ofrece exposiciones de pintura y fotografía, casi siempre sobre temas de horticultura.

En dirección oeste desde la galería se levanta el palacio de Kew, una antigua residencia real construida en 1631 en ladrillo rojo, que se conoció como Dutch House. Fue muy popular con Jorge III y su familia (su esposa Carlota murió en ella en 1818). Los jardines que rodean el palacio, cerrado actualmente por reformas, son especialmente hermosos.

Desde el palacio, yendo hacia el sur por el campo de césped, se llega a un gran **lago** que corre de oeste a este. Al suroeste se halla **Queen Charlotte's Cottage,** una casa de veraneo hecha en madera, rodeada de campanillas en primavera, que utilizaban Jorge III y su familia. Sólo abre los fines de semana en verano. Al este están la **puerta japonesa** y la célebre **Gran Pagoda,** diseñada por William Chambers en 1761.

En dirección norte se llega a la **Temperate House,** de 180 metros de longitud, otro magnífico invernadero de hierro y cristal (aunque no se usa como tal actualmente) realizado por Burton en 1860, pero que no estuvo listo hasta 1899.

Al este de la Temperate House está situada la **Galería Marianne North**. Marianne North fue una de esas indómitas mujeres victorianas que viajó por los continentes desde 1871 hasta 1885, pintando plantas y árboles en el camino. El resultado de su labor cubre ahora las paredes de este museo construido a tal fin.

En la **Orangery,** cerca del palacio hay un ***restaurante***, una ***cafetería*** y una ***tienda***.

La mayoría de los invernaderos cierran a las 17.30 en verano y más temprano durante el invierno.

Cómo llegar y salir. A los jardines de Kew se puede llegar tanto en metro como en tren. Al salir de la estación, se avanza hacia el oeste por Station Parade, se cruza Kew Gardens Rd y se continúa por Lichfield Rd. Esta última lleva a la puerta Victoria.

Como alternativa, de marzo a septiembre (con servicios reducidos en octubre) se puede ir en las barcas de la Westminster Passenger Services Association (☎ 7930 4721, www. wpsa.co.uk), que van del embarcadero de Westminster a los jardines de Kew cinco veces al día. Véanse más detalles en "Circuitos organizados" del capítulo *Cómo desplazarse*.

RICHMOND Y TWICKENHAM (plano 1)

Si hay algún lugar en Londres que pueda ser denominado como pueblo, ése es sin duda Richmond, con sus encantadores campos y sus paisajes ribereños. Del palacio de Richmond, al sur del parque Old Deer, donde murió Isabel I en 1603, sólo queda el puesto de guardia de ladrillos rojos con el nombre de Enrique VII y un patio. Lo más interesante es el parque de Richmond, el más grande y rural de todos los parques reales. Se puede llegar a pie desde Kew, siguiendo el río hacia Twickenham, al otro lado del puente de Richmond.

Twickenham siempre estará asociado al rugby y allí se puede encontrar uno de los pocos museos del mundo dedicados a este deporte. Aparte de esto no hay mucho más que ver, a no ser la residencia Marble Hill con sus vistas al Támesis.

Parque de Richmond

Uno de los más bellos y salvajes parques de la capital británica, el **Richmond** *(☎ 8948 3209, Richmond, Surrey; ⊖ Richmond; abierto diariamente desde las 7.00 hasta el anochecer entre marzo y septiembre, y desde las 7.30 hasta el anochecer entre octubre y febrero)* tiene una extensión de más de 1.000 hectáreas y es ámbito propicio para todo tipo de fauna, desde rebaños de ciervos colorados y gamos hasta los más esquivos zorros y tejones. Constituye un lugar espléndido para los observadores de aves, pues posee muy diversos hábitats, desde ordenados jardines hasta bosques y varias charcas. El filósofo Bernard Russell (1872-1970) creció en Pembroke Lodge, ahora un ***salón de té*** con bellas vistas desde su terraza en la parte trasera. Eduardo VIII nació en White Lodge, del siglo XVIII. La plantación Isabella adquiere su máximo explendor en abril y mayo, cuando los rododendros y las azaleas están en flor.

Cómo llegar y salir. Desde la estación de metro de Richmond hay que torcer a la izquierda por George St, que se extiende hasta el puente de Richmond y luego se divide. A la izquierda, por la bifurcación, se sigue hasta la colina de Richmond, donde se recomienda contemplar las magníficas vistas que estimularon las pinceladas de Gainsborough y Turner, y después se continúa hasta la Royal Star & Garter Home (a la izquierda) construida para los mutilados en los conflictos del siglo XX, desde la Segunda Guerra Mundial hasta la del Golfo. Cruzando la carretera (un cruce peligroso), se halla Richmond Gate y la entrada principal del parque.

Residencia Ham

Ham House (*☎ 8940 1950, www.nationaltrust.org.uk, Ham, Richmond, Surrey; ⊖ Richmond, luego autobús 371; casa y jardín adultos/niños entre 5 y 15 años/familias 6/3/15 £, sólo jardines adultos/niños entre 5 y 15 años 2£/75 p; la casa abre de abril a octubre de lunes a miércoles, sábados y domingos de 13.00 a 17.00; los jardines abren de abril a octubre de lunes a miércoles, sábados y domingos de 11.00 a 18.00)*, considerado un "Hampton Court en miniatura", se construyó en 1610 y llegó a ser la casa del primer conde de Dysart, un desafortunado individuo que se convirtió en víctima propiciatoria de Carlos I, ya que le tocó sufrir las consecuencias de todas las cosas mal hechas por el rey. En su interior, el mobiliario es más suntuoso de lo imaginable; la Gran Escalera resulta un magnífico ejemplo de ebanistería estilo Estuardo. Se pueden ver, en el techo, las pinturas de Antonio Verrio, que también trabajó en el palacio de Hampton Court, así como una miniatura de Isabel I, obra de Nicholas Hilliard. Hay otras pinturas de Constable, Reynolds y Kneller. El parque de Ham se extiende por una pendiente que llega al Támesis; también cuenta con unos sobrios y agradables jardines del siglo XVII.

Museo del Rugby

Es un moderno museo que llama la atención de los amantes de este deporte. El Museo del Rugby (*☎ 8892 8877, www.rfu.com, Gate K, Twickenham Stadium, Rugby Rd, Twickenham; ⊖ Hounslow East, después autobús 281 o estación de Twickenham; adultos/precio reducido 3/2 £, visita guiada por el estadio y el museo 5/3 £; abierto de 10.00 a 17.00 de martes a sábados, de 14.00 a 17.00 los domingos)* está escondido detrás de las gradas, al este del estadio. Aquí se pueden revivir aquellos viejos e importantes partidos en vídeo y luego visitar los campos. Las visitas guiadas salen a las 10.30, 12.00 y 13.30 (con una salida adicional los domingos a las 15.00), excepto los días de partido.

Residencia de Marble Hill

Marble Hill House (*☎ 8892 5115, www.english-heritage.org.uk, Richmond Rd, Twickenham; estación St Margaret's; adultos/jubilados y estudiantes/niños entre 5 y 15 años 3,30/2,50/1,70 £; abierta de abril a octubre todos los días de 10.00 a 18.00, de noviembre a marzo de miércoles a domingos de 10.00 a 16.00)* es un nido de amor de estilo palladiano, del siglo XVIII, que en un principio se construyó para la amante de Jorge II, Henrietta Howard, pero después ocupó Mrs. Fitzherbert, la esposa secreta de Jorge IV. El poeta Alexander Pope participó en la concepción del parque, que llega hasta el Támesis. Dentro se puede ver una exposición sobre la vida y la época de Henrietta, así como una colección de muebles de estilo georgiano temprano.

Para llegar, desde la estación St Margaret's, se debe tomar a la derecha por St Margaret's Rd; tras la bifurcación, continuar por la derecha de Crown Rd; luego torcer a la izquierda por Richmond Rd; finalmente, a la derecha por Beauford Rd y atravesar el parque de Marble Hill hasta encontrar la casa.

HAMPTON

Al suroeste de Londres, el magnífico palacio de Hampton Court (véase el mapa de los alrededores de Londres en el capítulo *Excursiones)* se levanta sobre una extensión de 400 hectáreas de parque poblado de arbustos, una explanada casi salvaje donde pastan percherones colorados y gamos.

Palacio de Hampton Court

En 1514, el cardenal Thomas Wolsey, lord canciller de Inglaterra, decidió construirse un palacio, como una muestra más de su ya conocida prepotencia (*☎ 8781 9500, www.frp.org.uk, East Molesy, Surrey; estación Hampton Court; entrada combinada adultos/jubilados y estudiantes/niños entre 5 y 15 años/familias 10,80/8,50/7,20/32,30 £; sólo jardines, adultos/niños entre 5 y 15 años 2,50/1,30 £; sólo laberinto, adultos/niños entre 5 y 15 años 2,50/1,60 £; billete combinado de Hampton Court y Torre de Londres adultos/jubilados y estudiantes/niños entre 5 y 15 años/familias 19/14,50/12,50/55,50 £; abierto desde mediados de marzo a finales de octubre de 10.15 a 18.00 los lunes y de 9.30 a 18.00 de martes a domingos; el resto del año de 10.15 a 16.30 los lunes y de 9.30 a 16.30 de martes a domingo*). Desgraciadamente, ni siquiera Wolsey pudo conseguir del papa que concediera a Enrique VIII el divorcio de Catalina de Aragón y las relaciones entre el rey y el canciller se deterioraron rápidamente. Con este telón de fondo, sólo hay que echar una ojeada a Hampton Court para comprender por qué Wolsey se sintió obligado a ofrecérselo quince años después al monarca, no muy dado a que nadie interfiriera en sus dominios. El desventurado cardenal fue acusado de alta traición, pero murió antes de que se celebrara el juicio, en 1530.

RACHEL IMESON

Hampton deslumbra por su desconcertante laberinto y su asombroso palacio.

Tan pronto se hizo con el palacio, el rey se dedicó a ampliarlo, añadió el Gran Hall, la capilla real y ensanchó las cocinas. En 1540 ya se había convertido en uno de los palacios más grandes y sofisticados de Europa. A finales del siglo XVII, Guillermo III y María II contrataron los servicios de sir Christopher Wren para que llevara a cabo una nueva ampliación, que daría como resultado una hermosa combinación de arquitectura de estilo Tudor y "Barroco mesurado".

En la actualidad, constituye la estructura Tudor más amplia y excelsa de Inglaterra, rica en historia, con hermosos jardines y un famoso laberinto de 300 años de antigüedad. Para ver el palacio detenidamente conviene dedicarle bastante tiempo, teniendo en cuenta que, si se llega en barca desde el centro de Londres, en el viaje se empleará casi la mitad del día.

Orientación. Hay que asegurarse de adquirir un folleto en la oficina de venta de entradas de **Trophy Gate** (la puerta principal), donde se especifican los programas diarios, lo que hará más fácil planificar el recorrido. También es muy importante estar al corriente de las visitas guiadas gratuitas, para las que conviene reservar con antelación.

Mientras se asciende por el camino que conduce al palacio, se puede contemplar la magnitud de la fachada de ladrillo rojo, con sus características chimeneas de estilo Tudor y su puerta robusta. Atravesando la entrada principal se llega primero a **Base Court** y después a **Clock Court**, cuyo nombre proviene del magnífico **reloj astronómico** del siglo XVI que muestra al sol dando vueltas alrededor de la tierra. Después está **Foun-**

tain Court. Desde el Clock Court se pueden recorrer los seis conjuntos de habitaciones que hay en el complejo.

Las escaleras de la puerta de Ana Bolena llevan a los **aposentos oficiales** de Enrique VIII, entre los que se encuentra el Gran Hall, la habitación individual más grande de todo el palacio, decorada con tapices y un espectacular techo de tracería de madera del tipo *hammer-beam,* desde donde miran hacia abajo unas pequeñas caras pintadas. Un vestíbulo en el que cuelgan cornamentas conduce a la **gran cámara de vigilancia,** donde los guardias controlaban el acceso al rey; ésta es la última estancia reformada en tiempos de Enrique VIII. Según se sale de ella se entra a la cámara de los pajes, más pequeña, y a la galería embrujada. La quinta mujer de Enrique, Catherine Howard, fue acusada de adulterio y arrestada en el palacio en 1542. Se las arreglaba para esquivar a sus guardias y corría gritando por el pasillo en busca del rey. Se dice que su alma en pena aún lo sigue haciendo.

Más allá del corredor se llega a la preciosa **capilla real,** que se construyó en tan sólo nueve meses. El banco real, que forma parte del ajuar de los aposentos oficiales, queda situado por encima del altar. Aunque el techo abovedado, de tonos dorados y azules, estaba destinado en un principio a la iglesia de Cristo, en Oxford, se instaló aquí. El retablo del siglo XVIII fue tallado por Grinling Gibbons.

También de los tiempos de Enrique VIII son las **cocinas Tudor,** a las que se puede acceder desde la puerta de Ana Bolena, y en las que se llegaban a preparar comidas para 1.200 personas. Han sido adaptadas para parecerse todo lo posible a las que había en la época de los Tudor; los sirvientes de palacio encienden los fogones para asar avutardas. No hay que perderse la gran bodega, que tenía capacidad para 300 barriles de cerveza y otros 300 de vino, cantidad que se consumía aquí anualmente a mediados del siglo XVI.

Volviendo al Clock Court y pasando bajo la columnata, hacia la derecha, se llega a los **aposentos del rey,** construidos por Wren para Guillermo III hacia finales del siglo XVII. Sufrieron daños importantes durante un incendio ocurrido en 1986, pero ahora se hallan completamente restaurados.

Un recorrido por los aposentos lleva hasta la gran escalera del rey, pintada alrededor de 1700 por Antonio Verrio, quien halagaba al monarca comparándolo con Alejandro Magno. Después se sale a la **cámara de la guardia,** repleta de pistolas, bayonetas y espadas, que conduce a la King's Presence Chamber. Domina esta sala un trono adornado con guirnaldas escarlata y un retrato ecuestre de Guillermo III realizado por Godfrey Kneller.

Lo siguiente en el recorrido es el comedor del rey, en el que Guillermo III habría cenado algunas veces en público; más adelante, la cámara privada del rey, donde se recibía a los embajadores; el candelabro y el trono adoselado se restauraron cuidadosamente tras los daños sufridos en el incendio de 1986. Más allá se halla la King's Withdrawing Room, donde tenían lugar las reuniones más íntimas. El **gran dormitorio del rey,** espléndido, posee una cama cubierta de plumas de avestruz, donde se vestía ceremoniosamente al soberano cada mañana. En realidad, Guillermo III dormía en un pequeño dormitorio contiguo.

Las escaleras de atrás, cercanas al vestidor del rey, conducen a otros tres vestidores, panelados de madera y decorados con pinturas y tallas de Grinling Gibbons. Después se atraviesa un invernadero que lleva a la sala privada de dibujo del rey y al comedor, decorado con pinturas de Kneller del *Hampton Court Beauties.*

A la esposa de Guillermo de Orange, María II, le correspondían los **aposentos de la reina,** a los que se podía acceder desde la escalera de la reina, decorada por William Kent. Cuando ella murió, en 1694, todavía no se habían terminado los trabajos en estas habitaciones; llegaron a completarse durante el reinado de Jorge II. Ahora se encuentran tal y como estaban cuando la reina Carolina las usó para su esparcimiento, entre 1716 y 1737.

Si se comparan con los aposentos oficiales, los de la reina parecen más austeros, aunque la cámara de audiencias posee un trono tan imponente como el del rey. Si se atraviesa la sala de dibujo de la reina se llega al **dormitorio oficial,** lugar que la soberana empleaba para celebrar sus recepciones (reuniones matinales) más que para dormir. En la galería de la reina hay colgados tapices del siglo XVIII que describen las peripecias de Alejandro Magno. Arriba, donde se escucha el sonido de la elegante Fountain Court de Wren, se encuentran las **salas georgianas,** que emplearon Jorge II y la reina Carolina en la última visita de la corte al palacio en 1737. Las primeras habitaciones a las que se entra se diseñaron para alojar al segundo hijo de éstos, el duque de Cumberland, cuya cama es lamentablemente pequeña comparada con la grandeza de todo lo demás. El vestidor de Wolsey fue restaurado en 1888 para que se asemejase a lo que habría sido una de las habitaciones más pequeñas en la época de los Tudor. La galería de comunicaciones fue construida por Guillermo III y está decorada con los retratos de Peter Lelys conocidos como las **Windsor Beauties,** las mujeres más bellas de la corte de Carlos II. Más adelante se encuentra la galería de tapices, donde estaban colgados los cartones de Rafael (que ahora se encuentran en el Museo Victoria y Alberto); en la actualidad hay que conformarse con copias de finales del siglo XVII.

Más allá se hallan las habitaciones privadas de la reina: su salita y su dormitorio, donde ella y el rey dormían cuando querían estar solos. Tienen especial interés el baño de la reina, donde se lavaba humedeciendo un paño en un cubo, además del oratorio con su alfombra persa del siglo XVI.

Después de haber recorrido el interior del palacio, todavía quedan por visitar los espléndidos jardines. En ellos se puede ver la **pista de tenis real,** que data de la década de 1620 y fue diseñada para jugar a esta versión del juego, bastante diferente de la actual. Son magníficos los **jardines Riverside,** de 24 hectáreas, que han sido objeto de reforma. En ellos se puede encontrar la **gran parra,** que se plantó en 1768 y todavía produce 300 kg de uvas al año; es muy antigua, pero no la más vieja del mundo, como se dice. La Stara Trta (vieja parra), en el centro de Maribor, Eslovenia, fue plantada hace más de cuatro siglos y todavía produce unos 35 litros de vino tinto cada año. El Lower Orangery del jardín alberga las nueve pinturas de Andrea Mantegna *Triunfos de César,* que compró Carlos I en 1629; la Banqueting House fue proyectada por Guillermo III y pintada por Antonio Ebrio; las pantallas de hierro son obra de Jean Bijou.

Nadie debe abandonar Hampton Court sin entrar en el famoso **laberinto** de 800 m de longitud, hecho con madera de carpe y tejo, plantados en 1690. Sólo una advertencia: se tarda una media de 20 minutos en llegar al centro.

Los paseos en carruaje por los jardines cuestan 9 £ y duran 20 minutos.

Cómo llegar y salir. Hay trenes cada media hora desde Waterloo hasta la estación de Hampton Court.

También se puede llegar al palacio desde el muelle de Westminster, en el centro de Londres, con una de las tres barcas que la compañía Westminster Passenger Services Association (☎ 7930 4721, www.wpsa.co.uk) pone en circulación desde abril a septiembre, con precio reducido durante el mes de octubre. Para más información, véase "Circuitos organizados" en el capítulo *Cómo desplazarse*.

ISLEWORTH, BRENTFORD Y EALING (plano 1)

Isleworth es un barrio tranquilo cercano al Támesis, sin mucho que ofrecer a los turistas excepto la residencia Osterley y su elegante parque. Brentford es igualmente soso, une Kew con Osterley y Ealing. Puede presumir de la magnífica residencia Syon. Algunas partes de Ealing, conocidas por sus estudios de cine, son razonablemente atrayentes, por ejemplo la mansión Pitshanger, una casa solariega de retiro diseñada por John Soane.

Parque y residencia Osterley

Con 120 hectáreas de parque y tierras de cultivo, Osterley House *(☎ 8232 5050, www.nationaltrust.org.uk, Osterley Park, fuera de Jersey Rd, Isleworth; ⊖ Osterley; visita a la casa adultos/niños entre 5 y 15 años/familias 4,30/2,15/10,50 £, entrada al parque gratuita, casa abierta de 13.00 a 16.30 de miércoles a domingos de abril a octubre, parque abierto desde las 9.00 hasta el anochecer to-*

dos los días durante todo el año) se construyó en 1575 para que sirviera de retiro campestre a Thomas Gresham, el responsable de la Bolsa, aunque en el siglo XVIII sufrió una importante remodelación llevada a cabo por Robert Adam. Los espléndidos estucos, los muebles y las pinturas constituyen una atracción en sí mismos, aunque la mayoría de los visitantes piensen que la cocina del piso inferior y los establos son aún más interesantes.

Para llegar desde la estación de metro de Osterley, hay que tomar dirección este por Great West Rd y torcer a la izquierda en Thornbury Rd, que lleva a Jersey Rd y a la entrada del parque. La casa está a unos 500 metros hacia el norte.

Residencia Syon

Syon House *(☎ 8560 0881, www.syonpark.co.uk, Syon Park, Brentford; estación de Syon Lane; adultos/jubilados, estudiantes y niños entre 5 y 15 años/familias 6,25/5,25/15 £; abierto miércoles, jueves y domingos de 11.00 a 17.00 desde mediados de marzo hasta ocutbre)* es un ejemplo espléndido de las majestuosas casas inglesas. En ella, lady Jane Grey ascendió al trono en 1554 para un reinado de nueve días. Remodelada por Robert Adam en el siglo XVIII, que también se ocupó de los muebles, destaca además por sus paneles de roble. El interior se planificó atendiendo a rasgos específicos según los géneros: colores rosa pastel y púrpura para la galería de las damas; imitaciones de esculturas romanas para el comedor de los caballeros. Los jardines, con un lago y un gran invernadero del siglo XIX, fueron proyectados por el paisajista Capability Brown.

Mansión Pitshanger

Pitshanger Manor *(☎ 8567 1227, www.ealing.gov.uk/pitshanger, Walpole Park, Mattock Lane W5; ⊖ Ealing Broadway; gratuita; abierta de 10.00 a 17.00 de martes a sábado)* fue comprada por el arquitecto John Soane en 1800 y reconstruida según el estilo Regencia. Algunas partes de esta casa solariega albergan una colección de cerámica, elaborada por los hermanos Martin de Southall a finales del siglo XIX. No todo el mundo se percata de sus diseños grotescos, aunque los jarrones en forma de búhos con cabezas giratorias son francamente divertidos. Hay otra galería adyacente en la que se realizan exposiciones temporales.

Otros lugares de interés

MUSEOS Y EDIFICIOS PÚBLICOS

Abundan en Londres otros museos más pequeños y edificios públicos. Sin embargo, hay que tener en cuenta que algunos están dirigidos a especialistas y sus horarios son muy restringidos.

Brunel's Engine House (plano 9)
(☎ 7231 3840 o 8806 4325, Railway Ave SE16; ⊖ Rotherhithe; adultos/jubilados, estudiantes y niños entre 5 y 15 años/familias 2/1/5 £; abierta de 13.00 a 17.00 sábados y domingos entre abril y octubre, y de 13.00 a 17.00 los domingos entre noviembre y marzo). La Engine House fue diseñada por Isambard Brunel para drenar el túnel del Támesis, el primero del mundo que pasa por debajo del agua (1825-1843) y que ahora sólo funciona para los trenes. Se incluye una visita guiada a Rotherhithe

Casa de John Wesley, capilla y museo metodista (plano 4)
(☎ 7253 2262, 49 City Rd EC1; ⊖ Old Street; adultos/jubilados, estudiantes y niños/ domingos 4/2 £/gratuito; abierto de 10.00 a 16.00 de lunes a sábado y de 12.00 a 14.00 los domingos). La capilla, el museo y la casa, muy bien conservados, exhiben objetos relacionados con la religión metodista y con Wesley.

House Mill (plano 1)
(☎ 8980 4626, Three Mill Lane E3; ⊖ Bromley-by-Bow; adultos/precio reducido 2/1 £; abierta de 14.00 a 16.00 los domingos entre mayo y octubre). Es el molino de agua más grande que queda en el Reino Unido (1772); se usaba para hacer harina y daba energía a una destilería. Se pueden hacer visitas guiadas. Se monta un pequeño mercado de artesanía el primer domingo de cada mes.

Karl Marx Memorial Library (plano 4)
(☎ 7253 1485, 37a Clerkenwell Green EC1; ⊖ Farringdon; gratuita; abierta de 13.00 a 18.00 los lunes, de 13.00 a 20.00 de martes a jueves, y de 10.00 a 13.00 los sábados). Ésta es la librería en la que Lenin preparó 17 ediciones del periódico en lengua rusa *Iskra* (Chispa).

Laboratorio de Alexander Fleming (plano 5)
(☎ 7725 6528, St Mary's Hospital, Praed St W2; ⊖ Paddington; adultos/precio reducido 2/1 £; abierto de 10.00 a 13.00 de lunes a jueves). Es una reconstrucción del laboratorio en el que Fleming descubrió en 1928, por accidente, la penicilina.

Museo del Canal de Londres (plano 4)
(☎ 7713 0836, www.canalmuseum.org.uk, 12-13 New Wharf Rd N1; ⊖ King's Cross; adultos/jubilados, estudiantes y niños 2,50/1,25 £; abierto de 10.00 a 16.30 de martes a domingo). Es un almacén victoriano con un pequeño museo sobre la vida en los canales de Londres.

Museo Faraday (plano 7)
(☎ 7409 2992, Royal Institution, 21 Albemarle St W1; ⊖ Green Park, entrada 1 £; abierto de 10.00 a 17.00 de lunes a viernes). Este santuario está dedicado a Michael Faraday (1791-1867), pionero del electromagnetismo e inventor de la batería eléctrica. Aquí se recrea el viejo laboratorio de la institución en la que enseñaba.

Museo de Juguetes de Pollock (plano 6)
(☎ 7636 3452, www.pollacks.cwc.net, 1 Scala St W1; ⊖ Goodge Street; adultos/menores de 18 años 3/1,50 £; abierto de 10.00 a 17.00 de lunes a sábado). Colección de juguetes distribuidos en media docena de habitaciones, entre ellos trenes antiguos y teatros en miniatura.

Museo de Kew Bridge Steam (plano 1)
(☎ 8568 4757, www.kbsm.org, Green Dragon Lane, Brentford; estación de Kew Bridge; adultos/jubilados y estudiantes/niños entre 5 y 15 años 3/2/1 £, de lunes a viernes, o 4/3/2 £ sábados y domingos; abierto diariamente de 11.00 a 17.00). La estación de bombeo restaurada en el siglo XIX tiene cinco máquinas con balancín de Cornualles, dos de las cuales sueltan vapor los fines de semana.

Museo Musical (plano 1)
(☎ 8560 8108, 368 High St, Brentford; estación Kew Bridge; adultos/precio reducido 3,20/2,50 £; abierto de 14.00 a 17.00 sábados y domingos entre abril y octubre). Es una iglesia transformada que alberga una colección de instrumentos musicales mecánicos. Se realizan visitas de 90 minutos de duración.

Museo Petrie de Arqueología Egipcia (plano 3)
(☎ 7679 2884, University College London, Malet Place WC1; ⊖ Goodge Street; gratuito; abierto de 13.00 a 17.00 de martes a viernes y de 10.00 a 13.00 los sábados). Se trata de una magnífica colección de objetos egipcios, especialmente retratos de momias.

Museo de la Real Fuerza Aérea (plano 1)
(☎ 8205 2266, www.rafmuseum.org.uk, Grahame Park Way NW9; ⊖ Colindale; adultos/jubilados/estudiantes y niños entre 5 y 15 años 7/5,50/4,50 £; abierto diariamente de 10.00 a 18.00). Es un enorme museo situado en el viejo aeródromo de Hendon, que expone 70 aviones y máquinas voladoras, además de un simulador de vuelo.

Ragged School Museum (plano 2)
(☎ 8980 6405, 46-50 Copperfield Rd E3; ⊖ Mile End; gratuito; abierto de 10.00 a 17.00 de miércoles a jueves, y de 14.00 a 17.00 los primeros domingos de cada mes). Pequeño pero excelente museo del East End que proporciona información sobre las casas de acogida de niños del doctor Barnado y también sobre educación.

Residencia Sutton (plano 2)
(☎ 8986 2264, www.nationaltrust.org.uk, 2 y 4 Homerton High St E9; estación Hackney Central; adultos/niños entre 5 y 16 años/familias 2,10 £/60 p/4,80 £; abierto de 11.30 a 17.30 miércoles y domingos de febrero a noviembre. Es una impresionante casa de ladrillos rojos del East End, estilo Tudor, con ampliaciones y jardines del siglo XVIII.

GALERÍAS

Junto con las galerías públicas de arte descritas en este capítulo, Londres cuenta, además, con pequeñas galerías comerciales que acogen exposiciones temporales a lo largo del año. La revista gratuita *New Exhibitions of Contemporary Art* (www.newexhibitions.com), de publicación semanal, disponible en la mayoría de las salas de arte, informa sobre lo que se puede ver y dónde.

A continuación se sugiere una serie de ellas. En las calles Cork, New Bond u Old Bond (todas en W1), se pueden descubrir otras posibilidades.

Chinese Contemporary Art Gallery (plano 6)
(☎ 7499 8898, www.chinesecontemporary.com, 21 Dering St W1; ⊖ Bond St). Especializada en arte contemporáneo de jóvenes artistas chinos.

Crafts Council (plano 4)
(☎ 7278 7700, www.craftcouncil.org.uk, 44a Pentonville Rd N1; ⊖ Angel). Ésta es la mayor organización del Reino Unido dedicada a la artesanía.

Lamont Gallery (plano 2)
(☎ 7602 3232, www.lamontart.com, 3 Swanscombe Rd W11; ⊖ Holland Park). Esta galería, que tiene algunas hermosas esculturas, se ha desplazado de Roman Rd E2 en favor del elegante parque Holland, en contra de lo que todo el mundo hace.

London International Gallery of Children's Art (plano 12)
(☎ 7435 0903, www.ligca.org, 02 The Centre, 255 Finchley Rd NW3; ⊖ Finchley Rd). Es la única galería de Londres dedicada al trabajo artístico de los niños.

Matt's Gallery (plano 2)
(☎ 8983 1771, 42-44 Copperfield Rd E3; ⊖ Mile End). Es un espacio interesante que invita a los artistas a hacer lo que quieran o, mejor dicho, lo que *sientan*. Hay que ir dispuesto a sorprenderse.

Photographer's Gallery (plano 8)
(☎ 7831 1772, www.photonet.org.uk, 5-8 Great Newport St WC2; ⊖ Leicester Square). Aquí se realizan las mejores exposiciones de fotografía contemporánea.

White Cube² (plano 4)
(☎ 7930 5373, www.whitecube.com, 48 Hoxton Square N1; ⊖ Old Street). Esta galería de moda en la modernizada zona de East London muestra toda la actualidad del momento.

Actividades

ESCALADA

No es el Everest, ni siquiera el Matterhorn, pero el **Castle Climbing Centre (plano 1)** *(☎ 8211 7000, www.castle-climbing.co.uk, Green Lanes N4; ⊖ Manor House, o autobús: 171A o 141)* es el principal centro de escalada del país, al que pueden acudir desde principiantes hasta expertos. Abre de 14.00 a 22.00 de lunes a viernes y de 10.00 a 19.00 los sábados y domingos. Otro sitio parecido es **Mile End Climbing Wall (plano 2)** *(☎ 8980 0289, Haverfield Rd, al final de Grove Rd E3; ⊖ Mile End)*, abierto de 12.00 a 21.30 de lunes a viernes y de 10.00 a 18.00 los fines de semana.

GOLF

Si uno no se resiste a la tentación del golf, la capital cuenta con varios campos estupendos en las afueras. Uno de los más cercanos es **Chingford Golf Club** *(☎ 8529 2107, 158 Station Rd E4; ⊖ Chingford)*. Los precios del *green* son 10,80/14,50 £ días laborables/fines de semana. También están el **Brent Valley Golf Course (plano 1)** *(☎ 8567 1287, Church Rd, Cuckoo Lane W7; estación Hanwell)* y el **Richmond Park Golf Course (plano 1)** *(☎ 8876 3205, www.gcmgolf.com, Roehampton Gate, Priory Lane SW15; estación de Barnes)*.

HÍPICA

Si se desea montar a caballo por los 8 km de caminos de brida de Hyde Park, se pueden alquilar los caballos en **Hyde Park Stables (plano 5)** *(☎ 7723 2813, www.hydeparkstables.com, 63 Bathurst Mews W2; ⊖ Lancaster Gate)*. Los precios son 32/350 £ por hora entre semana/fin de semana o 250/270 £ por 10 horas. Las clases cuestan 34/300 £ por hora/10 horas. Abre de 10.00 a 18.00 de martes a viernes y de 8.30 a 16.15 los sábados y domingos.

BAÑOS PÚBLICOS

Si se visita la capital británica durante un caluroso verano, puede ser muy útil encontrar un sitio donde refrescarse. En las zonas medieval y Tudor hay muchos baños públicos, conocidos como *stews*, de dudosa reputación. Todavía en el siglo XIX, la capital contaba con una docena de baños públicos,

MARTIN MOOS

Se puede practicar el golf en cualquiera de los clubes especializados de Londres.

de los cuales casi ninguno sobrevive, pero merece la pena visitar los que aún existen.

En el **Porchester Spa (plano 5)** *(☎ 7792 3980, Porchester Centre, Queensway W2; ⊖ Bayswater/Royal Oak)*, construido en 1926, hay una pequeña piscina en medio de una sala embaldosada estilo Art Déco. El cliente se puede relajar y disfrutar de las tres saunas turcas, los dos baños de vapor rusos, la sauna finlandesa, los baños termales y la piscina; la entrada cuesta 18,95 £ por persona y 26,75 £ por pareja. También se practican una gran variedad de masajes (cuestan entre 20 y 36 £). Los baños termales abren para los hombres de 10.00 a 22.00 (la última hora de entrada es a las 20.00) los lunes, miércoles y sábados; y para las mujeres, los martes, jueves y viernes a la misma hora y los domingos de 10.00 a 18.00. También los domingos de 16.00 a 22.00, para ambos sexos.

Una alternativa más barata (pero no tan exclusiva) es el **Ironmonger Row Baths (plano 4)** *(☎ 7253 4011, 1 Ironmonger Row EC1; ⊖ Old Street)*, el baño turco más cercano a Londres (la entrada cuesta 10 £ por las tardes y fines de semana y 6,20 £ por las mañanas). Cuenta con baños de vapor, sauna y piscinas. Abre para los hombres de 9.00 a 21.30 los martes y jueves y de 9.00 a 18.30 todos los sábados; para las mujeres, de 9.00 a 21.30 los miércoles y viernes y de 10.00 a 18.30 los domingos. Los lunes, de 14.00 a 21.30, abren para ambos sexos.

DOUG McKINLAY

Montar a caballo es una refinada forma de viajar.

Una opción exclusiva para mujeres es **The Sanctuary (plano 8)** *(☎ 7420 5104, 11-12 Floral St WC2; ⊖ Covent Garden)*. El precio de un día para las socias es tan elevado, que sin duda merecen un trato *muy* especial (58 £ de lunes a jueves, 68 £ de viernes a domingos y 35 £ sólo las tardes del jueves y el viernes de 17.00 a 22.00). Tiene una sauna, un baño de vapor, un hidromasaje y un par de piscinas. También se ofrecen toda clase de tratamientos de belleza. Abre de 9.30 a 18.00 de lunes a miércoles, de 9.30 a 22.00 jueves y viernes y de 10.00 a 18.00 sábados y domingos.

PATINAJE

Los amantes de los patines en línea querrán asistir a la concentración semanal de dos horas por Hyde Park, que empieza en el arco de Wellington, Hide Park Corner W1 (⊖ Hyde Park) los viernes a las 19.00; véase la página www.citiskate.com

Si no se dispone de patines, es posible alquilarlos en **Snow & Rock (plano 5)** *(☎ 7937 0872, www.sonwandrock.com, 188 Kensington High Street W8; ⊖ High Street Kensington)*. Los precios de alquiler durante 24 horas (incluyendo protecciones) son de 10/15 £ patines normales/profesionales, 15/22 £ fines de semana (desde las 15.00 del viernes hasta las 12.00 del lunes), y entre 30 £ y 42 £ una semana. Hay que dejar un depósito de 150 £ (se aceptan tarjetas de crédito). Este establecimiento abre de 10.00 a 18.00 de lunes a miércoles y los viernes, de 10.00 a 19.00 los jueves, de 9.00 a 18.00 los sábados y de 11.00 a 17.00 los domingos.

Para patinar sobre hielo, la **Broadgate Ice Rink (plano 9)** *(☎ 7505 4608, Broadgate Centre, Eldon St EC2; ⊖ Liverpool Street)* es una de las pocas pistas de hielo al aire libre del Reino Unido, y solamente abre desde octubre hasta abril. La entrada cuesta 5/3 £ (adultos/niños) más 2/1 £ el alquiler de los patines. En invierno, la **residencia Somerset** *(☎ 7413 3399 o 7845 4670, The Strand WC2; ⊖ Temple/Covent Garden)* inunda el centro de Great Court para convertirlo en una pista de patinaje sobre hielo que se ilumina por la noche. La entrada cuesta 6/4 £ (adultos/niños) y en el precio se incluye el alquiler de los patines.

Si se busca una pista que esté abierta durante todo el año, se debe ir más lejos. La **Streatham Ice Rink** *(☎ 8769 7771, www.streathamicearena.co.uk, 386 Streatham High Rd SW16; estación Streatham)* es una gran pista de hielo en la que también se pueden recibir lecciones de patinaje. Abre de 10.00 a 22.00 todos los días, con media hora de descanso para limpiar las pistas a las 15.30 y a las 19.00. La entrada cuesta 6,50/5,50 £ (adultos/menores de 12 años) e incluye los patines. El **Lee Valley Ice Centre (plano 1)** *(☎ 8533 3154, www.leevalleypark.org.uk, Lea Bridge Rd E10; estación de Clapton, luego autobús 48, 55 o 56)* abre de 12.00 a 16.00 y cuesta 4,70/3,70 £ más 1,20 £ por el alquiler de los patines.

ESQUÍ

Aunque es poca la gente que lo practica, es posible deslizarse por una pendiente de 200 metros, cubierta con una sustancia parecida a una alfombra de baño en **Mountaintop Beckton Alps Ski Centre (plano 1)** *(☎ 7511 0351, Alpine Way E6; ⊖ East Ham, luego autobús 101, DLR: Beckton)*. La sesión de dos horas cuesta 9/10 £ antes/después de las 18.00; también se pueden recibir clases por 25 £ la hora. Abre de 10.00 a 22.00 los lunes y martes y de jueves a sábados; de 10.00 a 23.00 los miércoles.

NATACIÓN

En casi todos los distritos de Londres hay una piscina; en algunos, varias. Para encontrar la dirección de la más cercana hay que consultar "Swimming pool" (Piscinas) o "Leasure Centres" (Centros de ocio) en las páginas amarillas o, si se dispone de tiempo, llamar a Sportline al ☎ 7222 8000, que normalmente comunica. Una de las piscinas más conocidas y céntricas es el **Oasis Sports Centre (plano 8)** *(☎ 7831 1804, 32 Endell St WC2; ⊖ Tottenham Court Road)*, que cuenta con una piscina al aire libre (abierta de 7.30 a 21.00 de lunes a viernes y de 9.30 a 17.00 sábados y domingos) y otra cubierta (abierta de 6.30 a 18.30 de lunes a viernes, y de 9.30 a 17.00 los sábados y domingos). La entrada cuesta 2,90/1,10 £ para adultos/niños entre 5 y 15 años.

Desde finales de junio hasta agosto se puede nadar en la piscina al aire libre **Serpentine Lido (plano 5)** *(☎ 7706 3422, al lado de Serpentine en Hyde Park)*. Abre de 10.00 a 17.30 todos los días y la entrada cuesta 2,70/1,70/60p/6 £ adultos/jubilados y estudiantes/niños entre 5 y 15 años/familias.

La piscina cubierta **Parliament Hill Lido (plano 12)** *(☎ 7485 3873, Gordon House Rd NW5; estación Gospel Oak)* abre de 7.00 a 18.30 –cierra media hora, de 9.30 a 10.00–, todos los días de mayo a septiembre; de 7.00 a 9.30 de octubre a abril. La entrada es gratis hasta las 9.30, pero después de las 10.00 cuesta 3,50/1,50/7 £ adultos/niños entre 5 y 15 años/familias.

Los más osados pueden ir a los cercanos **Hampstead Heath Ponds (plano 12)** en el extremo oeste del parque *(☎ 7485 4491, Hampstead Heath NW3; estación Hampstead Heath/Gospel Oak)*. Permanecen abiertos desde las 7.00 hasta el anochecer todos los días. Estos estanques son muy populares en verano.

TENIS

Aunque la mayoría de los parques de la ciudad tienen pistas de tenis, suelen estar reservadas con semanas de antelación. Veáse www.londontennis.co.uk para informarse de los lugares más próximos. La Lawn Tennis Association *(☎ 7381 7000, www.lta.org.uk, Queen's Club, Palliser Rd W14)* edita unos folletos muy útiles con los lugares en los que se puede jugar, que envía por correo previa entrega de un sobre franqueado con dirección. También se puede llamar a Sportsline al ☎ 7222 8000.

DEPORTES ACUÁTICOS

Es posible navegar por el Serpentine en Hyde Park; las barcas las alquila **Bluebirds Boats** *(☎ 7262 1330)* y están disponibles en verano por 3,50/5 £ media hora/una hora para los adultos y por 1/2 £ para los niños.

Si se desea otro tipo de deporte acuático no hay más remedio que ir a los Docklands. Para informarse de lo que hay disponible se debe contactar con **Docklands Watersports Club (plano 1)** *(☎ 7511 7000, Gate 14, King George V Dock, Woolwich Manor Way E16; DLR: Gallions Reach).* Abre de de 10.00 a 23.00 los lunes, jueves y domingos y de 10.00 a 14.00 los sábados y domingos.

También se puede practicar jet ski, esquí acuático y windsurf (se alquilan tablas entre 8 y 10 £ la hora) en los siguientes centros:

Docklands Sailing & Watersports Centre (plano 13) *(☎ 7537 2626, www.docklandswatersports.co.uk, 235a Westferry Rd, Millwall Docks E14; DLR: Crossharbour & London Arena).* Abre desde las 9.00 hasta el anochecer todos los días.

Peter Chilvers Windsurfing Centre (plano 1) *(☎ 7474 2500, Gate 6, Royal Victoria Dock, Tidal Basin Rd E16; DLR: Royal Victoria).* Abre desde las 10.00 hasta el anochecer todos los días.

Royal Victoria Dock Watersports Centre (plano 1) *(☎ 7511 2326, Gate 5, Royal Victoria Dock, Tidal Basin Rd E16; DLR: Royal Victoria).* Abierto de 9.00 a 18.00 lunes y miércoles, de 9.00 a 20.00 martes y jueves, y de 9.00 a 17.30 los domingos.

Cursos

No importa lo que se quiera estudiar, desde escultura hasta sánscrito, desde habilidades circenses hasta informática, porque en algún lugar de Londres se estará impartiendo el curso que se busca. Para obtener información puede comprarse por 3,75 £ la revista *Floodlight* (www.floodlight.co.uk), que se publica una vez al año en verano, y que detalla la mayoría de los cursos que se dan regularmente en toda la ciudad. Otra más barata es *On course* (2,95 £), que sale dos veces al año.

LENGUA

Cada año, miles de personas acuden a Londres para estudiar inglés en alguno de los centros de enseñanza que hay repartidos por toda la ciudad. El problema para el estudiante es encontrar uno que tenga buena reputación; para ello es conveniente dirigirse al **British Council (plano 8)** *(☎ 7930 8466, 10 Spring Gardens SW1; ⊖ Charing Cross).* Edita una lista de colegios acreditados que cumplen los requisitos mínimos de instalaciones, personal cualificado y apoyo. También ofrece información general a los estudiantes extranjeros sobre la oferta educativa en el Reino Unido. El British Tourist Authority también edita un folleto para quienes deseen estudiar en Londres.

A continuación se adjunta una lista de colegios que puede resultar de gran utilidad. Cualquiera de las ofertas de cursos contempla todos los niveles de estudio, que pueden realizarse a tiempo parcial o completo. También se ofrecen cursos intensivos de verano y clases particulares. Uno intensivo de cuatro semanas puede costar alrededor de 150 o 200 £; uno de 12 semanas, entre 300 y 400 £. Depende en gran medida de cuántas horas se dediquen al estudio.

Central School of English
(☎ 7580 2863, www.centralschool.co.uk, 1 Tottenham Court Rd W1; ⊖ Tottenham Court Road).

Frances King School of English
(☎ 7870 6533, www.francesking.co.uk, 77 Gloucester Rd, ⊖ Gloucester Road).

Holborn English Language Services
(☎ 7734 9989, 14 Soho St W1; ⊖ Tottenham Court Road).

London Study Centre
(☎ 7731 3549, www.londonstudycentre.com, Munster House, 676 Fulham Rd SW6; ⊖ Fulham Broadway).

COCINA

La veterana **Leith's School of Food & Wine (plano 5)** *(☎ 7229 0177, www.leths.com, 21 St Alban's Grove W8; ⊖ High Street Kensington)* ofrece cursos que van desde una breve demostración de cómo combinar adecuadamente las comidas y los vinos (45 £), hasta programas de un año de duración sobre gastronomía y enología, tras los que se obtiene un diploma (cuestan 11.600 £). Si se desea más información, se debe contactar con el centro.

Dónde dormir

La zona que el visitante escoja para alojarse en Londres condicionará su estancia en la ciudad. Si se quiere conocer el Londres multiétnico, nada mejor que Notting Hill o Brixton. Si la imagen que uno se ha forjado de la capital británica corresponde a nobles palacetes georgianos, calles con forma de media luna y parques privados en medio de plazas arboladas, el sitio indicado es Chelsea o South Kensington. Quienes tengan sed de cultura o inquietudes literarias han de encaminarse a Kensington, Bloomsbury o Fitzrovia. Si interesa el Londres cotidiano de vendedores ambulantes y acento *cockney*, conviene optar por el East End. Y si se quiere diversión, se recomienda Earl's Court o Shepherd's Bush.

Por desgracia, el alojamiento, con independencia del lugar elegido, se lleva una buena parte del presupuesto. Como la demanda supera a la oferta –sobre todo en la categoría económica–, vale la pena tener reservadas de antemano unas cuantas noches, sobre todo en julio y agosto. Además, las habitaciones individuales escasean y los establecimientos hoteleros se muestran reacios a alquilar una habitación doble a una sola persona, incluso en períodos de baja ocupación, sin cobrar un elevado recargo o aplicar la tarifa doble.

La calidad, aun en la categoría media, puede constituir otro problema. El grueso de las cartas enviadas por los lectores a Lonely Planet sobre Londres y la guía de Londres contienen quejas sobre la limpieza de los albergues, pensiones y algunos *bed and breakfasts (B&B)*, la "fauna" de las habitaciones e incluso los malos modales de los empleados. Se aconseja, pues, leer detenidamente las descripciones facilitadas en este capítulo antes de decidirse.

Todos los años, el London Tourist Board & Convention Bureau (☎ 7932 2000, www.londontouristboard.com) edita *Where to Stay & What to Do in London* (4,99 £), con una lista de hoteles, *B&B*, pensiones y apartamentos,

CHARLOTTE HINDLE

Si se quiere lujo y señorío (y la cuenta corriente responde), ¿por qué no ir al Savoy?

y también el folleto gratuito *Where to Stay on a Budget*. Asimismo, vale la pena visitar los portales www.frontdesk.co.uk, www.hotelsoflondon.co.uk y www.londonlodging.co.uk.

Los establecimientos mencionados en este capítulo permanecen abiertos todo el año, a menos que se indique lo contrario.

Oficinas de reserva

Es posible hacer reservas gratuitas para el mismo día en la mayor parte de las TIC de Londres; véase "Oficinas de turismo locales" en el capítulo *Datos prácticos*. Las reservas por teléfono o correo electrónico (☎ 7932 2020, abierto de 9.00 a 17.30 entre semana, de 10.00 a 14.00 los sábados, cbook@londontouristboard.co.uk) cuestan 5 £.

El British Hotel Reservation Centre (☎ 08 00 282888, www.bhrconline.com), en el vestíbulo principal de la estación Victoria, abre de 6.00 a 23.30 todos los días; las llamadas telefónicas se atienden las 24 horas.

First Option (☎ 7930 6885), antes llamado Thomas Cook Hotel & Travel Reservations Ltd., ofrece un servicio de reserva por unas 5 £. Esta empresa cuenta con un quiosco en el entresuelo del Britain Visitor Centre (plano 7), así como en las estaciones de Euston (☎ 7388 7435) y King's Cross (☎ 7837 56 81). En la estación Victoria se hallarán tres oficinas: en el andén 9 (☎ 7828 4646), en un quiosco situado fuera de la estación (☎ 7233 6754) y en la planta alta, cerca de la parada de taxis (☎ 7630 7067). También funcionan sendos puestos en el metro de South Kensington (☎ 7581 9766) y en la estación del aeropuerto de Gatwick (☎ 01293 529372).

Si el visitante quiere alojarse en un *B&B* o en una casa particular, puede formalizar su reserva por un mínimo de tres noches y un recargo del 5% a través de London Homestead Services (☎ 8949 4455, fax 8549 5492, lhs@netcomuk.co.uk, www.lhslondon.com), Coombe Wood Rd, Kingston-upon-Thames KT2 7JY. Bed & Breakfast Reservations Service (☎ 01491 578803), PO Box 66, Henley-on-Thames RG9 1XS, se especializa en el centro de Londres. Host & Guest Services (☎ 7385 9922, fax 7386 7575, acc@hostguest.co.uk, www.host-guest.co.uk), 103 Dawes Rd, SW6 7DU, busca alojamiento para estudiantes y *B&B*. También han llegado buenas referencias de la London Bed & Breakfast Agency (☎ 7586 2768, fax 7586 6567, stay@londonbb.com, www.londonbb.com), 71 Fellows Rd NW3.

A través de la página en español de la Oficina de Turismo Británico (www.visitbritain.com/es) se puede obtener información sobre toda clase de alojamientos en el país y en Londres en particular, además de reservar.

Para conocer más detalles sobre las reservas con la Youth Hostel Association, véase "Albergues de la YHA" más adelante.

DÓNDE DORMIR – ECONÓMICOS

Cámpings

Como es natural, nadie acampa en el centro de esta bulliciosa urbe, pero he aquí unas cuantas posibilidades no demasiado alejadas:

Abbey Wood Caravan Park *(☎ 8311 7708, fax 8311 1465, Federation Rd SE2)*, **plano 1**, estación Abbey Wood. Tienda 2-3,50 £, caravana 8 £, más 4,50/1,20 £ por adultos/menores de 15 años, luz 1,25 £. Un parque al sur del río y al este de Greeenwich, con 360 parcelas.

Lee Valley Leisure Centre *(☎ 8345 6666, fax 8804 4975, leisurecentre@leevalleypark.com, www.leevalleypark.com, Pickett's Lock Lane, Meridian Way N9)*, **plano 1**, estación Edmonton Green y después tomar el autobús W8. Tiendas y caravanas 5,65/2,35 £ por adultos/niños 5-16 años, luz 2,40 £. La oficina abre de 8.00 a 22.00. Se sitúa al borde de un embalse, en el noreste, con unas 160 parcelas para tiendas y caravanas y próximo a muchas instalaciones deportivas y de ocio.

Crystal Palace Caravan Club *(☎ 8778 7155, fax 8676 0980, Crystal Palace Parade SE19)*, **plano 1**, estación Crystal Palace. Tienda y caravana 8 £, más 3,75-4,75/1,20 £ por adultos/niños 5-16 años, luz 1,50-2,25 £. En el sureste de Londres, lindante con Crystal Palace Park; 150 parcelas y una variada oferta deportiva y de ocio.

Albergues de la YHA

Siete albergues del centro de Londres –además de otros tres de los alrededores– pertenecen a Hostelling International (HI), conocida en Gran Bretaña como la Youth Hostels Association (YHA; www.yha.org.uk). Afiliarse da acceso a una vasta red de albergues repartidos por todo el Reino Unido y el resto del mundo, y no es preciso ser "joven" para inscribirse. La cuota anual asciende a 12/6,25 £ para adultos (mayores de 18 años)/jóvenes (menores de 18). A quienes no sean socios pero quieran alojarse en un albergue de la YHA, se les entregará una tarjeta para rellenar con seis cupones –uno por noche– , cada uno de los cuales cuesta 2 £, que se suman a la tarifa normal; cuando la tarjeta esté llena, el visitante queda dado de alta.

La afiliación puede llevarse a cabo en cualquier tienda de YHA Adventure (véase "Equipo de acampada y excursionismo" en el capítulo *De compras)* o en el YHA Membership Department, Youth Hostels Association of England & Wales (☎ 0870 870 8808, fax 01727 844126, customerservices@yha.org.uk), Trevelyan House, 8 St Stephen's Hill, St Albans, Hertfordshire AL1 2DY; los pagos se realizan mediante cheque o tarjeta de crédito.

Cabe la posibilidad de afiliarse a HI –o sus representantes– antes de viajar a Londres. Éstas son las oficinas en los principales países hispanohablantes:

Argentina
(☎ 5411 4511 8712, fax 5411 4312 0089, raaj@hostels.org.arg, www.hostelslatinoamerica.org) Hostelling International Argentina, Florida 835, 3º, of. 319b, C1005AAQ, Buenos Aires.

Chile
(☎ 562 2333220, fax 562 2333255, hostelling@hostelling.el, www.hostelling.cl) Asociación Chilena de Albergues Turísticos Juveniles, avda. Hernando de Aguirre 201, of. 602 (Mº Tobalaba), Providencia.
(☎ 562 6718532) Cienfuegos 151, Santiago.

Ecuador
(☎ 593 4 2564488, fax 593 4 2566939 o 593 4 2563385, admin@hostelling-ecuador.org, www.hostelling-ecuador.org) Junín 203 y Panamá, piso 2, of. 4, Quito.

España
(☎ 34 91 5227007, fax 34 91 4018160, streaj@mtas.es, www.reaj.com) Red Española de Albergues Juveniles, c/ José Ortega y Gasset 71, Madrid 28006.

Estados Unidos
(☎ 202 783 6161, fax 783 6171, hostels@hiayh.org. www.hiayh.org) Hostelling International/American Youth Hostels, Suite 840, 733 15th St NW, Washington DC 20005.

México
(☎ 015 551 817 26, www.remaj.com y www.hostels.com.mx) Insurgentes Sur 150, col. Crédito Constructor, México, D.F.

Perú
(www.limahostell.com.pe/apatj/index.html).

Uruguay
(www.hosteluruguay.org).

Venezuela
(www.ividiomas.com).

Las principales ventajas de hospedarse en un albergue son el precio (aunque la diferencia entre un *B&B* muy barato y un albergue caro no siempre es relevante, y menos aún si se comparte habitación) y la oportunidad de conocer a otros viajeros. Los inconvenientes son que se suele dormir en litera (a veces en dormitorios separados por sexos) y que el ambiente puede resultar un tanto institucional. Las tarifas siempre incluyen la ropa de cama y a veces el desayuno.

Los siete albergues del centro de Londres pueden abarrotarse en verano. Algo menos concurrido (también menos accesible) es el situado al noreste, en Epping Forest. Existen otros albergues de la YHA en Oxford (☎ 01 865 762997, oxford@yha.org.uk), Cambridge (☎ 01223 354601, cambridge@yha.org.uk), Canterbury (☎ 01227 462911, canterbury@yha.org.uk), Windsor (☎ 01753 861710, windsor@yha.org.uk) y Brighton (☎ 01273 556196, brighton@yha.org.uk).

Todos los albergues de la YHA aceptan reservas telefónicas si se facilitan los datos de una tarjeta de crédito, y reservan algunas camas para quienes aparecen de improviso buscando alojamiento para ese día (conviene llegar temprano y prepararse para hacer cola). La YHA cuenta también con un sistema de reservas centralizado (☎ 0870 241 2314 o 7373 3400, fax 7373 3455, lonres@yha.org.uk). Aunque puede reservarse con idéntica facilidad en un albergue específico, el personal de la central sabe de cuántas camas se dispone, dónde y cuándo, y en épocas de mucho trasiego resulta mucho más fácil contactar con ellos que con los propios establecimientos.

La mayor parte de los albergues permanecen abiertos las 24 horas y ofrecen taquillas, conexión a Internet a un precio mínimo, cocina y comidas relativamente baratas (desayuno 3,30 £, almuerzo envasado pequeño/grande 2,90/3,80 £, cena de tres platos 4,90 £).

City of London (☎ *7236 4965, fax 7236 7681, city@yha.org.uk, 36 Carter Lane EC4)*, **plano 6,** ⊖ St Paul's. Camas 21,15-27,80/18,90-23,70 £ adultos/jóvenes, incluido desayuno. Excelente albergue de 193 camas al abrigo de la catedral de St Paul. Aunque la mayoría de las habitaciones son de dos, tres o cuatro camas, 17 de ellas tienen entre 5 y 15. El precio varía según el tipo de habitación. La cafetería está autorizada a servir bebidas alcohólicas, pero no hay cocina. Esta parte de la ciudad es bastante tranquila cuando cierran los comercios.

Earl's Court (☎ *7373 7083, fax 7835 2034, earlscourt@yha.org.uk, 38 Bolton Gardens SW5)*, **plano 10,** ⊖ Earl's Court. Camas 18,50/16,50 £ adultos/jóvenes, con desayuno. Con 155 camas, ocupa una destartalada casa victoriana en una zona bastante movida. Las habitaciones son casi siempre dormitorios de 10 camas (algunas tienen dos y cuatro) con duchas comunes. Hay un café, una cocina y un pequeño patio ajardinado. Se han recibido cartas de queja sobre la calidad de este albergue.

Epping Forest (☎ *8508 5971, fax 8508 5161, Wellington Hill, High Beach, Loughton, Essex)*, ⊖ Loughton. Camas 10/6,90 £ adultos/jóvenes, sin desayuno. Pequeño albergue (36 camas) a unos 19 km del centro y a más de 3 km andando (o a 4 £ en taxi) del metro más próximo. Los huéspedes se alojan en dormitorios de cuatro y seis camas. Se abre a viajeros independientes desde primeros de abril hasta finales de noviembre; el resto del año se alquila a grupos a través de www.rentahostel.com.

Hampstead Heath (☎ *8458 9054, fax 8209 0546, hampstead@yha.org.uk, 4 Wellgarth Rd NW11)*, **plano 12,** ⊖ Golders Green. Camas 19,90/17,70 £ adultos/jóvenes, desayuno incluido. Albergue de 199 camas en una casa de tres plantas construida en 1915 con bellos contornos y un cuidado jardín, pero bastante aislada. Los dormitorios son cómodos y todas las habitaciones tienen lavabo. Hay un café que sirve bebidas alcohólicas y una cocina.

Holland House (☎ *7937 0748, fax 7376 0667, hollandhouse@yha.org.uk, Holland Walk, Kensington W8)*, **plano 5,** ⊖ High Street Kensington. Camas 20,50/18,50 £ adultos/jóvenes, desayuno incluido. Construido en el ala jacobea de la mansión Holland, en medio del parque Holland, es amplio (201 camas), muy concurrido y bastante institucional, pero inmejorable en cuanto a emplazamiento y con café y cocina.

Oxford St (☎ *7734 1618, fax 7734 1657, oxfordst@yha.org.uk, 3rd floor, 14 Noel St W1)*, **plano 7,** ⊖ Oxford Circus/Tottenham Court Road. Camas 21,50-23,50/17,50-23,50 £ adultos/jóvenes, sin desayuno. El más céntrico de los albergues de la YHA (75 camas), sencillo pero limpio y acogedor. Se ofrecen sobre todo habitaciones de dos camas, pero también cinco triples y tres para familias; los precios varían según el tipo de habitación. Tiene cocina, pero sólo sirven desayunos (3,30 £).

Rotherhithe (☎ *7232 2114, fax 7237 2919, rotherhithe@yha.org.uk, 20 Salter Rd SE16)*, **plano 9,** ⊖ Rotherhithe. Camas 23,50/19,90 £ adultos/jóvenes, desayuno incluido; dobles/cuádruples con baño privado 51/94 £. El buque insignia de la YHA en Londres (320 camas), construido en 1993, se levanta a orillas del Támesis y es muy recomendable, aunque queda un poco retirado. La mayor parte de las habitaciones tiene cuatro o cinco camas, aunque también se ofrecen 22 dobles (cuatro de ellas para discapacitados); todas cuentan con baño. Hay un bar-restaurante, además de cocina y lavandería.

St Pancras International (☎ *7388 9998, fax 7388 6766, stpancras@yha.org.uk, 79-81 Euston Rd N1)*, **plano 3,** ⊖ King's Cross St Pancras/Euston. Camas 23,50-28/19,90-25,50 £ adultos/jóvenes, desayuno incluido. Moderno y bastante cómodo, con 150 camas, cocina, restaurante, salón, cuarto para bicicletas y baño en las 33 habitaciones más caras.

Albergues independientes

Suelen ser más baratos y de ambiente más distendido que los de la YHA, aunque el nivel de calidad es también inferior; algunos son puros cuchitriles. Calcúlese un mínimo de 12 £ por noche en un dormitorio sencillo.

La mayor parte de estos albergues apretujan al menos tres o cuatro literas en cada habitación –pequeña– y disponen de cocina y una estancia que sirve de salón; algunos tienen además un restaurante económico y un bar. Conviene dejar los objetos de valor en la caja fuerte de la recepción o en la taquilla, cuando la hay. Asimismo, debe verificarse la accesibilidad de las salidas de incendios y los huecos de las escaleras.

Ashlee House (☎ *7833 9400, fax 7833 9677, info@ashleehouse.co.uk, www.ashleehouse.co.uk, 261-5 Gray's Inn Rd WC1)*, **plano 4,** ⊖ King's Cross St Pancras. Camas 19/17/15 £ en dormitorios de 6/10/16 camas, individuales/dobles 36/24 £ por persona, desayuno incluido. Un albergue de mochileros limpio, acogedor y bien atendido, con 180 camas en tres plantas, junto a la estación de King's Cross. Los dormitorios (casi todos con literas) resultan estrechos, pero este defecto se compensa con el doble acristalamiento de las ventanas, la lavandería, una cocina de buen tamaño, consigna gratuita y acceso a Internet.

Barmy Badger Backpackers (*☎/fax 7370 5213, barmybadger@hotmail.com, 17 Longridge Rd SW5*), **plano 10,** ⊖ Earl's Court. Camas 13/14 £ en dormitorios de 6/8 camas, dobles sin/con baño 15/16 £ por persona, desayuno incluido. Albergue familiar austero pero limpio, con una cocina amplia y soleada, cajas de seguridad, jardín trasero y empleados amables. La lavandería cuesta 3 £.

Curzon House Hotel (*☎ 7581 2116, fax 7835 1319, info@curzonhouseho☎co.uk, www.curzonhousehotel.co.uk, 58 Courtfield Gardens SW5*), **plano 10,** ⊖ Gloucester Road. Camas 16/18 £ en dormitorios de 6/8 camas, individuales/dobles con baño 35-40/48-52 £, desayuno incluido. Sin duda uno de los mejores albergues privados de Earl's Court: 62 camas, ambiente cordial y distendido, salón de televisión, cocina e Internet.

ELLIOT DANIEL

The Generator: un albergue con luces de neón en un cuartel de policía reformado.

Dover Castle Hostel (*☎ 7403 7773, fax 7787 8654, www.dovercastlehostel.co.uk, 6a Great Dover St SE1*), **plano 9,** ⊖ Borough. Camas 16/15/14/12/10 £ en dormitorios de 3/6/8/10/12 camas, 64-75 £ por semana. Con 55 camas, ocupa una casa victoriana de cuatro plantas, con un bar caribeño en el bajo, junto a Borough High St, salón de televisión, cocina, un cuarto para equipajes y acceso a Internet.

The Generator (*☎ 7388 7655, fax 7388 7644, info@the-generator.co.uk, www.the-generator.co.uk, Compton Place, 37 Tavistock Place WC1*), **plano 4,** ⊖ Russell Square. Camas 22,50/21,50 £ en dormitorios de 6/8 camas en temporada alta, 19/20 £ en baja, dobles de dos camas 53/46 £, individuales 40/36,50 £, desayuno incluido. El enorme Generator, en Bloomsbury, es uno de los establecimientos económicos más simpáticos del centro de Londres, y su decoración futurista parece un plató de la película *Brasil*, de Terry Gilliam. Además de sus 213 habitaciones (833 camas), dispone de un bar abierto hasta las 2.00, un amplio salón para ver la televisión o jugar al billar, una sala con acceso a Internet, cajas de seguridad y un gran comedor, pero no cocina.

Hyde Park Hostel (*☎ 7229 5101, fax 7229 3170, astorhostels@msn.com, www.astorhostels.com, 2-6 Inverness Terrace W2*), **plano 5,** ⊖ Bayswater. Camas 17,50/16,50/15,50/14/12 £ en dormitorios de 4/6/8/10/12 camas, dobles 22,50 £ por persona en verano, desayuno incluido; el resto del año las tarifas bajan 1-2 £. Este albergue de 283 camas, perteneciente al grupo Astor, no es el más limpio ni el más cómodo de la ciudad, pero el edificio posee cierto empaque, se encuentra bien situado y cuenta con café, lavandería, agencia de viajes, bar (abierto hasta las 4.00) y acceso a Internet.

International Students House (*☎ 7631 8310, fax 7631 8315, accom@ish.org.uk, 229 Great Portly St W1*), **plano 3,** ⊖ Great Portland Street. Camas 20/18/12 £ en dormitorios de 3/4/hasta 10 camas, con lavabo y desayuno 29,50 £, individuales/dobles 33/52 £ con baño, 31/50 £ sin baño. Vasto establecimiento de Marylebone con más de colegio mayor que de albergue. Las habitaciones individuales y dobles son corrientes pero limpias, las instalaciones excelentes y se respira un ambiente amigable y distendido.

Leinster Inn (*☎ 7229 9641, fax 7229 5255, leinster@astorhostels.com, www.astorhostels.com, 7-12 Leinster Square W2*), **plano 5,** ⊖ Bayswater. Camas 16-11,50 £ en dormitorios de 4 a 8 camas, dependiendo de la planta, individuales/dobles/triples 37/27/20 £ por persona con ducha, 27/20/19 £ sin ducha, desayuno incluido; las tarifas se reducen 2-5 £ en invierno. En una

DÓNDE DORMIR

vieja casona al noroeste del metro de Bayswater y cerca del mercado de Portobello Rd, este albergue de 372 camas es el más grande de la cadena Astor, con un café, lavandería, sala de Internet y un bar que abre hasta las 4.00 y organiza fiestas temáticas mensuales.

Museum Inn *(☎ 7580 5360, fax 7636 7948, astormuseuminn@aol.com, www.astorhostels.com, 27 Montague St WC1)*, **plano 6**, ⊖ Russell Square/Tottenham Court Road. Camas 15,50/14 £ en dormitorios de 8/10 camas, triples/cuádruples 18/16 £, dobles 20-22 £ por persona, desayuno incluido. Del grupo Astor, con una ubicación envidiable frente al Museo Británico y cerca del Soho, una modesta cocina, salón de televisión e Internet. No obstante, se han recibido numerosísimas cartas en las que se denuncia la suciedad del albergue, los malos modos de los empleados, así como que no se respetan las reservas.

Quest Hotel *(☎ 7229 7782, fax 7727 8106, astorhostels@msn.com, www.astorhostels.com, 45 Queensborough Terrace W2)*, **plano 5**, ⊖ Bayswater. Camas 16/15 £ en dormitorios de 4/5-9 camas, dobles 20 £ por persona, desayuno incluido. También del grupo Astor, bien situado a una manzana al este del Hyde Park Hostel, pero con sólo 90 camas, por lo que se llena enseguida. Los huéspedes pueden utilizar la cocina.

St Christopher's Village *(☎ 7407 1856, fax 7403 7715, bookings@st-christophers.co.uk, www.st-christophers.co.uk, 163 Borough High St SE1)*, **plano 9**, ⊖ Borough/London Bridge. Camas 18,50/17/16/14 £ en dormitorios de 4/6/8/10-12 camas en temporada alta, 14/13/12/10 £ en baja, dobles 17-23 £ por persona, dependiendo de la temporada, con desayuno. Con 164 camas, es la joya de una excelente cadena de albergues que se ha labrado un prestigio en los últimos años por proporcionar alojamiento sencillo pero limpio, por su atento servicio y por su buen ambiente. La preciosa terraza de la última planta ofrece sauna, solárium, jacuzzi y magníficas vistas del Támesis. Dos sucursales cercanas (mismos datos de contacto) son ***St Christopher's Inn*** (121 Borough High St SE1), con 48 camas, un pub en los bajos, una pequeña galería cubierta y una sala de *chill-out,* y el ***Orient Expresso*** (59-61 Borough High St SE1), con 36 camas, lavandería y café.

St Christopher's Inn Camden *(☎ 7388 1012, fax 7388 4200, bookings@st-christophers.co.uk, www.st-christophers.co.uk, 48-50 Camden High St NW1)*, **plano 3**, ⊖ Camden Town. Camas 17/16/14 £ en dormitorios de 6/8/10 camas en temporada alta, 14/13/12 £ en baja, dobles 17-23 £ por persona, dependiendo de la temporada, desayuno incluido. Con 44 camas, esta sucursal de la cadena de albergues Southwark se encuentra encima del ***Belu-shi's***, un concurrido bar de Camden abierto hasta muy tarde.

Victoria Hotel *(☎ 7834 3077, fax 7932 0693, astorhostels@msn.com, www.astorhostels.com, 71 Belgrave Rd SW1)*, **plano 11**, ⊖ Pimlico. Camas de dormitorio 16-20 £, dobles 29-40 £. Del grupo Astor, con 60 camas y no lejos de la Tate Britain y la abadía de Westminster.

Windsor House *(☎ 7373 9087, fax 7385 2417, 12 Penywern Rd SW5)*, **plano 10**, ⊖ Earl's Court. Camas en dormitorio 16 £, individuales/dobles/triples 42/50/63 £, desayuno incluido. Albergue con 19 habitaciones de relación calidad-precio no muy buena pero con un agradable jardín trasero y derecho a cocina.

Residencias universitarias

Los colegios mayores proporcionan alojamiento al público en general durante los períodos vacacionales, normalmente desde julio hasta finales de septiembre y a veces en Semana Santa; cuestan un poco más que los albergues pero, por lo general, se consigue una habitación individual o doble con baño privado o compartido. El precio suele incluir desayuno.

Los recintos universitarios disponen de cafés, locales de comida para llevar y restaurantes. También se ofrece pensión completa, media o sólo desayuno, y derecho a cocina.

La London School of Economics and Political Science (☎ 7955 7531, fax 7955 7676, vacations@lse.ac.uk, www.lse.ac.uk/vacations; Room B508, Page Building, Houghton St, Londres WC2A 2AE) cede algunos de sus colegios mayores en verano y a veces en Semana Santa. Los principales colegios mayores de esta universidad son:

159 Great Dover St *(☎ 7403 1932, fax 7403 2342, nbha@159gds.ndo.co.uk, 159 Great Dover St SE1)*, **plano 9**, ⊖ Borough. Individuales 29 £ (25 £ estudiantes), dobles 45 £. Al sureste de Borough High St, con 280 habitaciones.

Bankside House *(☎ 7633 9877, fax 7574 6730, 24 Sumner St SE1)*, **plano 9**, ⊖ Blackfriars. Individuales sencillas 28 £, individuales/dobles/triples con baño 41/55/73 £, desayuno incluido. El colegio mayor más grande de la LSE, con unas 800 camas y a un tiro de piedra del teatro Globe y la Tate Modern.

Butler's Wharf Residence *(☎ 7407 7164, fax 7403 0847, 11 Gainsford St SE1)*, **plano 9**, ⊖ Tower

Hill/London Bridge. Individuales/dobles sencillas 22,50/40 £. Colegio mayor con 281 camas situado por debajo del puente de la Torre, en Shad Thames.

Carr-Saunders Hall (☎ *7323 9712, fax 7580 4718, 18-24 Fitzroy St W1*), **plano 6,** ⊖ Goodge Street/Warren Street. Individuales sencillas por 23,50/27 £ Semana Santa/verano, dobles con baño 42/50 £, sin baño 37/45 £. Residencia de 156 camas en una zona tranquila de Fitzrovia pero cerca del Soho y los teatros del West End.

High Holborn (☎ *7379 5589, fax 7379 5640, 178 High Holborn WC1*), **plano 8,** ⊖ Holborn. Individuales 28-35 £, dobles 47-57 £, dobles/triples con baño privado 57-67/67-77 £, dependiendo de la temporada, desayuno incluido. Edificio de muchas plantas con 494 camas y a pocos minutos de Covent Garden.

Passfield Hall (☎ *7387 3584, fax 7387 0419, 1-7 Endsleigh Place WC1*), **plano 3,** ⊖ Euston. Individuales/dobles/triples 22,50/44/57 £ en Semana Santa, 25/46/60 £ en verano, desayuno incluido. Este colegio mayor de 195 camas comprende 10 casas adosadas de estilo georgiano en el corazón de Bloomsbury.

Rosebery Avenue Hall (☎ *7278 3251, fax 7278 2068, 90 Rosebery Ave EC1*), **plano 4,** ⊖ Angel. Individuales 26-31 £, dobles 36-46 £, dobles con baño 57-58 £, triples 55 £, desayuno incluido. Al norte de Clerkenwell, con 435 camas, algunas de las cuales se ofrecen a veces en períodos lectivos por unas 2 £ menos.

El King's Conference & Vacation Bureau (☎ 7848 1700, fax 7848 1717, vac.bureau@kcl.ac.uk), 3rd floor, Stry Bridge House, 138-142 Stry WC2 (plano 7; ⊖ Holborn), gestiona las reservas para algunos de los colegios mayores dependientes del King's College de Londres, entre ellos los siguientes:

Stamford Street Apartments (☎ *7848 2960, fax 7848 2964, 127 Stamford St SE1*), **plano 6,** ⊖ Waterloo. Individuales con baño 33 £. Con 543 camas y casi enfrente de la estación de Waterloo, terminal del tren Eurostar.

Hampstead Campus (☎ *7435 3564, fax 7431 4402, Kidderpore Ave NW3*), **plano 12,** ⊖ Finchley Road. Individuales/dobles sencillas 18/31 £. Tiene 392 camas, pero no queda cerca del parque Hampstead Heath.

Wellington Hall (☎ *7834 4740, fax 7233 7709, 71 Vincent Square SW1*), **plano 11,** ⊖ Victoria. Individuales/dobles sencillas 27,50/42 £. Con 125 camas, próximo a la estación Victoria y la Tate Britain.

Otras facultades y escuelas universitarias que abren sus colegios mayores durante las vacaciones son:

Finsbury Residences (☎ *7040 8811, fax 7040 8563, 15 Bastwick St EC1*), **plano 4,** ⊖ Barbican/Old Street. *B&B* adultos/estudiantes 21/19 £. Entre Islington y la City, dos modernos colegios mayores pertenecientes a la City University London.

Imperial College Student Hall (☎ *7594 9507, fax 7594 9504, accommodationlink@ic.ac.uk, Prince's Gardens SW7*), **plano 10,** ⊖ South Kensington. Individuales/dobles con baño compartido 33-38/53,50-61 £ dependiendo de la temporada, desayuno incluido. A dos minutos de algunos de los principales museos.

John Adams Hall (☎ *7387 4086, fax 7383 0164, jah@ioe.ac.uk, 15-23 Endsleigh St WC1*), **plano 3,** ⊖ Euston. Individuales/dobles/triples sencillas con desayuno 25/43/60 £, dobles/triples/cuádruples con baño 49/73/85 £. En Bloomsbury, un señorial colegio mayor en una zona de casas georgianas.

Ramsay Hall (☎ *7387 4537, fax 7383 0843, ramsay.hall@uclac/uk, 20 Maple St W1*), **plano 6,** ⊖ Goodge Street/Warren Street. Individuales sencillas 22,60 £, desayuno incluido. Este inmenso colegio mayor de 440 habitaciones, a la sombra de la torre de British Telecom, es una de las ocho residencias que el University College London abre a los visitantes en Semana Santa y verano.

Regent's College (☎ *7487 7483, fax 7487 7524, barnesj@regents.ac.uk, Inner Circle, Regent's Park NW1*), **plano 3,** ⊖ Baker Street. Individuales/dobles/triples 35/52/63 £. Abierto de mediados de mayo a mediados de agosto. Ocupa una reformada mansión de estilo Regencia en medio de Regent's Park. Se hospedan sobre todo grupos, así que a los huéspedes independientes no se les reserva cama con más de una semana de antelación.

Albergues de la YMCA

La Asociación Cristiana de Jóvenes (YMCA) de Inglaterra (☎ 8520 5599; 640 Forest Rd, Londres E17 3DZ) facilita una relación de todos sus albergues en el Gran Londres, entre los que figuran:

Barbican YMCA (☎ *7628 0697, fax 7638 2420, barbicanymca@aol.com, 2 Fann St EC2*), **plano 9,** ⊖ Barbican. Individuales/dobles sencillas 26/44 £, desayuno incluido. Más de 200 habitaciones a un paso del Barbican Centre y el metro.

Indian Student YMCA (☎ *7387 0411, fax 7383 4735, indianymca@aol.com, 41 Fitzroy Square W1),* **plano 6,** ⊖ Warren Street. Camas en dormitorios (de 4) 20 £, individuales/dobles sencillas 33/46 £, dobles con baño 52 £, con desayuno y cena. Pese al "estudiante indio" que le da nombre, este centro con vistas a la encantadora Fitzroy Square acepta huéspedes de toda raza y condición.

Lancaster Hall Hotel YMCA (☎ *7723 9276, fax 7706 2870, info@lancaster-hall-hotel.co.uk, 35 Craven Terrace W2),* ⊖ Lancaster Gate. Individuales/dobles sencillas 25/38 £, desayuno incluido. A pocos pasos de los jardines de Kensington, este albergue es también un hotel para gente de empresa, con individuales y dobles de categoría media equipadas con baño.

London City YMCA (☎ *7628 8832, fax 7628 4080, housing@london.city.ymca.org.uk, 8 Errol St EC1),* **plano 4,** ⊖ Barbican. Individuales sencillas 32 £, dobles con baño 55 £, desayuno incluido. Con 111 camas, próximo a los movidos barrios de Shoreditch y Hoxton.

'B&B', pensiones y hoteles

Aunque el dato pueda asombrar, cualquier sitio donde se cobre en torno a 30/50 £ por una individual/doble con baño compartido y 40/60 £ con baño privado se considera "económico" en Londres.

Los *B&B,* toda una institución británica, se cuentan entre las modalidades de alojamiento más baratas si se exceptúan los albergues. En lo más bajo de la gama (desde unas 30 £ como mínimo), se consigue un cuarto en una casa particular, un baño compartido y un desayuno cargado de calorías. En el centro, el hospedaje económico consiste en pensiones que a menudo son casonas reformadas con media docenas de habitaciones y menos calor humano que los *B&B*. Las dobles suelen tener camas individuales, con lo que resulta menos embarazoso compartir habitación.

No hay que mostrar reparo en pedir mejor precio o un descuento si se está en temporada baja o la estancia va a superar las dos noches, o si no se quiere el desayuno. En julio, agosto y septiembre las tarifas pueden incrementarse un 25% o más, por lo que se aconseja reservar con tiempo. Y algunos de los *B&B* baratos no aceptan tarjetas de crédito.

Pimlico y Victoria (plano 11). Victoria quizá no sea el rincón más sugestivo de Londres, pero queda muy cerca de la zona de más actividad y, además, los hoteles económicos de esta parte de la ciudad ofrecen mejor relación calidad-precio que los de Earl's Court. Pimlico, aunque más residencial, resulta práctico para visitar la Tate Britain, en Millbank.

Brindle House Hotel (☎ *7828 0057, fax 7931 8805, 1 Warwick Place North SW1),* ⊖ Victoria. Individuales/dobles sencillas 35/45 £, individuales/dobles/triples/cuádruples con baño 40/60/75/89 £. Tristísimo *B&B* que ocupa un edificio antiguo en una calle bastante tranquila, con habitaciones pequeñas pero impolutas.

Luna-Simone Hotel (☎ *7834 5897, fax 7828 2474, lunasimone@talk21.com, www.lunasimonehotel.com, 47-49 Belgrave Rd SW1),* ⊖ Victoria. Individuales 35-40 £, dobles 50-60 £, dobles con baño 60-75 £, triples con baño 80-100 £. Céntrico, limpísimo y cómodo. El precio incluye un copioso desayuno a la inglesa y los huéspedes pueden dejar sus bultos gratis mientras viajan.

Romany House Hotel (☎ *7834 5553, fax 7834 0495, romany.hotel@virgin.net, 35 Longmore St SW1),* ⊖ Victoria. Individuales/dobles con baño compartido 30/40 £, desayuno completo incluido. Una parte de este hotel se inserta en una casa del siglo XV vinculada a historias –reales o inventadas– de salteadores de caminos. Todas las habitaciones tienen lavabo.

Bloomsbury (planos 4 y 6). Un barrio muy cómodo, sobre todo para moverse por el West End. En Gower St y North Gower St se apiñan muchos hoteles.

Alhambra Hotel (☎ *7837 9575, fax 7916 2476, postmaster@alhambrahotel.com, www.alhambrahotel.com, 17-19 Argyle St WC1),* **plano 4,** ⊖ King's Cross St Pancras. Individuales/dobles sencillas 32/45 £, con ducha 45/50 £, individual/doble/triple/cuádruple con ducha y aseo 60/60/80/90 £, desayuno inglés incluido. Uno de los mejores hallazgos de esta zona, muy cerca del metro de King's Cross St Pancras y las dos estaciones de la línea principal, el Alhambra es un establecimiento sencillo pero escrupulosamente limpio, con 52 habitaciones y regentado por una familia encantadora desde hace más de veinte años.

Hotel Cavendish *(☎ 7636 9079, fax 7580 609, hotel.cavendish@virginnet.co.uk, www.hotel cavendish.com, 75 Gower St WC1),* **plano 6,** ⊖ Goodge Street. Individuales 38-42 £, dobles 48-66 £, ambas con baños compartidos, desayuno incluido. Familiar, limpio y agradable.

Celtic Hotel *(☎ 7837 9258, fax 7837 6737, 61-63 Guilford St WC1),* **plano 6,** Russell Square. Individuales/dobles sencillas y dobles/triples/cuádruples 38,50/55/74/86 £. *B&B* de excelente relación calidad-precio en el corazón de Bloomsbury y regentado por la misma familia que explota el St Margaret's Hotel (véase "Dónde dormir – Precio medio", más adelante).

Euston Travel Inn Capital *(☎ 7554 3400, fax 7554 3419, www.travelinn.co.uk, 1 Dukes Rd WC1),* **plano 3,** ⊖ Euston. Habitación con baño para 2 adultos y 2 niños hasta 16 años 69,95 £. Asomado a la populosa Euston Rd, el hotel es bastante espartano y con más reglas que un internado, pero las habitaciones son grandes y de precio razonable.

Jesmond Hotel *(☎ 7636 3199, fax 7323 4373, reserve@jesmondhotel.org.uk, www.jesmondhotel.org.uk, 63 Gower St WC1),* **plano 6,** ⊖ Goodge Street. Individuales/dobles/triples con baño compartido 36/54/70 £, con baño privado 46/68/80 £, desayuno incluido. Una elección acertada si se viaja en un grupo pequeño.

Quaker International Centre *(☎ 7383 5144, qucl@qic.org.uk,1 Byng Place WC1),* **plano 6,** ⊖ Goodge Street. Individuales/dobles/triples/cuádruples 34/57/60/80 £, desayuno incluido. Centro cuáquero de gran tamaño situado en una calle tranquila al norte de Oxford St; habitaciones sencillas pero cómodas con lavabo, duchas en el pasillo y derecho a cocina. También sirven cenas por 4.95 £.

Repton Hotel *(☎ 7436 4922, fax 7636 7045, 31-32 Bedford Place WC1),* **plano 6,** ⊖ Russell Square. Camas 15 £ en dormitorios de 6. Buena relación calidad-precio para un hotel de categoría media, aunque algunos lectores se han quejado de la falta de agua caliente en las duchas. Véase también "Dónde dormir – Precio medio".

Ridgemount Hotel *(☎ 7636 1141, fax 7636 2558, 65-67 Gower St WC1),* **plano 6,** ⊖ Goodge Street. Individuales/dobles/triples con baño compartido 33/50/66 £, con ducha y aseo 45/65/78 £, desayuno incluido. Los lectores han remitido comentarios favorables sobre este hotel a la antigua, que dispone de lavandería (3 £).

JULIET COOMBE

County Hall, noble emplazamiento del Travel Inn Capital.

Southwark (plano 6). El antiguo County Hall no sólo contiene peceras y cuadros surrealistas, sino también un par de hoteles, uno de ellos económico.

County Hall Travel Inn Capital *(☎ 7902 1600, fax 7902 1619, www.travelinn.co.uk, Belvedere Rd SE1),* ⊖ Westminster. Habitación para un máximo de 2 adultos y 2 niños hasta 16 años 69,95 £. Al lado del London IMAX Cinema y la gigantesca London Eye, ésta es una buena opción si se viaja con niños.

Earl's Court (plano 10). En la actualidad los inmigrantes africanos, árabes e indios se hacen notar más que los australianos en esta zona, que no en vano se apodó en su día "el valle del canguro", pero da la impresión de que casi todo el mundo está de paso y eso se advierte en la suciedad de las calles (aunque ahora se están adecentando un poco). Este barrio no queda cerca de muchos sitios de interés, pero el metro de Earl's Court permite llegar a cualquier parte. Warwick St se halla jalonada de hoteles.

Boka Hotel *(☎ 7370 1388, fax 7912 0515, enquiries@bokahotel.co.uk, 33-35 Eardley Crescent*

DÓNDE DORMIR

SW5), ⊖ Earl's Court. Camas 14-16 £ en dormitorios de 3-5 camas, individuales/dobles sencillas 25/38 £ de lunes a jueves, 35/42 £ de viernes a domingo, dobles con ducha/baño 44/48 £ de lunes a jueves, 46/54 £ de viernes a domingos. Hotel de ambiente relajado donde los huéspedes tienen acceso a la cocina y al salón de televisión.

Merlyn Court Hotel *(☎ 7370 1640, fax 7370 4986, Londres@merlyncourt.demon.co.uk, 2 Barkston Gardens SW5)*, ⊖ Earl's Court. Individuales 30-35 £, dobles 50-55 £, triples 60-65 £, con ducha y aseo 50-60 £, 65-75 £, 75-80 £. Sin pretensiones, con ambiente agradable, un emplazamiento de primera cerca del metro e individuales y dobles pequeñas pero limpias.

Regency Court Hotel *(☎/fax 7244 6615, regency court@hotmail.com, 14 Penywern Rd SW5)*, ⊖ Earl's Court. Camas 20 £ en dormitorios de 4, individuales/dobles/cuádruples sencillas 35/60/70 £, individuales/triples con baño 40/75 £, desayuno continental incluido. Tras una necesaria reforma, hoy ofrece habitaciones alegres y pequeñas y una cocina para los huéspedes.

St Simeon Hotel *(☎ 7373 0505, fax 7370 4214, www.saintsimeonhotel.co.uk, 38 Harrington Gardens SW7)*, ⊖ Gloucester Road. Cama 15 £ en dormitorios de 3 a 5 camas, individuales sencillas 25 £, dobles 40-46 £, desayuno incluido. La higiene no es su fuerte y no resulta demasiado acogedor, pero queda próximo a los museos de South Kensington.

York House Hotel *(☎ 7373 7519, fax 7370 4641, yorkhh@aol.com, 28 Philbeach Gardens SW5)*, ⊖ Earl's Court. Individuales/dobles/triples sencillas 34/54/66 £, con ducha y aseo 47/73/86 £. Buena relación calidad-precio, teniendo en cuenta cómo es y dónde está (en una tranquila calle con forma de media luna); los empleados, muy amables, dispensan una cálida bienvenida.

Bayswater, Paddington y Notting Hill (plano 5). Bayswater es un barrio muy bien situado, aunque algunas de las calles al oeste de Queensway (donde hay gran número de restaurantes, sobre todo cafés libaneses y de Oriente Próximo) presentan un aspecto destartalado y deprimente. Algunas partes de Paddington lucen también algo mugrientas, especialmente en los aledaños de la estación, pero abundan los hoteles baratos y la zona está bien comunicada; desde aquí se llega a Heathrow en 15 minutos (véase "Aeropuertos" en el capítulo *Cómo desplazarse)*. Notting Hill es lo contrario: todo alegría y optimismo, pero con escasez de alojamientos baratos.

Balmoral House Hotel *(☎ 7723 7445, fax 7402 0118, info@balmoralhousehotel.co.uk, 156 & 157 Sussex Gardens W2)*, ⊖ Paddington. Individuales sencillas 40 £, dobles/triples/cuádruples con baño 65/80/100 £, desayuno incluido. Impecable y muy cómodo, con dos edificios frente por frente, es uno de los mejores sitios donde uno puede hospedarse en Sussex Gardens, una calle salpicada de pequeños hoteles pero saturada de tráfico. Todas las habitaciones tienen televisión por satélite.

Cardiff Hotel *(☎ 7723 9068, fax 7402 2342, www.cardiff-hotel.com, 5-7 & 9 Norfolk Square W2)*, ⊖ Paddington. Individuales/dobles con ducha 45/69 £, individuales/dobles/triples/cuádruples con ducha y aseo 55/79/90/99 £. Familiar, con 61 habitaciones y en la misma plaza –preciosa– que el St David's Hotel, un oasis de verdor en verano.

Elysée Hotel *(☎ 7402 7633, fax 7402 4193, www.elyseehotel-Londres.co.uk, 25 Craven Terrace W2)*, ⊖ Lancaster Gate. Individuales/dobles con baño 50/60 £. En una calle tranquila, asomado a Hyde Park; conviene echar un vistazo primero a la habitación, pues se han recibido quejas de los lectores.

Europa House Hotel *(☎ 7723 7343, fax 7224 9331, europahouse@enterprise.net, www.europahouse.com, 151 Sussex Gardens W2)*, ⊖ Paddington. Individuales/dobles con baño 40-48/60-68 £. Otra elección excelente, donde el huésped recibe siempre una calurosa acogida. Las mejores habitaciones son las traseras.

Garden Court Hotel *(☎ 7229 2553, fax 7727 2749, info@gardencourthotel.co.uk, www.gardencourthotel.co.uk, 30-31 Kensington Gardens Square W2)*, ⊖ Bayswater. Individuales/dobles/triples con baño compartido 39/58/72 £, con baño privado 58/88/99 £. Una de las mejores opciones de Bayswater, hasta el punto de que apenas encaja en esta categoría. Es un hotel familiar, bien cuidado y gestionado, producto de la unión de dos casonas (1870), y con teléfono y televisor en sus 34 habitaciones. Los lectores han remitido críticas favorables.

Manor Court Hotel *(☎ 7792 3361, 7727 5407, fax 7229 2875, 7 Clanricarde Gardens W2)*, ⊖ Notting Hill Gate. Individuales/dobles con ducha 30/50 £, individuales/dobles/triples con ducha y aseos 50/60/70 £. Nada espectacular, pero bien situado junto a Bayswater Rd.

Oxford Hotel *(☎ 7402 6860, fax 7262 7574, info@oxfordhotelLondres.co.uk, www.oxfordhotellondon.co.uk, 13-14 Craven Terrace W2)*, ⊖ Lancaster Gate. Individuales/dobles con televisor, microondas y tetera 60/66 £. Buena relación calidad-precio y ventajoso emplazamiento.

Portobello Gold Hotel (☎ *7460 4913, fax 7229 2278, www.portobellogold.com, 95-97 Portobello Rd W11*), ⊖ Notting Hill Gate. Individuales con baño compartido 50/55 £ de domingo a jueves/viernes y sábados, dobles con ducha 65/70 £, dobles con ducha y aseo 80/85 £, descuentos por estancias semanales. Hotel de reputación algo dudosa, con un agradable bar-restaurante en la planta baja y un cibercafé en el piso alto (véase "Correo electrónico e Internet" en *Datos prácticos*), gratuito para los huéspedes.

Royal Hotel (☎ *7229 7225, fax 7221 8001, 43 Queensborough Terrace*), ⊖ Bayswater. Dobles/triples/cuádruples con baño compartido 32/40/48 £ por día, 192/240/288 £ por semana, con ducha 40/45/52 £ por día, 240/270/312 £ por semana. Económico y con baño en casi todas sus 17 habitaciones, algunas de las cuales acaban de ser redecoradas.

Sass House Hotel (☎ *7262 2325, fax 7262 0889, 11 Craven Terrace W2*), ⊖ Lancaster Gate. Dobles/triples con ducha y aseo 56/72 £, desayuno continental incluido. Bastante decadente, pero con un precio correcto para la zona.

St David's Hotel (☎ *7723 4963, fax 7402 9061, info@stdavidshotels.com, www.stdavidshotels.com, 16-20 Norfolk Square W2*), ⊖ Paddington. Individuales/dobles/triples con baño, televisor y teléfono 49/69/80 £, incluido un copioso desayuno. En pleno centro del barullo, el resultado de la fusión de cuatro casas adosadas es limpio, confortable y cordial, con excesos decorativos.

Marylebone (plano 5). Un barrio muy práctico para visitar algunos de los lugares más conocidos de Londres, como el Madame Tussaud y el planetario.

Glynne Court Hotel (☎ *7262 4344, fax 7724 2071, 41 Great Cumberly Place W1*), ⊖ Marble Arch. Individuales 40-50 £, dobles 55-60 £, individuales con baño 50-60 £, dobles 60-75 £, triples 75-90 £, todas con desayuno continental. Bastante en consonancia con el emplazamiento y la categoría de precios en que se encuadra, este hotel ofrece 14 habitaciones, todas con televisor y teléfono.

Hampstead (plano 12). El máximo aliciente de esta zona es el extenso parque de Hampstead Heath.

Charlotte Guest House (☎ *7794 6476, fax 7431 3584, 195 Sumatra Rd NW6*), ⊖ West Hampstead. Individuales/dobles con baño compartido 35/45 £, con baño privado 45/55 £. *B&B* tradicional en el tranquilo barrio de West Hampstead.

Five Kings Hotel (☎ *7607 3996, fax 7609 5554, 59 Anson Rd N7*), ⊖ Tufnell Park. Individuales/dobles 26/40 £ en verano, 25/38 £ en invierno, individuales/dobles con baño 30/46 £ en verano, 29/44 £ en invierno, desayuno incluido. Precios sensatos y un emplazamiento agradable y tranquilo, pero algo apartado del movimiento.

East End (plano 9)

RCA City Hotel & Apartments (☎ *7247 3313, fax 7375 2949, info@cityhotellondon.co.uk, www.cityhotellondon.co.uk, 12 Osborn St E1*), ⊖ Aldgate East. Individuales/dobles con cama de matrimonio/dobles con camas individuales 70/85/87 £ de viernes a domingo, 95/105/110 £ de lunes a jueves, estudios para 1-2 personas 90-120 £. Bien situado si se tienen negocios en la City.

DÓNDE DORMIR – PRECIO MEDIO

Los *B&B*, pensiones y hotelitos de esta categoría ofrecen individuales/dobles con baño compartido desde 50/70 £ y a partir de 70/90 £ con baño privado (por lo general ducha o bañera y aseo).

Pimlico y Victoria (plano 11)

Pimlico es una zona bonita, con algunos alojamientos a buen precio. Victoria es ideal en cuanto al transporte, pero le falta personalidad y le sobra ruido.

Hamilton House Hotel (☎ *7821 7113, fax 7630 0806, info@hamiltonhousehotel.com, www.hamiltonhousehotel.com, 60 Warwick Way SW1*), ⊖ Victoria. Individuales/dobles con baño compartido 49/62 £, con baño privado, televisor y teléfono 69/85 £. Acogedor, con buenos precios para la zona y habitaciones de tamaño aceptable.

Morgan House (☎ *7730 2384, fax 7730 8842, www.morganhouse.co.uk, 120 Ebury St SW1*), ⊖ Victoria. Individuales/dobles con baño compartido 42/62 £, con baño privado 68/80 £. Sus propietarios son los mismos que los del cercano Woodville House y ninguno de los dos descuella por el calor de su bienvenida. En Ebury St se encontrarán muchos más hoteles.

Winchester Hotel (☎ *7828 2972, fax 7828 5191, 17 Belgrave Rd SW1*), ⊖ Victoria. Dobles con cama de matrimonio o individuales/triples/cuádruples con baño privado y televisor 85/110/140 £. Limpio, cómodo, acogedor y con buena relación calidad-precio para la zona. El desayuno se sirve en un soleado comedor.

Windermere Hotel *(☎ 7834 5163, fax 7630 8831, windermere@compuserve.com, www.windermere-hotel.co.uk, 142-4 Warwick Way SW1),* ⊖ Victoria. Individuales/dobles con baño compartido 69/89 £, con baño privado 84-96 £, 104-139 £, incluido un abundante desayuno. Resplandeciente casona blanca de la época victoriana con 22 habitaciones, pequeñas pero impecables, y todas diferentes. Dispone de ocho habitaciones para no fumadores y restaurante: el Pimlico Room.

Woodville House *(☎ 7730 1048, fax 7730 2574, www.woodvillehouse.co.uk, 107 Ebury St SW1),* ⊖ Victoria. Individuales/dobles sencillas 42/62 £. De la misma empresa que la Morgan House; 12 habitaciones sencillas pero cómodas, con baño compartido, cocina y un precioso traspatio.

West End y Covent Garden (planos 7 y 8)

En el centro de la ciudad, los hoteles de precio módico son rarísmos, así que lo mejor es buscar en otras zonas.

Fielding Hotel *(☎ 7836 8305, fax 7497 0064, reservations@the-fielding-hotel.co.uk, www.the-fielding-hotel.co.uk, 4 Broad Court, Bow St WC2),* ⊖ Covent Garden. Individuales con baño 76 £, dobles con cama de matrimonio o individuales y baño 100-115 £, doble con salón 130 £. Así llamado por el novelista Henry Fielding (1707–1754), que vivió en la hoy peatonalizada Broad Court, ofrece una buenísma relación calidad-precio, limpieza y una gestión eficaz; queda sólo a una manzana de la rejuvenecida Royal Opera House.

Manzi's *(☎ 7734 0224, fax 7437 4864, 1-2 Leicester St WC2),* ⊖ Leicester Square. Individuales con baño 65-70 £, dobles 68-77 £, triples 107 £. Encima de una marisquería, al norte de Leicester Square: nada de particular, pero céntrico y con carácter; Johann Strauss (1804–1849) se alojó aquí en 1838, cuando se llamaba Hôtel de Commerce.

Regent Palace Hotel *(☎ 0870 400 8703, fax 7734 6435; Piccadilly Circus, esquina Glasshouse St W1),* ⊖ Piccadilly. Individuales con baño compartido de domingo a jueves/viernes y sábados 64/75 £, dobles 69/89 £, individuales/dobles con baño 119/129 £. Con buena relación calidad-precio dada su ubicación, al lado de Piccadilly Circus, en este enorme hotel, necesitado de remodelación, reina una actividad frenética.

Bloomsbury (planos 3 y 6)

Es un paraíso de *B&B* y pensiones. Medio escondidos en los frondosos jardines Cartwright (plano 3), al norte de Russell Square y a corta distancia del West End, aguardan algunos de los hotelitos con mejor relación calidad-precio. Los que se suceden en la cercana Gower St (plano 6) salen también muy a cuenta, pero no todos disponen de doble acristalamiento que aísle del ruido del tráfico.

Arran House Hotel *(☎ 7636 2186, fax 7436 5328, arran@dircon.co.uk, 77-9 Gower St WC1),* **plano 6,** ⊖ Goodge Street. Individuales/dobles/triples sencillas 45/55/73 £, con ducha y aseo 55/75/93 £, desayuno incluido. Acogedor, con un precioso jardín y servicio de lavandería. Las habitaciones que dan al frente están insonorizadas y todas tienen televisor y teléfono.

Crescent Hotel *(☎ 7387 1515, fax 7383 2054, www.crescenthoteloflondon.com, 49-50 Cartwright Gardens WC1),* **plano 3,** ⊖ Russell Square. Individuales sin/con ducha 44/49 £, individuales/dobles con baño y aseo 71/85 £. Familiar, de trato muy amable, construido en 1810 y gestionado con esmerada calidad.

Euro Hotel *(☎ 7387 4321, fax 7383 5044, reception@eurohotel.co.uk, www.eurohotel.co.uk, 53 Cartwright Gardens WC1),* **plano 3,** ⊖ Russell Square. Individuales/dobles/triples con baño compartido 49/69/85 £, con ducha y aseo 70/89/105 £, desayuno incluido. De 35 habitaciones, puede recomendarse por su emplazamiento y su buen servicio.

Haddon Hall *(☎ 7636 2474, fax 7580 4527, haddonhall@grangehotels.co.uk, 39-40 Bedford Place WC1),* **plano 6,** ⊖ Russell Square/Holborn. Individuales/dobles/triples con baño compartido desde 50/65/90 £, individuales/dobles con baño y aseo 65/90 £, triples con baño y aseo 90-105 £. Uno de los hoteles mejor atendidos de la zona.

Jenkins Hotel *(☎ 7387 2067, fax 7383 3139, reservations@jenkinshotel.demon.co.uk, www.jenkinshotel.demon.co.uk, 45 Cartwright Gardens WC1),* **plano 3,** ⊖ Russell Square. Individual con baño compartido 52 £, individuales/dobles/triples con baño privado 72/85/105 £, desayuno incluido. Un hotel para no fumadores con 13 habitaciones cómodas, reformadas con estilo y dotadas de televisor, teléfono y nevera. Los huéspedes pueden utilizar las pistas de tenis de los jardines de enfrente.

Morgan Hotel *(☎ 7636 3735, fax 7636 3045, 24 & 40 Bloomsbury St WC1),* **plano 8,** ⊖ Tottenham Court Road. Individuales/dobles/triples con baño privado 58-68/78/130 £. Acogedor, con 20 habitaciones pequeñas pero agradablemente decoradas que ocupan dos edificios próximos al Museo Británico.

Repton Hotel *(☎ 7436 4922, fax 7636 7045, 31-32 Bedford Place WC1)*, **plano 6,** ⊖ Russell Square. Individuales 52 £, dobles 69-75 £, triples 79-85 £, todas con televisor, teléfono y baño. Destartalado pero con buena relación calidad-precio, habida cuenta de que Bedford Place es mucho más tranquila que la cercana Gower St. Véase "Dónde dormir – Económico" anteriormente.

Ruskin Hotel *(☎ 7636 7388, fax 7323 1662, 23-24 Montague St WC1)*, **plano 6,** ⊖ Holborn/Russell Square. Individuales/dobles con baño compartido 47/67 £, dobles con baño 84 £. Bastante sencillo pero muy bien situado.

St Margaret's Hotel *(☎ 7636 4277, fax 7323 3066, 26 Bedford Place WC1)*, **plano 6,** ⊖ Russell Square/Holborn. Dobles con ducha/ducha y aseo 78/95 £ las dos primeras noches y después 75/90 £. Este hotel familiar de 60 habitaciones ocupa una clásica mansión georgiana y, aunque algo anodino, destaca por su limpieza y trato cortés. Toda las habitaciones tienen televisor y teléfono, y algunas baño privado. La misma familia regenta el cercano Celtic Hotel (véase "Dónde dormir – Económico", anteriormente).

Chelsea y South Kensington (plano 10)

Los distinguidos barrios de Chelsea y "South Ken" brindan fácil acceso a algunos de los mejores museos y tiendas de Londres.

Hotel 167 *(☎ 7373 0672, fax 7373 3360, enquiries@hotel167.com, www.hotel167.com, 167 Old Brompton Rd SW5)*, ⊖ Gloucester Road. Individuales 72-85 £, dobles con cama de matrimonio o individuales 90-99 £, con baño, desayuno continental incluido. Elegante, con decoración atractiva y poco recargada.

Amber Hotel *(☎ 7373 8666, fax 7835 1194, theamberhotel@yahoo.com, 101 Lexham Gardens W8)*, ⊖ Earl's Court. Individuales/dobles con cama de matrimonio/dobles con camas individuales/triples 65/85/90/100 £ en temporada baja, 95/110/120/130 £ en alta. Magnífica relación calidad-precio considerando su ubicación, entre Kensington y Earl's Court.

Annyale House Hotel *(☎ 7730 5051, fax 7730 2727, 39 Sloane Gardens SW1)*, ⊖ Sloane Square. Individuales/dobles con baño 65/95 £. Discreto y tradicional, muy indicado para quienes toleran mal el ruido. Todas las habitaciones tienen televisor y teléfono.

Swiss House Hotel *(☎ 7373 2769, fax 7373 4983, recep@swiss-hh.demon.co.uk, www.swiss-hh.demon.co.uk, 171 Old Brompton Rd SW5)*, ⊖ Gloucester Road. Individuales con ducha 48 £, individuales/triples/cuádruples con ducha y aseo 68/114/128 £, dobles con cama de matrimonio o individuales, ducha y aseo 85-99 £, desayuno continental incluido. Limpio, acogedor y con cierto aire rústico.

Kensington (plano 5)

Estos hoteles están bien situados para moverse por los jardines de Kensington, Notting Hill y Kensington High St.

Abbey House *(☎ 7727 2594, fax 7727 1873, www.abbeyhousekensington.com, 11 Vicarage Gate W8)*, ⊖ High Street Kensington. Individuales/dobles/triples/cuádruples con lavabo y baño compartido 45/74/90/100 £, desayuno inglés incluido. Pequeño hotel de excelente relación calidad-precio, con habitaciones bien decoradas y de adecuadas proporciones, y un servicio de altísimo nivel. A los lectores parece que les encanta.

Vicarage Hotel *(☎ 7229 4030, fax 7792 5989, reception@londonvicaragehotel.com, www.londonvicaragehotel.com, 10 Vicarage Gate W8)*, ⊖ High Street Kensington. Individuales/dobles/triples/cuádruples con baño compartido 45/74/90/98 £, dobles con ducha y aseo 98 £. Agradable y bien atendido, con buenas duchas y habitaciones algo más grandes de lo normal.

Earl's Court (plano 10)

Los hoteles de categoría media de Earl's Court son por lo general más que aceptables; si el que llama la atención está lleno, seguro que se encuentran muchos otros cerca.

London Town Hotel *(☎ 7370 4356, fax 7370 7923, townhotel@compuserve.com, 15 Penywern Rd SW5)*, ⊖ Earl's Court. Individuales/dobles/triples/cuádruples 78/98/110/122 £, incluido un desayuno tipo bufé; 10% de descuento después de tres días de estancia. Acogedor, en una calle tranquila y con habitaciones pequeñas pero limpias y cómodas.

Philbeach Hotel *(☎ 7373 1244, fax 7244 0149, www.philbeachhotel@freeserve.co.uk, 30-31 Philbeach Gardens SW5)*, ⊖ Earl's Court. Individuales sencillas 35-50 £, dobles/triples 69/75 £, con ducha y aseo 60/90/100 £. Muy frecuentado por gays y lesbianas, con un precioso restaurante ajardinado llamado ***Wilde about Oscar*** y un fabuloso bar donde los lunes por la noche se monta un espectáculo de travestidos.

Bayswater, Paddington y Notting Hill (plano 5)

Bayswater es una zona residencial, muy a mano para recorrer la populosa Queensway. Paddington, pese a estar céntrico, se nota un tanto abandonado. Notting Hill, a pesar de su creciente auge y la imparable subida de precios, sigue siendo un barrio magnífico para hospedarse, con muchos bares y restaurantes recomendables.

Gate Hotel *(☎ 7221 0707, fax 7221 9128, gatehotel@thegate.globalnet.co.uk, www.gatehotel.com, 6 Portobello Rd W11)*, ⊖ Notting Hill Gate. Individuales con baño 60-70 £, dobles 85-95 £, triples 105 £, desayuno continental incluido. Todas las habitaciones de esta antigua casona de abigarrada decoración inglesa y preciosas jardineras disponen de frigorífico y televisor.

Gresham Hotel *(☎ 7402 2920, fax 7402 3137, sales@the-gresham-hotel.co.uk, www.the-gresham-hotel.co.uk, 116 Sussex Gardens W2)*, ⊖ Paddington. Individuales/dobles 60-70/85 £. Hotelito no muy acogedor pero elegante y con habitaciones alegres y luminosas.

Hillgate Hotel *(☎ 7221 3433, fax 7229 4808, hillgate@lth-hotels.com, 6-14 Pembridge Gardens W2)*, ⊖ Notting Hill Gate. Individuales/dobles/triples con baño 80/110/134 £, desayuno incluido. En una calle tranquila perpendicular a Notting Hill Gate, las 66 habitaciones de este hotel, perteneciente a la caden Comfort Inn, se reparten en cinco casas adosadas de estilo victoriano.

Inverness Court Hotel *(☎ 7229 1444, fax 7706 4240, info@cghotels.com, www.cghotels.com, Inverness Terrace W2)*, ⊖ Queensway. Individuales/dobles con baño 86/110 £. Este impresionante hotel de 183 habitaciones fue encargado por el rey Eduardo VII para su "confidente" (léase amante), la actriz Lillie Langtry, incluso con teatro privado (hoy el Theatre Bar). Las paredes empaneladas, las vidrieras y las enormes chimeneas de los salones le confieren un cierto aire gótico, pero la mayor parte de las habitaciones –algunas con vistas a Hyde Park– son modernas y bastante ordinarias.

Pavilion Hotel *(☎ 7262 0905, fax 7262 1324, hotelpavilion@aol.com, www.msi.com.mt/pavilion/, 34-36 Sussex Gardens W2)*, ⊖ Paddington. Individuales con baño 60-85 £, dobles/triples 100/120 £, desayuno incluido. Las 30 habitaciones, cada una de un estilo decorativo (arabizante, años setenta, chino, escocés, "Noches de Casablanca"...), reflejan el lema de la casa: *"Fashion, Glam & Rock 'n' Roll"*. Se antoja bastante desmesurado, pero resulta refrescantemente distinto de tantos otros hoteles londinenses que no se apartan de los estampados tradicionales y la moqueta de tartán.

Marylebone (plano 5)

Un barrio muy práctico para ir de compras y disfrutar de la vida nocturna del West End.

Edward Lear Hotel *(☎ 7402 5401, fax 7706 3766, edwardlear@aol.com, www.edlear.com, 28-30 Seymour St W1)*, ⊖ Marble Arch. Individuales/dobles/triples con baño compartido 49/69,50/83 £, con ducha 58/81,50/91,50 £, dobles/triples con baño y aseo 93/105 £. Las 31 habitaciones de la antigua residencia del pintor y escritor victoriano que da nombre a este cómodo hotel disponen de televisor, cafetera y tetera, teléfono y acceso gratuito a Internet.

Wigmore Court Hotel *(☎ 7935 0928, fax 7487 4254, info@wigmore-court-hotel.co.uk, www.wigmore-court-hotel.co.uk, 23 Gloucester Place W1)*, ⊖ Marble Arch. Individuales/dobles con baño compartido 55/80 £, individuales/dobles/triples/cuádruples con baño privado 62/80/120/132 £. Bien organizado, con cocina y lavandería para los huéspedes.

Hampstead (plano 12)

El refinado barrio de Hampstead conserva un apacible aire de pueblo, pero el visitante puede sentirse algo lejos del centro de Londres.

La Gaffe *(☎ 7435 8965, fax 7794 7592, la-gaffe@msn.com, www.lagaffe.co.uk, 107-11 Heath St NW3)*, ⊖ Hampstead. Individuales 65-80 £, dobles con cama de matrimonio o individuales 90-125 £, con baño privado. Hotel apartado pero confortable, que ocupa una casa de campo del siglo XVIII con un concurrido restaurante italiano homónimo situado en la planta baja (véase "Hampstead" en *Dónde comer*).

DÓNDE DORMIR – PRECIO ALTO

Las individuales/dobles de este apartado cuestan como mínimo 130/150 £. Por supuesto, el viajero puede dar por hecho que su habitación contará con baño/ducha y aseo privados, teléfono y televisor, extras como minibar, secador de pelo y, cada vez más, acceso a Internet.

Trafalgar Square (plano 8)

El verdadero centro de Londres –en todos los sentidos– sólo tiene un hotel, y es flamante.

Trafalgar Hilton *(☎ 7870 2900, fax 7870 2911, www.thetrafalgar.hilton.com, 2 Spring Gardens SW1),* ⊖ Charing Cross/Embankment. Individuales y dobles 270-380 £, suites desde 420 £. Con 129 habitaciones y asomado a Trafalgar Square, el primer hotel *lifestyle* de la cadena Hilton atrae a una clientela joven, moderna y a la vanguardia de la moda.

Victoria (plano 11)

Los dos hoteles mencionados a continuación son probablemente los que ofrecen el alojamiento más cercano a los aposentos de la reina Isabel II.

41 *(☎ 7300 0041, fax 7300 0141, reservations @41club.redcarnationhotels.com, www.redcarnationhotels.com, 41 Buckingham Palace Rd SW1),* ⊖ Victoria. Individuales y dobles 295-325 £, suites a partir de 400 £ incluidas todas las comidas, bebidas y servicios. Con este nuevo hotel de 18 habitaciones situado en una preciosa mansión frente a Royal Mews se ha iniciado lo que podría convertirse en tendencia: precios que incluyen comidas y bebidas las 24 horas, mayordomo, servicio de lavandería, y alquiler de ordenador portátil y teléfono móvil.

Rubens at the Palace *(☎ 7834 6600, fax 7233 6037, reservations@rubens.redcarnationhotels.com, www.redcarnationhotels.com, 39 Buckingham Palace Rd SW1),* ⊖ Victoria. Individuales 126-170 £, dobles 160-220 £, suites desde 220 £. Hotel de la cadena Red Carnation contiguo al anterior, con 173 habitaciones y una ubicación privilegiada con vistas a Royal Mews y Buckingham Palace. Muy frecuentado por grupos.

Mayfair (plano 6)

Si se quiere un hotel de lujo a precios de categoría alta (la inmediata inferior) y en uno de los vecindarios más selectos de Londres, se recomienda el siguiente:

Chesterfield *(☎ 7491 2622, fax 7491 4793, reservations@chesterfield.redcarnationhotels.com, www.redcarnationhotels.com, 35 Charles St W1),* ⊖ Green Park. Individuales 130-195 £, dobles 150-375 £, suites desde 230 £. Con 110 habitaciones y a tan sólo una manzana al oeste de Berkeley Square, el Chesterfield posee algunas instalaciones dignas de mención, entre las que destaca el restaurante Conservatory.

West End: Soho, Piccadilly y Covent Garden (planos 7 y 8)

Alojarse en el centro de la ciudad presenta enormes ventajas, pero tal privilegio no sale barato.

Hazlitt's *(☎ 7434 1771, fax 7439 1524, reservations@hazlitts.co.uk, www.hazlittshotel.com, 6 Frith St W1),* **plano 7,** ⊖ Tottenham Court Road. Individuales/dobles con camas individuales 155/195 £, dobles con cama de matrimonio 180-195 £, suite 300 £. Construido en 1718 uniendo tres casas georgianas, es uno de los mejores hoteles del centro de Londres, con un servicio eficaz y personalizado. Se llama así en memoria del ensayista William Hazlitt (1778-1830), muerto aquí. Las 23 habitaciones toman sus nombres de antiguos huéspedes o visitantes y están decoradas –todas de distinta manera– con muebles y grabados antiguos. Es imprescindible reservar.

Strand Palace *(☎ 7836 8080, fax 7836 2077, housemanager.sph@forte-hotels.com, www.forte-hotels.com, Strand WC2),* **plano 8,** ⊖ Charing Cross. Individuales/dobles/triples 160/180/195 £, suites desde 350 £. Mastodóntico hotel (783 habitaciones) magníficamente situado cerca de Covent Garden y con varios bares y restaurantes animados y elegantes; los inconvenientes son que los precios para habitaciones sin desayuno son bastante elevados y que se forman largas colas en recepción.

Thistle Piccadilly *(☎ 7930 4033, fax 7925 2586, piccadilly@thistle.co.uk, www.thistlehotels.com, Coventry St W1),* **plano 7,** ⊖ Piccadilly Circus. Individuales/dobles 135/161 £. Con 91 habitaciones, nada lo distingue de los demás hoteles de la cadena, pero queda muy céntrico.

Fitzrovia (planos 6 y 7)

Esta zona resulta bastante más tranquila que el Soho y sigue estando cerca de los clubes, teatros y restaurantes del West End.

Charlotte Street Hotel *(☎ 7806 2000, fax 7806 2002, charlotte@firmdale.com, www.charlottestreethotel.com, 15 Charlotte St W1),* **plano 7,** ⊖ Goodge Street. Individuales 175 £, dobles 195-280 £, suites desde 330 £. Este maravilloso hotel de 52 habitaciones, donde Laura Ashley se vuelve posmoderna, se ha convertido en uno de los favoritos de la gente vinculada a los medios de comunicación.

Langham Court Hotel *(☎ 7436 6622, fax 7436 2303, langham@grangehotels.co.uk, www.grangehotels.co.uk),* **plano 6,** ⊖ Oxford Circus.

Individuales 140-160 £, dobles 160-180 £, triples 205 £. Precioso hotel de 60 habitaciones con vistosos revestimientos de azulejos pero habitaciones bastante corrientes.

Bloomsbury (plano 6)

Estos hoteles quedan muy a mano para ir de compras por Oxford St y visitar el Museo Británico.

Academy Hotel *(☎ 7631 4115, fax 6636 3442, res_academy@etontownhouse.com, www.etontownhouse.com, 21 Gower St WC1)*, ⊖ Goodge Street. Individuales/dobles 130-185 £, suites desde 205 £. Reformado, con 49 habitaciones decoradas diferentes y un plácido jardín trasero.

My Hotel *(☎ 7667 6000, fax 7667 6001, guest_services@myhotels.co.uk, www.myhotels.co.uk, 11-13 Bayley St WC1)*, ⊖ Tottenham Court Road/Goodge Street. Individuales 150-170 £, dobles 185-245 £, estudios desde 325 £. Los precios son algo excesivos, pero la situación es buena para moverse por el Soho, Fitzrovia y Bloomsbury, y cuenta con un café-bar abierto todo el día y una sucursal de ***Yo! Sushi.***

Clerkenwell (plano 6)

Uno de los barrios más pujantes de Londres, carecía de alojamientos de calidad hasta que en 1999 abrió sus puertas el hotel que sigue:

The Rookery *(☎ 7336 0931, fax 7336 0932, reservations@rookery.co.uk, u www.rookeryhotel.com, Peter's Lane, Cowcross St EC1)*, ⊖ Farringdon. Individuales 175-190 £, dobles 205 £, suites desde 265 £. Hotel de 33 habitaciones construido en una sucesión de casas georgianas del siglo XVIII y decorado con muebles de época (incluida una colección de baños, duchas y sanitarios victorianos, verdaderas piezas de museo), revestimientos de madera traídos de Irlanda y chimeneas.

Chelsea, South Kensington y Earl's Court (plano 10)

Los barrios de Chelsea y South Kensington presentan el ambiente más elegante de Londres. Lexham Gardens, donde se encuentra el London Lodge Hotel, revela un aire más propio de Kensington que de Earl's Court.

Blakes *(☎ 7370 6701, fax 7373 0442, blakes@easynet.co.uk, www.blakeshotels.com, 33 Roly Gardens SW7)*, ⊖ Gloucester Road. Individuales y dobles pequeñas con camas individuales 165 £, dobles con cama de matrimonio 240-325 £, suites desde 515 £. Una de las opciones preferentes para los amantes de lo clásico: cinco casas victorianas reconvertidas en una de nueva planta, embellecida con camas de columnas, ricos entelados, antigüedades y entarimados de maderas nobles.

Five Sumner Place *(☎ 7584 7586, fax 7823 9962, reservations@sumnerplace.com, www.sumnerplace.com, 5 Sumner Place SW7)*, ⊖ South Kensington. Individuales/dobles/triples 85/130/152 £. En una tranquila calle arbolada transversal a Old Brompton St, 14 habitaciones confortales y bien equipadas (todas con baño, televisor, teléfono, mueble bar y otras comodidades), más un patio y un invernadero.

London Lodge Hotel *(☎ 7244 8444, fax 7373 6661, www.londonlodgehotel.com, 134-36 Lexham Gardens W8)*, ⊖ Earl's Court. Individuales/dobles 119/149 £. De ambiente reposado, con 28 habitaciones decoradas individualmente y todo cuanto el huésped pueda necesitar. El bar-restaurante de la planta baja, ***Stephanie's,*** goza de buena reputación.

Number Sixteen *(☎ 7589 5232, fax 7584 8615, reservations@numbersixteenhotel.co.uk, www.numbersixteenhotel.co.uk, 16 Sumner Place SW7)*, ⊖ South Kensington. Individuales 85-120 £, dobles con cama de matrimonio o individuales 145-170 £, suites desde 195 £. Un hotel apabullante, con todos los atributos del Five Sumner Place, situado casi enfrente, y un acogedor salón, biblioteca y jardín, además de detalles tan agradables como revistas en las habitaciones, radios sintonizadas con música clásica y muchos otros.

Kensington y Knightsbridge (plano 5)

El distintivo de los hoteles caros de esta parte de Londres parecen ser las antigüedades, en particular las victorianas.

Basil St Hotel *(☎ 7581 3311, fax 7581 3693, reservations@thebasil.com, www.thebasil.com, Basil St SW3)*, ⊖ Knightsbridge. Individuales/dobles desde 128/190 £, suite familiar de 2 habitaciones con baño 260 £. En el corazón de Knightsbridge, con 80 habitaciones y un emplazamiento perfecto para descargar las compras de Harrods o Harvey Nichols.

The Gore *(☎ 7584 6601, fax 7589 8127, reservations@gorehotel.co.uk, www.gorehotel.co.uk, 189 Queen's Gate SW7)*, ⊖ High Street Kensington/Gloucester Road. Individuales 120-155 £, dobles con cama de matrimonio o individuales 155-265 £. Las 52 habitaciones de este hotel se reparten por un espléndido palacio de caoba, alfombras turcas, cuartos de baño decorados a la antigua, tiestos con aspidistras, y retratos y grabados (unos 4.500). El anejo ***Bistrot 190*** es ideal para tomar el *brunch* o una copa antes o después de una velada en el cercano Royal Albert Hall.

Bayswater y Notting Hill (plano 5)

El dinero cunde más en los hoteles caros de estos dos barrios que en los situados al sur y al este de Londres.

Abbey Court Hotel *(☎ 7221 7518, fax 7792 0858, info@abbeycourthotel.co.uk, www.abbeycourt hotel.co.uk, 20 Pembridge Gardens W2)*, ⊖ Notting Hill Gate. Individuales 105-145 £, dobles con cama de matrimonio e individuales 155-175 £, triples 190 £. Algunas de las 22 habitaciones, todas con decoración diferenciada, ofrecen un pintoresco panorama sobre los tejados del barrio; destacan el salón de desayunos, con un viejo fonógrafo, y el patio ajardinado.

Miller's Residence *(☎ 7243 1024, fax 7243 1064, enquries@millersuk.com, www.millersuk.com, 111a Westbourne Grove, entrada por Hereford Rd W2)*, ⊖ Bayswater/Notting Hill Gate. Dobles 140-165 £, desayuno incluido. Con más de *B&B* de cinco estrellas que de hotel, el Miller's supondrá todo un hallazgo para quienes no escatimen el dinero. El salón de estilo victoriano es digno de verse, preferiblemente a la luz de las velas.

Portobello Hotel *(☎ 7727 2777, fax 7792 9641, info@portobello-hotel.co.uk, www.portobello-hotel.co.uk, 22 Stanley Gardens W11)*, ⊖ Notting Hill Gate. Individuales/dobles con cama de matrimonio/dobles con dos camas 150/195/225 £. Uno de los hoteles más sugestivos de todo Londres, con 24 habitaciones de cuidada decoración, un emplazamiento óptimo y sello de exclusividad. Casi todos los huéspedes dan el dinero por bien gastado.

Queen's Park Hotel *(☎ 7229 8080, fax 7792 1330, reservations@queensparkhotel.com, 48 Queensborough Terrace W2)*, ⊖ Bayswater. Individuales 97,50 £, dobles 125-135 £. Hotel funcional de 99 habitaciones, muy visitado por grupos y con tarifas aceptables en razón de su emplazamiento. En invierno se ofrecen descuentos.

Marylebone (planos 5 y 6)

Bryanston Court *(☎ 7262 3141, fax 7262 7248, www.bryanstonhotel.com, 56-60 Great Cumberly Place W1)*, **plano 5**, ⊖ Marble Arch. Individuales/dobles/triples con baño privado 95/120/135 £. Hotel de 60 habitaciones de aire un tanto estirado, con sillones de cuero e iluminación sepia.

DÓNDE DORMIR

JULIET COOMBE

Si no seduce una litera en el *Golden Hinde*, quizá lo hagan las maravillosas vistas desde el Thistle Tower.

Durrants Hotel *(☎ 7935 8131, fax 7487 3510, info@durrantshotel.co.uk, www.durrantshotel.co.uk, George St W1)*, **plano 6,** ⊖ Marble Arch. Individuales 92,50-110 £, dobles con cama de matrimonio e individuales 145-165 £, suites desde 285 £. Este lujoso hotel, a espaldas de la Colección Wallace y bien situado para deambular por Oxford St, fue en su día una posada rural y posee la atmósfera de un club de caballeros. Las habitaciones son confortables y es de los contados hoteles de Londres que permanecen en manos de particulares.

East End y los Docklands (plano 9)

La irrupción de Terence Conran en el este de Londres ha subido en un tercio los precios en esta zona de la ciudad.

Great Eastern Hotel *(☎ 7618 5010, fax 7618 5011, reservations@great-eastern-hotel.co.uk, www.great-eastern-hotel.co.uk, Liverpool St EC2)*, ⊖ Liverpool Street. Individuales/dobles 225/260-325 £, suites desde 385 £. Una obra de tres años y 70 millones de libras han transformado esta mole victoriana, alzada sobre la estación de Liverpool Street, en un palacio de la modernidad con 267 habitaciones. Los locales comerciales, inspirados por Conran, han suscitado comentarios favorables, pero los supersticiosos quizá se lo piensen dos veces antes de hospedarse en un hotel que ocupa el solar de lo que fue el Bethlehem Royal Hospital (más conocido como Bedlam) desde mediados del siglo XIII y durante más de 400 años.

Thistle Tower Hotel *(☎ 7481 2575, fax 7488 4106, www.thistlehotels.com, St Katharine's Way E1)*, ⊖ Tower Hill. Individuales 190 £, dobles 211-270 £, pero con tarifas bastante flexibles, dependiendo de la ocupación. Más allá de la Square Mile, este hotel de 801 habitaciones disfruta de un emplazamiento magnífico a orillas del río, en el muelle de St Katharine; pero el edificio arruina la armonía arquitectónica de sus vecinos: la Torre de Londres y el puente de la Torre.

DÓNDE DORMIR – LUJO

Algunos hoteles del centro son tan lujosos y de tanta solera que se erigen en atracciones turísticas por méritos propios. Pese a su esplendor añejo, de un recargado barroquismo, todos ellos se acomodan a las necesidades del viajero moderno. Conviene recordar que muchos establecimientos de esta categoría no incluyen en sus tarifas el IVA (VAT: 17%).

Brown's *(☎ 7493 6020, fax 7493 9381, browns hotel@brownshotel.com, www.brownshotel.com, 30 Albemarle St W1)*, **plano 7,** ⊖ Green Park. Individuales y dobles 270-380 £, triples/cuádruples 410/435 £, suites desde 450 £. Destacado en el ya selecto club de las cinco estrellas, este establecimiento de 118 habitaciones nació en 1837 de la unión de 11 casas y es el decano de los hoteles de lujo de Londres, así como el primero que tuvo ascensor, teléfono y luz eléctrica. El servicio es también excelente.

Claridges *(☎ 7629 8860, fax 7499 2210, info@claridges.co.uk, www.claridges.co.uk, Brook St W1)*, **plano 6,** ⊖ Bond Street. Individuales 315-345 £, dobles con cama de matrimonio e individuales 370-450 £, suites desde 515 £. Uno de los hoteles más señoriales, con 203 habitaciones que evocan tiempos pasados. Muchos elementos Art Déco decoran salones y suites, y algunos muebles de la década de los treinta navegaron en los camarotes de gala del decomisado SS *Normandie*.

The Connaught *(☎ 7499 7070, fax 7495 3262, reservation@the-connaught.co.uk, www.the-connaught.com, Carlos Place W1)*, **plano 6,** ⊖ Green Park. Individuales 280-345 £, dobles con cama de matrimonio o individuales 315-425 £, suites desde 495 £. Fiel a sí mismo, se niega a plegarse a los caprichos de la moda y exhibe un estilo intemporal apropiado para un hotel que posee uno de los restaurantes más acreditados de Londres (pero no ha desoído las tendencias de los años setenta y acaba de montar un nuevo gimnasio). Las habitaciones presentan un estilo anticuado, acorde con ese señorial aire hogareño que constituye el marchamo de la casa.

Covent Garden Hotel *(☎ 7806 1000, fax 7806 1100, covent@firmdale.com, www.firmdale.com, 10 Monmouth St WC2)*, **plano 8,** ⊖ Covent Garden/Tottenham Court Road. Individuales desde 190 £, dobles con cama de matrimonio e individuales desde 220-280 £, suites desde 325 £. Tan flamante como el nuevo milenio, pero con una contención muy británica, este hotel de 58 habitaciones prefiere utilizar antigüedades (no hay que perderse la mesa de marquetería del salón), fastuosos entelados y evocaciones teatrales para resaltar su individualidad. Junto al vestíbulo funciona un buen bar-restaurante llamado ***Brasserie Max.***

The Halkin *(☎ 7333 1000, fax 7333 1100, res@halkin.co.uk, www.halkin.co.uk, 5 Halkin St SW1)*, **plano 6,** ⊖ Hyde Park Corner. Individuales y dobles 285-360 £, suites desde 425 £. Se orienta a los viajeros de negocios con gustos minimalistas: mucha madera nudosa, mármoles y objetos de cristal. Sus 41 habitaciones, con revestimientos de madera, lucen elegantemente despejadas, y los empleados llevan uniformes de Armani.

Hampshire (☎ *7839 9399, fax 7930 8122, res hamp@radisson.com, www.radissonedwardian.com, 31-36 Leicester Square WC2)*, **plano 8**, ⊖ Leicester Square. Individuales 305 £, dobles con cama de matrimonio e individuales 335-399 £, suites desde 450 £. Céntrico hotel que atrae a ricos estadounidenses jubilados y financieros.

The Hempel (☎ *7298 9000, fax 7402 4666, hotel @the-hempel.co.uk, www.the-hempel.co.uk, 31-35 Craven Hill Gardens W2)*, **plano 5**, ⊖ Lancaster Gate/Queensway. Individuales y dobles 255-295 £, suites desde 440 £. Sus 47 habitaciones son una sinfonía minimalista en blanco y tonos naturales que se antoja una acertada mezcla de Kioto y *2001: Una odisea del espacio*. El visitante puede quedarse boquiabierto ante el diseño. El ***I-Thai***, donde se sirve una fusión de cocina italiana y tailandesa, es uno de los restaurantes más singulares y de mayor éxito de Londres, y el nuevo ***H Bar*** de la planta baja encaja como si fuera la última pieza del rompecabezas concebido por el diseñador.

Kingsway Hall (☎ *7309 0909, fax 7309 9696, kingswayhall@compuserve.com, www.kingswayhall.co.uk, Great Queen St WC2)*, **plano 8**, ⊖ Holborn. Individuales 230-245 £, dobles 240-255 £, suites desde 325 £. Una nueva y elegante incorporación al panorama hotelero londinense, con 170 habitaciones y muy a mano para Covent Garden. Las tarifas de fin de semana son más baratas.

Meridien Waldorf (☎ *0870 400 8484, fax 7836 7244, www.lemeridien-hotels.com, Aldwych WC2)*, **plano 8**, ⊖ Temple/Covent Garden/Charing Cross. Individuales 275 £, doble con cama de matrimonio o individuales 275-350 £, suites desde 370 £. Otra vieja gloria –hoy de la cadena Meridien– que se recrea en su esplendor eduardiano, ejemplificado en el Palm Court, un espléndido salón de té y baile.

The Metropolitan (☎ *7447 1000, fax 7447 1100, sales@metropolitan.co.uk, www.metropolitan.co.uk, 19 Old Park Lane W1)*, **plano 6**, ⊖ Hyde Park Corner. Individuales 240-265 £, dobles 300-335 £, estudios 370-445 £, suites desde 545 £. De la misma empresa que el Halkin, el Metropolitan, con 155 habitaciones, es otro hotel minimalista –"despojado de lo accesorio", como ellos dicen– y decorado en tonos crema y arena que atrae a una clientela a la última y de alto poder adquisitivo. Desde luego, aquí se sentiría más cómoda una estrella del rock que un miembro de la realeza. El restaurante japonés ***Nobu*** recibe críticas invariablemente elogiosas (menos por la comida que por los comensales, seguramente), y el ***Met Bar*** sigue siendo uno de los locales nocturnos más visitados por los famosos.

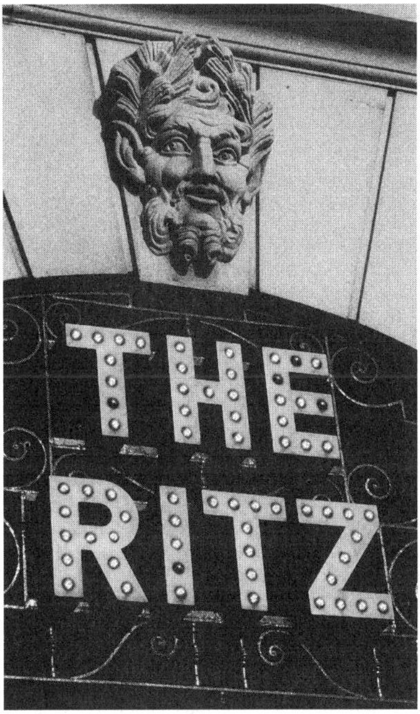

DENNIS JOHNSON

El Ritz encarna la sofisticación del West End.

One Aldwych (☎ *7300 1000, fax 7300 1001, reservations@onealdwych.co.uk, www.onealdwych.co.uk, 1 Aldwych WC2)*, **plano 8**, ⊖ Covent Garden/Charing Cross. Individuales 275-335 £, dobles 295-355 £, suites desde 445 £. La antigua sede Art Nouveau de un periódico se halla ocupada hoy por un hotel minimalista de 105 habitaciones, con mucho arte moderno y un ambiente jovial y optimista. No hay ningún letrero que lo identifique, pero el lujo lo delata.

Park Lane Hotel (☎ *7499 6321, fax 7499 1965, reservations_centrallondon@sheraton.com, Piccadilly W1)*, **plano 6**, ⊖ Green Park. Individuales 323-381 £, dobles con cama de matrimonio o individuales 346-405 £, suites desde 440/464 £. Perteneciente hoy a la cadena Sheraton, casi todas sus 305 habitaciones, con triple acristalamiento para ahogar el ruido de la calle, han sido reformadas en un estilo ligero y moderno.

DÓNDE DORMIR

Aunque la ***Palm Room*** exhibe decoración Art Déco, la entrada principal continúa siendo muy poco fastuosa.

The Ritz *(☎ 7493 8181, fax 7493 2687, enquire @theritzhotel.co.uk, www.theritzlondon.com, 150 Piccadilly W1)*, **plano 6,** ⊖ Green Park. Individuales 295 £, dobles con cama de matrimonio o individuales 345-415 £, suites desde 485 £. Posiblemente el hotel más celebrado de Londres, con un emplazamiento espectacular sobre Green Park y, en teoría, una segunda casa para la familia real. El ***Palm Court,*** donde se sirve el té, y el ***Ritz Restaurant,*** con una carta renovada, están decorados como gabinetes de estilo rococó.

St Martin's Lane *(☎ 7300 5500, fax 7300 5501, 45 St Martin's Lane)*, **plano 8,** ⊖ Leicester Square. Individuales 255-280 £, dobles con cama de matrimonio e individuales 275-300 £, suites desde 1.200/1.400 £. El más moderno de los hoteles londinenses de diseño proporciona lo que llaman "un trozo del *chic* urbano de Nueva York" a un paso de Covent Garden. Con profusión de arreglos florales, un personal galardonado y tan minimalista que no tiene ni folletos informativos, esta caja de cristal es sin duda el sitio más indicado si el visitante quiere toparse con una *top model* en el ascensor.

Savoy *(☎ 7836 4343, fax 7872 8901, info@the-savoy.co.uk, www.savoy-group.co.uk, Stry WC2)*, **plano 8,** ⊖ Charing Cross. Individuales 290-335 £, dobles con cama de matrimonio o individuales 345-425 £, suites desde 465 £. Ocupa el solar del antiguo palacio Savoy, incendiado durante las revueltas campesinas de 1381. Sus 207 habitaciones son tan cómodas y ofrecen vistas tan espléndidas que algunos huéspedes las han convertido en su residencia permanente. El patio delantero es la única calle de las Islas Británicas donde se circula por la derecha.

ESTANCIAS LARGAS

Apartamentos

Si se viaja en familia o en grupo, quizá resulte más ventajoso alquilar un piso que alojarse en un hotel o *B&B,* y para ello se puede recurrir a varias agencias. Apartment Services London (☎ 7388 3558, fax 7383 7255, apserltd@aol.com), 2 Sywich St WC1 (⊖ King's Cross St Pancras/Euston); Aston's Budget & Designer Studios (☎ 7590 6000, fax 7590 6060, sales@astons-apartments.com, www.astons-apartments.com), 31 Rosary Gardens SW7 (⊖ Gloucester Road); y London Holiday Accommodation (☎ 7485 0117, saleslondonholiday.co.uk, www.londonholiday.co.uk), 16 Chalk Farm Rd NW1, cuentan con una amplia gama de pisos en alquiler.

Citadines Apart'hotels (☎ 7766 3800, fax 7766 3766, reslondon@citadines.com, www.citadines.com), cadena francesa de estudios para una o dos personas y apartamentos para un máximo de cuatro, dispone de cuatro establecimientos en Londres.

Citadines Barbican *(☎ 7566 8000, fax 7566 8130, 7-21 Goswell Rd EC1)*, **plano 9,** ⊖ Barbican. Estudios 96-115 £, apartamentos 148-165 £, por noche hasta 6; estudios 85-99 £, apartamentos 131-153 £, desde 7 noches.

Citadines Holborn/Covent Garden *(☎ 7395 8800, fax 7395 8799, 94-99 High Holborn WC1)*, **plano 8,** ⊖ Holborn. Estudios 105-125 £, apartamentos 157-179 £, por noche hasta 6; y estudios 94-114 £, apartamentos 141-159 £, desde 7 noches.

Citadines South Kensington *(☎ 7543 7878, fax 7584 9166, 35a Gloucester Rd SW7)*, **plano 10,** ⊖ Gloucester Road. Estudios 110-135 £, apartamentos 165-182 £, por noche hasta 6; estudios 104-124 £, apartamentos 150-165 £, desde 7 noches.

Citadines Trafalgar Square *(☎ 7766 3700, fax 7766 3766, 18-21 Northumberly Ave WC2)*, **plano 6,** ⊖ Embankment/Charing Cross. Estudios/apartamentos 114-135 £, apartamentos 171-199 £, por noche hasta 6; estudios 104-124 £, apartamentos 153-179 £, desde 7 noches.

Uno de los establecimientos más conocidos fuera del West End y la City es:

130 Queen's Gate *(☎ 7581 2322, fax 7823 8488, onethirty@compuserve.com, www.onethirty.co.uk, 130 Queen's Gate SW7)*, **plano 10,** ⊖ South Kensington. Estudio/apartamentos de 1/2 dormitorios 861,50/1.193,50/1.522,50 £ por semana. Con 54 apartamentos disponibles todo el año, resulta ideal para quien quiera pasar mucho tiempo de compras por Knightsbridge y visitar los museos y atracciones de South Kensington.

Búsqueda de piso

En el extremo inferior del mercado de alquiler se sitúan las *bed-sits,* que son habitaciones individuales amuebladas, por lo general con baño y cocina compartidos, aunque algunas tienen lo impresicindible para cocinar. El siguiente grado del escalafón es un estudio, normalmente con baño independiente y cocina; los pisos de un solo dormitorio son más caros. Las casas y pisos compartidos suelen ofrecer la mejor relación calidad-precio. Los propietarios exigen el pago de una fianza (habitualmente la renta de un mes), más un mes de alquiler por adelantado.

El precio de los alquileres varía en función de la zona; para hacerse idea de cómo anda el mercado se puede ojear un periódico como *Loot,* que trae una amplia sección de anuncios por palabras. Otros que anuncian habitaciones, pisos en alquiler y compartidos son *TNT, Time Out,* el *Evening Standard* (incluido el suplemento *Homes & Property* de los miércoles), el *Pink Paper* y *Boyz.*

El Capital Flat Share es un servicio gratuito de Capital Radio (☎ 7484 8000), que confecciona una lista de personas interesadas en compartir sus pisos (hora límite: 18.00 los lunes) y la publica en *The Guide,* una guía del ocio que sale con el *Guardian* de los sábados. Se consiguen ejemplares gratuitos en el vestíbulo de Capital Radio, en 29-30 Leicester Square WC2 (⊖ Leicester Square).

Si se prefiere recurrir a una agencia, conviene cerciorarse de que ésta no cobra por su intermediación al inquilino, sino a los propietarios, como hace The Jenny Jones Agency (☎ 7493 4801), 40 South Molton St W1 (⊖ Bond Street).

También hay que precaverse frente a las agencias de alquiler poco escrupulosas que cobran –ilegalmente– a sus potenciales clientes una elevada suma tan sólo por consultar la lista de las propiedades que administran.

Dónde comer

Londres es, sin discusión alguna, la capital culinaria del Reino Unido, y el aumento del número de restaurantes –unos 8.500 según el último recuento, representativos de hasta 70 cocinas distintas– ha acrecentado el carácter cosmopolita de la ciudad. No importa lo que al visitante le apetezca comer, seguro que existe un sitio donde se lo servirán.

Las cosas han mejorado apreciablemente desde los años setenta, y era natural: había que superar los cafetines donde imperaban los desayunos grasientos y el *fish and chips* rebozado con aceite rancio.

En los últimos años, la comida en todas sus variedades se ha convertido en la nueva pasión de los londinenses. Pero no hay que dar por sentado que la calidad va a estar en consonancia con el precio. Quien escribe no recuerda ya cuántas veces ha comido en restaurantes italianos refinadísimos o ha probado la omnipresente nueva cocina europea y, tras desembolsar 35 o 40 £, se ha preguntado si valía la pena; por el mismo dinero se comería mucho mejor en ciudades como Nueva York (47-54 US$) o París (55-63 €). Por otra parte, el autor de estas líneas ha degustado comida paquistaní en Whitechapel, turca en Dalston y malaya en Paddington que le ha dejado el corazón alegre, las papilas gustativas en éxtasis y la cartera apenas mermada.

La variedad de restaurantes de todo el mundo es uno de los máximos alicientes de esta capital.

Salir a comer en Londres puede ser como jugar a la lotería. Lo que se ha hecho en este capítulo es separar el grano de la paja. Los restaurantes, pubs y cafés que aquí se reseñan abarcan desde los bastante buenos (bien situados, precios económicos, cocina original) hasta los fantásticos (dignos de un dispendio o de un desplazamiento largo). De esta manera, el lector irá por el buen camino y no saldrá de un local arrepintiéndose de haber entrado.

Los restaurantes y demás establecimientos de comidas de Londres observan horarios muy variados; así, por ejemplo, en el Soho muchos cierran los domingos, y en la City todo el fin de semana. Se ha procurado señalar los casos en que un restaurante se aparta de la norma: "abierto todos los días para almuerzos y cenas"; pero siempre conviene telefonear antes para asegurarse.

De las muchas guías sobre restaurantes londinenses que se han publicado, la anual *Out to Eat – London* de Lonely Planet, contiene una selección de casi 400 de los mejores de la ciudad. Dos portales muy útiles son www.londonrestaurantreview.co.uk y www.where-to-eat.co.uk.

COMIDA
Cocinas

Londres es la capital de una nación que ha dado al mundo judías sobre tostadas, pasta de guisantes y las *chip butties* (patatas fritas entre dos rodajas de pan con mantequilla). Pero ésta es sólo una parte de la historia, y con la aparición de la moderna cocina británica se han abierto nuevos campos (véase el recuadro "Perspectivas de la cocina inglesa").

Londres reúne una considerable población de inmigrantes procedentes de las antiguas colonias y protectorados británicos, así como refugiados llegados de todos los rincones del planeta, lo cual explica que hoy se consuma una enorme variedad de comida étnica: desde los *tandooris* del subcontinente indio y los *kebabs* de Turquía y Chipre hasta el pollo a la Kiev de Ucrania y los tallarines y *dim sum* de China. Las pizzas y las pastas son moneda corriente en cualquier calle transitada de la capital, y el curry continúa siendo lo más demandado para llevar.

Cocina vegetariana

El vegetarianismo cubre un sector bien asentado del panorama gastronómico londinense, y la mayor parte de los restaurantes ofrecen al menos un par de platos para las personas que no comen carne. Las reseñas de este capítulo incluyen muchos establecimientos vegetarianos, aunque la cadena mencionada a continuación es de toda confianza.

Cranks *(☎ 7631 3912, 9-11 Tottenham St W1),* **plano 6**, ⊖ Goodge Street; *(☎ 7836 5226, 17-19 Great Newport St WC2),* **plano 8**, ⊖ Leicester Square; *(☎ 7495 1340, 23 Barrett St W1),* **plano 6**, ⊖ Bond Street. Desayuno 2,25 £, entrantes 1,95-3 £, segundos 2-4 £. Frituras, chiles y pasteles baratos y contundentes.

Comida 'kosher'

La búsqueda de comida *kosher* en el centro de Londres puede ser una empresa bastante ingrata, con una sola excepción. Por lo demás, los mejores sitios para explorar son Golders Green, Stamford Hill y, ya mucho más lejos, lugares como Edgware (Middlesex) e Ilford (Essex).

Lo que sigue es una breve lista de restaurantes de supervisión *kosher* accesibles en metro.

Carmelli *(☎ 8455 2074, 128 Golders Green Rd NW11),* ⊖ Golders Green. *Bagels* rellenos 1,20-1,60 £, pizza *kosher* 1,30 £. Cerrado viernes noche, sábados hasta la cena. Genuinos *bagels kosher, challah,* pan de centeno integral y *platzels* de cebolla, así como tartas, pasteles y tentempiés salados.

Kaifeng *(☎ 8203 7888, 51 Church Rd NW4),* ⊖ Hendon Central. Segundos 5,95-17,95 £. Es chino y *kosher,* pero el viaje no vale la pena a menos que no quede otro remedio.

Reubens *(☎ 7486 0035, 79 Baker St W1),* **plano 5**, ⊖ Baker Street. Bocaditos 3-8 £, segundos 9,95-18,95 £. Cerrado viernes después del almuerzo, sábados todo el día. Céntrico café-restaurante con todos los platos predilectos de los askenazíes: pescado *gefilte, latkes* (tortitas de patata) y sándwiches, además de segundos más elaborados y contundentes.

Solly's *(☎ 8455 2121, 8455 0004, 148a Golders Green Rd NW11),* ⊖ Golders Green. Platos 8,50-14 £, cena de 4 platos 20 £. Cerrado viernes noche, sábado mediodía. En el café situado en la planta baja se sirven platos de Oriente Próximo y sefardíes como *felafel, merguez* norteafricano y *tahini,* y el enorme piso alto se reserva para comidas completas.

Para más detalles, se puede contactar con la London Beth Din Kashrut Division (☎ 8343 6255, fax 8343 6254, info@kosher.org.uk, www.kosher.org.uk), que publica una guía de la comida *kosher* en todo el Reino Unido titulada *The Really Jewish Food Guide*.

BEBIDAS

En general, las licorerías y pubs reúnen un impresionante muestrario de *lagers, bitters, ales* y *stouts* (véase el recuadro "Cerveza: la bebida nacional" en el capítulo *Ocio*). La sidra, de parecida graduación alcohólica a la cerveza, también tiene su clientela; las marcas más comunes son Scrumpy Jack y las más secas Strongbow y Woodpecker, pero en algunos pubs se sirven unas estupendas sidras artesanas de Norfolk y Kent.

El buen vino –de la nacionalidad que sea– se consigue fácilmente en Londres y a precios muy razonables (salvo en pubs y restaurantes). Todavía se puede comprar en los supermercados una botella de vino corriente por menos de 5 £.

La bebida no alcohólica más popular del Reino Unido ha sido tradicionalmente el té, ya sea tomado con prisas o con un carácter más ceremonial en la copiosa merienda llamada *high tea* (véase el recuadro "El rito del té" más adelante). Pero a juzgar por la proliferación de cadenas de cafeterías de estilo estadounidense como Aroma, Caffè Uno, Costa y la Seattle Coffee Company, esa lealtad podría estar quebrándose.

TRAFALGAR SQUARE (planos 6 y 8)

En la plaza propiamente dicha no se encontrarán muchos restaurantes, pero hay un par de cafés por las cercanías, y ***Crivelli's***

Perspectivas de la cocina inglesa

La cocina inglesa nunca ganará premios de rango mundial; pero cuando se prepara con esmero, ya sea un almuerzo de domingo a base de rosbif y pudin de Yorkshire (horneado hasta que queda esponjoso y acompañado con salsa de carne) o un humilde cucurucho de *fish and chips,* alcanza sus momentos de gloria.

Los pubs suelen servir platos tradicionales de bajo coste y calidad variable, como pastel de carne de cerdo, empanadas de Cornualles (rellenas de carne de res o de cordero, patatas y cebollas) y pastel de carne y riñones (el pastel del pastor se hace al horno con carne de cordero y cebollas, todo recubierto de puré de patatas.) En la carta de un pub es costumbre encontrar *bangers and mash* (salchichas con puré de patatas y salsa de carne), empanadas de salchicha y el almuerzo del labrador (gruesas rodajas de pan con queso Cheddar o Cheshire, *chutney* y cebollas encurtidas). El catálogo de postres cargados de calorías incluye pudin de pan y mantequilla, *steamed pudding* (un pastel que contiene sebo de res, un ingrediente clave) servido con melaza o mermelada, y el llamado *spotted dick* o *spotted Richard,* un pudin de sebo con grosellas y pasas.

Pero el más inglés de todos los platos es el *fish and chips:* bacalao, platija o abadejo rebozado con patatas fritas, vinagre y sal. Con la llegada de los establecimientos de cómida rápida al estilo norteamericano, los locales de *fish and chips* más genuinos están empezando a escasear, pero todavía perviven reductos como el Rock & Soul Plaice de Covent Garden, el North Sea Fish Restaurant de Bloomsbury y Geales, en Notting Hill.

Desde mediados del siglo XIX hasta poco después de la Segunda Guerra Mundial, la dieta habitual de muchísimos londinenses consistía en pastel de anguilas (entonces abundantes en el Támesis) con salsa de perejil; en la actualidad, los pasteles suelen rellenarse de carne y las anguilas se sirven como guarnición, ahumadas o en jalea. Los mejores sitios para probar este plato son Manze's, cerca del mercado de Bermondsey; R Cooke Eel & Pie Shop, en Waterloo; Castle's, en Camden Towm, y Goddards Pie House, en Greenwich.

Muchos restaurante de cuño moderno y los autodenominados *gastropubs* elaboran lo que ha dado en llamarse "nueva cocina británica" que, aunque a veces resulta difícil de diferenciar de la moderna cocina europea, es algo más que "platos de toda la vida, como salchichas con puré de patatas, pero sin grasa", como se ha llegado a describir. La cocina británica moderna utiliza elementos tradicionales –verduras, pescado ahumado, mariscos, caza y otras carnes e incluso salchichas con patatas y morcillas– y los combina para acentuar su sabor. Los platos pueden abarcar desde caza con una verdura como aguaturma y anguila de Norfolk ahumada con tortitas de trigo sarraceno, hasta vieiras doradas a fuego vivo con morcilla aromatizada de naranja y cerdo al horno con chorizo sobre puré de patatas al romero.

***Garden** (☎ 7747 2869, 1er piso, Sainsbury Wing, National Gallery)* ha cosechado críticas elogiosas.

Internacional

Café in the Crypt *(☎ 7839 4342, St Martin-in-the-Fields, Duncannon St WC2),* **plano 8,** ⊖ Charing Cross/Embankment. Sopas 2,25 £, Segundos 3,95-6,50 £. Buena comida y abundantes ofertas para vegetarianos, pero el local –una cripta con mucho ambiente– se vuelve demasiado embarullado y ruidoso a la hora del almuerzo.

ICA Café *(☎ 7930 8619, Institute for Contemporary Arts, The Mall SW1),* **plano 6,** ⊖ Charing Cross. Segundos 8,80-11,80 £. Se puede almorzar bien en este rincón bohemio, pero por las noches la cuenta se abulta considerablemente. Hay muchos platos vegetarianos y se sirve alcohol hasta la 1.00. Para detalles sobre pases de un día, véase "Instituto de Arte Contemporáneo" en el capítulo *Qué ver y hacer*.

WESTMINSTER Y PIMLICO (plano 11)

Como sus señorías comen y beben en los restaurantes subvencionados del Parlamento, es natural que en Westminster escaseen los sitios donde matar el hambre. Pimlico, por el contrario, ofrece una amplia variedad de restaurantes.

Cocina británica moderna

Grumbles *(☎ 7834 0149, 35 Churton St SW1)*, ⊖ Victoria. Platos 6,95-12,95 £, almuerzo de 2/3 platos 11,95/13,95 £. Agradable taberna, abierta desde 1964, donde se sirven, entre otras cosas, berenjenas rellenas (6,95 £), pastel de pescado (8,75 £) y solomillo (10,95 £).

Franceses

La Poule au Pot *(☎ 7730 7763, 231 Ebury St SW1)*, ⊖ Sloane Square. Entrantes 5,50-8,50 £, segundos 13,75-19 £. El mejor restaurante francés de estilo campestre de la capital, a juicio de algunos londinenses. La terraza delantera resulta deliciosa en verano.

Roussillon *(☎ 7730 5550, 16 St Barnabas St SW1)*, ⊖ Sloane Square. Menú 29-42 £. Uno de los mejores restaurantes franceses de la capital británica, con un servicio tan irreprochable como todo lo que sale de su cocina.

Italianos

O Sole Mio *(☎ 7976 6887, 39 Churton St SW1)*, ⊖ Victoria. Entrantes 1,50-5,90 £, segundos 8,70-12,50 £, pizzas y pastas 5,70-6,90 £. Buena relación calidad-precio, con un amplio catálogo de pizzas y pastas.

Olivo *(☎ 7730 2505, 21 Eccleston St SW1)*, ⊖ Victoria. Entrantes 5,50-8 £, segundos 8,50-13,50, menú del almuerzo de 2/3 platos 15/17 £. Cocina italiana moderna, con pastas sencillas y segundos platos como pez espada a la parrilla o atún con rucola (13 £). El vistoso marco y los ponderados precios de los menús contribuyen a su éxito.

Oliveto *(☎ 7730 0174, 49 Elizabeth St SW1)*, ⊖ Victoria/Sloane Square. Entrantes 2-6,50 £, segundos 6,50-11,50 £. Sucursal del anterior, pero más pequeño y barato y con predominio de pizzas en la carta. Su elegante estilo minimalista le confiere un aire más actual que el del Olivo.

Uno 1 *(☎ 7834 1001, 1 Denbigh St SW1)*, ⊖ Victoria. Entrantes 1,50-7,90 £, segundos 10,30-13,90 £, pizzas y pastas 5,50-10,90 £. La pasta es una de las especialidades de este alegre comedor, decorado en rojo y amarillo, y con un buen muestrario de platos vegetarianos.

Asiáticos

Jenny Lo's Tea House *(☎ 7259 0399, 14 Eccleston St SW1)*, ⊖ Victoria. Platos 5-6,95 £, guarniciones 2,50-5 £. Establecimiento sencillo, montado por la hija del fallecido Ken Lo, gran mandarín de la cocina china en Londres. Sopas, tallarines fritos y arroces.

Ken Lo's Memories of China *(☎ 7773 7734, 67-9 Ebury St SW1)*, ⊖ Victoria; *(☎ 7603 6951, 353 Kensington High St W8)*, **plano 5,** ⊖ High Street Kensington. Entrantes 5,80-10,80 £, segundos 11,50-29,50 £. Ken Lo aupó la comida china a nuevas y más altas cotas, y el servicio y la decoración reflejan ese liderazgo.

Mekong *(☎ 7630 9568, 46 Churton St SW1)*, ⊖ Victoria. Entrantes 3,20-4,90 £, segundos 3-9,50 £, comida de precio fijo 13 £ (mínimo 2 personas). Pequeño e íntimo restaurante vietnamita de barrio, con unas cuantas pinceladas tailandesas en la carta.

ST JAMES'S Y MAYFAIR (planos 6 y 7)

Ésta es una zona cara de Londres y, por tanto, no anda sobrada de restaurantes económicos, aunque existen unas cuantas excepciones.

Ingleses

Stockpot *(☎ 7839 5142, 40 Panton St SW1)*, **plano 7,** ⊖ Piccadilly Circus; *(☎ 7287 1066, 18 Old Compton St W1)*, **plano 7,** ⊖ Leicester Square; *(☎ 7589 8627, 6 Basil St SW3)*, **plano 5,** ⊖ Knightsbridge; *(☎ 7823 3175, 273 King's Rd SW3)*, **plano 10,** ⊖ Sloane Square. Platos 4-7,20 £. Veterano, con cinco sucursales en el centro y una larga lista de platos sencillos como espaguetis a la boloñesa (4 £) y *fish and chips* (4,50 £). Ofrece varias opciones vegetarianas.

Cocina europea moderna

Quaglino's *(☎ 7930 6767, 16 Bury St SW1)*, **plano 7,** ⊖ Piccadilly Circus. Entrantes 6-12 £, segundos 9,95-18,50 £, menú de almuerzo y cena (17.30-18.30) 12,50/15 £. Creación del diseñador Conran, no ha perdido popularidad con los años. La comida no pasa de ser corriente y se ve superada por el ambiente y la decoración, alegre y con relativo *glamour*.

Estadounidenses

Hard Rock Café *(☎ 7629 0382, 150 Old Park Lane W1)*, **plano 6,** ⊖ Hyde Park Corner. Entrantes 5,75-7,45 £, segundos 7,95-13,95 £, ensaladas 6,25-8,95 £. El Hard Rock Café primigenio lleva abierto desde 1971 y su popularidad no ha decaído un ápice: basta con fijarse en las colas que se forman en la puerta todos los días del año (no se admiten reservas). La oferta se

El rito del té

Si se tiene en cuenta el importante papel desempeñado por el té en la cultura inglesa, no es extraño que salir a tomar el té de la tarde suponga un rito para muchos londinenses. Hoy por hoy, sin embargo, en la mayoría de los círculos sociales dicha ceremonia tiene más de acontecimiento señalado que de práctica diaria.

Tradicionalmente el té se sirve con un surtido de sándwiches (los de pepino y salmón ahumado son los predilectos), *scones* con nata y mermelada, y postres. Y ríos de té, por supuesto.

Éstos son algunos de los sitios mejores y con más ambiente para tomar el té:

Brown's Hotel *(☎ 7493 6020, 30 Albemarle St W1)*, **plano 7,** ⊖ Green Park. Se sirve en el gran salón de 15.00 a 18.00 todos los días (desde las 14.30 los fines de semana), con un pianista que ayuda a disipar las tensiones acumuladas en el tráfago callejero. Un té generosamente servido asciende a 23 £ por persona (33 £ con una copa de champán).

Claridges *(☎ 7629 8860, Brook St W1)*, **plano 6,** ⊖ Bond Street. El té de este mítico hotel se sirve en su señorial vestíbulo dieciochesco de 15.00 a 17.30 todos los días; cuesta 22 £ por persona, 30 con champán.

Fortnum & Mason *(☎ 7734 8040, 181 Piccadilly W1)*, **plano 7,** ⊖ Piccadilly Circus. La renombrada tienda dispone el té en su restaurante de la cuarta planta, St James, de 15.00 a 17.45 de lunes a sábado, por 17,50 £ o 19,50 £ con champán.

Orangery *(☎ 7938 1406, Kensington Palace W8)*, **plano 5,** ⊖ Queensway. Café de los jardines de Kensington perfecto para tomar el té a precios asequibles: desde 7,95 £ con sándwiches de pepino o *scones* hasta 12,95 £ con champán; abre de 10.00 a 18.00 todos los días de marzo a octubre (de 10.00 a 17.00 el resto del año).

The Ritz *(☎ 7493 8181, 150 Piccadilly W1)*, **plano 6,** ⊖ Green Park. Al ser probablemente el sitio más conocido de Londres para tomar el té, en el Ritz hay que reservar al menos con seis semanas de antelación. Cuesta 27 £ por persona y se sirve todos los días en dos turnos (15.30 y 17.00). Se exige vestir con corrección, ni vaqueros ni zapatillas deportivas.

Savoy *(☎ 7836 4343, Strand WC2)*, **plano 8,** ⊖ Covent Garden/Charing Cross. El té se toma en el enorme Thames Foyer de 15.00 a 17.30 todos los días. De lunes a sábado toca un pianista. La cuenta sale por 22 £ los días laborables y 25 £ los sábados. Los domingos hay baile (28 £). Se requiere atuendo cuidado pero no excesivamente formal.

Waldorf Meridien *(☎ 7836 2400, Aldwych WC2)*, **plano 8,** ⊖ Temple/Covent Garden/Charing Cross. El escenario para el té es el espléndido Palm Court de 15.00 a 17.30 de lunes a viernes, por 21 £, 28 con champán. Los sábados de 14.30 a 17.30 y los domingos de 16.00 a 18.30 se puede participar del viejo ritual del té con baile (25/28 £), pero hay que reservar con tiempo.

centra en hamburguesas con patatas fritas (de 7,25 a 9,95 £), vegetarianas incluidas, de probada calidad.

Indios

Cinnamon Club *(☎ 7222 2555 o 7517 9898, Old Westminster Library, 30 Great Smith St W1)*, **plano 6,** ⊖ St James's Park. Entrantes 5,25-7,50 £, segundos 9-17,50 £. Un indio peculiar con aire de club, donde se sirve un almuerzo digno de un rajá.

Rasa W1 *(☎ 7629 1346, 6 Dering St W1)*, **plano 6,** ⊖ Bond Street. Entrantes 4,25-4,50 £, currys y segundos 6,25-10,95 £. Sucursal del restaurante vegetariano Rasa, en Stoke Newington, pero más grande, caro y elegante. Véase el apartado "Stoke Newington, Finsbury Park y Dalston" para ampliar detalles.

WEST END: PICCADILLY, EL SOHO Y CHINATOWN (planos 7 y 8)

El Soho constituye hoy por hoy el corazón gastronómico de Londres, con numerosos restaurantes y cocinas donde elegir. Las calles más animadas suelen ser Greek, Frith, Old Compton y Dean. Tanto Gerrard St como Lisle St están abarrotadas de establecimientos chinos.

Cocina inglesa/británica moderna

Franx Snack Bar *(☎ 7836 7989, 192 Shaftesbury Ave WC2)*, **plano 8**, ⊖ Tottenham Court Road. Platos 2,50-4 £. Un café londinense de lo más genuino que se encuentra por estos lares, con huevos y beicon y otros platos del día.

The Ivy *(☎ 7836 4751, 1 West St WC2)*, **plano 8**, ⊖ Leicester Square. Entrantes 6,75-14,75 £, segundos 10,75-21,75 £. Todo un espectáculo de por sí, con portero de librea y una clientela de celebridades. La carta inglesa incluye platos como pastel del pastor (10,75 £), *steak tartare* (7,75 £), cazuela de langostinos (9,95 £) y *kedgeree* (7,50 £).

Cocina internacional/europea moderna

Atlantic Bar & Grill *(☎ 7734 4888, 20 Glasshouse St W1)*, **plano 7**, ⊖ Piccadilly Circus. Entrantes 6,50-12,50 £, segundos 11,50-18,50 £, menú de almuerzo y cena (previa al teatro) de 2/3 platos 14,50/16,50 £. De ambiente bullicioso, con techos altos, un gran comedor Art Déco y dos bares.

Eco Lab Organic *(☎ 7439 3900, 57 Poland St W1)*, **plano 7**, ⊖ Oxford Circus/Tottenham Court Road. Segundos 2,95 £, menú de almuerzo de 3 platos 7,50 £. Establecimiento de ambiente un tanto aséptico, que vende también productos de belleza y elabora algunos platos orgánicos de calidad aceptable.

Garlic & Shots *(☎ 7734 9505, 14 Frith St W1)*, **plano 7**, ⊖ Tottenham Court Road. Segundos 8,75-11,75 £. Abierto de 17.00 a 24.00 de domingo a miércoles, de 18.00 a 1.00 de jueves a sábados. Aquí todo lleva ajo, incluso la tarta de queso, el helado y el vodka.

Mezzo *(☎ 7314 4000, 100 Wardour St W1)*, **plano 7**, ⊖ Piccadilly Circus. Entrantes 5,50-13,50 £, segundos 12,50-16,50 £. Otra creación de Terence Conran, muy visitado por el mundillo de los medios de comunicación y tan grande que uno podría perderse al regresar del baño. El restaurante principal, en el sótano, es un local alegre y muy moderno; ***Mezzonine,*** en la planta baja, es más barato y menos formal. Los platos pequeños cuestan desde 4,50 hasta 5,75 £; los grandes oscilan entre 7,50 y 10,95 £.

New Piccadilly *(☎ 7437 8530, 8 Denman St W1)*, **plano 7**, ⊖ Piccadilly Circus. Entrantes 1,50 £, segundos 4-6 £. Entrar aquí es como retornar al pasado. Desde la apertura del establecimiento, en los años cincuenta, casi nada ha cambiado salvo los precios, e incluso éstos no han aumentado tanto como cabría esperar: las pastas y pizzas rondan las 4,50 £, y el pollo y las carnes salen por unas 5,50 £.

Quo Vadis *(☎ 7437 9585, 26-9 Dean St W1)*, **plano 7**, ⊖ Tottenham Court Road. Entrantes 8,50-12,50 £, segundos 13,50-32, menú para el almuerzo de 2/3 platos 14,50/17,50 £ (también se sirve de 17.30 a 18.45). Una carta francesa imaginativa y memorable a precios no demasiado estratosféricos para la zona. Karl Marx vivió en dos pequeñas habitaciones del piso alto entre 1851 y 1856.

Soup *(☎ 7287 9100, 1 Newburgh St W1)*, **plano 7**, ⊖ Oxford Circus. Tazón/recipiente de 1 l 2,95/9,50 £. Otra de esas lujosas "soperías" que han llegado hasta Londres desde Nueva York, reúne una oferta amplia: desde la sopa de guisantes, champiñones y vino hasta la indonesia *laksa,* a base de cangrejos; también preparan *porridge* orgánico (de 80 p a 2 £) y tortitas con rellenos (2,75 £).

Soup Works *(☎ 7439 7687, 9 D'Arblay St W1)*, **plano 7**, ⊖ Oxford Circus. Sopas 1,50-5 £, ensaladas 1,80-3,20 £. Muy concurrido a la hora del almuerzo.

Star Café *(☎ 7437 8778, 22 Great Chapel St W1)*, **plano 7**, ⊖ Tottenham Court Road. Entrantes 2,60-5,25 £, segundos 4,95-6,95 £. Abierto de 7.00 a 16.00 de lunes a viernes. Local barato abierto desde los años treinta, donde se sirven salchichas con puré de patadas, desayunos (de 1,80 a 2,50 £) y sándwiches (de 2,60 a 3,80 £).

Sugar Club *(☎ 7437 7776, 22 Warwick St W1)*, **plano 7**, ⊖ Oxford Circus. Entrantes por 6,50-10,50 £, segundos 13,80-19,90 £. Se especializa en platos de la costa del Pacífico –vieiras a la plancha con salsa de chile dulce, pato asado con judías negras fritas en *wok*– que combinan inteligentemente las tradiciones orientales y occidentales. Existe un restaurante hermano, Bali Sugar (véase "Notting Hill, Bayswater y Paddington" más adelante para ampliar detalles).

Estadounidenses

Planet Hollywood *(☎ 7287 1000, London Trocadero, 13 Coventry St W1)*, **plano 7**, ⊖ Piccadilly Circus. Segundos 6,50-16,95 £. Hay que ir mentalizados para hacer cola en este local de la famosa cadena internacional de comida californiana y estadounidense en general (hamburguesas, salmón *cajun* y platos similares).

Rainforest Café *(☎ 7434 3111, 20 Shaftesbury Ave W1)*, **plano 7**, ⊖ Piccadilly Circus. Ensaladas 8,45-9,45 £, pastas 8,95-11,95 £, segundos 10,95-12,95 £. Es una especie de Hard Rock Café para niños, con aves vivas y criaturas salvajes animadas por ordenador que rugen y ululan,

CHARLOTTE HINDLE

El café ha irrumpido con fuerza en el Soho. ¿Desbancará al té?

DÓNDE COMER

cascadas y ruido de truenos entre imponentes higueras de Bengala (falsas). Sirve comida norteamericana, como por ejemplo hamburguesas (8,95 £) con toques *tex-mex* y caribeños. El ambiente es frenético pero a los críos les encantará.

Sports Café *(☎ 7839 8300, 80 Haymarket SW1)*, **plano 7,** ⊖ Piccadilly Circus. Segundos 7,95-14,95 £. No hay manera de eludir el deporte en este restaurante con pista de baile, minicancha de baloncesto, mesas de billar y máquinas recreativas. Y por si fuera poco, unos 140 televisores y cuatro grandes pantallas mantienen informados a los clientes sobre torneos, partidos y carreras mientras llegan las hamburguesas con patatas fritas (desde 7,95 £).

Franceses

The Criterion *(☎ 7930 0488, 224 Piccadilly W1)*, **plano 7,** ⊖ Piccadilly Circus. Entrantes 7,95-18,50 £, segundos 12,50-22,50 £, menú de 2/3 platos para el almuerzo o la cena (de 17.30 a 18.30) 14,95/17,95 £. En pleno Piccadilly Circus, con un interior espectacular –relucientes arañas, espejos, mármoles y mosaicos– que alguien ha comparado con un huevo de Fabergé visto por dentro. La carta ofrece cocina francesa moderna (por ejemplo, salteado de queso de cabra y pimientos asados), sin que falten algunos clásicos ingleses como *fish and chips*.

L'Odéon *(☎ 7287 1400, 65 Regent St W1)*, **plano 7,** ⊖ Piccadilly Circus. Segundos 14,50-21 £, menú de almuerzo y cena (17.30-19.00) de 2/3 platos 15,50/19,50 £. Restaurante de categoría que se merece una visita tan sólo por las vistas de Regent St que se contemplan desde sus ventanales. La comida también ha recibido comentarios favorables, sobre todo si se opta por el menú del almuerzo o la cena.

Italianos

Kettners *(☎ 7734 6112, 29 Romilly St W1)*, **plano 7,** ⊖ Leicester Square. Platos 6,95-10,25 £. Aquí se sirven pizzas (de 7,95 a 10,25 £) y hamburguesas (de 6,95 a 8,85 £) de parecida calidad y precio a las de la cadena Pizza Express, pero en un sugestivo ambiente de señorío venido a menos, con un piano desgranando suaves melodías.

Pizza Express *(☎ 7439 8722, 10 Dean St W1)*, **plano 7,** ⊖ Tottenham Court Road. Pizzas 4,95-7,75 £. Sucursal bastante curiosa de la extendida cadena de esta especialidad: en el nivel de la calle se sirven pizzas baratas pero de buena calidad con el tráfico del Soho como música de fondo, y en los bajos las comidas se amenizan con un excelente jazz (véase el capítulo *Ocio)*.

Pollo *(☎ 7734 5917, 20 Old Compton St W1)*, **plano 7,** ⊖ Leicester Square. Pizzas y pastas 3,30-3,90 £, segundos 4,70-7,75 £. Muy visitado por estudiantes, que acuden atraídos por los económicos precios de sus pastas, pizzas y platos de pescado. Curiosamente, y a pesar del nombre, el pollo brilla por su ausencia.

Spiga *(☎ 7734 3444, 84-6 Wardour St W1)*, **plano 7,** ⊖ Tottenham Court Road. Pizzas y pastas 6-9 £, segundos 12,50-14 £. Un sitio muy indicado si se quiere probar pizzas y pastas auténticas, o un segundo plato italiano, en un marco agradable y elegante pero sin pagar un dineral.

Zilli Fish *(☎ 7734 8649, 36-40 Brewer St W1)*, **plano 7,** ⊖ Piccadilly Circus. Entrantes 6,90-10,90 £, segundos 11,90-22 £. Pescado y mariscos pasables, de inspiración italiana pero, como ocurre con frecuencia en Londres, el marco (bullicioso) y la concurrencia (celebridades de segunda fila y sabuesos de la prensa) se imponen sobre la comida.

Húngaros

Gay Hussar *(☎ 7437 0973, 2 Greek St W1)*, **plano 7,** ⊖ Tottenham Court Road. Entrantes 3,80-6,50 £, segundos 11,85-16,75 £. Este restaurante del Soho data de los años cincuenta, cuando se cenaba a lo grande, en estancias con brocados y grabados sepia en las paredes. Y las raciones son de una generosidad característica de los húngaros, como testimonian el pato asado (16,50 £) con toda su guarnición o el "plato rápido gitano": medallones de cerdo con cebollas y pimientos verdes (13,90 £). Seguro que se tardará mucho en sentir hambre de nuevo.

Indios

Gopal's of Soho *(☎ 7434 0840, 12 Bateman St W1)*, **plano 7**, ⊖ Leicester Square/Tottenham Court Road. Entrantes 2,95-4,75 £, segundos 6,50-10,95 £. Cocina bastante auténtica a precios asequibles en un restaurante recién reformado. Los *thalis* (menús servidos en bandejas de metal circulares) salen muy a cuenta: 11,95 £ el vegetariano y 1 £ más el de carne.

Chinos

Si se está con varias personas y se quiere comer sentado en una mesa, hay que dirigirse a Chinatown (⊖ Leicester Square), donde la oferta es desbordante tanto en calidad como en precio. Una forma muy aconsejable de degustar lo mejor de la cocina china es el *dim sum* cantonés, donde el cliente selecciona numerosos platos servidos en raciones pequeñas y los acompaña con té de jazmín.

1997 *(☎ 7734 2868, 19 Wardour St W1)*. Segundos 6,20-9 £. Abierto las 24 horas todos los días. Si apetece pato a la pequinesa (9,50 £ por medio) o una reconfortante sopa de tallarines (de 4,20 a 5 £) a las cuatro de la madrugada, hay que poner proa a este establecimiento, que nunca cierra.

Chuen Cheng Ku *(☎ 7437 1398, 17 Wardour St W1)*. Sopas 1,90-5 £, entrantes 4-7,50 £, segundos 6,50-9 £. Tanto el *dim sum* como los restantes platos (empanadillas, tallarines, gambas envueltas en papel y demás) circulan por el local en carritos, facilitando así la elección a los menos expertos en cocina china.

Gerrard's Corner *(☎ 7437 0984, 30 Wardour St WC2)*. Sopas 1,90-6 £, segundos 5,80-9,50 £. Uno de los restaurantes más fiables de Chinatown por su calidad y sus ajustados precios.

Jen *(☎ 7287 8193, 7 Gerrard St W1)*. Entrantes 2-6 £, segundos 5-38 £. Pese a la primacía del *hot-pot* (una especie de *fondue)*, en el Jen, siempre atestado de chinos, se preparan muchos otros platos del "Celeste Imperio" (tanto clásicos como innovadores).

London Hong Kong *(☎ 7287 0324, 6-7 Lisle St WC2)*. Sopas 2,50-5,50 £, tallarines y arroces 5,50-8,80 £, segundos 6-8,50 £. Uno de los mejores *dim sum* de la capital británica.

Mr Wu *(☎ 7839 6669, 6-7 Irving St WC2)*, **plano 8**, ⊖ Leicester Square; *(☎ 7287 3885, 26 Wardour St W1)*, **plano 7**, ⊖ Tottenham Court Road; ***Mr Au*** *(☎ 7437 7472, 47-49 Charing Cross Rd WC2)*, **plano 8**, ⊖ Leicester Square. Bufé de 10 platos 4,50 £. Dos establecimientos casi idénticos con la misma propuesta: un bufé para el almuerzo y la cena, donde el cliente puede comer hasta reventar. Barato pero de poca calidad.

Poons *(☎ 7437 4549, 26-7 Lisle St WC2)*, **plano 8**. Platos 4,40-8,20 £. En este cafetucho, cuna del imperio Poons, se ofrece comida pasable a precios muy ventajosos, con la carne de pato y cerdo curada (4,40 £ por plato) como especialidad. En horas de mucho ajetreo hay que ir mentalizado para hacer cola y comer deprisa.

Japoneses

Ikkyu of Chinatown *(☎ 7439 3554, 7-9 Newport Place WC2)*, **plano 8**, ⊖ Leicester Square. *Sushi* 1,45-2,50 £, tallarines 4,50-7,50 £, menús 7,70-11 £, cena/bufé del domingo 13,50/11,50 £. Con propietarios chinos y cocineros japoneses, ofrece *sushi, sashimi* y tallarines a la carta, pero sus mejores bazas para el viajero ahorrador son los cuatro menús del almuerzo y el bufé japonés de la cena (de 17.00 a 20.00) y de los domingos (de 12.30 a 17.00).

Kulu Kulu *(☎ 7734 7316, 76 Brewer St W1)*, **plano 7**, ⊖ Piccadilly Circus. *Sushi* 1,20-3 £. El mejor *sushi* sobre cinta transportadora de la ciudad, según la creencia general.

Satsuma *(☎ 7437 8338, 56 Wardour St W1)*, **plano 7**, ⊖ Leicester Square. *Sushi* 1,10-1,90 £, tallarines 5,40-6,80 £, menús 5,20-15,50 £. Similar al Soba pero con un poco más de categoría.

Soba *(☎ 7734 6400, 38 Poland St W1)*, **plano 7**, ⊖ Oxford Circus. Tallarines y arroces 5,30-5,80 £. Excelentes tallarines por poco dinero.

Tokyo Diner *(☎ 7287 8777, 2 Newport Place WC2)*, **plano 8**, ⊖ Leicester Square. Sopa de tallarines 5,10 £, menús 5,90-8,20, comidas envasadas 8,30-12,90 £. Un sitio muy indicado para tomarse un cuenco de tallarines o un plato de *sushi* antes del cine o el teatro sin gastar mucho.

Wagamama *(☎ 7292 0990, 10a Lexington St W1)*, **plano 7**, ⊖ Piccadilly Circus; *(☎ 7836 3330, 1 Tavistock St)*, **plano 8**, ⊖ Covent Garden; *(☎ 7736 2333, 4a Streatham St WC1)*, **plano 8**, ⊖ Tottenham Court Road; *(☎ 7409 0111, 101a Wigmore St W)*, **plano 6**, ⊖ Oxford Circus; *(☎ 7428 0800, 11 Jamestown Rd NW1)*, **plano 3**, ⊖ Camden Town. Tallarines 6-8,50 £, arroces 6-7,25 £, currys 5,25-6,50 £, menús 8,50-9,95 £. Sobrio, con comida aceptable más o menos japonesa, pero impropio para una cena tranquila:

CHARLOTTE HINDLE

Los tallarines nunca se acaban en el Tokyo Diner de Leicester Square.

hay que compartir mesas y, después de soportar la cola, el cliente tiene la sensación de que le están metiendo prisa.

Yo! Sushi (*☎ 7287 0443, 52 Poland St W1*), **plano 7,** ⊖ Oxford Circus; (*Selfridges, ☎ 7318 3944, 400 Oxford St W1*), **plano 6,** ⊖ Oxford Circus; (*5º piso, Harvey Nichols, ☎ 7201 8641, Brompton Rd SW1*), **plano 5,** ⊖ Knightsbridge. *Sushi* 1,50-3,50. En continua expansión, es uno de los bares de *sushi* más animados de Londres; los clientes se sientan alrededor de la barra y los platos llegan en una cinta transportadora de 60 m de largo (de las bebidas se encargan unos minúsculos robots). La sucursal de Poland St tiene un bar con tentempiés llamado ***Yo! Below*** (*☎ 7439 3660*).

Zipangu (*☎ 7437 5042, 8 Little Newport St WC2*), **plano 8,** ⊖ Leicester Square. Tallarines 3,90-5,30 £, arroces 4,20-7,80 £. Otra opción económica de comida japonesa, con una oferta similar a la de Tokyo Diner.

Sureste asiático

C & R (*☎ 7434 1128, 3-4 Rupert Court W1*), **plano 7,** ⊖ Leicester Square. Platos 5-7,50 £. Pequeño restaurante singapurense-malayo en el corazón del Soho donde se sirven platos auténticos como *sambal udang* (7 £) y se prohíbe fumar.

Cam Phat (*☎ 7437 5598, 12 Macclesfield St W1*), **plano 7,** ⊖ Leicester Square. Entrantes 3,50-6 £, segundos 4,50-12 £. Restaurante chino-vietnamita barato y alegre con platos bien preparados, como cerdo al horno con tallarines (4,50 £) y *pho* (4,50 £), la clásica sopa vietnamita de carne de res y tallarines aromatizada con limoncillo.

Chiang Mai (*☎ 7437 7444, 48 Frith St W1*), **plano 7,** ⊖ Tottenham Court Road. Sopas y entrantes 4,50-6,20 £, tallarines y arroces 6,90-8,20 £, menú del almuerzo 9,90 £. Restaurante tailandés relativamente caro (sucursal del Thai Bistro de Chiswick; véase la sección correspondiente) con una carta vegetariana independiente y una variada oferta de sopas, aparte de menús vegetarianos o de carne y pescado.

Melati (*☎ 7437 2745, 21 Great Windmill St W1*), **plano 7,** ⊖ Piccadilly Circus. Segundos 5,95-7,85 £. Restaurante indonesio-malayo-singapurense con una comida correcta y un respetable muestrario de opciones vegetarianas, además de varios platos de tallarines y arroz y un excelente pescado con salsa de chiles.

Oriente Próximo

Gaby's (*☎ 7836 4233, 30 Charing Cross Rd WC2*), **plano 8,** ⊖ Leicester Square. Platos 4,20-9 £. Veterana cafetería contigua al teatro de Wyndham, donde se forman colas para pedir platos de toda la vida como *hummus* y *felafel* (4,20 £) y cuscús *royale* (9 £).

Momo (*☎ 7434 4040, 25 Heddon St W1*), **plano 7,** ⊖ Piccadilly Circus. Entrantes 6,50-11,50 £, segundos 9,75-16 £, menú para el almuerzo de 2/3 platos 12/15 £. La *kasbah* llega al West End en este caro restaurante marroquí, con cuscús (de 9,75 a 16 £) y *tajines* (de 11 a 15,50 £). ***Mô Bazaar,*** el vecino bar de ensaladas, salón de té y bazar, es un establecimiento más barato y menos formal, con una fuente de cuatro especialidades vegetarianas/de carne que cuesta 4,95/5,80 £.

Vegetarianos

Govinda's (*☎ 7437 4928, 9 Soho St W1*), **plano 7,** ⊖ Tottenham Court Road. Platos 1,75-3,50 £, bufé de almuerzo/cena (19.00-20.00) 4,99/3,99 £. Comida estrictamente vegetariana, cocinada con cariño y devoción (a Krishna, a quien está dedicado el templo colindante), aunque con estos precios no se puede esperar gran calidad.

Mildred's (*☎ 7494 1634, 58 Greek St W1*), **plano 7,** ⊖ Tottenham Court Road. Entrantes 1,75-3,50 £, segundos 5,40-7,50 £. Tan pequeño y concurrido que quizá haya que compartir mesa, pero vale la pena porque la comida es buena –incluye salteados de verduras y hamburguesas de soja–, los precios ajustados y las raciones abundantes.

Red Veg (*☎ 7437 3109, 95 Dean St W1*), **plano 7,** ⊖ Tottenham Court Road. Platos 2,35-2,95 £. Establecimiento de comida rápida adonde se puede ir si apetecen chiles, *felafel* y hamburguesas vegetarianas.

Cafés

Bar Italia (*☎ 7437 4520, 22 Frith St W1*), **plano 7,** ⊖ Leicester Square. Sándwiches 3,50-5 £.

Abierto las 24 horas, con una maravillosa decoración de los años cincuenta y siempre abarrotado y bullicioso; el mejor momento para conseguir una silla –con suerte– es pasada la 1.00.

Maison Bertaux *(☎ 7437 6007, 28 Greek St W1)*, **plano 7,** ⊖ Tottenham Court Road. Tartas por unas 3 £. Del obrador de Bertaux salen dulces desde hace 130 años, y hoy son tan exquisitos como siempre. En la primera planta hay un salón de té.

Monmouth Coffee Company *(☎ 7645 3560, 27 Monmouth St WC2)*, **plano 7,** ⊖ Tottenham Court Road/Leicester Square. Aquí se vende café en grano de todos los países del mundo y los clientes (caben unas 12 personas sentadas) pueden probar sus mezclas: desde nicaragüense y guatemalteco hasta keniata y etíope.

Old Compton Café *(☎ 7439 3309, 34 Old Compton St W1)*, **plano 7,** ⊖ Tottenham Court Road/ Leicester Square. Sándwiches 2,65-3,25 £, *crêpes* 2,75-4,50 £. Abierto las 24 horas todos los días. Acogedor pero con un ritmo a veces febril, ofrece un surtido aparentemente inagotable de sándwiches, así como ensaladas y algunos platos calientes.

Pâtisserie Valerie *(☎ 7437 3466, 44 Old Compton St W1)*, **plano 7,** ⊖ Tottenham Court Road/Leicester Square; *(☎ 7823 9971, 215 Brompton Rd SW3)*, **plano 10,** ⊖ Knightsbridge. Tartas 1,80-3 £, sándwiches 3,50-5,95 £. Toda una institución del Soho (fundada en 1926) insuperable a la hora de tomar un café o un té con algo dulce, aunque hará falta suerte para poder sentarse; también preparan cruasanes rellenos y sándwiches. Existen otras cuatro sucursales en el centro.

COVENT GARDEN Y EL STRAND (plano 8)

Vecino al Soho y parte del West End, Covent Garden se halla asimismo bien provisto de sitios donde comer.

Ingleses

Porters *(☎ 7836 6466, 17 Henrietta St WC2)*, ⊖ Covent Garden. Entrantes 3,25 £, segundos 8,95 £. Se especializa en pasteles, un plato de mucha solera en la cocina inglesa pero poco habitual en las cartas modernas; los hay tan insólitos como de cordero con albaricoques o pollo con brócoli, que se ofrecen junto con platos de toda la vida como pudin de carne y riñones, sin olvidar el *fish and chips* (todos 8,95 £).

Rock & Sole Plaice *(☎ 7836 3785, 47 Endell St WC2)*, ⊖ Covent Garden. Segundos por 6-13 £. Acreditado local de *fish and chips* con deliciosos rebozados de bacalao y abadejo (desde 4,50 £ con las patatas); mesas de formica en la planta baja y un comedor más acogedor en el sótano.

Rules *(☎ 7836 5314, 35 Maiden Lane WC2)*, ⊖ Covent Garden. Entrantes 6,96-10,95 £, segundos 16,95-22,50 £. Muy refinado, muy británico (y bastante estirado), con un deslumbrante interior eduardiano y camareros con blancos mandiles almidonados. La carta se inclina inevitablemente por las carnes, pero no faltan platos de pescado. Púdines tradicionales con abundancia de crema.

Simpson's-in-the-Strand *(☎ 7836 9112, 100 Strand WC2)*, ⊖ Covent Garden. Entrantes 5,95-11,50 £, segundos 9,95-23,95 £, asados del almuerzo 14,50 £. Si se quiere probar los asados ingleses tradicionales, éste es el sitio más indicado, pues los llevan sirviendo en su suntuoso y enmaderado comedor desde 1848 (cuando se llamaba Simpson's Divan and Tavern). Aquí se preparan platos como pudin de carne y riñones (14,50 £), cordero con jalea de grosellas (19,50 £) y pichón con lombarda (16,50 £). La zona llamada ***Simply Simpson's,*** con precios más populares, ofrece para el almuerzo menús de 2/3 platos por 10/15,50 £.

Estadounidenses

Joe Allen *(☎ 7836 0651, 13 Exeter St WC2)*, ⊖ Covent Garden. Entrantes 4,50-7 £, segundos 7,50-14,50 £, menú de 2/3 platos para el almuerzo 12/14 £ y para la cena previa al teatro (de 17.00 a 18.45 de lunes a viernes) 13/15 £. Veterano restaurante de estilo norteamericano, muy frecuentado por estrellas de la escena. Conviene reservar porque se llena muchísimo. Ofrece entrantes y segundos variados (chuletas de cordero, fletán a la parrilla y otros platos) con algunas propuestas vegetarianas.

Franceses

Café des Amis du Vin *(☎ 7379 3444, 11-14 Hanover Place WC2)*, ⊖ Covent Garden. Entrantes 5,50-7,95 £, segundos 8,50-16,95 £, menú de 2/3 platos durante el almuerzo 12,50/15 £, cena de 2 platos antes o después del teatro 10,50 £. Ideal para saborear buena comida francesa (y a precios sensatos) antes o después de la función.

Italianos

Orso *(☎ 7240 5269, 27 Wellington St WC2)*, ⊖ Covent Garden. Entrantes 5-9 £, segundos 5 £, menú de 2/3 platos para el almuerzo 15/17 £, cena antes del teatro 13/15 £. Veterano restaurante, muy visitado por profesionales de los medios de comunicación.

Oriente Próximo

Sarastro *(☎ 7836 0101, 126 Drury Lane WC2)*, ⊖ Covent Garden. Entrantes 4-8,50 £, segundos 8,50-14,50 £, almuerzo y cena de 2 platos previa al teatro 10 £; cena con ópera y cabaré domingo y lunes 20 £. Cualquier restaurante que se anuncie como "El espectáculo después del espectáculo" ha de estar más preocupado por entretener al cliente que por darle bien de comer; pero Sarastro, con sus platos turcos y europeos, su decoración barroca y su música de ópera, consigue que los comensales pasen una velada memorable.

Otras cocinas

Belgo Centraal *(☎ 7813 2233, 50 Earlham St WC2)*, ⊖ Covent Garden. Entrantes 4,95-5,95 £, segundos 8,95-16,95 £, menú de almuerzo/cena 5/14,95 £. Bajar en ascensor hasta el sótano y atravesar las cocinas forma parte de la gracia de Belgo, donde los camareros van vestidos como monjes del siglo XVI. Al ser un restaurante belga, los *moules et frites* (mejillones con patatas fritas) y los asados al espetón se erigen en especialidades, y la cerveza (100 variedades) es la reina. El menú de la cena consta de una ensalada, mejillones con patatas fritas y cerveza o refresco. Entre semana (de 17.00 a 20.30) se puede probar el menú "contrarreloj", con un plato a elegir entre tres y una cerveza, una copa de vino o un refresco; la hora en que el cliente se sienta determina el precio (por ejemplo, a las 18.15 se pagan 6,15 £; el mínimo son 5 £).

Café Pacifico *(☎ 7379 7728, 5 Langley St)*, ⊖ Covent Garden. Entrantes 4,50-8,95 £, segundos 7,80-9,95 £. Cocina mexicana y margaritas de fábula, servidas en un alegre comedor.

Calabash *(☎ 7836 1976, The Africa Centre, 38 King St WC2)*, ⊖ Covent Garden. Entrantes 2-2,95 £, segundos 4,75-7,75 £. Restaurante sencillo en el Centro Africano donde se sirve comida de todo el continente, con un menú para no iniciados en el que se describe cada plato; son típicos el *egusi,* un guiso de carne nigeriano con tomates y especias (6.95 £), y el senegalés *yassa,* pollo marinado en zumo de limón y pimientos. Cervezas de toda África y vinos de Argelia, Zimbabue y Suráfrica

La Perla *(☎ 7240 7400, 28 Maiden Lane WC2)*, ⊖ Covent Garden. Entrantes 2,95-5,25 £, segundos 8,95-12,50 £. Comida mexicana y *tex-mex* bien preparada, con el pescado como protagonista estelar.

Mongolian Barbecue *(☎ 7379 7722, 12 Maiden Lane WC2)*, ⊖ Leicester Square; *(☎ 7581 8747, 61 Gloucester Rd SW7)*, **plano 10,** ⊖ Gloucester Road. Antes de las 19.00 y los lunes todo el día/cena 7/12,95 £. El cliente elige la carne, el pescado y las verduras, añade las salsas y especias, lo fríe todo a su gusto (en una especie de *fondue* a la mongola) y come hasta hartarse.

Vegetarianos

En Neal's Yard y sus proximidades se agrupan varios cafés New Age –la mayor parte vegetarianos–, entre ellos los aquí mencionados. Todos ofrecen alimentos integrales como panes de queso y tallarines caseros en un ambiente muy agradable, pero se llenan enseguida. Un almuerzo en cualquiera de estos establecimientos debería costar entre 5 y 6 £, si se escoge con cuidado.

Food for Thought *(☎ 7836 0239, 31 Neal St WC2)*. Platos 2,80-5,50 £. Minúsculo café para no fumadores, con especielidades como *gado-gado* (3,90 £) –ensalada indonesia con aliño de cacahuetes–, *quiches* (de 2,80 a 5 £) y salteados de verduras con arroz moreno (3,60 £).

Neal's Yard Salad Bar *(☎ 7836 3233, 2 Neal's Yard WC2)*. Segundos 5,50-6,50 £. La cuenta puede salir cara si no se pone cuidado al pedir.

SIMON BRACKEN

Los vegetarianos hallarán una oferta abundante en Neal's Yard.

World Food Café *(☎ 7379 0298, 1er piso, 14 Neal's Yard WC2)*. Segundos 5,95-7,95 £. Ofrece platos vegetarianos de todo el mundo que incluyen *meze* de Oriente Próximo, guisos africanos con arroz moreno y *felafel* egipcio.

FITZROVIA Y MARYLEBONE (planos 6 y 7)

En los últimos años, muchos restaurantes y cafés han cruzado el "muro" que es Oxford St y se han instalado en Fitzrovia o incluso más al oeste, en Marylebone.

Cocina internacional/europea moderna

Back to Basics *(☎ 7436 2181, 2a Foley St W1)*, **plano 6**, ⊖ Oxford Circus. Entrantes 3,50-5,50 £, segundos 12,95-14,95 £. Magnífico restaurante de barrio (lo más parecido que se encontrará en Londres al clásico restaurante parisino *du quartier)*, con pescados y mariscos de primeras calidades y atendido por un grupo de simpáticos jóvenes polacos.

Franceses

Villandry *(☎ 7631 3131, 170 Great Portland St W1)*, **plano 6**, ⊖ Great Portland Street. Entrantes 5,25-8,50 £, segundos 11,50-17,25 £. Excelente restaurante francés con una interesante tienda de exquisiteces y un bar.

Italianos

Spighetta *(☎ 7486 7340, 43 Blandford St W1)*, **plano 6**, ⊖ Baker Street. Pizzas y pastas 6,90-9,90 £, segundos 10,90 £. Más pequeño y ligeramente más barato que el Spiga, su hermano mayor.

Españoles

Costa Dorada *(☎ 7636 7139, 47-55 Hanway St W1)*, **plano 7**, ⊖ Tottenham Court Road. Entrantes 3,50-6,90 £, segundos 8,50-14,50 £. Uno de los dos aceptables restaurantes españoles situados en Hanway St, callejuela que discurre al norte de Oxford St y pasa bastante inadvertida para los turistas. Tapas (de 2 a 6,95 £), una correcta paella vegetariana (10 £) y flamenco todas las noches de lunes a sábado.

Indios

Rasa Samudra *(☎ 7637 0222, 5 Charlotte St W1)*, **plano 7**, ⊖ Goodge Street. Entrantes 4,20-7,50 £, currys 6-6,50 £, otros segundos 9,95-18,95 £. Local de llamativo color rosa, al norte de Oxford St, y de los mismos propietarios que los restaurantes indios vegetarianos Rasa, en Stoke Newington, y Rasa W1, en Mayfair (véase "Stoke Newington y Finsbury Park" y "St James's y Mayfair"), con la diferencia de que aquí, además de los platos vegetarianos, la carta incluye también pescados y mariscos.

Coreanos

Han Kang *(☎ 7637 1985, 16 Hanway St W1)*, **plano 7**, ⊖ Tottenham Court Road. Barbacoa 6-15. Un genuino restaurante coreano en el West End, con *bulgogi* (literalmente "carne de fuego", por lo general, carne de res marinada), *kalbi* (costillas) a la brasa, *kimchee* (col encurtida picante) y *pibimbap*, un guiso de arroz, carne, verduras y huevo.

Sureste asiático

Archipelago *(☎ 7383 3346, 110 Whitfield St W1)*, **plano 6**, ⊖ Warren Street. Menú de 2/3 platos 32,50/38,50 £. La comida quizá no sea nada fuera de lo corriente, pero la relamida decoración "isla tropical" tiene su encanto.

Bam-Bou *(☎ 7323 9130, 1 Percy St W1)*, **plano 7**, ⊖ Goodge Street. Entrantes 4,25-7,20 £, segundos 8,75-13,75 £. En un marco cursi, comida vietnamita con toques de modernidad (principalmente franceses): *sauté de bœuf* con lima, pollo al gengibre caramelizado y costillas de cerdo a la brasa aromatizadas con limoncillo.

Oriente Próximo

Dish Dash *(☎ 7637 7474, 57-9 Goodge St W1)*, **plano 6**, ⊖ Goodge Street. Entrantes 1,50-4,50 £, segundos 6,50-13,50 £. Sirve platos persas, como pierna de cordero iraní; el sitio es bueno y agradable. Los restaurantes persas escasean en Londres.

Ozer *(☎ 7323 0505, 5 Langham Place W1)*, **plano 6**, ⊖ Oxford Circus. Entrantes 3,95-8,50 £, segundos 7,50-17,50 £, menú 8 £. Este restaurante otomano no es en realidad más que un turco con pretensiones, pero aun así se merece una visita.

Vegetarianos

Woodlands *(☎ 7486 3862, 77 Marylebone Lane 1 W1)*, **plano 6**, ⊖ Bond Street; *(☎ 7839 7258, 37 Panton St SW1)*, **plano 7**, ⊖ Piccadilly Circus. Entrantes 2,95-3,95 £, segundos 3,95-13,50 £. Restaurante de la India meridional que, con la consigna "Que la vegetación alimente a la nación", se ha lanzado a demostrar que la comida vegetariana del sur de la India puede resultar tan imaginativa como cualquier cocina basada en la carne. El resultado parece bastante convincente.

BLOOMSBURY (planos 4, 6 y 8)

Aunque suele desecharse como monótono territorio de *B&B,* lo cierto es que Bloomsbury cuenta también con un buen número de restaurantes, muchos de ellos de precio bastante razonable.

Ingleses

North Sea Fish Restaurant *(☎ 7387 5892, 7-8 Leigh St WC1),* **plano 4,** ⊖ Russell Square. Entrantes 3,10-3,95 £, segundos 6,85-16,95 £. Pescado fresco con patatas: una cocina sencilla que aquí se elabora con admirable maestría, como certifican los descomunales filetes de platija o fletán, fritos o a la parrilla, con su copiosa guarnición de patatas fritas (10,95 o 13,95 £).

Italianos

Mille Pini *(☎ 7242 2434, 33 Boswell St WC1),* **plano 6,** ⊖ Russell Square/Holborn. Entrantes 2-4,50 £, pizzas y pastas 4,50-5,50 £, segundos 6,50-9,50 £, almuerzo de 3 platos 6 £. Casi al borde de la preciosa Queen's Square, es un prestigioso y genuino restaurante y pizzería a la antigua usanza y con precios sensatos, del que se sale repleto tras haber gastado sólo unas cuantas libras.

Asiáticos

Abeno *(☎ 7405 3211, 47 Museum St WC1),* **plano 8,** ⊖ Tottenham Court Road. Tallarines y arroces 6,95-8,75 £, segundos 5,20-13,80 £. Sobrio restaurante japonés especializado en *okonomiyaki,* una especie de tortilla nipona que se combina con los ingredientes que elija el cliente y se prepara en la mesa.

Thai Garden Café *(☎ 7323 1494, 32 Museum St WC1),* **plano 8,** ⊖ Tottenham Court Road. Sopas y entrantes 3,45-3,95 £, segundos 5,45-6,95 £. El antiguo y popular Garden Café se ha convertido hoy en un restaurante tailandés sólo regular, pero muy bien situado para quienes vayan a visitar el Museo Británico.

Vegetarianos

Greenhouse *(☎ 7637 8038, Drill Hall Theatre, 16 Chenies St WC1),* **plano 6,** ⊖ Goodge Street. Platos 2,50-4,50 £. En el sótano del Drill Hall, pasteles de verduras (4,20 £), cazuelas (4,20 £) y *quiches* (2,50 £), en un local tan concurrido que es habitual compartir mesa.

Cafés

Si se va a visitar el Museo Británico, conviene saber que Museum St está llena de cafés y restaurantes sencillos, donde tomar algo sale más a cuenta que en la cafetería del museo.

Coffee Gallery *(☎ 7436 0455, 23 Museum St WC1),* **plano 8,** ⊖ Tottenham Court Road. Pastas 4,50 £, sándwiches 3,50-4 £. Pastas, ensaladas, sándwiches y el té de la tarde (unas 4 £) en un alegre local para no fumadores con mucha clientela y pinturas modernas en las paredes.

Ruskins Café *(☎ 7405 1450, 41 Museum St WC1),* **plano 8,** ⊖ Tottenham Court Road. Platos 2,95-3,50 £. Sopas y patatas rellenas.

HOLBORN Y CLERKENWELL (planos 4 y 6)

Holborn reúne unos cuantos restaurantes y locales nocturnos recomendables; por lo general se vuelve muy tranquilo cuando oscurece. Clerkenwell, por el contrario, ha irrumpido con brío en el panorama gastronómico de la capital. Los establecimientos mencionados a continuación resultan accesibles desde la estación de metro de Farringdon, a menos que se indique otra cosa.

Cocina inglesa/británica moderna

Ferrari's Cafe *(☎ 7236 7545, 8 West Smithfield EC1),* **plano 6.** Desayuno 1,40-2,10 £, platos 3,80 £, sándwiches 1,50-2,50 £. Frente al mercado de Smithfield, es un tugurio barato abierto las 24 horas y con fritangas lo bastante contundentes como para que los tenderos resistan la mañana.

Rudland & Stubbs *(7253 0148, 35-7 Greenhill Rents, junto a Cowcross St EC1),* **plano 6.** Entrantes 3,95-7,75 £, segundos 8,95-11,95 £. Una ostrería con comedor donde se sirven los bivalvos más frescos, y pescados del país, como merluza de Cornualles. Durante el almuerzo lo ocupa la gente de la City, pero por las noches el ambiente se sosiega.

St John *(☎ 7251 0848, 26 St John St EC1),* **plano 6.** Entrantes 4-7,20 £, segundos 11-16,50 £. Instalado en un antiguo almacén, un sitio sin florituras muy indicado para probar platos británicos de toda la vida con nuevos atavíos, como escabeche de bocinas con chalotas (5 £), pata de pato con zanahorias (13,80 £) e higadillos de conejo con beicon y puré de patatas (11,80 £). Si bien se ofrecen algunos platos de pescado, aquí manda la carne, y en particular la casquería (no en vano, el mercado de Smithfield queda al lado mismo).

Cocina europea moderna

Smiths of Smithfield (☎ *7236 6666, 67-77 Charterhouse Square EC1*), **plano 6.** Entrantes 7,50-11 £, segundos 15-22 £, *brunch* dominical de 3 platos 25 £. Situado frente al mercado de carne de Smithfield, con un bar y un café en la planta baja, otro bar en el primer piso y una *brasserie* y comedor en el segundo, donde se sirven excelentes platos preparados con la mejor carne británica y productos orgánicos.

Estadounidenses

Tinseltown (☎ *7689 2424, 44-6 St John's St EC1*), **plano 6.** Entrantes 2-3,99 £, segundos 5,99-8,99 £. Abierto las 24 horas todos los días. Típica cafetería norteamericana instalada en un sótano, con pizzas, pastas, hamburguesas y parrilladas que no rebasan lo mediocre, pero vienen de maravilla para calentar el estómago y absorber el alcohol trasegado en los abundantes locales nocturnos de Clerkenwell.

Franceses

Le Café du Marché (☎ *7608 1609, 22 Charterhouse Square, Charterhouse Mews EC1*), **plano 6.** Menú de 3 platos para el almuerzo y la cena 24,95 £. Escondido en un callejón cerca del mercado de Smithfield, rústico y muy romántico, con apetitosa comida francesa y jazz en directo en la primera planta.

Club Gascon (☎ *7796 0600, 57 West Smithfield EC1*), **plano 6.** Raciones 3,80-17,10 £. Al lado mismo de la iglesia de St Bartholomew's-the-Great (conocida por *Cuatro bodas y un funeral* y *Shakespeare in Love*), elabora una sabrosa e imaginativa cocina del suroeste francés y la sirve (solamente) en raciones del tamaño de un entrante. Conviene pedir, por lo menos, cuatro.

Maison Novelli (☎ *7251 6606, 31 Clerkenwell Green EC1*), **plano 4.** Entrantes 6,50-12,50, segundos 16-22,50 £. El único superviviente del imperio del *chef* Jean-Christophe Novelli, sigue ofreciendo una excelente cocina francesa moderna en un tranquilo restaurante instalado en un segundo piso, con vistas a Clerkenwell Green.

Italianos

Spaghetti House (☎ *7405 5215, 20 Sicilian Ave WC1*), **plano 6,** ⊖ Holborn. Entrantes 3,05-8,65 £, pastas y pizzas 5,95-8,75 £, segundos 8,75-14,95 £. Sucursal de una cadena de restaurantes italianos, con pizzas y pastas sencillas, en una calle peatonal situada entre Southampton Row y Vernon Place. Cuando el tiempo acompaña se sacan mesas al exterior.

Españoles

Gaudí (☎ *7608 3220, 63 Clerkenwell Rd EC1*), **plano 6.** Entrantes 10-12 £, segundos 16,75-17,50 £, menú de 2 platos para el almuerzo de lunes a viernes 15 £. Las creaciones del insigne arquitecto catalán inspiran la decoración de este distinguido restaurante, especializado en la llamada "nueva cocina española". El pescado desempeña un papel preponderante, por no decir exclusivo, y se ofrece una buena carta de vinos también españoles.

Moro (☎ *7833 8336, 34-6 Exmouth Market N1*), **plano 4.** Entrantes 4,50-6 £, segundos 10,50-14,50 £. Fusión de sabores españoles, portugueses y norteafricanos. Vale la pena probar el *brik* de cangrejo, una fritura servida con *harissa* picante, o el salmonete asado sobre fuego de leña con naranjas amargas.

Judíos

Knosherie (☎ *7242 5190, 12-13 Greville Rd*), **plano 6.** Sándwiches y *bagels* rellenos 90 p-2,90 £, segundos 3,90-7,90 £. Sin ser en realidad *kosher*, pero sí de ese estilo, este café-restaurante, propiedad del antiguo director de Bloom's, en Whitechapel, ofrece todos los platos más demandados: carne de res a la sal, *cholent* y rollitos de arenque.

Asiáticos

Cicada (☎ *7608 1550, 132-6 St John St EC1*), **plano 4.** Entrantes 4,50-6 £, segundos 6,50-10 £. Precioso y moderno restaurante, siempre lleno, que amalgama sabores asiáticos con gran éxito.

East One (☎ *7566 0088, 175-9 St John St EC1*), **plano 4.** Entrantes 3,50-7 £, segundos 9,95-14,50 £. Consta de dos secciones: un comedor donde se come a la carta y otro donde el propio cliente se prepara la comida (frituras sin límite) para el almuerzo (12 £) y la cena (16,50 £).

Otras cocinas

My Old Dutch (☎ *7242 5200, 131-2 High Holborn WC1*), **plano 8,** ⊖ Holborn. Platos 3,95-7,95 £. Veterano restaurante con más de 100 tortitas y gofres dulces y salados.

Vegetarianos

The Greenery (☎ *7490 4870, 5 Cowcross St EC1*), **plano 6.** Ensaladas 1,50-3,50 £, pizzas 2,20-2,80 £. Un pequeño y modesto café con ensaladas y pizzas vegetarianas, que todavía se mantiene en medio del aburguesamiento experimentado por Clerkenwell.

LA CITY (planos 6 y 9)

Encontrar en la City un restaurante digno, a precios tolerables, que esté abierto después de las horas de oficina, puede resultar una tarea bastante ardua; los que siguen son los más recomendables.

Ingleses

Sweeting's *(☎ 7248 3062, 39 Queen Victoria St EC4)*, **plano 9,** ⊖ Mansion House. Entrantes 4,95-10,95 £, segundos 8,25-20,50 £. Abierto de 11.30 a 15.00 de lunes a viernes. Un sitio a la antigua usanza (sólo almuerzos), con suelos de mosaico, estrechos mostradores y camareros con mandiles blancos que sirven exquisiteces del mar, como salmón ahumado (8,95 £) y ostras en temporada, de septiembre a abril.

Ye Olde Cheshire Cheese *(☎ 7353 6170, Wine Office Court, off Fleet St EC4)*, **plano 6,** ⊖ Blackfriars. Entrantes 2,95-5,95 £, segundos 7,25-9,95 £. Reconstruido poco después del pavoroso incendio de 1666 y frecuentado por el doctor Johnson, Thackeray, Dickens y Mark Twain, su faceta turística no impide que el tradicional Chop Room resulte indicado para llevar a los forasteros.

RICHARD I'ANSON

Ye Olde Cheshire Cheese ha sido siempre un rincón de literatos.

Cocina international/europea moderna

Searcy's *(☎ 7588 3008, Level 2, Arts Centre Building, Barbican Centre EC2)*, **plano 9,** ⊖ Barbican. Entrantes 6,50-13,50 £, segundos 16,50-23 £, menú de 2/3 platos 18,50/21,50 £. Una *brasserie* en las entrañas mismas del Barbican, adecuada para comer antes o después de asistir a una función, con el único inconveniente de las desagradables vistas del feo complejo.

Wine Library *(☎ 7481 0415, 43 Trinity Square EC3)*, **plano 9,** ⊖ Tower Hill. Bufé 11,95 £. Abierto sólo para el almuerzo, de 11.30 a 15.00 de lunes a viernes. Ideal para una comida ligera pero regada con un buen vino, ya que se puede comprar una botella a precio de minorista (descorche: 3,50 £) del vasto muestrario en oferta, y después tomar algo entre patés, quesos y ensaladas. Se aconseja reservar.

Italianos y pizzerías

Caravaggio *(☎ 7626 6206, Bankside House, 107-12 Leadenhall St EC3)*, **plano 9,** ⊖ Aldgate/Bank. Entrantes 7,25-10,25 £, segundos 13,50-18 £. De estar en otro sitio, probablemente no figuraría en estas páginas, pero la cocina italiana relativamente auténtica no es fácil de encontrar en la City. Es muy elegante.

Da Vinci *(☎ 7236 3938, 42-4 Carter Lane EC4)*, **plano 6,** ⊖ Blackfriars/St Paul's. Entrantes por 2,40-6,95 £, pastas 6,50-7,95 £, segundos 8,60-13,50 £, menú de 2 platos para el almuerzo 8,95 £. Raro especímen: un restaurante italiano con precios razonables en esta zona.

Indios

Cafe Spice Namaste *(☎ 7488 9242, 16 Prescot St E1)*, **plano 9,** ⊖ Tower Hill. Entrantes 3,95-5,95 £, segundos 6,50-14,75 £. Uno de los mejores restaurantes indios de Londres, que sirve comida de Goa y Kerala (con toques surasiáticos) en un antiguo juzgado decorado con colores estridentes. Vale la pena probar el *frango piri-piri* (7,95 £), un pollo *tikka* ferozmente picante, marinado en *masala* rojo. También se ofrecen muchos platos y guarniciones vegetarianos.

Asiáticos

Dim Sum *(☎ 7236 1114, 5-6 Deans Court EC4)*, **plano 6,** ⊖ Blackfriars/St Paul's. Entrantes por 4,50-6,50 £, segundos 7,50-9,50 £, arroces y tallarines 4-7,50 £, menú de 2 platos para el almuerzo 9,99 £. Un paraíso para el viajero corto de fondos y muy a mano para la catedral de St Paul y el albergue City of London de la YHA.

Sirve platos de Pekín y Sichuan, pero su mejor oferta es el bufé de los días laborables (mínimo cuatro personas; de 18.00 a 22.30 de lunes a viernes) por 12,99 £.

Vegetarianos

Place Below *(☎ 7329 0789, St Mary-le-Bow Church, Cheapside EC2),* **plano 9,** ⊖ St Paul's/ Mansion House. Segundos 5,80-7 £. Abierto para almuerzos de 7.30 a 14.30, para bebidas y tentempiés de 7.30 16.00 de lunes a viernes. Ensaladas, pastas y sopas en la cripta de una iglesia.

BERMONDSEY (plano 9)

Entre las joyas culinarias de este barrio figuran los palacios gastronómicos de Terence Conran en Shad Thames, pero no faltan otros lugares dignos de mención.

Cocina británica moderna

Butlers Wharf Chop House *(☎ 7403 3403, Butlers Wharf Building, 36e Shad Thames SE1),* ⊖ Tower Hill. Segundos 12-30 £, menú de 2/3 platos 19,75/23,75 £ (comedor), segundos 8,50-22 £, menú de 2/3 platos 8/10 £ (barra). El diseñador y hostelero Terence Conran, que montó el Museo del Diseño en el Shad Thames, situó también en las cercanías algunos de sus excelentes, pero caros, restaurantes. En éste se sirve cordero, carne de res y el plato estelar de la casa: pudin de carne, riñones y ostras.

Honest Cabbage *(☎ 7234 0080, 99 Bermondsey St SE1),* ⊖ London Bridge. Entrantes 4-6 £, segundos 7-14 £. Restaurante de aire bohemio con una pizarra de menús en continuo cambio, que ofrece desde sopas, ensaladas, sándwiches y pasteles hasta rape con anís estrellado y chiles dulces (13 £).

Cocina europea moderna

Blue Print Café *(☎ 7378 7031, Design Museum, Butlers Wharf SE1),* ⊖ Tower Hill. Entrantes 5-6,50 £, segundos 11-16,50 £. Buque insignia de la factoría Conran, con espectaculares vistas del río.

Le Pont de la Tour *(☎ 7403 8403, Butlers Wharf Building, 36d Shad Thames SE1),* ⊖ Tower Hill. Entrantes 7-22 £, segundos 8,95-27 £, menú de 3 platos para el almuerzo 28,50 £. Otra creación de Conran, donde se puede almorzar o cenar a base de especialidades afrancesadas, decidir de entre una inacabable carta de vinos y disfrutar del emplazamiento, a orillas del río, lo que ya han hecho personajes tan relevantes como el primer ministro Tony Blair.

Cocina italiana y mediterránea

Cantina del Ponte *(☎ 7403 5403, Butlers Wharf Building, 36c Shad Thames SE1),* ⊖ Tower Hill. Entrantes 3,95-6,95 £, segundos 11,95-14,95 £, menú de almuerzo y cena de 2/3 platos, de lunes a viernes, 10/12,50 £. A orillas del río, un restaurante del mismo propietario que los anteriores, pero de precio algo más asequible, con platos italianos y mediterráneos, como pizzas (de 6,95 a 7,95 £) y pastas (de 8,95 a 11,50 £). Cuando llega el buen tiempo se sacan mesas a la calle, y los martes y jueves por la noche tienen música en directo.

SOUTHWARK (planos 2 y 9)

En este sector de la ciudad, las opciones comprenden desde los cafés y las típicas *pie shops,* frecuentados por la clase trabajadora, hasta otras ofertas más exóticas y caras.

Cocina inglesa/británica moderna

Borough Café *(☎ 7407 5048, 11 Park St SE1),* **plano 9,** ⊖ London Bridge. Desayuno 1,60-2 £, comidas 2-4 £. Abierto de 4.00 a 15.00 de lunes a viernes, de 4.00 a 11.00 los sábados. Junto al mercado de Borough, es el cafetín de mercado londinense por antonomasia, donde uno se puede tomar una comida completa (y saciante) por menos de 4 £.

Fish! *(☎ 7836 3236, Cathedral St SE1),* **plano 9,** ⊖ London Bridge; *(☎ 7234 3333, 3b Belvedere Rd SE1),* **plano 6,** ⊖ Waterloo. Entrantes 3,95-6,95 £, segundos 8,50-16,95 £. En un pabellón victoriano acristalado con vistas al mercado de Borough y la catedral de Southwark, ofrece pescado fresquísimo preparado con sencillez: pez espada, bacalao, raya o calamar (u otra pesca del día), al vapor o a la parrilla, con cinco salsas para elegir.

Manze's *(☎ 7407 2985, 87 Tower Bridge Rd SE1),* **plano 2,** ⊖ London Bridge. Platos desde 2 £. Una de las *pie shops* decanas de Londres, con más de un siglo abierta al público y próxima al mercado de Bermondsey. En su interior, con vistosos azulejos, se encontrarán anguilas en jalea, pasteles con puré de patatas y salsa de perejil.

Otras cocinas

Fina Estampa *(☎ 7403 1342, 150 Tooley St SE1),* **plano 9,** ⊖ Tower Hill/London Bridge. Entrantes 4,50-9,50 £, segundos 7,95-12,95 £. Comida peruana contundente, casera y abundante. Se puede empezar con el cebiche, pescado blanco marinado con zumo de limón (5,95 £), seguido de *seco* (cordero o pollo con salsa de cilantro; 10,95 £) o *carapulcra* (patatas peruanas con carne de cerdo, pollo y yuca; 10,95 £). Los cócteles de pisco (3,50 £) son explosivos.

WATERLOO Y LAMBETH (planos 2 y 6)

Esta parte del sur de Londres no es de las más visitadas a la hora de comer, pero los cafés y restaurantes del Royal Festival Hall, el Teatro Real Nacional y el National Film Theatre son puntos de encuentro muy habituales, con comida a precios razonables.

Ingleses

R Cooke Eel & Pie Shop *(☎ 7928 5931, 84 The Cut SE1)*, **plano 6**, ⊖ Southwark/Waterloo. Platos 1,60-3,40 £. Abierto de 10.30 a 14.30 de martes a sábado. Precioso y venerable café donde propios y extraños pueden comer unos excelentes pasteles (1,60 £) y anguilas con puré de patatas (2,35 £).

Marie's Café *(☎ 7928 1050, 90 Lower Marsh SE1)*, **plano 6**, ⊖ Waterloo. Platos 1,30-3,20 £. Típico café con comidas sencillas que superan la media (incluidos unos champiñones de primera) y platos tailandeses.

Cocina internacional/europea moderna

Bar + Kitchen *(☎ 7928 5086, 131 Waterloo Rd SE1)*, **plano 6**, ⊖ Southwark/Waterloo. Entrantes 4-6 £, segundos 8-14 £. Como su nombre indica ("Bar + Cocina"), se trata de un pequeño local de copas y, a la vez, un restaurante tranquilo y cómodo, con una carta global (un poco de todas partes), mesas de maderas y pintura moderna en las paredes.

Bistrot 2 Riverside *(☎ 7498 8200, 2º piso, Barge House St SE1)*, **plano 6**, ⊖ Waterloo. Menú de 2 platos 20 £. Si no se puede acceder al restaurante Oxo Tower, siempre queda esta opción de la segunda planta, más económica pero sin vistas.

Livebait *(☎ 7928 7211, 43 The Cut SE1)*, **plano 6**, ⊖ Southwark/Waterloo; *(☎ 7836 7161, 21 Wellington St WC2)*, **plano 7**, ⊖ Covent Garden. Entrantes 4,95-8,50, segundos 13,25-28 £, menú para el almuerzo de lunes a viernes, cena antes y después del teatro de lunes a sábado 12,95/15,95 £. Con azulejos verdes y blancos, este restaurante intenta parecer más proletario de lo que realmente es; sirve pescado fresco y platos de marisco con diversas preparaciones. El servicio es tan informal que raya lo displicente.

Oxo Tower Restaurant & Brasserie *(☎ 7803 3888, 8º piso, Barge House St SE1)*, **plano 6**, ⊖ Waterloo. Entrantes por 8-14 £, segundos 15-21,50 £ menú de 3 platos para el almuerzo 27,50 £. La conversión de la antigua torre Oxo, en la ribera sur del Támesis, en un edificio de apartamentos y oficinas, con este restaurante en la octava planta, ha contribuido mucho al auge del sector hostelero en la orilla meridional del río. La comida –que combina el Mediterráneo, Francia y la costa del Pacífico– resulta satisfactoria, pero aquí mandan las vistas, que son fabulosas.

People's Palace *(☎ 7928 9999, Level 3, Royal Festival Hall)*, **plano 6**, ⊖ Waterloo. Segundos 12-16,50 £. Fácil de pasar por alto dentro del Royal Festival Hall y con unas vistas magníficas del Támesis y la City, este restaurante sirve exquisiteces como tarta *tatin* de remolacha y conejo asado.

CHARLOTTE HINDLE

Livebait es uno de mejores restaurantes de pescado de Londres.

Franceses

RSJ *(☎ 7928 4554, 13a Coin St SE1)*, **plano 6,** ⊖ Waterloo. Entrantes 6,50-8,25 £, segundos 13,95-17,95 £, menú de 2/3 platos 14,95/16,95 £. Ofrece platos modernos, como vieiras fritas con morcilla (8,25 £) y abadejo al horno con patatas y coles (13,95 £).

Italianos

Gourmet Pizza Company *(☎ 7928 3188, Gabriel's Wharf, 56 Upper Ground SE1)*, **plano 6,** ⊖ Waterloo. Segundos 5,25-9,90 £. Aunque no lo parezca, siempre se forman colas a la espera de pizzas tan inhabituales como las de pollo a la tailandesa (8,25 £) y pollo *cajun* con gambas (8,75 £), que coexisten con otras más normales, como las de queso y tomate (5,25 £), y embutidos (7,70 £).

Pizzeria Castello *(☎ 7703 2556, 20 Walworth Rd SE1)*, **plano 2,** ⊖ Elephant & Castle. Segundos 4,50-10 £. Quien pregunte a cualquier londinense del sur cuál es la mejor pizzería de la orilla meridional del Támesis irá a parar a este local, abierto desde hace años, atendido por una amable familia y con precios bajos. Si no se reserva, habrá que hacer cola un buen rato.

Otras cocinas

Cubana *(☎ 7928 8778, 48 Lower Marsh SE1)*, **plano 6,** ⊖ Waterloo. Tapas 3,45-4,45 £, segundos 6,25-10,45 £, menú para el almuerzo de 2/3 platos 5,95/7,95 £. Concurrido (pero poco genuino) restaurante temático con tapas, segundos platos con tres opciones vegetarianas (6,45 £), cócteles de ron variados (de 3,75 a 4,95 £) y salsa en directo los viernes y sábados por la noche, con clases gratuitas de este ritmo los domingos de 17.00 a 18.00.

Mesón Don Felipe *(☎ 7928 3237, 53 The Cut SE1)*, **plano 6,** ⊖ Southwark/Waterloo. Tapas 3-5 £. Local sólo de tapas, recomendable por su variada oferta, precios asequibles y una atractiva decoración.

Cafés

Konditor & Cook *(☎ 7620 2700, 66 The Cut SE1)*, **plano 6,** ⊖ Southwark/Waterloo. Desayuno 1,75-6,95 £, segundos 3,50-7,85 £. Cocina abierta de 8.30 a 20.00 de lunes a viernes, de 10.30 a 20.00 los sábados. Instalado en el teatro Young Vic, sirve comidas ligeras, pero lo reseñable son los pasteles y tartas (de 1,95 a 2,75 £), elaborados por Konditor & Cook, posiblemente los mejores de Londres, que tiene una ***sucursal*** cerca *(☎ 7261 0456, 22 Cornwall Rd SE1)*.

SIMON BRACKEN

Elegancia y vistas privilegiadas en el Oxo Tower Restaurant.

BATTERSEA (plano 10)

Este barrio del sur de Londres, con su precioso parque y sus lujosas mansiones, suele tener restaurantes de mayor categoría que los sectores este y oeste. Al sur de Clapham Junction, en la calle Battersea Rise se suceden los restaurantes.

Cocina británica moderna

Buchan's *(☎ 7228 0888, 62-4 Battersea Bridge Rd SW11)*, ⊖ Sloane Square/autobuses 19, 49, 239, 319 o 345. Entrantes 4,25-6,25 £, segundos 10,95-16,95 £. Taberna y restaurante especializado en comida escocesa: *haggis* (4,95/8,95 £ como entrante/segundo) acompañado de nabos y patatas, salmón ahumado y platos similares. La casa realiza incursiones también en la cocina británica moderna.

Ransome's Dock *(☎ 7223 1611, 35-7 Parkgate Rd SW11)*, ⊖ Sloane Square/autobuses 19, 49, 239, 319 o 345. Entrantes 4-9,50 £, segundos 9,50-19,50 £. La clientela acude aquí no sólo por el emplazamiento, en un estrecho brazo del Támesis, sino por la exquisita preparación de la cocina británica moderna: anguila ahumada de Norfolk con tortitas de trigo sarraceno y *crème fraîche* (8,75 £), tacos de cordero inglés (17,50 £) y un tiernísimo hígado de ternera con beicon italiano y setas (14,25 £).

CLAPHAM, WANDSWORTH Y PUTNEY (planos 1 y 2)

Normalmente los visitantes no se desplazarían tan al sur para comer, pero hay al menos una razón para hacerlo.

CHARLOTTE HINDLE

Waterloo se alegra con la calidez de América Latina.

Italianos

Del Buongustaio *(☎ 8780 9361, 283 Putney Bridge Rd SW15)*, **plano 2,** ⊖ East Putney. Segundos 10-14 £. La gente no deja de entonar loas a este restaurante con especialidades del sur de Italia y una carta que cambia todos los meses. Las alabanzas se hacen extensivas al servicio, atento y muy profesional.

Eco *(☎ 7978 1108, 162 Clapham High St SW4)*, **plano 2,** ⊖ Clapham Common; *(☎ 7738 3021, 4 Market Row, Electric Lane SW9)*, **plano 15,** ⊖ Brixton. Entrantes 1,40-6,50 £, segundos 5,20-10,50 £. De las mejores pizzas y pastas del sur de Londres (de 4,50 a 7,50 £): toda una institución en Clapham, con una sucursal no menos famosa en el mercado de Brixton.

Portugueses

Café Portugal *(☎ 7587 1962, 5a-6a Victoria House, South Lambeth Rd SW8)*, **plano 2,** ⊖ Vauxhall/Stockwell. Entrantes 1-4,50 £, segundos 6,50-12,50 £. Posiblemente la opción de más categoría en la "pequeña Portugal" (es decir, el barrio de Stockwell), con clásicos lusos como *porco à alentejana,* un sabroso guiso de cerdo con almejas, y arroz de marisco, más alguna que otra concesión a la cocina española.

Indios

The Bombay Bicycle Club *(☎ 8673 6217, 95 Nightingale Lane SW12)*, **plano 1,** estación Wandsworth Common/⊖ Clapham South. Entrantes 4,50-9,50 £, segundos 6,50-12 £. Los entendidos afirman que aquí se sirve la mejor comida india al sur del río, y razón no les falta: el pollo *murgh mangalore* tiene un sabor de lo más auténtico.

Ma Goa *(☎ 8780 1767, 242-4 Upper Richmond Rd SW15)*, **plano 2,** estación Putney. Entrantes 3-4,50 £, segundos 6,50-9,50 £. Como indica su nombre, este establecimiento elabora la delicada cocina de la antigua colonia portuguesa, en la costa occidental de la India, con especialidades como las picantes salchichas de la casa y la *konkan gallina aur baigan* (gallina con berenjenas; 8,50 £).

CHELSEA, SOUTH KENSINGTON Y EARL'S COURT (plano 10)

Estos tres barrios concentran una amplísima variedad de sitios donde comer: desde restaurantes con estrellas Michelin y hamburgueserías finas abiertas las 24 horas hasta cafés polacos y *pâtisseries* francesas que se acomodan a todo tipo de presupuestos. En Chelsea vale la pena pasarse por el ***mercado de Sundance*** *(☎ 7351 4477, 250 King's Rd SW3, ⊖ Sloane Square)*, con varias casas de comidas y puestos donde se venden productos macrobióticos, vitaminas, cosméticos y demás; abre de 9.00 a 20.00 de lunes a sábado y de 11.00 a 17.00 los domingos.

Cocina británica moderna

Bibendum *(☎ 7581 5817, 81 Fulham Rd SW3)*, ⊖ South Kensington. Segundos 15-23 £, almuerzo de 2/3 platos 24/28 £ de lunes a viernes, almuerzo de 3 platos 28 £ sábados y domingos. Creación de Conran en uno de los marcos más hermosos de la ciudad para un restaurante: la casa Michelin (1911), de estilo Art Nouveau. El conocido Bibendum Oyster Bar (de 7,50 a 8 £ por media docena de ostras), en la planta baja, es el corazón de todo este esplendor arquitectónico. La planta superior resulta algo más alegre y luminosa.

Foxtrot Oscar *(☎ 7352 7179, 79 Royal Hospital Rd SW3)*, ⊖ Sloane Square; *(☎ 7481 2700, 16 Byward St EC3)*, **plano 10,** ⊖ Tower Hill. Entrantes 4-6,25 £, segundos 7,75-10 £. Este establecimiento –bar el primero y restaurante el segundo– sirve platos pasables, pero los postres (unas 4 £) merecen mención especial.

Cocina internacional/europea moderna

Aubergine *(☎ 7352 3449, 11 Park Walk SW10)*, ⊖ Sloane Square/South Kensington. Menú de 2/3 platos para el almuerzo 20/25 £, menú de 3 platos a la cena 48 £, menú-degustación de 7 platos 65 £. Uno de los restaurantes más populares de Chelsa, con una impecable cocina europea moderna que sólo se ofrece en forma de menús.

Benjy's *(☎ 7373 0245, 157 Earl's Court Rd SW5)*, ⊖ Earl's Court. Desayuno 3,20-4,20 £, almuerzo y cena 3,70-4,20 £. Aunque no es más que un café bastante tradicional, siempre está lleno y la comida sacia por poco dinero. En los desayunos se sirve té o café sin límite.

Blanco's *(☎ 7370 3101, 314 Earl's Court Rd SW5)*, ⊖ Earl's Court. Entrantes 1,55-3,50 £, tapas 2,85-5,95 £, segundos 4,25-11,50 £. Animado y genuino bar de tapas con buena cerveza española.

Chelsea Kitchen *(☎ 7589 1330, 98 King's Rd SW3)*, ⊖ Sloane Square. Entrantes 1-2,80 £, segundos 2,80-5,60 £, menú de 3 platos 6,40 £. Local austero, perteneciente al imperio Stockpot (véase "St James's y Mayfair" anteriormente en este mismo capítulo), cuyas comidas se cuentan entre las más baratas de Londres.

The Collection *(☎ 7225 1212, 264 Brompton Rd SW3)*, ⊖ South Kensington. Entrantes 4,75-11,75 £, segundos 10,75-18,50 £ (restaurante) y 4,50-10,50 £ (bar). Magnífico emplazamiento, en una galería reformada, con el restaurante principal en una terraza asomada al bar; ideal para observar a la gente.

Gordon Ramsay *(☎ 7352 4441, 68-9 Royal Hospital Rd SW3)*, ⊖ Sloane Square. Menú de 3 platos para el almuerzo 30 £, menú de 3 platos 60 £, menú-degustación de 7 platos 75 £. La reputación del *chef* y propietario (que da nombre a la casa) le precede, y él desde luego hace honor a ella, sobre todo en sus creaciones estelares: pasta con langosta y ensalada de vieiras y patatas nuevas.

Oriel *(☎ 7730 2804, 50-1 Sloane Square SW1)*, ⊖ Sloane Square. Entrantes 4,50-9 £, segundos 7-14 £. El sitio perfecto para citarse antes de salir de compras por King's Rd o Sloane St: cómodas sillas de mimbre, espejos y mesas con vistas a Sloane Square. Y de comer, segundos como atún a la parrilla (10,25 £) y platos más ligeros que incluyen pastas y ensaladas tailandesas (8,25 £).

Troubadour *(☎ 7370 1434, 265 Old Brompton Rd SW10)*, ⊖ Earl's Court. Desayuno completo 4,95 £, entrantes 2,75-3,50 £, segundos 4,95-9,50 £. Bob Dylan, Eric Clapton, John Lennon y los Rolling Stones componen, entre otros, la ilustre nómina de figuras que han pasado por este café y local de música folk donde todavía actúan grupos de vez en cuando. El jardín resulta una delicia en los días soleados y se sirven platos a buen precio, como pastas y ensaladas (3,50 £), salchichas con puré de patatas (5,75 £) y la enorme tortilla Troubadour (5,50 £).

Estadounidenses

Cactus Blue *(☎ 7823 7858, 86 Fulham Rd SW3)*, ⊖ South Kensington. Entrantes 3,95-6,95 £, segundos 9,95-14,95 £. Precioso, a caballo entre California y México, y con una impresionante carta de tequilas y vinos mexicanos, así como riquísimas fajitas y quesadillas.

Henry J Bean's *(☎ 7352 9255, 195 King's Rd SW3)*, ⊖ Sloane Square/South Kensington. Entrantes 4,50-6,50 £, segundos 5,50-7,95 £. Concurrido bar-restaurante con un jardín donde no faltan ventiladores y calefactores.

Franceses

En South Kensington viven muchos franceses, lo cual explica la abundancia de restaurantes atendidos por galos en este barrio, sobre todo en Bute St (SW7) y sus aledaños, al suroeste de la estación de metro de South Kensington. He aquí algunos:

Bonne Bouche *(☎ 7584 9839, 22 Bute St)*. Precios 1-3 £. Buenos pasteles, dulces y *baguettes* para llevar.

Brasserie de l'Institut *(☎ 7589 5433, French Institute, 17 Queensberry Place SW7)*. Entrantes 3,75-5,50 £, segundos 4,95-9,95 £. La *brasserie* del Instituto Francés sirve, entre otros platos, ensaladas (de 5 a 6 £) y sándwiches (de 2,50 a 3 £).

FrancoFill *(☎ 7584 0087, 1 Old Brompton Rd SW7)*. Comidas 8-12 £. Encantador café-restaurante casi en Bute St.

La Grande Bouchée *(☎ 7589 8346, 31 Bute St)*. Sándwiches 1,50-2,10 £. Se trata de una bien surtida *delicatessen* que también sirve sándwiches y bocadillos en *baguette*.

Rôtisserie Jules *(☎ 7584 0600, 6-8 Bute St)*. Entrantes 2,75-4,90 £, segundos 4,95-9,75 £.

Cafetería sencilla de estilo francés con pollo a la brasa (de 4,95 a 9,75 £) y *gigot d'agneau* (pierna de cordero).

Italianos y cocina mediterránea

Daphne's *(☎ 7589 4257, 112 Draycott Ave SW3)*, ⊖ South Kensington. Entrantes 4,75-10,50 £, segundos 7,50-19 £. Muy visitado por variopintas celebridades y sus cohortes, es lo bastante pequeño para ser íntimo pero lo suficientemente grande para no resultar claustrofóbico. Deliciosas carnes y pescados de estilo mediterráneo, además de pastas y platos de *risotto*.

Pizza Express *(☎ 7351 5031, 152-4 King's Rd SW3)*, ⊖ Sloane Square. Entrantes 1,60-3,40 £, pizzas 4,75-7,55 £. Esta sucursal de la cadena se merece una visita, aunque sólo sea para admirar su emplazamiento: el edificio Pheasantry, con una ornamentada fachada y un pórtico que datan de mediados del siglo XVIII.

Pizza Organic *(☎ 7589 9613, 20 Old Brompton Rd SW7)*, ⊖ South Kensington. Entrantes 2,60-5,95 £, segundos 4,75-14,95 £, menú para el almuerzo 5,95 £ de 12.00 a 16.30 de lunes a viernes. Enorme catálogo de pizzas (de 4,75 a 7,60 £) y pastas (de 6,60 a 7,85 £) en una transitada esquina de South Kensington.

Spago *(☎ 7225 2407, 6 Glendower Place SW7)*, ⊖ South Kensington. Entrantes 2,80-5,20 £, segundos 4,60-9,80 £. Restaurante de excelente relación calidad-precio, con una buena oferta de pastas y pizzas y muy bien situado para visitar los museos de South Kensington. Los viernes por la noche suena música en directo.

Asiáticos

Krungtap *(☎ 7259 2314, 227 Old Brompton Rd SW10)*, ⊖ Earl's Court. Entrantes 2,75-3,95 £, segundos 4,25-6,25 £. Acogedor y bullicioso café con karaoke de 19.00 a 24.00 de viernes a domingo. Krungtap es el nombre tailandés de Bangkok.

Mr Wing *(☎ 7370 4450, 242-4 Old Brompton Rd SW5)*, ⊖ Earl's Court. Entrantes 4,95-7,50 £, segundos 6,50-14 £. Uno de los restaurantes chinos más interesantes de la capital, con decoración selvática y peceras en el sótano; tocan jazz en directo a las 20.15 de jueves a sábado.

New Culture Revolution *(☎ 7352 9281, 305 King's Rd SW3)*, ⊖ Sloane Square; *(☎ 7267 2700, 43 Parkway NW1)*, **plano 3,** ⊖ Camden Town; *(☎ 7833 9083, 42 Duncan St N1)*, **plano 4,** ⊖ Angel. Entrantes 2,20-5,50 £, segundos 4,50-6,90 £. Bar de empanadillas chinas y tallarines con buena relación calidad-precio y muy a la moda.

Otras cocinas

Daquise *(☎ 7589 6117, 20 Thurloe St SW7)*, ⊖ South Kensington. Entrantes 2,50-4 £, segundos 5,50-12,50 £, menú para el almuerzo 6,80 £. Una verdadera antigualla –pero con encanto y cerca de los museos– es este café-restaurante polaco de aspecto bastante destartalado, con un copioso muestrario de vodkas y comidas a precios de lo más razonable, por ejemplo el "guiso del cazador" llamado *bigosz* (6,50 £) o el *golabki* (codillo de cerdo; 9,50 £).

Nando's *(☎ 7259 2544, 204 Earl's Court Rd SW5)*, ⊖ Earl's Court; *(☎ 7424 9040, 57 Chalk Farm Rd NW1)*, **plano 3,** ⊖ Camden Town. Platos 2,45-4,95 £, menús 4,75-6,95 £. Casi una cadena de comida rápida, con sucursales en todas las principales arterias, donde se sirven pollos *piri-piri* asados a la portuguesa (de 2,45 a 4,95 £). Se puede pedir, por ejemplo, un cuarto/medio pollo con ensalada de col y arroz o patatas fritas (4,75/6,95 £) y hamburguesas/panes de pita vegetarianos (3,10/3,80 £).

KENSINGTON Y KNIGHTSBRIDGE (planos 5, 6 y 10)

Los restaurantes, cafés y bares de estos refinados "pueblos" situados al oeste y el suroeste de Londres se orientan a una clientela bastante acomodada, pero basta con salir de las calles principales para encontrar algo más asequible.

Cocina internacional/europea moderna

Arcadia *(☎ 7937 4294, 35 Kensington Court W8)*, **plano 5,** ⊖ High Street Kensington. Entrantes 3,95-5,95 £, segundos 9,50-15,95 £, menú durante el almuerzo de 1/2/3 platos 8,95/12,95/15,95 £. Uno de los restaurantes más interesantes de Kensington Court. Su interior, con una pareja de coquetos guacamayos que se acicalan entre espejos y pinturas murales, resulta distinguido y con carácter, y la carta presenta platos como pierna de cordero con salteado de espinacas, que trae más a cuenta probar en el menú del día.

Fifth Floor *(☎ 7823 1839, Harvey Nichols, 109-25 Knightsbridge SW1)*, **plano 5,** ⊖ Knightsbridge. Entrantes 8,50-15,50 £, segundos 19,50-24 £, menú durante el almuerzo de 2/3 platos 20/24,50 £. Bar, café y restaurante, es el sitio perfecto para recuperar fuerzas después de las compras.

Launceston Place *(☎ 7937 6912, 1a Launceston Place W8)*, **plano 10,** ⊖ High Street Kensing-

Comer con lo justo

Los precios de los restaurantes londinenses pueden parecer terroríficos –y lo son– pero todavía existen modos de comer sin arruinarse.

La mejor manera de contener el gasto es, por supuesto, guisando uno mismo. Quienes se alojen en un albergue tendrán probablemente acceso a la cocina. Pero, si el tiempo lo permite, los parques y espacios abiertos de la capital británica conforman escenarios perfectos para un *picnic*. Cuidado con las pequeñas tiendas de ultramarinos, cuyos precios se desorbitan; es preferible cualquier sucursal de ***Tesco*** o la más pequeña ***Tesco Metro,*** la cadena de supermercados que más vende en el Reino Unido, con establecimientos en 311 Oxford St; 21 Bedford St, en Covent Garden; frente a la estación de metro de Liverpool Street, en 156 Bishopsgate; en la City, en 80 Cheapside; en Notting Hill, en 24 Portobello Rd; y en Canary Wharf de Canada Square. Los centros comerciales de ***Safeway, Asda*** y ***Sainsbury's,*** repartidos por la toda ciudad, ofrecen precios igualmente competitivos. ***Waitrose*** es más caro y de superior categoría.

Si el desayuno no va incluido en el precio del hotel o el albergue y se está a prudente distancia de Oxford St W1 (planos 6 y 7), las cafeterías de los grandes almacenes lo sirven a precios muy razonables. ***Bhs*** *(1er piso, 252-58 Oxford St)* ofrece un desayuno de 2,45 £ y otro de 2,99 £ de 9.30 11.30. El cercano ***Debenhams*** *(2º piso, 334-48 Oxford St)* da de desayunar por 1,95 £ de 9.30 a 11.00 de lunes a sábados.

En los restaurantes y cafés reseñados en este capítulo, los apartados de cocina internacional, inglesa o vegetariana traen invariablemente opciones económicas con precios concretos (o al menos una banda de precios). También conviene repasar las relaciones de diversas cocinas internacionales; la india (alrededores de Brick Lane y Drummond St, cerca de Euston) y la china (sobre todo en el Soho) son siempre apuestas seguras. Los bares de tallarines a la japonesa, donde se come por unas 5 £, están causando furor. Y hay que estar atentos a un nuevo género de comida económica: las soperías, como Soup, cerca de Oxford Circus.

ton. Entrantes 6-9 £, segundos 16,50-17,50 £, menú para el almuerzo de 2/3 platos 15,50/18,50 £. Hermano del Kensington Place de Notting Hill (véase el apartado siguiente) pero tan diferente de él como la noche del día, este restaurante bonito, íntimo e ideal para parejas se oculta entre las tranquilas callejuelas de Kensington.

Estadounidenses

Sticky Fingers *(☎ 7938 5338, 1a Phillimore Gardens W8)*, **plano 5,** ⊖ High Street Kensington. Entrantes 3,75-5,95 £, segundos 6,95-14,95 £. Aquí es donde el ex Rolling Stone Bill Wyman ha decidido colgar sus discos de oro y otros recuerdos. Bastante aceptable, con hamburguesas (de 7,95 a 10,95 £), ensaladas (de 6,95 a 9,95 £) y sándwiches (de 6,95 a 8,95 £).

Franceses

Parisienne Chophouse *(☎ 7590 9999, 3 Yeoman's Row SW3)*, **plano 10,** ⊖ South Kensington. Entrantes 5-10,50 £, segundos 11,50-14,50 £, menú de 2 platos para el almuerzo 9,95 £ (13,50 £ domingos). El *enfant terrible* Marco Pierre White no ceja en sus intentos de cambiar los hábitos gastronómicos londinenses; en esta ocasión se ha lanzado a crear una cocina puramente francesa, sin pretensiones, y le va de maravilla.

Italianos

Bellini's *(☎ 7937 5520, 47 Kensington Court W8)*, **plano 5,** ⊖ High Street Kensington. Entrantes 1,60-5,95 £, segundos 5,95-13,75 £, menú para el almuerzo de 2/3 platos hasta las 19.00 7,25/8,75 £. Muy elegante, con unas cuantas mesas en la acera y vistas a un callejón cuajado de flores.

Pizza on the Park *(☎ 7235 5273, 11 Knightsbridge SW5)*, **plano 6,** ⊖ Hyde Park Corner. Segundos 6,50-11 £. Tan conocido por sus pizzas como por el jazz en directo que se escucha todas las noches en el sótano. Además, hay un espacioso restaurante en la planta alta donde, con algo de suerte, se puede comer contemplando Hyde Park. Desayunos todo el día desde las 8.15 y té a partir de las 15.15.

Zafferano *(☎ 7235 5800, 15-16 Lowndes St SW1),* **plano 10,** ⊖ Knightsbridge. Menú para el almuerzo de 2/3 platos 18,50/21,50 £, menú a la cena de 2/3/4 platos 29,50/35,95/39,50 £. Con una clientela de mucho *glamour* y destellos de diamantes sobre las pieles bronceadas, este restaurante sirve unos inspirados platos italianos de temporada que nunca defraudan.

Polacos

Ognisko Polskie *(☎ 7589 4635, 55 Prince's Gate SW7),* **plano 10,** ⊖ South Kensington. Segundos 7,90-13,90 £, menú de 3 platos 8,50 £. El "Hogar Polaco" evoca una Polonia de otro mundo y otro tiempo, con platos a precios razonables que se sirven en un comedor lleno de retratos, arañas y espejos.

Wódka *(☎ 7937 6513, 12 St Alban's Grove W8),* **plano 5,** ⊖ High Street Kensington. Segundos 8,90-13,90 £, menú para el almuerzo de 2/3 platos 10,90/13,50 £. En una tranquila zona residencial apartada del barullo de Kensington High Street, *blinis* (bollitos rellenos; 5,50-11,90 £) y un amplio surtido de vodkas puros y aromatizados (de 2,25 a 2,75 £ por copa).

Asiáticos

Vong *(☎ 7235 1010, Berkeley Hotel, Wilton Place SW1),* **plano 5,** ⊖ Knightsbridge. Entrantes 7,50-13 £, segundos 16-32,50 £, menú para el almuerzo de 2/3 platos 18,50/21 £, surtido de entrantes antes o después del teatro 18,50-22,50 £. Modernísimo restaurante tailandés con una clientela a la que le gusta dejarse ver, aunque a la mayoría de la gente, la comida, con sus acentos franceses, le parecerá exquisita y memorable. La decoración es austera.

NOTTING HILL, BAYSWATER Y PADDINGTON (plano 5)

Notting Hill reúne toda clase de sitios interesantes donde comer, y en Queensway y Westbourne Grove los establecimientos se cuentan por docenas: desde locales baratos de comida para llevar hasta restaurantes de calidad.

Cocina inglesa/británica moderna

Geales *(☎ 7727 7528, 2 Farmer St W8),* ⊖ Notting Hill Gate. Entrantes 3,25-11,50 £, segundos 7,25-11,50 £. Popular restaurante de pescado fundado en 1939 y con precios que varían según el peso de la pieza y la temporada. El *fish and chips* cuesta unas 9,25 £, y las vale con creces.

Sausage & Mash Café *(☎ 8968 8898, 268 Portobello Rd W10),* ⊖ Ladbroke Grove. Entrantes 3,50 £, segundos 5,75-7 £. Debajo del elevado Westway, es el sitio idóneo si se anda buscando comida inglesa barata en un ambiente jovial.

Veronica's *(☎ 7229 5079, 3 Hereford Rd W2),* ⊖ Bayswater. Entrantes 4,50-8,45 £, segundos 12,50-16,95 £, menú de 2/3 platos 13,50/17,50 £ (almuerzo de lunes a viernes, cena de lunes a jueves). Aquí centran sus esfuerzos en demostrar que Inglaterra sí posee un patrimonio culinario; no en vano algunos platos fascinantes se remontan nada menos que al siglo XIV.

Cocina internacional/europea moderna

Bali Sugar *(☎ 7221 4477, 33a All Saints Rd W11),* ⊖ Westbourne Park. Entrantes 4,50-11,50 £, segundos 13,10-17,20 £. Ocupa el local del antiguo Sugar Club (véase "West End" anteriormente). Fantástica cocina que fusiona Asia con el Mediterráneo; decoración escueta pero elegante.

Kensington Place *(☎ 7727 3184, 201-207 Kensington Church St W8),* ⊖ Notting Hill Gate. Entrantes 5-9,50 £, segundos 11-18,50 £, menú para el almuerzo de 3 platos 16 £. Pese a su imponente frontis acristalado, el interior de diseño y una cocina de indudable calidad, en el comedor falta sitio y la acústica deja mucho que desear.

Italianos

L'Accento *(☎ 7243 2201, 16 Garway Rd W2),* ⊖ Bayswater. Entrantes 5-8 £, segundos 12-14 £, menú de 2 platos para el almuerzo 12,50 £. El menú de este restaurante decorado con sencillez podría constar, por ejemplo, de mejillones al vino blanco con finas hierbas y pierna de cordero al vinagre de Módena; pero si se pide a la carta, la cuenta se dispara.

Assagi *(☎ 7792 5501, 39 Chepstow Place W2),* ⊖ Notting Hill Gate. Entrantes 7,95-10,95 £, segundos 15,95-18,95 £. Fino italiano de barrio, en lo alto del pub Chepstow, donde se sirven entrantes muy trabajados pero segundos como hígado de ternera *(fegato di vitello)*, cordero y lubina en raciones menguadas.

Est Est Est *(☎ 7221 1110, 147-9 Notting Hill Gate W11),* ⊖ Notting Hill Gate. Entrantes 2,75-5,90 £, pizzas y pastas 5,50-6,95 £. Sucursal de una cadena de establecimientos italianos baratos

JULIET COOMBE

Después de deambular por el mercado de Portobello Rd, nada como relajarse con una tazá de té.

(pero simpáticos), muy recomendable por sus pastas y pizzas, sobre todo entre 12.00 y 18.00, cuando se ofrecen a un precio fijo de 4,95 £.

Osteria Basilico *(☎ 7727 9372, 29 Kensington Park Rd W11)* ⊖ Notting Hill Gate/Ladbroke Grove. Entrantes 6-7,50 £, segundos 6-14,50 £. Acertada mezcla de rústico encanto italiano y distinción del Londres occidental, con una carta genuina y un ambiente de distendida animación. Las mejores mesas son las de la ventana, pero es preciso reservar. Se recomiendan las pastas (de 6 a 7 £) y el pescado (de 12 a 14,50 £), aunque también preparan pizzas (de 6,50 a 8 £).

Cocina griega y de Oriente Próximo

Costas Fish Restaurant *(☎ 7229 3794, 12-14 Hillgate St W8)*, ⊖ Notting Hill Gate. Entrantes 1,80-2,60 £, segundos 3,90-6,50 £. Restaurante griego de toda confianza, con pescado fresquísimo a precios de mercado (abadejo 6,50 £) que a juicio de algunos supera al de su más próximo competidor, Geales (véase anteriormente). Las ensaladas (de 2 a 6,50 £) también son buenas.

Kalamaras Greek Taverna *(☎ 7727 5082, 66 Inverness Mews W2)*, ⊖ Bayswater. Entrantes 1,90-4,90 £, segundos 3,90-6,50 £. Aunque no hay gran cosa que ver por los alrededores, la comida justifica el desplazamiento hasta este restaurante griego aledaño a Queensway.

Manzara *(☎ 7727 3062, 24 Pembridge Rd W11)*, ⊖ Notting Hill Gate. Entrantes 2,65-3,45 £, segundos 5,45-7,45 £. Sencillo, pero con platos turcos frescos y bien preparados, como los suculentos *pides* (de 5,45 a 7,95 £), las especialidades del día y muchas propuestas vegetarianas.

Indios

Khan's *(☎ 7727 5420, 13-15 Westbourne Grove W2)*, ⊖ Bayswater. Entrantes 1,45-2,75 £, segundos 3,70-6,75 £. Espacioso y muy concurrido restaurante indio donde los clientes comen entre palmeras y columnas y se marchan deprisa; bastante auténtico y de precio equilibrado, pero indicado tan sólo para tomarse un curry a la carrera. Platos vegetarianos (2,70 £) y currys de carne, pescado y marisco (de 3,20 a 6,75 £).

Modhubon *(☎ 7727 3399, 29 Pembridge Rd W11)*, ⊖ Notting Hill Gate. Entrantes 1,95-4,95 £, segundos 3,95-11,95 £, menú del almuerzo 4,50 £, bufé diario 7,95 £. Recomendable por su cocina india, de muy buen precio, y su bufé, que es el maná para bolsillos menesterosos.

Standard *(☎ 7229 0600, 21-23 Westbourne Grove W2)*, ⊖ Bayswater. Segundos 4-7 £. Vecino del Khan's, con comida excelente y bien de precio.

Asiáticos

Inaho *(☎ 7221 8495, 4 Hereford Rd W2)*, ⊖ Bayswater. Entrantes 2,50-4,50 £, segundos 6,80-10,50 £, menú del almuerzo 8,50-12 £, menú de la cena 20-24 £. Restaurante japonés pequeño pero acogedor, con menús a buen precio, como *tempura* (20 £) y *teriyaki* (24 £), además de arroces y tallarines (de 4 a 6 £) y *tonkatsu* (chuletas de cerdo; 7,30 £).

Mandalay *(☎ 7258 3696, 444 Edgware Rd W2)*, ⊖ Edgware Road. Entrantes 1,20-5 £, segundos 3,90-6,90 £. El único restaurante birmano de la capital, de óptima relación calidad-precio, parece un cruce entre el despacho de un abogado de prestigio y el gabinete de una pitonisa. Se aconseja la picante sopa *mokhingar,* con sabor a langostinos y salsa de pescado.

Mandarin Kitchen (☎ *7727 9468, 14-16 Queensway W2)*, ⊖ Bayswater/Queensway. Segundos 5,95-25 £. Reputado restaurante cantonés especializado en pescados y mariscos.

Satay House (☎ *7723 6763, 13 Sale Place W2)*, ⊖ Edgware Road/Paddington. Segundos 4,50-9,50 £. Quizá la comida malaya más auténtica del norte de Londres.

Tawana (☎ *7229 3785, 3 Westbourne Grove W2)*, ⊖ Bayswater/Royal Oak. Entrantes 4,50-4,75 £, segundos 5,50-5,75 £, menú del almuerzo 6,50 £. Restaurante tailandés con una extensa carta y platos bien presentados.

Otras cocinas

Belgo Zuid (☎ *8982 8400, 124 Ladbroke Grove W11)*, ⊖ Ladbroke Grove. Entrantes 3,95-6,95 £, segundos 8,50-15,95 £. Sucursal de Belgo Centraal (véase "Covent Garden y el Strand" anteriormente y "Camden Town" más adelante), frente a la estación de metro, que merece una visita aunque sólo sea para contemplar su espectacular interior.

Burritos (☎ *7727 7000, 19 Westbourne Grove W2)*, ⊖ Bayswater/Royal Oak. Platos 2,95 £. Sencillo, con platos *tex-mex* superiores a la media, como burritos, fajitas y tacos, para comer en el local o para llevar.

Mandola (☎ *7229 4734, 139-141 Westbourne Grove W2)*, ⊖ Bayswater. Entrantes 2,90-5,25 £, segundos 4,75-10,50 £. Algo completamente distinto: platos vegetarianos sudaneses como *tamia* (4,75 £), una especie de *felafel,* y *fifilia* (8,95 £), un curry de verduras. Los platos de carne, como el pollo *halla,* rondan las 9,50 £. Una curiosidad es la *shorba fule* (£3.45), sopa de carne y cacahuetes.

Cafés

Café Grove (☎ *7243 1094, 253a Portobello Rd)*, ⊖ Ladbroke Grove. Desayuno 4,50-8,50 £, almuerzo 4,95-7,25 £. Abierto de 9.30 a 16.30 de lunes a viernes, de 9.30 a 18.00 sábados, de 10.30 a 17.00 domingos. Desayunos apabullantes e imaginativos (salchichas con chile, capuchino por litros), así como platos vegetarianos baratos y divertidos. La terraza permite asistir a todo el trajín del mercado entre semana y la mañana de los sábados.

Churrería Española (☎ *7727 3444, 177-9 Queensway W2)*, ⊖ Bayswater. Platos 3-6 £. Variedad de platos baratos, que incluyen una abundante oferta vegetariana y paella (6 £), pero sin olvidar los desayunos ingleses de cuchillo y tenedor (3,95 £).

JULIET COOMBE

Café Grove, otro exponente del encanto de Portobello Rd.

MAIDA VALE (plano 5)

La "Pequeña Venecia", pretencioso nombre con que se ha bautizado a una parte de Maida Vale, no lejos de St John's Wood, rezuma encanto a pesar de todo y guarda un par de "secretos" que entusiasmarán a los amantes de la buena mesa.

Cocina europea moderna

Jason's (☎ *7286 6752, Jason's Wharf, frente a 60 Blomfield Rd W9)*, ⊖ Warwick Avenue. Entrantes 3,95-8,25 £, segundos 11,95-19,75 £, menú de 2/3 platos 17,95/21,50 £. Mientras se rema por el Grand Union Canal no sería mala idea recalar para el almuerzo en Jason's, donde se sirven unos exquisitos platos de pescado fresco con acentos franceses, mauricianos y criollos. También hay mesas al aire libre.

Italianos

Green Olive (☎ *7289 2469, 5 Warwick Place W9)*, ⊖ Warwick Avenue. Menú de 2/3 platos para el almuerzo 20,50/23,50 £ y cena 23/26,50 £. Cocina italiana creativa muy recomendada por los entendidos de la zona.

EUSTON (plano 3)

Si bien los conceptos "Euston" y "buena comida" suelen ser antagónicos, existe una calle al sur de la estación que hace las delicias de los vegetarianos.

Vegetarianos

En Drummond St (⊖ Euston Square o Euston) se agrupan varios buenos restaurantes vegetarianos de la India meridional.

Chutneys *(☎ 7388 0604, 124 Drummond St)*. Segundos 2,30-6,10 £, bufé del almuerzo (sin límite) 5,45 £. Mejor bufé que el del Diwana y abierto todo el domingo.

Diwana *(☎ 7387 5556, 121 Drummond St)*. Entrantes 2,30 £, segundos 2,80-6,20 £, bufé del almuerzo (sin límite) 5,10 £. El más veterano de la calle en su género (y para algunos todavía el mejor) se especializa en *bel poori* (un surtido de tentempiés) y *dosas* al estilo de Bombay.

Ravi Shankar *(☎ 7388 6458, 133-5 Drummond St)*. Entrantes 1,95-2,70 £, segundos 3,50-6,95 £. De la misma cadena que Chutneys y quizá el más recomendable de los tres para una cena.

CAMDEN, KENTISH TOWN Y HIGHGATE (planos 3 y 12)

Camden High Street se encuentra jalonada de sitios buenos donde comer, aunque cuesta creerlo cuando se ve a los domingueros picoteando salchichas y patatas fritas.

Ingleses

Castle's *(☎ 7485 2196, 229 Royal College St NW1)*, **plano 3,** ⊖ Camden Town. Platos 1,75-3,55 £. Otro ejemplar de esa especie en vías de extinción: una cafetería tradicional con mesas de formica y sillas de plástico donde se sirven los clásicos pasteles con salsa de perejil y puré de patatas (1,75 £) y anguilas en jalea (1,80 £).

Cocina internacional

The Highgate *(☎ 7485 8442, Highgate Studios, 53-79 Highgate Rd NW5)*, **plano 12,** ⊖ Kentish Town. Entrantes 2,50-6,50 £, segundos 6,50-7,50 £. Recién llegado –y en buena hora– a la escena gastronómica del noroeste de la ciudad, ofrece una carta cambiante de platos suculentos a la joven y despreocupada parroquia del barrio, en el bar de la planta alta y el restaurante del piso bajo (no apto para agorafóbicos).

Ruby in the Dust *(☎ 7485 2744, 102 Camden High St NW1)*, **plano 3,** ⊖ Camden Town. Entrantes 2-6 £, segundos 6,95-9,95 £. Alegre sucursal de una cadena de bares y cafés con tentempiés mexicanos, sopas (3,25 £) y segundos como salchichas con puré de patatas o hamburguesas (6,95 £).

SauCe *(☎ 7482 0777, 214 Camden High St NW1)*, **plano 3,** ⊖ Camden Town. Entrantes 2,75-4,95 £, segundos 5,95-12,25 £, desayunos todo el día 6,50 £. Café-restaurante con recetas preparadas exclusivamente con ingredientes orgánicos (salvo excepciones), certificados por las administraciones del ramo de Gran Bretaña y Estados Unidos). Vale la pena probar los pasteles de cangrejo con salsa de chiles dulces (4,25 £) o incluso las hamburguesas (6,95 £).

Franceses

Café Delancey *(☎ 7387 1985, 3 Delancey St NW1)*, **plano 3,** ⊖ Camden Town. Entrantes 4-6,55 £, segundos 8,15 £. La abuela de las *brasseries* londinenses brinda la ocasión de paladear un buen café con algo de picar o una comida en toda regla en un ambiente relajante, mientras se hojea la prensa europea. Los vinos parten de 7,50 £ la media botella. Los lavabos estrechos, las discusiones de los camareros y la voz de Charles Aznavour como música de fondo resultan también inequívocamente parisinos.

Italianos

Marine Ices *(☎ 7482 9003, 8 Haverstock Hill NW3)*, **plano 3,** ⊖ Chalk Farm. Platos 5,20-6,30 £. Empezó como una heladería siciliana, pero hoy sirve además platos salados, pizzas (de 5,20 a 6,30 £) y pastas (de 5,60 a 5,95 £). Vale la pena probar algunos de los excelentes helados y *sundaes* (en el local, de 2,40 a 5,55 £; para llevar, de 1,20 a 3,50 £).

Pizza Express *(☎ 7267 0101, 187 Kentish Town Rd NW5)*, **plano 3,** ⊖ Kentish Town. Entrantes 1,55-3,10 £, ensaladas 4,95-7,20 £, pizzas 4,45-7,45 £. Sucursal de Pizza Express, pero con la particularidad de que ocupa un edificio universitario reformado, con una terraza donde se ha montado un bar, asomado a un gran comedor, y una cocina con los fogones a la vista. Las pizzas rondan las 6 £ de promedio. Hay jazz en directo algunos fines de semana.

Españoles

Bar Gansa *(☎ 7267 8909, 2 Inverness St NW1)*, **plano 3,** ⊖ Camden Town. Desayuno 3,95 £, menús de almuerzo 4,50 £ de 12.00 a 16.30 de lunes a viernes, segundos 6,50-7,95 £. Bar y café con pretensiones artísticas, que elabora tapas (de 2,50 a 4 £) y segundos más sustanciosos. Buen servicio y amables camareros españoles.

El Parador *(☎ 7387 2789, 245 Eversholt St NW1)*, **plano 3,** ⊖ Mornington Crescent. Entrantes 3,30 £, tapas 3,50-5 £, segundos 4-6 £. Tranquilo, con una excelente oferta de platos y tapas vegetarianos (empanadillas de espinacas y queso a 4 £), y carnes y pescados a precios sólo algo más elevados (4,80 £).

Asiáticos

Asakusa *(☎ 7388 8533, 265 Eversholt St NW1),* **plano 3,** ⊖ Mornington Crescent. Segundos 3-6,30 £, menús 5,70-9,60 £. Abierto de 18.00 a 23.30 de lunes a sábados. Comida japonesa asequible –no es una contradicción– en Camden Town, con menús como *tempura* de gambas con sopa *miso* y arroz. El *sushi* cuesta de 1 a 2 £ la pieza y 5/8,50 £ un surtido pequeño/grande.

Lemongrass *(☎ 7284 1116, 243 Royal College St),* **plano 3,** ⊖ Camden Town. Entrantes 2,60-4,30, 4,80-7,90 £, menús 14 £ (mínimo 2 personas). Abierto de 19.00 a 22.30 de lunes a sábado. Cocina con influencias camboyanas que se imponen sobre el estilo jemer clásico, lo que hace a muchos platos indistinguibles de sus equivalentes tailandeses; pero es bastante buena y los empleados se esfuerzan por agradar. No está permitido fumar.

Silks & Spice *(☎ 7267 5751, 28 Chalk Farm Rd NW),* **plano 3,** ⊖ Camden Town; *(☎ 7636 2718, 23 Foley St W1),* **plano 6,** ⊖ Oxford Circus. Entrantes 4-5 £, segundos 5-12 £, almuerzo 4,95-6,20 £. La sucursal en Camden de la cadena tailandesa-malaya de restaurantes sirve almuerzos rápidos y cenas contrarreloj de 17.00 a 20.00 (por ejemplo, si el cliente se sienta a las 17.30, paga 5,30 £).

Taste of Siam *(☎ 7380 0665, 45 Camden High St NW1).* ⊖ Mornington Crescent. Entrantes 3,30-5,50 £, segundos 5,75-6,75 £. Comida tailandesa pasable en un emplazamiento céntrico.

Thanh Binh *(☎ 7267 9820, 14 Chalk Farm Rd NW1),* **plano 3,** ⊖ Camden Town. Entrantes 2,80-7,30 £, segundos 4-7,80 £, almuerzos envasados para llevar por 3,80 £. Frente al mercado de Camden, un restaurante tranquilo con platos vietnamitas dignos.

Otras cocinas

Belgo Noord *(☎ 7267 0718, 72 Chalk Farm Rd NW1),* **plano 3,** ⊖ Chalk Farm. Entrantes 3,95-6,95 £, segundos 8,95-15,95 £. Sucursal de la cadena Belgo casi con el mismo diseño y la misma comida que sus parientes de Covent Garden y Notting Hill. Véase anteriormente "Covent Garden y el Strand" y "Notting Hill, Bayswater y Paddington".

Lemonia *(☎ 7586 7454, 89 Regent's Park Rd NW1),* **plano 3,** ⊖ Chalk Farm. Entrantes 2,80-4,50 £, segundos 7,25-13,50 £, menú del almuerzo 7,95 £ (de lunes a viernes). Restaurante griego de categoría y muy concurrido, con buena relación calidad-precio y ambiente muy animado; se sirve *meze* (13,50 £ por persona) y tanto la *moussaka* vegetariana como la de carne (8 £) son particularmente sabrosas.

Trojka *(☎ 7483 3765, 101 Regent's Park Rd NW1),* **plano 3,** ⊖ Chalk Farm. Entrantes 2,50-3,70 £, segundos 5,50-8,50 £. Platos rusos y de Europa oriental con buena relación calidad-precio, como arenques con salsa de eneldo (3,20 £), *bigosz* polaco (un guiso de col con carnes variadas; 6 £) y carne a la sal (6,50 £), en un bonito restaurante con claraboya. Aunque se ofrece vino de la casa, el cliente puede también traer el suyo (3 £ por el descorche).

Africanos y caribeños

Cottons Rhum Shop, Bar & Restaurant *(☎ 7482 1096, 55 Chalk Farm Rd NW1),* **plano 3,** ⊖ Chalk Farm. Entrantes 4,55-6,25 £, segundos 11,25-19,95 £, menú del almuerzo 4,25-7,95 £. Auténticos clásicos del Caribe como pollo loco y cabra al curry (de 11,25 a 11,85 £), pero hay que tener cuidado con los demoledores cócteles a base de ron (de 4 a 8,5 £).

Mango Room *(☎ 7482 5065, 10 Kentish Town Rd NW1),* **plano 3,** ⊖ Camden Town. Entrantes 3,70-3,80 £, segundos 8-11 £. Más refinado que el Cottons en cuanto a comida isleña, con deliciosos entrantes como cangrejo con bolitas de patata (3,70 £) y, entre los segundos, un salteado de verduras (9 £) que incluye *ackee,* una fruta jamaicana de piel amarilla, y cabra al curry con guindilla y especias (8 £).

Cafés

Curly Dog Café *(☎ 7483 0433, 75a Gloucester Ave NW1),* **plano 3,** ⊖ Camden Town. Desayuno 3,70 £, almuerzo 1,95-4 £. Pequeño, acogedor y próximo al pub Engineer (véase *Ocio),* resulta ideal para desayunar, almorzar, tomar el té o tomar algo con prisas.

ISLINGTON (planos 2 y 4)

Un barrio excelente para salir por la noche. Según el último recuento, había más de 60 cafés entre Angel y Highbury Corner, aunque casi todo el movimiento se concentraba en Upper St.

Cocina europea moderna

Duke of Cambridge *(☎ 7359 9450, 30 St Peter's St N1),* **plano 4,** ⊖ Angel; ***Crown Organic*** *(☎ 89 81 9998, 223 Grove Rd E3),* **plano 2,** ⊖ Mile End/autobús 8 o 277. Entrantes 4,50-7,50 £, segundos 8,50-12,50. El primer *gastro-pub* 100% orgánico del Reino Unido ha generado muchos imitadores, pero sigue a la vanguardia.

Granita *(☎ 7226 3222, 127 Upper St N1),* **plano 4,** ⊖ Angel/Highbury & Islington. Segundos 10-

DÓNDE COMER

14,50 £, menú de 2/3 platos para el almuerzo los domingos 12,50/14,95 £. Minimalista hasta rozar la asepsia, se mantiene como uno de los mejores restaurantes de Islington, con platos bien elaborados de inspiración mediterránea (no siempre).

Lola's *(☎ 7359 1932, The Mall, Camden Passage, 359 Upper St N1),* **plano 4,** ⊖ Angel. Entrantes 5,50-7,50 £, segundos 12-15 £. Premiado restaurante del que cabe elogiar su preciosa decoración, la carta cambiante y el popular *brunch* de los domingos, con jazz en directo

Franceses

Le Mercury *(☎ 7354 4088, 140a Upper St N1),* **plano 4,** ⊖ Angel/Highbury & Islington. Entrantes 3,25 £, segundos 5,95 £. Comidas de 2/3 platos 5,45/6,95 £ hasta las 18.00 de lunes a sábado. Con todos los entrantes y segundos a los mismos y bajos precios (aunque de vez en cuando hay segundos especiales entre 7 y 10 £), este restaurante francés de tres plantas supone una gran ayuda para los viajeros de presupuesto limitado.

Le Sacré Coeur Bistro *(☎ 7354 2618, 18 Theberton St N1),* **plano 4,** ⊖ Angel. Entrantes 3,50-5,20 £, segundos 7,75-11,50, menús de 2/3 platos 5,50/6,95 £ de lunes a viernes y 6,95/8,50 £ sábados y domingos. Pequeño restaurante con comida francesa de toda confianza, que incluye unos tentadores *moules-frites* (6,50 £).

Tartuf *(☎ 7288 0954, 88 Upper St N1),* **plano 4,** ⊖ Angel. Platos 2,80-6,50 £, menús de 2 platos 3,90 y 5,90 £. Alsaciano para ser exactos, este acogedor establecimiento sirve *tartes flambées (flammekuchen* en alsaciano): una fina capa de masa con nata, cebolla, beicon, y a veces queso o champiñones por encima, que se hornea en fuego de leña.

Italianos

Cantina Italia *(☎ 7226 9791, 19 Canonbury Lane N1),* **plano 4,** ⊖ Highbury & Islington/Angel. Entrantes 4-8,50 £, segundos 9-14 £. *Trattoria* propiedad de un sardo con algunos entrantes y segundos excelentes, aunque se recomienda sobre todo por las pizzas y pastas.

Pizzeria Oregano *(☎ 7288 1123, 18-19 St Alban's Place N1),* **plano 4,** ⊖ Angel. Entrantes 4,95-5,95 £, segundos 6,95-11,95 £, pizza 4,75-8,25 £, pasta 6,95-7,95 £. Pequeño y de ambiente alegre, en un callejón no lejos del Business Design Centre de Islington, sirve sobre todo pizzas hechas en horno de leña, aunque también se suelen ofrecer segundos platos.

Primos Lounge *(☎ 7354 5717, 54 Islington Park St N1),* **plano 4,** ⊖ Highbury & Islington/Angel; *(☎ 7626 5009, 19 Bevis Marks EC3),* **plano 4,** ⊖ Aldgate. Entrantes 4-8,50 £, segundos 8,50-12,50 £, pizza 7,50-9,50 £, pasta 7,50-10,50 £. Una de las mejores cocinas italianas de la capital británica (no sólo las pizzas y pastas de rigor, sino también unos segundos extraordinarios), con decoración moderna, una barra siempre animada y un servicio impecable. Una joya.

Solo Stefano *(☎ 7700 6040, 207 Liverpool Rd N1),* **plano 4,** ⊖ Angel/Highbury & Islington. Entrantes 3,85-5,90 £, segundos 4,95-16,95 £, platos del día para el almuerzo 6,50 £. Antiguo local turco metamorfoseado en un elegante restaurante italiano, decorado con pinturas y esculturas modernas. Se recomienda la ternera con limón y vino blanco (8,40 £) y también la pechuga de pollo rellena de mantequilla al ajo y champiñones (8,20 £).

Oriente Próximo

Angel Mangal *(7359 7777, 139 Upper St N1),* **plano 4,** ⊖ Angel/Highbury & Islington. Segundos 6-8,50 £. Independiente ya del restaurante de parecido nombre situado en Dalston (véase más adelante), sirve algunos de los mejores *meze* turcos, chuletas de cordero, pichones y ensaladas del norte de la ciudad.

Otras cocinas

Afghan Kitchen *(☎ 7359 8019, 35 Islington Green N1),* **plano 4,** ⊖ Angel. Segundos 5,50-6 £. Minúsculo y bastante económico, con delicias afganas como *dogh,* una mezcla de yogur con menta, y cordero con espinacas.

Cuba Libre *(☎ 7354 9998, 72 Upper St N1),* **plano 4,** ⊖ Angel. Entrantes 4,25-5,70 £, segundos 7,25-11,75 £. Tapas y otros platos más contundentes, como moros y cristianos (judías y arroz). En la parte de atrás funciona un concurrido bar con horario ampliado (véase "Islington" en el apartado "Pubs y bares", dentro del capítulo *Ocio)* donde se pueden tomar seis tapas por 6,95 £ o almorzar por 5 £.

Yellow River Café *(☎ 7354 8833, 206 Upper St N1),* **plano 4,** ⊖ Highbury & Islington/Angel. Segundos 5,50-9,50 £. Sucursal de una popular cadena que sirve cocina ecléctica de Asia bajo la mirada vigilante del *chef* de la televisión estadounidense Ken Hom.

Vegetarianos

Ravi Shankar *(☎ 7833 5849, 422 St John St EC1),* **plano 4,** ⊖ Angel. Entrantes 1,95-2,75 £, segundos 3,50-4,30 £. Pequeño y económico, pero con una de las mejores cocinas indias vegetarianas. Existe otra sucursal cerca de la estación de Euston (véase "Euston" anteriormente).

STOKE NEWINGTON, FINSBURY PARK Y DALSTON (planos 1 y 2)

Zona cosmopolita del noreste de la capital, Finsbury Park posee una buena mezcla de restaurantes con precios muy ajustados. Stoke Newington Church St se halla bordeada de restaurantes étnicos.

Italianos

La Porchetta (☎ *7281 2892, 147 Stroud Green Rd N4*), **plano 1,** ⊖ Finsbury Park; (☎ *7288 2488, 141 Upper St N1*), **plano 4,** ⊖ Angel/Highbury & Islington. Entrantes 2,10-4,70 £, segundos 4-8 £. Pizzas y pastas caseras tan sabrosas que por las noches siempre se forman colas a la puerta. La sucursal de Islington resulta menos tranquila.

Oriente Próximo

Mangal (☎ *7275 8981, 10 Arcola St E8*), **plano 2,** estación Dalston Kingsland/autobuses 67, 76, 149 o 243. Entrantes 2,50-6 £, segundos 6-8,50 £. Este modestísimo restaurante turco, el "secreto" peor guardado de Londres, sirve los *kebab* más jugosos y otros platos de parrilla preparados sobre un humeante *ocakbasi* (brasero de leña) y acompañados con magníficas ensaladas. El cliente debe traerse el vino (por suerte, hay una licorería a la vuelta de la esquina).

Mangal II (☎ *7254 7888, 4 Stoke Newington Rd N16*), **plano 2,** estación Dalston Kingsland/autobuses 67, 76, 149 o 243. Segundos 5,50-11 £. De más categoría (y más caro) que su hermano, que queda cerca, ofrece un plato de *mezes* variados (4 £), *kebabs* y segundos como *yoghurtlu* (cordero a la parrilla con pan y yogur).

Vegetarianos

Rasa (☎ *7249 0344, 55 Stoke Newington Church St N16*), **plano 1,** estación Stoke Newington/autobús 73. Segundos 3,50-5,50 £. Restaurante de la India meridional que suscita críticas muy elogiosas (y genera colas) por unos platos raros de ver y de saborear, salvo en casas particulares. Sólo para no fumadores.

HAMPSTEAD (plano 12)

El "pueblo" situado al suroeste de Hampstead Heath, donde vive gente acomodada, posee un sinfín de buenos restaurantes fácilmente accesibles desde la estación de metro de Hampstead.

Italianos

La Gaffe (☎ *7794 7526, La Gaffe Hotel, 107-11 Heath St NW3*). Almuerzo 4,75-8,50 £, entrantes de cena 3,50-8,75 £, segundos 10-17,75 £. Confortable, atendido por una familia e instalado en una casa de campo del siglo XVIII que hoy funciona como hotel.

Pizza Express (☎ *7433 1600, 70 Heath St NW3*). Segundos 4,75-7,75 £. Si se quiere una pizza algo más industrial, hay que dirigirse desde La Gaffe hacia el sur hasta dar con esta sucursal de la conocida cadena, con jazz en directo los viernes por la noche.

Otras cocinas

Al Casbah (☎ *7435 7632, 45 Hampstead High St NW3*). Entrantes 4,70-5,75 £, segundos 11,50-14,90 £. Agradable marroquí donde se sirven cuscús y *tajines* (de 11,50 a 14,90 £).

Giraffe (☎ *7435 0343, 46 Rosslyn Hill NW3*), **plano 12,** ⊖ Hampstead; (☎ *7359 5999, 29-31 Essex Rd N1*), **plano 4,** ⊖ Angel. Desayuno/segundos 2,75-7/7-9 £ (6,50 £ de 17.00 a 19.00 de lunes a viernes). Vistoso y algo desenfadado, con discos compactos a la venta y el equivalente culinario de la *world music:* desde ensaladas *sashimi* y tortillas de salmón ahumado (6,95 £) hasta té marroquí.

Jin Kichi (☎ *7794 6158, 73 Heath St NW3*). Platos fijos 7,90-12,70 £. En Hampstead vive un buen número de japoneses, muchos de los cuales cenan en este estrecho restaurante que, a juicio de algunos, es el mejor nipón del norte de la capital.

Lalibela (☎ *7284 0600, 137 Fortress Rd NW5*), ⊖ Tufnell Park. Entrantes por 3,50 £, segundos 5,95-12 £. Potentes platos etíopes como *tibs,* cordero lechal con cebollas y tomate, y *minchet abish,* estofado de vacuno, que se comen sobre un pan *injera,* suave aunque ligeramente correoso, del tamaño de una bandeja.

Cafés

Café Base (☎ *7431 3241, 70-71 Hampstead High St NW3*). Almuerzo 3-8 £, segundos a la cena 9-12 £. Limpio y alegre, con *ciabattas* y tortas de rellenos poco habituales (de 3 a 5 £), y ensaladas y pastas (de 2,95 a 3,95 £).

Coffee Cup (☎ *7435 7565, 74 Hampstead High St NW3*). Sándwiches 2,50-5 £, segundos 5-6,50 £. Si se prefieren desayunos con frituras grasientas (6,50 £) y platos de pasta (5 £) al estilo de los años cincuenta, se puede visitar este café a la antigua.

EAST END Y LOS DOCKLANDS (planos 2, 4 y 9)

Desde los restaurantes indios y bengalíes de Brick Lane hasta los ultramodernos de Hoxton y Shoreditch, especializados en cocina británica y europea actual, el East End consta por fin en el plano culinario londinense; incluso los Docklands, antiguo territorio de almuerzos rápidos y comidas de empleados con cargo a la empresa, están experimentando un renacimiento en torno a la dársena de las Antillas (West India Quay).

Estadounidenses

Arkansas Café *(☎ 7377 6999, Unit 12, Spitalfields Market, 107b Commercial St E1),* **plano 9,** ⊖ Liverpool Street/Aldgate East. Segundos 4-12,50 £. Abierto de 12.00 a 14.30 de lunes a viernes, de 12.00 a 16.00 domingos. Barbacoa regentada por America Bubba Helberg donde se prepara una de las mejores parrilladas al estilo norteamericano de todo Londres: bistecs, pollo, salchichas, costillas...

Babe Ruth's *(☎ 7481 8181, 172-176 The Highway E1),* **plano 9,** ⊖/DLR Shadwell. Entrantes 2,99-5,99 £, segundos 6,95-16,99 £. Popularísimo bar-restaurante de ambiente deportivo con comida de Estados Unidos (enormes pero relativamente caras pizzas, pastas, hamburguesas, bistecs y demás). A los niños les encantará la minicancha de baloncesto, las mesas de billar y los videojuegos.

Franceses

Les Trois Garçons *(☎ 7613 1924, 1 Club Row E1),* **plano 4,** ⊖ Old Street/Liverpool Street. Entrantes 7,50-14 £, segundos 12,50-19 £. Al traspasar el umbral de este enorme restaurante, antaño un pub, uno se queda boquiabierto: de las paredes asoman cabezas de jirafas, los cisnes, también disecados, se adornan con diademas y los espejos están declarados bienes culturales. La cocina –francesa clásica– es buena, por no decir excelente, y al menos uno de los "tres muchachos" que dan nombre a la casa acude siempre a recibir a los clientes. Se puede pasar una velada memorable.

Italianos

Great Eastern Dining Room *(☎ 7729 0022 o 7613 4545, 54-6 Great Eastern St EC2),* **plano 4,** ⊖ Old Street/Liverpool Street. Segundos 8-11 £. Ejemplo óptimo de la nueva hornada de restaurantes londinenses, sobre todo en zonas de moda como Hoxton y Clerkenwell. Es más bien pequeño –dos salones reformados de una antigua tienda– y con comida italianizante preparada en un estilo fresco y novedoso.

Il Bordello *(☎ 7481 9950, 75 Wapping High St E1),* **plano 9,** ⊖ Wapping. Entrantes 3,95-6,95 £, segundos 10,50-16,95 £. Por la escasez de restaurantes de calidad en la zona de Wapping, este italiano de barrio siempre está abarrotado de comensales satisfechos. Si se ha estado bebiendo en el Captain Kidd o en Prospect of Whitby (veáse "Wapping y los Docklands" en "Pubs y bares", dentro del capítulo *Ocio),* éste es un sitio muy socorrido para empapar el alcohol con pizzas que superan la media (de 7,25 a 9,50 £), pastas (de 7,25 a 12,95 £) y segundos de carne y pescado (de 10,50 a 16,95 £).

Griegos

The Real Greek *(☎ 7739 8212, 15 Hoxton Market N1),* **plano 4,** ⊖ Old Street. Entrantes 7,20-9,30 £, segundos 15-16,90 £. Aquí se sirve lo que podría llamarse cocina griega moderna, por ejemplo, guiso de cabrito con fricasé de diente de león y puerros (16,70 £), a una clientela bohemia que sabe apreciarla.

Españoles

Mesón Los Barriles *(☎ 7375 3136, 8a Lamb St E1),* **plano 9,** ⊖ Liverpool Street. Tapas 2-5,90 £, segundos 3,50-18,90 £. Abierto de 11.00 a 23.00 de lunes a viernes, de 12.00 a 16.00 domingos. Bar de tapas y restaurante en el mercado de Spitalfields, uno de los pocos sitios aledaños a la estación de Liverpool Street donde se puede comer por la noche y también los domingos, después de las compras. Excelente surtido de tapas y platos de pescado y marisco.

Indios

Brick Lane E2 (⊖ Aldgate East/Shoreditch), en lo que ha dado en llamarse Bangla Town, conforma un rosario de restaurante baratos indios y bengalíes, no todos muy buenos, frecuentados por los jóvenes profesionales de la City. He aquí algunos de los mejores:

Aladin *(☎ 7247 8210, 132 Brick Lane),* **plano 9.** Entrantes 1,40-1,95 £, segundos 2,90-6,50 £. Uno de los predilectos del príncipe Carlos, según se dice. No vende bebidas alcohólicas, pero los clientes pueden traerse las suyas.

Saliques *(☎ 7377 2137, 32 Hanbury St E2),* **plano 9.** Entrantes 1,95-3,50 £, segundos 4,95-9,99 £. Algunas personas tienen fe ciega en este local de currys (4,75 £) y platos de *tandoori* y *balti* (ambos desde 4,95 £).

Le Taj (☎ *7247 4210, 134 Brick Lane)*, **plano 9.** Entrantes 2-3,95 £, segundos 3,50-8,95 £. Más caro y de más categoría que casi todos los demás restaurantes de la calle, con una carta india y bengalí y una buena oferta de platos vegetarianos.

Ambala (☎ *7247 8569, 55 Brick Lane)*, **plano 9.** Pasteles 1,50-2 £ por unidad, 5-6,50 £. Es una de las muchas panaderías y pastelerías que jalonan Brick Lane, con una repostería muy dulce y colorista.

Si se quiere una comida más auténtica del subcontinente indio, mejor es olvidarse de Brick Lane y poner rumbo sur en dirección a Whitechapel (⊖ Whitechapel).

Lahore Kebab House (☎ *7488 2551, 2 Umberston St E1)*, **plano 9.** Entrantes 2,50 £, segundos 4,50-6 £. Muy sencillo y tan visitado por la comunidad local como por oficinistas, sirve una comida sensacional y ofrece un jugoso muestrario de *kebab* de cordero.

New Lahore (☎ *7791 0112, 218 Commercial Rd E1)*, **plano 9.** Entrantes 60 p-2,75 £, segundos 2,50-4,75 £. Con sólo un par de mesas y un espacio muy reducido, es ante todo un sitio de comida para llevar donde destacan los *kebab* de cordero (3 £).

New Tayyab (☎ *7247 9543, 83 Fieldgate St E1)*, **plano 9.** Segundos 4-9 £. Abierto de 17.00 a 24.00 todos los días. Comida india y paquistaní de lo más auténtico que se puede encontrar fuera de Delhi y Karachi. El cliente escoge su *seekh kebab,* sus chuletas de cordero o uno de los platos de *karahi* (un pequeño *wok)* y les añade verduras al gusto y un *dahl* a elegir entre varios. Hay que traer la bebida.

Vietnamitas

Green Papaya (☎ *8985 5486, 191 Mare St E8)*, **plano 2,** estación London Fields/autobuses D6, 253 o 277. Segundos 4,50-6,95 £. Oasis al sur del Hackney Empire (véase "Teatro" en el capítulo *Ocio)* donde se sirve una comida vietnamita moderna de altísima calidad, con camareros cualificados y amantes de su profesión.

Viet Hoa (☎ *7729 8293, 70-72 Kingsland Rd E2)*, **plano 4,** autobús 67 o 242. Entrantes 2-4,70 £, segundos 4,15-6,70 £. Sencillo y siempre lleno, con excelentes y genuinos platos vietnamitas.

Otras cocinas

Little Georgia (☎ *7249 9070, 2 Broadway Market E8)*, **plano 2,** ⊖ Bethnal Green/estación Cambridge Heath. Entrantes 3-4,50 £, segundos 8-12 £. Algo apartado y en una preciosa calle antigua donde funciona un mercado, constituye una perfecta introducción a la cocina de Georgia, que, para los no iniciados, combina elementos griegos y turcos, con un uso generoso de las nueces.

Vegetarianos

The Quiet Revolution (☎ *7253 5556, 49 Old St EC1)*, **plano 4,** ⊖ Old St. Segundos 3,95-5,95 £. La comida de este amplio y luminoso café no es vegetariana al cien por cien (la carta esconde un par de platos de carne y pescado), pero sí completamente macrobiótica.

Whitechapel Art Gallery Cafe (☎ *7522 7888, 80-82 Whitechapel High St E1)*, **plano 9,** ⊖ Aldgate East. Entrantes/segundos 2/4 £. Abierto de 11.00 a 16.35 martes y de jueves a domingo, de 11.00 a 18.30 los miércoles. Instalado sobre una galería de arte, sirve platos como espinacas a la florentina con ensalada (4,65 £) y sopas.

Cafés

Brick Lane Beigel Bake (☎ *7729 0616, 159 Brick Lane E2)*, **plano 4,** ⊖ Shoreditch. Abierto las 24 horas todos los días. Precios 45 p-2,10 £. Más una tienda de exquisiteces que un café y situado en el extremo de Brick Lane que desemboca en Bethnal Green Rd, confecciona los *bagels* más frescos y baratos de Londres, como confirmará cualquier taxista o, sin ir más lejos, el autor de estas páginas, que los estuvo almorzando durante casi dos años mientras escribía guías de Lonely Planet en una oficina a la vuelta de la esquina. Los *bagels* rellenos son muy baratos (de 45 a 95 p), los de salmón y queso fresco suben a 95 p y los de carne salen por 1,60 £. No es comida *kosher.*

Evering Bakery Bagel Shop (☎ *7729 0826, 155 Brick Lane E2)*, **plano 4,** ⊖ Shoreditch. Precios 40 p-2,10 £. Pese a lo dicho anteriormente, hay que admitir que esta panadería supera en los rellenos a la contigua Beigel Bake, pero no en la calidad del pan y los *bagels.*

GREENWICH (plano 14)

En Greenwich conviven los restaurantes a la antigua usanza con los modernísimos, así que no falta donde elegir. La estación Cutty Sark del DLR va bien para todos los establecimientos reseñados a continuación, salvo que se indique lo contrario.

Ingleses

Goddards Pie House (☎ *8293 9313, 45 Greenwich Church St SE10)*. Precios 90 p-2,50 £.

Abierta de 10.00 a 18.30 de lunes a jueves, de 10.00 a 21.30 de viernes a domingo. La *pie shop* más antigua de la ciudad (1890) transporta al visitante a épocas pasadas. Es una cafetería londinense de verdad, con bancos de madera y propuestas como pastel de carne y riñones (2,50 £) con salsa de perejil y puré de patatas, y el pastel del pastor (2,40 £), con judías o guisantes y una espesa salsa de carne. Los pasteles dulces cuestan de 95 p en adelante.

Cocina internacional/europea moderna

***Beachcomber** (☎ 8853 0055, 34 Greenwich Church St SE10).* Entrantes 1,90-6,95 £, segundos 9,90-14,90 £. Con sus tiestos y cestos de flores, este baluarte del ayer es el sitio perfecto para pasar una tarde soleada. Platos del día entre 4 y 12 £.

***North Pole** (☎ 8853 3020, 131 Greenwich High Rd SE10),* DLR/estación de Greenwich. Entrantes 3,80-7,50 £, segundos 8,50-13,75 £. Agradable, con un bar en la planta baja y un restaurante excelente, aunque algo encopetado, en el primer piso. Los domingos sirven un desayuno (de 9.30 a 12.00; 5,50 £) y un *brunch* (de 12.00 a 18.30) más que dignos, y de lunes a jueves las cenas se rebajan entre un 10 y un 15%.

Asiáticos

***Noodle Time** (☎ 8293 5263, 10-11 Nelson Rd SE10).* Platos 2,80-4 £. Sencillo, con tallarines y arroces japoneses baratos.

***Vietnam** (☎ 8858 0871, 18 King William Walk SE10).* Entrantes 2,50-5,80 £, segundos 3,80-12,50 £. Además de almuerzos y cenas, sirve un *dim sum* barato (desde 1,60 £) entre las 12.00 y las 17.00.

Cafés

Greenwich Church St tiene unos cuantos cafés baratos y aceptables, entre ellos los dos siguientes:

***Meeting House Café** (☎ 8305 0403, puesto 8, mercado de Greenwich).* Precios 3,95-4,50 £. Abierto de 9.00 a 16.30 todos los días. Almuerzos del labrador y *quiches,* además de batidos (1,50 £).

***Peter de Wit's** (☎ 8305 0048, 21 Greenwich Church St).* Precios 1,40-5 £. Ofrece té con bollos, pan, mermelada y nata (5 £) y, en los meses cálidos, mesas al aire libre.

BRIXTON (PLANO 15)

Si se llega a Brixton cuando hay mercado (⊖ Brixton), no conviene limitarse a los restaurantes de la lonja propiamente dicha; las calles aledañas, como Atlantic Rd y Coldharbour Lane, entre otras, esconden varios establecimientos excelentes.

CHARLOTTE HINDLE

Comida inglesa de toda la vida en una de las muchas *pie houses* de la capital.

Cocina europea moderna

***Helter Skelter** (☎ 7274 8600, 50 Atlantic Rd SW9).* Entrantes 4,80-6,20 £, segundos 9,80-12,80 £. Con decoración de diseño (aunque los azulejos de las paredes son los originales) y especialidades de corte europeo moderno, representa un oasis en el mercado de Brixton y sus inmediaciones.

Otras cocinas

***Brixtonian Havana Club** (☎ 7924 9262, 11 Beehive Place SW9).* Entrantes 4,50 £, segundos 14 £. Restaurante de inspiración caribeña que conjuga influencias antillanas, francesas, británicas y africanas para crear platos como pimiento asado y sopa de jengibre (4,59 £) y jamón asado en salsa dulce de acederas (14 £).

***Satay Bar** (☎ 7326 5001, 447-50 Coldharbour Lane SW9).* Entrantes 3,25-6,15 £, segundos 4,50-8,25 £, *rijstafel* 13,95 £ por persona (mínimo 2). Comida indonesia que sorprende por su gran autenticidad: *rendang ayam* (carne de res con coco; 5,95 £), *laksa* (sopa de tallarines con marisco; 5,25 £), *satays* mixtos (5,95 £) y *sambal udang* (gambas con chiles; 6,75 £).

Vegetarianos

***Bah Humbug** (☎ 7738 3184, St Matthew's Church, Brixton Hill SW2).* Entrantes 3,50-4,70 £, segundos 7,30-12,70 £. En la cripta de la iglesia metodista de San Mateo, uno de los mejores restaurantes vegetarianos de Londres, con una carta de amplios vuelos que abarca desde salteados de verduras tailandesas (3 £) hasta falso pato a la cantonesa y curry *masala* (6,50 £).

HAMMERSMITH Y FULHAM (planos 1 y 10)

Hammersmith no es un barrio especialmente sugestivo, aunque existen formas mucho peores de pasar una tarde soleada que tomando una copa en alguno de los pubs ribereños de Upper Mall. Fulham resulta más agradable, y Fulham Road en particular no es mal sitio para comer y salir de noche.

Cocina inglesa/británica moderna

Chelsea Bun *(☎ 7352 3635, 9a Lamont Rd SW10),* **plano 10,** ⊖ Fulham Broadway/Earl's Court. Entrantes 2,35-4,30 £, segundos platos 5,50-7,80 £. Esta versión londinense de la típica cafetería de Estados Unidos es un establecimiento de estupenda relación calidad-precio, en una zona relativamente acomodada, conocida como World's End. Se sirven desayunos todo el día (de 1,65 a 6,30 £) y en la galería cubierta de la planta alta se han instalado mesas.

Ed's Easy Diner *(☎ 7352 1956, 362 King's Rd SW3),* **plano 10,** ⊖ South Kensington; *(☎ 7287 1951, Old Compton St W1),* **plano 7,** ⊖ Leicester Square/Tottenham Court Road. Segundos 3,95-5,95 £. Sucursal de una cadena de cafeterías al estilo norteamericano, cuya decoración y hasta los números de teléfono recrean los años cincuenta.

Cocina internacional/europea moderna

Bluebird *(☎ 7559 1222, 350 King's Rd SW3),* **plano 10,** ⊖ Fulham Broadway. Segundos 10-24 £, menú para el almuerzo de 2/3 platos 12,50/16,50 £. Otra creación de Conran: un complejo con un bar-restaurante carísimo en lo alto de una galería de alimentación, un mercado de flores y un café. Uno de los contados restaurantes donde se admiten perros.

Shoeless Joe's *(☎ 7610 9346, 555 King's Rd SW6),* **plano 10,** ⊖ Fulham Broadway; *(☎ 7240 7865, Temple Place WC2),* **plano 6,** ⊖ Temple. Platos 4,50-10 £, comida de 2/3 platos 15/20 £. Bar de temática deportiva *(happy hour* a mitad de precio de 17.00 a 20.00 de lunes a viernes) y asador de carnes y pescados con un enfoque más imaginativo de lo habitual en este tipo de establecimientos.

Vingt-Quatre *(☎ 7376 7224, 325 Fulham Rd SW10),* **plano 10,** ⊖ South Kensington, después autobús 14 o 211. Entrantes 4,25-6,75 £, segundos 7,95-11,50 £. Abierto las 24 horas todos los días. Además de un menú bastante correcto para el almuerzo y la cena, después de medianoche se sirven platos más sencillos, como hamburguesas (6,95 £), bistec con patatas fritas y ensaladas.

Italianos

River Café *(☎ 7381 8824, Thames Wharf, Rainville Rd W6),* **plano 1,** ⊖ Hammersmith. Entrantes 9-14,50 £, segundos 21-28 £. Sitio bullicioso para ver y ser visto, que debe su fama tanto a los libros de recetas que ha difundido como a su cocina, auque no puede negarse que los platos, de sello italiano moderno, alcanzan gran calidad. Con postre y vino, es improbable que la comida baje de 50 £ por cabeza.

Griegos

Wine & Kebab *(☎ 7352 0967, 343 Fulham Rd SW10),* **plano 10,** ⊖ South Kensington y después autobús 14 o 211. Entrantes 2,95-3,95 £, segundos 7,50-9,50 £. Bonito y muy agradable restaurante griego, con entrantes como *avgolemono* (sopa de limón y huevo), *dolmades* (hojas de parra rellenas; 7,50 £) y *mezes* surtidos (29 £ para dos personas).

Indios

Los dos restaurantes indios de esta zona son mucho más caros que las casas de curry corrientes, pero merecen la pena si el dinero no constituye un obstáculo.

Chutney Mary's *(☎ 7351 3113, 535 King's Rd SW10),* **plano 10,** ⊖ Fulham Broadway/autobús 11 o 22. Entrantes 4,50-7,75 £, segundos 9,25-16,50, almuerzo de 2 platos 11 £ de lunes a viernes. Comida india y angloindia, y los domingos un opíparo *brunch* amenizado con jazz (15 £).

Vama *(☎ 7351 4118, 438 King's Rd SW10),* **plano 10,** ⊖ Fulham Broadway/autobús 11 o 22. Entrantes 5,50-13,50 £, segundos 6,25-12,50 £, almuerzo entre semana 7,95 £. Sirve platos poco corrientes de la frontera noroccidental y otras regiones de la India, en un precioso comedor que hace pensar en un restaurante italiano con clase (y lo fue anteriormente). Los domingos se ofrece un bufé (12,50 £) con música de jazz.

Asiáticos

Jim Thompson's *(☎ 7731 0999, 617 King's Rd SW6),* **plano 10,** ⊖ Fulham Broadway; *(☎ 8788 3737, 408 Upper Richmond Rd SW15),* estación North Sheen. Entrantes 3,65-4,75 £, segundos

DÓNDE COMER

6,25-8,95 £, arroces y tallarines 1,95-5,75 £. Así llamado por el estadounidense que impulsó la producción de seda en Tailandia después de la Segunda Guerra Mundial y luego desapareció de forma misteriosa en los montes Cameron de Malasia. Ofrece una mezcolanza de cocinas surasiáticas –desde Birmania hasta Singapur– más que comida tailandesa en estado puro; lo que, sumado a la exuberante vegetación y la profusión de seda tailandesa, sitúa al comensal con un poco de imaginación en un *soi* de Bangkok. Sólo que allí la comida sería mejor.

Tiger Lil's *(☎ 7376 5003, 500 King's Rd SW10),* **plano 10,** ⊖ Fulham Broadway; *(☎ 7226 1118, 270 Upper St N1),* **plano 4,** ⊖ Highbury & Islington/Angel. Fuentes sin límite para adultos/niños menores de 10 años 12,50/5,50 £, bandeja de entrantes (para 2) 7,50 £, menú de almuerzo entre semana 5 £ (sucursal de Upper St). En esta cadena de restaurantes más o menos asiáticos, el cliente elige entre 16 ingredientes y los diligentes cocineros se los preparan en un gigantesco *wok*. La cocina es regular pero no se sale con hambre.

Blue Elephant *(☎ 7385 6595, 4-6 Fulham Broadway SW6),* **plano 10,** ⊖ Fulham Broadway. Entrantes 5,50-9,75 £, segundos 9,50-16,50 £, *brunch* fijo 19,50 £ de 12.00 a 16.00 los domingos, "banquete real tailandés" con muchos platos 32-36 £. Toda una institución en Fulham, con comida tailandesa muy elaborada y muy cara, en un ambiente que recrea la jungla. Su mejor momento coincide con el suculento *brunch* dominical.

Bonjour Vietnam *(☎ 7385 7603, 593-9 Fulham Rd SW6),* **plano 10,** ⊖ Fulham Broadway. Bufé de almuerzo/cena sin límite 10/14 £. Aparte de los platos vietnamitas a la carta, pasables, lo que atrae al grueso de la clientela es el bufé.

Vegetarianos

Gate *(☎ 8748 6932, 51 Queen Caroline St W6),* **plano 1,** ⊖ Hammersmith. Entrantes 3,50-6 £, segundos 7,50-10 £. Un sitio ideal para convertir a un carnívoro a la más cordial fe del vegetarianismo, habida cuenta de sus segundos de insólita modernidad y cuidada presentación, como por ejemplo ñoquis con almendra y calabacín y ensalada de queso de cabra y pera (unas 5 £).

CHISWICK (plano 1)

En Chiswick High Rd y en la preciosa Turnham Green Terrace abundan los restaurantes y cafés para todos los gustos y bolsillos, con una variada gama de cocinas.

Cocina internacional/europea moderna

Chiswick *(☎ 8994 6887, 131 Chiswick High Rd W4),* ⊖ Turnham Green. Entrantes 4,50-9 £, segundos 8,50-14,25 £, menú de 2/3 platos para el almuerzo 9,50/12,95 £ y la cena (de 19.00 a 20.00) 12,95/15,50 £. A pesar del nombre, escasamente imaginativo, y de la decoración austera, ofrece platos dignos, como alcachofas rellenas de queso de cabra y rape a las hierbas con salsa de curry.

Franceses

La Trompette *(☎ 8747 1836, 5-7 Devonshire Rd W4),* ⊖ Turnham Green. Menú de almuerzo/cena 19,50/25 £. Irreprochable, con decoración Art Déco, cocina francesa a la carta y una impresionante bodega.

Asiáticos

Thai Bistro *(☎ 8995 5774, 99 Chiswick High Rd W4),* ⊖ Turnham Green. Segundos 4,95-7,95 £. Uno de los primeros restaurantes tailandeses de Londres, cuyo propietario, Vatcharin Bumichitr, ha confeccionado la carta partiendo de sus propios libros de cocina. Se trata de un local sencillo, con aspecto de cafetucho, pero a años luz de los incómodos restaurantes de mesas corridas del Soho, con una decoración en blanco y negro de elegante sobriedad y platos genuinos, como *tom ka gai* (pollo con caldo de coco picante) y *pad thai* (tallarines a la tailandesa).

Otras cocinas

Coyote Café *(☎ 8742 8545, 2 Fauconberg Rd W4),* ⊖ Chiswick Park/Gunnersbury. Entrantes 4,50-6,95 £, segundos 7,95-13 £. Muy por encima de casi todos los demás mexicanos de Londres, con margaritas (5,95 £), nachos (5,95 £) y fajitas (8,95 £) de verdad.

Springbok Café *(☎ 8742 3149, 42 Devonshire Rd W4),* ⊖ Turnham Green. Entrantes 4,50-6,50 £, segundos 11,50-16,50 £. Si apetece la cocina de caza, este vistoso restaurante ofrece cebra al vino tinto (16,50 £), avestruz a la brasa y *kobelj*, un pez parecido a la lubina, entre otras propuestas más al uso. Tiene una buena carta de vinos sudafricanos.

KEW (plano 1)

A corta distancia de la estación de metro de Kew Gardens y de los esplendorosos jardines se hallan un concurrido restaurante de cocina europea moderna y un histórico café.

Cocina europea moderna

Glasshouse *(☎ 8940 6777, 14 Station Parade),* ⊖ Kew Gardens. Menú de 2/3 platos para el almuerzo 15/21,50 £, a la cena 19,50/25 £. Una joya al lado de los jardines, con una carta breve pero interesante y un servicio irreprochable.

Cafés

Newens Maids of Honour *(☎ 8940 2752, 288 Kew Rd),* ⊖ Kew Gardens. Servicio de té 5,25 £. Abierto de 9.30 a 18.00 de martes a sábado. Es un añejo salón de té que debe su fama a la *dama de honor,* un postre de hojaldre, almendras, limón y requesón, supuestamente creado por la segunda esposa de Enrique VIII, la infortunada Ana Bolena.

RICHMOND (plano 16)

Existen varios sitios donde comer en la calle mayor de Richmond, que discurre hacia el suroeste, en dirección al río, desde la estación de metro y ferrocarril; pero muchos de los más interesantes se arraciman en las cercanías de Hill Rise, al este del puente de Richmond.

Franceses

Chez Lindsay *(☎ 8948 7473, 11 Hill Rise),* ⊖ Richmond. Entrantes 2,70-8,75 £, segundos 10-16 £, menú de 2 platos para el almuerzo 5,99 £, menú de 3 platos a la cena 10,99 £. Acogedor, su especialidad son las *crêpes* (de 3 a 8 £) regadas con sidra, como se acostumbra en Bretaña, la cuna de estas deliciosas tortitas.

Otras cocinas

Kozachok *(☎ 8948 2366, 10a Red Lion St),* ⊖ Richmond. Entrantes 3,95-5,50 £, segundos 8,50-9,75 £. Abierto de 18.30 a 23.15 de martes a sábado. No se puede garantizar la autenticidad de la comida, pero sí la variedad de especialidades rusas y ucranianas, desde *borscht* (3,95 £) y *blinis* (de 4,95 a 11,50 £) hasta *tabaka* (pollo con nata agria y ajo; 9,85 £). Se ofrecen más de dos docenas de vodkas puros y aromatizados, por ejemplo, con albaricoque o *zubrówka* (hierba de búfalo).

Ocio

PUBLICACIONES

Para estar al día en Londres se puede comprar la completa revista *Time Out* (2,20 £), una guía del ocio publicada todos los miércoles (pero disponible desde el martes) que informa de los eventos de la semana hasta el miércoles siguiente. Para ciertos tipos de diversión, *Hot Tickets,* gratuita con el periódico *Evening Standard* de los jueves, es una fuente de información más breve y ecléctica.

Otros periódicos publican su propio suplemento, por ejemplo *The Guide,* que aparece los sábados con el *Guardian.*

Como alternativa, se puede llamar a la London Line de London Tourist Board: ☎ 09068 663344. Véase "Oficinas de turismo" en el capítulo *Datos prácticos* para más detalles. Otros portales útiles que se pueden consultar son: www.clubinlondon.co.uk, www.latenightlondon.co.uk y www.crushguide.com, los tres en inglés, o www.guiadelocio.com/londres, en español, que informa sobre teatro y locales nocturnos.

PUBS Y BARES

Los pubs quizá sean la aportación más destacada de los ingleses a la vida social, y pocas cosas pueden compararse con uno que sea bueno de verdad. Lo que esto significa, aparte de una amplia selección de cervezas (véase el recuadro "Cerveza: la bebida nacional"), es muy subjetivo y casi indefinible: una cálida acogida, una sensación de cordialidad y el ambiente local, es decir, la mezcla de vecinos del barrio que son clientes del pub, y no un puñado de turistas y anónimos ocasionales, entre otras cosas.

Aunque la cuestión del horario es compleja, en general, los pubs abrían de lunes a sábado de 11.00 a 23.00 y domingos de 12.00 a 22.30. Algunos pubs de barrio y de zonas rurales todavía cierran por la tarde de 15.00 a 19.30, sobre todo los domingos, tal como marcaba antes la ley. En el mes de noviembre de 2002, sin embargo, el Parlamento derogó la ley de 1915 que imponía estas restricciones, de modo que ahora se permite a los pubs y bares decidir su hora de cierre

Cerveza: la bebida nacional

En una *public house* –más conocida como pub– normalmente se puede pedir una copa de vino o incluso un cóctel. La razón de ser de tal establecimiento, no obstante, es servir cerveza, ya sea *lager, ale* o *stout,* en vaso o en botella. La de barril se sirve por pintas (570 ml) o medias pintas (285 ml). El porcentaje de alcohol (mínimo 2%) puede llegar a alcanzar el 8%.

Casi todas las cervezas se elaboran con cebada aromatizada con lúpulo. El término *lager* se refiere a la de baja fermentación y color ámbar, conocida en todo el mundo. En general tiene mucho gas, un sabor moderado a lúpulo, y se toma fría o muy fría. En Londres las cervecerías más famosas son Tennent's y Carling.

Las *ales* son de alta fermentación y su sabor varía de suave a fuerte, cubriendo toda la gama. Los defensores de la *real ale* (es decir, cerveza elaborada según recetas y métodos tradicionales) utilizan el lenguaje de los enólogos para describirla. Puede tener poco gas o ser muy espumosa, su sabor a lúpulo suele ser intenso y debe tomarse a temperatura ambiente o un poco superior (rara vez más fría). A veces hay *real ale* de barril. De la gran variedad de *ales* que se sirve en los pubs londinenses, London Pride, Courage Best, Burton Ale, Adnam's, Theakston (en particular Old Peculier) y Old Speckled Hen figuran entre las mejores. En caso de duda, basta con pedir una *bitter* y se obtendrá la *ale* de la casa. Entre las *stouts* la más conocida es la irlandesa Guinness, ligeramente dulce, oscura, con un sabor característico que se debe a que la malta se tuesta antes de la fermentación.

para no propiciar los excesos de bebida que se producen al final, antes de que suene la señal de las últimas peticiones.

En la actualidad escasean los pubs tradicionales. Hay muchas zonas donde los pulcros locales pertenecientes a una cadena –cuyos nombres suelen incluir palabras como *slug* (babosa), *lettuce* (lechuga), *rat* (rata), *firkin* (barrilete), *parrot* (loro) y *moon* (luna)– han asumido el papel de la taberna de siempre. Bares al estilo americano, con cerveza embotellada, cócteles de diseño (el *saketini* a base de sake es uno de los sabores de moda) y camareros a la espera de propina están proliferando en la capital británica, lo mismo que los bares donde un pinchadiscos residente pone música por las noches, en general hasta tarde.

Probar varios pubs y bares es parte de la diversión que Londres ofrece; hay más de 3.700. Aunque la siguiente lista incluye casi todos los favoritos de los autores de esta obra, no hay nada como descubrirlos uno mismo. Para más sugerencias sobre locales tradicionales e históricos, véase www.pubs.com.

Trafalgar Square (plano 8)

Sherlock Holmes *(☎ 7930 2644, 10 Northumberland St WC2)*, ⊖ Charing Cross. Escondido en una calle junto a Northumberland Ave, está lleno de objetos que recuerdan al famoso detective. No suele llenarse demasiado y tampoco es el típico pub para turistas.

Westminster y Pimlico (planos 6 y 11)

The Orange Brewery *(☎ 7730 5984, 37-9 Pimlico Rd SW1)*, **plano 11**, ⊖ Sloane Square. Con una "microcervecería" en el sótano que elabora pintas de *ale* y *stout* naturales, es para verdaderos aficionados al ambarino líquido. También se puede realizar una visita de 30-40 minutos a la fábrica de cerveza (5 £), llamando antes para reservar.

Westminster Arms *(☎ 7222 8520, 9 Storey's Gate SW1)*, **plano 6**, ⊖ Westminster. Con gran ambiente, resulta estupendo para una cerveza rápida después de una agotadora visita a la abadía de Westminster, justo enfrente.

St James's y Mayfair (plano 6)

Che *(☎ 7747 9380, 23 St James's St W1)*, ⊖ Green Park. Este paraíso de los fumadores de puros, ubicado debajo de un restaurante de moda, posee una envidiable selección de marcas de ron añejo, tequila y whisky, además de una cava de puros desde el suelo hasta el techo, con humidificadores, donde se guardan más de 70 clases de cigarros.

I Am the Only Running Footman *(☎ 7499 2988, 5 Charles St W1)*, ⊖ Green Park. Con su curioso nombre, es un pub del viejo mundo, aunque muy reformado. El lacayo que le da nombre era un chico contratado por los caballeros opulentos del siglo XVIII para que corriera delante de su carruaje, alumbrando el camino y apartando cualquier obstáculo, incluidas otras personas; si levantara la cabeza no reconocería el lugar.

Windows on the World *(☎ 7493 8000, Hilton Hotel, planta 28ª, Park Lane W1)*, ⊖ Hyde Park Corner. Todo el que no sufra de vértigo podrá tomar una copa (cócteles: 7,95-9,95 £) en uno de los bares situados a mayor altura de Londres y de paso disfrutar de las vistas, que abarcan toda la ciudad.

West End: Soho y Piccadilly (planos 7 y 8)

Coach & Horses *(☎ 7437 5920, 29 Greek St W1)*, **plano 7**, ⊖ Leicester Square. Pequeño y animado pub con una clientela habitual de bebedores, escritores (en ciernes y consagrados) y algún turista. Lo hizo famoso Jeffrey Bernard, columnista alcóholico del *Spectator* que pasaba mucho tiempo en este local y al final murió a causa de la bebida.

AKA *(☎ 7836 0110, 18 West Central St W1)*, **plano 8**, ⊖ Holborn. Popular bar con pinchadiscos para tomar algo por la noche; los sábados se suma al vecino The End (véase "Locales nocturnos" más adelante en este capítulo) hasta las 7.00.

Freedom Brewing Co *(☎ 7240 0606, 41 Earlham St WC2)*, **plano 8**, ⊖ Covent Garden. Sirve pintas bastante caras de cerveza casera, como la Freedom Organic.

French House *(☎ 7437 2799, 49 Dean St W1)*, **plano 7**, ⊖ Leicester Square. Lugar de reunión de las Fuerzas Francesas Libres durante la Segunda Guerra Mundial, se cuenta que lo frecuentaban De Gaulle, los escritores Dylan Thomas y Brendan Behan o el actor Peter O'Toole. Sólo sirven medias pintas.

Lupo *(☎ 7434 3399, 50 Dean St W1)*, **plano 7**, ⊖ Leicester Square. Aunque parece pequeño e incómodo desde fuera, el interior es muy espacioso y confortable. Un remanso en el Soho.

O Bar *(☎ 7437 3490, 83-5 Wardour St W1)*, **plano 7**, ⊖ Piccadilly Circus; *(☎ 7935 6121, 21a Devonshire St W1)*, **plano 3**, ⊖ Baker Street/ Regent's Park. Animado bar con dos plantas principales que tienen barra y pinchadiscos en

CHARLOTTE HINDLE

Un bar bien situado para contemplar a los artistas callejeros de Covent Garden.

la planta baja por las noches (3/5 £ de lunes a jueves después de las 23.30/viernes y sábados desde las 23.00). También sirven cócteles a mitad de precio hasta las 20.00.

Point 101 *(☎ 7379 3112, 1ª y 2ª plantas, 101 New Oxford St WC1),* **plano 7,** ⊖ Tottenham Court Road. Espartano pero con nutrida clientela, tiene dos pisos y se sitúa bajo el tremendo rascacielos Centre Point. ***Bite Me@Point 101,*** en la planta baja, está muy animado a la hora del almuerzo.

The Salisbury *(☎ 7836 5863, 90 St Martin's Lane WC2),* **plano 8,** ⊖ Leicester Square. En este céntrico pub, fundado en 1898, se puede huir de las multitudes y contemplar sus hermosas ventanas grabadas al aguafuerte y otros rasgos victorianos que han logrado escapar de las garras del promotor inmobiliario.

Scruffy Murphy's *(☎ 7437 1540, 15 Denman St W1),* **plano 7,** ⊖ Piccadilly Circus. Este pequeño local es un pub irlandés auténtico, con acentos de aquel país, Guinness y borrachines; a dos pasos de Piccadilly.

Waxy O'Connors *(☎ 7287 0255, 14-16 Rupert St W1),* **plano 7,** ⊖ Leicester Square. Amplio, con varios niveles, quiza sea demasiado ostentoso para considerarlo un pub irlandés, pero tan espacioso que uno puede perderse en él.

Covent Garden y el Strand (plano 8)

Cork & Bottle Wine Bar *(☎ 7734 7807, 44-6 Cranbourn St WC2),* ⊖ Leicester Square. Oculto tras una escalera descendente a mano izquierda, según se va hacia Leicester Square desde la boca de metro, siempre está abarrotado al terminar la jornada laboral. La carta de vinos es recomendable (no hay cerveza), la comida, muy buena, y cuenta con varios reservados.

Freud *(☎ 7240 9933, 198 Shaftesbury Ave WC2),* ⊖ Covent Garden. Un pequeño bar-café-galería ubicado en un sótano, con paredes de un color crema que bien podría parecer suciedad, si no fuera porque los cuadros son tan llamativos que nadie se fija en la pared. Atrae a una clientela aficionada al arte y, tanto la comida como los tentempiés, son superiores.

Gordon's Wine Bar *(☎ 7930 1408, 47 Villiers St WC2),* ⊖ Embankment/Charing Cross. Bar de vinos con ambiente y sin cerveza, en una bodega antigua bajo el nivel de la calle; es lo más parecido a tomar un vino en el London Dungeon.

Lamb & Flag *(☎ 7497 9504, 33 Rose St WC2),* ⊖ Covent Garden. Todo el mundo se reúne en Covent Garden, que siempre está muy animado. Este antiguo local, casi intacto, era conocido antes como Bucket of Blood (cubo de sangre) por los boxeadores que lo frecuentaban. En 1679 el poeta John Dryden fue atacado a su puerta por haber escrito versos no muy correctos sobre la amante de Carlos II, la duquesa de Portsmouth. Debió de servirle de escarmiento.

Punch & Judy *(☎ 7379 0923, 40 The Market WC2),* ⊖ Covent Garden. Situado en el mercado central de Covent Garden, este pub tiene dos plantas y también está abarrotado. Desde su balcón se puede ver la iglesia de St Paul y a los músicos callejeros.

Fitzrovia (planos 6 y 7)

La zona enclavada al norte de Oxford St y al sur de Euston Rd recibe también el nombre de Noho, imposible acrónimo que significa "al norte del Soho".

Goodge *(☎ 7436 9448, 62 Goodge St W1)*, **plano 6,** ⊖ Oxford Circus. Estrecho bar célebre por sus cócteles de frutas, está tan lleno que resulta difícil acercarse a la barra.

Ha Ha! Bar & Canteen *(43-51 Great Titchfield St W1)*, **plano 7,** ⊖ Oxford Street. Este bar tipo cantina es como un oasis cercano a Oxford St, donde preparan tapas y platos más contundentes.

Mash *(☎ 7637 5555, 19-21 Great Portland St W1)*, **plano 7,** ⊖ Oxford Circus. Otro local que elabora su propia cerveza, con una decoración que representa la idea que tenía del siglo XXI un diseñador imaginativo de la década de 1960. Restaurante correcto en el piso de arriba.

Bloomsbury (planos 6 y 8)

Lamb *(☎ 7405 0713, 94 Lamb's Conduit St WC1)*, **plano 6,** ⊖ Russell Square. Poco atractivo desde el exterior, dentro abundan los espejos victorianos, la madera vieja y los reservados.

Museum Tavern *(☎ 7242 8987, 49 Great Russell St WC1)*, **plano 8,** ⊖ Tottenham Court Road. Tras un duro día de trabajo en la sala de lectura del Museo Británico, Karl Marx solía retirarse a éste antes espacioso pub, ahora estrecho, donde se puede tomar una pinta y reflexionar sobre el materialismo dialéctico si se desea.

The Queen's Larder *(☎ 7837 5627, 1 Queen Square WC1)*, **plano 6,** ⊖ Russell Square. Con vistas a una encantadora plaza situada al sureste de Russell Square, el Queen (1710) es un cómodo refugio, con bancos en la calle y un buen restaurante, el ***Queen Charlotte,*** situado en el piso superior.

Swan *(☎ 7837 6223, 7 Cosmo Place WC1)*, **plano 6,** ⊖ Russell Square. Más moderno (hacia 1753) que el vecino Queen, resulta menos auténtico, pero ofrece una adecuada selección de cervezas.

Holborn y Clerkenwell (planos 4, 6 y 7)

Al's Bar Café *(☎ 7837 4821, 11-13 Exmouth Market EC1)*, **plano 4,** ⊖ Farringdon. El principal atractivo de Al's es la terraza, con calefacción en los meses fríos, desde la que se ve el mercado de Exmouth.

Bleeding Heart Tavern *(☎ 7242 8238, 7404 0333, Bleeding Heart Yard, 19 Greville St EC1)*, **plano 6,** ⊖ Chancery Lane. Este pub-cervecería se halla junto a las joyerías de Hatton Garden y cuenta con una gran variedad de cervezas, excelente comida y mucha historia.

The Castle *(☎ 7553 7621, 34 Cowcross St EC1)*, **plano 6,** ⊖ Farringdon. Taberna un tanto insalubre, famosa por ser el único pub que también es casa de empeños autorizada (como indica en el interior el símbolo de las tres bolas doradas que cuelga encima de la barra). Esta doble función data de la época en que Jorge IV tenía necesidad imperiosa de un préstamo para sufragar sus deudas de juego y consiguió que el tabernero le diera efectivo a cambio de alguna baratija.

Cock Tavern *(☎ 7248 2918, East Poultry Ave EC1)*, **plano 6,** ⊖ Farringdon. A diferencia de la mayoría, este pub sirve pintas de 6.30 a 10.30 y proporciona bebida y comida a los trabajadores y descargadores del mercado de Smithfield.

Dust *(☎ 7490 0537, 27 Clerkenwell Rd EC1)*, **plano 6,** ⊖ Farringdon. Elegante bar con pinchadiscos que cierra tarde los fines de semana.

Eagle *(☎ 7837 1353, 159 Farringdon Rd EC1)*, **plano 4,** ⊖ Farringdon. Fue el primero de los nuevos *gastropubs* y ahora ofrece cocina mediterránea pasable, aunque la selección de cervezas es buena.

O'Hanlon's *(☎ 7278 7630, 8 Tysoe St EC1)*, **plano 4,** ⊖ Angel. Destaca por su cerveza casera y su ecléctico surtido de sofás y asientos desvencijados bajo un tragaluz.

Princess Louise *(☎ 7405 8816, 208 High Holborn WC1)*, **plano 8,** ⊖ Holborn. Este pub integrado en la categoría de edificios protegidos, posee una imponente decoración victoriana, con bonitos azulejos, espejos grabados al aguafuerte, escayola y una sensacional barra en el centro.

Three Kings of Clerkenwell *(☎ 7253 0483, 7 Clerkenwell Close EC1)*, **plano 4,** ⊖ Farringdon. Acogedor pub muy cercano a Clerkenwell Green, adornado con figuras de cartón-piedra, como el rinoceronte gigante colgado de la chimenea.

Viaduct Tavern *(☎ 7606 8476, 126 Newgate St EC1)*, **plano 6,** ⊖ Holborn. Este clásico abrió sus puertas el año de la inauguración del viaducto de Holborn (1869), situado enfrente, y conserva muchos de sus rasgos originales. Como está muy cerca de Old Bailey (sede del Tribunal Criminal Central) hay que tratar de portarse bien.

Vic Naylor *(☎ 7608 2181, 38-42 St John St EC1)*, **plano 6,** ⊖ Farringdon. Figura siempre entre los favoritos y se encuentra en un antiguo almacén de carne. Todavía atrae a clientes por su buena comida, servida en un pequeño restaurante.

Ye Olde Mitre (☎ *7405 4751, 1 Ely Court, junto a Hatton Garden EC1*), **plano 6**, ⊖ Chancery Lane. Figura entre los más antiguos e históricos de Londres (se fundó en 1546), pero los salones, de dimensiones adecuadas para el siglo XVIII, se quedan pequeños para el XXI.

La City (planos 6 y 9)

Es una zona de mala reputación los fines de semana, cuando los ejecutivos están cortando el césped en sus casas de las afueras o tomando copas en pubs de su vecindario. No obstante, algunos de los locales citados merecen una reseña.

The Counting House (☎ *7283 7123, 50 Cornhill EC3*), **plano 9**, ⊖ Bank. Enclavado en las antiguas oficinas centrales de NatWest, este galardonado local atrae a los ejecutivos que salen a divertirse tras el cierre de la Bolsa. Como la mayoría de los pubs de la City, sólo abre los días laborables.

El Vino (☎ *7353 6786, 47 Fleet St EC4*), **plano 6**, ⊖ Blackfriars. Tiene una de las mejores cartas de vinos de la City y estrictas normas de etiqueta: los hombres deben llevar chaqueta y corbata.

Hamilton Hall (☎ *7247 3579, Unit 32, estación de Liverpool Street, Bishopsgate EC2*), **plano 9**, ⊖ Liverpool Street. Pese a la rehabilitación del Great Eastern Hotel, este antiguo almacén de taberna apenas ha cambiado. Fue salón de baile del hotel y todavía quedan recuerdos de entonces: querubines de escayola, espejos dorados y estanterías con libros antiguos ocupan las paredes de tonos turquesa y oro.

JULIET COOMBE

¿Ya le atienden? Londres ofrece una tentadora variedad de bebidas diferentes.

Jamaica Wine House (☎ *7626 9496, 12 St Michael's Alley EC3*), **plano 9**, ⊖ Bank. No es un bar de vinos sino un pub victoriano histórico. Conocido como "Jam Pot", se sitúa donde antes estuvo el primer café de Londres (1652); en ocasiones, tales locales no eran otra cosa que burdeles camuflados.

Liberty Bounds (☎ *7481 0513, 15 Trinity Sq EC3*), **plano 9**, ⊖ Tower Hill. Bajando por Tower Hill aparece este amplio y anodino pub Wetherspoon, con espléndidas vistas de la Torre y el puente de la Torre.

Ye Olde Cheshire Cheese (☎ *7353 6170, Wine Office Court, 145 Fleet St EC4*), **plano 6**, ⊖ Blackfriars. A este histórico pub se accede por un pintoresco callejón. Tras cruzar el umbral se descubre un interior revestido de madera (la pieza más antigua data de mediados del siglo XVII) con serrín en el suelo, que se divide en varias barras y zonas de comedor (véase "La City" en el capítulo *Dónde comer*).

De Rotherhithe a Wandsworth

Rotherhithe (plano 9). Es el lugar indicado para disfrutar de una pinta mientras se contempla el Támesis.

The Famous Angel (☎ *7237 3608, 101 Bermondsey Wall East SE16*), ⊖ Rotherhithe/Bermondsey. En este lugar lleva existiendo un pub desde el siglo XV, aunque el edificio actual data de comienzos del XVII. Al parecer, el capitán Cook preparó en él su viaje a Australia y Samuel Pepys sació su sed tras hartarse de fruta en los jardines de Cherry, al suroeste. Justo enfrente, en Cathay St, se hallan los restos de la señorial mansión con foso erigida por Eduardo III en 1361.

The Mayflower (☎ *7237 4088, 117 Rotherhithe St SE16*), ⊖ Rotherhithe/Canada Water. Pub del siglo XV llamado en origen The Shippe, que tomó después el nombre del barco que llevó a los Peregrinos a América en 1620 zarpando desde Rotherhithe; es posible que el capitán trazara su ruta en el local mientras tomaba unas cervezas. Buena cocina tailandesa a precios asequibles.

Spice Island (☎ *7394 7108, 163 Rotherhithe St SE16*), ⊖ Rotherhithe/Canada Water. A dos pasos al oeste del albergue Rotherhithe de YHA, este enorme establecimiento cuenta con un amplio bar en la planta baja, un restaurante arriba y una espaciosa terraza con calefactores y vistas al río. De los tres pubs de Rotherhithe, es el que tiene menos historia y mejores panorámicas.

Southwark (planos 6 y 9). El viajero encontrará algunos pubs históricos en esta zona.

The Anchor Bankside *(☎ 7407 1577, 34 Park St SE1),* **plano 9,** ⊖ London Bridge. Del siglo XVIII, se ubica al este del teatro Globe y ofrece soberbias vistas de la otra orilla del río Támesis desde su terraza. Es el más bonito y popular de los pubs ribereños de Londres. Se dice que Samuel Johnson (1709-1784) escribió parte de su diccionario en este lugar, que pertenecía a un amigo cervecero.

Doggetts Coat & Badge *(☎ 7633 9057, 1 Blackfriars Rd SE1),* **plano 6,** ⊖ Blackfriars. Al oeste del puente de Blackfriars se halla este pub, que debe su nombre a Thomas Doggett, cómico irlandés del siglo XVIII y propietario de teatros, creador en 1715 de la que se considera la regata más antigua del mundo. Desde entonces, todos los meses de julio seis hombres reman río abajo, desde el puente de Londres hasta el de Chelsea, compitiendo por el primer puesto. El ganador recibe como premio un abrigo rojo y una insignia de plata.

The George Inn *(☎ 7407 2056, Talbot Yard, 77 Borough High St SE1),* **plano 9,** ⊖ Borough/London Bridge. Es un caso raro: un pub de National Trust. Además es la única parada de postas con galería que queda en Londres, data de 1676 y aparece mencionada en *La pequeña Dorrit* de Dickens. Aquí estaba la posada Tabard Inn (de ahí la dirección Talbot Yard), donde los peregrinos se reunían en los *Cuentos de Canterbury,* antes de partir muy contentos, sin duda.

The Royal Oak *(☎ 7357 7173, 44 Tabard St SE1),* **plano 9,** ⊖ Borough. Auténtico local victoriano, propiedad de una pequeña fábrica de cerveza independiente, se encuentra a escasa distancia de la iglesia de St George the Martyr, donde se casó la pequeña Dorrit (Amy).

Waterloo y Lambeth (plano 6). Los siguientes pubs quedan cerca del Museo Imperial de Guerra y de la estación a la que llega el tren de París.

The Fire Station *(☎ 7620 2226, 150 Waterloo Rd SE1),* ⊖ Waterloo. *Gastropub* con nutrida clientela, se encuentra en una zona que antes era un desierto culinario. Excelentes *real ales.*

Wellington *(☎ 7928 6083, 81-3 Waterloo Rd SE1),* ⊖ Waterloo. Una alternativa aceptable si el anterior está lleno, como suele ocurrir. Verdadero santuario del duque de Wellington, puede hacer que cualquier francés llegado en el Eurostar (enfrente) sufra una apoplejía nada más entrar.

Wandsworth (plano 2). Quizá esté un poco lejos, pero hay un pub bastante conocido a orillas del río.

The Ship *(☎ 8870 9667, 41 Jew's Row SW18),* estación Wandsworth Town. Aunque pegado al Támesis, las vistas no son espectaculares, a menos que a uno le gusten los centros comerciales y los puentes corrientes. De todos modos, la zona exterior es amplia, las barbacoas estivales un placer, y el bar del invernadero siempre está animado.

Chelsea, South Kensington y Earl's Court (plano 10)

The Antelope *(☎ 7730 7781, 22-4 Eaton Terrace SW1),* ⊖ Sloane Square. Pub lleno de encanto, más antiguo que los edificios vecinos donde, al no haber música, se puede charlar tranquilamente. Buena selección de *real ales;* la barra central es original.

Chelsea Potter *(☎ 7352 9479, 119 King's Rd),* ⊖ Sloane Square. Anterior bastión de los *punks* de King's Rd, ahora es *grunge* pero conserva su ambiente festivo; clientela bohemia.

Cooper's Arms *(☎ 7376 3120, 87 Flood St SW3),* ⊖ Sloane Square/South Kensington. Al lado de King's Rd, tiene animales disecados como decoración, periódicos para leer y excelente comida.

King's Head & Eight Bells *(☎ 7352 1820, 50 Cheyne Walk),* ⊖ Sloane Square. Atractivo pub, adornado con flores en verano, que ofrece diversas cervezas y era de los favoritos del pintor Whistler o del escritor Carlyle, que vivió en el vecino nº 24 de Cheyne Row.

Prince of Teck *(☎ 7373 3107, 161 Earl's Court Rd SW5),* ⊖ Earl's Court. Alegre pub australiano en el corazón del llamado Kangaroo Valley (Earl's Court). Conviene evitarlo cuando Australia se enfrente a otro país en alguna competición.

Kensington, Knightsbridge y Holland Park (planos 5 y 10)

The Churchill Arms *(☎ 7727 4242, 119 Kensington Church St W8),* **plano 5,** ⊖ Notting Hill Gate. Tradicional pub inglés célebre por los recuerdos de Winston Churchill que atesora, los orinales colgados a una gran altura y una cocina tailandesa muy correcta (unas 6 £) servida en un encantador invernadero.

JULIET COOMBE

Market Bar es el lugar perfecto para empaparse del ambiente de Notting Hill.

Star Tavern *(☎ 7235 3019, 6 Belgrave Mews West SW1)*, **plano 11,** ⊖ Knightsbridge/Sloane Square. Animado local que tuvo como clientes distinguidos a Elizabeth Taylor, Christine Keeler y John Profumo, sin olvidar a los ladrones del tren correo de Glasgow, que al parecer planearon el robo en sus mesas.

Windsor Castle *(☎ 7243 9551, 114 Campden Hill Rd W11)*, **plano 5,** ⊖ Notting Hill Gate. Tiene uno de los jardines vallados más bonitos de todos los pubs de la ciudad, con calefactores para los meses fríos.

Notting Hill y Bayswater (plano 5)

Beach Blanket Babylon *(☎ 7229 2907, 45 Ledbury Rd W11)*, ⊖ Notting Hill Gate. Extravagante, con extraordinaria decoración gótica, resulta ideal para conocer el ambiente de Notting Hill de día o de noche.

The Cow *(☎ 7221 5400, 89 Westbourne Park Rd W2)*, ⊖ Westbourne Park/Royal Oak. Este pub irlandés propiedad de Tom Conran, hijo del restaurador sir Terence, sigue figurando entre los preferidos, y con razón. Las ostras frescas con Guinness son una de las especialidades.

Ion Bar *(☎ 8960 1702, 161-5 Ladbroke Grove W11)*, ⊖ Ladbroke Grove. Bar afrocaribeño muy popular y amplio; recuerda a una pecera por sus grandes ventanales.

Market Bar *(☎ 7229 6472, 240a Portobello Rd W11)*, ⊖ Ladbroke Grove. Cercano al mercado de Portobello Road, posee una interesante decoración ecléctica y una clientela agradable, aunque se llena por la noche. Jazz de 16.00 a 19.00 los domingos; platos tailandeses en el piso superior.

The Westbourne *(☎ 7221 1332, 101 Westbourne Park Villas W2)*, ⊖ Royal Oak/Westbourne Park. Otro lugar de reunión de Notting Hill. El amplio patio delantero resulta ideal para sentarse en verano.

Maida Vale (planos 2 y 5)

Bridge House *(☎ 7432 1361, 13 Westbourne Terrace Rd W2)*, **plano 5,** ⊖ Warwick Avenue. Cuenta con una ubicación magnífica frente al canal Grand Union. El club de comedia The Canal Café está en el piso de arriba (véase "Comedia").

The Warrington Hotel *(☎ 7266 3134, 93 Warrington Crescent W9)*, **plano 2,** ⊖ Warwick Avenue. Anteriormente hotel y burdel, ahora es un recargado pub Art Nouveau con bastante carácter y ambiente tranquilo. Es posible sentarse en el patio o comer muy bien en el restaurante tailandés de la planta superior.

Camden (plano 3)

Crown & Goose *(☎ 7485 8008, 100 Arlington Rd NW1)*, ⊖ Camden Town. Este pub parece más bien un café y atrae a jóvenes con estudiado aspecto desaliñado. Comida correcta.

The Engineer *(☎ 7722 0950, 65 Gloucester Ave NW1)*, ⊖ Chalk Farm. Bonito local victoriano convertido en *gastropub* de éxito, con clientes jóvenes de la zona norte, vestidos a la última moda. Magnífico bar en el jardín.

Oh! Bar *(☎ 7383 0330, 111-113 Camden High St NW1)*, ⊖ Camden Town. Bar con pinchadiscos muy concurrido, situado en una calle principal. Cierra tarde.

Pembroke Castle *(☎ 7483 2927, 150 Gloucester Ave NW1)*, ⊖ Chalk Farm. Local luminoso, amplio y *retro,* con deliciosas vidrieras y un refinado ambiente de cazadores.

Spread Eagle *(☎ 7267 1410, 141 Albert St NW1)*, ⊖ Camden Town. Decorado, como el anterior, con vidrieras, este local de techos pintados al fresco y con terraza ofrece *real ales* y reúne a una clientela mixta compuesta de estudiantes, ejecutivos y alguna que otra estrella del *britpop*.

Bar Vinyl *(☎ 7681 7898, 6 Inverness St NW1)*, ⊖ Camden Town. Bar tranquilo con un pinchadiscos casi todas las noches.

World's End *(☎ 7482 1932, 174 Camden High St NW1)*, ⊖ Camden Town *(☎ 7376 8946, 459 King's Rd SW10)*, **plano 10,** ⊖ Fulham Broadway. Cavernoso establecimiento que afirma vender un millón de pintas de cerveza al año; posee un bar principal con techo acristalado y tres barras más pequeñas.

Islington (plano 4)

Bierodrome *(☎ 7226 5835, 173-4 Upper St N1)*, ⊖ Highbury & Islington. Otro local de la cadena Belgo (que introdujo los mejillones y las patatas fritas con mayonesa en Londres) dedicado a la cerveza: hay más de 200 clases.

Cuba Libre *(☎ 7354 9998, 72 Upper St N1)*, ⊖ Angel. El animado bar situado detrás del restaurante ofrece cócteles exóticos, samba y abre hasta tarde. Véase también el capítulo *Dónde comer.*

The Dove Regent *(☎ 7813 4478, 65 Graham St N1)*, ⊖ Angel. Antes era un bar gay, con veladas musicales especiales y baile los sábados; ahora tienen una clientela mixta, sobre todo de "gente guapa".

King's Head *(☎ 7288 2666, 115 Upper St N1)*, ⊖ Angel. Pub que se llena a última hora, también es un teatro con actuaciones que suelen tener buena acogida. Comida del sur de la India los días laborables para el almuerzo y durante todo el día los fines de semana.

Medicine Bar *(☎ 7704 9536, 181 Upper St N1)*, ⊖ Highbury & Islington. Minimalista, se halla en uno de los rincones más de moda de Upper St, donde suelen quedar los jóvenes forasteros cada fin de semana. Música con raíces y un poco de *funk.*

Old Queen's Head *(☎ 7354 9273, 44 Essex Rd N1)*, ⊖ Angel. Ruidoso, popular y lleno de juerguistas, fue el primer pub que introdujo en Islington el estilo sencillo y desnudo. Sigue de moda.

Old Red Lion *(☎ 7837 7816, 418 St John St N1)*, ⊖ Angel. El teatro de este modesto local y su proximidad al Sadler's Wells atraen a un público con ambiciones culturales.

Walkabout Inn *(☎ 7359 2097, 56 Upper St N1)*, ⊖ Angel. Perteneciente a la cadena australiana-neozelandesa, se alborota cuando cae la noche y llegan los noctámbulos.

Stoke Newington (plano 1)

Bar Lorca *(☎ 7275 8659, 175 Stoke Newington High St N16)*, autobús 73. Animado bar de tapas, con buena música para bailar y un horario que se prolonga hasta tarde.

Hampstead y Highgate (plano 12)

The Flask *(☎ 7435 4580, 14 Flask Walk NW3)*, ⊖ Hampstead. Acogedor y próximo al metro, con techos altos, adornos victorianos, *real ale* y cocina inglesa tradicional.

The Flask *(☎ 8348 7346, 77 Highgate West Hill N6)*, autobús 214. Este pub de nombre idéntico al anterior, ubicado al otro lado de Hampstead Heath (en el noreste de Highgate), es incluso más agradable, con un laberinto de pequeños salones y una excelente variedad de cervezas.

The Hollybush *(☎ 7435 2892, 22 Holly Mount NW3)*, ⊖ Hampstead. Antiguo establo convertido en pub a comienzos del siglo XIX, está oculto en un callejón sin salida encima de Heath St (se llega por las escaleras de Holly Bush). Buena selección de cervezas.

Jack Straw's Castle *(☎ 7435 8885, North End Way NW3)*, ⊖ Hampstead. Destartalado pub estilo años sesenta, lo frecuentan los excursionistas que visitan Hampstead Heath.

Spaniard's Inn *(☎ 8731 6571, Spaniards Rd NW3)*, ⊖ Hampstead, luego autobús 210. Pub que data de 1585 y está asociado al proscrito Dick Turpin. Dickens, Shelley, Keats y Byron también pasaron por este local. En invierno es posible combatir el frío alrededor del fuego que encienden al aire libre y en verano se puede disfrutar del jardín.

East End

Hoxton y Shoreditch (planos 4 y 9). Esta parte de la ciudad, ahora de moda, ofrece algunas opciones elegantes y tranquilas.

Barley Mow *(☎ 7729 0347, 127 Curtain Rd EC2)*, **plano 4,** ⊖ Old Street/Liverpool Street. Los que estén hartos de tratar de abrirse paso hasta la barra del Bricklayers Arms o de dormitar en un sofá del Home (véase más adelante) pueden ir a este pub, bastante animado, que no figura entre los habituales.

Bricklayers Arms *(☎ 7739 5245, 63 Charlotte Rd EC2)*, **plano 4,** ⊖ Old Street. Un poco más arriba de Cantaloupe, es un pub corriente donde comenzó el renacimiento de Hoxton y Shoreditch; lo siguen frecuentando artistas y actores.

Cantaloupe *(☎ 7613 4411, 35-43 Charlotte Rd EC2)*, **plano 4,** ⊖ Old Street/Liverpool Street. Fue uno de los primeros cuando Hoxton y Shoreditch se pusieron de moda, y todavía se mantiene sin llegar a estar abarrotado. Correcto restaurante.

Charlie Wright's International Bar *(☎ 7490 8345, 45 Pitfield St N1),* **plano 4,** ⊖ Old Street. Es una dirección útil para prolongar la diversión cuando los demás pubs cierran. Clientela variada.

Home *(☎ 7684 8618, 100-106 Leonard St EC2),* **plano 4,** ⊖ Old Street/Liverpool Street. Se sitúa en un sótano, con sofás y butacas desvencijados, y ofrece excelentes cócteles. En la planta baja hay un restaurante muy tranquilo donde se come bien.

Katabatic *(☎ 7739 5173, 89 Great Eastern St EC2),* **plano 4,** ⊖ Old Street. Popular bar situado en un sótano; cierra tarde y es el local de moda en la zona de Hoxton.

Liquid Lab *(☎ 7920 0372, 20 City Rd EC1),* **plano 4,** ⊖ Old Street. De mucho diseño alrededor del tema médico-dental, cualquier descripción se queda corta; preparan cócteles como el Blood Clot (coágulo de sangre) o el Sperm Bank (banco de esperma).

Shoreditch Electricity Showrooms *(☎ 7739 6934, 39a Hoxton Square N1),* **plano 4,** ⊖ Old Street. Más movido que Home (véase anteriormente), en este local se sirve de todo con amabilidad.

Vibe Bar *(☎ 7377 2899 or 7426 0491, The Brewery, 91-5 Brick Lane E1),* **plano 9,** ⊖ Shoreditch/Aldgate East. Enclavado en una antigua cervecería de la animada Brick Lane, abre hasta tarde los fines de semana.

Wapping y Docklands (planos 9 y 13).

Ésta es la zona indicada para buscar locales con historia.

Captain Kidd *(☎ 7480 5759, 108 Wapping High St E1),* **plano 9,** ⊖ Wapping/Tower Hill. Con sus amplios ventanales, una cervecería al aire libre y un patíbulo simulado que recuerda a aquél en que colgaron en 1701 al pirata que da nombre al local, este pub se encuentra en la orilla norte del Támesis.

Dickens Inn *(☎ 7488 2208, Marble Quay, St Katharine's Way E1),* **plano 9,** ⊖ Tower Hill. Esta cervecería revestida de madera con vistas a la dársena de St Katharine, cerca de la Torre de Londres, data del siglo XVIII y fue descubierta al ir a demoler un almacén para edificar viviendas. La fachada, engalanada con flores, es una réplica moderna, pero el interior conserva su empaque.

The Grapes *(☎ 7987 4396, 76 Narrow St E14),* **plano 13,** ⊖ DLR Westferry. Otro de los favoritos, este pub lleva aquí desde 1583. Hay un buen restaurante en la planta superior y una espléndida terraza que da al Támesis.

Prospect of Whitby *(☎ 7481 1095, 57 Wapping Wall E1),* **plano 9,** ⊖ Wapping. Más alejado que el Captain Kidd (véase anteriormente), data de 1520. Antes llevaba el nombre de Devil's Tavern (Taberna del Diablo) y es una de las últimas "casas de bebida" supervivientes. Lo frecuentan turistas, pero merece la pena por la terraza con vistas al río, el restaurante del piso superior y las fogatas al aire libre en invierno. La barra de peltre es digna de ser contemplada; Samuel Pepys estuvo acodado en ella.

Greenwich (plano 14)

Trafalgar Tavern *(☎ 8858 2437, Park Row SE10),* DLR: Cutty Sark. Pub parecido a una cueva que, sin embargo, tiene grandes ventanas que dan al Támesis y al Millennium Dome. Tiene mucha historia: Dickens tomó alguna copa aquí (el local aparece en *Nuestro común amigo)* y primeros ministros como Gladstone o Disraeli cenaban a menudo los célebres chanquetes del pub (5,95 £) cuando su pesca en Greenwich era tan famosa que los miembros del Parlamento suspendían las sesiones para darse un festín de estos deliciosos pececillos.

Brixton (plano 15)

Bug Bar *(☎ 7738 3184, iglesia de St Matthew, Brixton Hill SW2),* ⊖ Brixton. En la cripta de la iglesia metodista de St Matthew, este local ofrece de todo, desde grupos de música y disc-jockeys hasta cómicos.

Junction *(☎ 7738 4000, 242 Coldharbour Lane SW9),* ⊖ Brixton. Bar con pinchadiscos y clientela variada, prolonga su horario los fines de semana.

Hammersmith (plano 1)

Es ideal para tomar una pinta en un día cálido de primavera o verano mientras se contempla el río.

Blue Anchor *(☎ 8748 5774, 13 Lower Mall W6),* ⊖ Hammersmith/Ravenscourt Park. Local con decoración náutica cercano al puente de Hammersmith, donde Gustav Holst (1905-1934), que dio clases en el colegio femenino de St Paul's de Brook Green (al noreste), pudo componer su suite *Hammersmith* entre pinta y pinta.

The Dove *(☎ 8748 5405, 19 Upper Mall W6),* ⊖ Ravenscourt Park. Es el más antiguo de los tres incluidos en esta zona. Se halla en un pequeño edificio del siglo XVII próximo al río y lo frecuentan remeros que llegan atraídos por su buena selección de *ales.*

Old Ship *(☎ 8748 2593, 25 Upper Mall W6),* ⊖ Ravenscourt Park. Luminoso y moderno, en él destaca su extensa zona de hierba donde los clientes pueden sentarse a tomar una cerveza al sol o, si lo prefieren, echar un sueñecito.

Fulham (plano 10)

The Atlas *(☎ 7385 9129, 16 Seagrave Rd SW6)*, ⊖ West Brompton. Pub al viejo estilo, con una clientela joven adicta a sus *ales*, su excelente cocina y la pequeña barra del jardín.

Havana *(☎ 7381 5005, 490 Fulham Rd SW6)*, ⊖ Fulham Broadway. Es difícil pasar por alto este bar-restaurante con azulejos ocres y azules y luces de neón, además de asientos tapizados imitando piel de cebra y leopardo. Cócteles de ron por 4,75 £ y *happy hour* diaria (mitad de precio) de 17.00 a 19.00.

Chiswick (plano 1)

Tabard *(☎ 8994 3492, 2 Bath Rd W4)*, ⊖ Turnham Green. Diseñado en 1880 por Norman Shaw como parte de Bedford Park, la primera ciudad-jardín de las afueras, fue restaurado tras un incendio en 1971, pero todavía conserva zonas de papel pintado William Morris y azulejos de William de Morgan y Walter Crane.

City Barge *(☎ 8994 2148, 27 Strand on the Green W4)*, ⊖ Gunnersbury. Construido en 1484, goza de una situación espectacular encaramado al borde del río. Una escena de la película *Help!* de los Beatles se rodó aquí.

Bull's Head *(☎ 8994 1204, 15 Strand on the Green W4)*, ⊖ Gunnersbury. Otra opción ribereña, con buenos almuerzos dominicales y cierta relación con Cromwell: se dice que escapó de sus perseguidores monárquicos utilizando un túnel secreto desde el pub hasta la isla de Oliver, en mitad del Támesis.

Richmond e Isleworth

White Cross *(☎ 8940 6844, Water Lane, Richmond)*, ⊖ Richmond. Excelente por su ubicación junto al río, su buena cocina y las estupendas *ales*. Cuando las mareas llegan a su punto máximo, el paseo Cholmondeley Walk se inunda y el pub queda aislado (sólo se puede llegar en barca).

London Apprentice *(☎ 8560 1915, 62 Church St, Isleworth)*, estación Isleworth. Para tomar el sol al lado del Támesis, una opción puede ser aventurarse por el noroeste de Richmond hasta este pub del siglo XVII, que se enorgullece de poseer sus propios dibujos de Hogarth.

LOCALES NOCTURNOS

Aunque hasta hace muy poco la mayor parte de los pubs de Londres cerraba a las 23.00, siempre han existido locales en los que se podía prolongar la diversión pagando la entrada correspondiente y las consumiciones, bastante caras.

Tradicionalmente, los que cierran tarde suelen contar con una licencia de "club", lo que significa que hay que ser miembro para entrar. En la práctica, suelen incluir la cuota de socio en el precio de la entrada. Muchos locales tienen clubes que sólo funcionan una noche a la semana y están orientados a un público específico, como aficionados al tecno o a la salsa.

La entrada cuesta entre 2 y 5 £ de domingo a jueves y entre 6 y 12 £ los viernes y sábados, pero no todos la cobran. Los horarios varían mucho; los de moda abren hasta después de medianoche y cierran a las 4.00, 5.00 o 6.00 durante el fin de semana. La indumentaria requerida puede ser elegante (pero no traje) o informal; en algunos, cuanto más extravagante sea el atuendo (dentro de lo razonable), más fácil resultará entrar. Conviene evitar las zapatillas de deportes.

West End: Soho y Piccadilly (planos 7 y 8)

Bar Rumba *(☎ 7287 2715, 36 Shaftesbury Ave W1)*, **plano 7**, ⊖ Piccadilly Circus. Lunes a jueves de 17.00 a 3.30, viernes de 17.00 a 4.00, sábados de 19.00 a 6.00 y domingos de 20.00 a 1.00. Pequeña discoteca en el corazón del Soho, con una clientela fiel. Hay noches temáticas, como Rumba Pa'ti los martes, Garage City los sábados o Bubblin' Over los domingos, con música soul y *rap*.

Emporium *(☎ 7734 3190, 62 Kingly St W1)*, **plano 7**, ⊖ Oxford Circus. Jueves y viernes de 22.00 a 4.00, sábados de 21.00 a 5.00. Muy popular entre la "gente guapa", turistas y otros grupos, figura entre los más elegantes de Londres.

Hanover Grand *(☎ 7499 7977, 6 Hanover St W1)*, **plano 7**, ⊖ Oxford Circus. Miércoles de 22.00 a 3.30, jueves y viernes de 22.00 a 4.00, sábados de 22.00 a 4.30. Con dos plantas y una estricta etiqueta, merece la pena ir bien vestido y hacer cola para entrar. La velada Independence de los viernes está dedicada a la música *house* y *garage* estadounidense.

Salsa! *(☎ 7379 3277, 96 Charing Cross Rd WC2)*, **plano 8**, ⊖ Leicester Square. Lunes a sábado de 17.30 a 2.00. Bar-discoteca en pleno centro, con música latina.

Syndrome (☎ *7437 6830, 53-4 Berwick St W1*), **plano 7**, ⊖ Oxford Circus. Diario de 22.00 a 4.00. Local nuevo con música *disco* de los años sesenta, setenta y ochenta en la noche Blow-up de los sábados.

Velvet Room (☎ *7734 4687, 143 Charing Cross Rd WC2*), **plano 7**, ⊖ Tottenham Court Road. Lunes y jueves de 22.00 a 3.00, martes de 22.30 a 3.00, miércoles de 22.00 a 2.30, viernes y sábados de 22.00 a 4.00. Íntimo, de luz tenue y envuelto en terciopelo rojo.

Holborn y Clerkenwell (planos 6 y 8)

The End (☎ *7419 9199, 18 West Central St WC1*), **plano 8**, ⊖ Holborn. Lunes de 22.00 a 3.00, jueves de 22.00 a 4.00, viernes y sábados de 22.00 a 7.00. Club posmoderno con decoración industrial en una calle secundaria del West End. Para los más aficionados a las discotecas y la música dance.

Fabric (☎ *7336 8898 or 7490 0444, 77a Charterhouse St EC1*), **plano 6**, ⊖ Farringdon. Viernes y domingos de 22.00 a 5.00, sábados de 22.00 a 7.00. De lo mejor de Clerkenwell, con tres pistas de baile en un antiguo almacén frigorífico de carne reformado. Tiene licencia para poner música las 24 horas y capacidad para 2.500 personas. Los viernes, noche Live, y los domingos, DTPM.

Turnmills (☎ *7250 3409, 63 Clerkenwell Rd EC1*), **plano 6**, ⊖ Farringdon. Martes de 18.00 a medianoche, viernes de 22.30 a 19.30, sábado de 21.00 a 5.00, domingos de 22.00 a 6.00. Amplio y veterano, organiza estupendas veladas cada fin de semana, como un *afterhours* (a altas horas de la madrugada) gay llamado Trade (véase "Locales de ambiente").

Elephant y Castle (plano 9)

Ministry of Sound (☎ *7378 6528, 103 Gaunt St SE1*), ⊖ Elephant & Castle. Viernes de 22.30 a 6.00, sábados de medianoche a 9.00. Este oscuro local es, al parecer, el club más famoso de Londres (aunque dicen que está en horas bajas). Atrae a discotequeros y noctámbulos por su excelente equipo de sonido, entre otras cosas.

Kensington, Knightsbridge y Holland Park (plano 5)

Cuba (☎ *7938 4137, 11-13 Kensington High St*), ⊖ High Street Kensington. De lunes a sábado de 12.00 a 2.00, domingos de 14.00 a 22.30. Abierto en un sótano, tiene un bar que imparte lecciones de salsa, actuaciones de grupos y un discjockey; se puede bailar hasta las 2.00 saboreando un delicioso mojito.

Notting Hill y Ladbroke Grove (plano 5)

Notting Hill Arts Club (☎ *7460 4459, 21 Notting Hill Gate W11*), ⊖ Notting Hill Gate. Abre de martes a domingo de 18.00 a 1.00. Acogedor, con música *funk*, la estrella es Lazy Dog, los domingos por la noche.

Subterania (☎ *8960 4590, 12 Acklam Rd W10*), ⊖ Ladbroke Grove. Miércoles de 21.00 a 2.00, viernes y sábados de 22.00 a 3.00. Local con ambiente justo debajo del Westway, ofrece actuaciones de *hip-hop, reggae, dub* y *funk*.

Camden y Kentish Town (plano 3)

Camden Palace (☎ *7387 0428, 1a Camden High St NW1*), ⊖ Mornington Crescent. Martes de 22.00 a 2.30, jueves de 20.00 a 3.00, viernes de 22.00 a 6.00, sábados de 22.00 a 7.00. Enorme local con varios niveles, abarrotado de gente bailando y animado por luces de láser.

The Verge (☎ *7267 9452 or 7485 2781, 147 Kentish Town Rd NW5*), ⊖ Kentish Town. Diario de 20.00 hasta tarde. Discoteca de barrio con una pista de baile pequeña y una agradable zona para sentarse.

WKD (☎ *7267 1869, 18 Kentish Town Rd NW1*), ⊖ Camden Town. Lunes a jueves de 12.00 a 2.00, viernes y sábado de 12.00 a 3.00, domingos de 12.00 a 1.00. Se encuentra en un sótano más bien pequeño y cuenta con música grabada que varía cada noche.

Islington y King's Cross (plano 4)

Bagleys Studios (☎ *7278 2777, King's Cross Freight Depot, York Way N1*), ⊖ King's Cross St Pancras. Viernes de 21.00 a 6.00, sábados de 22.00 a 7.00. Inmenso almacén remodelado, con cinco pistas de baile, cuatro barras y una zona al aire libre en verano. Grandes fiestas los fines de semana.

Bar Latino (☎ *7704 6868, 145 Upper St N1*), ⊖ Angel. Lunes a jueves de 20.00 a 2.00, viernes y sábados de 18.00 a 2.00. El único bar para bailar que abre hasta tarde en Upper St. Todo el que quiere seguir la fiesta en Islington tras el cierre de los pubs acaba aquí.

The Cross (☎ *7837 0828, Goods Way Depot, York Way N1*), ⊖ King's Cross St Pancras. Viernes y sábado de 22.30 a 5.00, domingos de 10.30 a 16.00. Uno de los principales locales de Londres, escondido bajo los arcos de York Way, completamente renovado y con brillantes pinchadiscos. Los viernes se celebra Fiction, con *funk* de inspiración soul y *garage*.

Scala (☎ *7833 2022, 275 Pentonville Rd N1*), ⊖ King's Cross. Martes a jueves y domingos de 21.00 a 3.00, viernes de 22.00 a 5.00, sábados de 23.00 a 6.00. Excelentes veladas de *hip-hop* y *breakbeat* son la especialidad de este cine reconvertido.

East End: Hoxton y Shoreditch (planos 4 y 9)

333 (☎ *7739 5949, 333 Old St EC1*), **plano 4,** ⊖ Old Street. De lunes a jueves de 20.00 a 2.00, viernes y sábados de 22.00 a 5.00, domingos de 22.00 a 4.00. Este destartalado local de Hoxton tiene de todo, desde *breakbeat* y tecno hasta *funk*.

93 Feet East (☎ *7247 3293, 150 Brick Lane E2*), **plano 9,** ⊖ Shoreditch/Aldgate East. Abierto de lunes a miércoles de 18.00 a 23.00, jueves a sábado de 20.00 a 2.00, domingos de 12.00 a 22.30. Almacén de varias plantas remodelado en el corazón de Bangla Town, nombre con el que se ha rebautizado esta zona del East End. Ofrece sonidos *underground* y electrónicos con toque asiático en sus Bad Magic Main Room y Nucamp Balearic Bar.

The Aquarium (☎ *7251 6136, 256-260 Old St EC1*), **plano 4,** ⊖ Old Street. De viernes a domingo de 22.00 a 4.00. Situado en un antiguo gimnasio, cuenta con su propia piscina de agua fría y jacuzzi. Los viernes por la noche, Naughty, con música *funk*. Abre casi todos los domingos.

Brixton (plano 15)

Dogstar (☎ *7733 7515, 389 Coldharbour Lane SW9*), ⊖ Brixton. Lunes a jueves de 12.00 a 1.00, viernes y sábados de 12.00 a 3.00, domingos de 12.00 a 23.00. Tan informal como podría esperarse de un pub reconvertido, no es preciso acicalarse demasiado. Fiestas cada fin de semana.

The Fridge (☎ *7326 5100, 1 Town Hall Parade, Brixton Hill SW2*), ⊖ Brixton. Viernes y sábado de 22.00 a 6.00. De tamaño mediano, ofrece una gran variedad de noches temáticas. Es una de las mejores discotecas de Londres.

MASS (☎ *7737 1016, iglesia de St Matthew, Brixton Hill SW2*), ⊖ Brixton. Jueves de 22.00 a 2.00, viernes de 22.00 a 6.00, sábados de 21.00 a 18.00. Entre techos abovedados, bancos de iglesia y pinturas al fresco resuenan ritmos *house, trance* y un poco de industrial. El viernes por la noche es Fetish Night.

Hammersmith (plano 1)

Po Na Na Hammersmith (☎ *8600 2300, 242 Shepherd's Bush Rd W6*), ⊖ Hammersmith. Viernes y sábados de 22.00 a 3.00. Organiza fiestas a las que se debe asistir vestido con uniforme escolar.

LOCALES DE AMBIENTE

El panorama homosexual de la capital británica ha cambiado mucho en los últimos años. Antes sólo había un par de discotecas enormes (como Heaven), algún bar tipo Brief Encounter y unos pocos pubs, pero sólo funcionaban un día a la semana; ahora existen locales para gays y, en menor medida, para lesbianas por todo Londres.

Como punto de partida se recomienda *Pink Paper,* publicación gratuita relativamente seria en un nuevo formato de revista; *Boyz,* que está más orientada al ocio; y *QX,* bastante similar. Pueden encontrarse en la mayor parte de los cafés, bares y clubes de ambiente. Revistas como *Gay Times* (2,95 £) y *Diva* (2,25 £), esta última para lesbianas, también contienen direcciones. La sección gay de cuatro páginas del semanario *Time Out* constituye otra excelente fuente de información. London Lesbian & Gay Switchboard (☎ 7837 7324) contesta llamadas las 24 horas. Entre los portales útiles figuran www.rainbownetwork.com para gays y www.gingerbeer.co.uk para lesbianas.

Los bares y clubes de Londres atienden diversas preferencias, pero hay una creciente tendencia hacia clubes mixtos para homosexuales y heterosexuales. También se organizan veladas para hombres solos o mujeres solas; en la prensa se dan más detalles. Gran parte de la actividad se centra en el Soho, pero no es la única zona: hay pubs, cafés y discotecas de ambiente por todas partes.

Soho

En la *gay village* o "villa gay" del Soho (⊖ Leicester Square o Piccadilly Circus, si no se indica otra estación) –sobre todo, Old Compton St– abundan los bares y cafés.

Cafés. Hay algunos bastante acogedores.

Balans (☎ *7437 5212, 60 Old Compton St W1*), **plano 7.** Café de estilo continental, popular y con precios moderados.

First Out *(☎ 7240 8042, 52 St Giles High St WC2)*, **plano 8,** ⊖ Tottenham Court Road. Agradable local ya consolidado; lo frecuentan gays y lesbianas, sirve cocina vegetariana. Girl Friday (viernes de 20.00 a 23.00) es sólo para mujeres.

Freedom Café-Bar *(☎ 7734 0071, 60-6 Wardour St W1)*, **plano 7.** Al lado del Balans, este animado local ofrece comida y bebida a una clientela mixta.

Pubs y bares. Desde los más bulliciosos a los tranquilos, en el Soho hay bares y pubs de ambiente para todos los gustos.

Brief Encounter *(☎ 7552 9851, 42 St Martin's Lane WC1)*, **plano 8,** ⊖ Charing Cross/Embankment. En dirección a Trafalgar Square y pegado al extravagante hotel St Martin's Lane, es un pub de ligue con una barra en la planta baja y otra bastante pegajosa en el sótano.

Candy Bar *(☎ 7494 4041, 23-4 Bateman St W1)*, **plano 7.** El local preferido de las lesbianas londinenses; cierra tarde casi a diario y siempre está lleno.

Compton's of Soho *(☎ 7479 7961, 53-5 Old Compton St W1)*, **plano 7.** Eternamente animado, es frecuentado por *skinheads.* Un buen lugar para empezar la noche.

Retro Bar *(☎ 7321 2811, 2 George Court WC2)*, **plano 8,** ⊖ Charing Cross/Embankment. Bastante agradable, oculto en una pequeña callejuela que sale del Strand, organiza veladas diversas en el bar del piso superior durante la semana.

Rupert Street *(☎ 7292 7141, 50 Rupert St W1)*, **plano 7.** Situado en una esquina y con grandes ventanales para ver y dejarse ver, es el bar gay de moda.

Village Soho *(☎ 7434 2124, 81 Wardour St W1)*, **plano 7.** Bar con dos plantas recomendable para tomar la primera copa de la noche.

West Central *(29-30 Lisle St WC2)*, **plano 8.** Se halla en el corazón de Chinatown y está dividido en un bar gay de ligue (plantas baja y primera) y una discoteca en el sótano a la que acude toda clase de gente.

The Yard *(☎ 7437 2652, 57 Rupert St W1)*, **plano 7.** Tranquilo, con un acogedor patio en el que se puede tomar algo en los meses más cálidos.

Locales nocturnos. Los más populares en el Soho son los siguientes:

Astoria *(☎ 7434 9592, 7434 6963, 157 Charing Cross Rd WC2)*, **plano 8.** Lunes y jueves de 22.30 a 4.00, viernes de 23.00 a 4.00, sábados de 22.30 a 4.30. Oscuro, con una atmósfera cargada, tiene noches gay a lo largo de la semana. Los lunes organizan una noche temática barata llamada ***G.A.Y*** (*"good as you"* o "tan bueno como tú"), la de los jueves es Music Factory, y los viernes, Camp Attack.

Heaven *(☎ 7930 2020, bajo los arcos de Villiers St WC2)*, **plano 8,** ⊖ Charing Cross. Lunes y miércoles de 22.30 a 3.00, viernes de 22.30 a 6.00, sábados de 22.00 a 5.00. Club gay famoso y con tradición, organiza veladas mixtas.

Norte de Londres

Los locales de ambiente están situados cerca de King's Cross, así como en Camden y Hampstead.

Black Cap *(☎ 7428 2721, 171 Camden High St NW1)*, **plano 3,** ⊖ Camden Town. Famoso por sus espectáculos de *drag-queens* y por su cervecería al aire libre; se anima tarde.

Central Station *(☎ 7278 3294, 37 Wharfdale Rd N1)*, **plano 4,** ⊖ King's Cross. Siempre concurrido, tiene bar y discoteca con noches temáticas. Es el único bar gay de ambiente deportivo del Reino Unido.

King William IV *(☎ 7435 5747, 77 Hampstead High St NW3)*, **plano 12,** ⊖ Hampstead. Este acogedor local es un oasis al que encaminarse después de recorrer la zona.

Sur de Londres

Los centros gay del sur son Brixton y, sobre todo, Vauxhall.

Substation South *(☎ 7737 2095, 9 Brighton Terrace SW9)*, **plano 15,** ⊖ Brixton. Más sórdido que su hermano del Soho, ofrece una saludable mezcla de noches temáticas (fiesta de la ropa interior Y-Front los lunes, Boot Camp los miércoles) y baile (Queer Nation los sábados).

The Vauxhall Tavern *(372 Kennington Lane SE11)*, **plano 2,** ⊖ Vauxhall. Este pub lleva mucho tiempo en activo y abre todos los días, con distintas veladas temáticas.

Este de Londres

Turnmills *(☎ 7250 3409, 63 Clerkenwell Rd EC1)*, **plano 6,** ⊖ Farringdon. De las 4.00 del sábado a las 13.00 del domingo. Sigue siendo la discoteca gay por excelencia; el desayuno se sirve a las 6.00.

White Swan *(☎ 7780 9870, 556 Commercial Rd E14)*, **plano 2,** DLR: Limehouse. Frecuentado por los chicos de pelo rapado que atienden los puestos callejeros (unos reales, otros fingidos). Es el pub-club más acogedor y ambientado de todo el East End (merece la pena BJ's, los sábados de 22.00 a 3.00).

Oeste de Londres

La zona gay del oeste tiene su epicentro en Earl's Court (plano 10; ⊖ Earl's Court), y aunque eclipsada por el Soho, posee algún local interesante.

Balans West *(☎ 7244 8838, 239 Old Brompton Rd)*. Desayuno 2,25-4,95 £ de lunes a viernes, 4,25-6,95 £ sábados y domingos; entrantes 2,50-5,50 £, segundos platos 5,75-9,95 £. Propiedad de Balans, el popular café continental del Soho, tiene decoración moderna y un poco de todo. *Happy hour* (dos por una) de 16.00 a 19.00.

Bromptons *(☎ 7370 1344, 294 Old Brompton Rd SW5)*. Lunes a sábado de 16.00 a 2.00, domingo de 13.00 a medianoche. Local muy animado, con un pub arriba y baile abajo.

Coleherne *(☎ 7244 5951, 261 Old Brompton Rd SW5)*. Uno de los pubs más antiguos de la capital británica; los clientes se inclinan por el cuero.

COMEDIA

En el centro de Londres se congregan algunos clubes cuya razón de ser es la comedia; existen incluso otros locales –especialmente pubs– que reservan noches concretas para actuaciones cómicas. En *Time Out* se ofrece información para cada día; los sitios citados a continuación son los más populares:

Banana Cabaret *(☎ 8673 8904, Bedford Arms, 77 Bedford Hill SW12)*, ⊖ Balham. El mejor club de la comedia del sur de Londres. Los sábados por la noche hay dos actuaciones simultáneas.

Canal Café *(☎ 7289 6054, Bridge House, 13 Westbourne Terrace Rd W2)*, **plano 5,** ⊖ Warwick Avenue. Este popular local de comedia ubicado encima de un pub junto a un canal de Little Venice ofrece espectáculos casi a diario.

Comedy Café *(☎ 7739 5706, 66-8 Rivington St EC2)*, **plano 4,** ⊖ Old Street. Para todos los gustos es este club lleno de colorido y grietas situado en Hoxton, junto a Shoreditch High St. Cada miércoles se organiza la noche Try Out (de ensayos), y quien quiera puede intentarlo.

Comedy Store *(☎ 7344 4444, Haymarket House, 1a Oxendon St SW1)*, **plano 7,** ⊖ Piccadilly Circus. El club de la comedia más veterano de la ciudad, que ahora entra en su cuarta década de existencia, ofrece buenas actuaciones a diario, salvo los lunes, con función doble los viernes y sábados.

Jongleurs *(☎ 7564 2500, 49 Lavender Gardens SW11)*, **plano 2,** estación Clapham Junction; *(221 Grove Rd, Bow Wharf E3)*, **plano 2,** ⊖ Mile End/autobús 8; ***Dingwalls*** *(11 East Yard, Camden Lock NW1)*, **plano 3,** ⊖ Camden Town. Popular cadena dedicada también a la comedia.

Lee Hurst's Backyard Comedy Club *(☎ 7739 3122, 231-7 Cambridge Heath Rd E2)*, **plano 2,** ⊖ Bethnal Green. El club del cómico Lee Hurst, en una fábrica textil reformada, atrae a algunos de los mejores comediantes capitalinos. Espectáculos los viernes y sábados por la noche.

ROCK Y POP

En Londres hay una amplia variedad de actuaciones de rock y pop: es posible escuchar a las grandes estrellas en Wembley, Earl's Court, London Arena y similares escenarios de grandes dimensiones o a bandas nuevas que actúan en locales más íntimos.

Tanto Ticketmaster (☎ 7344 4444, www.ticketmaster.co.uk) como Ticketweb (☎ 7771 2000, www.ticketweb.co.uk) cuentan con líneas de reserva mediante tarjeta de crédito que funcionan las 24 horas y ofrecen entradas on-line. También las venden en Tower Records, el Centro Británico de Visitantes (Britain Visitor Centre, plano 7; 1 Regent St SW1; ⊖ Piccadilly Circus) y las oficinas de información de London Tourist Board situadas en las estaciones de tren Victoria y Liverpool Street o en la estación de metro de las terminales 1, 2 y 3 de Heathrow.

A continuación se indican algunos locales de gran capacidad:

Astoria *(☎ 7434 0044)* y ***Mean Fiddler*** *(☎ 7434 9592, www.meanfiddler.com, 157-65 Charing Cross Rd WC2)*, **plano 7,** ⊖ Tottenham Court Road. En este inmenso lugar, recientemente adquirido por Mean Fiddler Group, organizan toda clase de conciertos, desde *middle of the road* y pop hasta *indie*.

Brixton Academy *(☎ 7771 2000, www.brixton-academy.co.uk, 211 Stockwell Rd SW9)*, **plano 15,** ⊖ Brixton. Enorme y muy conocido, tiene buen ambiente y varias barras diferentes.

Earl's Court Exhibition Centre *(☎ 7385 1200 o 0870 903 9033, Warwick Rd SW5)*, **plano 10,** ⊖ Earl's Court. Las entradas para los conciertos que tienen lugar en este local se agotan mucho tiempo antes. La acústica no es demasiado buena.

The Forum (☎ *7344 0044, www.meanfiddler.com, 9-17 Highgate Rd NW5*), **plano 12**, ⊖ Kentish Town. A escasa distancia de Bull and Gate (véase más adelante), es muy espacioso. Excelente para cualquier tipo de concierto de rock.

Garage (☎ *7607 1818, www.meanfiddler.com, 20-2 Highbury Corner N5*), **plano 4**, ⊖ Highbury & Islington. Recomendado para rock *indie* de ambos lados del Atlántico.

Hackney Ocean (☎ *8533 0111, www.ocean.org.uk, 270 Mare St E8*), **plano 2**, ⊖ Bethnal Green/estación Hackney Central. Nuevo local multiusos con tres salas para conciertos en una antigua biblioteca rehabilitada. La acústica es excelente.

London Arena (☎ *7538 1212, www.londonarena.co.uk, Limeharbour, Isle of Dogs E14*), **plano 13**, DLR: Crossharbour y London Arena. Remodelado e ideal para macroconciertos.

Roundhouse (☎ *7424 9991, Chalk Farm Rd NW1*), **plano 3**, ⊖ Chalk Farm. Local musical en la década de 1960, fue construido en 1847 para albergar la plataforma giratoria de la estación término del ferrocarril Londres-Birmingham; ahora es teatro y sala de conciertos y tiene capacidad para 2.400 personas sentadas. Organiza conciertos de rock, exposiciones y actuaciones circenses.

Shepherd's Bush Empire (☎ *7771 2000, www.shepherds-bush-empire.co.uk, Shepherd's Bush Green W12*), **plano 2**, ⊖ Shepherd's Bush. En otro tiempo un edificio de la BBC TV, figura entre los mejores de la ciudad.

Wembley Arena (☎ *8902 0902, Empire Way, Wembley*), **plano 2**, ⊖ Wembley Park. Otro local enorme, con espacio para 12.500 personas; no resulta especialmente recomendable, pese a ser muy conocido.

Entre los locales más pequeños, con ambiente de discoteca y actuaciones de grupos nuevos y prometedores, se incluyen los reseñados a continuación:

Barfly@the Monarch (☎ *7691 4244, 7691 4245, www.barflyclub.com, Monarch, 49 Chalk Farm Rd NW1*), **plano 3**, ⊖ Camden Town. Pequeño club que se ha trasladado desde Camden Falcon hasta Monarch; actúan artistas poco conocidos.

Borderline (☎ *7734 2095, www.borderline.co.uk, Orange Yard, junto a Manette St W1*), **plano 7**, ⊖ Tottenham Court Road. De ambiente relajado y buena reputación por la calidad de sus bandas, no es espacioso.

DOUG MCKINLAY

Para divertirse de lo lindo, Jongleurs, club de la comedia de Camden.

Bull and Gate (☎ *7485 5358, 389 Kentish Town Rd NW5*), **plano 12**, ⊖ Kentish Town. Muy cerca de Camden, es pequeño, cargado de humo y organiza tres actuaciones por noche.

Cargo (☎ *7739 3440, 83 Rivington St EC2*), **plano 4**, ⊖ Old Street. Ubicado en Hoxton, tiene música en directo todas las noches.

Dingwalls (☎ *7267 1577, 11 East Yard, Camden Lock Place NW1*), **plano 3**, ⊖ Camden Town. Música *indie* de domingo a jueves y comedias los fines de semana (véase "Jongleurs" en "Comedia"). La barra con terraza del piso superior da a la esclusa Camden Lock.

Rock Garden (☎ *7240 3961, www.rockgarden.co.uk, The Piazza, Covent Garden WC2*), **plano 8**, ⊖ Covent Garden. Situado en un sótano de reducido tamaño, suele estar lleno de turistas. Actúan bandas locales.

The Spitz (☎ *7392 9032, 109 Commercial St E1*), **plano 9**, ⊖ Aldgate East/Liverpool Street. Muy tranquilo, su parte trasera da al mercado de Spitalfields. Organiza conciertos variados, desde *breakbeat* estilo indio y música anglocubana hasta jazz.

Underworld (☎ *7482 1932, 174 Camden High St NW1*), **plano 3**, ⊖ Camden Town. Debajo del pub World's End, es pequeño y presenta a bandas nuevas, aunque también programa noches de discoteca.

JAZZ

Londres siempre ha contado con un panorama jazzístico floreciente, y con su reciente auge gracias al *acid-jazz, hip-hop, funk* y *swing,* ahora está más afianzado que nunca.

100 Club *(☎ 7636 0933, www.the100club.co.uk, 100 Oxford St W1),* **plano 7,** ⊖ Oxford Circus. Entrada 7-15 £, actuaciones gratuitas los viernes de 12.00 a 15.00. Legendario local londinense que ahora se centra en el jazz, pero en él actuaron los Stones y fue el centro de la revolución *punk.*

Jazz Cafe *(☎ 7916 6060, www.jazzcafe.co.uk, 5 Parkway NW1),* **plano 3,** ⊖ Camden Town. Entrada 8-20 £ con reserva anticipada, 10-22 £ en la puerta. Restaurante de moda con una oferta ecléctica; conviene reservar mesa.

Pizza Express Jazz Club *(☎ 7439 8722, www.pizzaexpress.co.uk, 10 Dean St W1),* **plano 7,** ⊖ Tottenham Court Road. Entrada 12,50-15 £. Pequeño sótano debajo del principal restaurante de la cadena.

Pizza on the Park *(☎ 7235 5273, 11-13 Knightsbridge SW5),* **plano 6,** ⊖ Hyde Park Corner. Jazz por las noches en el sótano.

Ronnie Scott's *(☎ 7439 0747, www.ronniescotts.co.uk, 47 Frith St W1),* **plano 7,** ⊖ Leicester Square. Entrada para socios 5-9 £, no socios 15-20 £; estudiantes y menores de 26 años de lunes a miércoles 9 £. Abierto en 1959, es un clásico que ha tenido como invitados a todos los pesos pesados; resulta caro si no se es socio (50 £ al año).

Spice of Life *(☎ 7437 7013, 6 Moor St W1),* **plano 8,** ⊖ Tottenham Court Road/Leicester Square. El Backstage Bar, incorporado a este pub de toda la vida, cercano a Cambridge Circus, ofrece conciertos de jazz los lunes y miércoles a partir de las 20.00.

FOLK Y MÚSICAS DEL MUNDO

Para otros estilos musicales, hay que tener en cuenta estos locales:

Africa Centre *(☎ 7836 1973, www.africacentre.org.uk, 38 King St WC2),* **plano 8,** ⊖ Covent Garden. Conciertos de música africana muchos viernes por la noche y variada otros días de la semana.

Cecil Sharp House *(☎ 7485 2206, 2 Regent's Park Rd NW1),* **plano 3,** ⊖ Camden Town. Cuartel general de la English Folk Dance and Song Society, es el local indicado para escuchar folk inglés, en especial los martes a las 20.00, cuando se reúne el club de folk.

The Swan *(☎ 7978 9778, www.theswanstockwell.com, 215 Clapham Rd SW9),* **plano 15,** ⊖ Stockwell. Música tradicional irlandesa casi todas las noches.

MÚSICA CLÁSICA

Londres es una de las capitales de la música clásica mundial: posee cuatro orquestas sinfónicas de primera categoría, dos compañías de ópera, varios grupos menores, escenarios deslumbrantes, precios bastante razonables e interpretaciones de alto nivel.

El viajero tendrá dificultades para elegir entre tanta variedad. Cualquier noche del año se puede optar por los compositores clásicos que gustan a las multitudes o por otros actuales más minoritarios. Las entradas de la ópera tienden a ser caras, pues los montajes también son muy costosos.

South Bank Centre (plano 6)

Royal Festival Hall, Queen Elizabeth Hall y ***Sala Purcell*** *(☎ 7960 4242, www.rfh.org.uk, Belvedere Rd SE1),* ⊖ Waterloo. Entradas

ELLIOT DANIEL

Banda sonora para una ciudad: un músico ambulante tocando blues.

5-60 £; taquilla abierta a diario de 10.00 a 21.00. Estos tres auditorios figuran entre los mejores de Londres para conciertos de música clásica, tanto sinfónicos como de cámara. Los precios varían en función de la actuación y la localidad elegida, pero suelen oscilar entre 15 y 30 £.

Wigmore Hall (plano 6)

Wigmore Hall *(☎ 7935 2141, www.wigmore-hall.org.uk, 36 Wigmore St W1)*, ⊖ Bond Street. Entradas 8-23 £; taquilla de lunes a sábado de 10.00 a 20.30, domingos de 10.30 a 20.00; diario de 10.30 a 17.00 de noviembre a marzo. Auditorio estilo Art Nouveau que figura entre los mejores de la capital y ofrece una amplia selección de conciertos y recitales; destacan los del domingo a las 11.30 (9-10 £). También hay los lunes a las 13.00 (adultos/jubilados 8/6 £).

Barbican (plano 9)

Barbican *(☎ 7638 8891, www.barbican.org.uk, Silk St EC2)*, ⊖ Barbican. Entradas 8-30 £, precio reducido (estudiantes y mayores de 60 años el mismo día de la representación) 6-9 £. Sede de la London Symphony Orchestra, no cuenta con la aprobación general: es una monstruosidad arquitectónica y resulta difícil orientarse, pero su programa de conciertos mensuales es muy completo y la acústica, excelente.

Royal Albert Hall (plano 5)

Espléndido auditorio victoriano con toda clase de representaciones *(☎ 7589 8212, www.royalalberthall.com, Kensington Gore SW7)*, ⊖ South Kensington. Entradas 5-40 £, para los *Proms* 3-70 £; la taquilla de la puerta 7 y la de recogida de entradas de prepago de la puerta 9 abren a diario de 9.00 a 21.00. De mediados de julio a mediados de septiembre tienen lugar los *Proms,* festival de música clásica que se cuenta entre los más importantes y democráticos del mundo. La auténtica experiencia *prom* significa hacer cola para conseguir una de las mil entradas sin asiento *(promenading)* que se ponen a la venta una hora antes de cada concierto por 3 £. Se puede elegir entre patio o galería (hay dos colas distintas).

Residencia Kenwood (plano 12)

Uno de los placeres de un verano soleado es asistir a un concierto al aire libre en los jardines de Kenwood House (Hampstead Heath). *(☎ 7413 1443, Hampstead Lane NW3)*, ⊖ Archway/Golders Green, luego autobús 210. Entrada 14,50-20 £: la audiencia se sienta en la hierba o en tumbonas, come unas fresas, bebe vino blanco frío y escucha música clásica. Se organizan algunas noches de fin de semana durante julio y agosto.

Conciertos en iglesias

Muchas iglesias ofrecen conciertos por la noche o recitales a mediodía, durante todo el año o sólo los meses de verano. A veces son gratuitos, aunque se sugiere que se haga un donativo; para otros se cobra entrada. Algunas iglesias desacralizadas sirven ahora como salas de conciertos.

All Hallows-by-the-Tower *(☎ 7481 2928, Byward St EC3)*, **plano 9,** ⊖ Tower Bridge. Recitales de órgano a las 13.15; se solicita un donativo.

All Souls, Langham Place *(☎ 7580 3522, Langham Place W1)*, **plano 6,** ⊖ Oxford Circus. Conciertos los lunes a las 19.30; adultos/jubilados y estudiantes 6/4 £.

St Bride's, Fleet St *(☎ 7353 1301, Fleet St EC4)*, **plano 6,** ⊖ Blackfriars. Conciertos martes y viernes a las 13.15; se hace una colecta.

St George's Bloomsbury *(☎ 7405 3044, Bloomsbury Way WC1)*, **plano 8,** ⊖ Tottenham Court Road/Holborn. Conciertos los martes a las 13.10, pero conviene confirmarlo por teléfono; se reclaman donativos.

St James's Piccadilly *(☎ 7734 4511, 197 Piccadilly W1)*, **plano 7,** ⊖ Piccadilly Circus. Lunes, miércoles y viernes a las 13.10 hay conciertos; se solicita un donativo. También se organizan algunos días a las 19.30; 7,50-17 £.

St John's, Smith Square *(☎ 7222 1061, Smith Square SW1)*, **plano 2,** ⊖ Westminster. Conciertos los lunes a las 13.00; 6 £.

St Lawrence Jewry *(☎ 7600 9478, Gresham St EC2)*, **plano 9,** ⊖ Bank. Lunes, recitales de piano; martes, de órgano, a las 13.00.

St Martin-in-the-Fields *(☎ 7839 8362, Trafalgar Square WC2)*, **plano 8,** ⊖ Charing Cross. Lunes, martes y viernes a las 13.05; se pide un donativo. Música a la luz de las velas de jueves a sábado a las 19.30; 6-20 £.

St Mary-le-Bow *(☎ 7248 5139, Cheapside EC2)*, **plano 9,** ⊖ Mansion House. Conciertos los jueves a las 13.05; piden un donativo.

Catedral de St Paul *(☎ 7236 4128, New Change EC4)*, **plano 9,** ⊖ St Paul's. Recitales de órgano los domingos a las 5.00; 6 £.

St Sepulchre-without-Newgate *(☎ 7248 3826, Giltspur St EC1)*, **plano 6,** ⊖ Chancery Lane. Conciertos a la hora del almuerzo martes, miércoles y jueves (el horario varía); donativo.

Catedral de Southwark *(☎ 7367 6703, Montague Close SE1)*, **plano 9,** ⊖ London Bridge. Recitales de órgano los lunes a las 13.10; de otro tipo, los martes a la misma hora.

Abadía de Westminster *(☎ 7222 5152, Dean's Yard SW1)*, **plano 6,** ⊖ Westminster. Conciertos a las 18.30 martes alternos de finales de junio a agosto; adultos/estudiantes y jubilados 7,50/5 £.

CINES

Durante las décadas de 1950 y 1960 se cerraron muchos de los grandes cines Art Déco. A finales de los años ochenta empezaron a llegar los multicines al estilo estadounidense y después vinieron más. Aunque éstos ofrecen una selección más amplia de películas en un mismo emplazamiento y butacas más cómodas, tienden a ser caros y proyectan sobre todo producciones de Hollywood; los mejores se encuentran en la zona de Leicester Square. Las entradas pueden costar 8-10 £ para un estreno, pero los días laborables por la tarde hay pases más baratos (4,50-5 £), y los lunes varias salas ofrecen entradas a mitad de precio en todas las sesiones.

Otros cines que no siguen esta tendencia son:

Barbican *(☎ 7382 7000, Silk St EC2)*, ⊖ Barbican.

Everyman Hampstead *(☎ 7431 1818, 5 Holly Bush Vale NW3)*, ⊖ Hampstead.

Gate *(☎ 7727 4043, 87 Notting Hill Gate W1)*, ⊖ Notting Hill Gate.

ICA *(☎ 7930 3647, Nash House, The Mall SW1)*, ⊖ Charing Cross.

Renoir *(☎ 7837 8402, Brunswick Centre, Brunswick Square WC1)*, ⊖ Russell Square.

Rio *(☎ 7254 6677 or 7241 9410, 107 Kingsland High St E8)*, estación Dalston Kingsland.

Ritzy *(☎ 7737 2121, Brixton Oval, Coldharbour Lane SW2)*, ⊖ Brixton.

Screen on Baker St *(☎ 7935 2772, 96 Baker St NW1)*, ⊖ Baker Street.

Screen on the Green *(☎ 7226 3520, 83 Upper St N1)*, ⊖ Angel.

Screen on the Hill *(☎ 7435 3366, 203 Haverstock Hill NW3)*, ⊖ Belsize Park.

También existen cines de arte y ensayo:

Ciné Lumière *(☎ 7838 2144, www.institut.ambafrance.org.uk, 17 Queensberry Place SW7)*, **plano 10,** ⊖ South Kensington. Proyecta películas en lengua francesa en el Instituto Francés.

Electric Cinema *(☎ 7229 8688, 191 Portobello Rd W11)*, **plano 5,** ⊖ Notting Hill. Un ambicioso proyecto de restauración de este edificio eduardiano (el cine más antiguo del Reino Unido) ha creado un nuevo anexo de tres plantas con 200 cómodas butacas, un bar y una librería.

Estudios Riverside *(☎ 8237 1111, Crisp Rd W6)*, **plano 1,** ⊖ Hammersmith. Es una buena elección, aunque no demasiado céntrica, para filmes que no suelen estar en cartel.

Lux *(☎ 7684 0201, www.lux.org.uk, 2-4 Hoxton Square N1)*, **plano 4,** ⊖ Old Street. Es uno de los mejores y lo frecuentan los "modernos" de Hoxton y Spitalfields.

National Film Theatre *(NFT; ☎ 7928 3232, www.bfi.org.uk/nft, South Bank SE1)*, **plano 6,** ⊖ Embankment/Waterloo. Filmoteca nacional británica; suele organizar retrospectivas.

Prince Charles *(☎ 7437 8181, Leicester Place WC2)*, **plano 7,** ⊖ Leicester Square. El cine más barato del centro de Londres, con estrenos recientes a precio reducido (2-3,50 £). Proyecta varias películas al día, así que conviene consultar la cartelera.

TEATRO

Se puede afirmar que Londres es el mayor centro teatral del mundo; la posibilidad de elección supera con creces *Los miserables, El fantasma de la ópera* o *Chicago.* Con alrededor de 160 escenarios y entradas de varias clases y precios razonables, sería una pena no asistir a alguna de las mejores producciones teatrales durante la estancia en la capital.

Para informarse acerca de las obras representadas, se recomienda conseguir *The Official London Theatre Guide* (es gratuito) o visitar www.officiallondontheatre.co.uk.

Agencias de entradas

Es posible reservar entradas a través de Ticketmaster (☎ 7344 4444, www.ticketmaster.co.uk) y First Call (☎ 7420 0000, www.firstcall.co.uk), o directamente en la taquilla del teatro; casi todas despachan de lunes a sábado de 10.00 a 20.00, y rara vez en domingo, día sin función. Si se han agotado las entradas para la obra elegida, el mismo día de la representación se puede tratar de comprar las que proceden de devoluciones, aunque si la obra es muy famosa será necesario hacer cola antes de que éstas se pongan a la venta.

La única posibilidad de adquirir entradas a mitad de precio el mismo día de la función, para producciones del West End, es acudir al puesto de la Torre del Reloj, situado en la parte sur de Leicester Square (plano 7; ⊖ Leicester Square). De su gestión se encarga una organización sin ánimo de lucro, la Society of London Theatre (SOLT), y es totalmente fiable. Abre de lunes a sábado de 10.00 a 19.00 y los domingos de 12.00 a 15.00, y cobra por el servicio 2,50 £ por entrada. Se puede pagar en efectivo o con tarjeta de crédito/débito (Visa, Mastercard, American Express, Switch). Hay que tener cuidado con las agencias de entradas vecinas, sobre todo las que se hallan en Cranbourn St, que anuncian entradas al 50% sin mencionar la abultada comisión que añaden.

Los estudiantes que se acrediten como tales a veces pueden conseguir precio reducido una hora antes de que comience la representación. Se recomienda llamar a la línea Student Theatre Line (☎ 7379 8900) para más datos.

Teatro Real Nacional

Royal National Theatre *(☎ 7452 3000, www.nationaltheatre.org.uk, South Bank SE1)*, **plano 6,** ⊖ Waterloo. El más emblemático de Gran Bretaña, con obras clásicas y contemporáneas y actuaciones de las mejores compañías del mundo. Tiene tres salas:

Olivier y ***Lyttleton.*** Adultos/estudiantes y menores de 18 años/jubilados 10-28/10/15 £, el mismo día de la representación 15 £, adultos/estudiantes precio reducido 16/8 £, noches 10-32,50 £; matinés de lunes a jueves y sábados. En ocasiones los visitantes pueden comprar en la taquilla una o dos entradas para los pases de ese día y a veces también se ofrecen dos horas antes de la función entradas de precio reducido o devueltas; no obstante, los estudiantes sólo pueden comprarlas 45 minutos antes de que se levante el telón. Se conceden descuentos a visitantes discapacitados con carné.

ELLIOT DANIEL

Fiebre del sábado noche: el *kitsch* de los setenta en el West End.

Cottesloe. Entradas 18-22 £, asientos con campo de visión limitado 12 £, adultos/estudiantes con precio reducido 16/8 £. Producciones menores, más vanguardistas que en las dos salas anteriores.

Se organizan visitas entre bastidores (5 £) de lunes a sábado a las 10.15, 12.15 (o 12.30) y 17.15 (o 17.30). Más información en ☎ 7452 3400.

Barbican

Sede de la Royal Shakespeare Company, cuenta con dos salas: Barbican Theatre y Pit, más pequeña *(Tl. 7638 8891, www.barbican.org.uk, Silk St EC2)*, **plano 10,** ⊖ Barbican. Matiné entre semana en la Barbican Theatre 6-28 £; en la Pit 8-10 £; otras funciones 18-28 £, 12-15 £. Entradas a mitad de precio para menores de 25 años la cuarta noche de representación si reservan de antemano. También hay descuentos para los mayores de 60 años y estudiantes en las matinés y la función del miércoles por la noche.

Royal Court

La compañía del Royal Court ha recuperado su antigua sede en la parte este de Sloane Square *(☎ 7565 5000, www.royalcourttheatre.com, Sloane Square SW1)*, **plano 9,** ⊖ Sloane Square. Entradas 10 p-24,50 £, lunes 5 £. Ahora dispone de dos escenarios, tras una rehabilitación que ha costado 25 millones de libras y ha durado cuatro años, en los que actuaba en dos teatros del West End. Se representan preferentemente obras nuevas y antisistema.

Cómo comprar entradas para el teatro

La Society of London Theatre (SOLT; ☎ 7836 0971) ofrece los siguientes consejos:

- Averiguar primero los precios normales del espectáculo.
- Preguntar en la agencia el precio de la entrada y a cuánto asciende la comisión.
- Pedir que se muestre en un plano la ubicación de las localidades asignadas.
- No pagar la entrada hasta verla y comprobar el precio impreso.
- No aceptar la propuesta de recoger las entradas más tarde ni encargar que las envíen.
- Adquirirlas en agencias que sean miembros de la Society of Ticket Agents and Retailers (STAR; ☎ 0870 603 9011, www.s-t-a-r.org.uk). Pedir que demuestren que son miembros.
- No comprar nunca entradas a individuos por la calle. Los timos siguen siendo frecuentes en la zona de los teatros. Es muy posible acabar estafado y con una localidad no válida en la mano.

Teatro Globe

Shakespeare's Globe *(☎ 7401 9919, www.shakespeares-globe.org, 21 New GlobeWalk SE1)*, **plano 9**, ⊖ London Bridge. Entradas de pie/sentado 5/9-27 £. Esta réplica del teatro Wooden O de William Shakespeare se inauguró en 1997 para ofrecer una experiencia teatral diferente. Pese a que hay asientos de madera dispuestos en gradas alrededor del escenario, muchas personas emulan a los *groundlings* del siglo XVII, espectadores que permanecían de pie delante de la escena, gritando o halagando según de qué animo estuvieran.

El Globe hace escasas concesiones a la sensibilidad moderna. Carece de techo y está expuesto a los elementos, aunque la parte de las butacas sí se ha cubierto; conviene llevar ropa de abrigo, pero no se permiten paraguas (en el teatro venden impermeables baratos). De mayo a septiembre se representan obras de Shakespeare o sus contemporáneos y al menos una obra nueva. Los dos pilares que sostienen la bóveda del escenario *(heavens)* limitan el campo de visión en la sección D; es casi mejor quedarse de pie. En invierno las representaciones tienen lugar en el nuevo ***teatro Íñigo Jones,*** reconstrucción de un teatro jacobeo dentro del Globe.

Teatros del West End

Cada verano los teatros de esta zona ofrecen una nueva selección de obras, musicales y otras representaciones. Para más información se puede consultar *Time Out*. A continuación se indican las direcciones y teléfonos de las taquillas de los locales.

Adelphi *(☎ 7344 0055, Strand WC2)*, **plano 8,** ⊖ Charing Cross.
Albery *(☎ 7369 1740, 85 St Martin's Lane WC2)*, **plano 8,** ⊖ Leicester Square.
Aldwych *(☎ 0870 400 0805, 49 Aldwych WC2)*, **plano 8,** ⊖ Holborn.
Apollo *(☎ 7494 5070, 39 Shaftesbury Ave W1)*, **plano 7,** ⊖ Piccadilly Circus.
Cambridge *(☎ 7494 5080, Earlham St WC2)*, **plano 8,** ⊖ Covent Garden.
Comedy *(☎ 7369 1731, Panton St SW1)*, **plano 7,** ⊖ Piccadilly Circus.
Criterion *(☎ 7413 1437, Piccadilly Circus W1)*, **plano 7,** ⊖ Piccadilly Circus.
Dominion *(☎ 0870 607 7400, 268-9 Tottenham Court Rd W1)*, **plano 7,** ⊖ Tottenham Court Road.
Duke of York *(☎ 7836 4615, St Martin's Lane WC2)*, **plano 8,** ⊖ Leicester Square.
Fortune *(☎ 7836 2238, Russell St WC2)*, **plano 8,** ⊖ Covent Garden.
Garrick *(☎ 7494 5085, 2 Charing Cross Rd WC2)*, **plano 8,** ⊖ Charing Cross.
Gielgud *(☎ 7494 5065, 33 Shaftesbury Ave W1)*, **plano 7,** ⊖ Piccadilly Circus.
London Palladium *(☎ 7494 5020, 8 Argyll St W1)*, **plano 7,** ⊖ Oxford Circus.
Liceo *(Lyceum. ☎ 7420 8100, 21 Wellington St WC2)*, **plano 8,** ⊖ Covent Garden.
Lírico *(Lyric. ☎ 7494 5045, Shaftesbury Ave W1)*, **plano 7,** ⊖ Piccadilly Circus.
New Ambassadors *(☎ 7369 1761, West St WC2)*, **plano 8,** ⊖ Leicester Square.
New London *(☎ 7405 0072, Drury Lane WC2)*, **plano 8,** ⊖ Holborn.

Palace *(☎ 7434 0909, Shaftesbury Ave W1)*, **plano 8,** ⊖ Leicester Square.
Phoenix *(☎ 7369 1733, 110 Charing Cross Rd WC2)*, **plano 8,** ⊖ Tottenham Court Road.
Piccadilly *(☎ 7478 8800, Denman St W1)*, **plano 7,** ⊖ Piccadilly Circus.
Prince Edward *(☎ 7447 5400, 30 Old Compton St W1)*, ⊖ Leicester Square.
Prince of Wales *(☎ 7839 5987, 31 Coventry St W1)*, **plano 7,** ⊖ Piccadilly Circus.
Queen's *(☎ 7494 5040, Shaftesbury Ave W1)*, **plano 7,** ⊖ Piccadilly Circus.
St Martin's *(☎ 7836 1443, West St WC2)*, **plano 8,** ⊖ Leicester Square.
Shaftesbury *(☎ 7379 5399, 210 Shaftesbury Ave WC2)*, **plano 8,** ⊖ Tottenham Court Road/ Holborn.
Savoy *(☎ 7836 8888, Savoy Court, Strand WC2)*, **plano 8,** ⊖ Charing Cross.
Strand *(☎ 7836 4144, Aldwych WC2)*, **plano 8,** ⊖ Covent Garden.
Teatro de Su Majestad *(Her Majesty's. ☎ 7494 5400, Haymarket SW1)*, **plano 7** ⊖ Piccadilly Circus.
Teatro Real de Drury Lane *(☎ 7494 5060, Catherine St WC2)*, **plano 8,** ⊖ Covent Garden.
Teatro Real de Haymarket *(☎ 0870 901 3356, Haymarket SW1)*, **plano 7,** ⊖ Piccadilly Circus.
Whitehall *(☎ 7321 5400, 14 Whitehall SW1)*, **plano 8,** ⊖ Charing Cross.
Wyndham's *(☎ 7369 1736, Charing Cross Rd WC2)*, **plano 8,** ⊖ Leicester Square.

Otros teatros

Teatro al Aire Libre *(Open Air Theatre. ☎ 7486 2431, www.open-air-theatre.org.uk, Inner Circle, Regent's Park NW1)*, **plano 3,** ⊖ Baker Street. Entradas 5-23 £. De junio a primeros de septiembre resulta agradable ver una obra de Shakespeare o un musical en este recinto a cielo abierto.

Y por si todo lo anterior fuera poco, en cualquier época del año hay varias compañías de teatro experimental ajenas al West End que ofrecen una selección de obras en las que prima lo asombroso, lo aburrido, lo vital o lo absurdo. Entre los mejores escenarios se cuentan:

Teatro Bridewell *(☎ 7936 3456, 14 Bride Lane, junto a Fleet St EC4)*, **plano 6,** ⊖ Blackfriars.
Donmar Warehouse *(☎ 7369 1732, 41 Earlham St WC2)*, **plano 8,** ⊖ Covent Garden.
Drill Hall *(☎ 7307 5060, 16 Chenies St WC1)*, **plano 6,** ⊖ Goodge Street.
Teatro Greenwich *(☎ 8858 7755, Crooms Hill SE10)*, **plano 13,** DLR: Greenwich.
Hackney Empire *(☎ 8985 2424, 291 Mare St E8)*, **plano 2,** estación Hackney Central.
Teatro Hampstead *(☎ 7722 9301, 98 Avenue Rd NW3)*, **plano 2,** ⊖ Swiss Cottage.
King's Head *(☎ 7226 1916, 115 Upper St N1)*, **plano 4,** ⊖ Highbury & Islington.
Old Vic *(☎ 7928 7616, Waterloo Rd SE1)*, **plano 6,** ⊖ Waterloo.
Young Vic *(☎ 7928 6363, 66 The Cut SE1)*, **plano 6,** ⊖ Waterloo.

ÓPERA

Lo mismo que los locales citados a continuación, el teatro Holland Park (véase "Ballet y danza") ofrece óperas en verano.

Royal Opera House

Tras una remodelación que ha costado 213 millones de libras, está otra vez en funcionamiento *(☎ 7304 4000, www.royalopera house.org, Covent GardenWC2)*, **plano 7,** ⊖ Covent Garden. Entradas 6-150 £, matinés entre semana 6,50-50 £. Ha vuelto a acoger a la Royal Opera y al Royal Ballet (véase "Ballet y danza"). Como resultado de la reforma, la institución se ha vuelto más proletaria: el remozado Floral Hall se abre ahora al público durante el día, con conciertos gratuitos los lunes a las 13.00, exposiciones y visitas guiadas a diario. Pero las mejores localidades son muy caras.

Coliseo de Londres

London Coliseum *(☎ 7632 8300, www.eno. org, St Martin's Lane WC1)*, **plano 8,** ⊖ Leicester Square/Charing Cross. Entradas 3-58 £. Sede de la Ópera Nacional Inglesa, tiene precios mucho más razonables y presenta óperas en inglés. Las entradas de paraíso (visión limitada)/butacas de patio salen a la venta por 3/29 £ el mismo día de la representación a partir de las 10.00; suelen formarse largas colas. Precio reducido para estudiantes 12 £.

BALLET Y DANZA

Hay cinco grandes compañías de danza y muchas otras menores y experimentales. El Royal Ballet, el mejor ballet clásico del país, tiene su sede en la Royal Opera House de

CHARLOTTE HINDLE

Royal Opera House (Covent Garden) es la sofisticada sede de la ópera y el ballet en Londres.

Covent Garden; el London Coliseum (véase el apartado anterior) es otra opción para ver ballet en Navidad y verano.

El principal evento londinense relacionado con la danza contemporánea es el festival Dance Umbrella (véase "Fiestas oficiales y celebraciones" en *Datos prácticos).* Para más información sobre danza en la capital se puede visitar el portal de London Dance Network: www.londondance.com.

Teatro de la Ópera Holland Park *(☎ 7602 7856, www.operalondon.com, Holland Park, junto a Kensington High St W8),* **plano 5,** ⊖ Kensington High Street. Tiene 720 butacas y ofrece ballet y ópera durante 10 semanas en verano.

Teatro Peacock *(☎ 7863 8222, www.sadlers-wells.com, Portugal St WC2),* **plano 8,** ⊖ Holborn. Entradas 8,50-35 £. Conocido como el Sadler's Wells del West End, es un local más pequeño, con compañías de danza famosas y otras de menor renombre.

The Place *(☎ 7387 0031, www.theplace.org.uk, 17 Duke's Rd WC1),* **plano 3,** ⊖ Euston. Es la sede de la Richard Alston Dance Company, otra dirección importante para los aficionados a la danza contemporánea.

Estudios Riverside e ***ICA*** (véase "Cines" anteriormente). Son los dos escenarios principales para pequeñas compañías de danza experimentales y vanguardistas.

Royal Opera House *(☎ 7304 4000, www.royaloperahouse.org, Covent Garden WC2),* **plano 8,** ⊖ Covent Garden. Entradas 6-65 £. El Royal Ballet ha concluido su existencia nómada y ha retornado a su hogar, ahora restaurado y resplandeciente.

Sadler's Wells *(☎ 7863 8000, www.sadlers-wells.com, Rosebery Ave EC1),* **plano 4,** ⊖ Angel. Entradas 8,50-40 £. Volvió a abrirse en 1998 tras una reforma radical, pero ha estado asociado a la danza desde que Thomas Sadler fundó una *musick house* cerca de su balneario en 1683. El nuevo teatro, muy moderno, atrae a compañías de danza clásica y contemporánea de todo el mundo. También es la sede del ***teatro Lilian Baylis,*** más pequeño y con producciones de estudio.

OCIO ORGANIZADO

Existen algunos lugares orientados al turismo que ofrecen una cena temática, con espectáculo, comida y bebida incluidos en el precio. Algunos de los mejores son:

Talk of London *(☎ 7405 0072, teatro New London, Parker St, junto a Drury Lane WC2),* **plano 8,** ⊖ Holborn. Cabaré 15-25 £, cena y cabaré 42,50 £, lunes a jueves a las 20.00, viernes y sábados a las 19.00 y 22.00. Las mujeres llevan plumas y collares.

Beefeater Medieval Banquet *(☎ 7480 5353, www.medievalbanquet.com, Ivory House, St Katharine's Dock E1),* **plano 9,** ⊖ Tower Hill. Organiza un banquete medieval compuesto por cinco platos, servidos por lozanas mozas, con bufones, juglares y torneos en los que luchan caballeros. Abre a diario a las 19.45 y la cena-espectáculo

OCIO

(de 38,50 a 39,50 £, según el día de la semana, 22 £ para niños de 4 a 14 años) comienza media hora después.

También se puede realizar un crucero por el Támesis con almuerzo o cena, amenizado por baile y música en directo.

Bateaux London *(☎ 7695 1803, salidas del muelle de Embankment),* **plano 6.** Esta compañía ofrece cruceros de una hora de lunes a sábado (a las 12.15) por 20,50 £; los que incluyen cena y baile duran 2 3/4 horas, son diarios (a las 19.15) y cuestan 57 £.

City Cruises *(☎ 7740 0400, www.citycruises.com, salidas del muelle de Westminster),* **plano 6.** Crucero con cena (48 £) de miércoles a domingo a las 19.00, con regreso a las 22.30, de primeros de abril a octubre; de noviembre a primeros de abril sólo salen los viernes y sábados.

Thames Cruises *(☎ 7928 9009, salidas del muelle de Westminster),* **plano 6.** Ofrecen cruceros de cuatro horas en un barco-discoteca los días laborables a las 19.00 y los sábados a las 20.00. Cuestan 17,80/12,80 £ con/sin cena.

DEPORTES

En Londres se celebran innumerables acontecimientos deportivos durante todo el año. De nuevo la mejor fuente de información sobre direcciones, horarios y precios de entradas es el semanario de ocio *Time Out.*

Fútbol

En el año 2000 se cerró el estadio de Wembley, situado al noroeste de Londres, donde la selección inglesa jugaba sus partidos internacionales y se disputaba la final de la FA Cup a mediados de mayo; está previsto reemplazar el edificio, construido en 1923, por un vanguardista estadio nacional con 80.000 asientos, que sirva de escenario para encuentros de fútbol, la liga de rugby y competiciones de atletismo. La demolición de Wembley, con sus dos famosas torres, se inició a finales de septiembre de 2002 y, de momento, los principales partidos de fútbol se disputan en otros estadios fuera de la ciudad.

La capital cuenta con una docena de equipos de liga y alrededor de seis suelen jugar la Premier League, lo que significa que cualquier fin de semana desde agosto a mediados de mayo se puede ver fútbol de calidad tras un trayecto en metro o tren... si se consiguen entradas.

A continuación se citan los equipos de Londres y alrededores que en estos momentos juegan en primera división (Premier League); las entradas para sus encuentros suelen agotarse con mucha antelación:

Arsenal *(☎ 7413 3366, www.arsenal.com, Avenell Rd N5),* **plano 1,** ⊖ Arsenal. Entradas 10-39 £.

Charlton Athletic *(☎ 8333 4010, www.cafc.co.uk, The Valley, Floyd Rd SE7),* **plano 1,** estación de Charlton. Por lo general es sólo para abonados (120-480 £), pero se puede llamar antes.

Chelsea *(☎ 7385 5545, entradas 7386 7799, www.chelseafc.co.uk, Stamford Bridge Stadium, Fulham Rd SW6),* **plano 10,** ⊖ Fulham Broadway. Entradas 11-40 £. Se organizan visitas diarias (☎ 0870 603 0005; adultos/jubilados y niños 8/5 £), a las 11.00, 13.00 y 15.00. Véase "Chelsea World of Sports" en el capítulo *Qué ver y hacer.*

Fulham *(☎ 7893 8383, entradas 7384 4710, www.fulhamfc.co.uk, Craven Cottage, Stevenage Rd SW6),* **plano 2,** ⊖ Putney Bridge. Entradas 6-26 £.

Tottenham Hotspur *(☎ 8365 5000, entradas 08700 112222, www.spurs.co.uk, White Hart Lane N17),* **plano 1,** estación White Hart Lane. Precios: 11-55 £.

West Ham United *(☎ 8365 5000, entradas 85 48 2700, www.westhamunited.co.uk, Boleyn Ground, Green St E13),* **plano 1,** ⊖ Upton Park. Entradas 26-46 £.

Críquet

Sigue gozando de aceptación, pese a la mala racha del equipo de Inglaterra. Los partidos internacionales se juegan en dos campos: Lord's y The Oval. Las entradas son caras (de 20 a 50 £) y se agotan rápidamente; es mejor intentarlo para un encuentro entre condados (8-10 £) de abril a septiembre.

Lord's *(☎ 7432 1066, www.lords.org, St John's Wood Rd NW8),* **plano 3,** ⊖ St John's Wood. El Middlesex juega en de Lord. Para informarse sobre visitas, véase "Campo de críquet de Lord" en el capítulo *Qué ver y hacer.*

The Oval *(☎ 7582 7764, www.surreyccc.co.uk, Kennington Oval SE11),* **plano 2,** ⊖ Oval. En este campo juega el Surrey.

Rugby

En Inglaterra se distingue entre la Rugby Union, la federación de equipos en otro tiempo aficionados, compuestos por 15 jugadores; y la Rugby League, que es la liga profesional en la que compiten equipos de 13 jugadores. Para ver partidos de la Rugby Union hay que ir al suroeste de Londres, donde se enfrentan de agosto a mayo clubes de categoría, como Harlequins, Wasps o London Welsh. Entre enero y marzo Inglaterra, Escocia, Gales, Irlanda, Francia e Italia juegan el Torneo de las Seis Naciones.

Estadio de rugby de Twickenham *(☎ 8892 2000, www.rfu.com, Rugby Rd, Twickenham)*, **plano 1**, ⊖ Hounslow East, luego autobús 281/estación Twickenham. Cada año se disputan al menos dos o tres grandes encuentros en este santuario de la Rugby Union inglesa. Para obtener información sobre visitas al estadio y su museo, véase "Richmond y Twickenham" en el capítulo *Qué ver y hacer.*

London Broncos *(☎ 8853 8001, www.londonbroncos.co.uk, The Valley, Floyd Rd SE7)*, **plano 1**, estación Charlton. Es el único equipo de la liga de rugby (Rugby League) en todo el sur de Inglaterra.

Tenis

Wimbledon (al sureste de Londres) y tenis son prácticamente sinónimos.

Wimbledon *(☎ 8944 1066, 8946 2244, www.wimbledon.org, Church Rd SW19)*, **plano 1**, ⊖ Southfields/Wimbledon Park. El torneo se celebra en el All England Lawn Tennis Club de Wimbledon a finales de junio/primeros de julio, desde 1877. Pero las colas, los precios exorbitantes, la escasez de entradas y las incómodas instalaciones pueden hacer pensar que Wimbledon no es más que un timo. Aunque el día del partido se vende una cifra limitada de localidades para las pistas centrales, 1 y 2, las colas resultan interminables. Cuanto más cerca está la final, más suben los precios; una entrada que costaba 25 £ una semana antes, se duplica el día del partido. Las de las canchas exteriores cuestan menos de 10 £ y se abaratan después de las 17.00.

Todos los años, entre el 1 de septiembre y el 31 de diciembre, se sortean públicamente las mejores localidades para el torneo del año siguiente. Entre esas dos fechas se puede probar suerte enviando un sobre con dirección y sello a All England Lawn Tennis Club, PO Box 98, Church Rd, Wimbledon SW19 5AE.

Atletismo

Centro Nacional de Deportes Crystal Palace *(☎ 8778 0131, www.crystalpalace.co.uk, Ledrington Rd SE19)*, **plano 1**, estación Crystal Palace. Durante el verano se organizan competiciones de atletismo y natación que reúnen a grandes figuras nacionales e internacionales.

Carreras de caballos

Los aficionados a las apuestas pueden elegir entre varias competiciones de primera categoría a escasa distancia de la capital. La temporada de carreras sin obstáculos dura de abril a septiembre.

En junio ***Ascot*** *(☎ 01344-622211, www.ascot.co.uk)*, en Berkshire, puede resultar agradable, aunque un poco pomposo con todos esos sofisticados sombreros. También se celebra en junio el Derby Day de ***Epsom*** *(☎ 01372-470047, www.epsomderby.co.uk)*, en Surrey, bastante más sencillo. Generalmente se considera que ***Sandown Park*** *(☎ 01 372-463072, www.sandown.co.uk)*, también en Surrey, es la mejor carrera hípica del sureste. ***Windsor*** *(☎ 01753-865234, www.windsorracing.co.uk)*, junto al castillo, es un lugar idílico para pasar un día en las carreras.

Carreras de galgos

Si se busca una forma barata de pasar la velada se puede optar por una carrera de galgos, donde varios perros (de seis a ocho) persiguen a un conejo mecánico por una pista ovalada. Una sesión de 12 carreras cuesta de 1,50 a 5 £ y es el segundo deporte más popular de Gran Bretaña, tan sólo aventajado por el fútbol. Apuestas de poca monta garantizan la emoción y el ambiente resulta bastante cordial.

Catford Stadium *(☎ 8690 8000, Adenmore Rd SE6)*, **plano 1**, estación Catford Bridge.

Walthamstow Stadium *(☎ 8531 4255, www.wsgreyhound.co.uk, Chingford Rd E4)*, **plano 1**, estación Highams Park.

Wimbledon Stadium *(☎ 8946 8000, www.wimbledondogs.co.uk, Plough Lane SW17)*, ⊖ Wimbledon Park.

De compras

Aunque Napoleón describió a Gran Bretaña como una nación de tenderos, a medida que las impersonales cadenas de grandes almacenes van diezmando los pequeños comercios de las calles principales resultaría más atinado decir que es una nación de compradores. Y ningún lugar lo ejemplifica mejor que Londres, donde ir de compras es uno de los pasatiempos más populares.

QUÉ COMPRAR

Londres es la meca de los compradores compulsivos del Reino Unido y Europa continental; lo que no pueda encontrarse allí, probablemente es que no existe.

Si se busca algo con "marca" británica, habrá que evitar los artículos *kitsch* adornados con la Union Jack que abundan en Carnaby St, Oxford St y Covent Garden y optar por los que los británicos consideran de calidad, a veces con estilo y siempre robustos: botas y zapatos Dr Marten, gabardinas Burberry, trajes y bermudas de las sastrerías de Jermyn St y Saville Row, cristal y porcelana Royal Doulton, y bisutería (para las manos, la muñeca, la nariz, las cejas o el ombligo). Las librerías son célebres en todos los ámbitos y satisfacen los gustos más rebuscados. Por si fuera poco, la palabra "antigüedad" no siempre significa "que no tiene precio", pues se encuentran curiosidades y caprichos interesantes a precios razonables en el Antiquarius Antiques Centre de Chelsea o en el mercado de Bermondsey, por citar algunos.

En general, las tiendas abren de lunes a sábado de 9.00 o 10.00 a 18.00 o 18.30, aunque los jueves suelen cerrar más tarde (normalmente a las 20.00). Cada vez hay mayor número de grandes almacenes que abren los domingos, sobre todo de 12.00 a 18.00 o bien de 10.00 a 16.00. Los compradores que, aún así, no tengan bastante, pueden buscar la publicación anual *Time Out Shopping Guide* (7,99 £), que informa sobre cualquier oportunidad de compra existente en la capital.

Antigüedades

Es posible conseguir piezas que merezcan la pena en el mercado de antigüedades de los sábados en Portobello Rd, pero la calidad es superior en Camden Passage o en el mercado de Bermondsey (véase el capítulo *Mercados de Londres)*.

Antiquarius Antiques Centre *(☎ 7531 5353, 131-41 King's Rd SW3)*, **plano 10,** ⊖ Sloane Square. Lunes a sábado de 10.00 a 18.00. Hay 120 puestos y vendedores que ofrecen de todo, desde sombreros de copa y sacacorchos hasta maletas usadas y joyería. Vale la pena visitarlo, pese a estar lleno de turistas.

Antiguo Ayuntamiento de Chelsea *(☎ 01225-723894, King's Rd SW3)*, **plano 10,** ⊖ Sloane Square. Domingos de 11.00 a 17.30 (mensual). Construido en King's Rd en 1886, este sólido edificio es la sede de una conocida feria de antigüedades que se celebra un domingo al mes. Para más información sobre las fechas, se recomienda telefonear.

London Architectural Salvage & Supply Company *(☎ 7749 9944, www.lassco.co.uk, iglesia de St Michael, Mark St EC2, entrada por Leonard St)*, **plano 4,** ⊖ Old Street. Lunes, miércoles a sábados de 10.00 a 17.00, martes de 10.00 a 20.00. El paraíso de los que disfrutan reciclando: desde tejas de pizarra y tablas de tarima de roble hasta enormes chimeneas de mármol y objetos de decoración de jardines. Está ubicado en una antigua iglesia.

London Silver Vaults *(☎ 7242 3844, Chancery House, 53-63 Chancery Lane WC2, entrada por Southampton Buildings)*, **plano 6,** ⊖ Chancery Lane. Lunes a viernes de 9.00 a 17.30, sábados de 9.00 a 13.00. Las 40 tiendas subterráneas que responden a este nombre colectivo forman el mayor "centro comercial" de objetos de plata del mundo. Venden cualquier cosa fabricada con este metal, desde joyería y marcos hasta candelabros o juegos de té para 12 personas. Aparte de comprar, se puede simplemente curiosear entre la mercancía y preguntarse de cuál de las mansiones situadas encima procede.

Sean Arnold Sporting Antiques *(☎ 7221 2267, 1 Pembridge Villas W2)*, **plano 5,** ⊖ Bayswater. Tienda de antigüedades especializada en juguetes valiosos para chicos crecidit0s.

ELLIOT DANIEL

Para mapas antiguos y libros de peso, hay que ir río abajo hasta Greenwich.

Libros

Generales. Para los que leyeron el libro *84 Charing Cross Road* o vieron la película *(La carta final)*, Charing Cross Rd (planos 7 y 8; ⊖ Tottenham Court Road/Leicester Square) no necesita presentación alguna. Aquí se encuentran obras nuevas y antiguas, e incluso libros de anticuario en las pequeñas callejuelas (Cecil Court y St Martin's Court) que la comunican con St Martin's Lane.

Blackwell's *(☎ 7292 5100, www.bookshop.blackwell.co.uk, 100 Charing Cross Rd WC2)*, **plano 8,** ⊖ Tottenham Court Road. Tienda especializada en material de enseñanza, aunque también tiene libros de todo tipo.

Borders *(☎ 7379 8877, www.bordersstores.com, 120 Charing Cross Rd WC2)*, **plano 8,** ⊖ Tottenham Court Road; *(☎ 7292 1600, 203 Oxford St W1)*, **plano 7,** ⊖ Oxford Circus. Perteneciente a la cadena estadounidense, posee una buena selección de obras de carácter general y académico. La tienda de Oxford St dispone de cuatro plantas repletas de libros, revistas, periódicos de todo el mundo, CD, cintas y DVD, además de un café-bar en el 2º piso.

Foyle's *(☎ 7437 5660, www.foyles.co.uk, 113-9 Charing Cross Rd WC2)*, **plano 8,** ⊖ Tottenham Court Road. Es la mayor y más caótica de las librerías, pero dispone de ejemplares que quizá no se encuentren en ningún otro sitio.

Waterstone's *(☎ 7434 4291, www.waterstones.co.uk, 121 Charing Cross Rd WC2)*, **plano 7,** ⊖ Leicester Square; *(☎ 7851 2400, 203-6 Piccadilly W1)*, **plano 7,** ⊖ Piccadilly Circus; *(☎ 7636 1577, 82 Gower St WC1)*, **plano 6,** ⊖ Goodge Street. Esta cadena, que ha cambiado el concepto de comprar libros, gracias a la competencia de su personal, la buena organización de sus estanterías y la tranquilidad reinante, sigue creciendo: ya tiene más de 30 locales en la zona metropolitana. La de Piccadilly es la mayor librería de Europa.

Especializadas. Numerosas librerías de este tipo se concentran en Charing Cross Rd (plano 8) y sus alrededores; algunas son:

Helter Skelter *(☎ 7836 1151, www.skelter.demon.co.uk, 4 Denmark St WC2)*. Excelente tienda situada junto a Charing Cross Rd, con un personal muy atento; está especializada en obras sobre música popular.

Murder One *(☎ 7734 3485, 71-3 Charing Cross Rd WC2)*. Para aficionados a novelas policiacas, sentimentales y de ciencia ficción.

Sportspages *(☎ 7240 9604, www.sportspages.co.uk, 94-6 Charing Cross Rd)*. Libros, revistas y fanzines de deportes.

Zwemmer Art & Architecture *(☎ 7240 4158, www.zwemmer.com, 24 Litchfield St WC2; ☎ 7240 4157, 80 Charing Cross Rd WC2)*. Toda clase de libros de arte y arquitectura. La tienda situada enfrente, que da a Charing Cross Rd, se dedica a obras sobre fotografía y cine.

Para otras librerías especializadas, hay que irse más lejos.

Books for Cooks *(☎ 7221 1992, www.booksforcooks.com, 4 Blenheim Crescent W11)*, **plano 5,** ⊖ Ladbroke Grove. Gran colección de libros de cocina; también hay un pequeño café con fogones para experimentar alguna de las recetas.

French Bookshop *(☎ 7584 2840, www.frenchbookshop.com, 28 Bute St SW7)*, **plano 10,** ⊖ South Kensington. Libros en francés y sobre Francia.

Garden Books *(☎ 7792 0777, 11 Blenheim Crescent W11)*, **plano 5,** ⊖ Ladbroke Grove. Está en la misma calle que Books for Cooks y es la primera tienda que abrió Travel Bookshop; se dedica a los libros de jardinería.

Gay's the Word *(☎ 7278 7654, www.gaysthe word.co.uk, 66 Marchmont St WC1)*, **plano 4,** ⊖ Russell Square. Guías y literatura sobre la comunidad homosexual.

Grant & Cutler *(☎ 7734 2012, www.grantandcu tler.com, 55-7 Great Marlborough St W1)*, **plano 7,** ⊖ Oxford Circus. La mejor tienda de libros en otros idiomas que existe en Londres; es posible encontrar obras en árabe y zulú o estos pueblos. Gran oferta de títulos en español.

Ian Allen's Transport Bookshop *(☎ 7401 2100, 45-6 Lower Marsh SE1)*, **plano 6,** ⊖ Waterloo. Los aficionados a las locomotoras no podrán resistirse a esta librería dedicada a transportes y defensa: aviones, vehículos a motor y trenes.

Las principales cadenas venden guías y mapas, pero hay algunas tiendas especializadas en libros de viajes.

Daunt Books *(☎ 7224 2295, 83-84 Marylebone High St W1)*, **plano 6,** ⊖ Baker Street. Amplia selección de guías y libros en esta bonita y luminosa tienda de Marylebone.

Stanford's *(☎ 7836 1321, www.stanfords.co.uk, 12-14 Long Acre WC2)*, **plano 8,** ⊖ Covent Garden; *(Centro Británico de Visitantes, ☎ 7808 3891, 1 Regent St SW1)*, **plano 7,** ⊖ Piccadilly Circus; *(British Airways Travel Shop, ☎ 7434 4744, 156 Regent St W1)*, **plano 7,** ⊖ Piccadilly Circus. La principal tienda Stanford's tiene una de las mayores selecciones del mundo de mapas, guías y literatura sobre viajes. Los otros locales de la cadena no pueden igualarla.

Travel Bookshop *(☎ 7229 5260, www.travelbook shop.co.uk, 13 Blenheim Crescent W11)*, **plano 5,** ⊖ Ladbroke Grove. La mejor "boutique" de viajes ofrece todas las guías nuevas y algunas joyas descatalogadas.

Segunda mano. En Charing Cross Road (plano 8) se encuentran varias tiendas de libros usados y al sur del río hay un mercado dedicado a la misma mercancía.

Mercado de Riverside Walk *(Riverside Walk SE1)*, **plano 6,** ⊖ Waterloo/Embankment. Sábados y domingos de 10.00 a 17.00. Uno de los lugares más recomendables para conseguir libros baratos de segunda mano descatalogados hace tiempo. Se monta en South Bank, bajo los arcos del puente de Waterloo. Suelen reunirse alrededor de 20 vendedores y algunos abren entre semana.

Equipo de acampada y excursionismo

Londres es una ciudad idónea para comprar esta clase de artículos.

Blacks *(☎ 7404 5681, www.blacks.co.uk, 10-11 Holborn WC1)*, **plano 6,** ⊖ Holborn. Es uno de los seis establecimientos de la cadena nacional dedicada a la venta de tiendas de campaña y otros objetos relacionados.

Nomad Traveller's Store & Medical Centre *(☎ 8889 7014, www.nomadtravel.co.uk, 3-4 Wellington Terrace, Turnpike Lane N8)*, ⊖ Turnpike Lane. Este local almacena toda clase de cachivaches que un viajero pueda necesitar (mosquiteras, cinturones para guardar el dinero, etc.), además del equipo necesario para excursiones.

Outdoors *(☎ 7329 8757, 41 Ludgate Hill EC4)*, **plano 6,** ⊖ Blackfriars; *(☎ 7834 6007, 27 Buckingham Palace Rd SW1)*, **plano 11,** ⊖ Victoria. Marca perteneciente a la cadena Camping & Outdoor Centres, con dos locales en Londres: uno en la City y otro en Pimlico.

YHA Adventure Shop *(☎ 7938 2948, www.yha-adventure.co.uk, 174 Kensington High St W8)*, **plano 5,** ⊖ High Street Kensington; *(☎ 7233 6500, 120 Victoria St SW1)*, **plano 11,** ⊖ Victoria; *(☎ 7025 1900, 152-60 Wardour St W1)*, ⊖ Tottenham Court Rd. Excelente para equipo de acampada y senderismo.

Ropa

Moda de diseñadores. Cualquier modisto internacional que se precie cuenta con una tienda en Londres, con frecuencia en Sloane St o Bond St, o si no en Knightsbridge. No hay que olvidar a diseñadores clásicos británicos, como Alexander McQueen (que también posee una colección de gafas de sol muy actual), Amanda Wakeley, Vivienne Westwood, Paul Smith y Nicole Farhi, o a nombres prometedores como Roland Mouret, Scott Henshall, Tracey Mulligan y Liza Bruce, que combinan diseño y ropa informal.

Las tiendas que se indican a continuación resultan perfectas si se quiere ver escaparates, aunque no siempre son del gusto de todos.

Amanda Wakeley *(☎ 7590 9105, 80 Fulham Rd SW3)*, ⊖ South Kensington. Piezas y complementos de inspiración clásica concebidos por la defensora del traje sastre y las perlas.

Betty Jackson *(☎ 7589 7884, 311 Brompton Rd SW3)*, ⊖ South Kensington. Lino, ante y punto con diseños modernos, pero no demasiado.

JULIET COOMBE

Gafas de sol de diseño o monturas de fantasía en los emporios ópticos de la ciudad.

Nicole Farhi *(☎ 7499 8368, 158 New Bond St W1)*, ⊖ Bond Street. Las prendas de esta creadora también se venden en Harrods, Harvey Nichols y Selfridges.

Paul Smith *(☎ 7379 7133, 40-4 Floral St WC2)*, ⊖ Covent Garden. Recientemente nombrado caballero, ha concebido una línea masculina y otra femenina.

Prada *(☎ 7647 5000, 16-18 Old Bond St W1)*, ⊖ Piccadilly Circus/Green Park. Ropa deportiva de corte clásico y prendas informales que nunca pasan de moda.

Ralph Lauren *(☎ 7535 4600, 1 New Bond St W1)*, ⊖ Piccadilly Circus/Green Park. Vestidos, blusas y *tops* sencillos pero elegantes.

Tomasz Starewski *(☎ 7244 6138, 14 Stanhope Mews West SW7)*, ⊖ Gloucester Road. Trajes y prendas para personas de espíritu juvenil.

Vivienne Westwood *(☎ 7629 3757, 6 Davies St W1)*, ⊖ Bond Street. La diseñadora de la generación punk todavía consigue sorprender.

Moda urbana. Carnaby St, al sureste de la estación de metro Oxford Circus, fue el centro de la moda durante los años sesenta, aunque ha perdido ese papel. Ahora han tomado el relevo las tiendas de la zona de King's Rd y Kensington High St, y los puestos de los mercados de Portobello Rd y Camden.

Ad Hoc *(☎ 7376 8829, 153 King's Rd SW3)*, **plano 10,** ⊖ Sloane Square. Buena opción para comprar prendas de cuero, botas de piel y *tops* con ceñidores.

CM Store *(☎ 7351 9361, 121 King's Rd SW3)*, **plano 10,** ⊖ Sloane Square. Ropa corriente basada en camisetas y vaqueros.

Dispensary *(☎ 7721 9290, 25 Pembridge Rd W11)*, **plano 5,** ⊖ Notting Hill Gate. Venden artículos similares a los de Ad Hoc.

French Connection UK *(☎ 7629 7766, 396 Oxford St W1)*, **plano 6,** ⊖ Oxford Circus. Esta cadena, que cuenta con un agresivo departamento de relaciones públicas, todavía es líder en estilo y calidad dentro de la moda de sport con un toque *chic.*

High Jinks *(☎ 7240 5580, Thomas Neal Centre, Earlham St WC2)*, **plano 8,** ⊖ Covent Garden. Gran emporio de moda muy urbana, con creaciones de jóvenes diseñadores que derrochan imaginación y entusiasmo.

Pineapple *(☎ 7836 4006, 6a Lanley St WC2)*, **plano 8,** ⊖ Covent Garden. Una de las muchas tiendas de ropa femenina de la zona de Covent Garden.

Zara *(☎ 7534 9500, 118 Regent St W1)*, **plano 7,** ⊖ Piccadilly Circus/Oxford Street. Esta sucursal de la popular cadena española mantiene su filosofía: prendas sencillas y de gran actualidad, que se renuevan constantemente.

Retro y segunda mano. A continuación se detallan algunos de los mejores lugares para comprar ropa usada y de corte antiguo, como vestidos de abalorios al estilo de los años veinte o trajes sastre de los cincuenta, blusas hindúes de los sesenta y otros:

Blackout II *(☎ 7240 5006, 51 Endell St WC2)*, ⊖ Covent Garden. Ropa retro para hombres y mujeres desde los años cincuenta a los ochenta.

Cornucopia *(☎ 7828 5752, 12 Upper Tachbrook St SW1)*, ⊖ Victoria. Principalmente prendas y complementos femeninos de la década de 1940.

Delta of Venus *(☎ 7387 3037, 151 Drummond St NW1)*, ⊖ Euston. Especializada en ropa y artículos de los años sesenta.

Yesterday's Bread *(☎ 7287 1929, 29-31 Foubert's Place W1)*, ⊖ Oxford Circus. Todo lo necesario para ir a la moda de 1970.

Para la lluvia. No es raro que en esta húmeda ciudad se vendan gabardinas y paraguas elegantes y de buenas calidades.

Aquascutum *(☎ 7675 8200, 100 Regent St W1)*, **plano 7**, ⊖ Piccadilly Circus. Chaquetones, sobre todo los de tipo marinero e inspiración retro, y parkas.

Burberry *(☎ 7839 5222, 21-3 New Bond St SW1)*, **plano 6**, ⊖ Bond Street/Oxford Circus. Monopolio de la prenda londinense por excelencia –la gabardina clásica o *macintosh*– con su característico diseño de cuadros escoceses *(tartan)*.

James Smith & Sons *(☎ 7836 4731, 53 New Oxford St WC1)*, **plano 8**, ⊖ Tottenham Court Road. Nadie fabrica los paraguas como James Smith, que posee una enorme variedad en su local, junto a una espectacular colección de bastones. El exterior de la tienda es digno de figurar en un museo.

Ropa interior. El nombre de ***Marks & Spencer*** (véase "Grandes almacenes", más adelante) sigue siendo conocido desde Hong Kong hasta Hammersmith por su ropa interior de alta calidad y precio razonable, pero también hay un par de tiendas especializadas recomendables.

Agent Provocateur *(☎ 7439 0229, 6 Broadwick St W1)*, **plano 7**, ⊖ Oxford Circus; *(☎ 7235 0229, 16 Pont St SW1)*, **plano 5**, ⊖ Knightsbridge. Un surtido de braguitas irresistible. Merece la pena detenerse ante los escaparates de las dos tiendas.

Ann Summers *(☎ 7434 2475, 79 Wardour St W1)*, **plano 7**, ⊖ Piccadilly Circus. La lencería de este lugar está pensada para el lucimiento y no tanto para la comodidad.

Rigby & Peller *(☎ 7589 9293, 2 Hans Rd SW3)*, **plano 10**, ⊖ Knightsbridge. Tienda al viejo estilo, famosa porque fabrica los sujetadores de la reina. Sostenes de confección y a medida, corsés y bañadores.

Gastronomía y bebidas

Las tiendas de alimentación aparecen cada dos pasos en Londres, pero las galerías de ***Harrods, Selfridges*** y ***Fortnum & Mason*** (véase "Grandes almacenes", más adelante) son atracciones en sí mismas. Tampoco se quedan atrás otros establecimientos especializados más pequeños.

Queso. ***International Cheese Centre*** *(☎ 7628 6637, 3b West Mall, estación de Liverpool Street EC2)*, **plano 9**, ⊖ Liverpool Street. Esta pequeña cadena dispone de locales en las estaciones de Marylebone y Victoria. Cientos de variedades de quesos, tanto del país como del continente.

Neal's Yard Dairy *(☎ 7240 5700, 17 Shorts Gardens WC2)*, **plano 8**, ⊖ Covent Garden. Aquí se pueden probar algunos de los mejores (y más esotéricos) quesos de las Islas Británicas.

Paxton & Whitfield *(☎ 7930 0259, 93 Jermyn St SW1)*, **plano 7**, ⊖ Piccadilly Circus. El comerciante de quesos más antiguo de Londres (desde 1797) afirma poseer 200 clases diferentes.

Carne. ***Simply Sausages*** *(☎ 7329 3227, 341 Central Markets, mercado de Smithfield, cruce de Charterhouse St y Farringdon St)*, **plano 6**, ⊖ Farringdon. Es el lugar idóneo para aprovisionarse si se quiere hacer una barbacoa. Entre las salchichas a la venta destacan las elaboradas con pato, albaricoques y naranjas, las de carne y Guinness o las vegetarianas de champiñón al estragón.

Dulces y especias. ***Dugan's Chocolates*** *(☎ 7354 4666, 149a Upper St N1)*, **plano 4**, ⊖ Angel. Diminuta tienda que cuenta con una selección sorprendentemente amplia de bombones.

The Hive *(☎ 7924 6233, 93 Northcote Rd SW11)*, ⊖ Clapham South. Más de 40 tipos de miel diferentes, además de un panal *in situ* para que los clientes puedan ver a las abejas trabajar. También venden jalea real, velas de cera y otros productos apícolas.

Jane Asher Party Cakes *(☎ 7584 6177, 22-4 Cale St SW3)*, **plano 10**, ⊖ South Kensington/Sloane Street. Jane Asher, actriz y escritora de libros de cocina, más conocida por su relación con el ex Beatle Paul McCartney durante los años sesenta, ha copado el mercado londinense de la decoración de tartas. Se recomienda entrar a echar un vistazo o a probar su surtido.

Konditor & Cook *(☎ 7261 0456, 22 Cornwall Rd SE1)*, **plano 6**, ⊖ Waterloo; *(☎ 7407 5100, mercado de Borough, 10 Stoney St SE1)*, **plano 9**, ⊖ London Bridge. Se puede afirmar que es la mejor "panadería de encargos" de Londres.

Rococo *(☎ 7352 5857, 321 King's Rd SW3)*, **plano 10**, ⊖ Sloane Square. Los adictos al chocolate lo pasarán en grande en esta tienda, que lo mismo ofrece bombones belgas Godiva que los exquisitos Valrhona, franceses.

Spice Shop *(☎ 7221 4448, 1 Blenheim Crescent W11)*, **plano 5**, ⊖ Ladbroke Grove. Mareante selección de especias, hierbas y aceites balsámicos.

Café y té. ***Algerian Coffee Stores*** *(☎ 7437 2480, 52 Old Compton St W1)*, **plano 7**, ⊖ Leicester

Square. Diversas clases de té y café, como el Maragogype (también conocido como "Elephant Bean"), que es el mayor grano de café del mundo.

Angelucci Coffee Merchants *(☎ 7437 5889, 23b Frith St W1)*, **plano 7,** ⊖ Tottenham Court Rd. Esta tienda vecina es más acogedora, posee una amplia selección, y su propia mezcla (Mokital) resulta excelente.

The Tea House *(☎ 7240 7539, 15a Neal St WC2)*, **plano 8,** ⊖ Covent Garden. Cuenta con una enorme gama de tés y tisanas, además de teteras.

Alcohol Gerry's *(☎ 7734 4215, 74 Old Compton Rd W1)*, **plano 7,** ⊖ Leicester Square. En este local venden licores de lugares remotos, por ejemplo pisco peruano, *zubrówka* polaco, vodka Stoli Razberi o absenta de 70º.

Milroy's of Soho *(☎ 7437 9311, 3 Greek St W1)*, **plano 7,** ⊖ Tottenham Court Road. Próxima a la anterior, ofrece más de 500 clases de whisky, de ellas 350 de malta y 30 irlandeses.

Muebles y decoración

Conran Shop *(☎ 7589 7401, Michelin House, 81 Fulham Rd SW3)*, **plano 10,** ⊖ South Kensington. Es uno de los inventos de Terence Conran, creador de Habitat (véase más adelante) y de muchos restaurantes de lujo londinenses. En este caso se trata de mobiliario minimalista neoyorquino y de inspiración asiática, baterías de cocina y cuberterías, mucho más exclusivos, como demuestra su precio. El principal atractivo de la tienda reside en el propio local (véase "Residencia Michelin" en el capítulo *Qué ver y hacer)*.

Habitat *(☎ 7631 3880, 196 Tottenham Court Rd W1)*, **plano 6,** ⊖ Goodge Street; (☎ 7351 1211, 208 King's Rd SW3), **plano 10,** ⊖ Sloane Square. La cadena que introdujo el diseño en los hogares británicos ofrece toda clase de muebles y objetos de decoración. Hay locales de Habitat por toda la ciudad, uno de ellos en Chelsea.

Heal's *(☎ 7636 1666, 196 Tottenham Court Rd W1)*, **plano 6,** ⊖ Goodge Street; *(☎ 7349 8411, 224 King's Rd SW3)*, **plano 10,** ⊖ Sloane Square. Tienda de muebles con gran tradición, posee diseños elegantes y una completa sección de accesorios de cocina.

Kitschen Sync *(☎ 7497 5129, 7 Earlham St WC2)*, **plano 8,** ⊖ Covent Garden. Si se busca lo original, esta tienda vende "baratijas inútiles" (según sus propias palabras) y objetos de cocina retro, como hervidores de agua de color rosa chillón o sillas de plástico con lunares.

Royal Doulton *(☎ 7734 3184, 154 Regent St W1)*, **plano 7,** ⊖ Piccadilly Circus. Especialistas en porcelana clásica inglesa y cristalería tallada.

Joyería

En cualquier mercado o en los puestos de las estaciones de líneas principales es fácil encontrar piezas corrientes, pero si lo que se busca es algún diseño clásico (de corte antiguo) o piedras sin montar, conviene darse una vuelta por Hatton Garden EC1 **(plano 6,** ⊖ Chancery Lane): tiendas y más tiendas atestadas de oro, diamantes y joyas, situadas al sur de la ciudad. Para otro tipo de piezas más actuales, el lugar a visitar es ***Portobello Green*** (véase el capítulo *Mercados de Londres)*, una galería del mercado de Portobello Rd donde se reúnen joyeros verdaderamente vanguardistas.

Into You *(☎ 7253 5085, 144 St John St EC1)*, **plano 4,** ⊖ Farringdon. Para hacerse un *piercing* o un tatuaje en cualquier parte del cuerpo. También venden joyería interesante.

Aunque para comprar otro tipo de joyas es necesario haber ganado un premio de la lotería, a continuación se indican algunas de las mejores opciones:

Asprey & Garrard *(☎ 7493 6767, 165-9 New Bond St W1)*, **plano 7,** ⊖ Bond Street/Green Park. Templo de la opulencia que también ofrece algunas piezas más económicas.

Cartier *(☎ 7493 6962, 175-6 New Bond St W1)*, **plano 6,** ⊖ Green Park. Con larga tradición en el sector, son proveedores de la familia real desde 1902.

Mappin & Webb *(☎ 7734 3801, 170 Regent St W1)*, **plano 7,** ⊖ Oxford Circus/Piccadilly Circus. Lleva en el negocio desde 1774, pero ha introducido elementos nuevos, como relojes de diseño.

Tiffany & Co *(☎ 7409 2790, 25 Old Bond St W1)*, **plano 7,** ⊖ Green Park. Es un poco más asequible que la mayoría de las joyerías exclusivas de Londres.

Música

Las mayores selecciones de CD, DVD, cintas y juegos se reúnen en cualquiera de los siguientes *megastores,* todos enclavados en el West End (plano 7):

HMV *(☎ 7631 3423, 150 Oxford St W1)*, ⊖ Oxford Circus. Lunes a miércoles, viernes y sábados de 9.00 a 20.00, jueves de 9.00 a 21.00, domingos de 12.00 a 18.00. Tiene tres plantas con material para todos los gustos.

Tower Records *(☎ 7439 2500, 1 Piccadilly Circus W1)*, ⊖ Piccadilly Circus; *(☎ 7424 2900, 162 Camden High St NW1)*, **plano 3**, ⊖ Camden Town. Lunes y sábados de 8.30 a medianoche, martes a viernes de 9.00 a medianoche, domingos de 12.00 a 18.00. Música de todos los estilos, aunque las secciones de jazz y folk son particularmente completas. La tienda de Picadilly Circus es enorme.

Virgin Megastore *(☎ 7631 1234, 14-30 Oxford St W1)*, ⊖ Tottenham Court Road. Lunes a sábado de 9.30 a 22.00, domingos de 12.00 a 18.00. El mayor de los *megastores,* con cuatro plantas y presentaciones a lo grande de los Top 40.

En la capital británica hay también excelentes tiendas de música especializadas en estilos concretos, como jazz, *big band* o músicas del mundo. Merece la pena visitar:

Blackmarket *(☎ 7437 0478, 25 D'Arblay St W1)*, **plano 7**, ⊖ Oxford Circus. Local pequeño e incómodo, con seis platos giratorios, es el templo de la música dance.

Dub Vendor *(☎ 7223 3757, 274 Lavender Hill SW11)*, estación: Clapham Junction. Especializada en *reggae.*

Honest Jon's *(☎ 8969 9822, 276-278 Portobello Rd W10)*, **plano 5**, ⊖ Ladbroke Grove. Dos tiendas vecinas con jazz, soul y *reggae.*

Mole Jazz *(☎ 7278 8623, 311 Gray's Inn Rd WC1)*, **plano 4**, ⊖ King's Cross. Probablemente la mejor tienda de jazz clásico y CD de segunda mano.

Ray's Jazz Shop *(☎ 7240 3969, 180 Shaftesbury Ave WC2)*, **plano 8**, ⊖ Tottenham Court Road. Tranquilo local situado en el corazón del frenético Soho, con dependientes entendidos y amables.

On the Beat *(☎ 7637 8934, 22 Hanway St W1)*, **plano 7**, ⊖ Tottenham Court Road. Música de las décadas de 1960 y 1970 principalmente y personal atento.

Reckless Records *(☎ 7437 4271, 26 & 30 Berwick St W1)*, **plano 7**, ⊖ Oxford Circus. Estos dos establecimientos tienen una amplia selección de soul, *punk* y *new dance* de segunda mano.

Rough Trade *(☎ 7229 8541, 130 Talbot Rd W11)*, **plano 5**, ⊖ Ladbroke Grove/Notting Hill Gate. Especializado en *indie,* figura entre los mejores.

DÓNDE COMPRAR

Algunos de los mayores grandes almacenes de Londres constituyen verdaderas atracciones turísticas por derecho propio; muy pocos visitantes abandonan la capital sin haberse acercado a ***Harrods*** y ***Fortnum & Mason,*** aunque sólo sea para curiosear. Y la serie televisiva de culto *Absolutely Fabulous* ha convertido a ***Harvey Nichols*** (conocido como "Harvey Nicks") en otra atracción.

Pese a que en la capital británica se puede comprar de todo en cualquier parte, algunas calles son célebres por sus propias especialidades. Tottenham Court Rd, por ejemplo, está repleta de tiendas de electrónica e informática, mientras que Charing Cross Rd es el lugar indicado para adquirir libros. En Cecil Court hay antigüedades bibliográficas y Denmark St está dedicada a instrumentos

JULIET COOMBE

Todavía es posible ver el coche de caballos de Harrods dando vueltas por Knightsbridge.

Casas de subastas de Londres

Una forma elegante de ir de compras sin el fastidio de las etiquetas con precios fijos es acercarse a una casa de subastas, uno de esos centros de poder con nombres de sobra conocidos, donde un *van gogh* cambia de manos por trillones de libras, pero también se ponen a la venta piezas más asequibles. A continuación se citan algunas de las principales:

Bonhams *(☎ 7393 3900, www.bonhams.com, Montpelier St SW7)*, **plano 5**, ⊖ Knightsbridge.
Christie's *(☎ 7839 9060, www.christies.com, 8 King St SW1)*, **plano 6**, ⊖ Green Park/Piccadilly Circus.
Criterion *(☎ 7359 5707, www.criterion-auctioneers.co.uk, 53 Essex Rd N1)*, **plano 4**, ⊖ Angel/estación: Essex Road.
Phillips *(☎7629 6602, www.phillips-auctions.com, 101 New Bond St W1)*, **plano 6**, ⊖ Bond Street.
Sotheby's *(☎ 7293 5000, 34-35 New Bond St W1)*, **plano 6**, ⊖ Bond Street.

musicales, partituras y libros sobre música. Para discos usados, se debe acudir a Hanway St. Todas ellas aparecen en los planos 6 y 7.

Ciertas calles comerciales se han dormido en los laureles y disfrutan de una fama más relacionada con su pasado que con su oferta actual; es el caso de Carnaby Street. Covent Garden (plano 7), mercado de verduras del West End durante siglo y medio, fue reformado en la década de 1980; las tiendas y puestos un tanto cursis que ahora ocupan el interior del antiguo mercado central tienden a ser caros y se orientan a los turistas, pero las calles que arrancan de allí siguen formando un alegre "coto" para los aficionados a las compras, con Neal St y Neal's Yard a la cabeza de la oferta.

Oxford St (plano 7) puede resultar decepcionante. Allí se encuentran ***Selfridges*** y Harrods para atraer a los compradores; ***John Lewis,*** que se enorgullece de ofrecer los mejores precios; y en el extremo occidental de la calle (cerca de Marble Arch), el emblemático ***Marks & Spencer,*** que también tiene sus seguidores. Pero cuanto más se avanza hacia el este, más vulgar y carente de interés se vuelve la oferta. Regent St, con ***Liberty*** y ***Hamleys,*** la mayor juguetería del mundo, resulta más elegante. Kensington High St (plano 5) constituye una buena alternativa a Oxford St. En la City, se recomienda conocer las encantadoras boutiques de Bow Lane (plano 8), entre Cheapside y Cannon St.

Bastantes museos y atracciones turísticas cuentan con tiendas donde se venden recuerdos de calidad: libros de guerra y vídeos en el ***Museo Imperial de Guerra,*** abanicos de diseño en el ***Museo del Abanico,*** alfombras en la ***Galería William Morris*** diseñadas por él mismo, y otros muchos ejemplos. Comprar en ellas, además, contribuye al mantenimiento de los edificios.

Grandes almacenes

En la temporada de rebajas de los grandes almacenes, que tiene lugar dos veces al año (enero y julio), tanto turistas como residentes hacen cola a la puerta de Harrods.

Harrods *(☎ 7730 1234, www.harrods.com, 87-135 Brompton Rd SW1)*, **plano 5**, ⊖ Knightsbridge. Lunes a sábado de 10.00 a 19.00. Muy conocidos, estos almacenes son realmente únicos: incluso pueden alardear de haber instalado las primeras escaleras mecánicas del mundo en 1898. También tiene sus inconvenientes, pues casi siempre está abarrotado, existen más reglas que en un campo de entrenamiento militar y resulta difícil encontrar lo que se busca. Pero los lavabos son fabulosos, la galería de alimentación no tiene igual y, si no tienen lo que el cliente quiere, probablemente es que no merece la pena tenerlo.

Harvey Nichols *(☎ 7235 5000, www.harveynichols.com, 109-25 Knightsbridge SW1)*, **plano 5**, ⊖ Knightsbridge. Lunes, martes y sábados de 10.00 a 19.00, miércoles a viernes de 10.00 a 20.00, domingo de 12.00 a 18.00. El templo londinense de la alta costura, posee una espléndida galería de alimentación en la 5ª planta, un extravagante departamento de perfumería y joyas de gran calidad. Pero es en el campo de la moda donde destaca, con todos los grandes nombres (desde Versace a Alexander McQueen) y una planta entera dedicada a ropa de caballero de la última tendencia.

Fortnum & Mason *(☎ 7734 8040, www.fortnumandmason.co.uk, 181 Piccadilly W1)*, **plano 7**,

⊖ Piccadilly Circus. Lunes a sábado de 10.00 a 18.30. Famoso por su sección de alimentación de la planta baja, los seis pisos restantes del edificio se dedican a la moda. Es posible encontrar toda clase de comestibles poco corrientes junto con sus célebres cestas. Aquí se aprovisionó Scott antes de partir hacia el Antártico.

John Lewis *(☎ 7629 7711, www.johnlewis.co.uk, 278-306 Oxford St W1)*, **plano 6,** ⊖ Oxford Circus. De lunes a miércoles y viernes de 9.30 a 19.00, jueves de 10.00 a 20.00, sábados de 9.00 a 18.00. Perteneciente al mismo grupo que Peter Jones (Chelsea), es la institución que se debe visitar si se planea una estancia prolongada en Londres que requiera comprar enseres domésticos de calidad.

Liberty *(☎ 7734 1234, www.liberty-of-london.com, 210-20 Regent St W1)*, **plano 7,** ⊖ Oxford Circus. De lunes a miércoles de 10.00 a 18.30, jueves de 10.00 a 20.00, viernes y sábados de 10.00 a 19.00, domingos de 12.00 a 18.00. Tan especial y con tanta historia como Harrods, Liberty nació a finales del siglo XIX dentro del movimiento Arts & Crafts; en Italia, de hecho, el Art Nouveau recibe el nombre de *Stile Liberty* por estos grandes almacenes. Alta costura, excelente mobiliario moderno, magnífico departamento de telas finas e inimitables pañuelos de seda.

Marks & Spencer *(☎ 7935 7954, 458 Oxford St W1)*, **plano 6,** ⊖ Marble Arch. Lunes a viernes de 9.00 a 20.00, sábados de 9.00 a 19.00, domingos de 12.00 a 18.00. Es tan británico como el *fish and chips,* las judías en tostada o la cerveza tibia y ofrece toda clase de prendas de vestir, aunque la mayoría de los clientes se decide por la ropa interior, los jerséis de cachemir y los platos preparados.

Peter Jones *(☎ 7730 3434, Sloane Square SW1)*, **plano 10,** ⊖ Sloane Square. Lunes a miércoles y viernes de 9.30 a 19.00, jueves de 10.00 a 20.00, sábados de 9.00 a 18.00. Atiende a una clientela de mayor poder adquisitivo que los otros almacenes de la cadena John Lewis, quizá a causa de su ubicación, y ha sido descrito como "la mejor tienda de la esquina de Chelsea". Pero esta definición no resume su amplia oferta: desde accesorios eléctricos hasta ropa de cama, pasando por porcelana y cristalerías. Algunas secciones están emplazadas temporalmente en un anexo de Draycott Ave, al oeste, hasta que finalice la remodelación del edificio principal en 2004.

Selfridges *(☎ 7629 1234, 400 Oxford St W1)*, **plano 6,** ⊖ Bond Street. De lunes a miércoles de 10.00 a 19.00, jueves y viernes de 10.00 a 20.00, sábados de 9.30 a 19.00, domingos de 12.00 a 18.00. Los mayores almacenes de Oxford St también son los que poseen una historia más dilatada. La sección de alimentación, mucho menos abarrotada y constreñida que la de Harrods y mejor organizada, actúa como reclamo para los clientes (se entra por Orchard St, en la parte oeste).

GLENN BEANLAND

Imitación del estilo Tudor con auténtica esencia Art Nouveau; se puede curiosear libremente en Liberty (Regent St).

RICHARD I'ANSON

¿No hay con qué acompañar el pan? La galería de alimentación de Harrods es la solución.

Tiendas especializadas

Benjamin Pollock's Toy Shop *(☎ 7379 7866, 1ª planta, 44 The Market, Covent Garden WC2)*, **plano 8**, ⊖ Covent Garden. En esta juguetería se puede comprar un teatrillo victoriano de cartón o una muñeca de trapo hecha a mano.

Botanicals *(☎ 7637 1610, 12 Great Portland St W1)*, **plano 8**, ⊖ Oxford Circus. Maravillosa y espaciosa tienda que vende productos checos ecológicos artesanales: desde velas y jabones hasta vinagres de hierbas y tés.

Compendia *(☎ 8293 6616, tienda 10, mercado de Greenwich)*, **plano 14**, DLR: Cutty Sark. Repleta de juegos de mesa y de otro tipo, destacan especialmente los que están relacionados con los viajes.

Daisy & Tom *(☎ 7352 5000, 181-3 Kings Road St SW3)*, **plano 10**, ⊖ Sloane Square. Preciosa (y bastante cara) ropa infantil, zapatos y muñecos, con un espectáculo de marionetas y un tiovivo para mantener a los pequeños ocupados.

Davidoff of London *(☎ 7930 3079, 35 St James's St SW1)*, **plano 6**, ⊖ Green Park. El lugar indicado para los amantes de las pipas, también posee puros y artículos de fumador.

DR Harris *(☎ 7930 3915, 29 St James's St SW1)*, **plano 6**, ⊖ Green Park. Dedicada a la química y los perfumes desde 1790, esta tienda es un surtido de artículos esotéricos, cera para el bigote, peines para la barba y colirios DR Harris Crystal Eye Drops para mitigar las molestias oculares causadas por trasnochar o madrugar demasiado y por el *jetlag*. Lo mejor es que tiene su propio remedio para la resaca: un amargo brebaje de hierbas llamado DR Harris Pick-Me-Up. Funciona.

Gosh! *(☎ 7636 1011, 39 Great Russell St WC1)*, **plano 8**, ⊖ Tottenham Court Road. Cómics, caricaturas y naipes con todos los motivos imaginables en el reverso. En la Galería Londinense del Cómic situada en el sótano, hay libros sobre el tema.

Hamleys *(☎ 7494 2000, 188-96 Regent St W1)*, **plano 7**, ⊖ Oxford Circus. Está repleta de juegos y juguetes a precios elevados. El ***Lego Café*** del piso superior es estupendo para los niños.

Kite Store *(☎ 7836 1666, 48 Neal St WC2)*, **plano 8**, ⊖ Covent Garden. Esta tienda ofrece al menos 100 clases diferentes de cometas, desde las más tradicionales hasta otras sorprendentes.

Nauticalia *(☎ 7480 6805, Ivory House, dársena de St Katharine E1)*, **plano 9**, ⊖ Tower Hill. Artículos curiosos, como un reloj de navegación o la campana de un velero e incluso un puzzle del HMS *Victory*.

Papier Marché *(☎ 7253 7438, 53 Clerkenwell Close EC1)*, **plano 4**, ⊖ Farringdon. Emplazada en el Centro de Visitantes de Clerkenwell, esta tienda vende todo tipo de animales y pájaros de cartón-piedra.

Taylor of Old Bond St *(☎ 7930 5321, 74 Jermyn St SW1)*, **plano 7**, ⊖ Green Park. Los hombres que quieran ir bien rasurados pueden acudir a este local, donde encontrarán cualquier clase de cuchilla de afeitar, brochas y jabones perfumados, por ejemplo, con lavanda o menta.

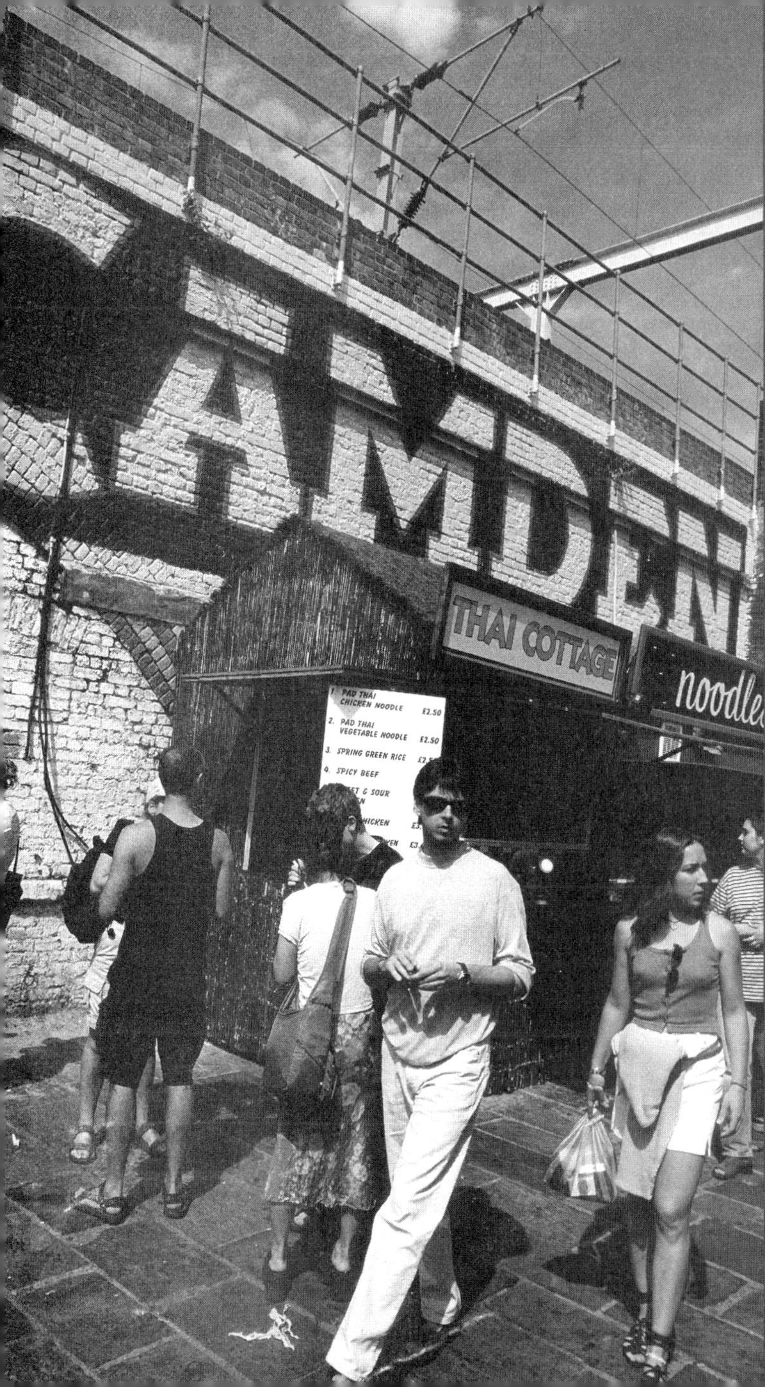

Mercados de Londres

Se crea o no, Londres tiene más de 350 mercados en los que se vende de todo, desde antigüedades y curiosidades hasta flores y pescado. Para un listado más completo, véase *The London Market Guide* (Metro Publications; 5,99 £) de Andrew Richard Kershman y Ally Ireson, que también informa sobre mercados locales menores y otros más alejados (como los de Shepherd's Bush, Swiss Cottage, Walthamstow y Wembley). *Antique and Flea Markets of London and Paris* (12,95 £) de Rupert Thomas y Egle Salvy, es un libro menos útil, pero más bonito.

Bermondsey

Mercado de Bermondsey *(Bermondsey Square)*, **plano 9,** ⊖ Borough/Bermondsey. Viernes de 5.00 a 13.00. El lugar indicado para encontrar antiguos impertinentes de teatro, bolas de bolera, agujas para sombreros, bisutería, porcelana y otras curiosidades. El mercado principal del viernes se instala al aire libre en la plaza, aunque los almacenes adyacentes albergan las piezas y muebles más delicados. La actividad decrece hacia las 8.00. En la zona cercana a Tower Bridge Rd también hay antigüedades.

Berwick St

Mercado de Berwick St *(Berwick St W1)*, **plano 7,** ⊖ Piccadilly Circus/Oxford Street. Lunes a sábado de 8.00 a 18.00. Se extiende al sur de Oxford St, paralelamente a Wardour St. Este mercado de frutas y verduras ha conservado su inmejorable ubicación desde 1830; no hay que perderse la deliciosa hilera de casas georgianas situada al oeste, entre los números 46 y 58 de Broadwick St. Excelente para un *picnic* o para comprar platos preparados y escuchar acentos *cockney.*

Billingsgate

Mercado de pescado de Billingsgate *(Trafalgar Way)*, **plano 13,** DLR: West India Quay. Martes a sábado de 5.00 a 8.30. Mercado de venta al por mayor pero abierto al público, donde también pueden oírse al amanecer curiosas chanzas *cockney* de los porteadores del mercado. También es posible comprar al por menor.

SIMON BRACKEN

Página anterior: Ambiente del mercado de Camden (fotografía de Doug McKinlay).

Abajo: Lo mejor de la cosecha en Brick Lane.

JULIET COOMBE

Borough

Mercado de Borough *(cruce de Borough High St y Stoney St SE1)*, **plano 9,** ⊖/estación de London Bridge. Viernes de 9.00 a 18.00, sábados de 9.00 a 16.00. En este lugar se han vendido frutas y verduras desde el siglo XIII. Hasta hace poco sólo se compraba al por mayor, pero ahora hay minoristas de todo el país despachando comestibles al público, desde quesos artesanos ingleses y salchichas especiales hasta pastelería fina y pescado fresco. El mejor día para visitarlo es el tercer sábado de mes.

Brick Lane

Mercado de Brick Lane *(Brick Lane E2)*, **plano 9,** ⊖ Shoreditch/Aldgate East. Domingos de 8.00 a 13.00. Es más divertido que el cercano de Petticoat Lane, pero ha quedado relegado por el éxito que está teniendo el de Spitalfields. Hay puestos de lo más variopinto, desde Brick Lane y a lo largo de Bethnal Green Rd, que ofrecen ropa, fruta, verduras, enseres domésticos, cuadros, baratijas y cigarrillos importados del continente.

Brixton

Mercado de Brixton *(Reliance Arcade, Market Row, Electric Lane y Electric Ave SW9)*, **plano de Brixton,** ⊖ Brixton. Lunes, martes y de jueves a sábado de 8.00 a 18.00, miércoles de 8.00 a 15.00. Mercado cosmopolita donde es posible encontrar desde la Body Shop y músicos tocando *reggae* hasta predicadores musulmanes, carnicerías suramericanas y frutas exóticas. En Electric Ave y la zona cubierta de Granville Arcade se pueden comprar pelucas, alimentos poco corrientes como peces tilapia o huevos de Ghana (en realidad una clase de verdura), especias raras y raíces para curas homeopáticas.

Camden

Mercado de Camden *(www.camdenlock.net/markets)*, **plano 3,** ⊖ Camden Town. Se instala al norte de la estación de metro de Camden Town, llega hasta Chalk Farm Rd y está formado por varios mercadillos diferentes. Muy concurrido los fines de semana, sobre todo los domingos, de 10.00 a 18.00.

Mercado de Camden *(cruce de Camden High St y Buck St NW1)*. Jueves a domingo de 9.00 a 17.30. Mercado cubierto con puestos de ropa, joyería y recuerdos para turistas.

Mercado de Camden Canal *(cruce de Chalk Farm Rd y Castlehaven Rd NW1)*. Sábados y domingos de 10.00 a 18.00. Más al norte que el anterior y

Arriba: Un poco de pescado en el mercado de Brixton.

al otro lado del puente del canal, ofrece objetos curiosos de todos los rincones del mundo. En la parte izquierda y más allá de la zona cubierta, relativamente nueva, se halla la pequeña sección donde nació este mercado.

Mercado de Camden Lock *(Camden Lock Place NW1)*. Sábados y domingos de 10.00 a 18.00 (los puestos de la zona cubierta abren a diario de 10.00 a 18.00). Se encuentra junto a la esclusa del canal y en él se vende una amplia variedad de comestibles, cerámica, muebles, alfombras orientales, instrumentos musicales o ropa de diseñadores.

The Stables *(Chalk Farm Rd frente a Hartland Rd NW1)*. Sábados y domingos de 8.00 a 18.00. Justo detrás de los arcos del ferrocarril, es la mejor parte del mercado, con antigüedades, artículos asiáticos, alfombras, muebles de pino y ropa de los años cincuenta y sesenta.

Camden Passage

(Camden Passage N1), **plano 4,** ⊖ Angel. Miércoles de 7.00 a 14.00, sábados de 8.00 a 16.00. Se encuentra en el cruce de Upper St con Essex Rd y es como una caverna rodeada por cuatro arcadas con puestos y tiendas; pese a su nombre, no tiene nada que ver con el mercado de Camden. Los puestos ofrecen cualquier cosa que pueda catalogarse como antigua o curiosa y los vendedores conocen su mercancía tan bien que no suelen encontrarse gangas. El día más animado es el miércoles, aunque los domingos resulta interesante el mercado de los granjeros de Islington (de 10.00 a 14.00).

Mercado de Chapel

(Chapel Market N1), **plano 4.** ⊖ Angel. Martes, miércoles, viernes y sábados de 9.00 a 15.30, jueves y domingos de 9.00 a 13.00. Se instala en Islington St a la altura de Liverpool Rd, dura todo el día y se vende fruta.

Church St

Mercado de Church St *(Church St NW8)*, **plano 5,** ⊖ Edgware Road. Lunes a sábado de 8.00 a 18.00. Dedicado a los comestibles, la razón para acercarse hasta él es visitar el ***mercado de antigüedades de Alfie*** *(☎ 7723 6066, 13-25 Church St NW8)*, donde se reúnen unos 200 comerciantes especializados en objetos decorativos antiguos y artículos de jardín.

LIZ BARRY

Floridos puestos en Columbia Rd.

NEIL SETCHFIELD

RICHARD I'ANSON

Izquierda: Delicias horneadas en Spitalfields.

Derecha: Espejos y cerámica en Covent Garden.

Columbia Rd

Mercado de Columbia Rd *(Columbia Rd E2)*, **plano 4,** ⊖ Bethnal Green/estación Cambridge Heath/autobuses 26, 48 o 55. Domingos de 7.00 a 13.00. Aunque los viajeros no tendrán mucha necesidad de comprar geranios o pelargonios, un paseo por este mercado de flores situado en Columbia Rd entre Gosset St y el pub Royal Oak es una buena forma de pasar la mañana del domingo. Además, hay algunas tiendas de arte.

Covent Garden

Además de las tiendas de Covent Garden Piazza, que abren a diario, también se montan varios mercados.

Mercado Apple *(Covent Garden Piazza, North Hall WC2)*, **plano 8,** ⊖ Covent Garden. Diario de 9.00 a 17.00. Turístico; venden artesanía y curiosidades.

Mercado Jubilee *(Jubilee Hall, cruce de Covent Garden y Southampton St WC2)*, **plano 8,** ⊖ Covent Garden. Lunes de 9.00 a 15.00, martes a domingo de 9.00 a 17.00. El lunes es el día de las antigüedades y los objetos de coleccionismo, de martes a viernes se vende de todo, y los sábados y domingos se puede encontrar artesanía de calidad.

Greenwich

Mercado de Greenwich *(College Approach SE10)*, **plano 14,** DLR: Cutty Sark. Jueves de 9.00 a 17.00, de viernes a domingo de 9.30 a 17.30. Antigüedades los jueves; arte y artesanía los miércoles, viernes, sábados y domingos. Se extiende entre King William Walk y Greenwich Church St, pero también es posible entrar desde College Approach. Excelente lugar para comprar vidrio decorado, alfombras, grabados y juguetes de madera.

Village Market Antiques Centre *(cruce de Stockwell St y Greenwich High Rd SE10)*, **plano 14,** DLR: Cutty Sark. Viernes y sábados de 10.00 a 17.00, domingos de 10.00 a 18.00. Pequeño mercado situado frente a la iglesia de St Alfege, posee la habitual mezcla de ropa usada, joyería, plantas y baratijas.

JULIET COOMBE

Leadenhall

Mercado de Leadenhall *(Whittington Ave junto a Gracechurch St EC1)*, **plano 9,** ⊖ Bank. Lunes a viernes de 7.00 a 16.00. Surte de comida y bebida a la activa población de la City, y también puede comprarse pescado fresco, carne o queso. La selección es excelente para tratarse de un mercado urbano, y el edificio victoriano de hierro y cristal, diseñado por Horace Jones en 1881, una delicia arquitectónica.

Leather Lane

Mercado de Leather Lane *(Leather Lane EC1)*, **plano 6,** ⊖ Chancery Lane/Farringdon. Lunes a viernes de 10.30 a 14.00. Se halla al sur de Clerkenwell Rd y discurre paralelamente a Hatton Garden; atrae a los oficinistas de la zona con sus vídeos, cintas y CD sospechosamente baratos, artículos para el hogar y ropa vendidos por *cockneys* arquetípicos.

Petticoat Lane

Mercado de Petticoat Lane *(Middlesex St y Wentworth St E1)*, **plano 9,** ⊖ Aldgate/Aldgate East/Liverpool Street. Domingos de 8.00 a 14.00; en Wentworth St: lunes a viernes de 9.00 a 14.00. Mercado dominical que lleva mucho tiempo funcionando en el este de Londres, en el límite entre la City y Whitechapel. Actualmente no hay más que trastos y turistas.

Portobello Rd

Mercado de Portobello Rd *(Portobello Rd W10)*, **plano 5,** ⊖ Notting Hill Gate/Ladbroke Grove. Lunes a viernes de 8.00 a 18.00, jueves de 9.00 a 13.00, viernes y sábados de 7.00 a 19.00, domingos de 9.00 a 16.00. Es el mercado callejero más famoso, después del de Camden. Comienza cerca del pub Sun in Splendour de Notting Hill, discurre hacia el norte y llega hasta más allá del paso elevado de Westway.

Antigüedades, joyería, cuadros y artículos étnicos se concentran en el extremo de Portobello Rd que da a Notting Hill Gate. Los puestos van perdiendo atractivo a medida que se avanza hacia el norte (fruta y verdura, ropa usada, enseres domésticos, baratijas). Detrás del paso elevado de Westway, una espaciosa carpa cubre todavía más puestos de ropa barata, zapatos y CD, mientras que la galería Portobello Green alberga moda vanguardista y joyería de diseño.

Arriba: Brick Lane, un mercado donde elegir botas.

Aunque las tiendas y puestos abren a diario, los días más animados son los viernes, sábados y domingos. Hay un mercado de antigüedades los sábados y otro de objetos de segunda mano los domingos por la mañana en Portobello Green. En el extremo de Ladbroke Grove se venden frutas y verduras toda la semana, y los jueves traen productos ecológicos.

Ridley Rd

Mercado de Ridley Rd *(Ridley Rd E8)*, **plano 2,** estación Dalston Kingsland/ autobuses 149 o 242 desde Liverpool St. Lunes a sábado de 8.30 a 18.00. En muchos aspectos, el mercado caribeño-africano-turco de Ridley Rd es más colorista que el de Brixton y, desde luego, menos turístico. Ofrece toda clase de delicias turcas y frutas tropicales nunca vistas.

Roman Rd

Mercado de Roman Rd *(Roman Rd E3)*, **plano 2,** ⊖ Mile End/autobuses 8 o 277. Martes, jueves y sábados de 8.00 a 16.00. Se instala en Roman Rd, entre St Stephen's Rd y Parnell Rd, con artículos bastante corrientes junto a prendas de moda a precios rebajados.

Smithfield

Mercado de Smithfield *(West Smithfield EC1)*, **plano 8,** ⊖ Farringdon. Lunes a viernes de 4.00 a 10.00. Último superviviente de los mercados de carne del centro de la ciudad. Aunque el sector oriental se restauró respetando el diseño original de 1868 (obra de Horace Jones, que también proyectó el puente de la Torre), todavía no está claro si finalmente la actividad deberá trasladarse o no a las afueras.

Spitalfields

Mercado de Spitalfields *(Commercial St E1)*, **plano 8,** ⊖ Liverpool Street. Domingos de 9.30 a 17.30. Almacén victoriano ubicado entre Brushfield St y Lamb St, que encierra una variada selección de arte y artesanía, fruta ecológica, ropa elegante y retro o libros usados, además de tiendas de objetos étnicos que bordean la zona central. Gran parte de las tiendas abren los días laborables de 10.30 a 17.00. Los viernes hay mercado de productos macrobióticos.

JULIET COOMBE

Pollos frescos en Portobello Rd.

Excursiones

Como Gran Bretaña es un país relativamente pequeño y su red de transporte suele partir desde Londres, casi ningún sitio (al menos en Inglaterra) queda a una distancia inalcanzable. En un radio de 96 km alrededor de la capital existen unos cuantos lugares que pueden visitarse en excursiones de un día: destinos tan diversos como el castillo de Windsor; las ciudades universitarias de Oxford y Cambridge; Canterbury, un lugar de peregrinaje en la Edad Media; y Brighton, localidad turística costera de primer rango.

En este capítulo se da por sentado que el viajero regresará a Londres el mismo día. Muchos otros lugares resultan fácilmente accesibles desde la capital, desde Bath hasta Stonehenge, y desde la abadía de Waltham hasta St Albans; para ampliar detalles sobre estos destinos y dónde pasar la noche, se recomienda consultar la guía *Inglaterra,* publicada por GeoPlaneta. El personal de casi todas las TIC se ocupa de reservar alojamiento (la gestión acarrea un gasto mínimo), y los miembros de la YHA o de HI pueden hospedarse en los albergues de Oxford, Cambridge, Canterbury, Brighton y Windsor. Si se quiere ampliar detalles sobre afiliación y teléfonos de contacto, véase "Albergues de la YHA" en *Dónde dormir*.

Para horarios de autobuses, hay que telefonear a National Express (☎ 0870 580 8080, www.gobycoach.com), la mayor red de autocares del país. Green Line (☎ 0870 608 7261, www.greenline.co.uk) es un consorcio de compañías de autobuses que opera desde la terminal Green Line del centro comercial Victoria Place (plano 11), al sur de la estación de ferrocarril Victoria, en Bulleid Way. Para información sobre trenes y los teléfonos a los que se ha de llamar para reservar, que varían según el operador ferroviario, márquese ☎ 0845 748 4950, una línea de National Rail Enquiries que funciona las 24 horas del día. El capítulo *Cómo llegar y salir* contiene más detalles sobre empresas de transporte y los servicios que prestan.

Si se prevé desplazarse mucho en ferrocarril por el sureste de Inglaterra, vale la pena adquirir el bono Network Railcard, válido durante un año; cuesta 20 £ y cubre todos los destinos de este capítulo. Los grupos de hasta cuatro adultos se benefician de un descuento del 34%, siempre que uno de ellos posea el bono. Los niños pagan una tarifa fija de 1 £. Los días laborables sólo se puede viajar después de las 10.00, pero los fines de semana no se establece restricción alguna.

CIRCUITOS ORGANIZADOS

Si el tiempo no sobra, he aquí algunas agencias que organizan excursiones.

The Adventure Travel Centre (plano 9; ☎ 7370 4555, www.topdecktravel.co.uk), 125 Earl's Court Rd SW5 (⊖ Earl's Court), programa excursiones dominicales con salida a las 8.30; cada una comprende dos destinos (por ejemplo Oxford y el palacio de Blenheim, o bien el castillo de Leeds y Canterbury) y cuesta 12 £. También se contemplan salidas más largas para asistir a festivales (el Día de las Damas de Ascot o el Tattoo de Edimburgo); los precios parten de 169 £ por cuatro días.

Otra agencia muy recomendable es Astral Travels (☎ 0700 078 1016 o 0870 902 0908, www.astraltravels.co.uk), 72 New Bond St W1, cuyas excursiones de un día (de 47 a 49 £, incluida la entrada a los monumentos y lugares de interés) en pequeños autocares abarcan uno o varios de los destinos siguientes: Bath, los Cotswolds, Oxford, Salisbury, Stonehenge, Avebury, Glastonbury y Stratford-upon-Avon. Los estudiantes y los miembros de YHA/HI se benefician de un descuento del 20% en algunos circuitos, y cualquier persona obtiene una rebaja del 5% si reserva por Internet.

Las agencias como Golden Tours (☎ 7233 7030, www.goldentours.co.uk) ofrecen excursiones de medio día y un día completo desde 65 hoteles londinenses. La salida de mañana a Windsor y Runnymede cuesta 27,50/24 £ (adultos/niños de 3 a 16 años),

Northampton
Cambridge
Bedford
Newmarket
Bury St Edmunds
Stowmarket
Leiston
Woodbridge
Ipswich
Felixstowe
Harwich
Colchester
Walton-on-The-Naze
Clacton-on-Sea
Brightlingsea
West Mersea
Witham
Maldon
Chelmsford
Braintree
Aeropuerto de Stansted
Great Dunmow
Bishop's Stortford
Sawbridgeworth
Harlow
Saffron Walden
Haverhill
Clare
Sudbury
Lavenham
Hadleigh
Halstead
Finchingfield
Royston
Baldock
Letchworth
Hitchin
Stevenage
Aeropuerto de Luton
Luton
Dunstable
Leighton Buzzard
Linslade
Milton Keynes
Bletchley
Newport Pagnell
Wolverton
Towcester
Buckingham
Brackley
Banbury
Southam
Daventry
Bicester
Woodstock
Kidlington
Oxford
Abingdon
Wallingford
Wantage
Aylesbury
Tring
Wendover
Thame
Berkhamstead
Hemel Hempstead
Harpenden
St Albans
Hatfield
Welwyn Garden City
Hertford
Potters Bar
Cheshunt
Epping
High Ongar
Amersham
Watford
High Wycombe
Beaconsfield
Marlow
Maidenhead
Slough
Henley-on-Thames
Streatley
Pangbourne
Reading
Newbury
Wokingham
Bracknell
Eton
Windsor
Castillo de Windsor
Aeropuerto de Heathrow
Richmond
Kingston
Chertsey
PLANO 1
Aeropuerto de London City
Londres
Dagenham
Billericay
Wickford
Brentwood
Basildon
Rayleigh
Benfleet
Southend-on-Sea
Isla de Canvey
Canvey Island
Stanford-le-Hope
Thurrock
Grays
Tilbury
Gravesend
Northfleet
Dartford
Rochester
Gillingham
Chatham
Sheerness
Isla de Sheppey
Leysdown-on-Sea
Whitstable
Herne Bay
Birchington
Margate
Ramsgate
Broadstairs
Sittingbourne
Faversham
Canterbury
Sandwich
Deal
Dover
Folkestone
Hythe
Túnel del Canal
Ashford
Tenterden
New Romney
Lydd
Rye
Hawkhurst
Maidstone
Castillo de Leeds
Tonbridge
Royal Tunbridge Wells
Sevenoaks
Ightham
Knole House
Shoreham
Down House
Castillo de Hever
Chartwell
Oxted
Croydon
Epsom
Leatherhead
Dorking
Reigate
Horley
Aeropuerto de Gatwick
Crawley
East Grinstead
Horsham
Crowborough
Uckfield
Heathfield
Battle
Hastings
Bexhill
Hailsham
Polegate
Eastbourne
Seaford
Newhaven
Lewes
Brighton
Hove
Burgess Hill
Haywards Heath
Worthing
Littlehampton
Arundel
Bognor Regis
Selsey
Chichester
Havant
South Hayling
Portsmouth
Gosport
Cosham
Fareham
Fawley
Southampton
Botley
Eastleigh
Aeropuerto internacional de Southampton
Winchester
Alresford
Alton
Petersfield
Midhurst
Petworth
Pulborough
Billingshurst
Haslemere
Hindhead
Milford
Godalming
Farnham
Aldershot
Guildford
Woking
Frimley
Camberley
Farnborough
Basingstoke
Andover
Cowes
Ryde
Newport
Isla de Wight
Calais
Boulogne sur Mer
Estrecho de Dover
Canal de la Mancha
0
15
30 km

e incluyen la entrada al castillo de Windsor. Los autocares empiezan a recoger a los pasajeros en los hoteles sobre las 7.30 todos los días de abril a octubre y los lunes, miércoles, jueves, sábados y domingos desde noviembre hasta marzo. La excursión de tarde al castillo de Leeds cuesta 29,50/25 £ (adultos/niños) y parte de las oficinas de la agencia en el número 4 de Fountain Square, 123-151 Buckingham Palace Rd SW1 a las 12.50 los miércoles, sábados y domingos de abril a octubre (de noviembre a marzo sólo miércoles y sábados).

Evan Evans Tours (☎ 7950 1777, www.evanevans.co.uk) y Big Value Tours (☎ 7233 7797, www.bigvaluetours.com) proponen excursiones similares.

OXFORD

☎ 01865 • población 115.000

El poeta Matthew Arnold describió Oxford, situada a 105 km al noroeste de Londres, como "esa dulce ciudad de soñadores chapiteles". En la actualidad, los chapiteles coexisten con una prosperidad comercial no exenta de los típicos problemas que padecen las sociedades urbanas, incluido el de la mendicidad en verano. Pero para los visitantes, su espléndida arquitectura y el ambiente de la universidad –sinónimo de excelencia académica–, sus patios y jardines constituyen aún atractivos prioritarios.

Orientación e información

La estación de ferrocarril se encuentra al oeste, en Botley Rd, unida al centro por autobuses frecuentes; si se prefiere caminar, habrá que recorrer unos 800 m. La terminal de autobuses queda junto a Gloucester Green, donde se hallará también la oficina de turismo (TIC; ☎ 726871, fax 240261, www.visitoxford.org, The Old School House), abierta de 9.30 a 17.00 de lunes a sábado y de 10.00 a 15.30 los domingos de abril a septiembre; el personal se encarga de reservar alojamiento en Oxford, previo pago de 2,50 £ (más una fianza del 10%) o en las afueras por 4 £ (más la fianza), y también vende el práctico folleto *Welcome to Oxford* (1 £) y el *Oxford City Centre Street Map & Guide* (75 p). De la TIC salen circuitos guiados de 2 horas por los *colleges* (adultos/niños de 6 a 16 años 5,85/3 £) a las 11.00, 13.00 y 14.00, con uno adicional a las 10.30 en verano.

Paseos

Los 36 *colleges* y cinco *halls* de Oxford se hallan repartidos por toda la ciudad, pero los más importantes y sugestivos quedan en el centro.

La **torre Carfax** (*☎ 792653, esquina de Queen St y Cornmarket St; adultos/niños de 6 a 16 años 1,20 £/60 p; abierta de 10.00 a 17.30 todos los días de abril a octubre, de 10.00 a 15.30 todos los días de noviembre a*

JON DAVISON

Igual que hace siglos, Oxford continúa siendo un templo del conocimiento.

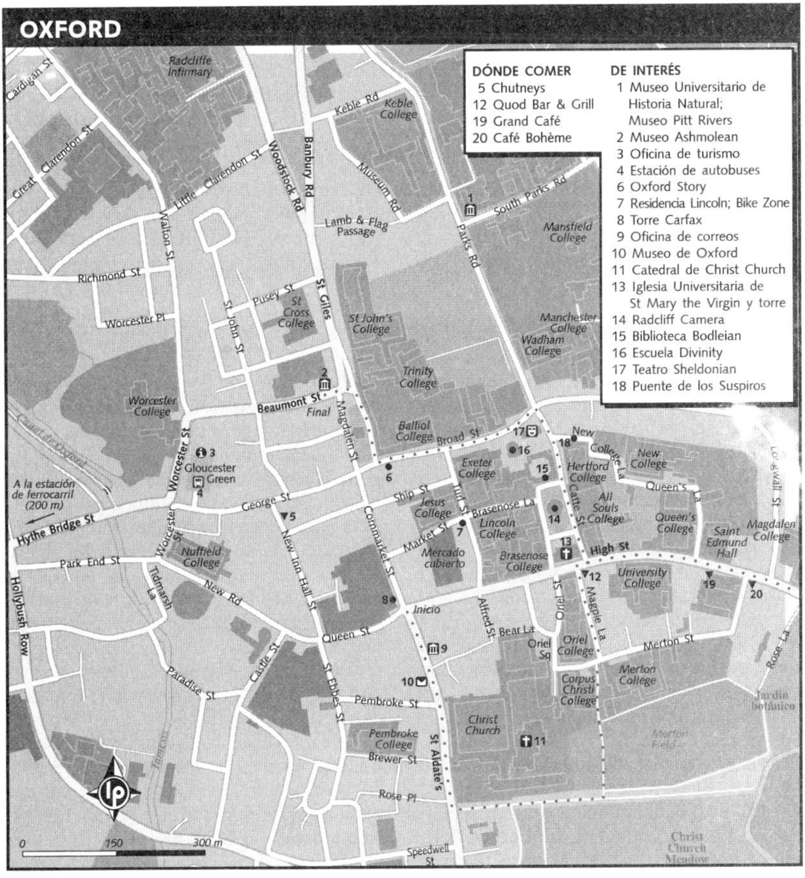

marzo), una parte de la hoy derruida iglesia medieval de St Martin, representa un útil punto referencia en el centro y ofrece amplias vistas desde lo alto (99 escalones).

Caminando hacia el sur desde la torre por St Aldate's, se pasa por delante del **Museo de Oxford** *(☎ 815559, St Aldate's; adultos/estudiantes/niños/familias 2 £/1,50 £/50 p/5 £; abierto de 10.00 a 16.00 de lunes a viernes, de 10.00 a 17.00 los sábados, de 12.00 a 16.00 los domingos)*, que ofrece una sencilla introducción a la larga historia de la ciudad, y de **Christ Church** *(☎ 276150; adultos/niños 4/3 £; abierto de 9.00 a 17.00 de lunes a sábado, de 13.00 a 17.30 los domingos)*, el más señorial de los *colleges,* fundado en 1525. La entrada principal se localiza debajo de la torre Tom, cuyo remate fue proyectado por sir Christopher Wren in 1682; pero hay que seguir bajando por St Aldate's y entrar por las verjas de hierro forjado de los jardines Memorial y Broad Walk, frente a Christ Church Meadow. La capilla del *college* es la **catedral de Christ Church,** la más pequeña del mundo, y un maravilloso exponente de la arquitectura normanda tardía.

Desde Broad Walk se continúa en dirección este para torcer después a la izquierda (norte) por Merton Grove hasta Merton St. A mano derecha se ve el **Merton College** *(☎ 276310; abierto de 14.00 a 16.00 de lunes a viernes, de 10.00 a 16.00 sábados y domingos)*, fundado in 1264. En el **Mob Quad,** del siglo XIV, se encuentra la biblioteca medieval más antigua del Reino Unido aún en funcionamiento. El **Corpus Christi College** queda a la izquierda de Merton St.

Ahora se ha de subir por Magpie Lane hasta High St. Enfrente, en la esquina de High St y Catte St, se alza la **iglesia universitaria de St Mary the Virgin** *(☎ 279112, www.university-church.ox.ac.uk; entrada a la torre adultos/niños 1,60 £/80 p; abierta todos los días de 9.00 a 19.00 en julio y agosto, de 9.00 a 17.00 de septiembre a junio)*; la torre, del siglo XIV, ofrece vistas de los chapiteles de la ciudad. Desde St Mary's se debe andar hacia el este por High St, con su fascinante mezcla de estilos arquitectónicos, hasta el **Magdalen College** *(☎ 276000, adultos/niños 2/1 £ de abril a septiembre, gratis desde octubre hasta marzo; abierto todos los días de 12.00 a 18.00 de mediados de junio a septiembre, desde las 14.00 hasta la puesta de sol el resto del año)*, a orillas del río Cherwell; Magdalen es uno de los *colleges* más suntuosos, con vastos espacios verdes e incluso un parque con ciervos.

Si se retrocede y se camina hacia el norte por Catte St, se llega a la **Radcliffe Camera** (1749), de planta circular y estilo palladiano, la sala de lectura de la **biblioteca Bodleian** *(☎ 277000)*, situada al norte, después de cruzar el patio (se entra por Great Gate, en Catte St). La Radcliffe Camera permanece cerrada al público, pero tanto la biblioteca como la escuela Divinity, obra maestra de la arquitectura gótica inglesa del siglo XV, abren de 9.00 a 17.00 entre semana y de 9.00 a 12.30 los sábados. La Sala de Exposiciones Bodleian abre de 9.30 a 16.45 entre semana y de 9.30 a 12.30 los sábados. Las visitas guiadas (☎ 277224; 3,50 £), que conviene reservar al menos con una hora de antelación en períodos de mucho movimiento, salen a las 10.30, 11.30 (sólo de marzo a octubre), 14.00 y 15.00 entre semana y a las 10.30 y 11.30 los sábados.

Continuando hacia el norte por Catte St se pasa junto al **puente de los Suspiros,** que salva New College Lane y es una copia realizada en 1914 de su famoso homónimo veneciano. Al llegar a Broad St caben dos posibilidades: dirigirse hacia el norte por Parks Rd y recorrer unos 500 m, para ir a parar al **Museo Universitario de Historia Natural** *(☎ 272950, www.ashmol.ox.ac.uk/oum, Parks Rd; gratuito; abierto de 12.00 a 17.00 todos los días)*, muy famoso por sus esqueletos de dinosaurios y dodos, y al reformado **Museo Pitt Rivers** *(☎ 270927, http://units.ox.ac.uk/departments/prm, Parks Rd; gratuito; abierto de 13.00 a 16.30 de lunes a sábado, de 14.00 a 16.30 los domingos)*, colmado de piezas que abarcan desde un velero hasta una colección de cabezas reducidas procedentes de Suramérica.

Si se echa a andar hacia el oeste por Broad St, se observará a mano izquierda la primera gran obra de sir Christopher Wren (1667), el **teatro Sheldonian** *(información ☎ 798 600; adultos/niños 1,50/1 £; abierto de 10.00 a 12.30 y de 14.00 a 15.30 de lunes a sábado)*, escenario de ceremonias tan importantes como la graduación de los alumnos. A la derecha se levanta el **Trinity College,** fundado en 1555, y a su lado, en la esquina con Magdalen St, el **Balliol College.** Las puertas de madera que separan los patios interior y exterior conservan todavía huellas del fuego de la hoguera en que ardieron los protestantes mediados del siglo XVI. Frente al *college*, **Oxford Story** *(☎ 728822, www.oxfordstory.co.uk, 6 Broad St; adultos/estudiantes y niños/familias 6,10/4,90/15-18,50 £; abierto de 9.30 a 17.00 todos los días de julio y agosto, de 10.00 a 16.30 de lunes a sábado y de 11.00 a 16.30 los domingos de septiembre a junio)* ofrece un espectáculo multimedia de 40 minutos ameno y sin pretensiones.

A poca distancia hacia el norte, subiendo por Magdalen St en dirección a St Giles, se halla el **Museo Ashmolean** *(☎ 278000, www.ashmol.ox.ac.uk; Beaumont St; gratuito; abierto de 10.00 a 17.00 de martes a sábado, de 12.00 a 17.00 los domingos)*, el más antiguo del Reino Unido (se inauguró en 1683), con amplios fondos de arte europeo y antigüedades de Oriente Próximo.

CHRIS MELLOR

King's College y su capilla (centro), uno de los mejores ejemplos de la arquitectura gótica inglesa.

Bateas

Nada mejor para empaparse del ambiente de Oxford que surcar el río en una batea; **Magdalen Bridge Boathouse** *(☎ 202643, Magdalen Bridge; 10 £ por hora, 30 £ de fianza)* las alquila de marzo a octubre. Si no apetece perchar, se puede alquilar una batea –con barquero– con capacidad para cinco personas (20 £) y una botella de vino de regalo.

Dónde comer

Además de los establecimientos mencionados a continuación, existen muchos restaurantes étnicos –desde indios y jamaicanos hasta libaneses– a lo largo de Cowley Rd, que arranca de High St, al sureste del Magdalen College.

Café Bohème *(☎ 245858, 73 High St)*. Sándwiches 4,50-6 £, ensaladas 4-8,50 £, segundos platos 6,50-15 £. Café de corte francés, con genuinos camareros galos, donde se sirven desayunos aceptables, sándwiches y ensaladas de cuidada elaboración.

Café Coco *(☎ 200232, 23 Cowley Rd)*. Entrantes 2,50-3,35 £, pizzas 5,35-7,50 £, ensaladas 6,95-8,65 £. Pizzas y ensaladas en un ambiente bullicioso y poco turístico.

Chutneys *(☎ 724241, New Inn Hall St)*. Entrantes 1,85-2,80 £, segundos 4,10-6,45 £, bufé del almuerzo 7,50 £. Restaurante de la India meridional, con predominio de platos vegetarianos, que atrae a la clientela tanto por su vistoso exterior como por su cocina, sabrosa y de precio asequible.

Grand Café *(☎ 204463, 84 High St)*. Sándwiches 5,90-7,50 £, almuerzos 4,95-8,75 £, tés 6,50-12,50 £. Verdadera pieza de museo, ocupa el local donde se instaló el primer café de Inglaterra (1650) y es un sitio perfecto para hacer un alto mientras se recorre Oxford.

Quod Bar & Grill *(☎ 202505, 92-4 High St)*. Entrantes 3,85-4,85 £, pizzas 6,95-7,95 £, pastas 4,95-8,50 £, segundos 7,35-12,95 £. Popularísimo entre los oxonienses por su cuidada cocina italiana y la comodidad del local.

El ***mercado cubierto*** de Golden Square, en el lado norte de High St, cerca de la torre Carfax, abre de 8.00 a 17.30 de lunes a sábado. En Gloucester Green funciona un ***mercadillo de agricultores*** de 9.00 a 15.00 el primer jueves del mes.

Cómo llegar y salir

Los autobuses de Oxford Tube (☎ 772250, www.stagecoach-oxford.co.uk) salen de la estación Victoria Coach cada 10-20 minutos de 6.00 a 22.30 y después cada 30-60 minutos durante toda la noche, pasando en ruta por Marble Arch, Notting Hill Gate y Shepherd's Bush (1 1/2 horas); el billete de ida y vuelta, válido hasta el día siguiente, cuesta 8/6,50/22 £ (adultos/jubilados, estudiantes y niños/familias). Oxford Express (☎ 785400, www.oxfordbus.co.uk) ofrece servicios desde la estación Victoria Coach con parecida periodicidad e idénticas tarifas. También hay trenes frecuentes desde Paddington (de 1 a 1 1/2 horas, 14,60 £ ida y vuelta el mismo día).

Guide Friday *(☎ 790522, www.guidefriday.com)* programa un recorrido en autobús por Oxford cada 15 minutos, de 9.30 a 18.00 todos los días desde mediados de junio hasta finales de septiembre, y hasta las 17.00 o 17.30 el resto del año; los billetes cuestan 8,50/7/2,50/19,50 £ (adultos/jubilados y estudiantes/niños de 5 a 14 años/familias) y los pasajeros pueden subir y bajar cuantas veces quieran a lo largo del trayecto. **Bikezone** *(☎ 728877)*, en la histórica residencia Lincoln, en 6 Market St, alquila bicicletas por 10/20 £ diarias/semanales, más una fianza de 100 £; abre de 9.00 a 17.30 de lunes a sábado.

CAMBRIDGE

☎ 01223 • población 88.000.

La Universidad de Cambridge, a 87 km al norte de Londres, fue fundada en el siglo XIII, varias décadas después que la de Oxford. Existe una enconada rivalidad entre las dos ciudades y sus universidades, y prosigue la discusión sobre cuál es la mejor y más hermosa. Una cosa sí se puede dar por sentada: Cambridge es mucho más rica, con unos activos que superan los 1.200 millones de libras, frente a los 800 millones de Oxford, según un estudio publicado por el *Times of London* en 2001.

Con tiempo, conviene visitar las dos. Pero si sólo se puede hacer hueco a una y –salvedad importante– los *colleges* están abiertos, debe elegirse Cambridge. Oxford atrae a muchos turistas y a veces parece más bien una ciudad de provincias que, por casualidad, tiene una universidad. Cambridge, verdadero tesoro arquitectónico, siempre representa lo que es: una ciudad universitaria.

Orientación e información

El centro de Cambridge se asienta en un ancho recodo del río Cam. La parte más conocida de la ribera son los Backs, que combinan un paisaje exuberante con vistas extraordinarias de más de media docena de *colleges;* los 25 restantes se hallan repartidos por toda la ciudad.

La estación de autobuses está en pleno centro, en Drummer St, pero la de ferrocarril queda a 1,6 km al sureste. Sidney St es la principal calle comercial, aunque cambia de nombre varias veces, tanto hacia el norte como hacia el sur.

La TIC (☎ 322640, fax 457549, www.cambridge.gov.uk), en Wheeler St, al sur de Market Square, abre de 10.00 a 18.00 entre semana, de 10.00 a 17.00 los sábados y de 11.00 a 16.00 los domingos de abril a septiembre; el resto de año, de 10.00 a 17.30 de lunes a sábado. Su personal se ocupa de buscar alojamiento en la ciudad por 3 £. Antes de la visita conviene ponerse en contacto con la TIC para obtener información actualizada sobre los horarios de apertura de los *colleges*. La oficina de turismo organiza recorridos a pie de 2 horas con salida a las 13.30 durante todo el año, oferta que se amplía en verano; estos circuitos cuestan 6/4 £ (adultos/niños de 12 a 17 años) o 7/4 £ si incluyen el King's College. Las visitas guiadas (☎ 311602) con salida desde la Round Church los domingos a las 14.30 y los miércoles a las 11.00 son gratuitas, aunque se agradecen los donativos.

Paseo

Partiendo del Gran Puente Magdalene, al norte, hay que echar a andar hacia el sureste por Bridge St hasta llegar a la **Round Church** *(iglesia del Santo Sepulcro; ☎ 518218, esquina de Round Church St y Bridge St; abierta de 10.00 a 17.00 todos los días en verano, de 13.00 a 16.00 todos los días en invierno)*, construida en 1130 en recuerdo de su homónima de Jerusalén. Ahora se ha de doblar a la derecha por St John's St hasta alcanzar **St John's College** *(☎ 338676, St John St; abierto de 10.00 a 17.00 todos los días)*. Al otro lado de la verja (1510) se abren tres hermosos patios; el segundo y el tercero datan del siglo XVII. Desde el tercer patio, el pintoresco **puente de los Suspiros,** réplica del veneciano, salva el río Cam; colocándose en su centro, se pueden ver las bateas deslizándose por las aguas.

Al sur de St John's, el **Trinity College** *(☎ 332500, Trinity Lane; adultos/jubilados, estudiantes y niños de 12 a 17 años 2/1 £; abierto de 10.00 a 17.00 todos los días)* es uno de los *colleges* más grandes y atractivos. Fue instituido en 1546 por Enrique VIII, cuya estatua campea en lo alto de la gran portada (en lugar del cetro real, que los estudiantes robaban una y otra vez, el monarca empuña la pata de una silla). El **Gran Patio,**

CAMBRIDGE

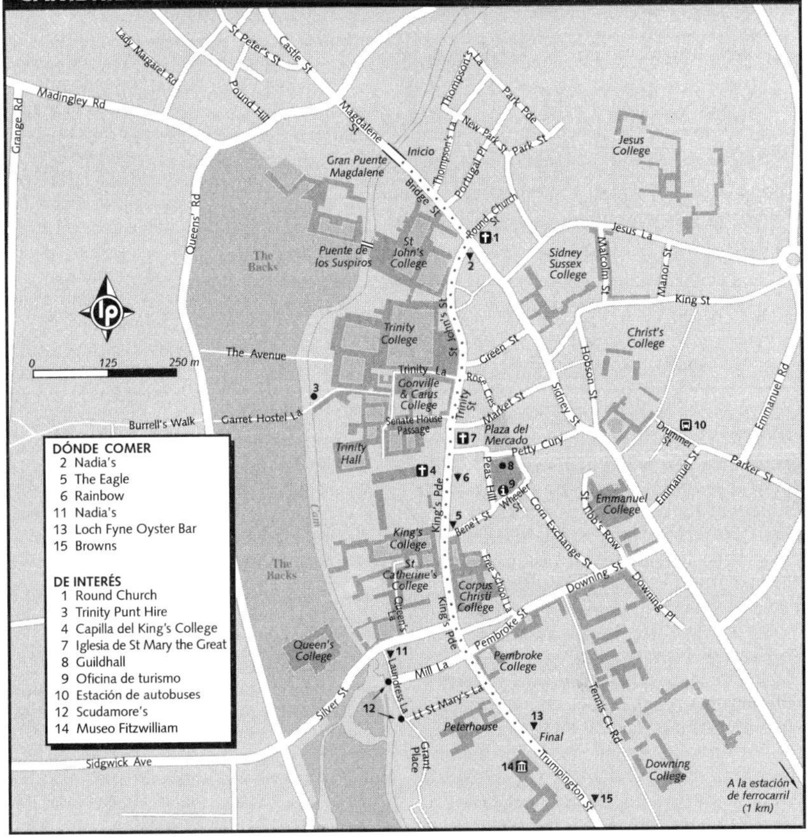

la mayor estructura del mundo en su género, incorpora algunos notables edificios del siglo XV. Pasado éste se abren los claustros de Nevile's Court y la señorial **biblioteca de Wren** *(abierta de 12.00 a 14.00 de lunes a viernes, de 10.30 a 12.30 los domingos)*, construida por sir Christopher en la década de 1680.

Aparecen después el Gonville and Caius (se pronuncia "kis") College y el **King's College** con su capilla *(☎ 331100, King's Parade; adultos/jubilados y niños de 12 a 17 años 3,50/2,50 £; abierto de 9.30 a 16.00 todos los días)*, uno de los edificios más sublimes de Europa, comenzado en 1446 por Enrique VI y concluido hacia 1516. Los sucesores de este rey, y en particular Enrique VIII, le añadieron la compleja bóveda de abanico y las tallas de piedra y madera del interior. El templo cobra vida cuando canta el coro y se celebran los servicios durante el curso escolar y en julio. El oficio de vísperas tiene lugar a las 17.30 de lunes a sábado (los miércoles, sólo voces masculinas) y a las 15.30 los domingos. También hay un oficio coral todos los domingos a las 9.30.

Continuando en dirección sur por lo que hoy se llama King's Parade se desemboca en Trumpington St y el **Museo Fitzwilliam**

Cómo perchar en batea

En una batea no se rema, se percha, y parece bastante sencillo, pero el hecho de que muchas personas acaben empapados demuestra a las claras que no lo es. He aquí algunos consejos para impulsar la embarcación sin caerse al agua:

- Hay que situarse en la popa de la batea y levantar la pértiga, que se llama percha.
- Dejar que la percha se deslice entre las manos hasta tocar el lecho del río.
- Inclinar la parte superior de la percha hacia delante (es decir, en la dirección en que se desea avanzar) y empujarla hacia abajo para impulsar la batea.
- Hacer girar la percha para sacar su extremo inferior del lodo del fondo.
- Dejar que la percha flote por popa y utilizarla como timón para guiar la batea.
- Si el perchador no se ha caído al agua (todavía), debe sacar entonces la percha del agua y colocarla en posición vertical para repetir el movimiento.

(☎ 332923, www.fitzmuseum.cam.ac.uk, Trumpington St; gratuito; abierto de 10.00 a 17.00 de martes a sábado, de 14.15 a 17.00 los domingos), que alberga sarcófagos egipcios y arte grecorromano en las galerías de la planta baja, además de una vasta pinacoteca en el piso alto; las visitas guiadas se organizan los domingos a las 14.30 y cuestan 3 £.

Bateas

Montar en batea por los Backs resulta muy divertido, pero también es una experiencia que puede acabar pasada por agua, sobre todos los fines de semana de mucho ajetreo. Las barcas más baratas son las de **Trinity Punt Hire** *(☎ 338483, Garret Hostel Lane; 6 £ por hora más 25 £ de fianza)*, que también programa recorridos por el río con barquero (de 6 a 8 £ por persona). Otra empresa, **Scudamore's** *(☎ 359750, Grant Place; 12 £ por hora más 60 £ de fianza)*, alquila bateas y organiza paseos con barquero a 10 £ por persona. De abril a octubre se pueden alquilar durante toda una noche por 60 £ (más una fianza de 60 £).

Dónde comer

Además de los establecimientos reseñados a continuación, en la confluencia de Lensfield Rd y Regent St, de camino a la estación, se encuentran varios restaurantes chinos e indios baratos.

Browns *(☎ 461655, 23 Trumpington St)*. Entrantes 2,95-6,95 £, pastas y ensaladas 6,85-8,95 £, segundos 7,35-13,95 £, menú del almuerzo 5,95 £ (de 12.00 a 16.00 de lunes a viernes). El antiguo departamento de consultas externas de un hospital construido en 1914 se ha transformado en un precioso restaurante, lleno de plantas y de luz, donde se sirven unos pasteles excelentes.

The Eagle *(☎ 505020, Bene't St)*. Almuerzo en torno a 5,59 £. Por debajo de la TIC, este pub en cuyo techo los aviadores estadounidenses dejaron su firma durante la Segunda Guerra Mundial, es el sitio más indicado para almorzar justamente eso: comida de pub.

Loch Fyne Oyster Bar *(☎ 362433, The Little Rose, Trumpington St)*. Entrantes 3,95-7,95 £, segundos 6,95-34,95 £. Acogedor, con toda clase de mariscos y las ostras (de 5,95 a 7,45 £ la media docena) como especialidad.

Nadia's *(☎ 568336, 11 St John's St o ☎ 568335, 16 Silver St)*. *Bagels* y panecillos rellenos 1,85-2,35 £. Pequeña cadena de panaderías de excelente relación calidad-precio, con sándwiches y pasteles para llevar.

Rainbow *(☎ 321551, 9a King's Parade)*. Sopas 2,75 £, ensaladas 4,25 £, segundos 6,75 £ (todos). Frente al King's College, embocando un estrecho pasaje, aguarda un buen restaurante que sirve platos vegetarianos y sin gluten, como curry tailandés y pastel de champiñones y frutos secos.

El mercado de Market Square abre de 9.00 a 17.00 de lunes a sábado.

Cómo llegar y desplazarse

Autobuses de National Express enlazan Londres y Cambridge cada hora (8 £ ida y vuelta en el día, 2 horas). Desde las estaciones de King's Cross y Liverpool Street salen trenes cada 30 minutos (14,50 £ ida y vuelta en el día, 55 minutos).

Un autobús gratuito (☎ 423554) efectúa un recorrido por Cambridge cada 15 minutos de 9.00 a 17.00 de lunes a sábado. El autobús 1 une la estación de ferrocarril con el centro. Los autocares de ***Guide Friday*** *(☎ 362444)* circulan por la ciudad y paran también en la estación de ferrocarril; este servicio funciona durante todo el año y cuesta 8,50/7/2,50/19,50 £ (adultos/jubilados y estudiantes/niños de 5 a 14 años/familias); los pasajeros suben y bajan cuantas veces quieran. **Geoff's Bike Hire** *(☎ 365629)*, 65 Devonshire Rd, no lejos de la estación ferroviaria, alquila bicicletas a 8/15 £ por día/semana (fianza 25 £); abre de 9.00 a 18.00 todos los días de abril a septiembre y de 9.00 a 17.30 de lunes a sábado desde octubre hasta marzo.

CANTERBURY

☎ 01227 • población 39.000

Canterbury, en Kent, queda a 90 km al sureste de Londres y resulta fácil de visitar desde la capital en una excursión de un día. Su más preciado tesoro es la majestuosa catedral, sucesora de la iglesia que levantó san Agustín después de que empezara a convertir Inglaterra al cristianismo en el año 597. Tras el martirio del arzobispo Tomás Becket en 1170, la catedral pasó a ser uno de los lugares de peregrinaje más importantes de Europa, inmortalizado por Geoffrey Chaucer en sus *Cuentos de Canterbury*.

La catedral de Canterbury es hoy una de las más imponentes y evocadoras de Gran Bretaña y ha sido declarada Patrimonio de la Humanidad. El centro de la ciudad, con mucho ambiente, desborda animación.

Orientación e información

El centro, de forma romboide, se halla cerrado por una muralla medieval y una moderna carretera de circunvalación. La TIC (☎ 766567 o 767744, fax 459840, www.canterbury.co.uk), 34 St Margaret's St, abre de 9.30 a 17.30 de lunes a sábado y de 10.00 a 16.00 los domingos de abril a octubre, de 9.30 a 17.00 de lunes a sábado y de 10.00 a 16.00 los domingos en noviembre y diciembre, y de 9.30 a 17.00 de lunes a sábado sólo de enero a marzo. Las visitas guiadas duran 1 1/2 horas y parten de la TIC a las 14.00 de abril a septiembre, con otro recorrido a las 11.30 en julio y agosto, y cuestan 3,50/3/8,50 £ (adultos/jubilados, estudiantes y niños/familias).

Catedral de Canterbury

Al igual que otras grandes catedrales, la de Canterbury *(☎ 762862, www.canterbury-cathedral.org, Sun St; adultos/niños de 5 a 16 años 3/2 £; abierta de 9.00 a 18.30 de lunes a sábado, de 12.30 a 14.30 y de 16.30 a 17.30 los domingos de Semana Santa a septiembre, de 9.00 a 17.00 de lunes a sábado, de 12.30 a 14.30 y de 16.30 a 17.30 los*

DENNIS JOHNSON

La evocadora catedral de Canterbury domina la ciudad.

domingos de octubre a Semana Santa) ha ido evolucionando a lo largo de los siglos y refleja varios estilos arquitectónicos. Para mejor apreciar los tesoros que se ocultan en cada rincón y las historias que los explican, se recomienda una visita guiada de 1 hora, que cuesta 3,50/2,50/1,50/6,50 £ (adultos/jubilados y estudiantes/niños/familias) y parte a las 10.30, 12.00 y 14.30 de lunes a sábado de Semana Santa a septiembre, y a las 10.30, 12.00 y 14.00 el resto del año. Si el gentío resulta disuasor, se puede recurrir a una autoguía de 30 minutos por 2,95/1,95 £ (adultos/niños).

Tradicionalmente se accede a la catedral por la estrecha Mercery Lane, antaño jalonada de tiendas donde se vendían recuerdos y ofrendas votivas a los peregrinos, que va a dar a Christ Church Gate. Traspasada esta puerta, hay que torcer a la derecha y caminar en dirección este para formarse una visión de conjunto.

La primitiva catedral de san Agustín ardió en 1067, y el primer arzobispo normando comenzó en 1070 la construcción de una nueva, de la que sólo quedan fragmentos. En 1174 casi toda la mitad este del edificio fue otra vez arrasada por las llamas, aunque se salvó la magnífica cripta situada bajo el coro.

El incendió brindó la oportunidad de crear algo acorde con el nuevo rango de la catedral como principal destino de peregrinos de Inglaterra. La responsabilidad recayó en William de Sens, quien concibió la primera gran construcción gótica del país en un estilo que hoy se conoce como inglés primitivo. La mayor parte del templo, al este de la torre Bell Harry, data de este período.

En 1391 comenzaron las obras de la mitad oeste del edificio y se reemplazaron la nave central y los cruceros suroeste y noroeste. En esta fase se adoptó un nuevo estilo, el llamado Gótico Perpendicular, y los trabajos prosiguieron durante más de un siglo hasta 1500, año en que se dio remate a Bell Harry.

La entrada principal es el **pórtico suroccidental,** construido en 1415 para conmemorar la victoria de los ingleses en Agincourt. Desde el centro de la nave se obtienen unas impresionantes vistas que, por el este, recorren la iglesia en toda su longitud, con sus niveles ascendentes, y por el oeste alcanzan hasta la **ventana,** con vitrales del siglo XII.

Desde la parte baja de **Bell Harry,** con su bóveda de abanico, se contemplan otras impresionantes vidrieras que sobrevivieron al furor iconoclasta de los puritanos de la Commonwealth (1649–1659). Un cancel del siglo XV, con estatuas de seis reyes, separa la nave del coro.

Se cree que Tomás Becket fue asesinado en el crucero del noroeste, en el lugar señalado hoy por un **altar** y una **escultura** de factura moderna. La aneja **capilla de la Virgen** se cubre con una hermosa bóveda de abanico. Bajando un tramo de escalera se llega a la cripta románica, principal vestigio de la catedral normanda.

La **capilla de Nuestra Señora,** que se abre en el extremo oeste de la cripta, posee algunas de las esculturas románicas más notables que existen en suelo inglés. Santo Tomás Becket permaneció sepultado en el extremo oriental, de estilo inglés primitivo, hasta principios de 1220. Aquí fue donde Enrique II se hizo azotar arrepentido de haber provocado la muerte de Becket con estas nefastas palabras: "¿Quién me librará de este cura levantisco?", y se dice que el lugar ha sido escenario de muchos milagros. La **capilla de St Gabriel** encierra pinturas del siglo XII, mientras que la hermosa **capilla votiva del Príncipe Negro,** de estilo perpendicular, fue donada por éste en 1363.

En el crucero suroeste, la **capilla de St Michael** cobija un gran número de tumbas, entre ellas la del arzobispo Stephen Langton, que ayudó a convencer al rey Juan para que sellara la Carta Magna en 1215. El magnífico coro del siglo XII, donde se canta a diario el oficio de vísperas desde hace más de 800 años, se eleva escalonadamente hasta el **altar mayor** y la capilla de la Trinidad; el cancel que lo cierra fue levantado en 1305. En la **cátedra de San Agustín,** del siglo XIII, se entronizaba a los arzobispos.

La vidriera de la **capilla de la Trinidad** data en su mayor parte del siglo XIII y representa la vida de santo Tomás Becket. A los lados se encuentran las tumbas de Enrique IV, que yace junto a su esposa Juana de Navarra, y el Príncipe Negro, cuya famosa estatua incluye su escudo, sus guanteletes y su espada.

Frente a la **capilla de St Anselm** puede verse la **tumba del arzobispo Sudbury,** quien, en su calidad de ministro de Hacienda, fue el responsable de fijar unos impuestos abusivos que levantaron las iras del pueblo; decapitado durante las revueltas campesinas de 1381, esta sepultura guarda su cuerpo a falta de la cabeza, que está en una iglesia de Suffolk.

Si se rodea el extremo este de la catedral y se dobla a la derecha, se accede al patio Verde, bordeado en el lado este (derecho) por la casa del Deán y en el lado norte (al frente) por la fábrica de cerveza y el horno, de principios del siglo XIV. La esquina noroccidental (extremo izquierda) la ocupa la afamada **escalinata normanda** (1151).

El oficio de vísperas se canta a las 17.30 de lunes a viernes y a las 15.15 los fines de semana.

Otros lugares de interés

The Canterbury Tales *(☎ 454888 o 479227, St Margaret's St; adultos/jubilados, estudiantes y niños/familias 5,90/4,90/18,50 £; abierto de 9.30 a 17.30 todos los días desde abril hasta octubre, de 9.30 a 16.30 de noviembre a marzo)* recrea mediante autómatas los famosos cuentos de Chaucer.

La **puerta del Oeste,** único de los primitivos accesos a la ciudad que queda en pie, data del siglo XIV y sobrevivió porque se destinó a cárcel; en la actualidad alberga un pequeño **museo** *(☎ 452747; adultos/niños 1 £/65p; abierto de 11.00 a 12.30, de 13.30 a 15.30 de lunes a sábado)* con colecciones de armas y armaduras.

En el **Museo Patrimonial de Canterbury** *(☎ 452747, Stour St; adultos/niños 1,90/ 1,20 £; abierto de 10.30 a 17.00 de lunes a sábado, de 13.30 a 17.00 los domingos de junio a octubre, de 10.30 a 17.00 de lunes a sábado de noviembre a mayo)*, situado en un edificio del siglo XIV reformado, se da un repaso ajustado, aunque un tanto árido, a la historia de la ciudad. El edificio, un antiguo hospital para clérigos pobres, merece por sí mismo una visita.

Dónde comer

Flap Jacques *(☎ 781000, 71 Castle St). Crêpes* 2,75-6,50 £. Pequeño y barato *bistrot* francés con crêpes dulces y saladas al estilo bretón.

Il Vaticano *(☎ 765333, 33-5 St Margaret's St).* Pastas 4,50-8,50 £. Tiene gran variedad de pastas y un patio precioso.

Thomas Becket *(☎ 464384, Best Lane).* Almuerzo 4-6 £. Comida tradicional de pub, entre la que destaca el asado de los domingos.

Cómo llegar y salir

National Express mantiene un servicio de autobuses (9 £ ida y vuelta en el día, 1 hora 50 minutos, hasta 16 salidas diarias) entre Londres y Canterbury. La población cuenta con dos estaciones de ferrocarril: Canterbury East, que enlaza con Victoria; y Canterbury West, para los trenes con origen o destino en Charing Cross y Waterloo. El viaje dura 1 3/4 horas, y el billete de ida con vuelta el mismo día cuesta 12,50/16 £ a Canterbury East/West.

BRIGHTON

☎ 01273 • población 188.000

A sólo 82 km al sur de Londres, Brighton, con su peculiar mezcla de mal gusto y refinamiento, es la estación playera predilecta de los londinenses.

El carácter de la ciudad se forjó en esencia a mediados de la década de 1780, cuando el disoluto y melómano príncipe regente (después Jorge IV) comenzó a organizar unas fiestas fastuosas a la orilla del mar. Brighton posee todavía algunas de las discotecas y locales nocturnos más animados fuera de Londres, así como una bulliciosa población estudiantil, excelentes comercios, una vibrante vida cultural e incontables restaurantes, pubs y cafés.

Orientación e información

La TIC (☎ 0906 711 2255, fax 292694, www.visitbrighton.com, 10 Bartholomew Square), cerca de la estación de autobuses, en dirección noroeste, abre de 9.00 a 17.30 entre semana, de 10.00 a 17.00 los sábados y de 10.00 a 16.00 los domingos de marzo a octubre; el resto del año, de 9.00 a 17.00 entre semana y de 10.00 a 17.00 los sábados. Aquí se vende el práctico *Brighton Town*

Centre Map & Visitor's Guide (1 £), un plano del centro y guía de visitantes.

Royal Pavilion

Palacio indio por fuera y desaforada *chinoiserie* por dentro, el Royal Pavilion *(☎ 290 900, Pavilion Parade; adultos/jubilados y estudiantes/niños de 5 a 15 años/familias 5,20/ 3,75/3,20/13,60 £; abierto todos los días de 10.00 a 18.00 de junio a septiembre, de 10.00 a 17.00 de octubre a mayo)* es una locura extraordinaria, fruto de unos amoríos a la orilla del mar, cuando el príncipe regente, futuro Jorge IV, llegó a esta localidad costera a fines del siglo XVIII acompañado de su tío, el duque de Cumberland, y, tras enamorarse de una beldad del lugar llamada Maria Fitzherbert, decidió que era el sitio perfecto para organizar sus fiestas.

La primera construcción, levantada en 1787, era una clásica quinta de recreo. No fue hasta comienzos del siglo XIX, época en que todo lo asiático causaba furor, cuando el edificio actual empezó a adquirir forma. El proyecto final, de inspiración mongola, se debió a John Nash, el arquitecto que trazó Regent's Park y sus calles aledañas con forma de media luna, y fue ejecutado entre 1815 y 1822. Se cuenta que el rey Jorge lloró cuando vio por primera vez la sala de música, con sus nueve lámparas con forma de flor de loto y sus murales chinos rojos y dorados. La estancia resultó gravemente dañada por un pirómano en 1975 y también se vio afectada por la devastadora tormenta de 1987, pero posteriormente ha sido restaurada con sumo esmero.

Merece la pena recorrer todo el edificio, vendido a la ciudad en 1850 por la reina Victoria –a quien Brighton le resultaba un lugar "demasiado abarrotado"–; pero de manera especial, en la planta baja interesa detenerse en la galería larga, la sala de banquetes (con su cúpula pintada al fresco), la soberbia Gran

BRYN THOMAS

Muchos británicos siguen los pasos del príncipe regente y veranean en Brighton.

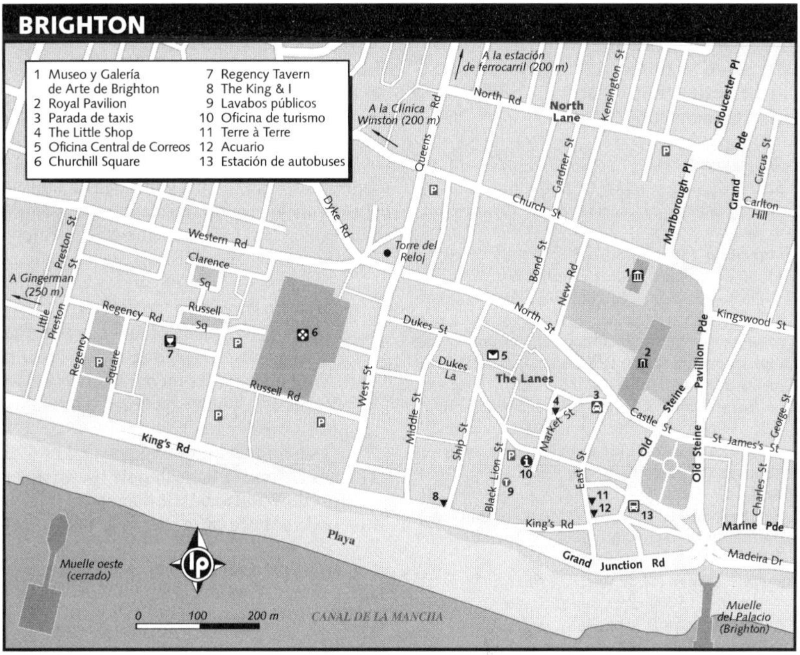

Cocina y la restaurada sala de música, y en el piso alto, en las galería del sur y los aposentos de la reina Victoria (retrete incluido). Repárese en el jocoso cuadro de Rex Whistler *HRH The Prince Regent Awakening the Spirit of Brighton* (1944), que representa a un príncipe bastante entrado en carnes, casi desnudo y de mirada lasciva, despertando a una núbil "Brighton"; se encuentra en la planta superior, antes de la entrada al salón de té de la reina Adelaida.

Las visitas guiadas al Royal Pavilion (1,25 £) dan comienzo a las 11.30 y 14.30 todos los días, con circuitos adicionales a las 13.00 y 13.30 los fines de semana durante el verano. Los restaurados jardines acogen conciertos de banda gratuitos los domingos a las 15.00, desde finales de junio hasta principios de septiembre.

Otros lugares de interés

Concebido originariamente como cancha de tenis cubierta, el **Museo y Galería de Arte de Brighton** (*☎ 290900, Church St; gratuito; abierto de 10.00 a 17.00 lunes, martes y de jueves a sábado, de 14.00 a 17.0 los domingos*), que lleva tres años en obras dentro de un plan de reformas presupuestado en 10 millones de libras, alberga una extravagante colección de mobiliario Art Déco y Art Nouveau, piezas arqueológicas, pinturas surrealistas e indumentaria.

Con atracciones de feria como el tobogán Helter Skelter, comida para llevar y salas de recreativos, el **Palace Pier** (*www.brightonpier.co.uk, Madeira Drive; gratuito; abierto todos los días*), o Brighton Pier, encarna la quintaesencia de Brighton y es el mejor sitio para comprar las famosas barras de caramelo denominadas Brighton Rock.

Dónde comer

Brighton está sobrado de sitios donde comer dignamente, como podrá comprobar quien deambule por The Lanes, un dédalo de callejones al norte de la TIC en los que se suceden las tiendas y los restaurantes, o baje hasta Preston St, que discurre ciudad adentro desde el paseo marítimo, cerca del semirruinoso muelle oeste (1866), y se halla bordeada de restaurante étnicos.

Fishbowl *(☎ 777505, 74 East St)*. Entrantes 1,45-5,50 £, segundos 4,95-7,95 £. Un local pequeño y simpático que ofrece de todo: desde *satay* hasta paella.

Gingerman *(☎ 326688, 21a Norfolk Square)*. Menú del almuerzo de 1/2/3 platos 9,95/12,95/14,95 £, menú de la cena de 2/3 platos 21/23,50 £. Restaurante pequeño pero con estilo, donde se prepara comida de temporada; es uno de los más frecuentados de la localidad, así que debe reservarse con tiempo.

The King & I *(☎ 773390, 2 Ship St)*. Entrantes 4,25-4,95 £, segundos 5,65-7,95 £. A la orilla del mar, sirve comida tailandesa correcta y un plato del día al almuerzo por 4,95 £.

The Little Shop *(☎ 325594, 48a Market St)*. Sándwiches 1,75-3,95 £. Modestísimo pero premiado por sus sándwiches y bocadillos en *baguette*.

Regency Tavern *(☎ 325652, 32 Russell Square)*. Almuerzo 4,95 £. Tras una fachada sin pretensiones se esconde un salón digno del Royal Pavilion: papel de pared con grandes rayas verdes, banquetas de cuero y palmeras doradas.

Terre à Terre *(☎ 729051, 71 East St)*. Entrantes 4,45-5,95 £, segundos 11,50 £. Concurrido restaurante vegetariano para sibaritas, con platos extraordinariamente imaginativos.

Cómo llegar y desplazarse

Autobuses de National Express unen Londres y Brighton (8 £ ida y vuelta en el día, 1 hora 50 minutos) con servicios al menos cada hora. Unos 40 trenes rápidos salen a diario desde la estación Victoria (13 £ ida y vuelta en el día, 50 minutos), y otros algo más lentos de Thameslink parten desde Blackfriars, London Bridge y King's Cross.

Guide Friday *(☎ 294466, www.hoponhopoff.com)* programa recorridos en autocar por la ciudad cada 20 minutos, de 10.00 a 17.00 o 17.30 todos los días desde mediados de junio hasta agosto, y cada media hora hasta las 15.30 o 16.00 el resto del año; los circuitos cuestan 6,50/5,50/2,50/15,50 £ (adultos/jubilados y estudiantes/niños de 5 a 14 años/familias).

WINDSOR

☎ 01753 • población 31.000

El castillo de Windsor constituye una de las máximas atracciones turísticas del país y, como sólo queda a 42 km al oeste del centro de Londres y resulta fácilmente accesible en tren o por carretera, se abarrota de visitantes todo el año; conviene evitar los fines de semana y los meses de julio y agosto. Frente a Windsor, al otro lado del Támesis, se encuentra Eton y su celebérrimo colegio.

Orientación e información

El castillo de Windsor se asienta a orillas del Támesis y el pueblo se despliega hacia el oeste. Eton viene a ser un pueblecito unido a Windsor por un puente peatonal tendido sobre el Támesis.

La estación central de ferrocarril está en Thames St, enfrente mismo de la entrada al castillo de Windsor. La estación de tren de Riverside se encuentra cerca del puente que lleva a Eton.

La TIC (☎ 743900, fax 743904, www.windsor.gov.uk), 24 High St, abre de 10.00 a 17.00 de lunes a sábado y de 10.00 a 16.30 los domingos de abril a junio y de septiembre a octubre, de 9.30 a 18.00 todos los días en julio y agosto, y de 10.00 a 16.00 todos los días de noviembre a marzo.

Castillo de Windsor

Erigido sobre peñascos calizos a orillas del Támesis y residencia real británica durante más de 900 años, Windsor *(☎ 869898 o 831118 para horarios, www.the-royal-collection.org.uk; adultos/jubilados/niños de 5 a 16 años/familias 11/9/5,50/27,50 £ o 5,50/4,50/2,70/13,70 £ cuando se cierran los aposentos oficiales; espacios públicos abiertos de 9.45 a 17.15 todos los días de marzo a octubre, de 9.45 a 16.15 todos los días de noviembre a febrero)* es uno de los castillos medievales más imponentes que se conservan en el mundo. Nacido como una fortificación de madera en 1070, fue reconstruido en piedra en 1165 y ampliado y reedificado en sucesivas ocasiones hasta el siglo XIX.

En mayo y junio, si el tiempo (y otras contingencias) lo permite, se celebra la ceremonia del cambio de guardia a las 11.00 de lunes a sábado; el resto del año se limita a días alternos. La capilla de St George, uno de los lugares más visitados, se rige por los mismos horarios que las demás dependencias públicas sólo de lunes a sábado; el domingo se reserva para el culto.

Aposentos oficiales y otros espacios. Son una combinación de estancias para ocasiones especiales y colecciones museísticas. En 1992 un incendió causó graves daños al salón de St George y el contiguo salón de las Grandes Recepciones; las obras de restauración, con un coste de 37 millones de libras, concluyeron en 1998.

Al igual que otras dependencias, los aposentos de gala han pasado por sucesivas reconstrucciones y ampliaciones, sobre todo durante el reinado de Carlos II, que añadió las pinturas de Antonio Verrio y las delicadas tallas de Grinling Gibbons. Jorge IV y Guillermo IV acometieron ulteriores reformas en las décadas de 1820 y 1830.

Pasada la cámara Waterloo, que conmemora la batalla homónima y todavía se utiliza para banquetes, y la sala del trono de la Jarretera, empiezan los **aposentos del rey** con el salón del rey, también conocido como salón Rubens por las pinturas que cuelgan de sus paredes. La cámara del rey guarda lienzos de Gainsborough y Canaletto, aunque Carlos II dormía en realidad en el contiguo vestidor del rey, donde pueden admirarse algunas de las pinturas más valiosas de Windsor, firmadas por Holbein, Rembrandt, Rubens y Durero. El gabinete del rey servía al monarca de despacho y contiene obras de Canaletto, Reynolds y Hogarth.

De los aposentos del rey se pasa a los **aposentos de la reina.** El salón de baile de la reina encierra una notable colección de pinturas de Van Dyck. Sólo se conservan tres de las 13 con que Verrio adornó los techos en tiempos de Carlos II, una de ellas en la cámara de audiencias de la reina. En la cámara de recepción de la reina se hallarán tapices gobelinos y otra pintura de Verrio.

La **casa de muñecas de la reina María,** obra del arquitecto sir Edwin Lutyens, fue construida a escala 1:12 en 1923 y no le falta el menor detalle, ni siquiera agua corriente en los cuartos de baño.

LEE FOSTER

En Eton College se ha educado un sinfín de personalidades.

Capilla de St George. Uno de los ejemplos más logrados de la arquitectura tardogótica en suelo británico, fue iniciada por Eduardo IV en 1475, aunque no se terminó hasta 1528.

La nave central constituye una soberbia ilustración del estilo perpendicular, con una hermosa bóveda de abanico cuyos arcos arrancan de los pilares. La capilla contiene **tumbas de la realeza,** entre ellas las de Jorge V y la reina María, Jorge VI y Eduardo IV. El **mirador,** construido en madera para Catalina de Aragón por Enrique VIII, es una cumplida muestra del estilo Tudor. La **sillería de la Orden de la Jarretera,** equivalente en la capilla a la del coro, data de fines del siglo XV; el estandarte, el casco y la cimera que coronan cada sitial identifican a sus titulares, y las placas recuerdan a los caballeros que han ocupado estos asientos desde el siglo XIV.

Entre los sitiales de la Jarretera, la **bóveda real** acoge los restos de Jorge III, Jorge IV y Guillermo IV. En una segunda bóveda, también en medio de la sillería, reposan **Enrique VIII** con su esposa predilecta, Jane Seymour, y **Carlos I,** a cuyo cadáver se le ha restituido ahora la cabeza, desaparecida tras la guerra civil de 1649.

Desde la capilla se accede al claustro del Deán y la contigua **capilla conmemorativa del príncipe Alberto;** erigida originariamente en 1240, se convirtió en la primera capilla de la Orden de la Jarretera en 1350, pero dejó de utilizarse cuando se construyó la capilla del Príncipe Jorge y fue restaurada de arriba abajo a la muerte del príncipe Alberto en 1861.

Eton College

Si se cruza el río Támesis por el puente de Windsor, peatonal, se llega a otro símbolo puntero del clasismo británico: Eton College (*☎ 671177, www.etoncollege.org.uk, Baldwins Shore; adultos/niños 3/2 £; abierto a visitas durante el curso de 14.00 a 16.30 todos los días, en Semana Santa y vacaciones de verano de 10.30 a 16.30 todos los días).* En este famoso colegio público (es decir, privado) se han educado no menos de 18 primeros ministros y los actuales príncipes Guillermo y Enrique. Varios edificios datan de mediados del siglo XV, cuando Enrique VI fundó esta institución. Los recorridos de 1 hora cuestan 4/3 £ (adultos/niños) y comienzan a las 14.15 y 15.15 todos los días.

Otros lugares de interés

En High St, junto a Castle Hill, el esbelto **Guildhall** (Ayuntamiento) de Windsor se construyó entre 1686 y 1689, y las obras concluyeron bajo la supervisión de sir Christopher Wren. Conviene fijarse en que las columnas centrales no sustentan en realidad la primera planta; el consistorio insistió en que se levantasen pese a la certeza de Wren de que resultaban innecesarias, y para demostrarlo, el maestro dejó unos cuantos centímetros de separación entre éstas y el techo.

Algunas de las construcciones más antiguas de Windsor bordean las calles empedradas que discurren a espaldas del Guildhall, entre ellas **Queen Charlotte St,** la vía pública más corta de Gran Bretaña. La **casa de la Cruz del Mercado,** visiblemente inclinada, queda al lado del Ayuntamiento. Nell Gwyn, la favorita de Carlos II, vivió en el nº 4 de Church St (hoy un restaurante).

Desde la trasera del castillo hasta Ascot, prácticamente, se extiende el **Gran Parque de Windsor** *(☎ 860222; gratuito; abierto desde las 8.00 hasta la puesta de sol todos los días)*, de 1.920 hectáreas, donde en 1999 el príncipe Felipe, consorte de la reina Isabel II, mandó talar los venerables árboles de una avenida porque entorpecían la marcha de su caballo y su calesa (o porque estaba celoso de sus frondosas copas).

Dónde comer

Peascod St y su prolongación, St Leonard's Rd, son calles donde merece la pena efectuar una incursión en busca de restaurantes.

Crooked House *(☎ 857534, 51 High St).* Sándwiches 5-7 £. Instalado en la pequeña casa de la Cruz del Mercado, que se diría en precario equilibrio, este café sirve sándwiches y bocadillos excelentes pero caros.

Crosses Corner *(☎ 862867, 73 Peascod St).* Almuerzo 5,25-6 £. Pub muy concurrido por sus almuerzos baratos.

Francesco's *(☎ 863773, 53 Peascod St).* Pizzas y pastas 5-15 £, almuerzo de 3 platos 6,95 £. Famoso por sus pizzas y pastas.

Ha! Ha! Bar & Canteen *(☎ 770111, Windsor Royal Station).* Tentempiés 4-4,50 £, comidas 6,50-10 £. En la antigua Estación Real de ferrocarril, esta sucursal de una cadena londinense es ahora mismo el sitio de moda en Windsor.

The Viceroy *(☎ 858 005, 49-51 St Leonard's Rd).* Entrantes 2,10-7,75 £, segundos 5,50-11,95 £, bufé dominical para adultos/niños 8,50/4,99 £. Magnífica comida india, pero con un servicio a veces displicente.

Cómo llegar y desplazarse

Los autobuses de Green Line parten hacia Windsor desde la estación Victoria Coach, en Bulleid Way, entre 5 y 10 veces al día desde las 7.45 (sábados desde las 9.00, domingos desde las 9.40) hasta más o menos las 14.00; el último autobús regresa sobre las 20.45. Los billetes con vuelta el mismo día cuestan 7,50/4 £ (adultos/niños de 5 a 15 años) y el viaje dura 1 hora.

Los trenes que enlazan Waterloo con la estación de Riverside parten cada 30 minutos (cada hora los domingos) y tardan unos 55 minutos en cubrir el trayecto. Los servicios desde Paddington hasta la estación central obligan a cambiar en Slough, a 5 minutos de Windsor, pero sólo invierten media hora en el viaje. En cualquiera de las dos rutas, el billete cuesta 6 £ con vuelta en el día.

Guide Friday *(☎ 01789-294466, www.hoponhopoff.com)* organiza varios recorridos por Windsor en autobuses de dos plantas con techo descubierto, que cuestan 6,50/5,50/2,50/15,50 £ (adultos/jubilados y estudiantes/niños de 5 a 14 años/familias). ***French Brothers*** *(☎ 851900, www.boat-trips.co.uk)* ofrece paseos en barca entre Windsor y Runnymede; 30 minutos salen por 5,25/7 £ ida/ida y vuelta (los niños pagan la mitad).

CASTILLO DE LEEDS

A unos 69 km al sureste de Londres y justamente famoso por ser uno de los palacios más hermosos del mundo, se encuentra el castillo de Leeds *(☎ 01622 765400 o 0870 600 8880, www.leeds-castle.co.uk, Maidstone, Kent; entrada al castillo, el parque y los jardines adultos/jubilados y estudiantes/niños de 4 a 15 años/familias 10/8,50/6,50/29 £, entrada al parque y los jardines adultos/niños de 4 a 15 años 8,50/5,20 £; abierto de 10.00 a 19.00, últimas admisiones 17.00, todos los días de marzo a octubre; de 10.00 a 17.00, últimas admisiones a las 15.00, todos los días el resto del año)*. El edificio, que parece sacado de un libro de cuentos, se alza sobre dos pequeñas islas en un lago de Kent, rodeado por onduladas y frondosas colinas, y data del siglo IX, aunque fue Enrique VIII quien lo transformó en fortaleza y palacio.

National Express mantiene un servicio diario (1 1/4 horas) desde la estación Victoria Coach a las 9.00, con regreso a media tarde; los billetes cuestan 10/8/5 £ (adultos/jubilados y estudiantes/niños de 5 a 15 años) o 14/11 £ (adultos/niños), incluyen la entrada al castillo y deben reservarse con antelación. Green Line ofrece más o menos lo mismo por 14/8 £ (adultos/niños), con autobuses que salen a las 9.35 de lunes a viernes y regresan a las 16.00. La estación de ferrocarril más próxima es Bearsted; un billete combinado de tren y autocar, más la entrada al castillo, desde Victoria o Charing Cross, con la empresa Connex Rail (☎ 0870 603 0405 o 0870 580 8080) cuesta 20,50/10,30 £ (adultos/niños).

CASTILLO DE HEVER

A unos 56 km del centro de Londres y rodeado por un foso, el idílico castillo de Hever *(☎ 01732 865224, www.hevercastle.co.uk, Hever, cerca de Edenbridge, en Kent; entrada al castillo y los jardines adultos/jubilados y estudiantes/niños/familias 8/6,80/4,40/20,40 £, sólo jardines 6,30/5,40/4,20/16,80 £;*

DAVID WALL

El castillo de Leeds (que, extrañamente, no está en Leeds) es uno de los palacios más fascinantes de Gran Bretaña.

castillo abierto de 12.00 a 18.00, jardines de 11.00 a 18.00 todos los días de marzo a noviembre) fue la residencia de infancia de Ana Bolena, amante primero y desdichada esposa después, de Enrique VIII. Construido en los siglos XIII y XV y restaurado a principios del XX por William Waldorf Astor, el exterior no ha sufrido cambios desde la época Tudor, pero el interior luce hoy una magnífica carpintería eduardiana. El parque que lo rodea, creación también de los Astor, incorpora un jardín italianizante con esculturas clásicas. Los fines de semana de agosto se celebran justas medievales con gran pompa.

La estación de tren más cercana queda en Hever, aproximadamente a 1,6 km del castillo; un billete con vuelta el mismo día desde la estación Victoria, pasando por Oxted, cuesta 7,10 £.

DOWN HOUSE

Charles Darwin, el gran teórico evolucionista victoriano, vivió durante más de 40 años en Down House *(☎ 01689-859119, www.english-heritage.org.uk, Luxted Rd, Downe, cerca de Orpington, en Kent; adultos/jubilados y estudiantes/niños de 5 a 15 años 5,50/4,10/2,80 £; abierta de 10.00 a 18.00 de miércoles a domingos desde mediados de abril hasta septiembre, de 10.00 a 17.00 de miércoles a domingo en octubre, de 10.00 a 16.00 de miércoles a domingos de noviembre a marzo)*. El suntuoso interior victoriano de esta noble casa georgiana ha sido restaurado para mostrar al público el cuarto de estudio del científico, donde escribió su obra pionera *Sobre el origen de las especies* (1859); la planta alta acoge exposiciones temporales y los visitantes puede pasear por el jardín.

Aunque su código postal corresponde a Kent, Down House se encuentra en el sureste de Londres. Para llegar hay que tomar un tren desde Victoria hasta Bromley South y después el autobús 146 (cada hora, sólo de lunes a sábado); otra posibilidad es viajar en tren hasta Orpington y subir luego al autobús R2 (cada hora, sólo de lunes a sábado). Un taxi desde la estación de Orpington debería rondar las 8 £.

RESIDENCIA KNOLE

Edificada en su mayor parte a partir de 1456, Knole House *(☎ 01732 462100 o 450608, www.nationaltrust.org.uk, Sevenoaks, Kent; entrada a la casa adultos/niños/familias 5/2,50/12,50 £, gratuita al parque; casa abierta de 12.00 a 16.00 de miércoles a sábado y de 11.00 a 17.00 los domingos de marzo a octubre, parque abierto todo el año)* no es tan antigua como algunas de las mansiones rurales que incorporan fortalezas medievales, pero presenta un estilo más coherente. Parece como si nada hubiera cambiado desde los albores del siglo XVII, mérito que corresponde a la familia Sackville, sus propietarios desde 1566.

Aquí nació la escritora Vita Sackville-West en 1892, y su amiga Virginia Woolf basó su novela *Orlando* en la historia de la casa y la familia. Knole conforma un vasto complejo de 7 patios, 52 escaleras y 365 habitaciones, por lo que se recomienda la excelente guía que allí mismo se vende.

Knole está al este de Sevenoaks, a 39 km al sureste de Londres. La estación de ferrocarril de Sevenoaks se encuentra a 2,4 km de la casa, pero funciona un autobús de enlace (☎ 0845 748 4950 para información). Un billete con vuelta el mismo día desde Charing Cross (35 minutos) cuesta 6,20 £.

CHARTWELL

Sir Winston Churchill adquirió en 1922 Chartwell *(☎ 01732 868381 o 866368, www.nationaltrust.org.uk; Westerham, Kent; entrada a la casa adultos/niños de 5 a 16 años/familias 5,80/2,90/14,50 £, entrada sólo al jardín y al estudio adultos/niños 2,90/1,45 £; abierta de 11.00 a 17.00 de miércoles a domingo de abril a junio, septiembre y octubre, de 11.00 a 17.00 de martes a domingo en julio y agosto)*. Es una gran mansión campestre situada al norte de Edenbridge, a unos 34 km al sureste de Londres. La casa fue la residencia familiar hasta la muerte del estadista, en 1965.

Para llegar hay que tomar un tren hasta Bromley South desde Victoria y después el autobús 246.

Idioma

Cualquier viajero sabe que el inglés funciona hoy en día como lengua franca en casi todo el mundo; es el idioma de la navegación, la aviación, las telecomunicaciones, el grueso de las publicaciones científicas, el comercio y, por supuesto, de Internet. Hablándolo un poco puede uno hacerse entender, más o menos, en los hoteles, restaurantes y tiendas de buena parte del planeta.

Pero así como en otros destinos turísticos de países anglosajones –Nueva York o Los Ángeles, por ejemplo– el turista hispanohablante apenas precisará el inglés para desenvolverse dada la gran pujanza del español, en Londres, como en todo el Reino Unido, no le quedará más remedio que lanzarse con mejor o peor fortuna a utilizar la lengua de Shakespeare. De ahí que se haya optado por incluir en esta guía el presente capítulo, que lógicamente podrá obviar quien ya se defienda en inglés, quien lleve consigo alguno de los pequeños diccionarios bilingües –en papel o en soporte electrónico–, o quien decida adquirir alguno de los manuales con frases hechas que abundan en cualquier librería.

El inglés londinense

Aunque el habla de Londres sirvió de modelo lingüístico al inglés desde el siglo XVI, la capital británica es en la actualidad una babel de acentos. Con el inglés más académico –que se suele identificar con la llamada *Received Pronunciation,* esto es, el habla de las clases cultas del sur del país– conviven rasgos fonéticos indios, jamaicanos y de todas las colonias y protectorados del antiguo Imperio Británico, sin olvidar el dialecto de las clases populares londinenses, el *cockney,* que con sus distorsiones vocálicas y consonánticas dejará perplejo a más de un visitante que creía entender inglés pasablemente.

Los apartados que siguen se refieren a ese inglés más o menos oficial y normativo que se enseña en Europa y América (con la salvedad de que en Europa, al menos en España, prevalece el inglés británico, frente a los países latinoamericanos, donde se ha impuesto el modelo estadounidense; pero aquí se van a pasar por alto las diferencias entre uno y otro). Primeramente se describirán los sonidos vocálicos y consonánticos que más se diferencian del español, tras lo cual se proporcionará al lector un modesto repertorio de palabras y expresiones de utilidad, seguidas de su pronunciación figurada.

Pronunciación

En comparación con el español, la gramática inglesa, y en especial su sistema verbal, resulta relativamente sencilla, pero no así la pronunciación y la ortografía. Si en español se observa una notable equivalencia entre los sonidos de una palabra y su escritura, la disparidad entre ambas constituye una de las mayores dificultades del inglés, incluso para los hablantes nativos, que continuamente recurren al deletreo para despejar las dudas que suscita un determinado sonido, singularmente en topónimos y antropónimos. Valga como ejemplo de incoherencia la grafía inglesa 'gh', que unas veces se pronuncia como 'g' *(ghost)*, otras como 'f' *(laugh)*, otras como 'p' *(hiccough)* y en ocasiones no suena *(though)*.

Vocales

Frente a las cinco vocales del español, en inglés existen 11 fonemas vocálicos y 8 diptongos que se corresponden casi siempre con varias grafías. Como casi ninguna de estas vocales inglesas encuentra equivalencia exacta en español, los ejemplos que se presentan a continuación se limitan a señalar aquellas que se apartan más notablemente. Prescindiendo de símbolos fonéticos, se escribirán las palabras inglesas subrayando las representaciones gráficas que interesan e indicando sonidos similares –que no iguales– del español.

man
sonido intermedio entre la 'a' y la 'e'
cup, blood, love, double
parecido a una 'a' española

ago, mother, color, silence (representa a casi cualquier vocal no acentuada)
sonido breve, neutro, sin color, siempre átono y de pronunciación muy relajada; se aproxima algo a una 'e' española en posición final y no acentuada, pero más a la 'e' francesa de *je* o a la 'a' final catalana de *porta*
bird, fern, fur, work
versión larga del fonema anterior, sin equivalencia en español; recuerda al grupo 'eur' francés de *monsieur*
sit
sonido breve, casi más próximo a la 'e' española que a la 'i'

Consonantes
De las 28 consonantes y semivocales inglesas, algunas coinciden plenamente con sonidos españoles, como la 'f', 'm' 'n' y 's'; otras constituyen variantes más explosivas –esto es, con expulsión brusca del aire al pronunciarlas– de fonemas castellanos, como por ejemplo la 'b', 't' o 'd'; y otras, por último, carecen de equivalentes precisos, o sólo se dan en una parte del mundo hispanohablante. Entre estas últimas cabe citar las siguientes:

jet, gin
como una 'ch' con vibración de las cuerdas vocales; similar al sonido inicial de la 'g' en el italiano *giornata*
hot
fuertemente aspirada; como la 'j' castellana pronunciada por hablantes andaluces, canarios o latinoamericanos
red
entre la 'r' y la 'rr' españolas; la lengua se curva hacia atrás y no llega a tocar el paladar
ship, nation, ocean
como la interjección *¡shh!*, utilizada para mandar callar
this
similar a la suave 'd' intervocálica de 'seda'
think
como la 'z' castellana de 'zapato' o 'cesto'; inexistente en zonas seseantes
van
labiodental; no existe en español, salvo en pronunciaciones afectadas
zoom, rose
como una 's' con zumbido en 'listo'
azure, garage, leisure
parecida a la 'j' francesa de *jour* o a la realización rioplatense de la 'll' o la 'y' en 'lluvia' o 'ya'

Fórmulas de cortesía y expresiones cotidianas

Hola.	*Hello (helou).*
Adiós.	*Good bye (gudbái).*
Hasta luego/pronto.	*See you later/soon (siyu leita/sun).*
Buenos días.	*Good morning (gud móning).*
Buenas tardes.	*Good afternoon (gud aftenún).*
Buenas noches.	*Good evening/night (gud ívnin/nait).*
Sí.	*Yes (ies).*
No.	*No (nou).*
Por favor.	*Please (plis).*
Gracias.	*Thank you (zénkiu).*
Muchas gracias.	*Thank you very much, thanks a lot (zénkiu veri mach, zénks a lot).*
Lo siento.	*I'm sorry (am sorri).*
Perdone (al dirigirse a alguien).	*Excuse me (exkíus mi).*
De acuerdo, conforme.	*All right, okay, that's fine (olráit, oukéi, dats fain).*

éste	*this (dis)*
ése, aquél	*that (dat)*
éstos	*these (diis)*
ésos, aquéllos	*those (dous)*
aquí	*here (jia)*
allí	*there (dea)*
hoy	*today (tudéi)*
ayer	*yesterday (iéstedei)*
mañana	*tomorrow (tumórrou)*
mucho/nada/poco	*a lot/nothing/a little (a lot, názin, a litel)*
primero/último	*first/last (feest/last).*
¿Qué?	*What? (wot?).*
¿Quién?	*Who? (ju?).*
¿Dónde?	*Where? (wea?).*
¿Cómo?	*How? (jau?).*
¿Cuándo?	*When? (wen?).*
¿Por qué?	*Why? (wai?).*
¿Cuál?	*Which? (wich?).*

¿Cuánto?	*How much? (hau mach?).*
¿Cuántos?	*How many? (hau meni?).*
Me llamo...	*My name's... (mai neims...).*
¿Cómo está usted?	*How are you? (hau ayu?).*
Muy bien, gracias.	*Very well, thank you (veri wel, zenkiu).*
Encantado de conocerle.	*Pleased to meet you (pliisd tu michu).*
Es usted muy amable.	*You're very kind (yo veri kaind).*
¿Cómo se llama usted?	*What's your name? (wats yo neim?).*
Soy de…	*I'm from… (am from…).*

Problemas con el idioma

¿Habla usted español?	*Do you speak Spanish? (du iu spik spenish?).*
No entiendo.	*I don't understand (ai dount andestend).*
¿Podría hablar más despacio, por favor?	*Could you speak more slowly, please (kud yu spik moo slouli, plis?).*
¿Puede repetir, por favor?	*Can you repeat, please? (ken iu ripit, plis?).*

Por la ciudad

¿Dónde está…?	*Where's…? (ues...?)*
el aeropuerto	*the airport (di eapoot)*
el hotel	*the hotel (de houtel)*
el banco	*the bank (de benk)*
el restaurante	*the restaurant (de restront)*
la estación de autobuses	*the bus station (de bas steishon)*
la estación de ferrocarril	*the railway station (de reilwei steishon)*
la estación de metro	*the tube station (de tiub steishon)*
la parada de taxis	*the taxi rank (de texi renk)*
la oficina de correos	*the post office (de poust ofis)*
la oficina de turismo	*the tourist office (de torist ofis)*
la comisaría de policía	*the police station (de polis steishon)*
la gasolinera	*the petrol station (de petrol steishon)*
el museo	*the museum (de miusiam)*
el mercado	*the market (de maket).*

El/la... más próximo/a	*The nearest... (de nirest...).*
Estoy perdido. ¿Cómo puedo llegar a...?	*I'm lost. How can I get to...? (hau ke ai get tu...?).*
¿Hay un/una… cerca?	*Is there a... nearby? (is dea a…niabai?).*
Perdone, estoy buscando…	*Excuse me, I'm looking for... (exkius mi, am lukin fo…).*
¿Está lejos/cerca?	*Is it far/near? (is it fa/nia).*
¿A qué distancia está...?	*How far is it to...? (hau fa is it tu…?).*
Quiero ir a…	*I want to go to… (ai won tu gou tuu ...).*
¿A qué hora sale/llega el autobús/tren?	*What time does the bus/train leave/ arrive? (wat taim das de bas/trein liv/araiv?).*
¿Dónde puedo conseguir un taxi?	*Where can I get a taxi?(wea ken ai get a texi?).*
¿Podría pedirme un taxi?	*Could you please call me a taxi? (kud iu plis kol mi a texi?).*
Por favor, lléveme a esta dirección.	*Please take me to this address (plis teik mi tu dis adrés).*
Pare aquí, por favor.	*Please stop here (plis stop hia).*
¿Podría esperarme?	*Could you wait for me? (kud iu weit fo mi?).*
Quédese el cambio.	*Keep the change (kip de cheinsh).*
¿Hay un autobús a…?	*Is there a bus to...? (is dea a bas tu…).*
Quiero un billete para...	*I want a ticket to... (ai wont a tiket tu…).*

¿Dónde para el autobús número...?	*Where does bus number... stop? (wea das bas namba... stop?).*
¿Podría avisarme cuando lleguemos a…?	*Could you tell me when we get to…? (kud iu tel mi wen wi get tu…?).*
Quiero alquilar…	*I want to hire a… (ai wont tu hai a…)*
un coche	*a car (a ka)*
una moto	*a motorbike (a moutobaik)*
una bicicleta	*a bike (a baik)*
un bote	*a boat (a bout)*
una batea	*a punt (a pant).*

Alojamiento

Quisiera hacer una reserva, por favor.	*I'd like to make a reservation, please (aid laik tu meik a reseveishon, plis).*
Tengo una reserva. Me llamo...	*I've got a reservation. My name's… (aiv got a reseveishon. Mai neim…).*
Quiero una habitación...	*I want a... (ai wont a…)*
doble	*double room (dabl rum)*
individual	*single room (singl rum)*
con baño/ducha	*room with a bathroom/shower (rum wid a bazrum/ shaua)*
con dos camas	*room with twin beds (rum wid tuin beds)*
tranquila	*quiet room (a kuaiat rum)*
que dé a la calle	*room facing the street (rum feisin de strit)*
con vistas	*room with a view (rum wid a viu).*
¿Puedo ver la habitación?	*Can I see the room? (ken ai si de rum?).*
¿Podría despertarme a las...?	*Could you wake me up at...? (kud iu weik mi ap at…?).*
La calefacción/ la televisión/ el aire acondicionado no funciona	*The heating/ television/air conditioning doesn't work (dehiting, ea kondishoning, televishon dasent wek).*
¿Me prepara la cuenta, por favor?	*Could you please get my bill ready? (kud iu plis get mai bil redi?).*

Comer fuera

¿Tienen una mesa libre?	*Have you got a table? (hev iu got a teibl?).*
Quisiera reservar mesa.	*I'd like to reserve a table (aid laik tu risev a teibl).*
Déjeme la carta, por favor.	*Let me have the menu, please (let mi hev de meniu plis).*
¿Qué me sugiere?	*What do you suggest? (wat du iu sayest?).*
Tomaré…	*I'll have… (ail hev…).*
La cuenta, por favor.	*The bill, please (de bil, plis).*
Soy vegetariano.	*I'm a vegetarian (aim a veyeterian).*
Está demasiado picante.	*It's too hot (its tu hot).*
camarero	*waiter (weita)*
camarera	*waitress (weitres)*
desayuno	*breakfast (brekfast)*
almuerzo	*lunch (lanch)*
cena	*dinner (dina)*
primer plato	*first course (fest cos)*
segundo plato	*main course (mein cos)*
postre	*dessert (disét)*
la carta	*the menu (de meniu)*
el menú	*fixed price menu (fixt prais meniu)*
la carta de vinos	*the wine list (de wain list)*
vaso	*glass (glaas)*
botella	*botella (bótel)*
taza	*cup (kap)*
cuchara	*spoon (spun)*
tenedor	*fork (fok)*

cuchillo	*knife (naif)*
a la parrilla	*grilled (grild)*
crudo	*raw (ro)*
poco hecho	*rare (rea)*
en su punto	*medium (mídiam)*
bien hecho	*well done (wel dan)*
estofado, guisado	*stewed (stud)*
relleno	*stuffed (stafd)*
rebozado	*battered (beted)*
salteado	*sautéed (sotéid).*

Comidas y bebidas

aceite	*oil (oil)*
aceitunas	*olives (ólivs)*
agua	*water (wota)*
agua mineral	*mineral water (mínerol wota)*
ajo	*garlic (gálik)*
arroz	*rice (rais)*
azúcar	*sugar (shuga)*
café	*coffee (kofi)*
carne	*meat (mit)*
cebolla	*onion (anion)*
cerdo (carne de cerdo)	*pork (pok)*
cerveza	*beer (bia)*
cerveza de barril	*draught beer (draft bia)*
cordero	*lamb (lem)*
champiñones	*mushrooms (máshrums)*
filete	*steak (steik)*
fruta	*fruta (frut)*
huevo	*egg (eg)*
huevos escalfados	*poached eggs (pouchd egs)*
huevos duros	*hard-boiled eggs (had boild egs)*
huevos fritos	*fried eggs (fraid egs)*
huevos pasados por agua	*boiled eggs (boild egs)*
huevos revueltos	*scrambled eggs (skrembeld egs)*
jamón	*ham (hem)*
judías	*beans (bins)*
langosta	*lobster (lábsta)*
leche	*milk (milk)*
lenguado	*sole (soul)*
limón	*lemon (lemon)*
mantequilla	*butter (bata)*
manzana	*apple (épol)*
marisco	*seafood (sifud)*
mermelada	*jam (yem)*
mostaza	*mustard (mástad)*
naranja	*orange (árinch)*
nata	*cream (krim)*
pan	*bread (bred)*
panecillo	*roll (rol)*
patatas	*potatoes (potéitous)*
patatas fritas (en rodajas, tiras)	*chips, French fries (chips, french frais)*
pato	*duck (dak)*
pavo	*turkey (teki)*
perejil	*parsley (pasli)*
pescado	*fish (fish)*
pimienta, pimiento	*pepper (pepa)*
plátano	*banana (banána)*
pollo	*chicken (chiken)*
queso	*cheese (chis)*
sal	*salt (solt)*
salchicha, embutido	*sausage (sósich)*
salsa	*sauce (sos)*
seco	*dry (drai)*
sopa	*soup (sup)*
tarta	*cake (keik)*
té	*tea (ti)*
tortilla	*omelette (ómelet)*
tostada(s)	*toast (toust)*
verduras	*vegetables (véchetabol)*
vinagre	*vinagre (víniga)*
vino blanco	*white wine (wait wain)*
vino tinto	*red wine (red wain)*
vino rosado	*rosé wine (rousei wain)*
zumo	*juice (yus).*

De compras

¿Cuánto cuesta?	*How much does it cost? (hau mach das it kost?).*
Me gustaría ver...	*I'd like to see... (aid laik tu si...).*
Sólo estoy mirando.	*I'm just looking (aim yast lukin).*
¿Puedo probarme esto?	*Can I try this on? (ken ai trai dis on?).*
Utilizo la talla (o el número de calzado)...	*I'm size... (aim sais...).*
Es demasiado caro.	*It's too expensive (its tu expénsiv).*

Urgencias

¡Socorro!	*Help! (help!).*
Es un caso de urgencia.	*This is an emergency (dis is an emeyensi).*
¡Pidan una ambulancia!	*Send for an ambulance! (send fo en embiulans!).*
¿Hay un hospital por aquí cerca?	*Is there a hospital near here? (is dea a hospital nia hia?).*
¡Llamen a la policía!	*Call the police! (kol de polis!).*
¡Me han robado!	*I've been robbed! (aiv bin robd!).*
¡Déjeme en paz!	*Leave me alone! (liv me aloun!).*

Me gusta/No me gusta.	*I like it/I don't like it (ai laik it/ai dount laik it).*
Me lo(s) llevo.	*I'll take it/them (ail teik it/dem).*
¿Tiene algo más barato?	*Have you got anything cheaper? (hev iu got enizin chipa?).*
¿Aceptan ustedes cheques de viaje?	*Do you accept traveller's cheques? (du iu eksépt trevles cheks?).*
¿Podría enviarlo a esta dirección?	*Could you send it to this address? (kud iu send it tu dis adrés?).*

Por teléfono

Soy...	*This is...*
Podría hablar con...?	*Could I speak to...? (kud ai spik tu... ?).*
¿Me puede poner con…?	*Could you put me through to... ? (kud iu put mi zru tu…?).*
Quisiera poner una conferencia.	*I'd like to make a long-distance call (aid laik tu meik a long distans kol).*
Quisiera hacer una llamada a cobro revertido.	*I'd like to make a reverse charge call (aid laik tu meik a rives chach kol).*
Llamaré más tarde.	*I'll call/ring back later (ail kol/ring bek leita).*
¿Puedo dejar un mensaje?	*Can I leave a message? (ken ai liv a mesich?).*
Mi número es…	*My phone number is…(mai foun namba is…).*

Salud

No me encuentro bien.	*I'm not feeling well (aim not filin wel).*
¿Dónde puedo encontrar un médico?	*Where can I find a doctor? (wea ken ai faind a dokta?).*
Estoy a dieta.	*I'm on a diet (aim on a daiet).*
Estoy embarazada.	*I'm pregnant (aim pregnant).*
Me duele…	*I've got…*
la cabeza	*a headache (a hédeik)*
el estómago	*a stomachache (a stómakeik)*
una muela	*a toothache (a túzeik).*

La hora y los días

¿Qué hora es?	*What's the time? (wats de taim?).*
Son las tres en punto.	*It's three o'clock (its zri oklok).*
Son las tres y cinco.	*It's five past three (its faiv past zri).*
Son las tres menos cinco.	*It's five to three (its faiv tu zri).*
Son las tres y cuarto.	*It's a quarter past three (its a kuota past zri).*
Son las tres y media.	*It's half past three (its haf past zri).*

lunes	*Monday (mandi)*
martes	*Tuesday (chusdi)*
miércoles	*Wednesday (wensdi)*
jueves	*Thursday (zesdi)*
viernes	*Friday (fraidi)*

sábado	*Saturday (setedi)*
domingo	*Sunday (sandi).*

Números

0	*zero (sirou) (ou* en números de teléfono)
1	*one (wan)*
2	*two (tu)*
3	*three (zri)*
4	*four (fo)*
5	*five (faiv)*
6	*six (six)*
7	*seven (seven)*
8	*eight (eit)*
9	*nine (nain)*
10	*ten (ten)*
11	*eleven (ileven)*
12	*twelve (tuelf)*
13	*thirteen (zetín)*
14	*fourteen (fotín)*
15	*fifteen (fiftín)*
16	*sixteen (sixtín)*
17	*seventeen (seventín)*
18	*eighteen (eitín)*
19	*nineteen (naintín)*
20	*twenty (tuenti)*
30	*thirty (zeti)*
40	*forty (foti)*
50	*fifty (fifti)*
60	*sixty (sixti)*
70	*seventy (seventi)*
80	*eighty (eiti)*
90	*ninety (nainti)*
100	*one hundred (wan handred)*
1.000	*one thousand (wuan zausend)*
10.000	*ten thousand (ten zausend).*

Glosario

AA – Automóvil Club.
abbey – abadía.
ABTA – Asociación de Agentes de Viajes Británicos.
afterhours – a altas horas de la madrugada.
ale – originalmente, variedad de cerveza más amarga y con mayor graduación alcohólica que la de tipo *lager;* la expresión *real ale* designa las cervezas elaboradas a la manera tradicional.
AONB – Area of Outstanding Natural Beauty (zona de gran belleza natural).
APTG – Association of Professional Tourist Guides (Asociación de Guías Turísticos Profesionales).
Arts and Crafts – (artes y oficios); movimiento estético impulsado por William Morris (1834-1896) que propugnaba el hermanamiento de las artes decorativas y la artesanía para la creación de objetos de uso cotidiano; ejerció gran influencia en el modernismo.
ATOC – Association of Train Operating Companies (Asociación de Operadores Ferroviarios).

BA – British Airlines, compañía aérea británica.
BABA – Book-A-Bed-Ahead; sistema de reserva de alojamiento proporcionado por las oficinas de turismo.
B&B – *bed and breakfast* (alojamiento y desayuno); el término se aplica sobre todo a las pensiones y casas particulares que proporcionan este servicio.
beer garden – (jardín de cerveza); jardín o terraza de un pub.
bistro/bistrot - restaurante o café pequeño y sin pretensiones.
black pudding – especie de morcilla.
Blitz – guerra relámpago; se aplica al breve período de 1940 a 1941 en que se produjo el bombardeo alemán de Londres durante la Segunda Guerra Mundial.
boroughs – municipios o distritos municipales.
Britain Visitor Centre – Centro Británico de Visitantes.
BT –British Telecom, compañía telefónica de Gran Bretaña.
BTA – British Tourist Authority, organismo estatal creado en 1969 para la promoción del turismo en Gran Bretaña.
bunkhouse – barraca, caserón.
BYO – Bring Your Own (traiga usted la suya); se aplica a los restaurantes en que el cliente puede llevar su propia bebida.

cairn – hito de piedra para señalizar.
cancel – balaustrada o verja que separa el presbiterio de la nave en las iglesias.
coaches – autocares rápidos de larga distancia.
cockney – trabajador procedente del East End, de un estrato social bajo, que hablaba un argot especial; también se denomina así al dialecto inglés de esa zona londinense.
Commonwealth – república instaurada por Oliver Cromwell. Actualmente, Comunidad Británica de Naciones a la que pertenecen todos los Estados que en 1931 firmaron el estatuto de Westminster para cooperar política, social y económicamente, bajo la hegemonía del Reino Unido.

DLR – Docklands Light Railway (tren ligero de los Docklands).
dock – dársena, muelle.

EH – English Heritage (Patrimonio Inglés); organismo estatal creado en 1984 para la protección de monumentos antiguos y edificios históricos ingleses.
estilo eduardiano – el correspondiente al reinado de Eduardo VII (1901-1910) o, en la arquitectura de los castillos, de Eduardo I (1272-1307).
estilo georgiano – en arte y arquitectura, el correspondiente al período comprendido entre 1714 y 1811, durante el cual se sucedieron cuatro monarcas de nombre Jorge; se caracterizó por el predominio de elegantes construcciones neoclásicas, el auge de los jardines paisajísticos y, en urbanismo, la pro-

liferación de casas en hilera *(terrace)* y en media luna o creciente *(crescent)*.

estilo palladiano – el inspirado en la obra y el pensamiento de Andrea Palladio (1518-1580), autor de los *Cuatro libros de Arquitectura,* de gran difusión en Europa y especialmente en Gran Bretaña; se caracteriza por una monumentalidad clasicista que toma como modelo Roma y las teorías de Vitruvio.

estilo Regencia – el coincidente con el período de regencia del príncipe Jorge (1811-1820), que después reinó con el nombre de Jorge IV (1820-1830); en arquitectura se caracteriza por una extrema sencillez constructiva con profusión de estucados.

evensong – oficio vespertino de la Iglesia anglicana.

fish and chips – pescado rebozado, por lo general platija o bacalao, servido con patatas fritas; es una de las comidas rápidas más populares de Inglaterra y se suele vender para llevar.

fully licensed – se aplica a los establecimientos autorizados para vender bebidas alcohólicas.

gate – puerta.

ghost tour – (ruta fantasmal); circuito turístico centrado en las leyendas y sucesos macabros de una localidad.

GLA – Greater London Authority (Gobierno del Gran Londres), creado en 2000.

GLC – Greater London Council (Consejo del Gran Londres), creado en 1965 y abolido en 1986 por Margaret Thatcher.

GMT – Greenwich Mean Time (hora media de Greenwich).

Guildhall – antigua casa de los gremios; en algunas ciudades y pueblos ingleses equivale a Ayuntamiento.

hammer-beam – tipo de techo medieval elaborado mediante una estructura de arcos y tirantes de madera artísticamente entrelazados.

happy hour – franja horaria en la que algunos establecimientos, sobre todo restaurantes y bares, ofrecen las consumiciones a mitad de precio.

IDD – llamadas internacionales de marcación directa.

jacket potatoes – patatas asadas con piel.

jacobeo – se aplica a las manifestaciones artísticas que se desarrollaron en Inglaterra durante el reinado de Jacobo I Estuardo, al que se bautizó como "época jacobea", caracterizada por el auge de las artes y, especialmente, el teatro, cuya principal figura fue William Shakespeare.

jacobita –partidario de restaurar en el trono de Inglaterra a Jacobo II Estuardo y a sus descendientes; tendencia política de la Restauración.

kosher – tipo de comida que cumple con los requisitos ortodoxos judíos y askenazíes.

Lady Chapel – capilla consagrada a la Virgen María, normalmente en la cabecera de una catedral.

Law Lords – pares de la Cámara de los Lores que forman el Tribunal Supremo de Inglaterra.

LCC – London County Council (Consejo del Condado de Londres), creado en 1889.

LTB – London Tourist Board, organismo que gestiona el turismo de Londres.

Lord mayor – título del alcalde de Londres y algunas otras grandes ciudades británicas.

luditas – seguidores o partidarios del ludismo, movimiento surgido en Inglaterra a principios del siglo XIX y formado por grupos de obreros fabriles y artesanos que entre 1811 y 1816 se dedicaron a destrozar la nueva maquinaria textil, en la que veían un peligro para su tradicional medio de vida; el nombre proviene de Ned Ludd, supuesto fundador del movimiento.

LWT – London Wildlife Trust (Corporación para la Fauna Salvaje).

minster – iglesia vinculada a un monasterio.

Misericordia – pieza de la parte inferior de los asientos del coro, por lo común decorada, que permitía descansar disimuladamente durante los prolongados períodos de oración.

NHS – National Health Service, sanidad pública británica.
NT – National Trust; organización no gubernamental fundada en 1895 para la protección y conservación de monumentos, edificios históricos y parajes naturales británicos.

off-license (offie) – establecimiento autorizado para vender bebidas alcohólicas que se van a consumir fuera del local.
OS – Ordnance Survey; servicio cartográfico británico, fundado en 1791.

RAC – Real Automóvil Club.
roundheads – defensores del Parlamento, acaudillados por Oliver Cromwell, en la guerra civil desencadenada contra Carlos I en el siglo XVII.
RSPB – Royal Society for the Protection of Birds (Real Sociedad para la Protección de las Aves).

sheriff – en Inglaterra y Gales, principal representante del poder ejecutivo en un condado, hoy con funciones principalmente ceremoniales.
SSSI – Site of Special Scientific Interest (lugar de especial interés científico).
stand-by tickets – entradas de precio reducido para quienes cumplan ciertos requisitos.

...supper – ... acompañado de patatas fritas; por ejemplo *fish supper* (pescado con patatas fritas).

Thames Path National Trail – Sendero Nacional de la Ruta del Támesis.
tartan – tela de cuadros que diferencia a cada clan escocés según el diseño; también se generaliza a las telas de cuadros británicas.
TIC – Tourist Information Centre; oficina de turismo.
tory – miembro del Partido Conservador.
Town Hall – Ayuntamiento.
triforio – galería de ventanas ornamentales que rodea el interior de una iglesia, sobre los arcos de la nave central.
tube – en Londres, ferrocarril metropolitano; metro.
tylerista – seguidor de Wat Tyler durante las revueltas campesinas de 1381.

Union Jack – bandera del Reino Unido.

V&A– Victoria and Albert Museum (Museo Victoria y Alberto).
VAT – IVA, impuesto sobre el valor añadido.

way – sendero rural.
whig – miembro del Partido Liberal.

LONELY PLANET

Guías Lonely Planet en inglés

Lonely Planet es famosa en el mundo entero por facilitar información exhaustiva, práctica y rigurosa en sus guías de viaje y su página web. La lista de títulos en inglés de Lonely Planet abarca casi todos los puntos accesibles del globo. Actualmente se publican 16 series: Travel guides (guías de viaje), Shoestring guides (guías para bajo presupuesto), Condensed guides (guías condensadas), Phrasebooks (vocabulario), Read This First (para antes del viaje), Healthy Travel (viajes y salud), Walking guides (guías para caminantes), Cycling guides (viajes en bicicleta), Watching Wildlife (guías de fauna), Pisces Diving & Snorkeling guides (guías de buceo), City Maps (planos de ciudades), Road Atlases (atlas de carretera), Out to Eat (guías de restaurantes), World Food (comidas del mundo), Journeys travel literature (literatura de viajes) y Pictorials (libros con ilustraciones).

ÁFRICA Africa on a shoestring • Botswana • Cairo • Cairo City Map • Cape Town • Cape Town City Map • East Africa • Egypt • Egyptian Arabic phrasebook • Ethiopia, Eritrea & Djibouti • Ethiopian Amharic phrasebook • The Gambia & Senegal • Healthy Travel Africa • Kenya • Malawi • Morocco • Moroccan Arabic phrasebook • Mozambique • Namibia • Read This First: Africa • South Africa, Lesotho & Swaziland • Southern Africa • Southern Africa Road Atlas • Swahili phrasebook • Tanzania, Zanzibar & Pemba • Trekking in East Africa • Tunisia • Watching Wildlife East Africa • Watching Wildlife Southern Africa • West Africa • World Food Morocco • Zambia • Zimbabwe, Botswana & Namibia
Literatura de viajes: Mali Blues: Traveling to an African Beat • The Rainbird: A Central African Journey • Songs to an African Sunset: A Zimbabwean Story

AUSTRALIA Y EL PACÍFICO Aboriginal Australia & the Torres Strait Islands •Auckland • Australia • Australian phrasebook • Australia Road Atlas • Cycling Australia • Cycling New Zealand • Fiji • Fijian phrasebook • Healthy Travel Australia, NZ & the Pacific • Islands of Australia's Great Barrier Reef • Melbourne • Melbourne City Map • Micronesia • New Caledonia • New South Wales • New Zealand • Northern Territory • Outback Australia • Out to Eat – Melbourne • Out to Eat – Sydney • Papua New Guinea • Pidgin phrasebook • Queensland • Rarotonga & the Cook Islands • Samoa • Solomon Islands • South Australia • South Pacific • South Pacific phrasebook • Sydney • Sydney City Map • Sydney Condensed • Tahiti & French Polynesia • Tasmania • Tonga • Tramping in New Zealand • Vanuatu • Victoria • Walking in Australia • Watching Wildlife Australia • Western Australia
Literatura de viajes: Islands in the Clouds: Travels in the Highlands of New Guinea • Kiwi Tracks: A New Zealand Journey • Sean & David's Long Drive

AMÉRICA CENTRAL Y EL CARIBE Bahamas, Turks & Caicos • Baja California • Belize, Guatemala & Yucatán • Bermuda • Central America on a shoestring • Costa Rica • Costa Rica Spanish phrasebook • Cuba • Cycling Cuba • Dominican Republic & Haiti • Eastern Caribbean • Guatemala • Havana • Healthy Travel Central & South America • Jamaica • Mexico • Mexico City • Panama • Puerto Rico • Read This First: Central & South America • Virgin Islands • World Food Caribbean • World Food Mexico • Yucatán
Literatura de viajes: Green Dreams: Travels in Central America

EUROPA Amsterdam • Amsterdam City Map • Amsterdam Condensed • Andalucía • Athens • Austria • Baltic States phrasebook • Barcelona • Barcelona City Map • Belgium & Luxembourg • Berlin • Berlin City Map • Britain • British phrasebook • Brussels, Bruges & Antwerp • Brussels City Map • Budapest • Budapest City Map • Canary Islands • Catalunya & the Costa Brava • Central Europe • Central Europe phrasebook • Copenhagen • Corfu & the Ionians • Corsica • Crete • Crete Condensed • Croatia • Cycling Britain • Cycling France • Cyprus • Czech & Slovak Republics • Czech phrasebook • Denmark • Dublin • Dublin City Map • Dublin Condensed • Eastern Europe • Eastern Europe phrasebook • Edinburgh • Edinburgh City Map • England • Estonia, Latvia & Lithuania • Europe on a shoestring • Europe phrasebook • Finland • Florence • Florence City Map • France • Frankfurt City Map • Frankfurt Condensed • French phrasebook • Georgia, Armenia & Azerbaijan • Germany • German phrasebook • Greece • Greek Islands • Greek phrasebook • Hungary • Iceland, Greenland & the Faroe Islands • Ireland • Italian phrasebook • Italy • Kraków • Lisbon • The Loire • London • London City Map • London Condensed • Madrid • Madrid City Map • Malta • Mediterranean Europe • Milan, Turin & Genoa • Moscow • Munich • Netherlands • Normandy • Norway • Out to Eat – London • Out to Eat – Paris • Paris • Paris City Map • Paris Condensed • Poland • Polish phrasebook • Portugal • Portuguese phrasebook • Prague • Prague City Map • Provence & the Côte d'Azur • Read This First: Europe • Rhodes & the Dodecanese • Romania & Moldova • Rome • Rome City Map • Rome Condensed • Russia, Ukraine & Belarus • Russian phrasebook • Scandinavian & Baltic Europe • Scandinavian phrasebook • Scotland • Sicily • Slovenia • South-West France • Spain • Spanish phrasebook • Stockholm • St Petersburg • St Petersburg City Map • Sweden • Switzerland • Tuscany • Ukrainian phrasebook • Venice • Vienna • Wales • Walking in Britain • Walking in France • Walking in Ireland • Walking in Italy • Walking in Scotland • Walking in Spain • Walking in Switzerland • Western Europe • World Food France • World Food Greece • World Food Ireland • World Food Italy • World Food Spain
Literatura de viajes: After Yugoslavia • Love and War in the Apennines • The Olive Grove: Travels in Greece • On the Shores of the Mediterranean • Round Ireland in Low Gear • A Small Place in Italy

LONELY PLANET

Guías Lonely Planet en inglés y francés

Información sobre pedidos

GeoPlaneta, además de publicar las guías Lonely Planet en español, se encarga de la distribución en España de los títulos en inglés y francés. Si se tiene dificultad en encontrar un determinado título en inglés o francés en las librerías españolas se puede contactar con la editorial GeoPlaneta (viajeros@lonelyplanet.es). Los pedidos por correo se solicitan a la oficina de Lonely Planet más cercana: 150 Linden St, Oakland CA 94607, USA (para residentes en América del Norte y América del Sur); 10a Spring Place, London, NW5 3BH, UK (Europa y África); Locked Bag 1, Footscray, Victoria 3011, Australia (otros países).

SUBCONTINENTE INDIO E ISLAS DEL OCÉANO ÍNDICO Bangladesh • Bengali phrasebook • Bhutan • Delhi • Goa • Healthy Travel Asia & India • Hindi & Urdu phrasebook • India • India & Bangladesh City Map • Indian Himalaya • Karakoram Highway • Kathmandu City Map • Kerala • Madagascar • Maldives • Mauritius, Réunion & Seychelles • Mumbai (Bombay) • Nepal • Nepali phrasebook • North India • Pakistan • Rajasthan • Read This First: Asia & India • South India • Sri Lanka • Sri Lanka phrasebook • Tibet • Tibetan phrasebook • Trekking in the Indian Himalaya • Trekking in the Karakoram & Hindukush • Trekking in the Nepal Himalaya • World Food India
Literatura de viajes: The Age of Kali: Indian Travels and Encounters • Hello Goodnight: A Life of Goa • In Rajasthan • Maverick in Madagascar • A Season in Heaven: True Tales from the Road to Kathmandu • Shopping for Buddhas • A Short Walk in the Hindu Kush • Slowly Down the Ganges

ORIENTE PRÓXIMO Y ASIA CENTRAL Bahrain, Kuwait & Qatar • Central Asia • Central Asia phrasebook • Dubai • Farsi (Persian) phrasebook • Hebrew phrasebook • Iran • Israel & the Palestinian Territories • Istanbul • Istanbul City Map • Istanbul to Cairo • Istanbul to Kathmandu • Jerusalem • Jerusalem City Map • Jordan • Lebanon • Middle East • Oman & the United Arab Emirates • Syria • Turkey • Turkish phrasebook • World Food Turkey • Yemen
Literatura de viajes: Black on Black: Iran Revisited • Breaking Ranks: Turbulent Travels in the Promised Land • The Gates of Damascus • Kingdom of the Film Stars: Journey into Jordan

AMÉRICA DEL NORTE Alaska • Boston • Boston City Map • Boston Condensed • British Columbia • California & Nevada • California Condensed • Canada • Chicago • Chicago City Map • Chicago Condensed • Florida • Georgia & the Carolinas • Great Lakes • Hawaii • Hiking in Alaska • Hiking in the USA • Honolulu & Oahu City Map • Las Vegas • Los Angeles • Los Angeles City Map • Louisiana & the Deep South • Miami • Miami City Map • Montreal • New England • New Orleans • New Orleans City Map • New York City • New York City City Map • New York City Condensed • New York, New Jersey & Pennsylvania • Oahu • Out to Eat – San Francisco • Pacific Northwest • Rocky Mountains • San Diego & Tijuana • San Francisco • San Francisco City Map • Seattle • Seattle City Map • Southwest • Texas • Toronto • USA • USA phrasebook • Vancouver • Vancouver City Map • Virginia & the Capital Region • Washington, DC • Washington, DC City Map • World Food New Orleans
Literatura de viajes: Caught Inside: A Surfer's Year on the California Coast • Drive Thru America

NORESTE ASIÁTICO Beijing • Beijing City Map • Cantonese phrasebook • China • Hiking in Japan • Hong Kong & Macau • Hong Kong City Map • Hong Kong Condensed • Japan • Japanese phrasebook • Korea • Korean phrasebook • Kyoto • Mandarin phrasebook • Mongolia • Mongolian phrasebook • Seoul • Shanghai • South-West China • Taiwan • Tokyo • Tokyo Condensed • World Food Hong Kong • World Food Japan
Literatura de viajes: In Xanadu: A Quest • Lost Japan

AMÉRICA DEL SUR Argentina, Uruguay & Paraguay • Bolivia • Brazil • Brazilian phrasebook • Buenos Aires • Buenos Aires City Map • Chile & Easter Island • Colombia • Ecuador & the Galapagos Islands • Healthy Travel Central & South America • Latin American Spanish phrasebook • Peru • Quechua phrasebook • Read This First: Central & South America • Rio de Janeiro • Rio de Janeiro City Map • Santiago de Chile • South America on a shoestring • Trekking in the Patagonian Andes • Venezuela
Literatura de viajes: Full Circle: A South American Journey

SURESTE ASIÁTICO Bali & Lombok • Bangkok • Bangkok City Map • Burmese phrasebook • Cambodia • Cycling Vietnam, Laos & Cambodia • East Timor phrasebook • Hanoi • Healthy Travel Asia & India • Hill Tribes phrasebook • Ho Chi Minh City (Saigon) • Indonesia • Indonesian phrasebook • Indonesia's Eastern Islands • Java • Lao phrasebook • Laos • Malay phrasebook • Malaysia, Singapore & Brunei • Myanmar (Burma) • Philippines • Pilipino (Tagalog) phrasebook • Read This First: Asia & India • Singapore • Singapore City Map • South-East Asia on a shoestring • South-East Asia phrasebook • Thailand • Thailand's Islands & Beaches • Thailand, Vietnam, Laos & Cambodia Road Atlas • Thai phrasebook • Vietnam • Vietnamese phrasebook • World Food Indonesia • World Food Thailand • World Food Vietnam

TAMBIÉN A LA VENTA Antarctica • The Arctic • The Blue Man: Tales of Travel, Love and Coffee • Brief Encounters: Stories of Love, Sex & Travel • Buddhist Stupas in Asia: The Shape of Perfection • Chasing Rickshaws • The Last Grain Race • Lonely Planet ... On the Edge: Adventurous Escapades from Around the World • Lonely Planet Unpacked • Lonely Planet Unpacked Again • Not the Only Planet: Science Fiction Travel Stories • Ports of Call: A Journey by Sea • Sacred India • Travel Photography: A Guide to Taking Better Pictures • Travel with Children • Tuvalu: Portrait of an Island Nation

LONELY PLANET / GEOPLANETA

Guías en español

Las guías Lonely Planet publicadas por GeoPlaneta constituyen la compañía imprescindible para el viajero independiente, que quiere descubrir otros lugares con una mirada desprovista de limitaciones y prejuicios. Para lograrlo, un equipo de escritores, cartógrafos, traductores, editores y adaptadores ha trabajado conjuntamente. Por primera vez el lector podrá elegir entre un amplísimo catálogo en español, que abarca desde el destino más concurrido hasta el rincón menos explorado.

Estos libros permiten al viajero, además de conocer a fondo cualquier parte del mundo, acercarse a sus gentes y costumbres desde el respeto por la diferencia.

Las guías Lonely Planet, traducidas y adaptadas por GeoPlaneta, son claras, minuciosas y actualizadas. Y dedican una especial atención a los datos prácticos: llegar y moverse en cualquier medio de transporte, alojarse, comer, divertirse... La cartografía, exhaustiva, permite desplazarse con conocimiento de causa.

Títulos

El destino natural de las guías Lonely Planet publicadas por GeoPlaneta es el mundo. Poco a poco irán apareciendo todos y cada uno de los lugares por los que se sienten atraídos los viajeros españoles y latinoamericanos.

Títulos publicados: Cuba • Grecia • Egipto • Rajastán • Yucatán • Kenia • Budapest • Jordania • Chile y la isla de Pascua • Perú • Guatemala • Ecuador y las islas Galápagos • Praga • Marruecos • Turquía • Córcega • Inglaterra • Senderismo en España • Buenos Aires • Brasil • Escocia • Austria • Alemania • Italia • Berlín • Tanzania • Barcelona • China

De próxima aparición: Costa Rica • Países Escandinavos • Vietnam • Francia

Índice

Texto

La **negrita** indica las páginas de mapas.

La **negrita** indica las páginas de mapas.

Dónde dormir

La **negrita** indica las páginas de mapas.

Dónde comer

Recuadros de texto

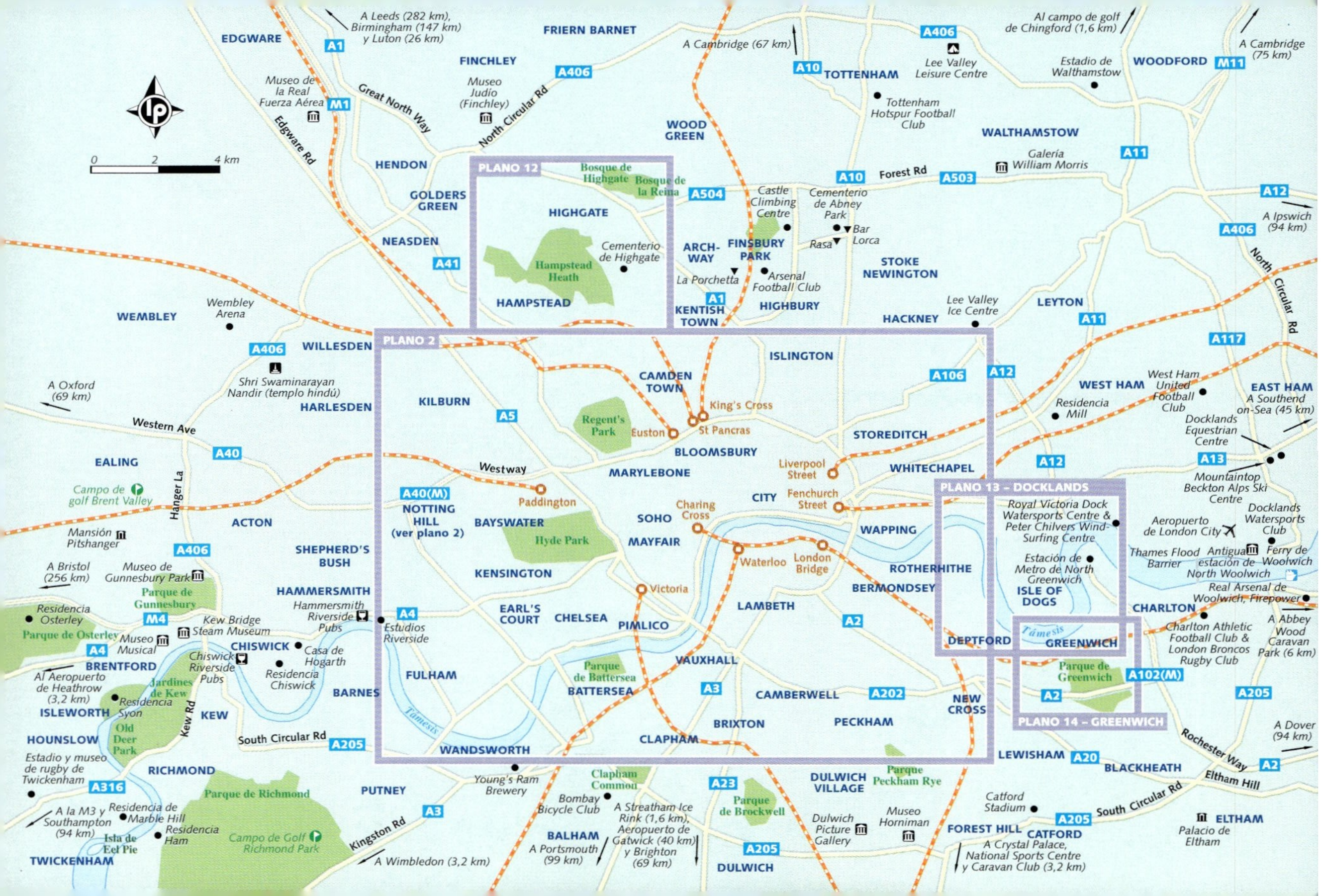

EDGWARE
A Leeds (282 km), Birmingham (147 km) y Luton (26 km)
A1
FRIERN BARNET
A Cambridge (67 km)
A406
Al campo de golf de Chingford (1,6 km)
A Cambridge (75 km)
FINCHLEY
Museo Judío (Finchley)
Museo de la Real Fuerza Aérea
M1
Great North Way
Edgware Rd
North Circular Rd
A406
A10
TOTTENHAM
Lee Valley Leisure Centre
Estadio de Walthamstow
WOODFORD
M11
Tottenham Hotspur Football Club
WOOD GREEN
WALTHAMSTOW
A11
Galería William Morris
0
2
4 km
HENDON
PLANO 12
Bosque de Highgate
Bosque de la Reina
A504
A10
Forest Rd
A503
A12
GOLDERS GREEN
HIGHGATE
Castle Climbing Centre
Cementerio de Abney Park
Bar Lorca
Rasa
A Ipswich (94 km)
A406
NEASDEN
A41
Hampstead Heath
Cementerio de Highgate
ARCH-WAY
FINSBURY PARK
STOKE NEWINGTON
La Porchetta
Arsenal Football Club
North Circular Rd
WEMBLEY
Wembley Arena
HAMPSTEAD
A1
KENTISH TOWN
HIGHBURY
HACKNEY
Lee Valley Ice Centre
LEYTON
A11
A117
A406
WILLESDEN
PLANO 2
ISLINGTON
Shri Swaminarayan Nandir (templo hindú)
CAMDEN TOWN
A106
A12
WEST HAM
West Ham United Football Club
EAST HAM
A Southend on-Sea (45 km)
A Oxford (69 km)
HARLESDEN
KILBURN
A5
Regent's Park
King's Cross
Euston
St Pancras
Residencia Mill
Western Ave
STOREDITCH
Docklands Equestrian Centre
EALING
A40
BLOOMSBURY
MARYLEBONE
Westway
Liverpool Street
WHITECHAPEL
A12
A13
Campo de golf Brent Valley
Hanger La
A40(M)
NOTTING HILL (ver plano 2)
Paddington
CITY
Fenchurch Street
PLANO 13 – DOCKLANDS
Mountaintop Beckton Alps Ski Centre
Charing Cross
Royal Victoria Dock Watersports Centre & Peter Chilvers Wind-Surfing Centre
Aeropuerto de London City
Docklands Watersports Club
ACTON
BAYSWATER
SOHO
WAPPING
Mansión Pitshanger
Hyde Park
MAYFAIR
A406
SHEPHERD'S BUSH
Waterloo
London Bridge
Thames Flood Barrier
Antigua estación de North Woolwich
Ferry de Woolwich
A Bristol (256 km)
Museo de Gunnesbury Park
KENSINGTON
ROTHERHITHE
Estación de Metro de North Greenwich
Parque de Gunnesbury
HAMMERSMITH
Victoria
BERMONDSEY
ISLE OF DOGS
Real Arsenal de Woolwich, Firepower
Residencia Osterley
M4
Hammersmith Riverside Pubs
A4
EARL'S COURT
CHELSEA
LAMBETH
CHARLTON
Kew Bridge Steam Museum
Estudios Riverside
PIMLICO
A2
Parque de Osterley
Museo Musical
CHISWICK
Casa de Hogarth
Támesis
GREENWICH
DEPTFORD
A Abbey Wood Caravan Park (6 km)
Charlton Athletic Football Club & London Broncos Rugby Club
A4
Chiswick Riverside Pubs
Residencia Chiswick
FULHAM
VAUXHALL
BRENTFORD
Parque de Battersea
Parque de Greenwich
A102(M)
Al Aeropuerto de Heathrow (3,2 km)
Jardines de Kew
BATTERSEA
A3
CAMBERWELL
A202
Residencia Syon
BARNES
A2
A205
NEW CROSS
ISLEWORTH
Kew Rd
KEW
Támesis
PLANO 14 – GREENWICH
HOUNSLOW
Old Deer Park
South Circular Rd
BRIXTON
PECKHAM
A Dover (94 km)
A205
CLAPHAM
Estadio y museo de rugby de Twickenham
WANDSWORTH
LEWISHAM
A20
Rochester Way
BLACKHEATH
A2
RICHMOND
Young's Ram Brewery
Clapham Common
Parque Peckham Rye
Eltham Hill
A316
Parque de Richmond
PUTNEY
A23
DULWICH VILLAGE
Catford Stadium
South Circular Rd
Bombay Bicycle Club
A Streatham Ice Rink (1,6 km), Aeropuerto de Gatwick (40 km) y Brighton (69 km)
Parque de Brockwell
ELTHAM
A la M3 y Southampton (94 km)
Residencia de Marble Hill
A3
Dulwich Picture Gallery
Museo Horniman
FOREST HILL
CATFORD
A205
Palacio de Eltham
Residencia Ham
Isla de Eel Pie
Campo de Golf Richmond Park
Kingston Rd
BALHAM
A Portsmouth (99 km)
A205
A Crystal Palace, National Sports Centre y Caravan Club (3,2 km)
TWICKENHAM
A Wimbledon (3,2 km)
DULWICH

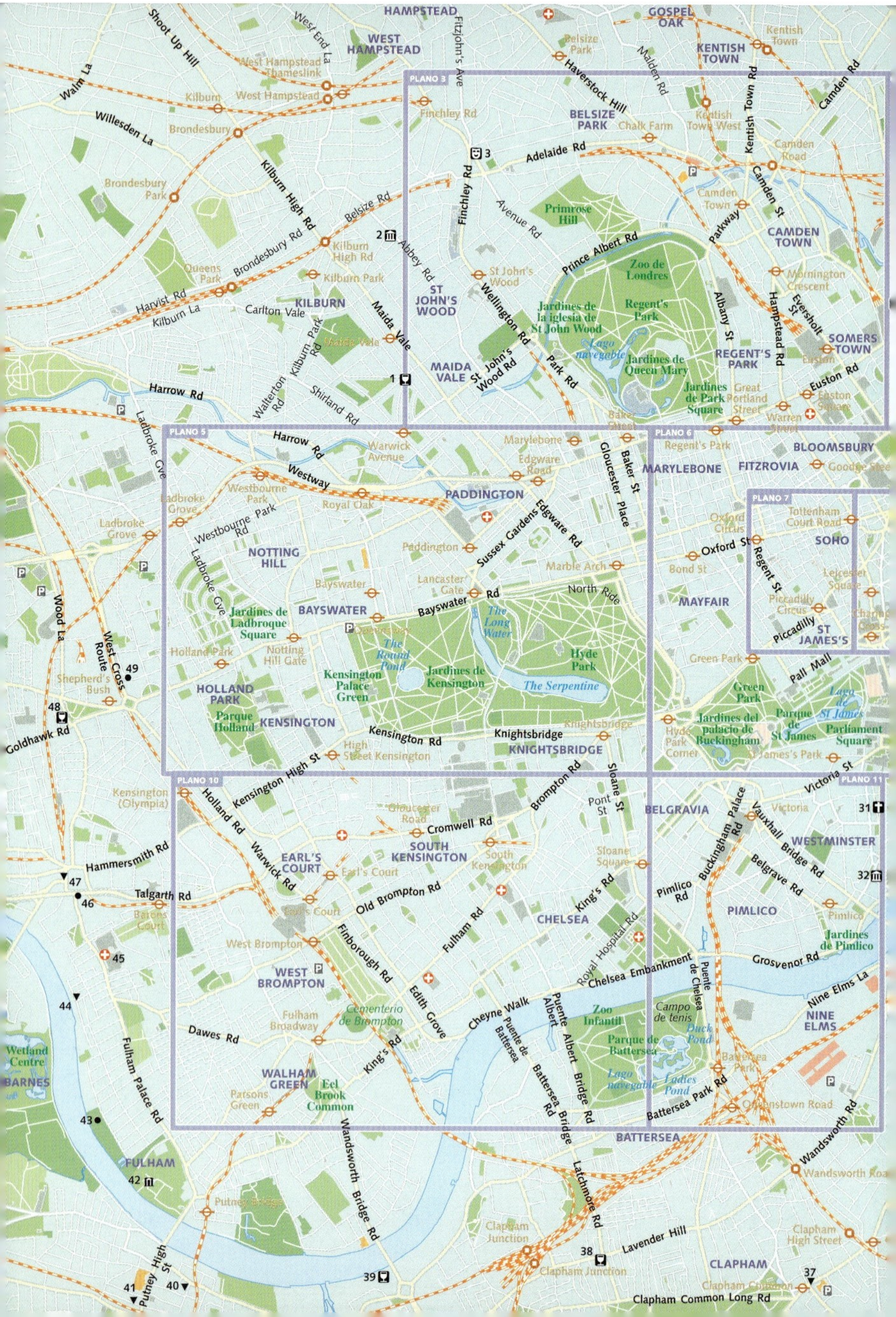
HAMPSTEAD
WEST HAMPSTEAD
GOSPEL OAK
KENTISH TOWN
Kentish Town
Belsize Park
Shoot Up Hill
West End La
Fitzjohn's Ave
Maiden Rd
Haverstock Hill
Kentish Town Rd
Camden Rd
West Hampstead Thameslink
West Hampstead
Kilburn
Walm La
Willesden La
Brondesbury
PLANO 3
Finchley Rd
BELSIZE PARK
Chalk Farm
Kentish Town West
Camden Road
Adelaide Rd
Brondesbury Park
Kilburn High Rd
Belsize Rd
Finchley Rd
Avenue Rd
Primrose Hill
Camden Town
Parkway
Camden St
CAMDEN TOWN
Brondesbury Rd
Kilburn High Rd
Abbey Rd
Prince Albert Rd
Zoo de Londres
Queens Park
Kilburn Park
St John's Wood
Mornington Crescent
Harvist Rd
Kilburn La
Carlton Vale
KILBURN
ST JOHN'S WOOD
Wellington Rd
Jardines de la iglesia de St John Wood
Regent's Park
Albany St
Hampstead Rd
Eversholt St
SOMERS TOWN
Maida Vale
Kilburn Park Rd
Lago navegable
Jardines de Queen Mary
REGENT'S PARK
Euston
MAIDA VALE
St John's Wood Rd
Park Rd
Euston Rd
Harrow Rd
Walterton Rd
Shirland Rd
Jardines de Park Square
Great Portland Street
Euston Square
Warren Street
Ladbroke Gve
PLANO 5
Harrow Rd
Warwick Avenue
Marylebone
Baker St
Baker Street
Gloucester Place
PLANO 6
Regent's Park
BLOOMSBURY
Westway
Edgware Road
MARYLEBONE
FITZROVIA
Goodge Street
Westbourne Park
Royal Oak
PADDINGTON
Ladbroke Grove
PLANO 7
Tottenham Court Road
Edgware Rd
Westbourne Park Rd
Oxford Circus
Oxford St
SOHO
Ladbroke Grove
Paddington
Sussex Gardens
NOTTING HILL
Marble Arch
Bond St
Regent St
Leicester Square
Bayswater
Lancaster Gate
North Ride
Ladbroke Gve
Wood La
BAYSWATER
Bayswater Rd
MAYFAIR
Piccadilly Circus
Jardines de Ladbroque Square
The Long Water
Queensway
The Round Pond
Hyde Park
Piccadilly
ST JAMES'S
Holland Park
Notting Hill Gate
Jardines de Kensington
West Cross Route
Shepherd's Bush
Green Park
Pall Mall
Kensington Palace Green
The Serpentine
HOLLAND PARK
Green Park
Lago de St James
Goldhawk Rd
Parque Holland
KENSINGTON
Jardines del palacio de Buckingham
Parque de St James
Parliament Square
Kensington Rd
Knightsbridge
Hyde Park Corner
KNIGHTSBRIDGE
High Street Kensington
Kensington High St
St James's Park
PLANO 10
Brompton Rd
Sloane St
Victoria St
PLANO 11
Kensington (Olympia)
Holland Rd
Pont St
BELGRAVIA
Victoria
Gloucester Road
Cromwell Rd
Vauxhall Bridge Rd
Buckingham Palace Rd
WESTMINSTER
SOUTH KENSINGTON
Hammersmith Rd
Warwick Rd
EARL'S COURT
Earl's Court
South Kensington
Sloane Square
Belgrave Rd
Talgarth Rd
Barons Court
Earl's Court
Old Brompton Rd
King's Rd
Pimlico Rd
PIMLICO
Pimlico
Fulham Rd
CHELSEA
Jardines de Pimlico
Royal Hospital Rd
West Brompton
Finborough Rd
Grosvenor Rd
WEST BROMPTON
Chelsea Embankment
Puente de Chelsea
Nine Elms La
Edith Grove
Cheyne Walk
Zoo Infantil
Campo de tenis
NINE ELMS
Fulham Broadway
Cementerio de Brompton
Puente Albert
Dawes Rd
Puente de Battersea
Parque de Battersea
Duck Pond
Wetland Centre
King's Rd
BARNES
Albert Bridge Rd
Battersea Park
WALHAM GREEN
Eel Brook Common
Lago navegable
Ladies Pond
Battersea Park Rd
Fulham Palace Rd
Parsons Green
Battersea Bridge Rd
Queenstown Road
Wandsworth Rd
Wandsworth Bridge Rd
BATTERSEA
FULHAM
Latchmore Rd
Wandsworth Road
Putney Bridge
Clapham Junction
Clapham High Street
Putney High St
Lavender Hill
CLAPHAM
Clapham Junction
Clapham Common
Clapham Common Long Rd

DÓNDE COMER
- 7 Mangal
- 8 Mangal II
- 14 Green Papaya
- 26 Manze's
- 27 Pizzeria Castello
- 36 Café Portugal
- 37 Eco
- 40 Del Buongustaio
- 41 Ma Goa
- 44 River Café
- 47 The Café

PUBS Y CLUBES
- 1 Warrington Hotel
- 12 Hackney Empire
- 13 Hackney Ocean
- 19 Lee Hurst's Backyard Comedy Club
- 20 Crown Organic Pub
- 25 White Swan
- 34 Vauxhall Tavern
- 38 Jongleurs Battersea
- 39 The Ship
- 48 Shepherd's Bush Empire Site

DE INTERÉS
- 2 Galería Saatchi
- 3 Teatro Hampstead
- 4 Teatro Pleasance
- 5 Teatro infantil Unicorn
- 6 Granja Freightliners
- 9 Mercado de Ridley Rd
- 10 Hospital de Homerton
- 11 Residencia Sutton
- 15 Mercado de Broadway; Little Georgia
- 16 Granja Hackney City
- 17 Granja de Spitalfields
- 18 Museo de la Infancia Bethnal Green
- 21 Jongleurs Bow Wharf
- 22 Mile End Climbing Wall
- 23 Matt's Gallery
- 24 Granja Stepping Stones; Ragged School Museum
- 28 Museo Imperial de Guerra
- 29 Palacio de Lambeth
- 30 Museo de Historia de la Jardinería
- 31 St John's, Smith Square
- 32 Tate Britain
- 33 Vauxhall Cross Building (MI6)
- 35 Campo de críquet The Oval
- 42 Palacio de Fulham
- 43 Fulham Football Club
- 45 Hospital de Charing Cross
- 46 London Ark Building
- 49 Galería Lamont

DÓNDE DORMIR
42 St Christopher's Inn Camden; Belushi's Bar
48 St Pancras YHA Hostel
50 Euston Travel Inn Capital
52 Jenkins Hotel
53 Cresent Hotel; Euro Hotel
55 John Adams Hall Student Residence
56 Passfield Hall Student Residence
60 Hoteles
64 International Students House
DÓNDE COMER
2 Lemonia
3 Trojka
5 Marine Ices
6 Belgo Noord
7 Nando's
8 Cotton's Rum Shop, Bar & Restaurant
10 Silks & Spice
11 Thanh Binh
14 Wagamama
16 SauCe
18 Pizza Express
19 Lemongrass
20 Castle's
23 Mango Room
25 Bar Gansa
27 Curly Dog Café
32 New Culture Revolution
39 Ruby in the Dust
41 Café Delancey
43 Taste of Siam
45 Asakusa
46 El Parador
61 Diwana
62 Ravi Shankar
63 Chutneys
PUBS, BARES Y CLUBES
4 Pembroke Castle
9 Barfly@the Monarch
12 Dingwalls; Jongleurs Camden Lock
17 The Verge
22 WKD
26 The Engineer
28 Cecil Sharp House
30 Spread Eagle
33 Bar Vinyl Café
34 Jazz Café
35 World's End; Underworld
37 Black Cap
38 Crown & Goose
40 Oh! Bar
DE INTERÉS
1 Museo Freud
13 London Waterbus Company
15 Waterside Cafe; Jenny Wren Cruises
21 Supermercado de Sainsbury
24 Mercado de Camden
29 Museo Judío
31 Forco Laundrette
36 Torre Records
44 Camden Palace
47 Parque Natural de Camley St
49 STA Travel
51 The Place
54 Nueva Iglesia de St Pancras
57 Museo Petrie de Arqueología Egipcia
58 Oficina de los Colegios Mayores
59 University College Hospital
65 Teatro al Aire Libre
66 Centro Islámico del centro de Londres y Mezquita
67 Entrada al Zoo de Londres
68 Paso de cebra de Abbey Rd
Finchley Road & Frognal
Finchley Rd
Finchley Road
Maresfield Gardens
Fitzjohn's Ave
Belsize Park
Belsize Sq
BELSIZE PARK
Belsize Park Gardens
Belsize Gve
Primrose Gardens
Antrim Rd
Haverstock Hill
England's La
Queen's Cres
Eton Villas
Eton Rd
Eton College Rd
Chalk Farm
Primrose Hill Rd
Adelaide Rd
Ainger Rd
Fitzroy Rd
Primrose Hill
Regent's Park Rd
St Edmund's Tce
Canal Grand Union (Regent's)
Outer Circle
Zoo de Londres
ST JOHN'S WOOD
Abbey Gardens
Abercorn Pl
Abbey Rd
Wellington Rd
Regent's Park
Jardines de la iglesia de St John Wood
0 250 500 m
Campo de criquet de Lord
Hamilton Tce
Grove End Rd
Park Rd
Lago navegable
St John's Wood Rd
Canal Grand Union
MAIDA VALE
Maida Vale
London Business School
Regent's College
Lisson Grove
Clifton Gardens
Edgware Rd
Aberdeen Pl
Church St
Rossmore Rd
Harewood Ave
Boston Pl
Balcombe St
Gloucester Pl
Baker St
Allsop Pl
PLANO 5

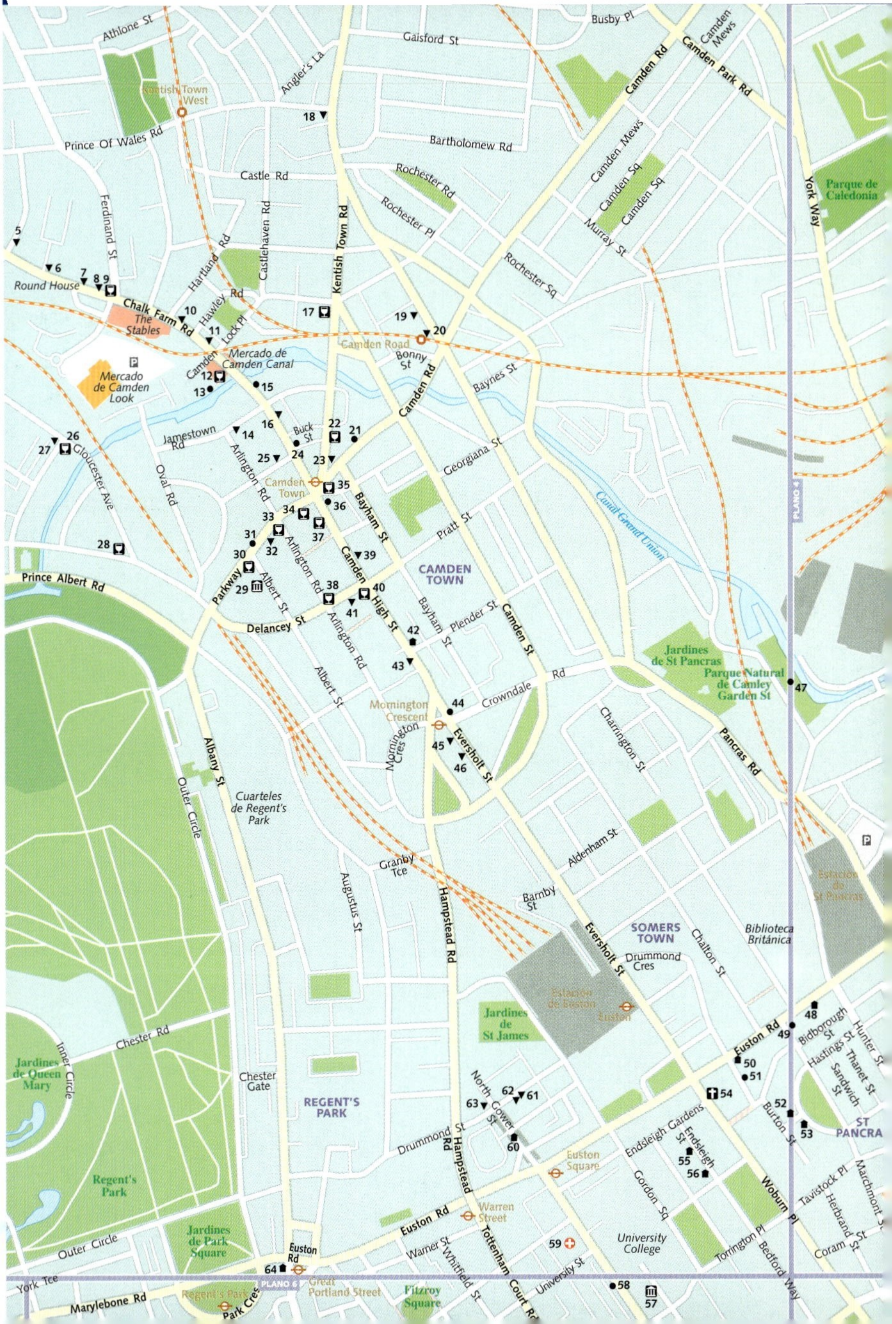
Athlone St
Gaisford St
Busby Pl
Camden Mews
Camden Park Rd
Camden Rd
Kentish Town West
Angler's La
Prince Of Wales Rd
Bartholomew Rd
Castle Rd
Rochester Rd
Rochester Pl
Camden Mews
Camden Sq
Camden Sq
Murray St
York Way
Parque de Caledonia
Ferdinand St
Castlehaven Rd
Kentish Town Rd
Rochester Sq
Hartland Rd
Round House
Chalk Farm Rd
The Stables
Hawley Rd
Lock Pl
Camden Road
Bonny St
Mercado de Camden Canal
Mercado de Camden Look
Camden Rd
Baynes St
Jamestown Rd
Buck St
Gloucester Ave
Oval Rd
Arlington Rd
Camden Town
Georgiana St
Bayham St
Canal Grand Union
PLANO 4
Pratt St
CAMDEN TOWN
Prince Albert Rd
Parkway
Albert St
Arlington Rd
Camden High St
Delancey St
Bayham St
Plender St
Camden St
Albert St
Arlington Rd
Jardines de St Pancras
Parque Natural de Camley Garden St
Mornington Crescent
Crowndale Rd
Mornington Cres
Eversholt St
Charrington St
Pancras Rd
Albany St
Outer Circle
Cuarteles de Regent's Park
Granby Tce
Aldenham St
Augustus St
Hampstead Rd
Barnby St
Estación de St Pancras
SOMERS TOWN
Biblioteca Británica
Eversholt St
Drummond Cres
Chalton St
Estación de Euston
Euston
Jardines de St James
Euston Rd
Bidborough St
Hastings St
Hunter St
Thanet St
Sandwich St
Chester Rd
Jardines de Queen Mary
Inner Circle
Chester Gate
REGENT'S PARK
North Gower St
Burton St
ST PANCRAS
Drummond St
Hampstead Rd
Endsleigh Gardens
Endsleigh St
Euston Square
Gordon Sq
Regent's Park
Woburn Pl
Tavistock Pl
Herbrand St
Marchmont St
Jardines de Park Square
Outer Circle
Euston Rd
Warren Street
Euston Rd
Warner St
Whitfield St
University College
Torrington Pl
Bedford Way
Coram St
York Tce
Regent's Park
PLANO 6
Great Portland Street
Fitzroy Square
Tottenham Court Rd
University St
Marylebone Rd
Park Cres

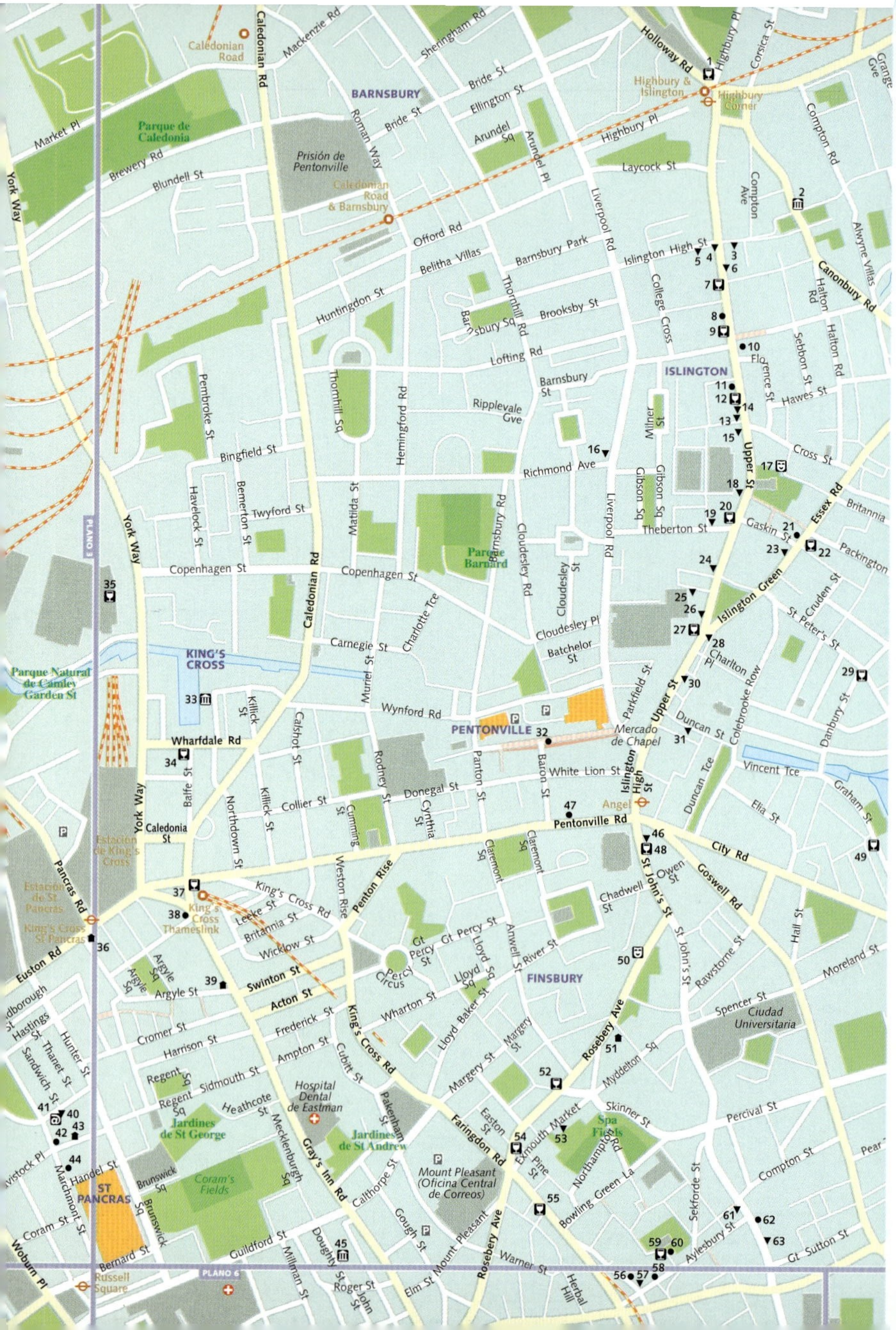
Caledonian Road
Caledonian Rd
Mackenzie Rd
Sheringham Rd
Holloway Rd
Highbury Pl
Corsica St
Grange Gve
BARNSBURY
Bride St
Ellington St
Highbury & Islington
Highbury Corner
Parque de Caledonia
Market Pl
Brewery Rd
Blundell St
Prisión de Pentonville
Roman Way
Arundel Sq
Arundel Pl
Highbury Pl
Compton Rd
Laycock St
Compton Ave
York Way
Caledonian Road & Barnsbury
Offord Rd
Belitha Villas
Barnsbury Park
Liverpool Rd
Islington High St
Alwyne Villas
Canonbury Rd
Huntingdon St
Barnsbury Sq
Thornhill Rd
Brooksby St
College Cross
Halton Rd
Sebbon St
Lofting Rd
Florence St
ISLINGTON
Pembroke St
Thornhill Sq
Hemingford Rd
Barnsbury St
Ripplevale Gve
Milner Sq
Hawes St
Bingfield St
Richmond Ave
Cross St
Havelock St
Bemerton St
Twyford St
Matilda St
Barnsbury Rd
Cloudesley Rd
Gibson Sq
Upper St
Britannia
Essex Rd
Theberton St
Gaskin St
Packington
PLANO 3
Parque Barnard
Copenhagen St
Cloudesley St
Islington Green
Cruden St
St Peter's St
Charlotte Tce
Cloudesley Pl
Carnegie St
Batchelor St
Charlton Pl
Colebrooke Row
Parque Natural de Camley Garden St
KING'S CROSS
Muriel St
Parkfield St
Danbury St
Killick St
Wynford Rd
PENTONVILLE
Mercado de Chapel
Duncan St
Wharfdale Rd
Calshot St
Vincent Tce
Rodney St
White Lion St
Islington High St
Balfe St
Northdown St
Killick St
Collier St
Cumming St
Donegal St
Cynthia St
Panton St
Baron St
Angel
Duncan Tce
Elia St
Graham St
Caledonia St
Pentonville Rd
City Rd
Estación de King's Cross
Weston Rise
Penton Rise
Claremont Sq
Claremont Sq
Owen St
Goswell Rd
Pancras Rd
Estación de St Pancras
King's Cross Rd
Chadwell St
St John's St
King's Cross Thameslink
Leeke St
Britannia St
King's Cross St Pancras
Euston Rd
Wicklow St
Gt Percy St
Lloyd Sq
Amwell St
River St
Hall St
Rawstorne St
Moreland St
Argyle Sq
Percy Circus
FINSBURY
Argyle St
Swinton St
Lloyd Sq
Acton St
Wharton St
Lloyd Baker St
Spencer St
Ciudad Universitaria
Hastings St
Thanet St
Sandwich St
Hunter St
Cromer St
Frederick St
Margery St
Rosebery Ave
Harrison St
Ampton St
Cubitt St
King's Cross Rd
Myddelton Sq
Regent Sq
Sidmouth St
Hospital Dental de Eastman
Pakenham St
Margery St
Heathcote St
Skinner St
Percival St
Jardines de St George
Mecklenburgh Sq
Jardines de St Andrew
Exmouth Market
Spa Fields
Easton St
Faringdon Rd
Northampton Rd
Pine St
Pear
Handel St
Marchmont St
Brunswick Sq
Coram's Fields
Gray's Inn Rd
Calthorpe St
Mount Pleasant (Oficina Central de Correos)
Bowling Green La
Sekforde St
Compton St
ST PANCRAS
Coram St
Gough St
Mount Pleasant
Aylesbury St
Woburn Pl
Bernard St
Guildford St
Doughty St
Rosebery Ave
Warner St
Gt Sutton St
Russell Square
PLANO 6
Millman St
Roger St
John St
Elm St
Herbal Hill

DÓNDE DORMIR
36 Alhambra Hotel
39 Ashlee House
43 The Generator
51 Rosebery Avenue Student Hall
64 Finbury Residences
67 London City YMCA

DÓNDE COMER
3 Cantina Italia
4 Yellow River Café
5 Primos Lounge
6 Tiger Lil's
13 La Porchetta
14 Le Mercury
15 Angel Mangal
16 Solo Stefano
18 Granita
19 Le Sacré Coeur Bistro
23 Giraffe
24 Tartuf
25 Pizzeria Oregano
26 Cuba Libre
28 Afghan Kitchen
30 Lola's
31 New Culture Revolution
40 North Sea Fish Restaurant
46 Ravi Shankar
53 Moro
57 Maison Novelli E1
61 East One
63 Cicada
65 The Quiet Revolution
75 Great Eastern Dining Room
84 The Real Greek
86 Viet Hoa
89 Les Trois Garçons
90 Brick Lane Beigel Bake; Evering Bakery Bagel Shop

PUBS, BARES Y CLUBES
1 Garage
7 Medicine Bar
9 Bierodrome
12 Bar Latino
20 King's Head
22 Old Queen's Head
27 Walkabout Inn
29 Duke of Cambridge
34 Central Station
35 Bagleys Studios; The Cross
37 Scala
48 Old Red Lion
49 Dove Regent
52 O'Hanlon's
54 Al's Bar Café
55 The Eagle
59 Three Kings of Clerkenwell
68 Liquid Lab
70 The Aquarium
71 Charlie Wright's International Bar
72 Katabatic
74 Home
76 Cantaloupe
77 Cargo
78 Comedy Café
79 Barley Mow
80 Bricklayers Arms
81 333
82 Shoreditch Electricity Showrooms

DE INTERÉS
2 Colección Estorick de arte moderno italiano
8 Upper St Laundrette
10 Islington Town Hall
11 Dugan's Chocolates
17 Teatro Little Angel
21 Criterion Auctioneers
32 Mercado de Chapel
33 Museo del Canal de Londres
38 Mole Jazz
41 Cyberg@te
42 Red & White Laundrette
44 Gay's the Word
45 Casa de Dickens
47 Crafts Council
50 Sadler's Wells; Teatro Lilian Baylis
56 Clerkis Well
58 Karl Marx Memorial Library
60 Papier Marché; centro de visitantes de Clerkenwell
62 Into You
66 Baños turcos Ironmonger
69 Casa de John Wesley; Capilla y Museo del Metodismo
73 London Architectural Salvage & Supply Company (LASCO)
83 White Cube
85 Lux Cinema
87 Museo Geffrye
88 Mercado de flores de Columbia Road

Harrow Rd
Marylands Rd
Sutherland Avenue
Shirland Rd
Warwick Avenue
Clifton Villas
Warwick Ave
Warwick Place
Blomfield Rd
Delamere Tce
Senior St
Woodfield Rd
Canal Grand Union
Westway
Alfred Rd
Wornington Rd
Golborne Rd
St Ervan's Rd
Bevington Rd
Portobello Rd
Westbourne Park
Tavistock Cres
Tavistock Rd
Great Western Rd
Aldridge Rd Villas
Leamington Villas
Westbourne Tce Rd
Harrow
Royal Oak
Westbourne Tce
Lord Hills Bridge
Westbourne Park Villas
Westbourne Park Rd
Acklam Rd
Ladbroke Gve
St Luke's Rd
Shrewsbury Rd
Porchester Rd
Alexander St
Kildare Tce
Hereford Rd
Lancaster Rd
Ladbroke Grove
Powis Gardens
Talbot Rd
Bishop's Bridge Rd
Newtown
Ledbury Rd
Artesian Rd
Westbourne Gve
Inverness Tce
Cleveland Square
Blenheim Cres
Colville Tce
Lonsdale Rd
Garway Rd
Kensington Gardens Square
Leinster Sq
Prince's Sq
Porchester Gardens
Chepstow Pl
Elgin Cres
Colville Rd
NOTTING HILL
Arundel Gardens
Chepstow Villas
Chepstow Cres
Pembridge Villas
Queensway
Queensborough Tce
Porchester Tce
Leinster Tce
Ladbroke Gardens
Stanley Gardens
Stanley Cres
Dawson Pl
Moscow Rd
Bayswater
Pembridge Cres
Pembridge Sq
St Peter's St
BAYSWATER
Lansdowne Cres
Kensington Park Gardens
Jardines de Ladbroque Square
Portobello Rd
Kensington Park Rd
Pembridge Rd
Pembridge Gardens
Linden Gardens
Clanricarde Gardens
Ossington St
Bayswater Rd
Portland Rd
St John's Gardens
Ladbroke Square
Ladbroke Rd
Notting Hill Gate
Clarendon Rd
Lansdowne Rd
Ladbroke Tce
Uxbridge St
Hillgate St
The Board Walk
Palace Gardens Tce
Kensington Palace Gardens
Holland Park
Aubrey Rd
Kensington Place
Peel St
Campden St
Aubrey Walk
Brunswick Gardens
Holland Park Avenue
Holland Park Mews
Bedford Gardens
Kensington Church St
The Round Pond
Campden Hill
Sheffield Tce
Vicarage Gate
Kensington Palace Green
Palacio de Kensington
Palace Avenue
HOLLAND PARK
KENSINGTON
Campden Hill Rd
Parque Holland
Addison Rd
Holland St
Residencia Holland y Teatro de Ópera de Holland Park
0
250
500 m
Abbotsbury Rd
Argyll Rd
Phillimore Gardens
Kensington High St
Phillimore Walk
High Street Kensington
Victoria Rd
Palace Gate
Ilchester Pl
Oakwood Ct
Wrights La
PLANO 10
Melbury Rd
Victoria Gve
Gloucester Rd
1
2
3
4
5
6
7
8
9
10
11
12
13
14
15
50
51
52
53
54
55
56
57
58
59
60
61
62
63
64
65
66
67
68
69
70
71
72
73
74
75
76
77
78
79
80
81
82
83
84
85
86
87
88
89
90
91
92
93
94
95
96
109
110
111
112
113
114
115
116
117
118
119
120
121
45
46
47
48
49

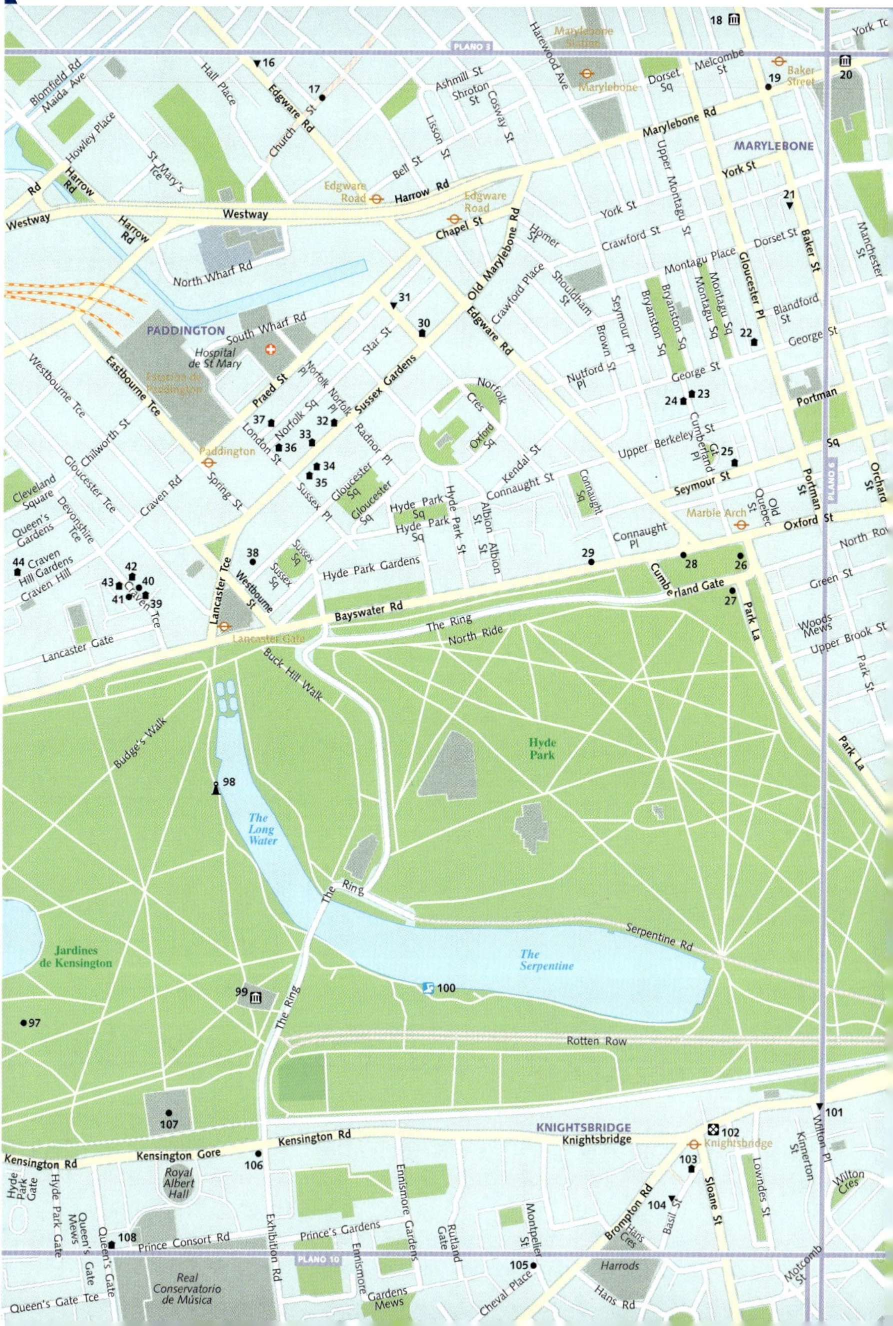

PLANO 3
PLANO 6
PLANO 10
PADDINGTON
MARYLEBONE
KNIGHTSBRIDGE
Hyde Park
Jardines de Kensington
The Long Water
The Serpentine
Hospital de St Mary
Estación de Paddington
Royal Albert Hall
Real Conservatorio de Música
Harrods
Marylebone Station
Marylebone
Baker Street
Edgware Road
Paddington
Lancaster Gate
Marble Arch
Knightsbridge
Westway
Harrow Rd
North Wharf Rd
South Wharf Rd
Praed St
Sussex Gardens
Edgware Rd
Old Marylebone Rd
Marylebone Rd
Bayswater Rd
Oxford St
Park La
Kensington Rd
Kensington Gore
Knightsbridge
Serpentine Rd
Rotten Row
The Ring
North Ride
Buck Hill Walk
Budge's Walk
Exhibition Rd
Prince Consort Rd
Prince's Gardens
Ennismore Gardens
Brompton Rd
Sloane St
Baker St
Gloucester Pl
Portman Sq
Seymour St
Cumberland Gate
Hyde Park Gardens
Lancaster Gate
Westbourne Tce
Eastbourne Tce
Gloucester Tce
Craven Rd
Spring St
Sussex Pl
Chapel St
York St
Crawford St
George St
Dorset Sq
Melcombe St
Edgware Rd
Church St
Hall Place
Blomfield Rd
Maida Ave
Howley Place
St Mary's Tce
Ashmill St
Shroton St
Cosway St
Lisson St
Bell St
Harewood Ave
Upper Montagu St
Montagu Place
Montagu Sq
Bryanston Sq
Seymour Pl
Shouldham St
Crawford Place
Homer St
Brown St
Nutford Pl
Upper Berkeley St
Great Cumberland Pl
Connaught St
Connaught Sq
Connaught Pl
Kendal St
Albion St
Hyde Park St
Hyde Park Sq
Norfolk Cres
Oxford Sq
Radnor Pl
Gloucester Sq
Norfolk Sq
Norfolk Pl
London St
Star St
Westbourne Tce
Chilworth St
Cleveland Square
Queen's Gardens
Devonshire Tce
Craven Hill Gardens
Craven Hill
Craven Tce
Sussex Sq
Westbourne St
Lancaster Tce
Old Quebec St
Portman St
Orchard St
North Row
Green St
Woods Mews
Upper Brook St
Park St
Manchester St
Blandford St
Dorset St
York Tc
Wilton Pl
Wilton Cres
Kinnerton St
Lowndes St
Basil St
Hans Cres
Hans Rd
Motcomb St
Montpelier St
Cheval Place
Rutland Gate
Ennismore Gardens Mews
Queen's Gate
Queen's Gate Tce
Queen's Mews
Hyde Park Gate

PLANO 5

DÓNDE DORMIR

22 Wigmore Court Hotel
23 Bryanston Court Hotel
24 Glynne Court Hotel
25 Edward Lear Hotel
30 Pavillion Hotel
32 Gresham Hotel
33 Balmoral House Hotel
34 Europa House Hotel
35 Balmoral House Branch
36 Cardiff Hotel
37 St David's Hotel
39 Elysée Hotel
42 Lancaster Hall Hotel YMCA
43 Oxford Hotel; Sass House Hotel
44 The Hempel; I-Thai; H Bar
45 Queen's Park Hotel
46 Quest Hotel; Royal Hotel
47 Hyde Park Hostel
48 Inverness Court Hotel
58 Garden Court Hotel
60 Miller's Residence
61 Leinster Inn
77 Portobello Gold Hotel; Buzz Internet Bar
78 Portobello Hotel
79 Gate Hotel
81 Abbey Court Hotel
82 Manor Court Hotel
v86 Hillgate Hotel
95 Abbey House; Vicarage Hotel
103 Basil St Hotel
108 The Gore; Bistrot 190
121 Holland House YHA Hostel

DÓNDE COMER

2 Belgo Zuid
4 Sausage & Mash Café
6 Café Grove
8 Bali Sugar
12 Green Olive
16 Mandalay
21 Reubens
31 Satay House
49 Mandarin Kitchen
50 Kalamaras Greek Taverna
53 Churrería Españla
54 Tawana
55 Khan's
56 Burritos
57 The Standard
59 L'Accento
62 Inaho
63 Veronica's
64 Assagi; The Chepstow Pub
66 Mandola
75 Osteria Basilico
80 Modhubon
87 Manzara
89 Est Est Est
90 Costas Fish Restaurant
91 Geales
92 Kensington Place
96 The Orangery
101 Vong
104 Stockpot
109 Wódka
112 Arcadia; Bellini's
119 Sticky Fingers

PUBS Y CLUBES

1 Ion Bar
5 Subterania
7 Market Bar
9 The Cow
10 The Westbourne
14 Bridge House; Canal Café Comedy Club
67 Beach Blanket Babylon
85 Notting Hill Arts Club
93 The Churchill Arms
94 Windsor Castle
111 Cuba

DE INTERÉS

3 Honest Jon's
11 Jason's Canal Trips; Jason's Restaurant
13 Oficinas de British Waterways
15 London Waterbus Company
17 Mercado de Church St
18 Museo Sherlock Holmes
19 Oficina de Objetos Perdidos de Transport for London
20 Madame Tussaud; Planetario de Londres
26 Marble Arch
27 Speaker's Corner (Rincón de los Oradores)
28 Árbol de Tyburn
29 Convento de Tyburn
38 Establos de Hyde Park
40 Sandwich Bar Laundrette
41 Drifters Travel
51 Laundrette Centre
52 Porchester Spa
65 Sean Arnold Sporting Antiques
68 Lavabos públicos galardonados
69 Rough Trade
70 Electric Cinema
71 Spice Shop
72 Books for Cooks
73 Garden Books
74 Librería de Viajes
76 Mercado de Portobello Rd
83 Parada de Airbus
84 Parada de Airbus
88 Dispensary
97 Templete de música
98 Estatua de Peter Pan
99 Galería Serpentine
100 Serpentine Lido
102 Harvey Nichols; 5ª planta
105 Bonhams
106 Real Sociedad Geográfica
107 Albert Memorial
110 Leith's School of Food & Wine
113 easyEverything
114 usit Campus; YHA Adventure Shop
115 Residencia Linley Sambourne
116 Snow + Rock
117 Trailfinders (agencia)
118 Trailfinders (oficina principal)
120 Instituto de la Commonwealth

ELLIOT DANIEL

El gran friso del magníficamente decorado Albert Hall.

DOUG MCKINLAY

Relajarse en la apacible rosaleda de Hyde Park en verano o...

DENNIS JOHNSON

... caminar entre las hojas en un día otoñal.

PLANO 3
PLANO 7
PLANO 5
PLANO 11
MARYLEBONE
FITZROVIA
BLOOMSBURY
MAYFAIR
SOHO
ST JAMES'S
Regent's Park
Fitzroy Square
Universidad de Londres
Museo Británico
Tiendas de informática
Tottenham Court Road
Goodge Street
Oxford Circus
Bond Street
Liberty
Mercado de Berwick St
Trocadero de Londres
Piccadilly Circus
Leicester Square
National Portrait Gallery
National Gallery
Real Academia de las Artes
Fortnum & Mason
Casa de Canadá
Trafalgar Square
Charing Cross
Green Park
Residencia Spencer
Residencia Marlborough
Palacio de St James
Residencia Lancaster
Residencia Clarence
Oficinas del antiguo Almirantazgo
Banqueting House
Horse Guards Parade
Tesoro
Foreign & Commonwealth Office
Parque de St James
Lago del parque de St James
Residencia Apsley (Museo de Wellington)
Hyde Park Corner
Constitution Hill
Palacio de Buckingham
Jardines del palacio de Buckingham
Royal Mews
St James's Park
Parliament Square
St Margaret's
Abadía de Westminster
Grosvenor Square
Soho Square
St James's Square
Marylebone Rd
Park Cres
York Tce
Oxford St
Wigmore St
Piccadilly
Regent St
Shaftesbury Ave
Charing Cross Rd
Tottenham Court Rd
Gower St
Great Portland St
Portland Place
Pall Mall
The Mall
Birdcage Walk
Park La
Grosvenor Place
New Oxford St
Great Russell St
Bloomsbury St
Old Compton St
Haymarket
0
250
500 m

PLANO 4
PLANO 8
PLANO 9
Russell Square
Guildford St
Hospital de Enfermedades Infantiles
Lamb's Conduit St
Roger St
John's Mews
John St
Elm St
Herbal Hill
Clerkenwell Rd
CLERKENWELL
Queen Square
Great Ormond St
Emerald St
Great James St
Gray's Inn Rd
Portpool La
Mercado de Leather Lane
Hatton Garden
Kirby St
Turnmill St
St John's St
St John's La
Escuela de Medicina St Bartholomew
Aldersgate St
Old Gloucester St
Harpur St
Jockey's Fields
Bedford Row
Gray's Inn Court
Baldwin's Gardens
Leather La
Farringdon Rd
Estación de Farringdon
Cowcross St
Barbican
Bedford Pl
Southampton Row
Montague St
Great Russell St
Bloomsbury Square
Red Lion Square
Red Lion St
Eagle St
Gray's Inn Court
Chancery Lane
Brooke St
Greville St
Charterhouse St
Mercado de Smithfield
West Smithfield
Long La
Little Britain
Bury Pl
Vernon Pl
Southampton Pl
Bloomsbury Way
High Holborn
HOLBORN
Holborn
Charterhouse St
Hosier La
Snow Hill
Museum St
New Oxford St
Holborn
Whetstone Park
Lincoln's Inn Fields
Lincoln's Inn Court
Furnival St
St Andrew St
Shoe La
Giltspur St
Hospital de Bartholomew
Newton St
Grape St
Holborn Viaduct
Farringdon St
Cursitor St
Verulam St
Fetter La
New Fetter La
New St Square
King Edward St
Angel St
Newgate St
Tribunal Criminal Central (Old Bailey)
COVENT GARDEN
Drury La
Parker St
Great Queen St
Lincoln's Inn Fields
Serle St
New Square
Portugal St
Chancery La
Bream's Bldgs
Old Bailey
St Paul's
Endell St
Betterton St
Wild St
Carey St
Real Tribunal de Justicia
Bride St
Estación de City Thameslink
St Paul's Churchyard
Catedral de St Paul
Neal St
Kemble St
Kean St
Kingsway
Fleet St
Ludgate Hill
Bow St
Drury La
Strand
St Paul's Churchyard
Carter La
Teatro Real Drury Lane
Royal Opera House
Residencia Bush
Casa de Australia
Strand
Inner Temple
Bouverie St
Whitefriars St
New Bridge St
St Andrews Hill
Covent Garden
James St
Tavistock St
Aldwych St
Essex Rd
Milford La
Middle Temple La
Tudor St
Museo del Teatro
Casa de la India
Strand
Floral St
Mercado de Covent Garden
King St
Tavistock St
Surrey St
Arundel St
Temple Ave
Carmelite St
Queen Victoria St
Estación de Blackfriars
Blackfriars
Upper Thames St
Henrietta St
Southampton St
Liceo
King's College
Temple
Victoria Embankment
Bedford St
Maiden La
Residencia Somerset
Savoy St
Strand
Puente de Blackfriars
Puente del Milenio
Támesis
Savoy Place
Casa de Sudáfrica
Villiers St
Obelisco de Cleopatra
Jardines de Victoria Embankment
Charing Cross
Estación de Charing Cross
Craven St
Embankment
Muelle de Charing Cross
Puente de Waterloo
Teatro Real Nacional
National Film Theatre
Upper Ground
Duchy St
Rennie St
Hopton St
Holland St
Tate Modern
SOUTHWARK
Northumberland Ave
Queen Elizabeth Hall
Upper Ground
Coin St
Stamford St
Summer St
Antigua Oficina de Guerra
Whitehall Ct
Royal Festival Hall
Duchy St
Burrel St
Chancel St
Southwark St
Lavington St
Horse Guards Ave
Victoria Embankment
Coin St
Estación de Waterloo East
Roupell St
Southwark
Ministerio de Defensa
Exton St
Alaska St
Wootton St
Union St
Jardines Jubilee
York Rd
Cornwall St
Whitehall
Richmond Tce
Belvedere Rd
The Cut
Nelson Sq
Estación de Waterloo
Great Suffolk St
County Hall
Pocock St
Rushworth St
Parliament St
Westminster
Addington St
Lower Marsh
Coral St
BOROUGH
Lancaster St
Bridge St
Puente de Westminster
Westminster Bridge Rd
Frazier St
Baylis Rd
Frazier St
Pearman St
Blackfriars Rd
Waterloo Rd
Library St
Cámaras del Parlamento
Museo Florence Nightingale
Hospital de St Thomas
Lambeth Palace Rd
Lambeth North
Borough Rd
St Margaret's St
Kennington Rd
Westminster Bridge Rd
St George's Rd
Lambeth Rd
London Rd
Southwark Bridge Rd

PLANO 6

DÓNDE DORMIR

3 Indian Student YMCA
5 Ramsay Hall
6 Carr-Saunders Hall
15 My Hotel
18 Academy Hotel
20 Jesmond Hotel; Ridgemount Hotel
21 Hotel Cavendish; Arran House Hotel
23 Quaker International Centre
24 Royal National Hotel; Contiki Travel
25 Celtic Hotel
28 St Margaret's Hotel
29 Repton Hotel
30 Ruskin Hotel
31 Museum Inn
32 Haddon Hall
48 The Rookery
83 City of London YHA Hostel
111 King's College Student Hall
114 County Hall Travel Inn Capital
149 Citidines Trafalger Square
157 The Ritz
162 The Halkin
167 Park Lane Hotel
168 The Metropolitan; Nobu; Met Bar
169 Hilton Hotel; Windows of the World Bar
170 Chesterfield
173 The Connaught
178 Claridges
193 Durrants Hotel
198 Langham Court Hotel

DÓNDE COMER

1 Archipelago
9 Cranks
14 Dish Dash
33 Spaghetti House
35 Mille Pini
38 Gaudí
42 Tinseltown
43 Vic Naylor
44 St John
47 Le Café du Marché
49 The Greenery
50 Rudland & Stubbs
51 Smiths of Smithfields
53 Knosherie
67 Ferrari's Café
68 Club Gascon
82 Da Vinci
84 Dim Sum
103 People's Palace
107 Oxo Tower Restaurant & Brasserie; Bistrot 2 Riverside
110 RSJ
118 Fish!
120 R Cooke Eel & Pie Shop
122 Livebait
123 Mesón Don Felipe
125 Bar + Kitchen
126 Cubana
128 Marie's Café
138 Cinnamon Club
163 Pizza on the Park
166 Hard Rock Café
182 Rasa W1
192 Spighetta
194 Woodlands
195 Özer
199 Silks & Spice
200 Back to Basics
201 Villandry

PUBS Y CLUBES

13 Goodge
26 The Queen's Larder
27 The Swan
39 Turnmills
41 Dust
46 Fabric
52 The Castle
54 Bleeding Heart Tavern
56 Ye Olde Mitre
66 Cock Tavern
72 Viaduct Tavern
75 Ye Olde Cheshire Cheese
87 El Vino
89 Ye Olde Cock Tavern
108 Doggetts Coat & Badge
113 The Wellington
119 The Fire Station
141 Westminster Arms
153 Che
172 I Am the Only Running Footman

IGLESIAS

36 Capilla de Gray's Inn Court
61 Capilla de Lincoln's Inn Court
64 St Andrew Holborn
69 St Bartholomew-the-Great
71 St Sepulchre-without-Newgate
78 St Brides, Fleet St
80 St Martin-within-Ludgate
85 St Andrew-by-the-Wardrobe
86 Iglesia del Temple
90 St Dunstan-in-the-West
95 St Clement Danes
97 St Mary-le-Strand
134 St Margaret's; Westminster
196 Iglesia de All Souls; Langham Place

TEATROS

19 Teatro Drill Hall; The Greenhouse
34 Teatro Cochrane
79 Teatro Bridewell
121 Young Vic; Konditor & Cook Café
124 Old Vic

DE INTERÉS

2 Well Women Centre
4 Red & White Laundary
7 Torre de Telecom
8 Heal's; Habitat
10 Museo del Juguete de Pollock
11 Cyberia
12 STA Travel
16 STA Travel
17 Imagination Building
22 Waterstone's
37 Terrance Higgins Trust
40 Puerta de San Juan; Museo de la Orden de San Juan
45 Charterhouse
55 Joyeros
57 Prudential Assurance Building
58 Blacks
59 Kinko's
60 Typing Overload
62 London Silver Vaults
63 Staple Inn
65 Simply Sausages
70 Monumento al Gran Incendio
73 Casa del Doctor Johnson
74 Salisbury Court
76 Peterborough Court (antiguo edificio del *Daily Telegraph*)
77 Reuters Building
81 Outdoors
88 Wig & Pen Club
91 Cámara del príncipe Enrique
92 Estatua de Grifo (antiguo Temple Bar)
93 Lloyds Bank
94 Twinings
96 Consulado australiano
98 Galería Courtauld
99 Colección Gilbert
100 Salas del Hermitage
101 Mercado de libros de Riverside Walk
102 Sala Purcell
104 Galería Hayward
105 London Bicycle Tour Company
106 Gabriel's Wharf; Gourmet Pizza Company
109 Galería Bankside
112 London IMAX Cinema
115 BA London Eye
116 Universo Dalí
117 Acuario de Londres
127 Librería Ian Allen
129 Museo Florence Nightingale
130 Estatua de la reina Boadicea

PLANO 6

131 Big Ben
132 Edificio del Nuevo Parlamento
133 Estatua de Winston Churchill
135 Estatua de Cromwell
136 Entrada de St Stephen
137 Torre Jewel
139 Trade Partners UK
140 Hall central de Westminster
142 Oficina de la Comisión Europea
143 Middlesex Guildhall
144 Estatua de Abraham Lincoln
145 Cabinet War Rooms
146 Centro de Información Asuntos Extranjeros y Commonwealth
147 Cenotafio
148 Nº 10 de Downing St
150 Instituto de Arte Contemporáneo; ICA Café
151 Columna del Duque de York
152 Christies
154 DR Harris
155 Thomas Cook (oficina principal)
156 Davidoff de Londres
158 Taquilla del palacio de Buckingham (sólo veranos)
159 Monumento a la Reina Victoria
160 Galería de la Reina
161 Embajada de Irlanda
164 Arco de Wellington
165 Residencia Apsley (Museo Wellington)
171 Kinko's
174 Embajada de Estados Unidos
175 Consulado canadiense
176 Burberry
177 Sotheby's
179 Casa Museo de Haendel
180 Phillips
181 Galería China Contemporánea
183 Marks & Spencer
184 Selfridges
185 French Connection
186 Debenhams; sucursal de Thomas Cook
187 Tesco Metro
188 John Lewis
189 BHS
190 Wigmore Hall
191 Colección Wallace
197 Broadcasting House
202 Daunt Books
203 Childminders

CHARLOTTE HINDLE

Del palacio Tudor de Withehall sólo queda en pie la Banqueting House.

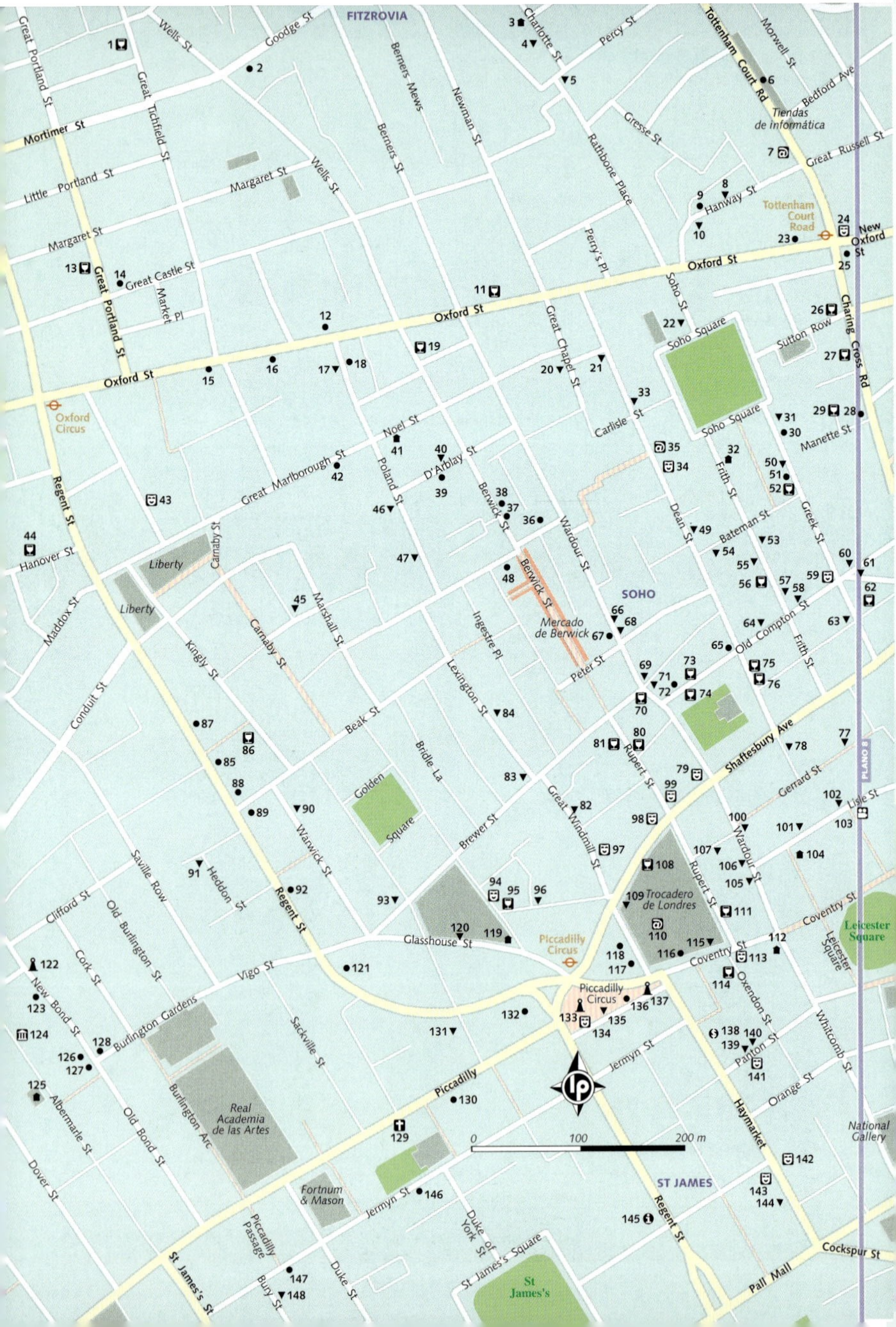
FITZROVIA
SOHO
ST JAMES
Great Portland St
Wells St
Goodge St
Charlotte St
Percy St
Tottenham Court Rd
Morwell St
Bedford Ave
Tiendas de informática
Great Russell St
Mortimer St
Great Titchfield St
Berners Mews
Newman St
Rathbone Place
Gresse St
Berners St
Little Portland St
Margaret St
Hanway St
Tottenham Court Road
New Oxford St
Perry's Pl
Oxford St
Great Castle St
Market Pl
Great Chapel St
Soho St
Soho Square
Sutton Row
Charing Cross Rd
Oxford Circus
Noel St
Carlisle St
Manette St
Great Marlborough St
D'Arblay St
Poland St
Berwick St
Frith St
Dean St
Greek St
Regent St
Carnaby St
Bateman St
Wardour St
Hanover St
Liberty
Marshall St
Mercado de Berwick
Ingestre Pl
Maddox St
Kingly St
Peter St
Old Compton St
Conduit St
Lexington St
Beak St
Bridle La
Shaftesbury Ave
Rupert St
Gerrard St
Golden Square
Lisle St
Brewer St
Great Windmill St
PLANO 8
Warwick St
Saville Row
Heddon St
Trocadero de Londres
Clifford St
Old Burlington St
Glasshouse St
Piccadilly Circus
Coventry St
Leicester Square
Cork St
Vigo St
Oxendon St
New Bond St
Burlington Gardens
Sackville St
Panton St
Whitcomb St
Jermyn St
Orange St
Piccadilly
Albermarle St
Burlington Arc
Real Academia de las Artes
Old Bond St
Haymarket
National Gallery
0
100
200 m
Dover St
Fortnum & Mason
Duke of York St
Piccadilly Passage
St James's Square
Cockspur St
St James's St
Bury St
Duke St
St James's
Pall Mall

PLANO 7

DÓNDE DORMIR
3 Charlotte Street Hotel
32 Hazlitt's
41 Oxford St YHA Hostel
104 Manzi's Hotel
112 Thistle Piccadilly
119 Regent Palace Hotel
125 Brown's Hotel

DÓNDE COMER
4 Rasa Sumudra
5 Bam-Bou
8 Han Kang
10 Costa Dorada
17 Soba
20 Star Café
21 Red Veg
22 Govinda's; Krishna Temple
31 Gay Hussar
33 Pizza Express; Jazz Club
40 Soup Works
45 Soup
46 Yo! Sushi; Yo! Below
47 Eco Lab Organic
49 Quo Vadis
50 Mildred's
53 Garlic & Shots
54 Gopal's of Soho
55 Chiang Mai
57 Bar Italia; Angelucci Coffee Merchants
58 Old Compton Café
60 Pollo; Stockpot
61 Ed's Easy Diner
63 Kettners
64 Pâttisserie Valerie
66 Mezzo; Mezzonine
68 Spiga
69 Freedom Café Bar
71 Satsuma
77 Jen
78 Cam Phat
82 Melati
83 Zilli Fish
84 Wagamama
90 Sugar Club
91 Momo
93 Kulu Kulu
96 New Piccadilly
100 Gerrad's Corner
101 London Hong Kong
102 Fung Shing
105 Chuen Cheng Ku
106 1997
107 C & R
109 Rainforest Café
115 Planet Hollywood
120 Atlantic Bar & Grill
131 L'Odéon
135 The Criterion
139 Stockpot
140 Woodlands
144 Sports Café
148 Quaglino's

PUBS Y CLUBES
1 Ha! Ha! Bar & Canteen
11 100 Club
13 Mash
19 Syndrome
26 Astoria
27 Velvet Room
29 Borderline
44 Hanover Grand
52 Candy Bar
56 Ronnie Scott's
62 Coach & Horses; Maison Bertaux
70 Village Soho; O Bar
73 Balans
74 Compton's of Soho
75 French House Pub & Dining Room
76 Lupo
80 Rupert Street
81 The Yard
86 Emporium
95 Scruffy Murphy's
108 Bar Rumba
111 Waxy O'Connor's
114 Comedy Store

TEATROS
24 Dominion
34 Teatro del Soho
43 London Palladium
59 Prince Edward
79 Queen's
94 Piccadilly
97 Lírico
98 Apollo
99 Gielgud
113 Prince of Wales
134 Criterion
141 Comedia
142 Teatro Real de Haymarket
143 Su majestad

DE INTERÉS
2 Kinko's
6 Tiendas de informática
7 easyEverything
9 On the Beat
12 HMV
14 Botanicals
15 Borders
16 Global Visa's
18 usit Campus
23 Virgin Megastore
25 Centre Point; Point 101; Confederation of British Industry
28 Waterstone's
30 Milroy's of Soho
35 Webshack Cybercafé
36 Agent Provocateur
37 Reckless Records
38 Reckless Records
39 Blackmarket
42 Grant & Cutler
48 Residencia Broadwick
51 Trax
65 Algerian Coffee Stores
67 Ann Summers
72 Gerry's
85 Mappin and Webb
87 Hamley's
88 British Airways Travel Shop; Stanford's
89 Royal Doulton
92 Zara
103 Prince Charles Cinema
110 Internet Exchange
116 HMV
117 Rock Circus
118 London Pavilion
121 Aquascutum
122 Estatua de los Aliados
123 Asprey & Garrard
124 Museo Faraday
126 Cartier
127 Tiffany & Co
128 Ralph Lauren
129 St James's Piccadilly
130 Waterstones
132 Tower Records
133 Estatua de Eros
136 Virgin Megastore
137 Fuente de los Caballos de Helios
138 American Express
145 Centro Británico de Visitantes; Stanfords
146 Paxton & Whitfield
147 Taylor of Old Bond St

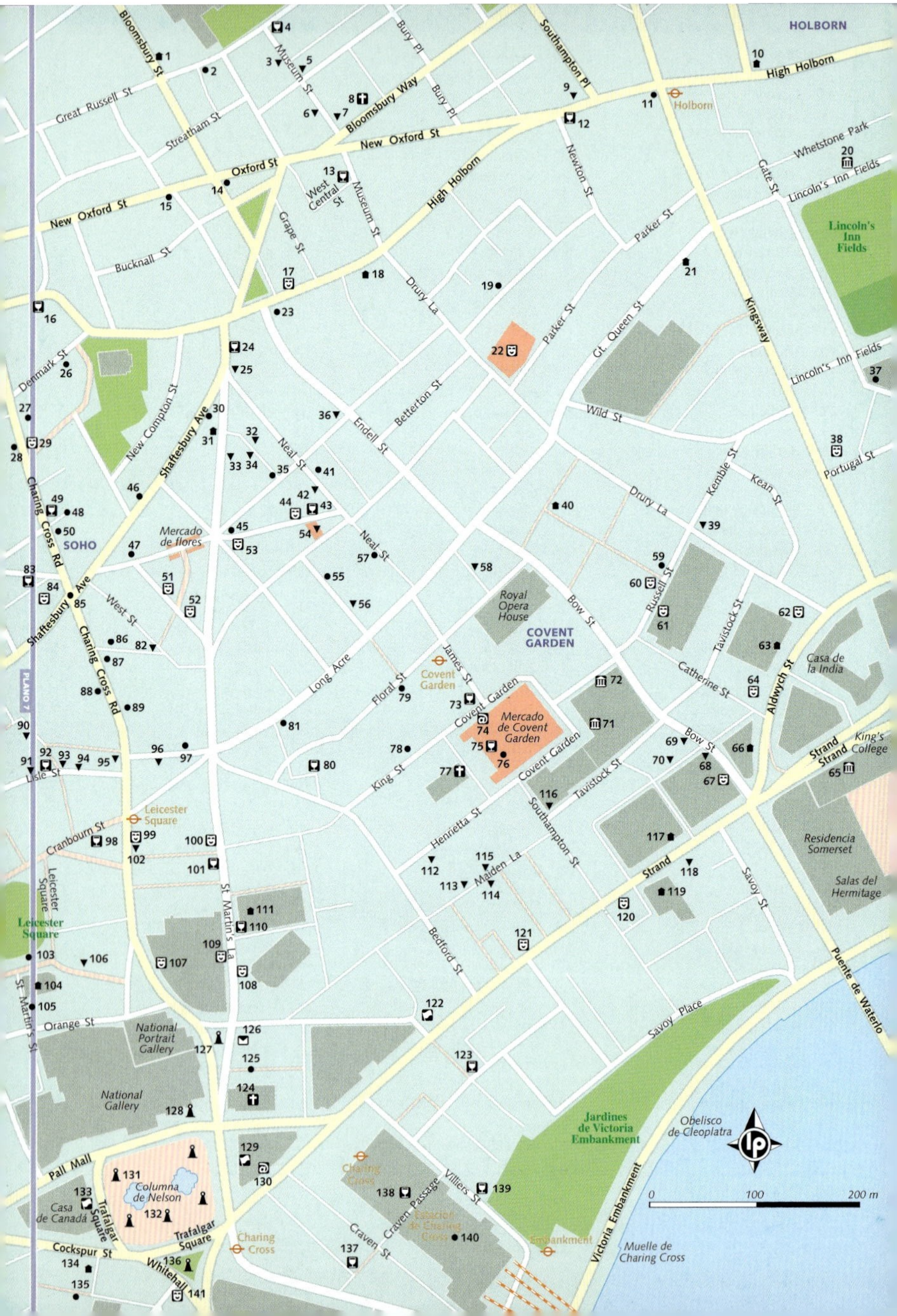
HOLBORN
High Holborn
Holborn
Bloomsbury St
Great Russell St
Streatham St
Museum St
Bury Pl
Bloomsbury Way
Southampton Pl
New Oxford St
Oxford St
New Oxford St
West Central St
Newton St
Whetstone Park
Gate St
Lincoln's Inn Fields
Lincoln's Inn Fields
Grape St
Bucknall St
Drury La
Parker St
Kingsway
Gt. Queen St
Denmark St
New Compton St
Shaftesbury Ave
Betterton St
Endell St
Wild St
Neal St
Kemble St
Kean St
Portugal St
Charing Cross Rd
SOHO
Mercado de flores
Drury La
Neal St
Russell St
Tavistock St
Royal Opera House
COVENT GARDEN
Bow St
West St
Shaftesbury Ave
Charing Cross Rd
Long Acre
Floral St
James St
Covent Garden
Catherine St
Aldwych St
Casa de la India
Mercado de Covent Garden
Covent Garden
King St
Bow St
Strand
King's College
Lisle St
Leicester Square
Cranbourn St
Henrietta St
Southampton St
Tavistock St
Residencia Somerset
Maiden La
Strand
Savoy St
Salas del Hermitage
Leicester Square
Leicester Square
St Martin's La
Bedford St
St Martin's St
Orange St
National Portrait Gallery
Savoy Place
Puente de Waterlo
National Gallery
Jardines de Victoria Embankment
Obelisco de Cleopatra
Pall Mall
Columna de Nelson
Charing Cross
Villiers St
Craven Passage
Estación de Charing Cross
Victoria Embankment
0
100
200 m
Casa de Canadá
Trafalgar Square
Trafalgar Square
Craven St
Embankment
Muelle de Charing Cross
Cockspur St
Charing Cross
Whitehall
PLANO 7

PLANO 8

DÓNDE DORMIR

1 Morgan Hotel
10 Citadines Holborn/Covent Garden
18 High Holborn Student Hall
21 Kingsway Hall Hotel
31 Covent Garden Hotel; Brasserie Max
40 Fielding Hotel
63 Waldorf Meridian
66 One Aldwych
104 Hampshire
111 St Martin's
117 Strand Palace
119 The Savoy
134 Trafalgar Hilton

DÓNDE COMER

3 Thai Garden Café
5 Ruskins Café
6 Coffee Gallery
7 Abeno
9 My Old Dutch
25 Franx Snack Bar
32 World Food Café
33 Monmouth Coffee Company
34 Neal's Yard Salad Bar
36 Rock & Sole Plaice
39 Sarastro
42 Food for Thought
54 Belgo Centraal
56 Café Pacifico
58 Café des Amis du Vin
68 Livebait
69 Orso
70 Joe Allen
82 The Ivy
90 Ikkyu
91 Poons
93 Toyko Diner
94 Zipangu
95 Mr Au
96 Cranks
102 Gaby's
106 Mr Wu
112 Porters
113 La Perla
114 Mongolian Barbeque
115 Rules
116 Wagamama
118 Simpson's-in-the-Strand

PUBS, BARES Y CLUBES

4 Museum Tavern
12 Princess Louise
13 The End; AKA
16 First Out
24 Freud
43 Freedom Brewing Co
49 Salsa!
73 Rock Garden
75 Punch & Judy
80 Lamb & Flag
83 Spice of Life; Backstage Bar
92 West Central
98 Cork & Bottle Wine Bar
101 The Salisbury
110 Brief Encounter
123 Retro Bar
137 Sherlock Holmes
138 Heaven
139 Gordon's Wine Bar

TEATROS

17 Shaftesbury
22 New London; Talk of London
29 Phoenix
38 Teatro Peacock
44 Donmar Warehouse
51 New Ambassadors
52 St Martin's
53 Cambridge
60 Fortune
61 Teatro Real de Drury Lane
62 Aldwych
64 Strand
67 Liceo
84 Palace
99 Wyndham's
100 Albery
107 Garrick
108 Coliseo; Ópera Nacional Inglesa
109 Duke of York
120 Teatro Savoy
121 Adelphi
141 Teatro Whitehall

DE INTERÉS

2 Gosh!; Galería del Cómic
8 St George's Bloomsbury
11 Sainsbury's
14 James Smith & Sons
15 Jessops
19 Alquiler de bicicletas Bikepark
20 Museo de sir John Soane
23 Centro Deportivo Oasis
26 Helter Skelter
27 Borders
28 Foyle's
30 Ray's Jazz Shop
35 Neal's Yard Dairy
37 Old Curiosity Shop
41 Kite Store
45 High Jinks
46 STA Travel
47 Kitschen Sync
48 Blackwell's
50 Sportspages
55 Pineapple
57 The Tea House
59 Iglesia de la Corona Escocesa; Globetrotters
65 Galería Courtauld
71 Museo del Transporte de Londres
72 Museo del Teatro
74 Internet Exchange
76 Juguetería de Benjamin Pollock
77 Iglesia de St Paul
78 Africa Centre; Calabash
79 The Sanctuary
81 Stanford's
85 Cambridge Circus
86 Zwemmer Art & Architecture
87 Zwemmer Books
88 Murder One
89 Silver Moon
97 Photographer's Gallery
103 tkts
105 Westminster Central Library Reference
122 Casa de Zimbabue
124 St Martin-in-the-Fields; Cafe in the Crypt
125 Mercado de artesanía
126 Oficina de correos de Trafalgar Square
127 Monumento a Edith Cavell
128 Estatua de George Washington
129 Casa de Suráfrica
130 easyEverything
131 Empty Plinth
132 Columna de Nelson
133 Casa de Canadá
135 British Council
136 Estatua de Carlos I
140 Embankment Place Building

PLANO 4
PLANO 6
Quaker St
Worship St
Brick La
Fortune St
Errol St
Whitecross St
Golborne Rd
Escuela de Medicina St Bartholomew
Fann St
Ciudad Universitaria
Chiswell St
Earl St
Clifton St
Wilson St
Sun St
Appold St
SPITALFIELDS
Folgate St
Spital Sq
Lamb St
Hanbury St
Princelet St
Wilkes St
Fournier St
Mercado de Spitalfields
Estación de Liverpool St
Shoreditch High St
Charterhouse St
Barbican
Beech St
Long La
Milton St
Ropemaker St
Aldersgate St
Barbican Centre
Moor La
Moorfields
South Pl
Eldon St
Brushfield St
Fashion St
Artillery La
White's Row
Fore St
Moorgate
Finsbury Circus
Little Britain
London Wall
Liverpool St
Liverpool Street
Blomfield St
Middlesex St
Hospital de Bartholomew
Wormwood St
Mercado de Petticoat Lane
Wentworth St
Old Castle St
Goulston St
Commercial St
Wood St
Aldermanbury
Guildhall
Coleman St
Throgmorton Ave
Old Broad St
Camomile St
Houndsditch
Aldgate East
Gresham St
Foster La
St Martin's Le-Grand
Bishopsgate
Bevis Marks
St Mary Ave
Bury St
Newgate St
St Paul's
Milk St
King St
Old Jewry
Lothbury
Stock Exchange
St Botolph St
Middlesex St
Braham St
Aldgate
Aldgate High St
St Paul's Churchyard
Cheapside
New Change
Banco de Inglaterra
Threadneedle St
Royal Exchange
Mitre St
Leadenhall St
Alie St
Catedral de St Paul
Bow La
Poultry
Cornhill
Bank
Mercado de Leadenhall
Lloyd's de Londres
Billiter St
Jewry St
Mansell St
Minories
Cementerio de St Paul
Carter La
Bread St
Watling St
CITY
Walbrook
Birchin La
Lime St
Lombard St
Gracechurch St
Lloyd St
Queen Victoria St
Mansion House
Cannon St
King William St
Fenchurch St
Estación de Fenchurch St
Crutched Friars
Upper Thames St
Dowgate Hill
Cannon Street
Rood La
Mincing La
Mark La
Seething La
Eastcheap
Monument
Great Tower St
Tower Hill
Trinity Sq
Arthur St
Monument St
Byward St
Tower Bridge Rd
Estación de Cannon St
Puente del Milenio
Puente de Southwark
Queen St
Lower Thames St
Antiguo mercado de Billingsgate
Aduana
Byward St
Tower Bridge Rd
Torre de Londres
Aledaños del puente de la Torre
Bankside
Tate Modern
Puente de Londres
Támesis
Park St
Summer St
SOUTHWARK
Great Guildford St
Southwark St
Lavington St
London Bridge
Railway App
Mercado de Borough
Southwark Crown Ct
Tooley St
Estación de London Bridge
Puente de la Torre
Union St
Hospital de Guy
Gt Maze Pond
St Thomas St
Shad Thames
Horselydown La
Gainsford St
Curlew St
Elizabeth St
Fair St
Marshalsea Rd
Borough High St
Newcomen St
Snowsfields
Weston St
Southwark Bridge Rd
Crosby Row
Kipling St
Guy St
Kirby St
White's Grounds
Great Suffolk St
Lant St
Borough
Tabard St
Druid St
Tanner St
Scovell Rd
Newington Causeway
Swan St
Bermondsey St
Long La
Tower Bridge Rd
Riley Rd
Maltby St
Borough Rd
Trinity St
Great Dover St
Unison Rd
Abbey St
Enid St
Mercado de Bermondsey
BERMONDSEY

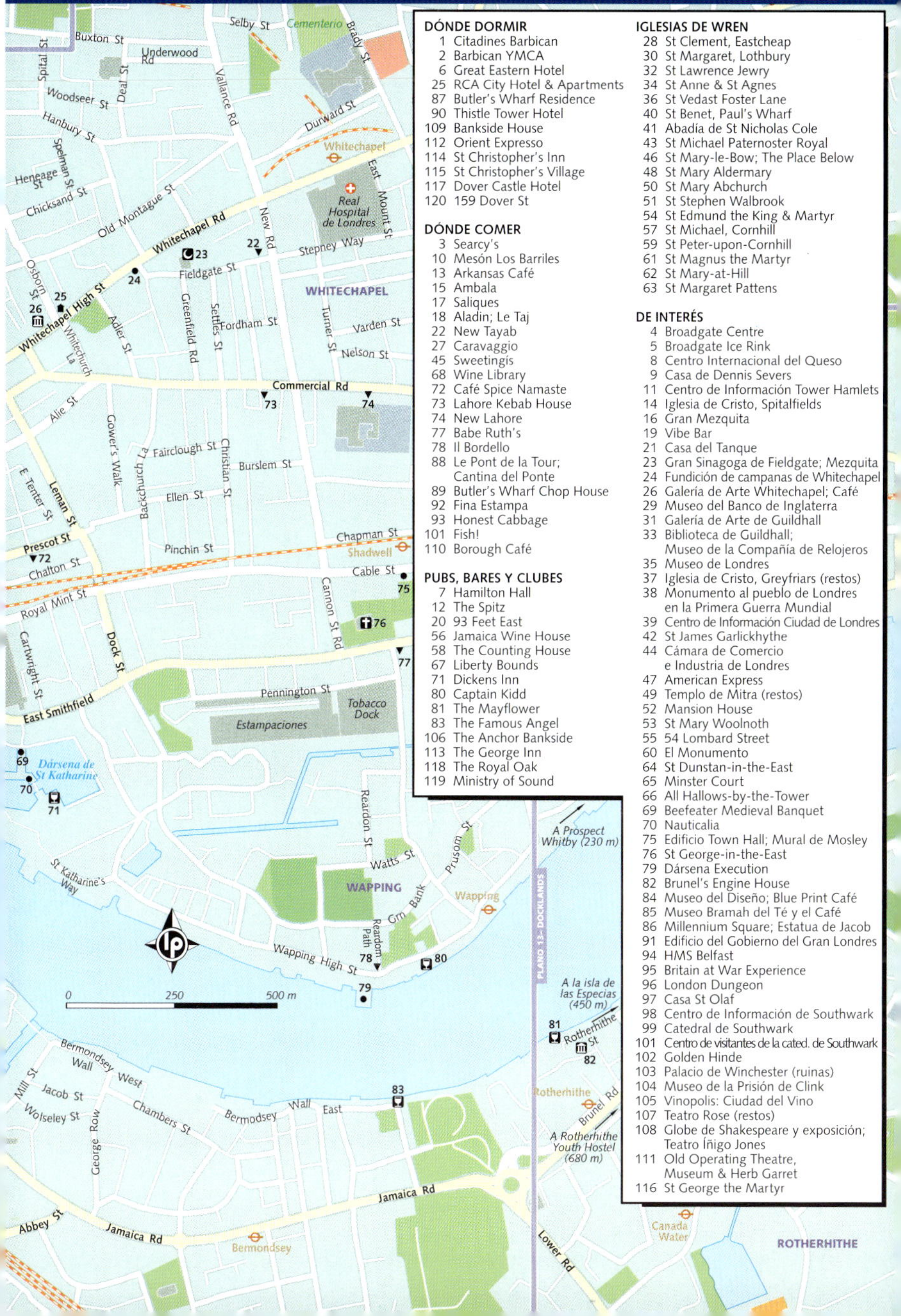

DÓNDE DORMIR

1 Citadines Barbican
2 Barbican YMCA
6 Great Eastern Hotel
25 RCA City Hotel & Apartments
87 Butler's Wharf Residence
90 Thistle Tower Hotel
109 Bankside House
112 Orient Expresso
114 St Christopher's Inn
115 St Christopher's Village
117 Dover Castle Hotel
120 159 Dover St

DÓNDE COMER

3 Searcy's
10 Mesón Los Barriles
13 Arkansas Café
15 Ambala
17 Saliques
18 Aladin; Le Taj
22 New Tayab
27 Caravaggio
45 Sweetingís
68 Wine Library
72 Café Spice Namaste
73 Lahore Kebab House
74 New Lahore
77 Babe Ruth's
78 Il Bordello
88 Le Pont de la Tour; Cantina del Ponte
89 Butler's Wharf Chop House
92 Fina Estampa
93 Honest Cabbage
101 Fish!
110 Borough Café

PUBS, BARES Y CLUBES

7 Hamilton Hall
12 The Spitz
20 93 Feet East
56 Jamaica Wine House
58 The Counting House
67 Liberty Bounds
71 Dickens Inn
80 Captain Kidd
81 The Mayflower
83 The Famous Angel
106 The Anchor Bankside
113 The George Inn
118 The Royal Oak
119 Ministry of Sound

IGLESIAS DE WREN

28 St Clement, Eastcheap
30 St Margaret, Lothbury
32 St Lawrence Jewry
34 St Anne & St Agnes
36 St Vedast Foster Lane
40 St Benet, Paul's Wharf
41 Abadía de St Nicholas Cole
43 St Michael Paternoster Royal
46 St Mary-le-Bow; The Place Below
48 St Mary Aldermary
50 St Mary Abchurch
51 St Stephen Walbrook
54 St Edmund the King & Martyr
57 St Michael, Cornhill
59 St Peter-upon-Cornhill
61 St Magnus the Martyr
62 St Mary-at-Hill
63 St Margaret Pattens

DE INTERÉS

4 Broadgate Centre
5 Broadgate Ice Rink
8 Centro Internacional del Queso
9 Casa de Dennis Severs
11 Centro de Información Tower Hamlets
14 Iglesia de Cristo, Spitalfields
16 Gran Mezquita
19 Vibe Bar
21 Casa del Tanque
23 Gran Sinagoga de Fieldgate; Mezquita
24 Fundición de campanas de Whitechapel
26 Galería de Arte Whitechapel; Café
29 Museo del Banco de Inglaterra
31 Galería de Arte de Guildhall
33 Biblioteca de Guildhall; Museo de la Compañía de Relojeros
35 Museo de Londres
37 Iglesia de Cristo, Greyfriars (restos)
38 Monumento al pueblo de Londres en la Primera Guerra Mundial
39 Centro de Información Ciudad de Londres
42 St James Garlickhythe
44 Cámara de Comercio e Industria de Londres
47 American Express
49 Templo de Mitra (restos)
52 Mansion House
53 St Mary Woolnoth
55 54 Lombard Street
60 El Monumento
64 St Dunstan-in-the-East
65 Minster Court
66 All Hallows-by-the-Tower
69 Beefeater Medieval Banquet
70 Nauticalia
75 Edificio Town Hall; Mural de Mosley
76 St George-in-the-East
79 Dársena Execution
82 Brunel's Engine House
84 Museo del Diseño; Blue Print Café
85 Museo Bramah del Té y el Café
86 Millennium Square; Estatua de Jacob
91 Edificio del Gobierno del Gran Londres
94 HMS Belfast
95 Britain at War Experience
96 London Dungeon
97 Casa St Olaf
98 Centro de Información de Southwark
99 Catedral de Southwark
101 Centro de visitantes de la cated. de Southwark
102 Golden Hinde
103 Palacio de Winchester (ruinas)
104 Museo de la Prisión de Clink
105 Vinopolis: Ciudad del Vino
107 Teatro Rose (restos)
108 Globe de Shakespeare y exposición; Teatro Íñigo Jones
111 Old Operating Theatre, Museum & Herb Garret
116 St George the Martyr

PLANO 10

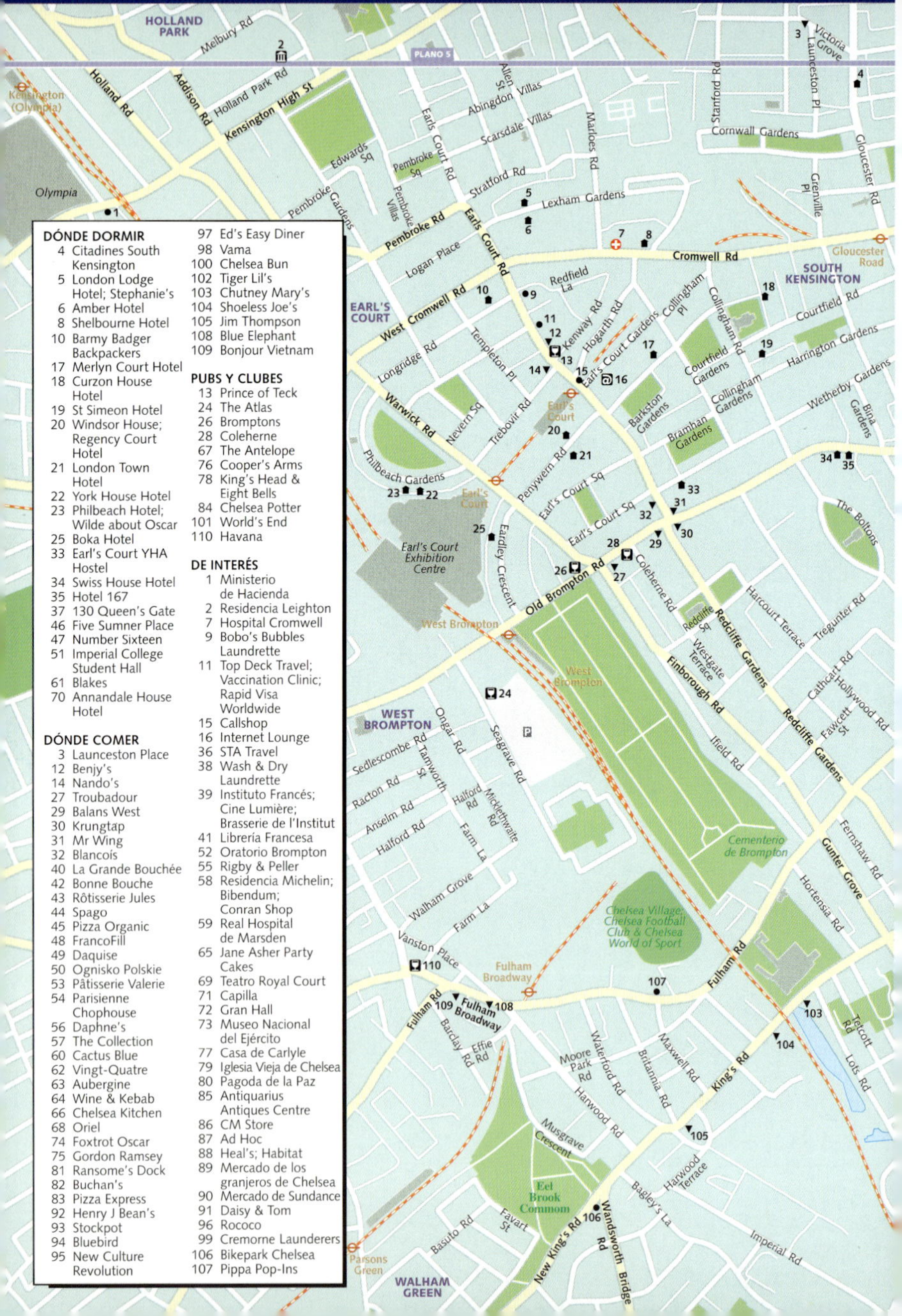

DÓNDE DORMIR
4 Citadines South Kensington
5 London Lodge Hotel; Stephanie's
6 Amber Hotel
8 Shelbourne Hotel
10 Barmy Badger Backpackers
17 Merlyn Court Hotel
18 Curzon House Hotel
19 St Simeon Hotel
20 Windsor House; Regency Court Hotel
21 London Town Hotel
22 York House Hotel
23 Philbeach Hotel; Wilde about Oscar
25 Boka Hotel
33 Earl's Court YHA Hostel
34 Swiss House Hotel
35 Hotel 167
37 130 Queen's Gate
46 Five Sumner Place
47 Number Sixteen
51 Imperial College Student Hall
61 Blakes
70 Annandale House Hotel

DÓNDE COMER
3 Launceston Place
12 Benjy's
14 Nando's
27 Troubadour
29 Balans West
30 Krungtap
31 Mr Wing
32 Blancoís
40 La Grande Bouchée
42 Bonne Bouche
43 Rôtisserie Jules
44 Spago
45 Pizza Organic
48 FrancoFill
49 Daquise
50 Ognisko Polskie
53 Pâtisserie Valerie
54 Parisienne Chophouse
56 Daphne's
57 The Collection
60 Cactus Blue
62 Vingt-Quatre
63 Aubergine
64 Wine & Kebab
66 Chelsea Kitchen
68 Oriel
74 Foxtrot Oscar
75 Gordon Ramsey
81 Ransome's Dock
82 Buchan's
83 Pizza Express
92 Henry J Bean's
93 Stockpot
94 Bluebird
95 New Culture Revolution
97 Ed's Easy Diner
98 Vama
100 Chelsea Bun
102 Tiger Lil's
103 Chutney Mary's
104 Shoeless Joe's
105 Jim Thompson
108 Blue Elephant
109 Bonjour Vietnam

PUBS Y CLUBES
13 Prince of Teck
24 The Atlas
26 Bromptons
28 Coleherne
67 The Antelope
76 Cooper's Arms
78 King's Head & Eight Bells
84 Chelsea Potter
101 World's End
110 Havana

DE INTERÉS
1 Ministerio de Hacienda
2 Residencia Leighton
7 Hospital Cromwell
9 Bobo's Bubbles Laundrette
11 Top Deck Travel; Vaccination Clinic; Rapid Visa Worldwide
15 Callshop
16 Internet Lounge
36 STA Travel
38 Wash & Dry Laundrette
39 Instituto Francés; Cine Lumière; Brasserie de l'Institut
41 Librería Francesa
52 Oratorio Brompton
55 Rigby & Peller
58 Residencia Michelin; Bibendum; Conran Shop
59 Real Hospital de Marsden
65 Jane Asher Party Cakes
69 Teatro Royal Court
71 Capilla
72 Gran Hall
73 Museo Nacional del Ejército
77 Casa de Carlyle
79 Iglesia Vieja de Chelsea
80 Pagoda de la Paz
85 Antiquarius Antiques Centre
86 CM Store
87 Ad Hoc
88 Heal's; Habitat
89 Mercado de los granjeros de Chelsea
90 Mercado de Sundance
91 Daisy & Tom
96 Rococo
99 Cremorne Launderers
106 Bikepark Chelsea
107 Pippa Pop-Ins

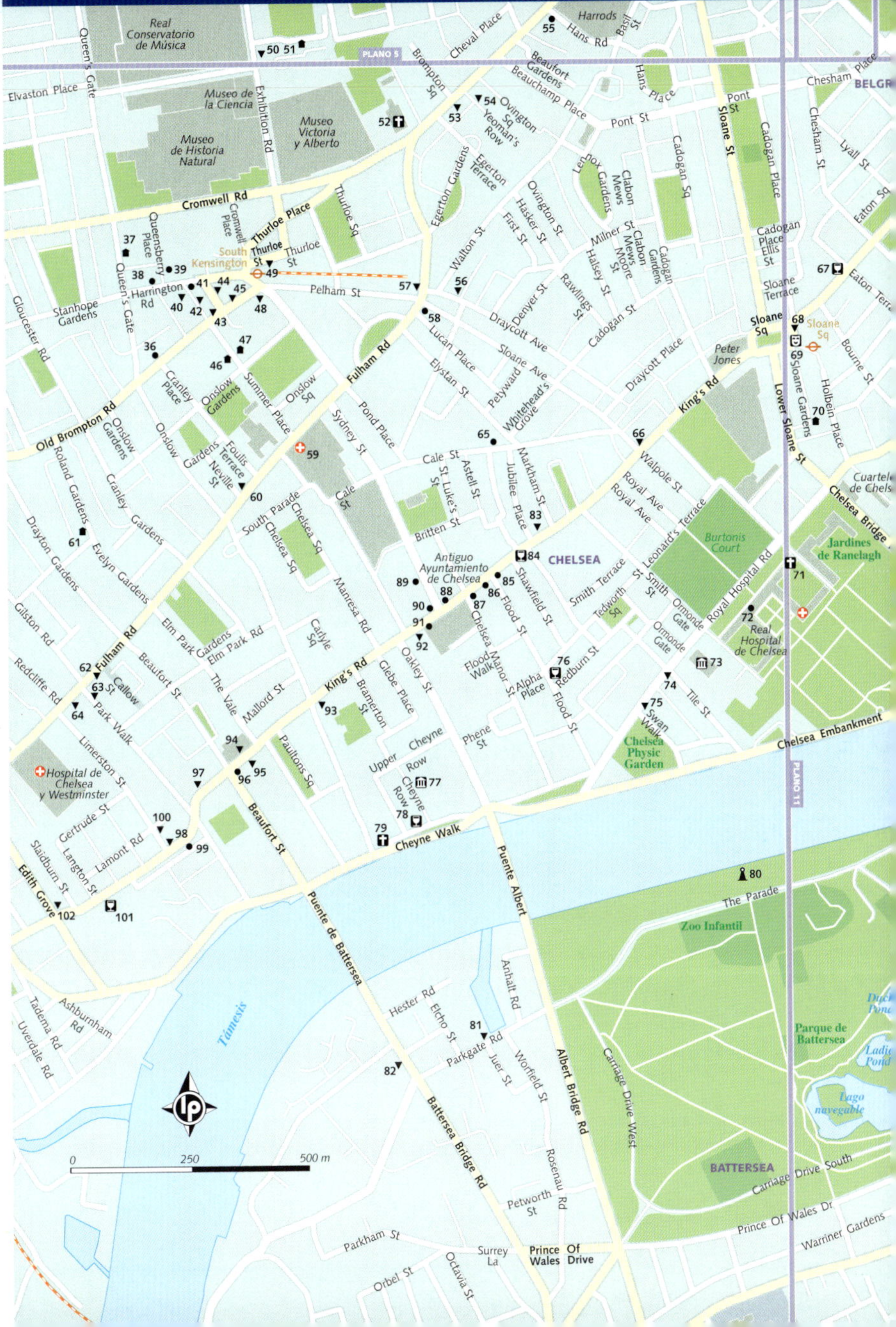

Real Conservatorio de Música
Harrods
Hans Rd
Basil St
Queen's Gate
Elvaston Place
Museo de la Ciencia
Exhibition Rd
Museo Victoria y Alberto
Museo de Historia Natural
PLANO 5
Brompton Sq
Cheval Place
Beaufort Gardens
Beauchamp Place
Hans Place
Pont St
Sloane St
Cadogan Place
Chesham Place
Chesham St
BELGR
Lyall St
Eaton Sq
Ovington Sq
Yeoman's Row
Egerton Gardens
Egerton Terrace
Ovington St
Lennox Gardens
Clabon Mews
Cadogan Sq
Cromwell Rd
Cromwell Place
Thurloe Place
Thurloe Sq
Thurloe St
South Kensington
Queensberry Place
Harrington Rd
Stanhope Gardens
Gloucester Rd
Pelham St
Walton St
Hasker St
First St
Milner St
Clabon Mews
Moore St
Halsey St
Cadogan Gardens
Cadogan Place
Ellis St
Sloane Terrace
Eaton Terrace
Sloane Sq
Bourne St
Denyer St
Rawlings St
Draycott Ave
Cadogan St
Lucan Place
Sloane Ave
Elystan St
Petyward
Whitehead's Grove
Draycott Place
Peter Jones
King's Rd
Lower Sloane St
Sloane Gardens
Holbein Place
Fulham Rd
Cranley Place
Onslow Gardens
Sumner Place
Onslow Sq
Old Brompton Rd
Onslow Gardens
Foulis Terrace
Neville St
Sydney St
Pond Place
Cale St
Astell St
Markham St
Jubilee Place
St Luke's St
Walpole St
Royal Ave
Cuartel de Chelsea
Chelsea Bridge
Roland Gardens
Cranley Gardens
Drayton Gardens
Evelyn Gardens
South Parade
Chelsea Sq
Britten St
Antiguo Ayuntamiento de Chelsea
CHELSEA
Shawfield St
Smith Terrace
St Leonard's Terrace
Burtonis Court
Royal Hospital Rd
Jardines de Ranelagh
Gilston Rd
Elm Park Gardens
Elm Park Rd
Carlyle Sq
Manresa Rd
Chelsea Manor St
Flood St
Tedworth Sq
Smith St
Ormonde Gate
Real Hospital de Chelsea
Redcliffe Rd
Callow St
Beaufort St
The Vale
Mallord St
Bramerton St
Glebe Place
Oakley St
Flood Walk
Alpha Place
Redburn St
Tite St
Park Walk
Limerston St
Hospital de Chelsea y Westminster
Paultons Sq
Upper Cheyne Row
Cheyne Row
Phene St
Swan Walk
Chelsea Physic Garden
Chelsea Embankment
PLANO 11
Gertrude St
Lamont Rd
Langton St
Slaidburn St
Edith Grove
Cheyne Walk
Puente Albert
The Parade
Zoo Infantil
Puente de Battersea
Anhalt Rd
Hester Rd
Elcho St
Parkgate Rd
Juer St
Worfield St
Albert Bridge Rd
Carriage Drive West
Parque de Battersea
Lago navegable
Támesis
Ashburnham Rd
Tadema Rd
Uverdale Rd
Battersea Bridge Rd
Rosenau Rd
BATTERSEA
Carriage Drive South
Prince Of Wales Dr
Warriner Gardens
Petworth St
Parkham St
Surrey La
Prince Of Wales Drive
Orbel St
Octavia St
0
250
500 m

PLANO 11

DÓNDE DORMIR

2 41
3 Rubens at the Palace
8 Wellington Hall
18 Woodville House
20 Morgan House
26 Windermere Hotel; Pimlico Room
27 Brindle House
28 Hamilton House
29 Winchester
30 Romany House
35 Luna-Simone
36 Victoria

DÓNDE COMER

15 Ken Lo's Memories of China
16 Jenny Loís Tea House
17 Olivo
19 Oliveto
22 La Poule au Pot
24 Roussillon
31 UNo 1
32 Mekong
33 Grumbles
34 O Sole Mio

DE INTERÉS

1 Star Tavern
4 Outdoors
5 YHA Adventure Shops
6 American Express; Thomas Cook
7 Central de Channel 4
9 Apollo Victoria
10 easyEverything
11 Oficina de turismo de Londres
12 Eurolines
13 usit Campus
14 Centro comercial Victoria Place
22 Estación de autobuses de Green Line
23 Cervecería The Orange
25 Estatua de Carlos II
37 St James the Less

PAUL BIGLAND

Muchos trenes de gran velocidad atraviesan Inglaterra... aunque a veces hay que esperar.

PLANO 13 – DOCKLANDS

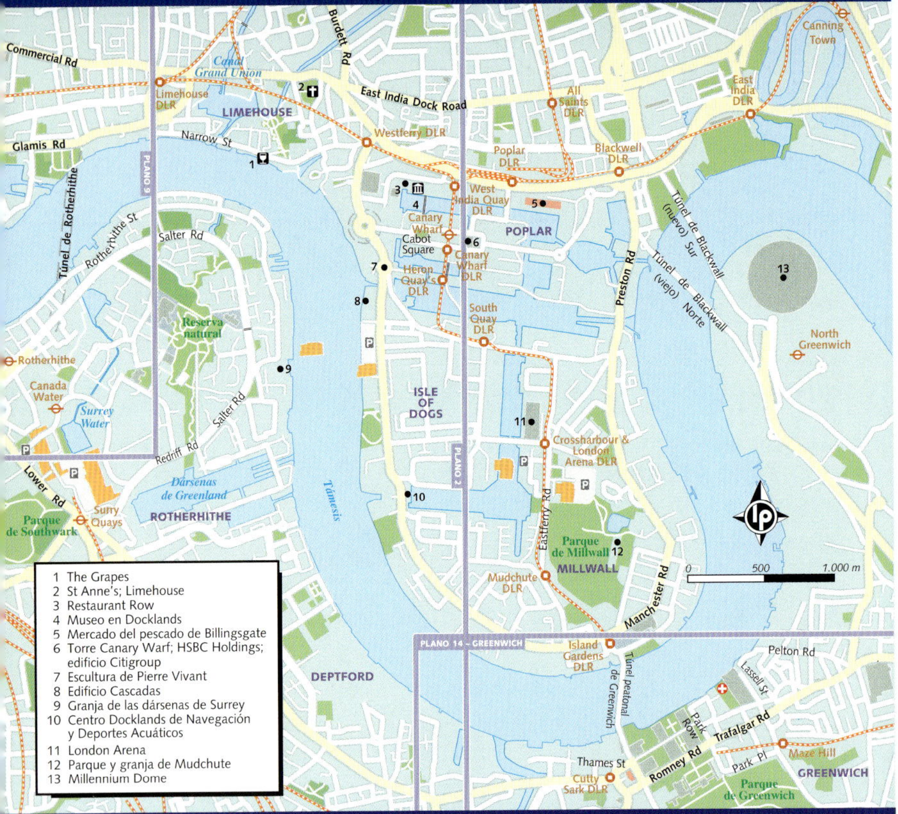

Muelles del Támesis: viviendas espaciosas y refinados restaurantes caracterizan a los actuales Docklands.

DÓNDE COMER
12 Goddards Pie House
13 Time
14 Beachcomber
15 Peter de Wit's
17 Noodle Time
18 Vietnam
21 North Pole

DE INTERÉS
1 Hospital Trinity
2 Trafalgar Tavern
3 Old Royal Navy College; Universidad de Greenwich
4 Lugar de nacimiento de Enrique VIII
5 Capilla
6 Vestíbulo pintado
7 Casa de la Reina
8 Autobús a Woolwich y la presa del Támesis
9 Oficina de turismo
10 Cutty Sark
11 Gipsy Moth IV
16 Mercado de Greenwich; Compendia; Meeting House Café
19 Village Market Antiques Centre
20 Iglesia de St Alfege
22 Teatro de Greenwich
23 Museo del Abanico
24 Casa de los Rangers

PAUL BIGLAND

Vista de Greenwich al atardecer.

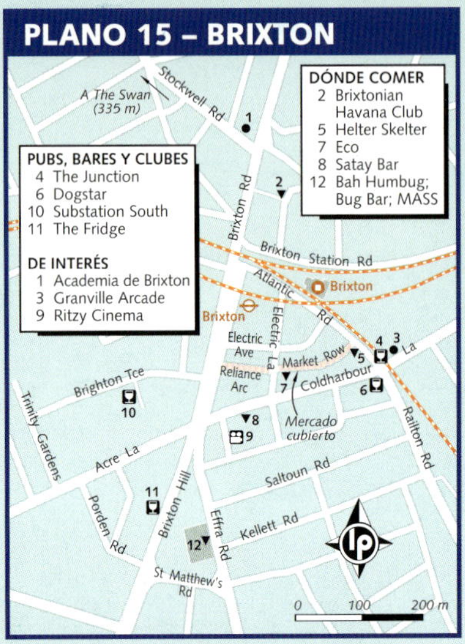

JULIET COOMBE

Estación de Brixton: la espera no suele ser lo peor...

JULIET COOMBE

Abundancia de productos frescos en el animado mercado de frutas y verduras de Electric Avenue.

DOUG MCKINLAY

El parque Richmond es el lugar ideal para un tranquilo paseo.

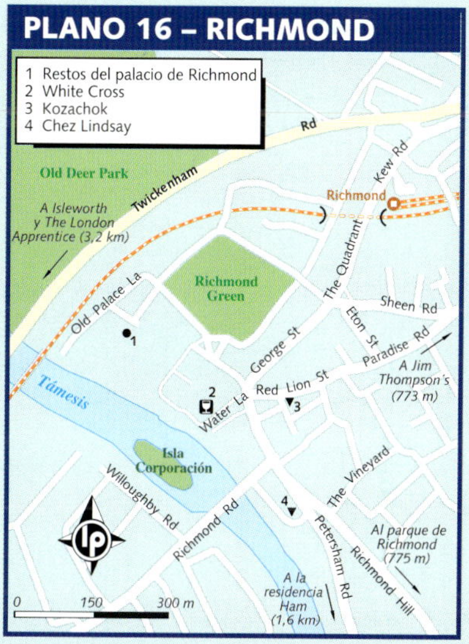

CHRISTINE OSBORNE

Desde la City se llega en barco a Laidback Richmond, plagada de arquitectura georgiana.

Chesham
D
C
Chalfont & Latimer
B
Watford
A
6
Amersham
Chorleywood
Croxley
Rickmansworth
Moor Park
Northwood
Northwood Hills
5
Edgware
Burnt Oak
Colindale
Hendon Central
Brent Cross
Golders Green
Hampstead
Belsize Park
Chalk Farm
Camden Town
Mornington Crescent
Stanmore
Canons Park
Queensbury
4
Kingsbury
3
West Ruislip
Hillingdon
Ruislip
Ruislip Manor
Eastcote
Uxbridge
Ickenham
Pinner
North Harrow
Harrow-on-the-Hill
Harrow & Wealdstone
Kenton
Preston Road
Wembley Park
Neasden
Dollis Hill
Willesden Green
Kilburn
West Hampstead
Finchley Road
Swiss Cottage
St. John's Wood
2
Rayners Lane
West Harrow
Northwick Park
South Harrow
South Kenton
North Wembley
Wembley Central
Stonebridge Park
Harlesden
Willesden Junction
Ruislip Gardens
South Ruislip
Northolt
Sudbury Hill
Sudbury Town
Alperton
Kensal Green
Queen's Park
Kilburn Park
Maida Vale
Warwick Avenue
Royal Oak
Westbourne Park
Greenford
Perivale
Hanger Lane
Park Royal
North Ealing
Edgware Road
Marylebone
Baker Street
Great Portland Street
Euston
Paddington
Edgware Road
1
Warren Street
Regent's Park
Ladbroke Grove
Latimer Road
Bayswater
Notting Hill Gate
North Acton
White City
Holland Park
Queensway
Marble Arch
Oxford Circus
Ealing Broadway
West Acton
East Acton
Shepherd's Bush
Lancaster Gate
Bond Street
Tottenham Court Road
Shepherd's Bush
Kensington (Olympia)
High Street Kensington
Green Park
6
5
4
Ealing Common
3
2
1
Goldhawk Road
Hyde Park Corner
Knightsbridge
Piccadilly Circus
Acton Town
Gloucester Road
Sloane Square
St. James's Park
South Ealing
Northfields
Hammersmith
Barons Court
Boston Manor
Hounslow East
Chiswick Park
Turnham Green
Stamford Brook
Ravenscourt Park
West Kensington
Earl's Court
South Kensington
Victoria
Westminster
Hounslow West
Osterley
Hounslow Central
West Brompton
Waterloo
Heathrow Terminals 1, 2, 3
Hatton Cross
Gunnersbury
Fulham Broadway
Pimlico
1
Kew Gardens
Parsons Green
Heathrow Terminal 4
Richmond
Putney Bridge
Támesis
East Putney
Vauxhall
2
Southfields
Stockwell
Oval
Clapham High Street
Clapham North
Clapham Common
Clapham South
Wimbledon Park
Balham
Tooting Bec
Wimbledon
Tooting Broadway
Colliers Wood
South Wimbledon
3
Morden
4
5
Leyenda
Bakerloo
Central
Horas punta
Circle
District
East London
Horas punta y domingos mañana
Hammersmith & City
Jubilee
Metropolitan
Horas punta
Northern
Piccadilly
Victoria
Waterloo & City
Docklands Light Railway